"十二五" 职业教育国家规划教材
经全国职业教育教材审定委员会审定
21世纪全国高职高专土建系列技能型规划教材
浙江省重点教材建设项目

土木工程实用力学

（第2版）

主　编　马景善
副主编　孟胜国　谭现东　曹广田
参　编　尉桂芬　和　燕　张永生
　　　　朱希文　胡玉珊

北京大学出版社
PEKING UNIVERSITY PRESS

内容简介

本书根据高等职业教育土建类专业的教学要求编写而成，以培养生产第一线技术应用型人才为目标，按土木工程施工及管理工作岗位所需的基础理论知识和专业知识，整合了传统的“理论力学”“材料力学”“结构力学”三大力学课程体系。全书共分12章，其内容体系突出：外力（荷载、约束反力）的平衡，内力的分布规律（轴力图、剪力图、弯矩图），应力的计算方法及分布，应变的概念及变形的计算，形成了以外力、内力、应力及变形“三力一变”为核心的内容，努力实现基础与前沿、传统教学与现代技术的优化结合。

本书内容丰富、知识面宽、综合性强，既有理论又有实践，重点突出力学的基础理论、基本知识、基本技能等实用性。本书可作为高等职业院校大土建工程类专业的教学用书，也可作为土木工程从业人员的参考用书。

图书在版编目(CIP)数据

土木工程实用力学/马景善主编．—2版．—北京：北京大学出版社，2015.7
（21世纪全国高职高专土建系列技能型规划教材）
ISBN 978-7-301-24681-8

Ⅰ.①土…　Ⅱ.①马…　Ⅲ.①土木工程—工程力学—高等职业教育—教材　Ⅳ.①TU311

中国版本图书馆CIP数据核字（2014）第198760号

书　　名　土木工程实用力学（第2版）
著作责任者　马景善　主编
策划编辑　赖　青　杨星璐
责任编辑　刘晓东
标准书号　ISBN 978-7-301-24681-8
出版发行　北京大学出版社
地　　址　北京市海淀区成府路205号　100871
网　　址　http://www.pup.cn　新浪微博：@北京大学出版社
电子信箱　pup_6@163.com
电　　话　邮购部62752015　发行部62750672　编辑部62750667
印 刷 者　北京虎彩文化传播有限公司
经 销 者　新华书店
787毫米×1092毫米　16开本　23.5印张　546千字
2010年1月第1版
2015年7月第2版　2020年8月第3次印刷（总第7次印刷）
定　　价　56.00元

第 2 版前言

本书第 1 版于 2010 年 1 月出版，本次修订的主要思路是本课程教学团队取得的“土木工程实用力学课程改革与实践”教学成果。该成果提出了外力的分析与计算、内力的分析与计算、应力的分析与计算、变形的分析与计算“三力一变”四项力学核心能力的课程标准，确定了理论教学、实验教学、实训教学“三位理实一体”的教学体系；主要解决力学课程在强度、稳定性计算方面使用的标准与我国设计规范不符合的问题；解决传统验证性“轴向拉伸与压缩”“应力电测”“梁的变形”等实验不符合技术技能型人才培养目标的问题；解决超静定结构内力计算复杂、针对性不强等问题；解决课程内容与岗位任务关联度低的问题。第 2 版与第 1 版相比在以下几个方面进行了修订。

1. 对各章引例进行了修订。引例来自工程实例，目的是启蒙、揭示本章主要内容，它具有针对性、实用性，并启迪学生认真学习提高能力、熟练掌握分析与计算的本领。

2. 依据专业培养目标和就业岗位，将工程吊装、模板工程、脚手架工程、钢结构安装等力学分析与计算案例融入书中，增强本书内容与专业培养目标和工作岗位任务的关联性。

3. 重点对第 5 章中 5.3 节受压构件的稳定性进行了修订，增加压杆稳定临界力计算应用案例、临界应力的计算、压杆的长细比计算应用案例以及提高压杆稳定的措施。

4. 对各章后的习题进行了修订，删除简答题，增加判断题、单项选择题、填空题以及部分多项选择题和计算题，使题型与学生考取施工员、安全员、质检员以及建造师等考试题型接轨。

5. 对书中符号进行统一修订，并改正了已经发现的第 1 版中的错误。

本书第 2 版由浙江同济科技职业学院马景善担任主编；太原理工大学阳泉学院孟胜国，聊城职业技术学院谭现东，浙江同济科技职业学院曹广田担任副主编；浙江同济科技职业学院朱希文和胡玉珊，开封大学尉桂芬，焦作大学和燕，太原理工大学阳泉学院张永生担任参编。编写分工：第 1 章由尉桂芬编写，绪论及第 2 章、第 3 章由马景善编写，第 4 章由和燕编写，第 5 章、第 11 章由曹广田编写，第 6 章由胡玉珊编写，第 7 章由谭现东、马景善编写，第 8 章由谭现东编写，第 9 章由孟胜国编写，第 10 章由张永生编写，第 12 章由朱希文编写。

本书在修订过程中，得到北京大学出版社、浙江同济科技职业学院、太原理工大学阳泉学院、聊城职业技术学院、焦作大学土木工程学院、开封大学土木建筑工程学院等单位的大力支持，在此表示衷心感谢。

由于编者水平有限，书中难免有不足之处，恳请读者、同行批评指正。

编　者

2015 年 3 月

第1版前言

“土木工程实用力学”是大土木类建筑设计技术和建筑工程技术、水利水电建筑工程、水利工程等专业的专业基础课，所培养的是生产第一线技术应用型人才。根据高职教育人才培养要求，大土木类专业人才的总体培养目标是：“培养适应社会主义现代化建设发展需要，德、智、体全面发展，热爱大土木工程事业，具备一线岗位工作所需的基础理论知识和专业知识，经过专业技术岗位的基本训练，掌握一定实用技能，具有良好职业道德和敬业精神，有较强实践能力和实际工作能力，有建筑设计及土木工程施工管理能力的高技能应用型人才”；职业目标是：建筑行业或水利行业从事建筑物、构筑物设计、行业行政及技术管理、现场施工和施工组织管理等工作。

“土木工程实用力学”作为建筑设计技术、建筑工程技术、水利水电建筑工程、水利工程等专业的一门重要专业基础课，其主要作用是为进行土木工程结构承载能力极限状态计算、正常使用极限状态验算以及现代施工管理和技术应用打下坚实的基础，对后续的专业课程，如建筑结构、建筑施工、地基与基础、水工建筑物、水利水电工程施工起到先导作用。对于土木工程结构的计算，20世纪50年代我国采用苏联的设计标准即许用应力法，70年代我国采用半经验半概率的设计方法，从80年代开始我国逐步完善规范，以概率理论为基础，以可靠度指标度量结构的可靠度，采用分项系数的设计表达式进行结构设计。国内力学课程的教材和教学内容在轴向拉伸和压缩、剪切、扭转、受弯构件、组合变形构件等强度计算以及压杆稳定计算中还在沿用许用应力法，这与我国现行规范中以概率理论为基础的极限状态设计法截然不同，已起不到专业基础课为专业课服务的目的。

本书编者通过深入调查研究和课程教学改革实践，依据高职培养生产第一线技术应用型人才和“实用性、针对性、先进性”的教育特点，优化教材结构，整合教材内容，使内容体系突出外力(荷载、约束反力)的平衡，内力的分布规律(轴力图、剪力图、弯矩图)，应力的计算方法及分布，应变的概念及变形的计算，形成了以外力、内力、应力及变形“三力一变”为核心的内容。教材改革将使职业教育特色更加鲜明，能更好地实现以应用为目的，以够用为度的高职人才培养模式。

本书的目标：使学生掌握土木工程实用力学的基础理论、基本知识、基本技能，为专业课建立学习平台打下坚实基础。

本书由浙江同济科技职业学院马景善、吴叶莹、曹广田，开封大学金恩平、尉桂芬；阳泉职业技术学院孟胜国、张永生，聊城职业技术学院谭现东，焦作大学和燕等教师编写。

全书由马景善担任主编，金恩平担任第二主编，孟胜国、谭现东、吴叶莹担任副主编。本书编写分工如下：绪论及第2章由马景善编写，第1章由尉桂芬编写，第3、6章由金恩平编写，第4章由和燕编写，第5、12章由吴叶莹编写，第7章由谭现东、马景善编写，第8章由谭现东编写，第9章由孟胜国编写，第10章由张永生编写，第11章由曹

广田编写。

本书的编写得到浙江同济科技职业学院的大力支持，在此表示衷心的感谢。

由于编者水平有限，书中不足之处在所难免，恳请读者和业内人士提出宝贵意见，以便进一步修改完善。

编　者

2009 年 3 月

课程教学大纲

学分：7　　总学时：128　　实践：12　　讲课：116

开课对象：建筑工程技术专业一年级

一、课程的性质、目的与任务

土木工程实用力学是建设类土木工程和水利工程专业的一门重要专业基础课，通过本课程的学习，使学生系统的掌握力学基本知识、基本理论、基本技能，为后续专业基础课、实践课学习打下良好的基础。

本课程的主要任务是：研究杆件结构(或构件)外力(荷载、约束反力)的平衡、内力的分布规律(轴力图、剪力图、弯矩图)、应力的计算方法及分布、应变的概念及变形的计算及材料的力学性能。

二、课程的内容与基本要求

本课程在内容组织与安排上遵循学生职业能力培养的基本规律，以“三力一变”(外力的平衡、内力的分布规律、应力的计算方法、应变的概念及变形的计算)为核心内容，确定课程内容模块、主题学习单元及课程内容与基本要求。

模块	单元	课程内容		基本要求
1. 静力学基础	绪论	课程体系与任务，课程的研究对象，课程研究的内容，学习课程的意义		初步了解土木工程实用力学的学习目的、内容和任务及学习课程的意义
	静力学的基础知识	技能内容	1）荷载计算； 2）受力分析和画受力图	1）荷载计算实例； 2）熟练进行受力分析和画受力图
		知识内容	1）荷载的概念； 2）静力学四个公理； 3）约束及约束反力； 4）物体的受力分析，画物体受力图方法	1）了解荷载的概念，掌握荷载的分类； 2）掌握静力学四个公理； 3）熟悉约束及约束反力； 4）掌握物体的受力分析，会画物体受力图
2. 平面力系平衡方程及应用	平面汇交力系	技能内容	1）力的投影、力矩、力偶矩计算； 2）应用平衡方程求解平面汇交力系的平衡问题	1）能熟练进行力的投影、力矩、力偶矩计算； 2）熟练应用平衡方程求解平面汇交力系的平衡问题
		知识内容	1）力的投影、力矩、力偶矩计算方法； 2）合力投影定理、合力矩定理； 3）力偶及其性质； 4）平面特殊力系平衡方程	1）掌握力的投影、力矩、力偶矩计算； 2）熟悉合力投影定理、合力矩定理； 3）了解力偶及其性质； 4）掌握平面汇交力系平衡方程

续表

模块	单元	课程内容		基本要求
2. 平面力系平衡方程及应用	平面一般力系	技能内容	应用平衡方程求解物体和物体系的平衡问题	熟练应用平衡方程求解物体和物体系的平衡问题
		知识内容	1）力的平移定理及平面一般力系的简化； 2）平面一般力系平衡方程	1）熟悉力的平移定理及平面一般力系的简化； 2）掌握平面一般力系平衡方程
3. 结构简化与几何组成分析	结构的简化	技能内容	1）结构构件梁、板、柱计算简图形成技能； 2）结构计算简图形成技能	1）掌握结构构件梁、板、柱计算简图形成技能； 2）掌握结构构计算简图形成技能
		知识内容	1）梁、板、柱简化的内容与过程； 2）结点的简化，多跨梁的简化，拱的简化，刚架的简化，桁架的简化，组合结构的简化方法与过程	1）梁、板、柱的简化； 2）多跨梁的简化； 3）刚架的简化； 4）桁架的简化； 5）拱的简化； 6）组合结构的简化
	平面体系的几何组成分析	技能内容	应用几何不变体系的组成规则，对平面体系进行几何组成分析	会应用几何不变体系的组成规则，对平面体系进行几何组成分析
		知识内容	1）体系自由度，约束的概念； 2）几何不变体系的组成规则，对简单体系作几何组成分析； 3）静定与超静定结构概念	1）理解体系自由度，约束的概念； 2）掌握几何不变体系的组成规则，能对简单体系作几何组成分析； 3）了解静定与超静定结构概念
4. 静定结构的内力分析	轴心拉(压)构件	技能内容	1）轴力计算； 2）绘制轴力图	具有轴力计算并绘制轴力图的能力
		知识内容	1）变形固体的概念及其基本假设；构件变形的基本形式；轴向拉伸与压缩变形的受力特点和变形特点； 2）内力的概念，内力及轴力图绘制方法	1）了解变形固体的概念及其基本假设；构件变形的基本形式；轴向拉伸与压缩变形的受力特点和变形特点； 2）了解内力的概念，掌握求内力及轴力图绘制方法
	受弯构件	技能内容	1）计算梁指定截面内力； 2）绘制梁内力图	1）熟练掌握计算梁指定截面内力； 2）熟练掌握绘制梁内力图
		知识内容	1）弯曲变形的受力特点、变形特点和平面弯曲的概念； 2）平面弯曲梁的剪力和弯矩概念及其计算；弯矩、剪力和分布荷载集度之间的微分关系及其在绘制剪力图、弯矩图中的应用； 3）叠加法在绘制弯矩图中的应用	1）了解弯曲变形的受力特点、变形特点和平面弯曲的概念； 2）掌握平面弯曲梁的剪力和弯矩概念及其计算；掌握弯矩、剪力和分布荷载集度之间的微分关系及其在绘制剪力图、弯矩图中的应用； 3）掌握叠加法在绘制弯矩图中的应用

续表

模块	单元	课程内容		基本要求
4. 静定结构的内力分析	静定结构内力计算	技能内容	绘制多跨静定梁、静定平面刚架、静定平面桁架的内力图；三铰拱的内力计算	会绘制多跨静定梁、静定平面刚架、静定平面桁架的内力图；了解三铰拱的特点和内力计算方法
		知识内容	1）多跨静定梁、桁架、刚架的内力计算和内力图的绘制方法； 2）三铰拱的特点及内力的计算方法，以及静定组合结构的内力计算	1）掌握多跨静定梁、桁架、刚架的内力计算和内力图的绘制； 2）了解三铰拱的特点及内力的计算方法，以及静定组合结构的内力计算
5. 结构构件的应力计算	截面的几何性质	技能内容	1）计算简单截面图形的惯性矩、极惯性矩、惯性积、惯性半径； 2）计算组合截面图形的惯性矩	1）会计算简单截面图形的惯性矩、极惯性矩、惯性积、惯性半径； 2）能用平行移轴公式计算组合截面图形的惯性矩
		知识内容	1）物体的重心、形心、静矩的概念； 2）惯性矩、极惯性矩、惯性半径的概念及计算方法，平行移轴公式及常见组合截面的惯性矩	1）了解物体的重心、形心、静矩的概念； 2）掌握惯性矩、极惯性矩、惯性半径的概念及计算，平行移轴公式及常见组合截面的惯性矩
	轴心拉(压)构件	技能内容	1）轴向拉抻和压缩构件的应力计算； 2）轴向拉抻与压缩构件的变形计算； 3）压杆稳定计算	1）具有轴向拉抻和压缩构件的应力计算能力； 2）具有轴向拉抻与压缩构件的变形计算能力； 3）会用欧拉公式计算压杆的临界力和临界应力
		知识内容	1）强度概念，构件横截面正应力计算及应力分布规律； 2）应力、应变关系及轴向拉压杆的变形计算方法； 3）压杆失稳和临界力的概念； 4）提高压杆稳定措施	1）了解强度概念，掌握构件横截面正应力计算及应力分布规律； 2）掌握应力、应变关系及轴向拉压杆的变形计算方法； 3）了解压杆失稳和临界力的概念； 4）掌握提高压杆稳定措施
	受弯构件	技能内容	1）梁横截面上的应力计算及应力分布规律； 2）用叠加法求梁指定截面的挠度和转角，梁的刚度条件	1）熟练掌握梁横截面上的应力计算及应力分布规律； 2）会用叠加法求梁指定截面的挠度和转角，理解梁的刚度条件

续表

模块	单元	课程内容		基本要求
5. 结构构件的应力计算	受弯构件	知识内容	3）梁横截面上的正应力、剪应力的分布规律及其计算公式； 4）梁的挠度、转角的概念； 5）叠加法求梁指定截面的挠度和转角的方法及梁的刚度条件的应用	3）掌握梁横截面上的正应力、剪应力的分布规律及其计算公式； 4）了解梁的挠度、转角的概念； 5）掌握叠加法求梁指定截面的挠度和转角的方法及梁的刚度条件的应用
	偏心受压、受拉构件	技能内容	联系工程实例进行组合变形的应力计算及确定截面应力分布	能联系工程实例进行组合变形的应力计算及确定截面应力分布
		知识内容	1）组合变形的概念； 2）拉、压弯组合变形；偏心受拉、受压组合变形的应力计算方法	1）了解组合变形的概念； 2）掌握拉、压弯组合变形；偏心受拉、受压组合变形的应力计算方法
	剪切与扭转	技能内容	1）剪切面、挤压面的计算； 2）连接件的剪切、挤压应力的实用计算； 3）圆轴扭转时的内力计算； 4）圆轴扭转横截面上应力计算及分布规律	1）掌握连接件的剪切、挤压应力的实用计算； 2）掌握圆轴扭转横截面上应力计算及分布规律
		知识内容	1）剪切变形、挤压变形的受力特点和变形特点； 2）剪切面、挤压面的特征及其计算；连接件的剪切、挤压应力的实用计算； 3）圆轴扭转变形的受力特点和变形特点；扭转时的内力计算；扭转圆轴横截面上应力分布规律	1）了解剪切变形、挤压变形的受力特点和变形特点； 2）了解剪切面、挤压面的特征及其计算；掌握连接件的剪切、挤压应力的实用计算方法； 3）了解圆轴扭转变形的受力特点和变形特点；掌握扭转时的内力计算；理解扭转圆轴横截面上应力计算及分布规律
6. 静定结构的位移计算	位移计算	技能内容	用图乘法解静定结构的位移及静定结构由于支座移动和温度变化引起的位移计算	能用图乘法解静定结构的位移及静定结构由于支座移动和温度变化引起的位移计算
		知识内容	1）虚功原理，用单位荷载法求静定结构的位移； 2）图乘法； 3）支座沉陷和温度变化引起的位移计算方法； 4）功的互等定理、位移互等定理、反力互等定理	1）理解虚功原理，以及用单位荷载法求静定结构的位移； 2）掌握图乘法； 3）了解支座沉陷和温度变化引起的位移计算方法； 4）了解功的互等定理、位移互等定理、反力互等定理

续表

模块	单元	课程内容		基本要求
7. 超静定结构的内力计算	力法	技能内容	用力法对超定结构进行内力计算、对称性的利用、支座移动的计算	能用力法对超定结构进行内力计算、对称性的利用、支座移动的计算
		知识内容	1）超静定次数的确定方法； 2）力法原理和力法典型方程； 3）力法计算超静定结构的方法； 4）超静结构由于支座移动引起内力计算方法； 5）静定结构和超静定结构的特点	1）掌握超静定次数的确定方法； 2）理解力法原理和力法典型方程； 3）掌握力法计算超静定结构的方法； 4）了解超静结构由于支座移动引起内力计算方法； 5）了解静定结构和超静定结构的特点
	位移法	技能内容	用位移法对无结点线位移和有结点线位移结构进行内力计算	能用位移法对无结点线位移和有结点线位移结构进行内力计算
		知识内容	1）位移法的概念，基本未知量，位移法典型方程； 2）位移法计算超静定结构的方法； 3）对称结构的简化计算方法	1）理解位移法的概念，基本未知量，位移法典型方程； 2）掌握位移法计算超静定结构的方法； 3）掌握对称结构的简化计算方法
	力矩分配法	技能内容	用力矩分配法计算连续梁和无侧移刚架的内力	会用力矩分配法计算连续梁和无侧移刚架的内力
		知识内容	1）转动刚度、分配系数、传递力矩三个基本概念； 2）应用力矩分配法计算连续梁和无侧移刚架	1）理解转动刚度、分配系数、传递力矩三个基本概念； 2）掌握应用力矩分配法计算连续梁和无侧移刚架
	结构内力机算实训	技能内容	1）绘制连续梁结构内力图； 2）绘制框架结构内力图	会应用结构设计软件（PKPM）进行连续梁、框架结构内力图绘制
		知识内容	1）对结构设计软件（PKPM）进行简要介绍； 2）连续梁、框架结构建模	1）了解结构设计软件（PKPM）功能和使用方法； 2）掌握连续梁、框架结构建模能力
8. 影响线	影响线	技能内容	1）作静定梁影响线； 2）应用影响线确定荷载的最不利位置及绝对最大弯矩	1）会作静定梁影响线； 2）能应用影响线确定荷载的最不利位置及绝对最大弯矩
		知识内容	1）影响线的概念； 2）静定梁影响线的作法； 3）利用影响线确定荷载最不利位置的方法； 4）内力包络图的概念与绘制	1）了解影响线的概念； 2）掌握静定梁影响线的作法； 3）掌握利用影响线确定荷载最不利位置的方法； 4）了解内力包络图的概念与绘制

三、对学生自学的要求

1. 学生自学时可以参考PPT教学课件复习本课程的教学内容，也可以利用网上资源学习本课程。

2. 学生自学时要多动脑思考，多动手作题，多去工地观察力学问题。

四、学时分配建议

序号	教学内容	学时分配				
		讲课	习题课	实验	技能实训	小计
1	绪论	2				2
2	**模块一　静力学基础知识**	6	2			8
3	**模块二 平面力系平衡方程及应用**	10	4			14
4	（一）平面汇交力系	4	2			6
5	（二）平面一般力系	6	2			8
6	**模块三 结构简化与几何组成分析**	6	2			8
7	（一）结构的简化	2				2
8	（二）平面体系的几何组成分析	4	2			6
9	**模块四　静定结构的内力分析**	**18**	**8**			26
10	（一）轴心拉(压)构件	4	2			6
11	（二）受弯构件	6	2			8
12	（三）静定结构内力计算	8	4			12
13	**模块五　结构构件的应力计算**	**18**	**8**	**4**		30
14	（一）截面的几何性质	4				4
15	（二）轴心拉(压)构件	4	2	4		10
16	（三）受弯构件	4	2			6
17	（四）偏心受压、受拉构件	2	2			4
18	（五）剪切与扭转	4	2			6
19	**模块六　静定结构的位移计算**	6				6
20	**模块七 超静定结构的内力计算**	12	6		8	26
21	（一）力法	4	2			6
22	（二）位移法	4	2			6
23	（三）力矩分配法	4	2			6
24	（四）结构内力机算实训				8	8

续表

序号	教学内容	学时分配				
		讲课	习题课	实验	技能实训	小计
25	**模块八　影响线**	6				6
26	机动	2				2
27	合计	116		4	8	128

五、课程考核要求及方式

1. 课程考核要求：通过考核，能有效地了解学生系统地掌握力学基本知识、基本理论、基本技能，以及为后续专业基础课、实践课学习打下良好基础的能力。

2. 考核方式：理论闭卷考试，平时考核30％＋理论60％＋实践考核10％。

六、教材及参考书

1.《土木工程实用力学(第2版)》　马景善主编　北京大学出版社

2.《工程力学与水工结构》　马景善主编　中国建筑工业出版社

3.《建筑力学》　于英主编　中国建筑出版社

七、有关说明

1. 理论教学突出外力(荷载、约束反力)的平衡、内力的分布规律(轴力图、剪力图、弯矩图)、应力的计算方法及分布、应变的概念及变形的计算，形成了以“三力一变”为核心内容的教学模块和知识单元。

2. 实验教学突出工程进场材料强度、塑性指标的检测能力。

3. 计算机机算实训强化手算与机算相结合的结构内力分析与计算能力，初步培养学生结构计算的建模能力。

八、内容选取

根据各专业所需要的知识、能力、素质要求，选取八个教学模块作为理论教学内容；选取一项拉伸与压缩实验作为实践教学内容；选取两种结构体系作为计算机机算实训内容。

CONTENTS 目录

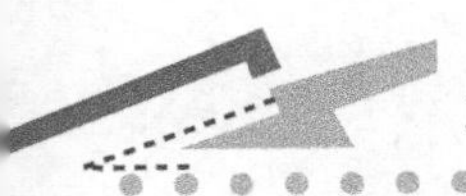

绪　论

◆ 课程体系与任务

◆ 课程的研究对象

◆ 课程研究的内容

◆ 学习本课程的意义

一、课程体系与任务

土木工程实用力学课程体系分为理论课体系和实践（实训）课体系。

1. 理论课体系

以“三力一变”（外力的平衡、内力的分布规律、应力的计算方法及分布、应变的概念及变形的计算）为核心内容组织的学习模块如下。

（1）静力学基础知识：荷载的概念；荷载的分类与计算；4个基本公理；约束及约束反力；受力分析绘制受力图。

（2）平面力系平衡方程及应用：力、力矩和力偶矩的计算；平面力系的分类；平面汇交力系的平衡方程及应用；平面任意力系的平衡方程及应用。

（3）结构简化与几何组成分析：结构构件的简化；结构的简化；平面体系的几何组成分析。

（4）静定结构的内力分析：轴心受拉（压）构件内力计算与内力图；受弯构件内力计算与内力图；平面刚架内力计算与内力图；平面桁架内力计算。

（5）结构构件的应力计算：截面的几何性质量计算；应力与应变的概念；轴心受拉（压）构件应力与应变计算；受弯构件的应力计算；偏心受压、受拉构件的应力计算；剪切与扭转内力与应力计算。

（6）静定结构的位移计算：挠度和转角的概念；受弯构件的形变；图乘法；静定结构的位移计算。

（7）超静定结构的内力计算：超静定结构概念；力法、位移法、力矩分配法计算超静定结构的内力。

（8）影响线：影响线概念；静定结构的影响线；荷载最不利位置的确定；简支梁的内力包络和绝对最大弯矩。

2. 实践（实训）课体系

（1）实验环节：实验不仅包含规定实验项目，还包括开放式实验学习环节，即学生自行设计实验方案，在教师指导下进行实验。

① 规定实验：钢筋的拉伸实验、钢筋的压缩实验。通过钢筋的拉伸实验主要解决钢筋进场后对材料的屈服强度、抗拉强度和钢筋冷加工能力断后伸长率等指标的检测问题。通过钢筋的压缩实验解决拉压屈服强度值相同的问题。为学习钢结构、混凝土结构承载力计算，钢材、钢筋的抗拉强度设计值为什么等于抗压强度设计值打基础。

② 开放式实验：梁正应力电测实验；弹性模量测定实验；梁的变形实验；扭弯组合实验；压杆稳定实验；叠合梁弯曲正应力实验；预应力实验。

（2）虚拟实验：利用网络平台和计算机辅助实验学习系统，进行网上虚拟实验。

（3）机算超静定结构内力实训：采用结构设计软件对结构内力进行计算，做到手算与机算相结合。

课程的主要任务是为进行土木工程结构承载能力极限状态计算、正常使用极限状态验算以及现代施工管理和技术应用打下坚实的基础，对后续课程，如《建筑结构》、《建筑施工》、《地基与基础》、《水工建筑物》、《水利水电工程施工》等建立学习平台。

二、课程的研究对象

土木工程实用力学是以建筑物和构筑物中的结构以及结构构件的受力与变形为研究对象的，例如建筑物中的多层住宅、高层住宅、工业厂房等，构筑物中的水池、泵站等受力与变形问题。

住宅、工业厂房、泵站等其主体称为结构。结构是工程术语，是指承受荷载而起骨架作用的部分。例如，住宅中的墙、柱、梁、楼板等构成的整体称为结构；水池中的池底、池壁、池顶构成的整体也是结构。结构构件是指组成结构的单个物体，如梁、板、柱、墙等全是结构构件，有时简称构件。从结构的组成上来看先有结构构件后有结构，因此，研究结构必须先研究结构构件。结构构件中的力学问题搞清楚了，然后把它应用到结构上，这就是学习过程中的由浅入深。例如，单跨静定梁(简支梁、外伸梁、悬臂梁)与多跨连续静定梁约束反力的计算，前者属于结构构件，后者属于结构，计算上有很大的关联；刚架是一种结构形式，内力计算也是这样。

三、课程研究的内容

图 0.1 所示结构构件工程中称为梁，图 0.1(a)所示为素混凝土梁，素混凝土梁是由无钢筋或不配置受力钢筋的混凝土制成的梁；图 0.1(b)所示为钢筋混凝土梁，是在混凝土中配置受力钢筋的梁。当相同荷载作用于梁上时，素混凝土梁要先于梁下侧加了钢筋的混凝土梁而发生破坏，若把钢筋混凝土梁中的钢筋配置在梁上侧，当相同荷载作用于梁上时则会同素混凝土梁同时产生破坏。之所以是这样，是因为梁在荷载作用下产生支座反力，支座反力将产生内力，内力又产生应力，应力将截面分为受拉区、受压区。由于混凝土抗拉强度低，一般混凝土抗拉强度约为抗压强度的1/10。荷载较小时将导致素混凝土梁的下侧受拉开裂，使之折断。支座反力、内力、应力的大小及应力分布是力学提供给学习结构课程的基础，这是本书研究内容的一个方面。

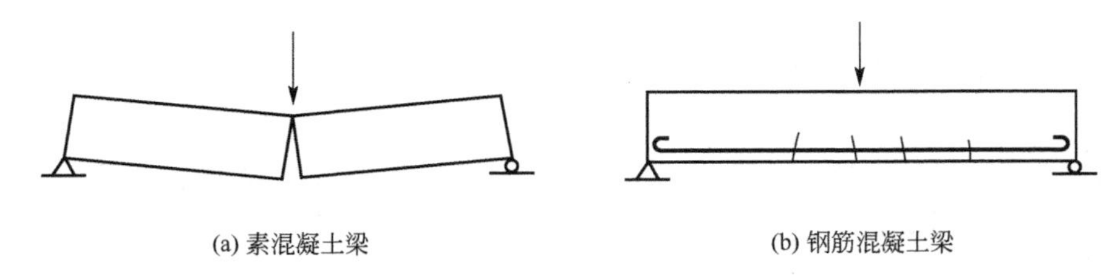

(a) 素混凝土梁　　(b) 钢筋混凝土梁

图 0.1　混凝土简支梁

土木工程实用力学主要研究平面力系的平衡条件及平衡方程，应用平衡方程解决结构或结构构件平衡时的受力问题，同时也是结构或结构构件内力计算的基础。研究结构或结构构件内力计算方法、内力分布规律及内力图；研究结构构件应力及应力分布；研究结构或结构构件的形变，解决工程中的位移问题。

四、学习本课程的意义

1. 运用知识的能力

本课程涉及很多知识的运用能力，例如，运用平衡方程的知识解决荷载作用下结构或结构构件的平衡问题的能力；运用截面法计算内力的知识绘制剪力图、弯矩图的能力；运用应力计算的知识确定截面应力分部的能力；运用变形计算的知识确定钢筋混凝土施模板的形变的能力。

在学习过程中要学会运用所学的知识分析问题、解决问题。例如，在工程中经常遇到结构构件吊装问题，当用绳索两点吊装构件时规定绳索与水平面所成的夹角应不小于45°，为什么不是30°呢，运用平衡方程的知识，求解对比得知，当45°时绳索的受力小于30°时绳索的受力，这样较为安全；又如对称配筋的构件(混凝土桩，柱子)当两点吊装时合理的吊点位置为什么如图0.2(a)所示那样呢？若一点吊如图0.2(b)所示，吊点的位置又在哪里呢？若非对称配筋又如何吊装呢？这些工程实际问题运用所学的知识可以解决。

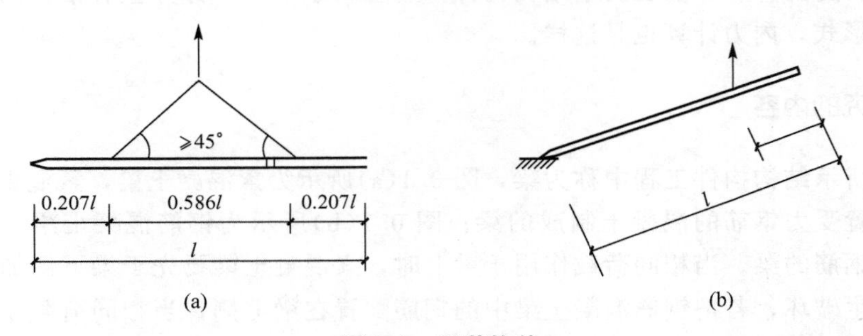

图0.2 吊装构件

2. 培养职业能力

高等职业教育培养的是技术应用型人才，是在生产第一线或施工现场将规划、设计、决策变换成物质形态的施工员、建造师。

土木工程实用力学是一门能很好地培养学生职业能力的课程。土木工程实用力学的内容本身来自土木工程，学习本课程就是对土木工程的认知过程，在此过程中职业能力可以得到培养。

土木工程的设计，构造、施工很多做法都渗透着力学原理，学习本课程将为今后在工程中技术改造技术创新打下基础。

第1章 静力学基础知识

教学目标

熟悉荷载的概念和分类、静力学的基本概念、静力学公理、常见的约束类型及约束反力。掌握自重荷载的计算物体受力分析的基本方法及物体的受力图的绘制。

教学要求

能力目标	知识要点	相关知识	权重(%)
荷载的分类，荷载的计算	荷载的概念，荷载的分类	《建筑结构荷载规范》，荷载的计算	10
运用静力学基本公理	力的概念，静力学基本公理	力的三要素，刚体、变形体的概念	30
根据物体的受力分析画物体的受力图	约束与约束反力，受力分析与受力图	作用与反作用公理，二力平衡公理，三力平衡汇交定理	60

引 例

模板工程是现浇混凝土工程中重要的施工环节，模板的制作即要保证构件的形状尺寸及相互位置的正确；也要使模板具有足够的强度、刚度和稳定性，能够承受现浇混凝土的自重荷载和侧压力以及各种施工荷载，力求结构简单，装拆方便，不妨碍钢筋绑扎，保证混凝土浇注时不漏浆，支撑系统应配置水平支撑和剪刀撑，以保证稳定性。工程施工需要编制模板施工方案，要求施工方案必须有详细的模板支撑系统设计计算书，包括现浇板模板、主龙骨、次龙骨、模板支架强度、稳定性、刚度计算。计算时必须先进行自重荷载和施工荷载的计算并对模板支撑系统进行受力分析。本章从最基本的荷载的概念、静力学的基本概念出发，介绍静力学的基本公理，物体的受力分析和受力图的绘制方法。这些内容是构件、结构研究的理论依据，是进一步进行力学分析和结构计算的基础。因此，对本章的主要内容，应认真学习、熟练掌握防止工程事故发生。图 1.1 所示模板支架倒塌事故，造成人员伤亡，经济损失，工期延迟。

图 1.1　模板支架倒塌事故

静力学是研究物体的平衡问题的科学。主要讨论作用在物体上的力系的简化和平衡两大问题。在工程上，平衡是指物体相对于地球保持静止或匀速直线运动状态，它是物体机械运动的一种特殊形式。

工程力学中将物体抽象化为两种计算模型：刚体和理想变形固体。

所谓刚体，是指在任何外力的作用下，物体的大小和形状始终保持不变的力学模型。工程实际中的许多物体，在力的作用下变形一般很微小，对平衡问题影响也很小，为了简化分析，将其视为刚体。静力学的研究对象仅限于刚体，所以又称为刚体静力学。

变形固体受荷载作用时将产生变形。当荷载撤除后，可完全消失的形变称为弹性形变；不能恢复的形变称为塑性形变或残余形变。在多数工程问题中，要求构件只发生弹性形变。工程中，大多数构件在荷载的作用下产生的形变量若与其原始尺寸相比很微小，称为小形变。小形变构件的计算，可采取变形前的原始尺寸，略去某些高阶无穷小量，可大大简化计算。理想变形固体是对实际变形固体的材料理想化，工程力学把所研究的结构和构件看做是连续、均匀、各向同性的理想变形固体，在弹性范围内和小形变情况下研究其承载能力。

1.1 荷　　载

1.1.1 荷载的概念

结构或构件工作时所承受的主动外力称为荷载。如结构的自重、水压力、土压力、风压力以及人群、货物的重量、吊车轮压等。

合理地确定荷载，是结构设计中非常重要的工作。如估计过大，会使所设计的结构尺寸偏大，造成浪费；如将荷载估计过小，则所设计的结构不安全。因此，在结构设计中，要慎重考虑各种荷载，根据国家标准《建筑结构荷载规范》(GB 50009—2012)来确定荷载值。

1.1.2 荷载的分类

结构或构件受到的荷载有多种形式，在对结构进行分析前，必须先确定结构上所承受的荷载是何种形式。在结构设计中，荷载按不同的性质可分为以下几类。

(1) 按作用时间的长短可分为恒荷载和活荷载。

① 恒荷载。长期作用在结构或构件上，大小和作用位置都不会发生变化的荷载称为恒荷载。结构、固定设备的自重等都是恒荷载，如屋面板、屋架、梁、楼板、墙体、柱基础等各部分结构的自重。

② 活荷载。暂时作用在结构或构件上，其大小和作用位置都可能发生变化的可变荷载称为活荷载。如楼面上的人群、屋面积灰荷载，吊车荷载、风荷载、雪荷载以及施工或检修时的荷载都是活荷载。

(2) 按作用性质可分为静荷载和动荷载。

① 静荷载。缓慢地加到结构或构件上不引起结构的振动，可以忽略惯性力影响的荷载称为静荷载，其大小、位置或方向不随时间发生变化或者变化相对极小，静荷载作用下不产生明显的加速度。构件自重及一般的活荷载均属静荷载。

② 动荷载。大小、位置或方向随时间迅速改变的荷载称为动荷载，动荷载作用下产生明显的加速度。地震力、冲击力、惯性力等都是动荷载。

(3) 按分布情况可分为集中荷载和分布荷载。

① 集中荷载。若荷载的作用范围远小于构件的尺寸时，为了计算简便起见，可认为荷载集中作用于一点，称为集中荷载。如车轮的轮压、屋架或梁的端部传给柱子的压力、人站在建筑物上等都可以作为集中荷载来处理。

② 分布荷载。连续作用在结构或构件的较大面积或长度上的荷载称为分布荷载。结构的自重、风、雪等荷载都是分布荷载。当以刚体为研究对象时，作用在结构上的分布荷载可用其合力(集中荷载)代替；但以变形体为研究对象时，作用在结构上的分布荷载不能用其合力代替。分布荷载又分为均布荷载和非均布荷载两种。

(4) 按荷载位置的变化分为固定荷载和自由荷载。

① 固定荷载。在结构空间位置上具有固定分布的荷载称为固定荷载。如结构自重、楼面上的固定设备荷载等。

② 自由荷载。在结构上的一定范围内可以任意分布的荷载。如民用建筑楼面上的活荷载、工业建筑中的吊车荷载等。

《建筑结构荷载规范》(GB 50009—2012)将结构上的荷载分为永久荷载、可变荷载和偶然荷载。

(1) 永久荷载。在结构使用期间，荷载值不随时间发生变化，或其变化与平均值相比可以忽略不计，或其变化是单调的并能趋于定值的荷载称为永久荷载。如结构自重、土压力、预应力等。

(2) 可变荷载。在结构使用期间，荷载值随时间变化而变化，且其变化与平均值相比不可忽略不计的荷载称为可变荷载。如楼面活荷载、屋面活荷载和积灰荷载、吊车荷载、风荷载、雪荷载等。

(3) 偶然荷载。在结构使用期间不一定出现，一旦出现，其值很大且持续时间很短暂的荷载称为偶然荷载。如爆炸力、撞击力等。

荷载的确定常常是比较复杂的。荷载规范总结了施工、设计经验和科学研究成果，供施工、设计时应用。尽管如此，设计者还需深入现场，对结构实际情况进行调查研究，才能对荷载作出合理的确定。

1.1.3 荷载计算

荷载的计算是很复杂的，有很多制约因素，现在以梁和板为例简单地看一下按分布情况分类的荷载之间的关系。

集中荷载的计算：当荷载的作用范围远小于构件的尺寸时，可认为荷载集中作用于一点，此时集中荷载就等于构件的自重。

结构的自重的计算：当结构由多个构件组成时，结构的重力计算公式为

$$G=\sum_{i=1}^{n}\gamma_i V_i \tag{1-1}$$

式中 G——结构的总自重荷载(kN)；

γ_i——第 i 个基本构件的材料自重(kN/m^3)；

V_i——第 i 个基本构件的体积(m^3)。

在图 1.2 中，次梁 EF 作用在主梁 AB、CD 上，次梁 EF 对主梁 AB、CD 的作用就是集中荷载，分别等于次梁 EF 自重的一半。

分布荷载又分为均布荷载和非均布荷载两种，在此只认识均布荷载的计算。均布荷载又分为线均布荷载和面均布荷载。

线均布荷载的计算：在对梁进行简化时，将梁简化为轴线，梁的自重就简化为作用在梁的轴线上的线均布荷载 q，如图 1.2 中次梁 EF，计算公式为

$$q=\frac{G_1}{l} \tag{1-2}$$

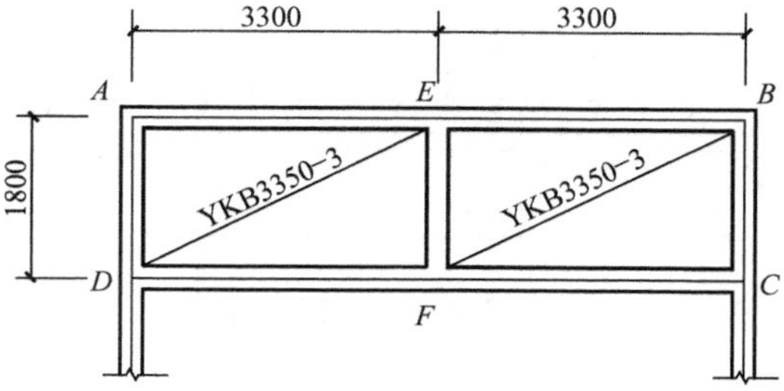

式中 q——线均布荷载(kN/m)；

G_1——梁的自重荷载(kN)；

l——梁的长度(m)。

面均布荷载的计算：在对板进行简化时，由于板厚较小将板简化为平面，板的自重就简化为作用在板面上的面均布荷载 q'，如图 1.2 中板 $AEFD$、$EBCF$，计算公式为

$$q'=\frac{G_b}{A} \tag{1-3}$$

图 1.2 梁板结构平面图

式中 q'——面均布荷载(kN/m²)；

G_b——板的自重荷载(kN)；

A——板的面积(m²)。

由于板搭在梁上，当计算板作用在梁上的力的时候就将板的自重分别作用在两端的梁上，此时板作用在梁上的荷载就用线均布荷载来计算，如图 1.2 中板 $AEFD$ 中，板的自重分别作用在梁 AD 和梁 EF 上，计算公式为

$$q=\frac{G_b}{2l} \tag{1-4}$$

式中 q——板搭到梁上的线均布荷载(kN/m)；

G_b——板的自重荷载(kN)；

l——梁的长度(m)；

b——板的长度(m)。

应用案例 1-1

由梁板结构平面图(见图 1.2)已知钢筋混凝土主梁 AB，截面尺寸 $b\times h=250\text{mm}\times500\text{mm}$，长 $l=6.6\text{m}$，试计算主梁体积荷载与线均布荷载。

解：由钢筋混凝土材料查 GB 50009—2012 取 $\gamma=25\text{kN/m}^3$。

体积荷载： $G_1=\gamma Al=(25\times0.25\times0.5\times6.6)\text{kN}=20.63\text{kN}$

线均布荷载： $q=\frac{G_1}{l}=\frac{20.63\text{kN}}{6.6\text{m}}=3.13\text{kN/m}$

荷载的计算方法还有很多，这里只简单介绍荷载分类中的按分布情况分类的荷载计算，其他荷载的计算方法在以后的学习中还会作详细地讲解。

应用案例 1-2

由梁板结构平面图图 1.2 已知板的面均布荷载为 2.5kN/m^2，一块板的面积为 $b\times L=1800\text{mm}\times3300\text{mm}$，$EF$ 梁长 $b=1.8\text{m}$，试计算作用在 EF 梁上的均布线荷载。

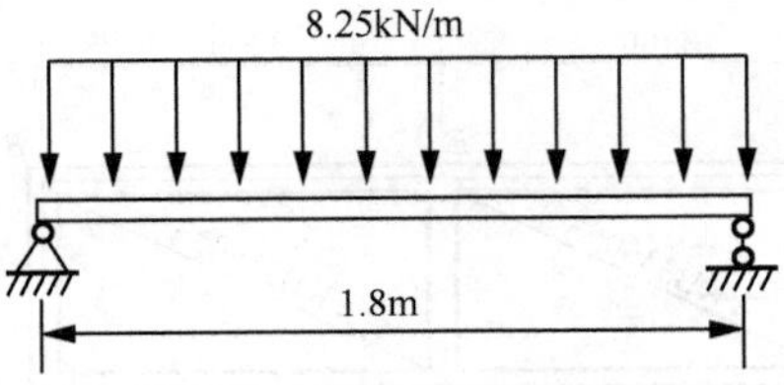

8.25kN/m

1.8m

图 1.3　应用案例 1－2 图

解： 由图 1.2 分析，*EF* 梁上的均布线荷载是由板的均布面荷载传递而来，*EF* 梁实际承担荷载是板 *ADFE* 与 *BCFE* 各板的一半，依据均布面荷载转换成均布线荷载计算公式进行计算。

$$q=q'\times L=2.5\times 3.3=8.25(\text{kN/m})$$

EF 梁上均布线荷载表示形式见图 1.3 所示。

特别提示

分清荷载在不同性质下的分类。

1.2　静力学公理

公理是指无须证明就被人们在长期生活和生产实践中所公认的真理。静力学公理是人们在长期的生活和生产实践中，经反复观察和实践检验总结出来的客观规律，是研究力系简化和平衡条件等问题的最基本力学规律，是静力学全部理论的基础。

1.2.1　力的概念

力的概念是人们在长期的生产劳动和生活实践中逐步形成的，通过归纳、概括和科学的抽象而建立的。力是物体之间相互的机械作用，这种作用使物体的机械运动状态发生改变或使物体产生形变。力使物体的运动状态发生改变的效应称为外效应，而使物体发生形变的效应称为内效应。刚体只考虑外效应，变形固体还要研究内效应。

经验表明力对物体作用的效应完全决定于力的大小、方向和作用点，力的大小、方向和作用点称为力的三要素。

如果改变了力的三要素中的任一要素，也就改变了力对物体的作用效应。

既然力是有大小和方向的量，所以力是矢量。可以用一带箭头的线段来表示，如图 1.4 所示，线段 *AB* 长度按一定的比例尺表示力 $\boldsymbol{F}$ 的大小，线段的方位和箭头的指向表示力的方向。线段的起点 *A* 或终点 *B* 表示力的作用点，线段 *AB* 的延长线(图中虚线)表示力的作用线。

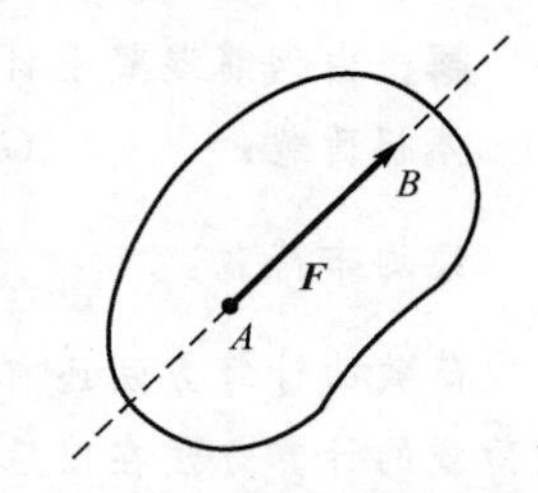

图 1.4　集中荷载示意图

在国际单位制(SI)中，力的单位用牛［顿］(N)或千牛［顿］(kN)来表示。其换算关系为

$$1\text{kN}=1000\text{N}$$

一般来说，作用在物体上的力不止一个，所以把作用于物体上的一群力称为力系。如果作用于物体上的某一力系可以用另一力系来代替，而不改变原有的状态，则这两个力系互称等效力系。如果一个力与一个力系等效，则称此力为该力系的合力，这个过程称为力

的合成；而力系中的各个力称为此合力的分力，将合力代换成分力的过程称为力的分解。在研究力学问题时，为方便地显示各种力系对物体作用的总体效应，用一个简单的等效力系(或一个力)代替一个复杂力系的过程称为力系的简化。力系的简化是刚体静力学的基本问题之一。

1.2.2 5个基本公理

1. 公理一——二力平衡公理

作用于同一刚体上的两个力成平衡的必要与充分条件是：力的大小相等，方向相反，作用在同一直线上。可以表示为 $F_1=-F_2$。

这一性质也称为二力平衡公理。

二力平衡公理给出了作用于刚体上的最简单的力系平衡时所必须满足的条件，是推证其他力系平衡条件的基础。对于刚体而言这个条件是既必要又充分的，而对于变形体，这个条件虽必要但不充分。例如，一段软绳受到两个等值反向的拉力作用时可以平衡，但是受到两个等值反向的压力作用时就不能平衡了。

当一个构件或杆件只受两个力作用而处于平衡状态的物体称为二力构件或二力杆件，简称二力杆，如图 1.5 所示。由二力平衡公理可知，二力构件的平衡条件是两个力必定沿着二力作用点的连线，且等值、反向。二力构件是工程中常见的一种构件形式。

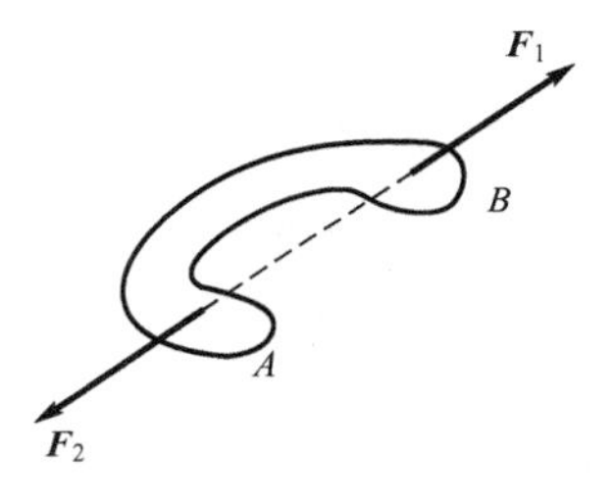

图 1.5 二力平衡图

2. 公理二——加减平衡力系公理

在作用于刚体的任意力系中，加上或减去任一平衡力系，并不改变原力系对刚体的作用效应。也就是说，如果两个力系只相差一个或几个平衡力系，那么它们对刚体的作用效果完全相同，可以互相等效替换。这一性质称为加减平衡力系公理。

推论一：力的可传性原理。

作用于刚体上的力可以沿其作用线移至刚体内任意一点，而不改变该力对刚体的作用效应。此推论是由加减平衡力系公理得到的一个重要推论。

加减平衡力系公理推论的证明如下。

证明：设力 $\boldsymbol{F}$ 作用于刚体上的点 A，如图 1.6 所示。在力 $\boldsymbol{F}$ 作用线上任选一点 B，在

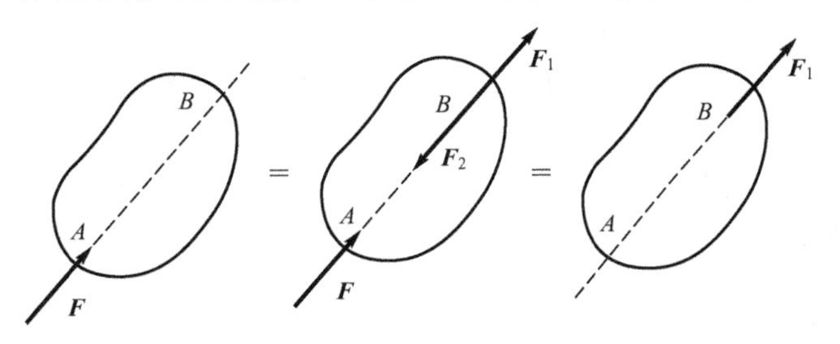

图 1.6 力的可传性原理图

点 B 上加一对平衡力 $\boldsymbol{F}_1$ 和 $\boldsymbol{F}_2$，使 $F_1=-F_2=F$，则 $\boldsymbol{F}_1$、$\boldsymbol{F}_2$、$\boldsymbol{F}$ 构成的力系与 $\boldsymbol{F}$ 等效。将平衡力系 $\boldsymbol{F}$、$\boldsymbol{F}_2$ 减去，则 $\boldsymbol{F}_1$ 与 $\boldsymbol{F}$ 等效。此时，相当于力 $\boldsymbol{F}$ 已由点 A 沿作用线移到了点 B，并不改变该力对刚体的作用效果。

加减平衡力系公理给出了力系等效变换的一种基本形式，这个公理及其推论是力系简化的重要工具。它们只适用于刚体，当所研究的问题中要考虑物体的形变时，其正确性就丧失了。如图 1.7(a)所示，变形杆在平衡力系 $\boldsymbol{F}_1$、$\boldsymbol{F}_2$ 作用下产生拉伸变形；若除去一对平衡力，则杆件就不会发生变形；若将平衡力 $\boldsymbol{F}_1$、$\boldsymbol{F}_2$ 分别沿作用线移到杆件的另一端，则杆件产生压缩变形，如图 1.7(b)所示。

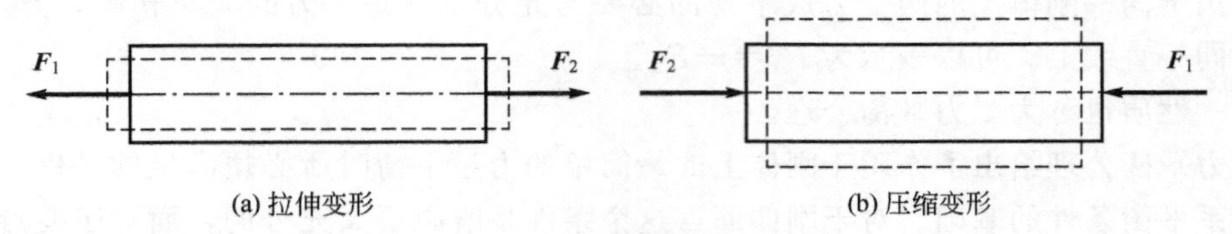

(a) 拉伸变形　　(b) 压缩变形

图 1.7　拉压杆件变形图

3. 公理三——力的平行四边形法则

作用于物体上同一点的两个力可以合成为作用于该点的一个合力，它的大小和方向由以这两个力的矢量为邻边所构成的平行四边形的对角线来确定。

如图 1.8(a)所示，以 $\boldsymbol{F}_R$ 表示力 $\boldsymbol{F}_1$ 和力 $\boldsymbol{F}_2$ 的合力，则可以表示为 $\boldsymbol{F}_R=\boldsymbol{F}_1+\boldsymbol{F}_2$，即作用于物体上同一点两个力的合力等于这两个力的矢量和。

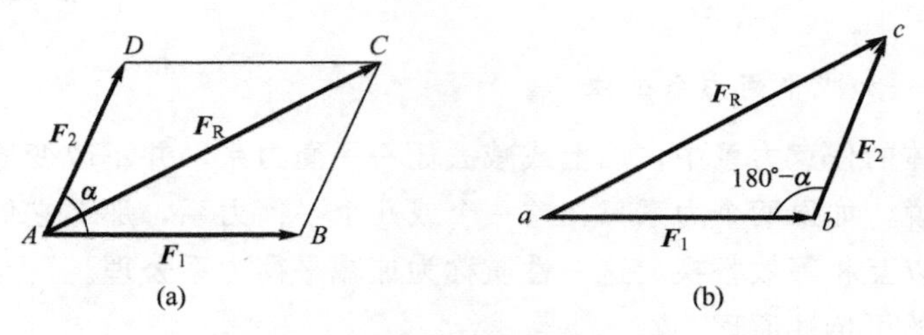

图 1.8　力的合成图

在求共点两个力的合力时，常采用力三角形法则；如图 1.8(b)所示。从刚体外任选一点 a 作矢量 ab 代表力 $\boldsymbol{F}_1$，然后从 b 的终点作 bc 代表力 $\boldsymbol{F}_2$，最后连起点 a 与终点 c 得到矢量 ac，则 ac 就代表合力矢 $\boldsymbol{F}_R$。分力矢与合力矢所构成的三角形 abc 称为力的三角形。这种合成方法称为力三角形法则。

应该注意，力三角形只表示各力的大小和方向，并不表示各力作用线的位置；力三角形只是一种矢量运算方法，不能完全表示力系的真实作用情况。

力的平行四边形法则表达了最简单情况下合力与分力之间的关系，是力系合成与分解的基础。表明了最简单力系的简化规律，是复杂力系简化的基础。

4. 公理四——三力平衡汇交定理

作用于刚体上的 3 个力，使刚体平衡，若其中两个力的作用线汇交于一点，则这 3 个力必定在同一平面内，且第 3 个力的作用线通过汇交点。这一性质称为三力平衡汇交定理。

证明：如图 1.9(a)所示，在刚体的 A、B、C 3 点上分别作用着 $\boldsymbol{F}_1$、$\boldsymbol{F}_2$、$\boldsymbol{F}_3$ 3 个力矢，且在力系($\boldsymbol{F}_1$、$\boldsymbol{F}_2$、$\boldsymbol{F}_3$)的作用下，刚体平衡，其中 $\boldsymbol{F}_1$、$\boldsymbol{F}_2$ 的作用线汇交于一点 O。根据力的可传性，将力矢 $\boldsymbol{F}_1$、$\boldsymbol{F}_2$ 的作用点移至汇交点 O 处(见图 1.9(b))，后根据力的平行四边形法则，求得合力矢 $\boldsymbol{F}_R$。由于力系($\boldsymbol{F}_1$、$\boldsymbol{F}_2$、$\boldsymbol{F}_3$)为平衡力系，则力矢 $\boldsymbol{F}_3$ 应与合力矢 $\boldsymbol{F}_R$ 平衡。根据二力平衡公理可知，力矢 $\boldsymbol{F}_3$ 应与合力矢 $\boldsymbol{F}_R$ 共线，所以力矢 $\boldsymbol{F}_3$ 必与力矢 $\boldsymbol{F}_1$、$\boldsymbol{F}_2$ 共面，且其作用线通过汇交点 O。

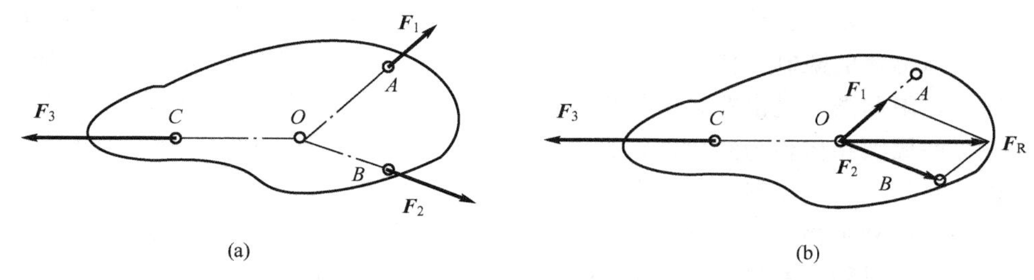

图 1.9　三力汇交平衡图

三力平衡汇交定理实际上是二力平衡公理、加减平衡力系公理和力的平行四边形法则的推理。它说明了不平行的 3 个力平衡的必要条件，当两个力相交时，可用来确定第三个力的作用线的方位。

5. 公理五——作用与反作用公理

两个物体间相互作用力，总是同时存在的，它们大小相等，方向相反，并沿同一直线分别作用在这两个物体上。这一性质称为作用与反作用公理。

物体间的作用力与反作用力总是同时出现，同时消失。可见，自然界中的力总是成对地存在，而且同时作用在相互作用的两个物体上。这个公理概括了任何两物体间的相互作用的关系，不论对刚体或变形体，不管物体是静止的还是运动的都适用。

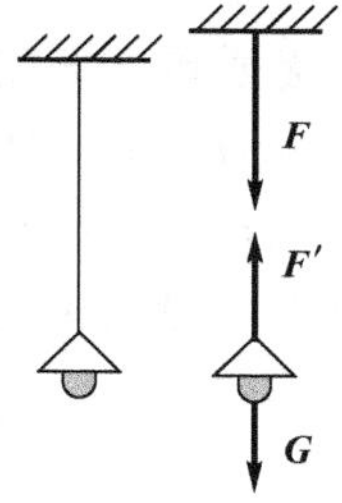

图 1.10　作用力与反作用力示例

应该注意，作用和反作用公理所建立的作用力与反作用力之间的关系，以及二力平衡公理所建立的两个平衡力之间的关系，都表达为两个力共线、等值、反向，但这两个公理存在着本质上的差别。二力平衡公理所指的是作用在同一刚体上的两个力；而作用和反作用公理所指的是分别作用在两个相互作用的刚体上的两个力。

如图 1.10 所示，灯给绳的力 $\boldsymbol{F}$ 与绳给灯的力 $\boldsymbol{F}'$ 是一对作用力与反作用力。

记清楚各个公理的适用条件和适用范围，分清各公理之间的关系。

1.3 受力分析

1.3.1 约束与约束反力

工程上所遇到的物体通常分两种：自由体和非自由体。物体在空间的位移不受任何限制的称为自由体，如在空中自由飞行的飞机、火箭等；位移受到其他物体的限制的物体称为非自由体，如在铁轨上行驶的机车、支撑在墙体上而静止不动的屋架、悬挂的重物等，因为受到其他物体的限制，使其在某些方向不能运动。这种阻碍物体运动的限制条件称为约束。通常，限制条件是由非自由体周围的其他物体构成的，因此，也将这种限制非自由体某些位移的周围物体称为约束，如铁轨限制机车必须沿轨道行驶、吊绳限制重物不能下落等，铁轨对于机车、吊绳对于被吊起的重物等都是约束。

既然约束限制了物体的位移或者阻碍了物体的运动，也就是约束能够改变物体的运动状态。因此约束对物体的作用实际上就是力，这种力被称为约束反力或约束力，也简称反力。从约束对物体的作用可以看出，约束反力的作用点就在约束与被约束的物体的接触点，其方向总是与约束所能阻碍的物体的运动或运动趋势的方向相反，大小可以通过计算求得。

工程上通常把能使物体主动产生运动或运动趋势的力称为主动力，如重力、风力、推力、拉力等。通常主动力是已知的，而约束反力是未知的，它不仅与主动力的情况有关，同时也与约束类型有关。下面介绍工程实际中常见的几种约束类型及其约束反力的特性。

1. 柔性约束

由柔软的绳索、链条或传动带等构成的约束都属于柔性约束。理想化条件：绝对柔软、无质量、无粗细、不可伸长或缩短。由于柔性约束本身只能承受拉力，所以它对物体的约束力也只可能是拉力。如图 1.11(a)所示，用绳索悬挂一物体，绳索的约束反力作用于接触点，方向沿绳索的中心线而背离物体，为拉力，受力示意如图 1.11(b)所示。柔性约束力一般用 $\boldsymbol{F}$ 表示。

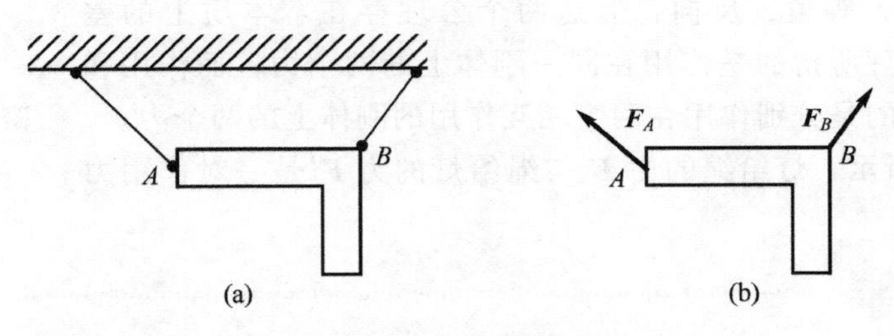

图 1.11 柔性约束示例

2. 光滑接触面约束

当物体的接触面非常光滑，其摩擦力可以忽略时，就构成了光滑接触面约束。这时，不论支撑面的形状如何，光滑支撑面只能限制物体沿着接触表面公法线朝接触面方向运动，而不能限制物体沿其他方向的运动。光滑接触面约束对物体的约束反力作用于接触点，方向为沿接触面的公法线且指向受力物体。这种约束反力也称为法向反力，一般用 $\boldsymbol{F}_N$ 表示，如图 1.12 所示。

物体与光滑接触面的接触形式一般有以下 3 种类型。

(1) 面与面接触。约束反力方向垂直于公切面指向受力物体，如图 1.12 所示。

(2) 点与面接触。约束反力方向垂直于面在该点处的切线指向受力物体，如图 1.13 中 $\boldsymbol{F}_{NA}$，$\boldsymbol{F}_{NB}$所示。

(3) 点与线接触。约束反力方向垂直于线指向受力物体，如图 1.13 中 $\boldsymbol{F}_{NC}$所示。

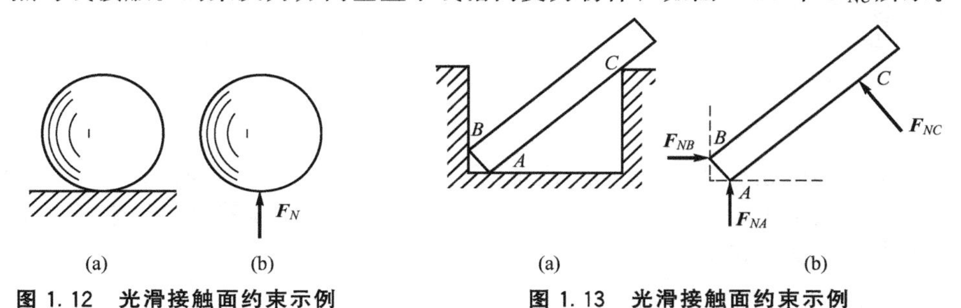

图 1.12 光滑接触面约束示例　　图 1.13 光滑接触面约束示例

3. 铰链联结

工程上常用销钉来联结构件或零件，这类约束只限制相对移动不限制转动，且忽略销钉与构件间的摩擦。若两个构件用销钉联结起来，这种约束称为铰链联结，简称铰联结，而联结件习惯上被简称为铰，图 1.14(a)所示，铰链联结可简化为图 1.14(b)所示。

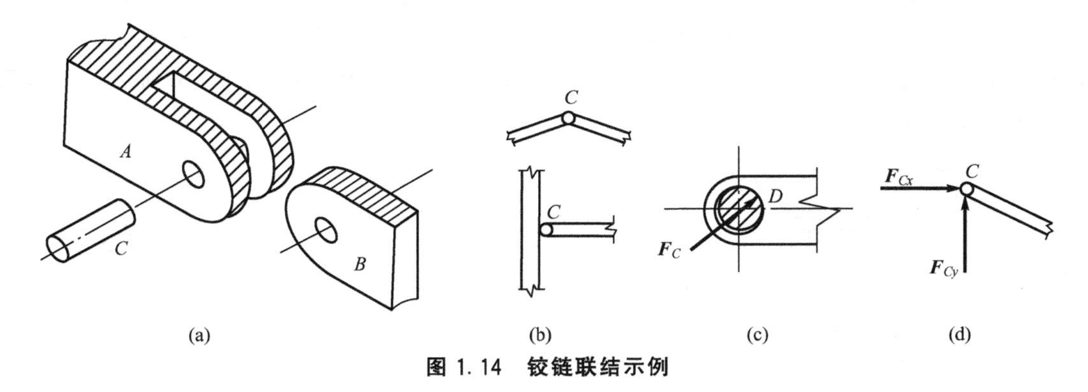

图 1.14 铰链联结示例

铰链联结只能限制物体在垂直于销钉轴线的平面内相对移动，但不能限制物体绕销钉轴线相对转动。如图 1.14(c)所示，铰链联结的约束反力作用在销钉与物体的接触点 D，但由于销钉与销钉孔壁接触点与被约束物体所受的主动力有关，一般不能预先确定，所以约束反力 F_C 的方向也不能确定。因此，其约束反力作用在垂直于销钉轴线平面内，通过销钉中心，方向不定。为计算方便，铰链联结的约束反力常用过铰链中心两个大小未知的正交分力 $\boldsymbol{F}_{Cx}$，$\boldsymbol{F}_{Cy}$ 来表示，如图 1.14(d)所示，两个分力的指向可以假设。

4. 固定铰支座

将结构或构件用圆柱形光滑销钉与固定支座联结就构成了固定铰支座，如图 1.15(a)所示。固定铰支座又称铰链支座，简称铰支座。

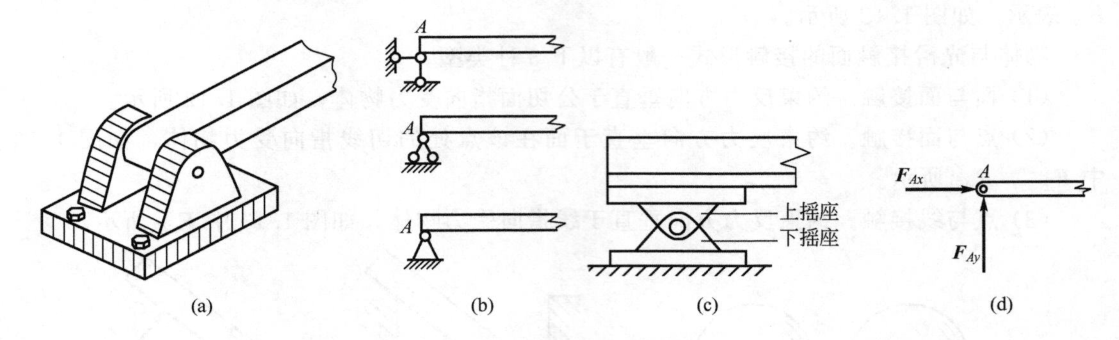

图 1.15　固定铰支座示例

销钉既不能阻止构件的转动，也不能阻止构件沿销钉轴线方向的移动，只能阻止构件在垂直销钉轴线的平面内移动。固定铰支座的约束反力与铰链联结的约束反力完全相同。

简化记号和约束反力如图 1.15(b)和图 1.15(d)所示。

5. 可动铰座支

工程上为了适应某些结构物的变形需要，经常采用可以滚动的辊轴支座，也称活动铰支座。一般的辊轴支座，是在固定铰支座下装上几个辊轴构成，如图 1.16(a)所示。辊轴支座可以沿支撑面滚动，以便当温度等变化时构件伸长或缩短，两支座之间的距离有微小的变化。

辊轴支座只能限制物体沿支承面法线方向运动，而不能限制物体沿支承面切线方向移动，也不能限制物体绕销钉轴线转动。所以其约束反力垂直于支承面，过销钉中心，可能是拉力也可能是压力，指向可假设。辊轴支座的简化表示方法如图 1.16(b)所示，约束反力如图 1.16(c)所示。

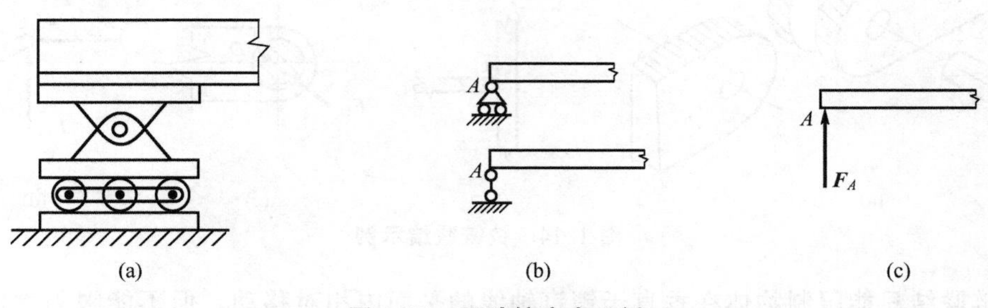

图 1.16　可动铰座支示例

6. 链杆约束

两端以铰与其他物体联结中间不受力且不计自重的刚性直杆称为链杆，如图 1.17(a)所示。链杆只能限制物体沿链杆轴线方向运动，而不能阻止其他方向的运动，因此链杆的约束反力沿着链杆两端中心连线，指向可能为拉力也可能为压力。链杆的简化表示方法如图 1.17(b)所示，约束反力如图 1.17(c)所示。链杆属于二力杆的一种特殊情形。

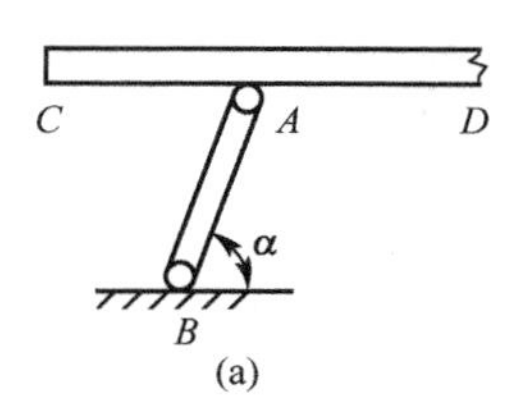

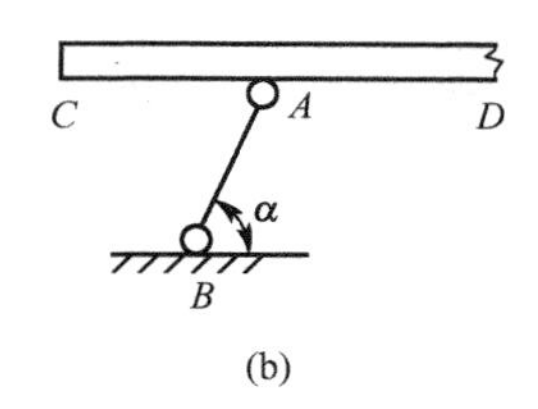

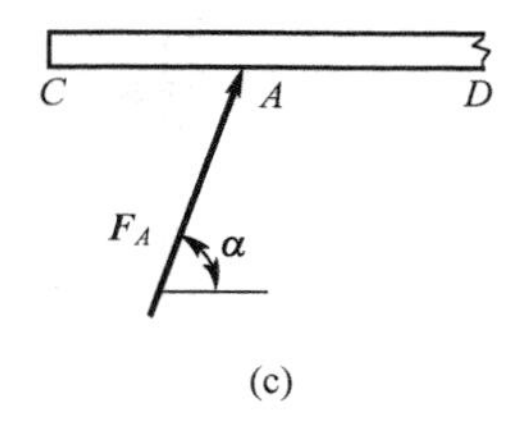

图 1.17 链杆约束示例

7. 固定端支座

将构件的一端插入一固定物体(如墙)中，就构成了固定端约束。如图 1.18(a)、(b)所示。固定端支座的简化表示方法如图 1.18(c)所示。在固定端支座联结处具有较大的刚性，被约束的物体在该处被完全固定，既不能相对移动也不可转动。固定端的约束反力，一般用两个正交分力 $\boldsymbol{F}_{Ax}$、$\boldsymbol{F}_{Ay}$ 和一个约束反力偶 $\boldsymbol{M}_A$ 来代替，如图 1.18(d)所示。

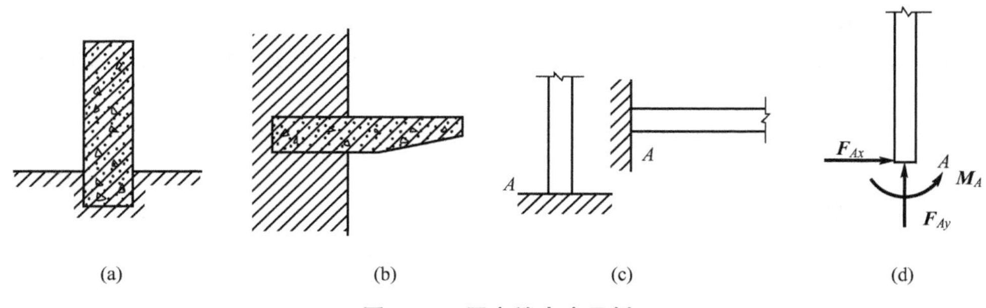

图 1.18 固定端支座示例

1.3.2 物体的受力分析与受力图

在工程实践中，为了求出作用于物体上的未知约束力，需要根据已知力应用力学关系求解。因此，必须对物体的受力情况作全面的分析，确定物体受了几个主动力和约束力作用，并判断每一个力的作用位置和作用方向，这个过程称为物体的受力分析，它是力学计算的前提和关键。

物体的受力分析包含两个步骤：①把需要研究的物体从与它相联系的周围物体中分离出来，解除全部约束，单独画出该物体的图形，称为取研究对象或取分离体；②在研究对象上相应的位置画出全部主动力和约束反力，这种表示物体所有受力情况的图称为画受力图。

下面举例说明物体受力分析的方法及受力图的画法。

应用案例1-3

水平梁AB用斜杆CD支撑，A、C、D这3处均为光滑铰链联结，如图1.19(a)所示。梁上放置一重为$\boldsymbol{G}_1$的电动机。已知梁重为$\boldsymbol{G}_2$，不计杆CD自重，试分别画出杆CD和梁AB的受力图。

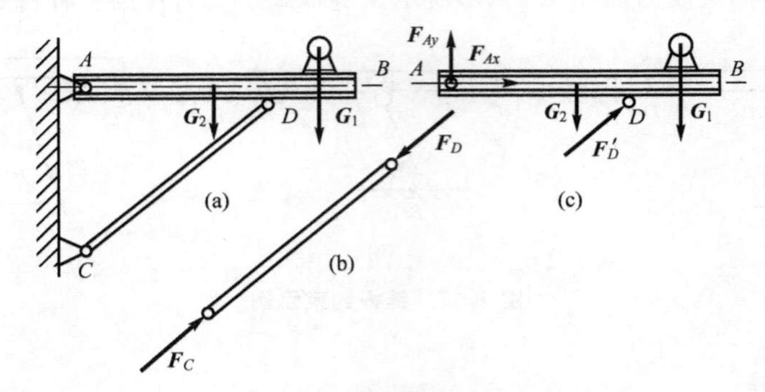

图1.19　应用案例1-3图

解：(1) 取CD为研究对象。由于斜杆CD自重不计，只在杆的两端分别受有铰链的约束反力F_C和F_D的作用，由此判断CD杆为二力杆。根据公理，F_C和F_D两力大小相等、沿铰链中心连线CD方向且指向相反。斜杆CD的受力图如图1.19(b)所示。

(2) 取梁AB(包括电动机)为研究对象。它受$\boldsymbol{G}_1$、$\boldsymbol{G}_2$两个主动力的作用；梁在铰链D处受二力杆CD给它的约束反力$\boldsymbol{F}'_D$的作用，根据公理四，$\boldsymbol{F}'_D=-\boldsymbol{F}_D$；梁在$A$处受固定铰支座的约束反力，由于方向未知，可用两个大小未知的正交分力$\boldsymbol{F}_{Ax}$和$\boldsymbol{F}_{Ay}$表示。梁AB的受力图如图1.19(c)所示。

应用案例1-4

简支梁两端分别为固定铰支座和可动铰支座，在C处作用一集中荷载$\boldsymbol{F}$，如图1.20(a)所示，梁重不计，试画梁AB的受力图。

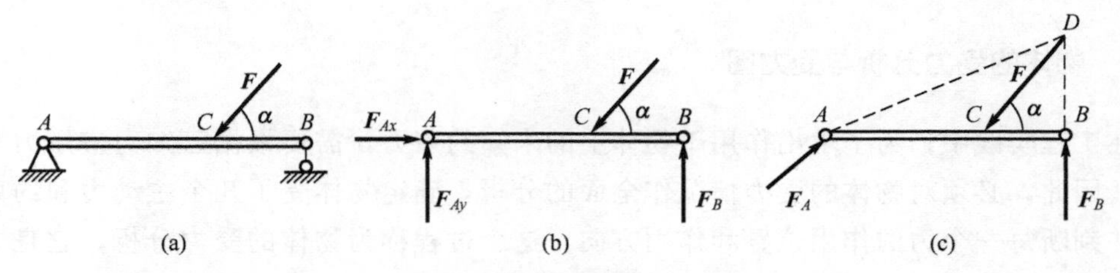

图1.20　应用案例1-4图

解：取梁AB为研究对象。作用于梁上的力有集中荷载$\boldsymbol{F}$，A为支座固定铰支座反力大小方向未知，支座反力$\boldsymbol{F}_{Ax}$和$\boldsymbol{F}_{Ay}$；B为可动铰支座六位铅垂向上大小未知，支座反力$\boldsymbol{F}_B$如图1.20(b)所示。利用三力平衡汇交定理，梁受3个力作用而平衡，故可确定$\boldsymbol{F}_A$的方向。用点 D 表示力 $\boldsymbol{F}$ 和 $\boldsymbol{F}_B$ 的作用线交点。$\boldsymbol{F}_A$ 的作用线必过交点 D，如图 1.20(c)所示。

应用案例 1-5

三铰拱桥由左右两拱铰接而成，如图 1.21(a)所示。设各拱自重不计，在拱 AC 上作用荷载 $\boldsymbol{F}$。试分别画出拱 AC 和 CB 的受力图。

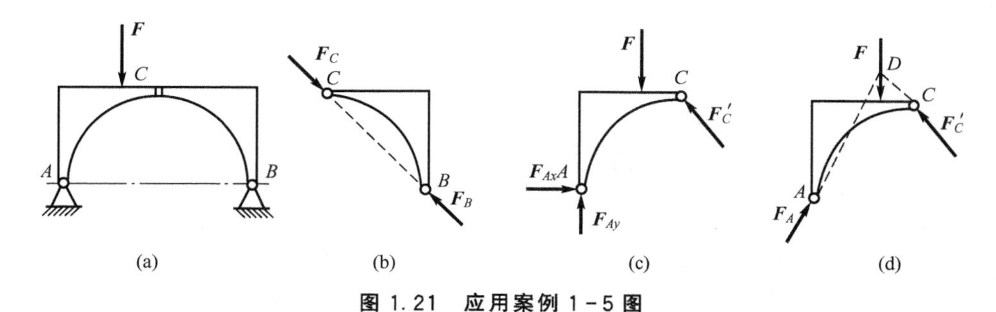

图 1.21 应用案例 1-5 图

解：(1) 取拱 CB 为研究对象。由于拱自重不计，且只在 B、C 处受到铰约束，因此 CB 为二力构件。在铰链中心 B、C 分别受到 $\boldsymbol{F}_B$ 和 $\boldsymbol{F}_C$ 的作用，且 $F_B=-F_C$。拱 CB 的受力图如图 1.21(b)所示。

(2) 取拱 AC 连同销钉 C 为研究对象。由于自重不计，主动力只有荷载 $\boldsymbol{F}$；点 C 受拱 CB 施加的约束反力 F_C'，且 $F_C'=-F_C$；点 A 处的约束反力可分解为 $\boldsymbol{F}_{Ax}$ 和 $\boldsymbol{F}_{Ay}$。拱 AC 的受力图如图 1.21(c)所示。

又因为拱 AC 在 $\boldsymbol{F}$、$\boldsymbol{F}_C'$ 和 $\boldsymbol{F}_A$ 三力作用下平衡，根据三力平衡汇交定理，可确定出铰链 A 处约束反力 $\boldsymbol{F}_A$ 的方向。点 D 为力 $\boldsymbol{F}$ 与 $\boldsymbol{F}_C'$ 的交点，当拱 AC 平衡时，$\boldsymbol{F}_A$ 的作用线必通过点 D，如图 1.21(d)所示，$\boldsymbol{F}_A$ 的指向，可先作假设，以后由平衡条件确定。

应用案例 1-6

图 1.22(a)所示系统中，物体 F 重 G，其他和构件不计自重。作(1)整体；(2)AB 杆；(3)BE 杆；(4)杆 CD、轮 C、绳及重物 F 所组成的系统的受力图。

解：整体受力分析，图 1.22(a)所示系统中，自重荷载为 G，A 处为固定端支座约束，其约束反力有两个相互垂直反力和一个约束反力偶，铰 C、D、E 和 G 点这四处的约束反力对整体来说是内力，画受力图时不应画出。整体受力图如图 1.22(b)所示。

杆件 AB 受力分析，杆件 AB 在 A 处为固定端支座约束，在 B、D 处分别为铰链连接约束，去约束后其约束反力 A 处有两个相互垂直反力和一个约束反力偶，铰 B、D 处分别为两个相互垂直反力。杆件 AB 受力图如图 1.22(c)所示。

杆件 BE 受力分析，杆件 BE 在 B、E 处分别为铰链连接约束，在 G 处为柔性约束，去约束后其约束反力杆件 BE 上 B 点的反力 $\boldsymbol{F}_{BX}'$ 和 $\boldsymbol{F}_{BY}'$ 是 AB 上 $\boldsymbol{F}_{BX}$ 和 $\boldsymbol{F}_{BY}$ 反作用力，等值、反向，铰 E 处为两个相互垂直反力，G 处为绳的拉力。杆件 BE 受力图如图 1.22(d)所示。

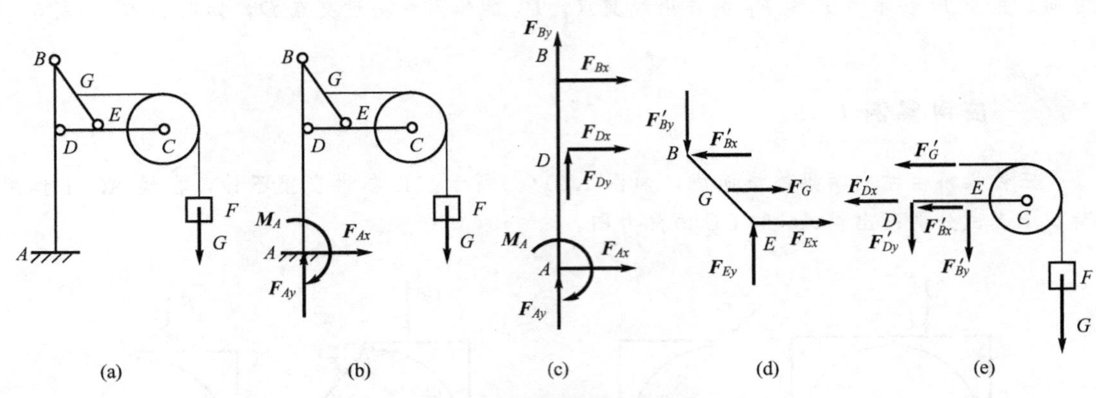

图 1.22 应用案例 1-6 图

杆件 CD、轮 C、绳和重物 F 所组成的系统的受力分析，系统在杆件 CD 上分别受 D、E 铰链连接约束，在 G 处为柔性约束，去约束后其上的约束反力分别是图 1.22(c)和图 1.22(d)上相应力的反作用力，它们的指向分别与相应力的指向相反。如 $\boldsymbol{F}'_{EX}$ 是图 1.21(d)上 $\boldsymbol{F}_{EX}$ 的反作用力，力 $\boldsymbol{F}'_{EX}$ 的指向应与力 $\boldsymbol{F}_{EX}$ 的指向相反，不能再随意假定。铰 C 的反力为内力，受力图上不应画出。杆件 CD、轮 C、绳和重物 F 所组成的系统的受力图如图 1.22(e)所示。

在画受力图时应注意如下几个问题。

(1) 明确研究对象并画出分离体。分离体图作出后，观察分离体与哪些相邻的物体有机械作用，从而了解分离体受哪些力的作用。受力图上所有力的受力物体是分离体本身，所有力的施力物体都是分离体以外的与分离体有接触的其他物体。

(2) 要先画出全部的主动力。

(3) 明确约束反力的个数。凡是研究对象与周围物体相接触的地方，都一定有约束反力，不可随意增加或减少。要根据约束的类型画约束反力。即按约束的性质确定约束反力的作用位置和方向，不能主观臆断。

(4) 二力杆要优先分析。其约束力必须按二力平衡公理来画。

(5) 对物体系统进行分析时注意同一约束，在几个不同的受力图上出现时，各受力图上对同一约束力所假定的指向必须相同；在分析两个相互作用的力时，应遵循作用和反作用公理，作用力方向一经确定，则反作用力必与之相反，不可再假设指向。

(6) 若研究对象不是单独一个物体，而是由几个物体组成时，研究对象内各物体之间的相互作用力是内力，不必画出。

(7) 若研究对象受力情况满足三力平衡汇交定理的条件，则应按其特点画约束力。

特 别 提 示

(1) 认清约束的种类和性质，熟练掌握约束反力的做法。

(2) 画受力图时严格按照受力分析的几步做。

(3) 按照约束的性质画约束反力。

(4) 如果满足静力学基本公理的一定要按公理来画受力图。

本章小结

(1) 荷载作用性质可分为静荷载和动荷载；按作用时间的长短可分为恒荷载和活荷载；按分布情况可分为集中荷载和分布荷载。

(2) 力是物体之间相互的机械作用，其作用效果是使物体的运动状态发生变化，或者使物体发生变形。力是矢量。力的三要素是力的大小、力的方向和力的作用点。

(3) 刚体与质点是真实物体经过抽象化而得到的理想化模型，在自然界中并不存在。

(4) 静力学公理阐明了力的基本性质。二力平衡公理是最基本的力系平衡条件；加减平衡力系公理是力系等效代换与简化的理论基础；力的平行四边形法则说明了力的矢量运算法则；三力平衡汇交定理实际上是二力平衡公理、加减平衡力系公理和力的平行四边形公理的推理；作用与反作用公理揭示了力的存在形式与力在物体系统内部的传递方式。

二力平衡公理、加减平衡力系公理和力的可传性原理仅适用于刚体。

(5) 约束要与被约束物体接触才能实现，约束本质上是一种力的作用。约束反力是被动力，约束类型不同，约束反力也不同。

工程上常见约束的类型如下。

① 柔性约束，只能承受沿绳索中心线方向的拉力。

② 光滑接触面约束，只能承受位于接触点的法向压力。

③ 铰链联结，固定铰支座，能限制物体沿垂直于销钉轴线方向的移动，一般表示为两个正交分力。

④ 链杆，固定端支座，能限制物体沿任何方向的移动和转动，可用两个正交约束反力和一个约束反力偶表示。

(6) 画受力图的基本步骤如下。

① 确定研究对象，取分离体。

② 画主动力(荷载)。

③ 画约束反力。

④ 检查所画的受力图。

画约束力时要充分考虑约束的性质，然后在解除约束的位置上画出相应的约束反力。系统的受力图上只画外力，不画内力；凡属二力构件的物体，其约束力必须按二力平衡公理来画；若研究对象受力情况满足三力平衡汇交定理的条件，则应按其特点画约束反力；各物体间的相互作用力要符合作用和反作用的关系。

习题

一、判断题

1. 力有两种作用效果，即力可以使物体的运动状态发生变化，也可以使物体发生变形。 (　　)

2. 二力平衡公理给出一个十分重要的特征，物体平衡的作用力的合力一定等于零。（　）

3. 三力平衡定理指出：三力汇交于一点，则这三个力必然互相平衡。（　）

4. 约束力的方向总是与约束所能阻止的被约束物体的运动方向一致的。（　）

5. 永久荷载是指长期作用在结构上的不变的荷载。例如楼板的自重、梁的自重、土压力、风荷载均是永久荷载。（　）

二、单项选择题

1. 不属于刚体上的力的三要素是（　）。

A. 力的大小　B. 力的作用线　C. 力的方向　D. 力的作用点

2. 作用于同一点的任意两个分力，其合力一定（　）。

A. 大于分力　B. 小于分力　C. 等于分力　D. 无法肯定

3. 人拉车前进时，人拉车的力与车拉人的力的大小关系为（　）。

A. 前者大于后者　B. 前者小于后者

C. 相等　D. 可大可小

4. 只能限制物体沿垂直于支承面方向的运动，而不能限制物体绕铰链轴线转动和沿支承面方向运动的支座为（　）。

A. 固定铰支座　B. 固定端支座　C. 可动铰支座　D. 光滑接触面约束

5. 两直角刚杆 AC、CB 结构如图 1.23 所示，在铰 C 处受力 F 作用，则 A 处约束反力与 x 轴正向所成的夹角为（　）。

A. 30°　B. 45°　C. 90°　D. 135°

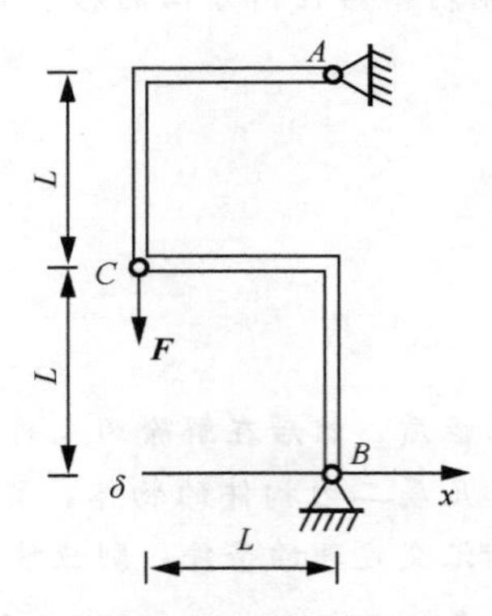

图 1.23　选择题 5 图

三、填空题

1. 力对物体的作用效果取决于________、________、________。

2. 一刚体受共面而不平行的三个力作用而平衡时，这三个力的作用线必然________。

3. 二力平衡和作用反作用定律中的两个力，都是等值、反向、共线的，所不同的是________。

四、受力图题

1. 作图 1.24 所示杆件的受力图。各接触面均为光滑面，并且杆件自重不计。

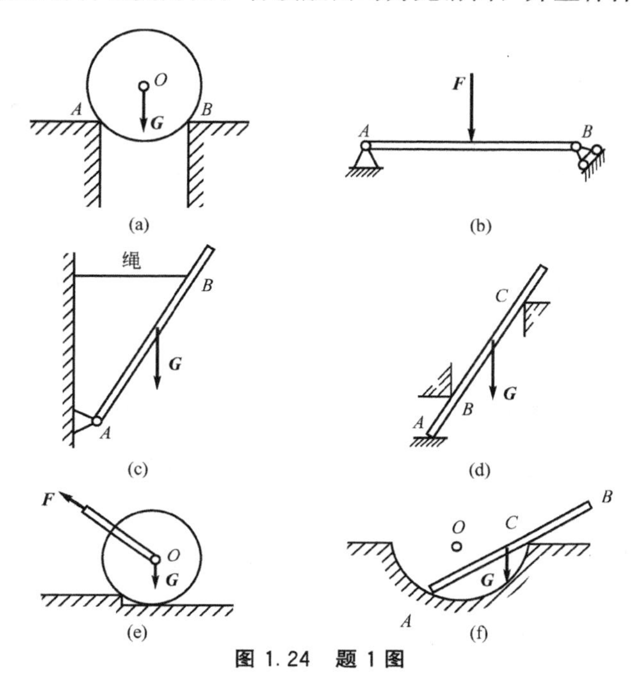

图 1.24 题 1 图

2. 作图 1.25 所示系统中杆 AC、CD、DF 及整体的受力图，杆件自重不计。

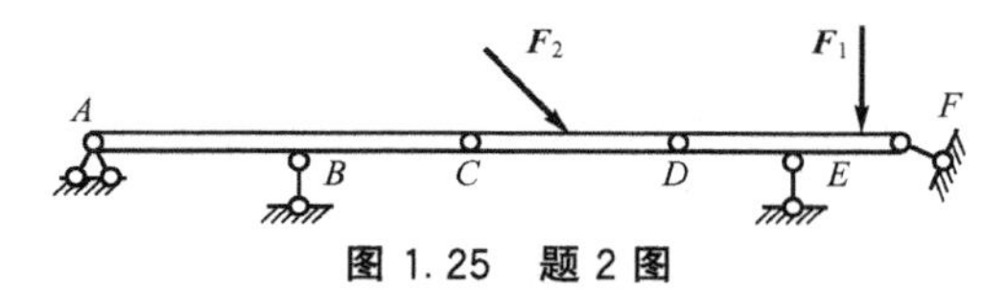

图 1.25 题 2 图

3. 如图 1.26 所示，物体重力为 $\boldsymbol{G}$，轮 O 及其他直杆的自重不计。作杆 BC 及轮 O 的受力图。

4. 如图 1.27 所示结构在力 $\boldsymbol{F}$ 的作用下处于平衡状态，杆件自重不计，试画出各杆件的受力图及整体受力图。

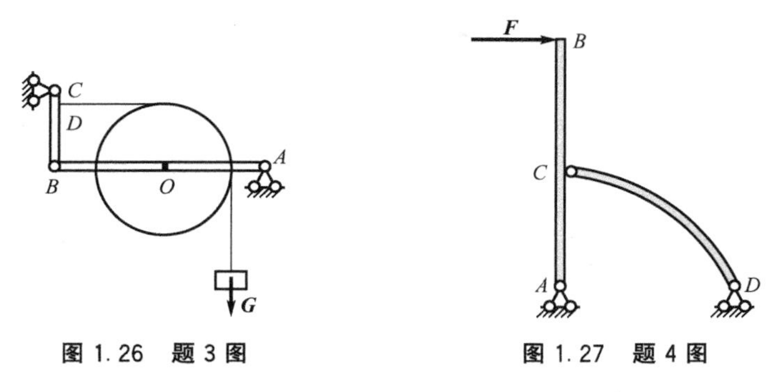

图 1.26 题 3 图　　图 1.27 题 4 图

5. 试画出图 1.28 所示结构中杆 AB、CD 及整体受力图。杆件自重不计。

6. 图 1.29 所示结构中，物体重力为 $\boldsymbol{G}$，轮 O 及其他直杆的自重不计。作杆 BC、AB、CD 及轮 O 的受力图。

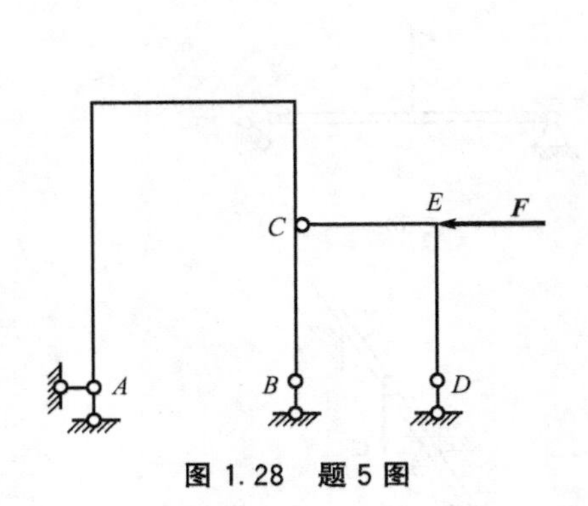

图 1.28　题 5 图

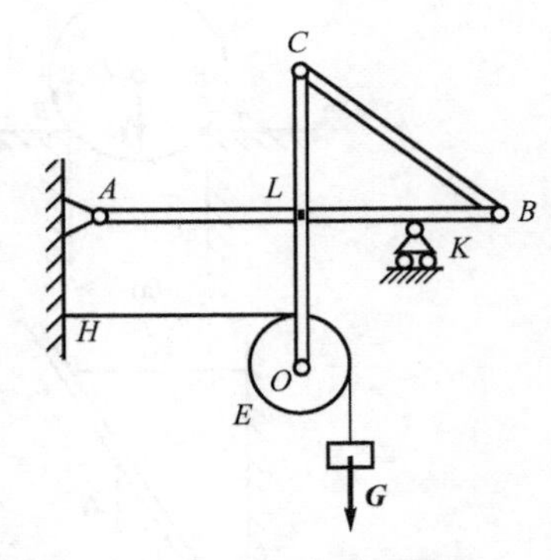

图 1.29　题 6 图

7. 某梁截面宽 $b=20\text{cm}$，高 $h=45\text{cm}$，梁的材料自重 $r=24\text{kN/m}^3$。试计算梁的均布线荷载。

8. 钢筋混凝土楼面板构造如图 1.30 所示，已知楼板尺寸 $a\times b=6\text{m}\times 6\text{m}$，钢筋混凝土材料自重。$\gamma=25\text{kN/m}^3$，水泥砂浆材料自重 $\gamma=17\text{kN/m}^3$，混合砂浆材料自重 $\gamma=15\text{kN/m}^3$，试计算板的均布线面荷载。

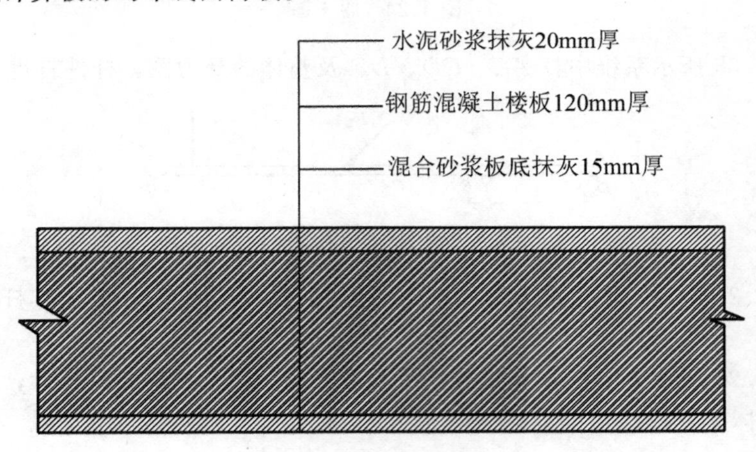

图 1.30　题 8 图

第2章

平面力系平衡方程及应用

教学目标

掌握力的投影、力矩、力偶矩3种力的计算，掌握平面力系的分类，熟悉平面汇交力系，平面力偶系，平面任意力系的合成与平衡条件及平衡方程，具有应用平衡方程求约束反力或未知量的能力。

教学要求

能力目标	知识要点	相关知识	权重(%)
力的投影、力矩、力偶矩的计算	力的投影、力矩、力偶矩三力概念，计算公式及方法	荷载、荷载的单位；合力投影定理、合力矩定理；力偶及其性质	30
认知平面各力系	平面汇交力系，平面力偶系，平面任意力系划分	荷载、约束反力，受力图	10
应用平衡方程求解物体和物体系的平衡问题	力的平移定理，力系的简化，平衡条件、平衡方程	受力分析画受力图，力的投影、力矩、力偶矩的计算，平衡方程	60

引 例

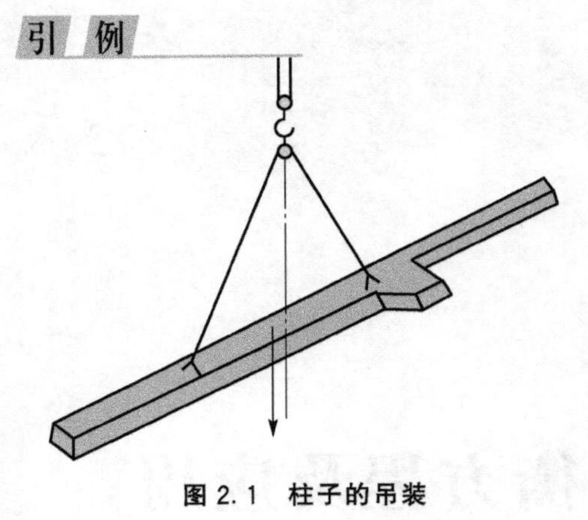

图 2.1 柱子的吊装

土木工程施工过程中存在着很多力学问题，如单层工业厂房结构安装中的构件吊装，构件的吊装工艺包括绑扎、吊升、对位、临时固定、校正、最后固定等工序。如图 2.1 所示柱子的两点吊装，柱的绑扎位置决定着柱子吊装时是否能够平吊，这就存在吊点的选择问题，选择哪两点吊装柱子能使柱子吊装时处于水平状态，这类问题就属平面力系平衡问题。柱子吊装时一般采用钢丝绳，钢丝绳受力过大将断裂，计算钢丝绳受力大小时，两根钢丝绳之间的夹角与钢丝绳受力大小的关系问题就属平衡方程应用问题。因此，本章知识对土木工程承载力计算起着重要的基础性作用，应认真学习提高能力、熟练掌握外力的分析与计算本领。

2.1 力的投影、力矩和力偶矩的计算

2.1.1 力的投影计算

力是矢量，是有大小有方向的量。若按矢量计算方法解决平衡问题较难且不实用，力的投影计算是把力的矢量计算转换成标量计算，力只计算大小，力的方向用坐标轴指向表示。

1. 力的投影计算公式

如图 2.2 所示，力 $\boldsymbol{F}$ 作用于物体的 A 点，大小用线段 AB 表示，方向与水平轴夹角为 α，力 $\boldsymbol{F}$ 在 x、y 轴上的分力分别用 $\boldsymbol{F}_x$、$\boldsymbol{F}_y$ 矢量表示。力 $\boldsymbol{F}$ 在 x 轴上的投影是将力 $\boldsymbol{F}$ 的两端点 A 和 B 分别向坐标轴 x 作垂线，两垂足间线段 ab，即是力 $\boldsymbol{F}$ 投影在 x 轴上的大小，方向用正负号表达称为力 $\boldsymbol{F}$ 在 x 轴上的投影，用 F_x 标量表示。同样线段 $a'b'$加上正负号称为力 $\boldsymbol{F}$ 在 y 轴上的投影，用 F_y 表示。由图可知力 $\boldsymbol{F}$ 在 x、y 轴上投影的大小等于力 $\boldsymbol{F}$ 的分力 F_x、F_y 的大小。

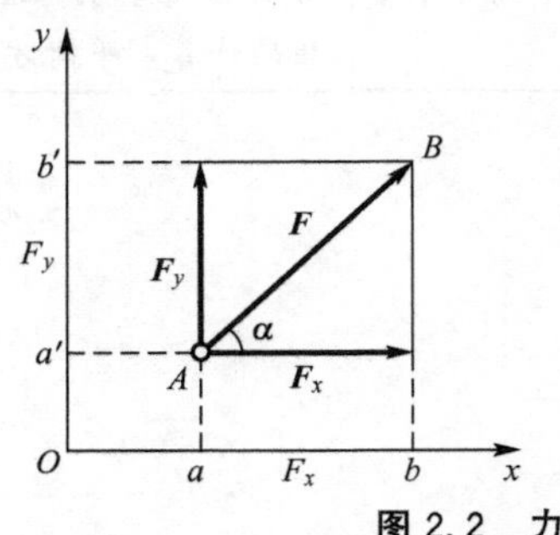

图 2.2 力的投影示例

力的投影计算公式为

$$F_x = \pm F\cos\alpha$$
$$F_y = \pm F\sin\alpha \tag{2-1}$$

力的投影计算公式中的正负号代表了力投影后的指向，正负号的规定是当力投影后箭头的指向与坐标轴的指向一致时取正号，反之取负号。计算力的投影时一般用力与坐标轴所夹的锐角来进行计算。

应用案例 2-1

已知 $F_1=F_2=F_3=F_4=200\text{N}$，各力的方向如图 2.3 所示，试分别求解各力在 x 轴和 y 轴上的投影。

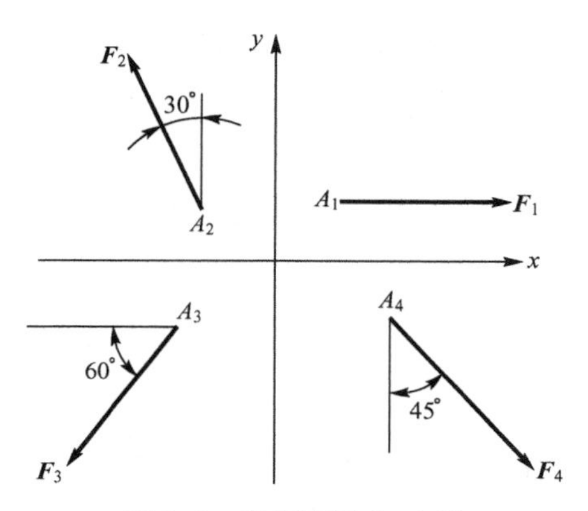

图 2.3 应用案例 2-1 图

解：根据力的投影计算公式，采用列表计算，计算结果如表 2-1 所示。

表 2-1 力的投影计算表

力	力在 x 轴上的投影	力在 y 轴上的投影
$\boldsymbol{F}_1$	$200\text{N}\times\cos0°=200\text{N}\times1=200\text{N}$	$200\text{N}\times\sin0°=200\text{N}\times0=0$
$\boldsymbol{F}_2$	$-200\text{N}\times\sin30°=-200\text{N}\times\frac{1}{2}=-100\text{N}$	$200\text{N}\times\cos30°=100\sqrt{3}\text{N}=173.2\text{N}$
$\boldsymbol{F}_3$	$-200\text{N}\times\cos60°=-200\text{N}\times\frac{1}{2}=-100\text{N}$	$-200\text{N}\times\sin60°=-100\sqrt{3}\text{N}=-173.2\text{N}$
$\boldsymbol{F}_4$	$200\text{N}\times\sin45°=100\sqrt{2}\text{N}=141.4\text{N}$	$-200\text{N}\times\cos45°=-100\sqrt{2}\text{N}=-141.4\text{N}$

特别提示

应用案例 2-1 中 $\boldsymbol{F}_1$ 力的特点是平行 x 轴垂直 y 轴，计算结果 $F_{x1}=200\text{N}$ 是 $\boldsymbol{F}_1$ 力大小，$F_{y1}=0$。由此可见当力平行某坐标轴时力在该轴投影等于这个力的大小，力在另一坐标轴的投影为零。

若力 $\boldsymbol{F}$ 在坐标轴的投影 F_x、F_y 已知，由图 2.2 力的投影示例中 $\boldsymbol{F}$ 大小与力的投影 F_x、F_y 可构成直角的几何关系，则用下列公式计算力 $\boldsymbol{F}$ 的大小和方向，即

$$F=\sqrt{F_x^2+F_y^2}$$
$$\tan\alpha=\frac{|F_y|}{|F_x|} \qquad (2-2)$$

2. 合力投影定理

合力投影定理建立了作用在一点上的力系，反应其合力在坐标轴上的投影与各分力在同一轴上的投影之间的关系，用 $\boldsymbol{F}_{Rx}$ 代表合力在 x 轴上的投影、用 $\boldsymbol{F}_{Ry}$ 代表合力在 y 轴上的投影。

合力投影定理：力系的合力在任一轴上的投影，等于力系中各力在同一轴上的投影的代数和，即

$$\boldsymbol{F}_{Rx}=F_{x1}+F_{x2}+\cdots+F_{xn}=\sum F_x$$
$$\boldsymbol{F}_{Ry}=F_{y1}+F_{y2}+\cdots+F_{yn}=\sum F_y \qquad (2-3)$$

合力 $\boldsymbol{F}_R$ 的大小为

$$F_R=\sqrt{\boldsymbol{F}_{Rx}^2+\boldsymbol{F}_{Ry}^2}=\sqrt{(\sum F_x)^2+(\sum F_y)^2} \qquad (2-4)$$

2.1.2 力矩的计算

1. 力矩计算公式

力对物体的作用能使物体产生移动和转动两种效应。力对物体的转动效应用力矩度量，如图 2.4 所示。

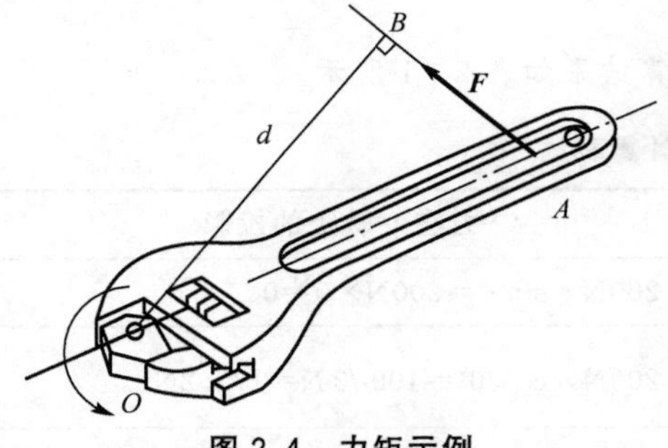

图 2.4 力矩示例

O 点称为矩心，矩心到力 $\boldsymbol{F}$ 作用线的垂直距离 d 称为力臂，把力 $\boldsymbol{F}$ 与力臂 d 的乘积再加上正负号，表示力 $\boldsymbol{F}$ 使物体绕 O 点转动的效应，称为力对点的矩，简称力矩，用 $M_0(F)$ 或 M_0 表示，即

$$M_0(F)=\pm \boldsymbol{F}d \qquad (2-5)$$

正负号的规定是力使物体绕矩心作逆时针方向转动时力矩为正，反之为负。

力矩的单位是牛［顿］米（N·m）或千牛［顿］米（kN·m）。

力矩的特殊情况：

(1) 当力的大小等于零或者力的作用线通过矩心时力矩等于零。

(2) 力沿作用线移动时，它对某一点的力矩不变。

2. 合力矩定理

合力矩定理建立了作用在一点上的力系，反应其合力对某一点的力矩与各分力对同一点的力矩之间的关系，用 $M_0(R)$ 表示合力矩。

合力矩定理：力系的合力对任一点的矩，等于各分力对同一点力矩的代数和。即

$$M_0(R)=M_0(F_1)+M_0(F_2)+\cdots+M_0(F_n)=\sum M_0(F) \qquad (2-6)$$

在实际应用中往往把斜向的力看成合力，然后将合力投影成两个分力，其合力矩就等于投影后两个分力对同一点的力矩的代数和。下面举例说明。

应用案例 2-2

如图 2.5 所示，已知 $F=10\text{kN}$、$l=4\text{m}$、$a=1\text{m}$、$\theta=60°$，试计算斜向力对 A 点的力矩。

解： 如果用力矩计算公式直接计算，力臂的确定将用到几何知识较为复杂。若用合力矩定理计算则把力 $\boldsymbol{F}$ 看成合力，将其在作用点 B 处投影为 $\boldsymbol{F}_x$、$\boldsymbol{F}_y$ 两个分力，计算过程为

$$\begin{aligned}\sum M_A(F)&=\sum M_A(F_x)+\sum M_A(F_y)\\&=-F_x a+F_y l=-Fa\cos60°+FL\sin60°\\&=-10\times1\times0.5+10\times4\times0.866\\&=29.64(\text{kN}\cdot\text{m})\ (↺)\end{aligned}$$

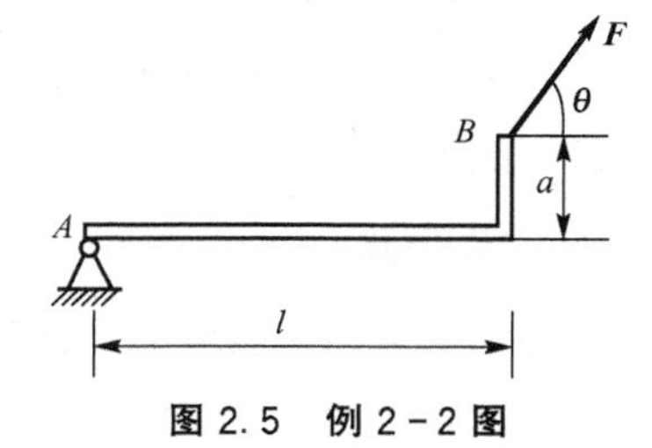

图 2.5　例 2-2 图

应用案例 2-3

如图 2.6 所示，已知 $q=20\text{kN/m}$、$l=6\text{m}$，试分别求线均布荷载对 A 点和 B 点的力矩。

解： 由荷载计算，线均布荷载为三角形时集中荷载 $F=\frac{1}{2}ql$ 作用在 C 点。$\boldsymbol{F}$ 也可看成是线均布荷载为三角形时的合力。根据合力矩定理，线均布荷载对 A 点和 B 点的力矩分别如下。

对 A 点力矩：

$$M_A(q)=-F\times\frac{1}{3}l=-\frac{1}{2}\times20\times6\times\frac{1}{3}\times6=-120(\text{kN}\cdot\text{m})\ (↻)$$

对 B 点力矩：

$$M_B(q)=F\times\frac{2}{3}l=\frac{1}{2}\times20\times6\times\frac{2}{3}\times6=240(\text{kN}\cdot\text{m})\ (↺)$$

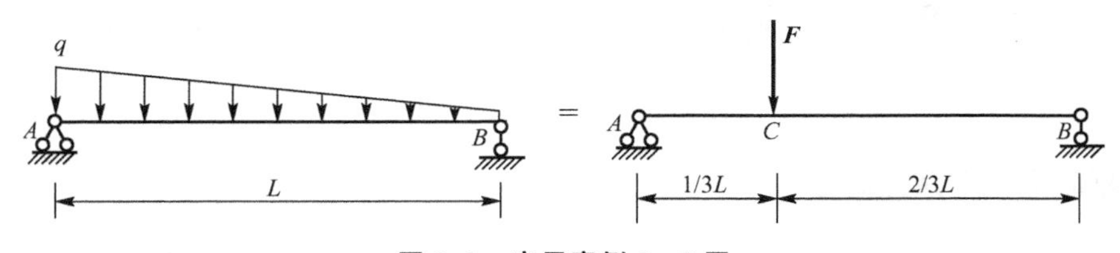

图 2.6　应用案例 2-3 图

特别提示

应用案例 2-2、应用案例 2-3 是合力矩定理应用的两个实例。应用案例 2-2 是把力 $\boldsymbol{F}$ 看成合力将其分解为两个分力，用分力计算 A 点的力矩，这是计算斜向力对某点

力矩行之有效的方法；例 2-3 是把线均布荷载看成分力将其合成为一个合力，用合力代替分布线荷载计算某点的力矩，计算时注意合力大小和作用点的位置。

2.1.3 力偶矩的计算

1. 力偶

力偶是大小相等、方向相反且不共线的两个平行力，用($\boldsymbol{F}$，$\boldsymbol{F}'$)(或带箭头的弧线)表示。力偶的作用只使物体产生转动，例如，驾驶汽车转动方向盘时两手作用在方向盘上的力就构成了力偶。

2. 力偶矩

力偶矩是用来度量力偶使物体产生转动效应大小的量值，如图 2.7 所示。

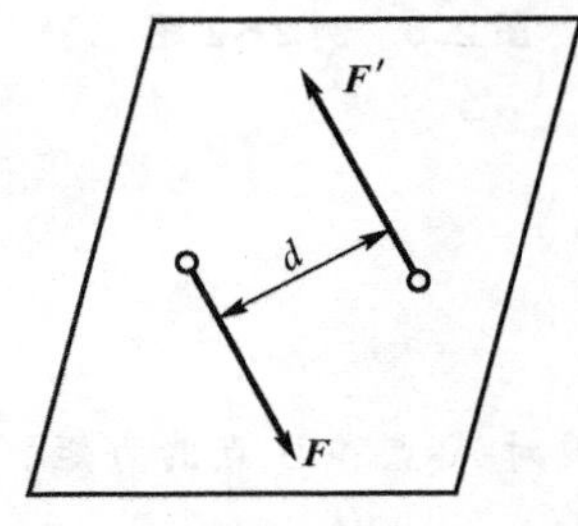

图 2.7 力偶矩示例

力偶的两个力作用线间的垂直距离称为力偶臂，用 d 表示。力偶所在的平面称为力偶作用面，其力偶矩的大小等于力 $\boldsymbol{F}$ 与力偶臂 d 的乘积，用 $M(F, F')$ 或 M 表示，即

$$M(F, F')=M=\pm Fd$$

式中正负号的规定及力偶矩单位与力矩相同。

3. 力偶的特征

(1) 力偶不能简化成一个合力，因此力偶只能和力偶平衡。

(2) 力偶在任意坐标轴上的投影为零。

(3) 力偶对其作用面内任意一点的矩恒等于力偶矩，而与矩心的位置无关。

(4) 在同一平面内的两个力偶，如果它们的力偶矩大小相等，转向相同，则这两个力偶是等效的。

力偶的特征在后继平衡条件的确定及求解平衡问题时有着重要的应用。

2.2 平面汇交力系的平衡方程及应用

2.2.1 平面汇交力系的简化

在研究物体平衡问题时，力系的作用线都在同一平面内且汇交一点称为平面交力系。例如，在工程中两点吊装构件时，吊钩与绳索所受的各力构成汇交于吊钩与绳索接触点处的平面汇交力系，如图 2.8(a)、(b)所示，平面汇交力系的简化目的是确定力系对物体作用效应从而找到平衡条件。

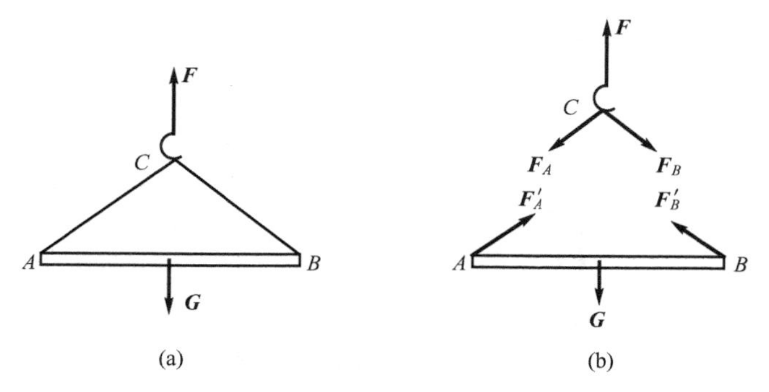

图 2.8 平面汇交力系示例

根据合力投影定理把汇交力系中的各力向 x 和 y 轴上投影计算出 F_{Rx} 和 F_{Ry}，其合力大小按式(2－7)计算：

$$F_R=\sqrt{F_{Rx}^2+F_{Ry}^2}=\sqrt{(\Sigma F_x)^2+(\Sigma F_y)^2} \tag{2-7}$$

由上式可知平面汇交力系简化的最终结果是一个合力，合力作用在汇交点上，使物体产生移动效应。

2.2.2 平面汇交力系的平衡方程

由简化可知平面汇交力系是一个合力代替了力系的作用，依据二力平衡条件要使该物体平衡必须在合力作用点处加上一个与其大小相等方向相反的力，由此得到平面汇交力系的平衡条件是平面汇交力系的合力等于零，即

$$F_R=\sqrt{(\Sigma F_x)^2+(\Sigma F_y)^2}=0$$

要满足合力等于零的条件必须是式(2－8)等于零，即

$$\Sigma F_x=0,\ \Sigma F_y=0 \tag{2-8}$$

式(2－8) 称为平面汇交力系的平衡方程。其适用条件是研究对象受平面汇交力系作用，并处于平衡状态，未知力小于等于 2。

2.2.3 平衡方程及应用

应用案例 2－4

如图 2.9 所示，吊装构件为钢筋混凝土梁，其截面尺寸 $b\times h=250\text{mm}\times 500\text{mm}$，长 $l=6\text{m}$ 试求绳拉力的大小(钢筋混凝土自重 $\gamma=25\text{kN/m}^3$)。

解：(1) 确定研究对象。本题有两个研究对象可供选取，梁或绳与吊钩的汇交点 C。

(2) 受力分析。受力图如图 2.9(a)所示。未知力 F_{AC}、F_{BC}，由整体二力平衡条件 $F=G$。

(3) 建立直角坐标系，如图 2.9(b)所示。

(4) 列平衡方程求未知力，即

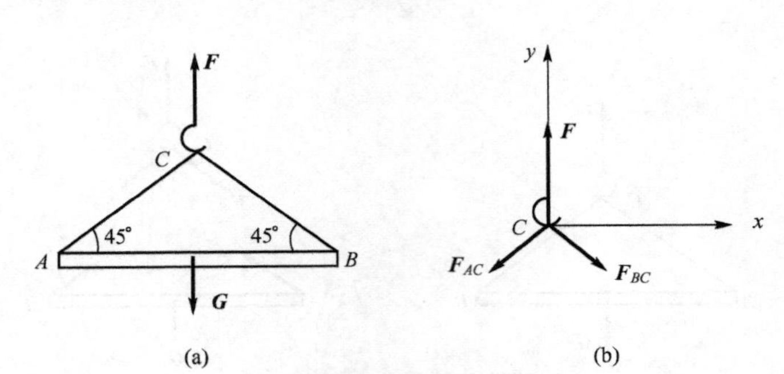

图 2.9　应用案例 2-4 图

由
$$\sum F_x=0 \quad -F_{AC}\cos\alpha+F_{BC}\cos\alpha=0 \tag{1}$$
得
$$F_{AC}=F_{BC} \tag{2}$$
由
$$\sum F_y=0 \quad -F_{AC}\sin\alpha-F_{BC}\sin\alpha+F=0 \tag{3}$$
将式(2) 代入式 (3) 得
$$F_{BC}=\frac{F}{2\sin\alpha}=25\times0.25\times0.5\times6/(2\times0.707)\ =13.26(\mathrm{kN}) \tag{4}$$
将式(4) 代入式 (2) 得
$$F_{AC}=F_{BC}=13.26(\mathrm{kN})$$

应用案例 2-5

如图 2.10(a)所示，已知 $F=100\mathrm{kN}$，试求 AB 杆和 BC 杆受力的大小(杆的自重不计)。

解：取铰点 B 为研究对象，受力图如图 2.10(b)所示。

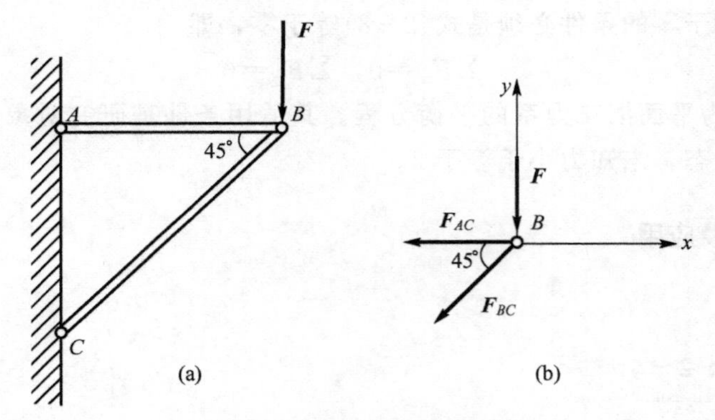

图 2.10　应用案例 2-5 图

由
$$\sum F_y=0 \quad -F_{BC}\sin45°-F=0$$
得
$$F_{BC}=-\frac{F}{\sin45°}=-\frac{100}{0.707}=-141.4(\mathrm{kN}) \quad (\nearrow)$$
由
$$\sum X=0 \quad -F_{AB}-F_{BC}\cos45°=0$$
得
$$F_{AB}=-F_{BC}\cos45°=-(-141.4)\times0.707=100(\mathrm{kN}) \quad (\leftarrow)$$

F_{BC} 的负号表示实际的方向与假设的方向相反，同时也表示构件受压。

2.3 平面一般力系的平衡方程及应用

2.3.1 平面力偶系的简化及平衡条件

在物体的同一平面内作用有两个以上力偶时，这群力偶就称为平面力偶系。

1. 平面力偶系简化

由于力偶的特性只使物体产生转动，物体在力偶系作用下其作用效应就是各力偶转动效应的叠加，用合力偶矩 M 代替作用。合力偶矩的大小等于各分力偶矩的代数和，即

$$M = m_1 + m_2 + \cdots + m_n = \sum_{i=1}^{n} m_i \tag{2-9}$$

转向由代数和得到的正负号确定。

2. 平面力偶系的平衡条件

当力偶系中各力偶对物体的转动效应相互抵消时，物体就处于平衡状态，这时的合力偶矩为零。因此，平面力偶系平衡条件是：力偶系中所有各力偶矩的代数和等于零。即

$$\sum_{i=1}^{n} m_i = 0 \tag{2-10}$$

2.3.2 平面一般力系的简化依据

平面一般力系的简化依据如下。

1. 加减平衡力系定理

在受力刚体上加上或减去一个平衡力系，不会改变原力系对刚体的作用效果。此性质称为加减平衡力系定理，它为力的平移定理建立了理论基础。

2. 力的平移定理

作用于刚体上的力，可以平移到同一刚体上的任意一点，但必须同时附加一个力偶矩，其力偶矩大小等于力对任意点的矩，转向是力绕该点的转向。

平面一般力系的简化过程，如图 2.11 所示。

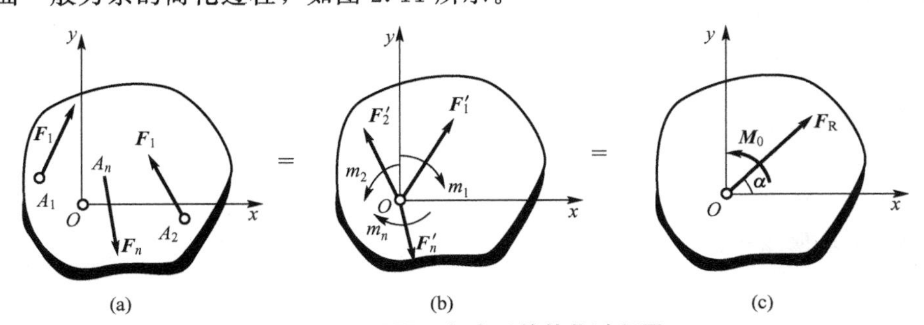

图 2.11 平面一般力系的简化过程图

图 2.11(a)平面一般力系；图(b)取简化点 O 利用力的平移定理把各力平移到 O 点，这时得到作用在物体上的力系是平面汇交力系和平面力偶系；图(c)是将平面汇交力系和平面力偶系作进一步简化得到一个合力和一个合力偶矩。平面一般力系简化的最终结果一般是作用在简化点上的合力和合力偶矩。

2.3.3 平面一般力系的平衡方程

由简化结果可知，要使平面一般力系平衡，必须同时满足简化后的汇交力系平衡和力偶系平衡。平衡条件是

$$\begin{aligned} F_R &= 0 \\ M &= 0 \end{aligned} \tag{2-11}$$

上式称为平面一般力系的平衡条件。

再由平衡条件可以确定平面一般力系的平衡方程，即

$$\begin{aligned} \sum F_x &= 0 \\ \sum F_y &= 0 \\ \sum M_0(F) &= 0 \end{aligned} \tag{2-12}$$

式中前两个方程为投影平衡方程表达力系中所有各力在两个坐标轴上投影的代数和分别等于零；后一个方程为取矩平衡方程表达力系中所有各力对任一点的力矩代数和等于零。这组平衡方程称为平面一般力系的基本形式，其适用条件是研究对象受平面任意力系作用，并处于平衡状态，未知力小于等于 3 个。

平面一般力系的平衡方程还有其他两种形式，即

二力矩式：

$$\begin{aligned} \sum M_x &= 0 \\ \sum M_A(F) &= 0 \\ \sum M_B(F) &= 0 \end{aligned} \tag{2-13}$$

其适用条件是 A、B 两取矩点连线不能与 X 垂直。

三力矩式：

$$\begin{aligned} \sum M_A(F) &= 0 \\ \sum M_B(F) &= 0 \\ \sum M_C(F) &= 0 \end{aligned} \tag{2-14}$$

其适用条件是 A、B、C 这 3 点不能共线。

平面以上 3 种不同形式的平衡方程组在解决问题时按计算简便原则选用。

2.3.4 平衡方程应用

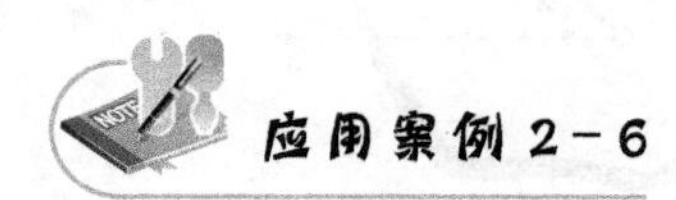

应用案例 2-6

简支梁如图 2.12(a)所示。已知 $F=10\text{kN}$ 梁自重不计，试求支座反力。

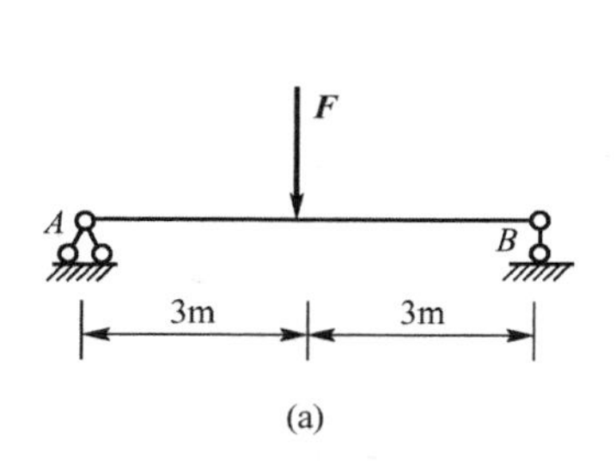

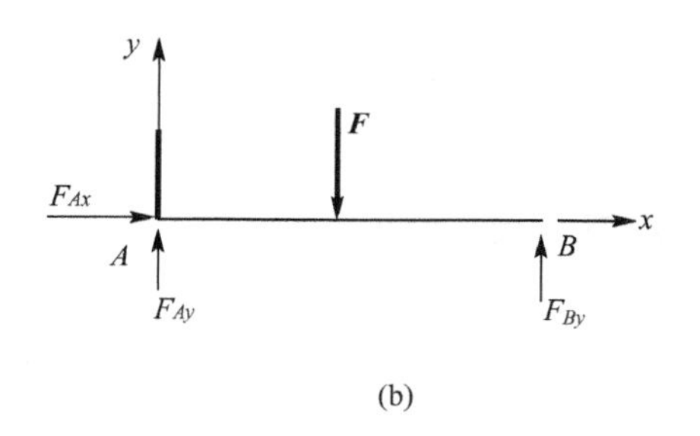

图 2.12 应用案例 2-6 图

解：取梁 AB 为研究对象，其受力图、坐标系如图 2.12(b)所示，梁上所受的荷载和支座反力构成了平面一般力系未知力有 3 个用平衡方程的基本形式可解。

由 $$\sum F_x=0 \quad F_{Ax}=0$$

且由 $$\sum M_A(F)=0 \quad F_{By}\times 6-F\times 3=0$$

得 $$F_{By}=\frac{F}{2}=\frac{10}{2}\text{kN}=5\text{kN} \quad (\uparrow)$$

由 $$\sum F_y=0 \quad F_{Ay}+F_{By}-F=0$$

得 $$F_{Ay}=F-F_{By}=(10-5)\text{kN}=5\text{kN} \quad (\uparrow)$$

应用案例 2-7

简支梁如图 2.13(a)所示，已知梁自重产生的线均布荷载 $q=20\text{kN/m}$，梁长 $l=6\text{m}$，试求梁的支座反力。

解：由荷载的计算可知线均布荷载的合力 $F=ql$。合力的作用点在线均布荷载分布长度 L 的 1/2 处，其对梁的作用可看成如图 2.13(b)所示。取梁 AB 为研究对象、受力图，坐标系如图 2.13(c)所示。

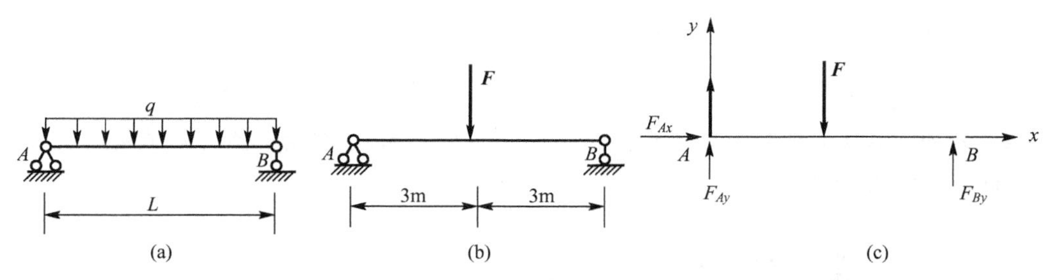

图 2.13 应用案例 2-7 图

由 $$\sum F_x=0 \quad F_{Ax}=0$$

$$\sum M_A(F)\ =0 \quad F_{By}l-ql\ \frac{l}{2}=0$$

得 $$F_{By}=\frac{1}{2}ql=\left(\frac{1}{2}\times 20\times 6\right)(\text{kN})=60\text{kN} \quad (\uparrow)$$

由 $$\sum F_y=0 \quad Y_{Ay}+F_{By}-ql=0$$
得 $$F_{Ay}=ql-F_{By}=(20\times6-60)\text{kN}=60\text{kN} \quad (\uparrow)$$

应用案例 2-8

刚架受力情况如图 2.14(a)所示，试计算刚架的支座反力。

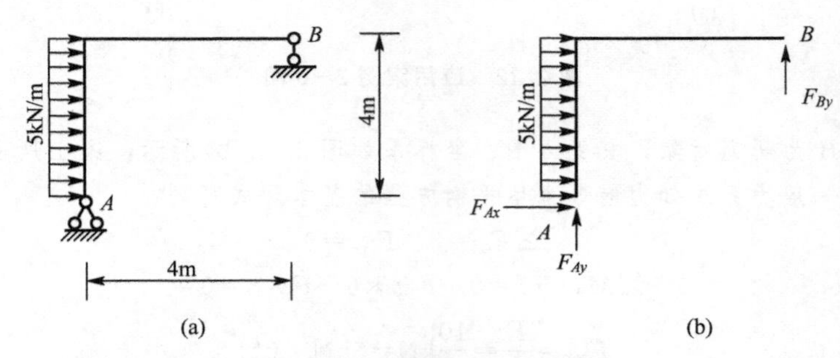

图 2.14 应用案例 2-8 图

解：取刚架为研究对象，受力图、坐标系如图 2.14(b)所示。

由 $$\sum F_x=0 \quad F_{Ax}+5\times4=0$$
得 $$F_{Ax}=-20(\text{kN}) \quad (\leftarrow)$$
由 $$\sum M_A(F)=0 \quad F_{By}\times4-5\times4\times4\times\frac{1}{2}=0$$
得 $$F_{By}=\frac{40}{4}=10(\text{kN}) \quad (\uparrow)$$
$$\sum F_y=0 \quad F_{Ay}+F_{By}=0$$
得 $$F_{Ay}=-F_{By}=-10(\text{kN}) \quad (\downarrow)$$

应用案例 2-9

吊架如图 2.15(a)所示，已知 $F=20\text{kN}$，试计算 A、C 两处的支座反力。

解：取构件 AD 为研究对象，受力图如图 2.15(b)所示。BC 为二力杆 C 点处的支座反力与 R_B 相同，用 R_C 代替 R_B。

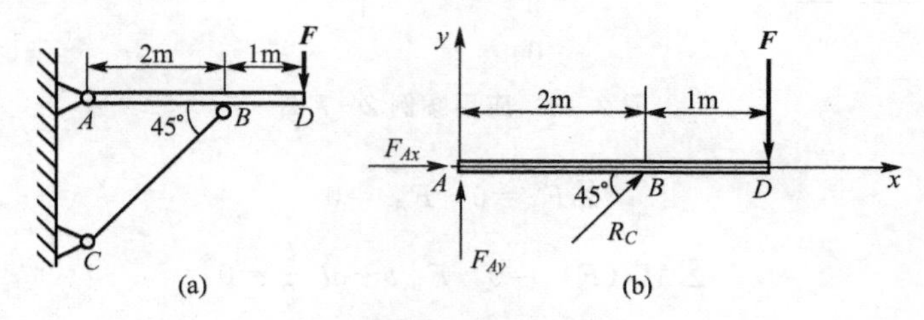

图 2.15 例 2-9 图

(1) 用平衡方程的基本形式：

由
$$\sum M_A(F)=0$$
$$F_{Cy}\sin45°\times2+F_{Cy}\cos45°\times0-F\times3=0$$

得
$$F_{Cy}=\frac{3\times F}{2\sin45°}=\frac{3\times20}{2\times0.707}=42.43(\text{kN})\quad(\nearrow)$$

由
$$\sum F_x=0\quad F_{Ax}+F_{Cy}\cos45°=0$$

得
$$F_{Ax}=-F_{Cy}\cos45°=-42.43\times0.707=-30(\text{kN})\quad(\leftarrow)$$

由
$$\sum F_y=0\quad F_{Ay}-F+F_{Cy}\sin45°=0$$

得
$$F_{Ay}=F-F_{Cy}\sin45°=20-42.43\times0.707=-10(\text{kN})\quad(\downarrow)$$

(2) 用平衡方程的二力矩式：

由
$$\sum M_A(F)=0\quad F_{Cy}\sin45°\times2+F_{Cy}\cos45°\times0-F\times3=0$$

得
$$F_{Cy}=\frac{3\times F}{2\sin45°}=\frac{3\times20}{2\times0.707}=42.43(\text{kN})\quad(\nearrow)$$

由
$$\sum M_B(F)=0\quad -F_{Ay}\times2-F\times1=0$$

得
$$F_{Ay}=-10(\text{kN})\quad(\downarrow)$$

由
$$\sum F_x=0\quad F_{Ax}+F_{Cy}\cos45°=0$$

得
$$F_{Ax}=-F_{Cy}\cos45°=-42.43\times0.707=-30(\text{kN})\quad(\leftarrow)$$

(3) 用平衡方程的三力矩式

由
$$\sum M_A(F)=0\quad F_{Cy}\sin45°\times2+F_{Cy}\cos45°\times0-F\times3=0$$

得
$$F_{Cy}=\frac{3\times F}{2\sin45°}=\frac{3\times20}{2\times0.707}=42.43(\text{kN})\quad(\nearrow)$$

由
$$\sum M_B(F)=0\quad -F_{Ay}\times2-F\times1=0$$

得
$$F_{Ay}=-10(\text{kN})\quad(\downarrow)$$

由
$$\sum M_C(F)=0\quad -F_{Ax}\times2-F\times3=0$$

得
$$F_{Ax}=-30(\text{kN})\quad(\leftarrow)$$

应用案例 2-9 采用 3 种不同形式的平衡方程解同一问题，通过解题看出计算量是不同的，在解决问题时要注意正确选用平衡方程形式，同时注意矩点的选择。在解题时可利用不同形式的平衡方程进行校核，验证计算是否正确。

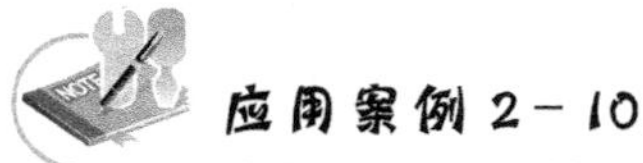

应用案例 2-10

静定多跨梁如图 2.16(a)所示，梁自重不计，试求支座 A、B 及 D 的约束反力。

解：本题属于物体系统的平衡问题。若取整体为研究对象有 4 个未知力，用 3 个平衡方程不能全部求解，若以单个物体为研究对象属平面一般力系问题，可列 3 个独立的平衡方程，2 个物体能列 6 个独立方程，可解 6 个未知力，本题所求问题正好 6 个未知量，所以选取 2 个物体为研究对象。

结论：在解决物体系统的平衡问题时，若每个物体受平面力一般系作用，则可求解 $3n$ 个未知量(n 为物体个数)。

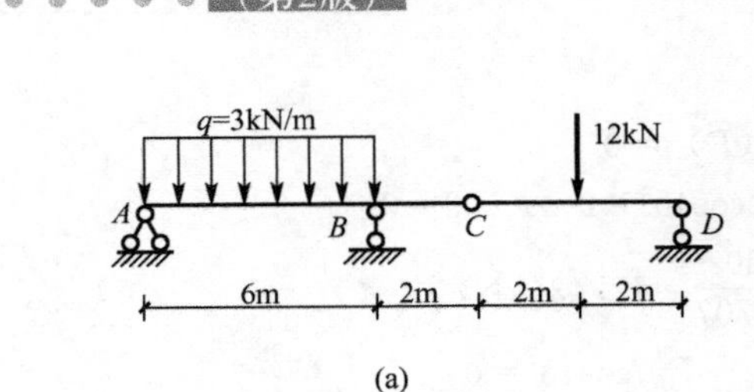

(a)

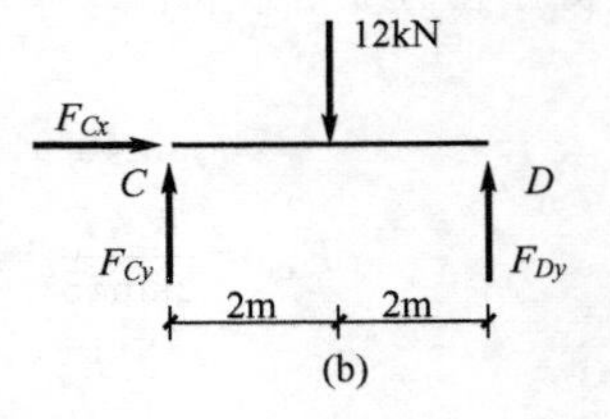

(b)

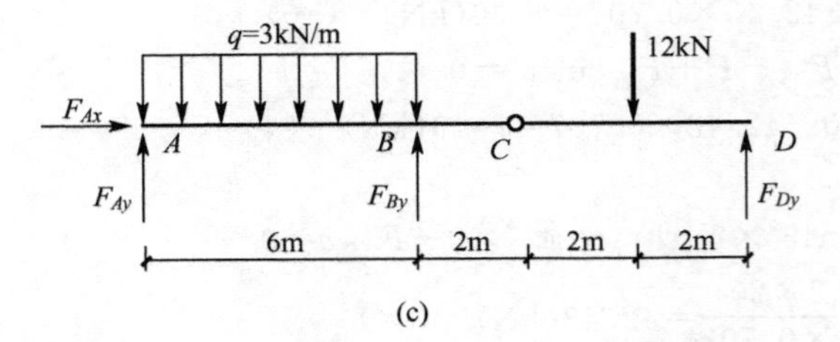

(c)

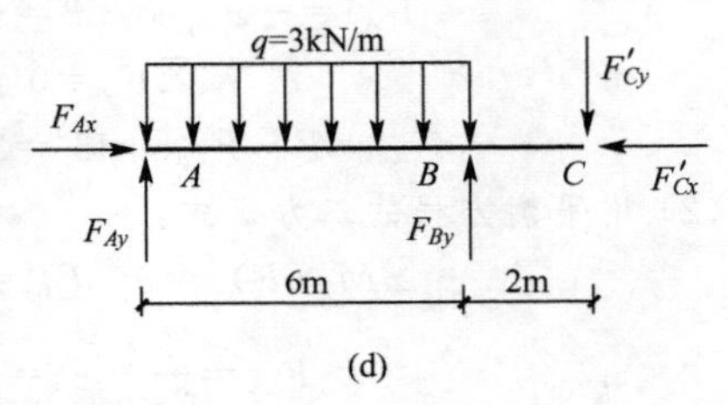

(d)

图 2.16　例 2－10 图

首先取 CD 简支梁为研究对象，求支座 C 及铰 D 的约束反力，受力如图 2.16(b)所示，则

由
$$\sum F_x=0$$
得
$$F_{Cx}=0$$
由
$$\sum M_C(F)=0 \quad F_{Dy}\times 4-12\times 2=0$$
得
$$F_{Dy}=6(\mathrm{kN}) \quad (\uparrow)$$
由
$$\sum F_y=0 \quad F_{Cy}+F_{Dy}-12=0$$
得
$$F_{Cy}=6(\mathrm{kN}) \quad (\uparrow)$$

再取梁 AC 为研究对象求支座 A、B 的约束反力，依据作用力与反作用力($F_{Cy}=F'_{Cy}$)和约束类型，受力如图 2.16(d)所示，则

由
$$\sum F_x=0 \quad F_{Ax}-F'_{Cx}=0$$
得
$$F_{Ax}=0$$
由
$$\sum M_A(F)=0 \quad F_{By}\times 6-F'_{Cy}\times 8-3\times 6\times 3=0$$
得
$$F_{By}=\frac{F_{Cy}\times 8+3\times 6\times 3}{6}=(6\times 8+3\times 6\times 3)\frac{1}{6}=17(\mathrm{kN}) \quad (\uparrow)$$
由
$$\sum F_y=0 \quad F_{Ay}+F_{By}-3\times 6-F'_{Cy}=0$$
得
$$F_{Ay}=3\times 6+F_{Cy}-F_{By}=18+6-17=7(\mathrm{kN}) \quad (\uparrow)$$

也可取整体为研究对象求支座 A、B 的约束反力，受力如图 2.16(c)所示，则

由
$$\sum F_x=0$$
得
$$F_{Ax}=0$$
由
$$\sum M_A(F)=0 \quad F_{By}\times 6+F_{Dy}\times 12-12\times 10-3\times 6\times 3=0$$
得
$$F_{By}=\frac{12\times 10+3\times 6\times 3-F_{Dy}\times 12}{6}=(12\times 10+3\times 6\times 3-6\times 12)\frac{1}{6}=17(\mathrm{kN}) \quad (\uparrow)$$
由
$$\sum F_y=0 \quad F_{Ay}+F_{By}+F_{Dy}-3\times 6-12=0$$
得
$$F_{Ay}=3\times 6+12-F_{By}-F_{Dy}=18+12-17-6=7(\mathrm{kN}) \quad (\uparrow)$$

应用案例 2-11

静定多跨梁如图 2.17(a)所示，已知 $F_1=16\text{kN}$，$F_2=20\text{kN}$，$m=8\text{kN}\cdot\text{m}$ 梁自重不计，试求支座 A、C 及铰 B 的约束反力。

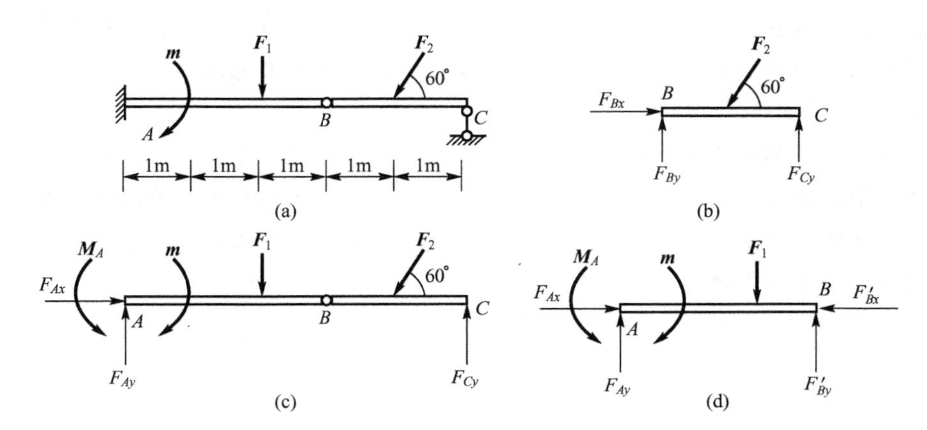

图 2.17　例 2-11 图

解：首先取 BC 简支梁为研究对象，求支座 C 及铰 B 的约束反力，受力如图 2.17(b)所示，则

由 $$\sum F_x=0 \quad F_{Bx}-F_2\cos60^\circ=0$$

得 $$F_{Bx}=F_2\cos60^\circ=20\times0.5=10(\text{kN}) \quad (\rightarrow)$$

由 $$\sum M_B(F)=0 \quad F_{Cy}\times2-F_2\sin60^\circ\times1=0$$

得 $$F_{Cy}=\frac{F_2\sin60^\circ}{2}=\frac{20\times0.866}{2}=8.66(\text{kN}) \quad (\uparrow)$$

由 $$\sum F_y=0 \quad F_{By}+F_{Cy}-F_2\sin60^\circ=0$$

得 $$F_{By}=F_2\sin60^\circ-F_{Cy}=20\times0.866-8.66=8.66(\text{kN}) \quad (\uparrow)$$

再取悬臂梁 AB 为研究对象求支座 A 的约束反力，依据作用力与反作用力和约束类型，受力如图 2.17(d) 所示，则

由 $$\sum F_x=0 \quad F_{Ax}-F'_{Bx}=0$$

得 $$F_{AX}=F'_{Bx}=F_{Bx}=10(\text{kN}) \quad (\rightarrow)$$

由 $$\sum F_y=0 \quad F_{Ay}-F_1-F'_{By}=0$$

得 $$F_{Ay}=F_1+F'_{By}=16+8.66=24.66(\text{kN}) \quad (\uparrow)$$

由 $$\sum M_A(F)=0 \quad M_A-m-F_1\times2-F'_{By}\times3=0$$

得 $$M_A=m+F_1\times2+F'_{By}\times3=8+16\times2+8.66=65.98(\text{kN}\cdot\text{m}) \quad (\circlearrowleft)$$

也可取整体为研究对象求支座 A 的约束反力，受力如图 2.17(c)所示，则

由 $$\sum F_x=0 \quad F_{Ax}-F_2\cos60^\circ=0$$

得 $$F_{Ax}=F_2\cos60^\circ=20\times0.5=10(\text{kN}) \quad (\rightarrow)$$

由 $$\sum F_y=0 \quad F_{Ay}+F_{Cy}-F_1-F_2\sin60^\circ=0$$

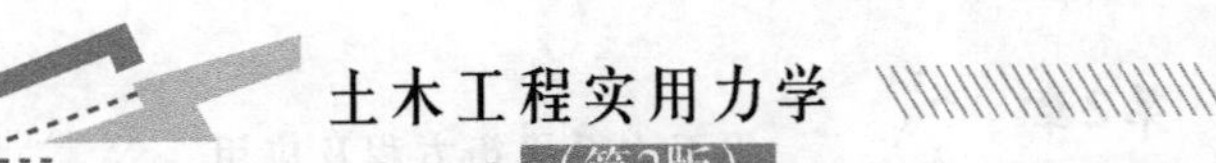

得 $$F_{Ay}=-F_{Cy}+F_1+F_2\sin60°=24.66(\text{kN}) \quad (\uparrow)$$

由 $$\sum M_A(F)=0 \quad M_A-m-F_1\times2-F_2\sin60°\times4+F_{Cy}\times5=0$$

得 $$M_A=m+F_1\times2+F_2\sin60°\times4-F_{Cy}\times5=65.98(\text{kN}\cdot\text{m}) \quad (\circlearrowleft)$$

特别提示

(1) 通过计算应用案例 2－10、应用案例 2－11 可知，静定多跨梁或静定单跨梁在竖向荷载作用下水平约束反力为零，以后这种情况的计算不用考虑水平约束反力只需考虑竖向约束反力。

(2) 物体系统的平衡问题的解题方法是多样化的，关键在于所选取的研究对象，先取单个物体再取整体为研究对象解题简单，分别选取单个物体为研究对象解题很实用，在第 5 章静定多跨梁内力计算中就是把静定多跨梁拆卸成静定单跨梁，其约束反力的计算是本节提供的分别选取单个物体为研究对象的解题方法。

本章小结

(1) 力的投影主要应用于$\sum F_x=0$、$\sum F_y=0$平衡方程求解平衡问题中，力的投影要正确掌握计算公式中的两个要点：一是力的投影角度什么情况用 $\sin\alpha$、什么情况用 $\cos\alpha$；二是力的投影符号规定什么情况是正。

(2) 力矩、力偶矩计算主要应用于$\sum M_O(F)=0$平衡方程求解平衡问题中，重点掌握计算公式中的两个要点：一是力臂的取值；二是力矩、力偶矩转向符号的规定。

(3) 合力投影定理、合力矩定理，重点掌握合力矩定理在求解平衡问题中的应用：一是斜向力力矩的计算；二是均布线荷载力矩的计算。

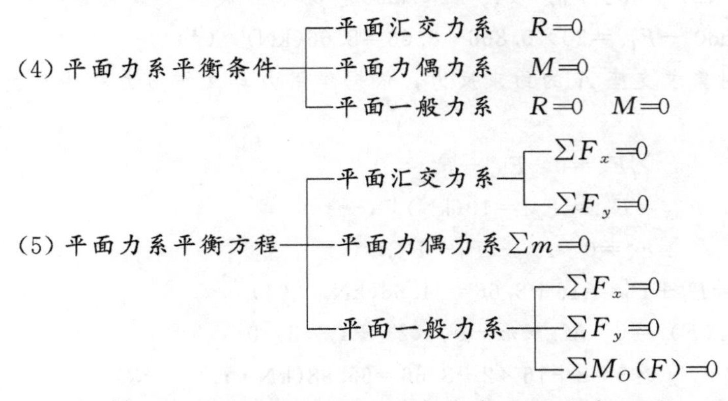

(6) 本章的重点是应用平衡方程求约束反力或未知量。通过本章的学习必须具备熟练应用平衡方程求解物体和物体系的平衡问题能力。求解物体的平衡问题是求解物体系的平衡问题的基础，物体的平衡问题研究对象是一个，物体系的平衡问题研究对象要选取两个以上，正确选取物体系的研究对象是解决问题的关键。

习 题

一、判断题

1. 若两个力在同一坐标轴上的投影相等，则这两个力不一定相等。 （ ）

2. 力矩与力偶矩的单位相同，常用的单位为 N・m，kN・m。 （ ）

3. 同一个平面内的两个力偶，只要它们的力偶矩相等，这两个力偶就一定等效。 （ ）

4. 只要平面力偶的力偶矩保持不变，可将力偶的力和臂作相应的改变，而不影响其对刚体的效应。 （ ）

5. 作用在刚体上的一个力，可以从原来的作用位置平行移动到该刚体内任意指定点，但必须附加一个力偶，附加力偶的矩等于原力对指定点的矩。 （ ）

二、单项选择题

1. 如图 2.18 所示已知 $P_1=12$，$P_2=10$，距离 $OA=10$，$OB=8.66$，$OC=4.36$，$AB=5$，$AC=9$，则合力对 A 点的力矩（ ）。

A. 140 B. 150 C. 160 D. 170

2. 力偶对物体的作用效应，决定于（ ）。

A. 力偶矩的大小

B. 力偶的转向

C. 力偶的作用平面

D. 力偶矩的大小，力偶的转向和力偶的作用平面

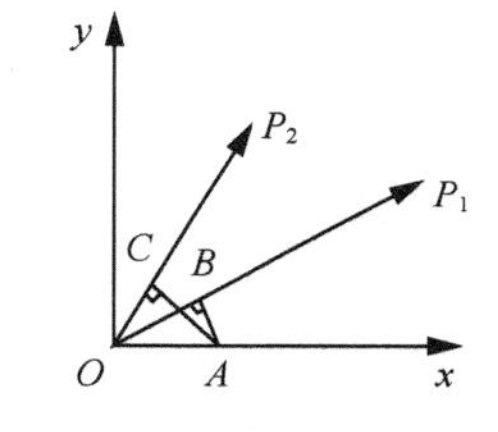

图 2.18 选择题 1 图

3. 如图 2.19 所示某刚体受三个力偶作用，则（ ）。

A. (a)与(b)等效 B. (a)与(c)等效

C. (b)与(c)等效 D. (a)、(b)、(c)都等效

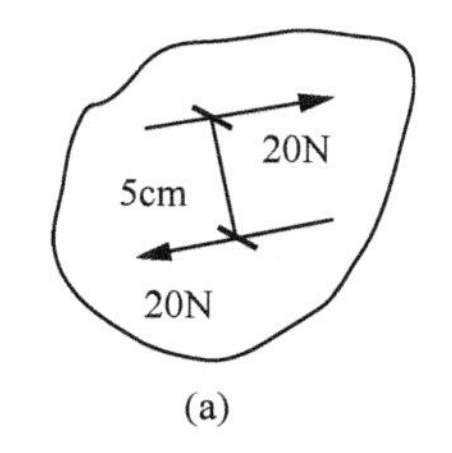

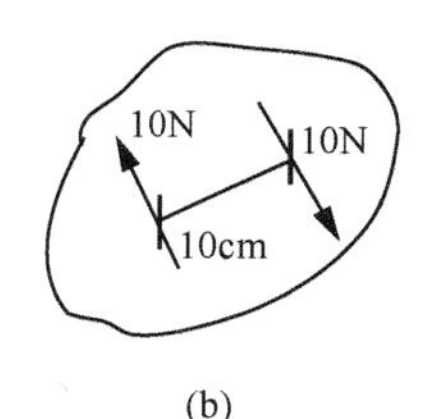

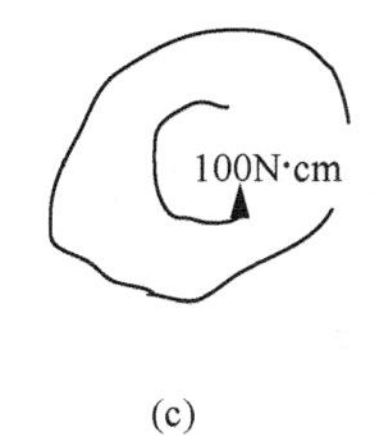

图 2.19 选择题 3 图

4. 如图 2.20 所示力 F 向 B 点平移时，其平移结果为（ ）。

A. $F=10$kN(→)m=20kN・m(逆时针) B. $F=10$kN(←)m=20kN・m(顺时针)

C. $F=10$kN(←)m=20kN・m(逆时针) D. $F=10$kN(→)m=20kN・m(顺时针)

5. 判定图 2.21 所示中 AB 杆和 AC 杆受力正确的是（ ）。

A. $F_{AB}>F_{AC}$ 均受拉力　　B. $F_{AB}>F_{AC}$ 均受压

C. $F_{AB}<F_{AC}$ 均受拉力　　D. $F_{AB}<F_{AC}$ 均受压

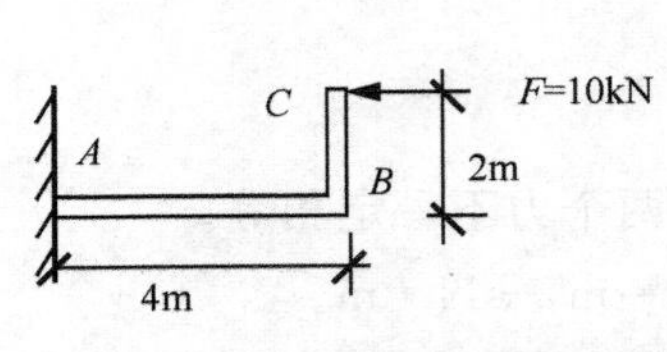

图 2.20　选择题 4 图

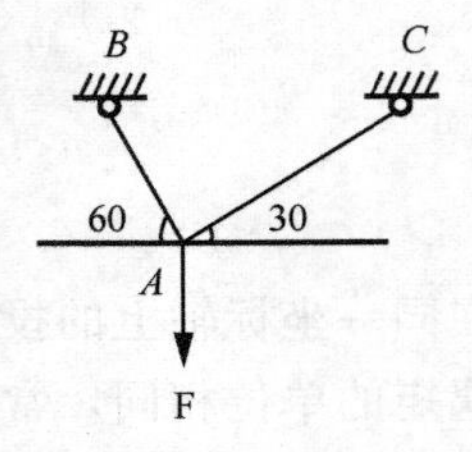

图 2.21　选择题 5 图

三、填空题

1. 合力在任一轴上的投影等于各分力在同一轴上投影的________。

2. 力偶对其作用面内任一点的矩都等于力偶矩，而与矩心位置________。

3. 力偶的三要素是________、________、________。

4. 平面一般力系平衡方程有________种形式，只有________个独立方程，可解________个未知数。

四、计算题

1. 如图 2.22 所示，试计算各力在 x、y 轴上的投影。

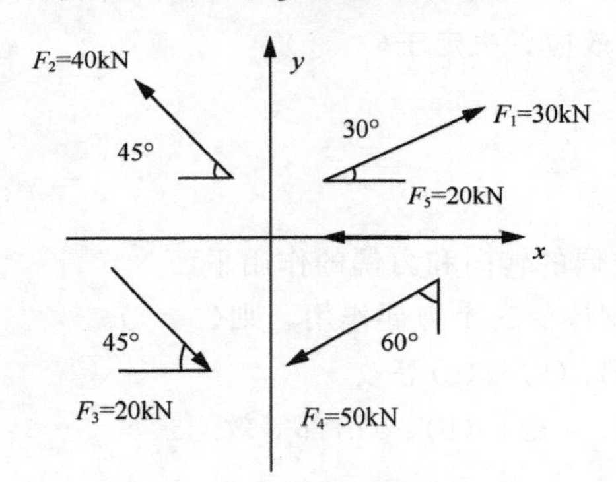

图 2.22　计算题 1 图

2. 如图 2.23 所示，试计算 F 对 O 点的力矩。

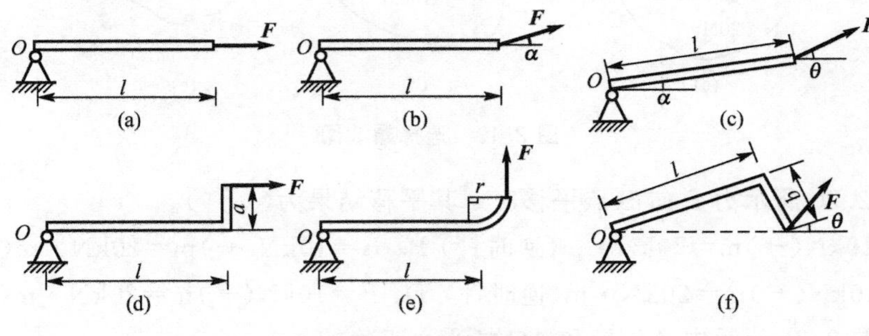

图 2.23　计算题 2 图

3. 如图 2.24 所示，试计算梁上分布线荷载对 B 点的力矩。

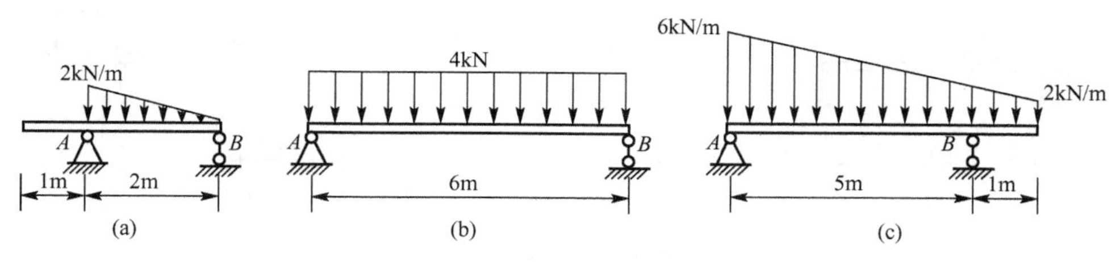

图 2.24　计算题 3 图

4. 如图 2.25 所示，已知钢筋混凝土挡土墙自重荷载 $F_{G1}=90\text{kN}$，垂直土压力 $F_{G2}=140\text{kN}$，水平压力 $F=100\text{kN}$，试验算此挡土墙是否会倾覆？

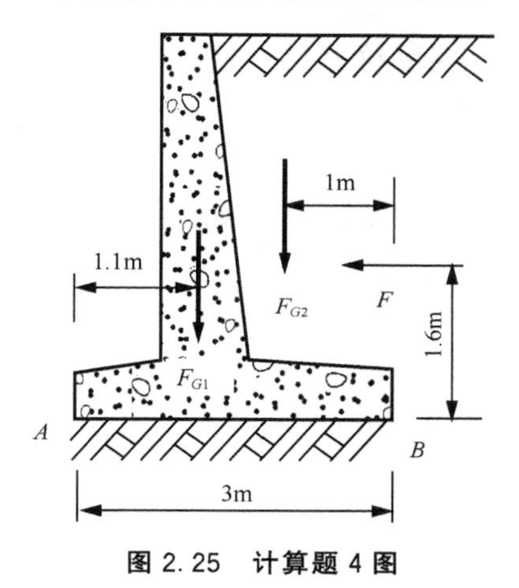

图 2.25　计算题 4 图

5. 如图 2.26 所示，已知 $W=10\text{kN}$，试计算构件 AB、BC 所受的力。

6. 简易起重机如图 2.27 所示，重物 $W=10\text{kN}$，构件、滑轮、钢丝绳自重不计，摩擦不计，试计算构件 AB、BC 所受的力。

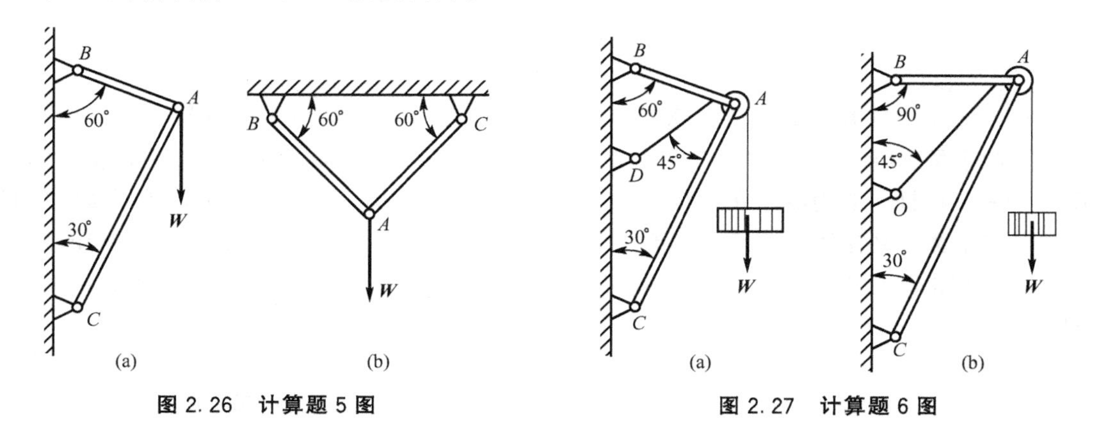

图 2.26　计算题 5 图　　　图 2.27　计算题 6 图

7. 如图 2.28 所示，试计算各梁的支座反力。

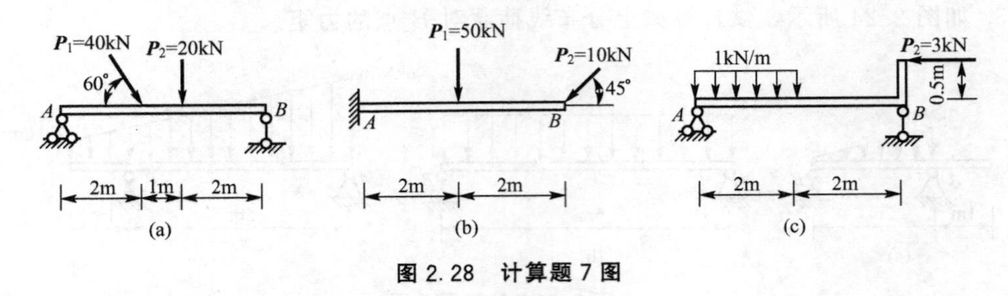

图 2.28 计算题 7 图

8. 如图 2.29 所示，试计算各梁的支座反力。

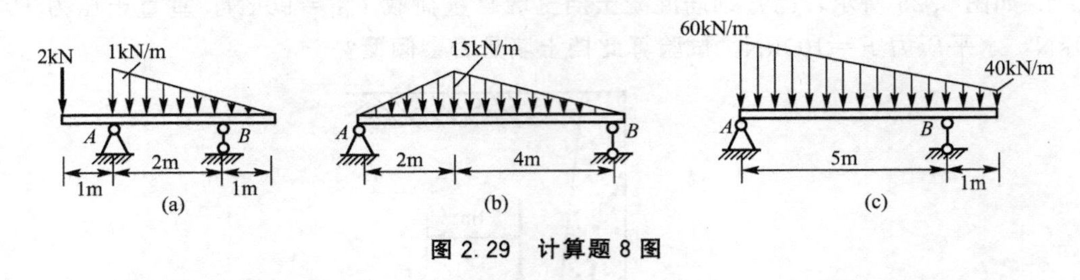

图 2.29 计算题 8 图

9. 如图 2.30 所示，试计算刚体的支座反力。

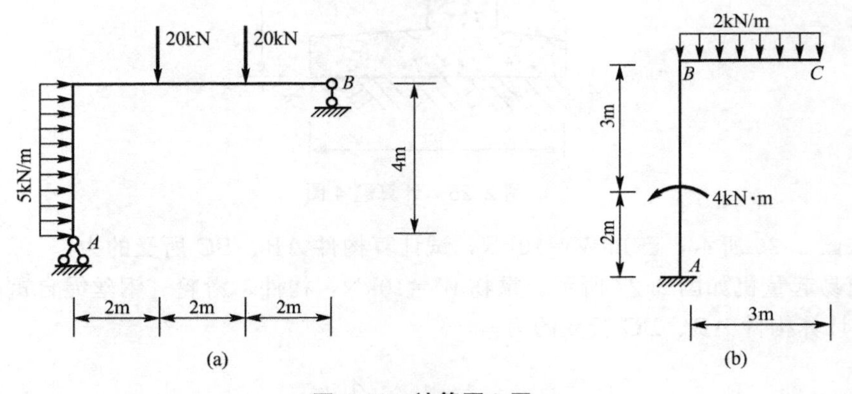

图 2.30 计算题 9 图

10. 如图 2.31 所示，塔式起重机，重 F_G＝500kN(不包括平衡锤重量 F_Q)。跑车 E 的最大起重量 F_P＝250kN，离 B 轨的最远距离 l＝10m，为了防止起重机左右翻倒，需在 D 点加一平衡锤，要使跑车在空载和满载时，起重机在任何位置不致翻倒，求平衡锤的最小重量和平衡锤到左轨 A 的最大距离。跑车自重包含在 F_P 中，且 e＝1.5m，b＝3m。

11. 如图 2.32 所示，AB 构件重 5kN，重心在构件的中点。已知 P＝10kN，AD＝AC＝4m，BC＝2m，滑轮尺寸不计。试计算绳的拉力 T 和支座 A 的反力。

12. 如图 2.33 所示，试计算多跨静定梁的支座反力。

13. 如图 2.34 所示，多跨梁上的起重机，起重量 F_W＝105kN，起重机重 F_G＝50kN，其重心位于铅垂线 EC 上，梁自重不计。试求 A、B、C 三处的支座反力。

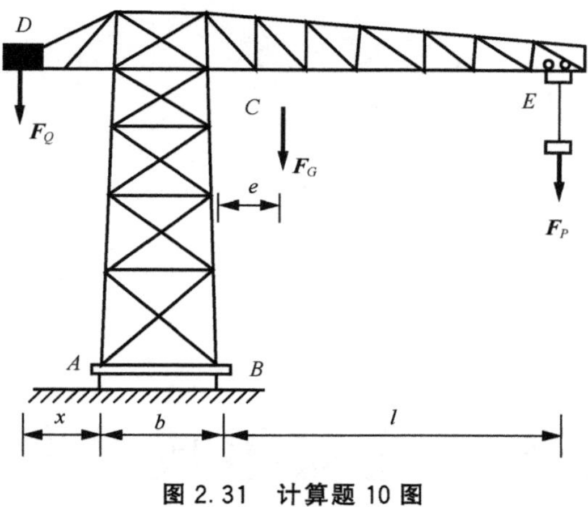

图 2.31 计算题 10 图

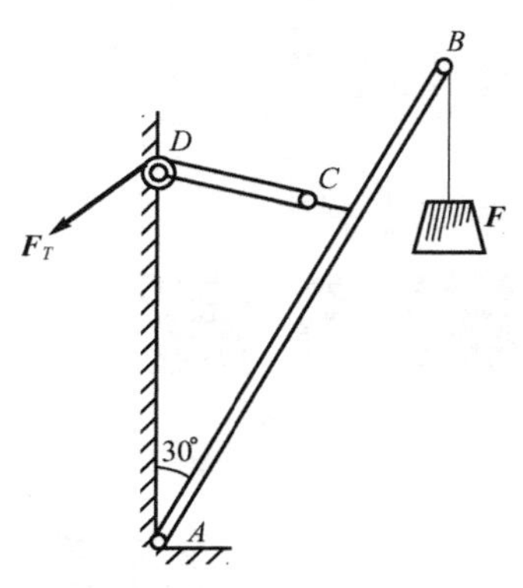

图 2.32 计算题 11 图

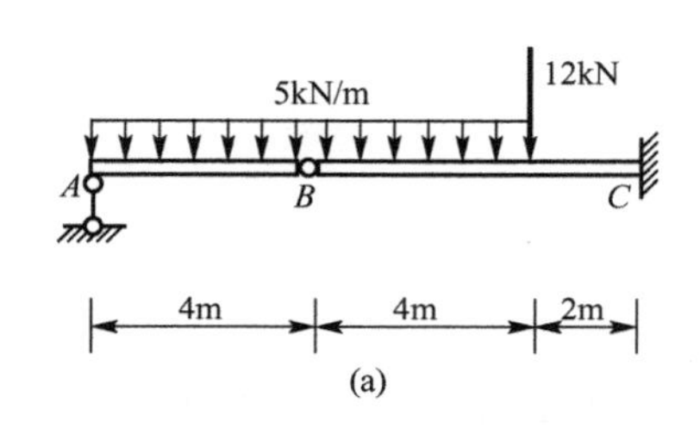

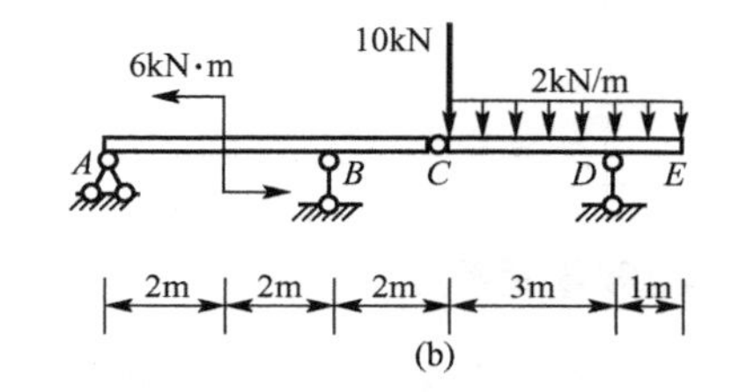

图 2.33 计算题 12 图

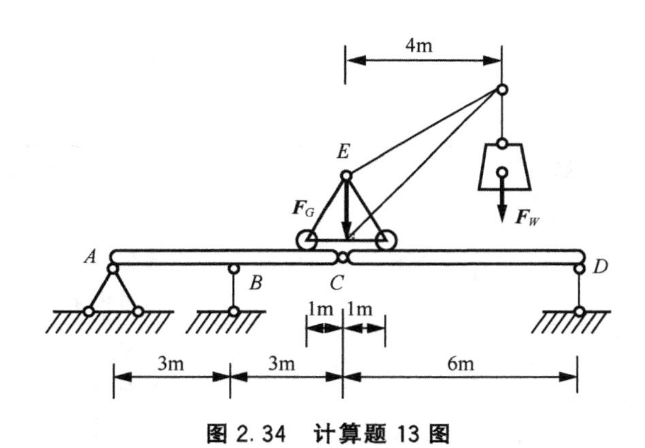

图 2.34 计算题 13 图

第3章

结构简化与几何组成分析

教学目标

本章主要学习工程结构简化的基本方法及步骤与几何组成规律。要求学生理解、掌握几何体系类别，几何不变体系的组成规则，熟练运用几何组成分析方法及步骤。

教学要求

能力目标	知识要点	相关知识	权重(%)
结构构件的简化	结构的计算简图	杆件的简化，结点的简化，支座的简化，荷载简化等	25
结构体系的简化	杆件结构体系分类	梁，拱，刚架，桁架，组合结构等	5
	杆件结构体系的简化	空间结构，平面结构	10
平面体系的几何组成分析	几何不变体系的组成分析	刚片、自由度、约束等基本概念，组成规则(二元体规则、两刚片规则、三刚片规则)	40
	瞬变体系	组成与特点	10
	静定结构和超静定结构	平衡方程，静定结构，超静定结构	10

引例

扣件式钢管脚手架装拆方便，搭设灵活，能适应建筑物平面及高度的变化；承载力大，搭设高度高，坚固耐用，周转次数多；加工简单，一次投资费用低，比较经济，故在建筑工程施工中使用最为广泛。脚手架是建筑施工工程中的重要施工措施，如何提高脚手架的安全度，确保脚手架的施工安全，需要编制脚手架施工方案，要求施工方案必须有详细的脚手架计算书，其包括脚手架大小横杆、立杆强度、稳定性、刚度计算。对脚手架大小横杆、立杆计算时必须先进行结构简化。图 3.1 所示脚手架为什么要加十字交叉斜杆？

图 3.1 扣件式钢管脚手架

土木工程中，由建筑材料按照一定方式组成的满足建筑功能要求的承重骨架，称为工程结构(简称结构)，如房屋中的屋架、柱、基础等结构，它们起着支撑和传递荷载的骨架作用。从几何角度来分析，结构可以分为以下 3 种类型。

(1) 杆件结构。杆件结构由杆件组成。杆件的几何特征是其长度远大于截面的宽度和高度。简支梁如图 3.2 所示，其两端搁于墙上，梁截面尺寸远小于其长度。

(2) 板壳结构。板壳结构也称为薄壁结构，它的几何特征是其厚度远小于它的长度和宽度。薄壳屋盖如图 3.3 所示。

(3) 实体结构。实体结构的几何特征是长、宽、厚 3 个方向尺寸约为同一数量级。挡土墙如图 3.4 所示。

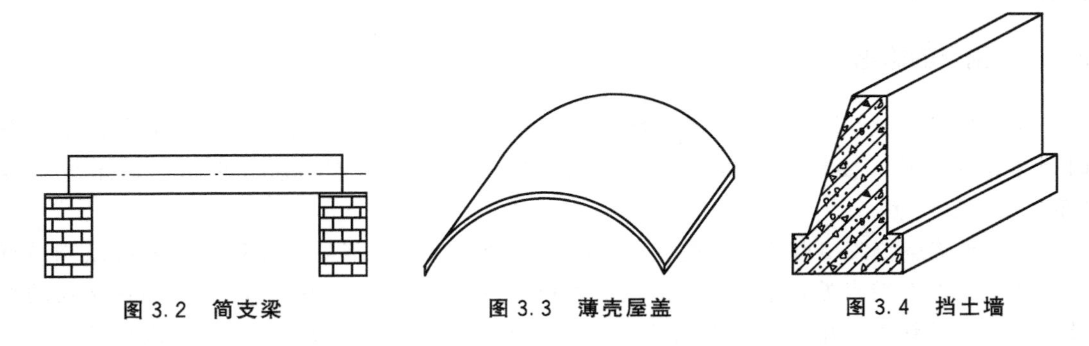

图 3.2 简支梁　　图 3.3 薄壳屋盖　　图 3.4 挡土墙

本章的任务是研究杆件结构的简化和结构的几何组成规律。通过本章的学习，可为后续超静定结构分析与计算专业课程如钢结构、钢筋混凝土结构等打下良好的理论基础，并为今后解决模板工程、脚手架工程技术问题提供必要的基础知识。

3.1 结构构件的简化

3.1.1 结构的计算简图

实际结构的组成、支撑情况及作用其上的荷载是很复杂的，要想完全严格地考虑每一结构的全部特点及其各部分之间的相互作用来进行力学分析与计算，将是不可能的，也是不必要的。因此，为了便于计算，在对实际结构进行力学分析计算之前，必须做出某些合理的简化和假设，略去次要因素，把复杂的实际结构抽象化为一个简单的图形。这种科学的抽象方法，一方面简化了计算，另一方面也深刻地揭示了问题的本质，而且也能达到安全、经济和符合使用要求的目的。这种在进行结构计算时用以代表实际结构的经过简化的图形，就称做结构的计算简图。

同一种结构由于所考虑的各种因素以及采用的计算工具不同，所选取的计算简图自然有所差别。选取计算简图的原则为：

(1) 从实际出发，尽可能反映实际结构的主要受力特征。

(2) 略去次要因素，便于分析和计算。

在构建出合理结构的计算简图前，需要正确认识与掌握结构中杆件、结点和支座等的简化规律。

3.1.2 杆件的简化

杆件的截面尺寸比杆件长度小得多，因此在计算简图中，杆件通常用其轴线表示。如梁、柱等构件的轴线为直线，就用相应的直线表示；曲杆、拱等构件的轴线为曲线，则用相应的曲线表示；对于曲率不大的微曲杆件可以用直的轴线或折线表示；在刚架中倾角很小的梁、柱，可以用水平线或竖线表示。杆件间的联结区用结点表示，杆长用结点间的距离表示，而荷载的作用点也移到轴线上。

3.1.3 结点的简化

结构中杆件互相联结的地方称为结点。结点的实际构造方式很多，在选取计算简图时，结点的简化，要根据其构造性质而定，常将其归纳为铰结点、刚结点和组合结点3种。

(1) 铰结点。铰结点的特点是它所联结的各个杆件在结点处不能移动，但可以绕结点自由转动，即在结点处各个杆件之间的夹角可以改变。它相应的受力状态是在铰结点的杆端不存在转动约束作用，即不引起杆端力矩，只能产生杆端轴力和剪切力。理想的铰结点用一个小圆圈表示如图 3.5(a)所示。

实际工程中，这种理想铰结点是很难实现的。木屋架的结点比较接近于铰结点，如图 3.6(a)所示，因此取其计算简图如图 3.6(b)所示。

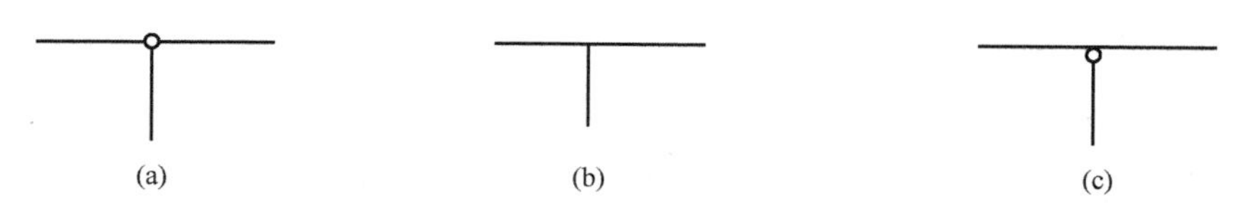

图 3.5 结点简化图例

(2) 刚结点。刚结点的特点是它所联结的各个杆件在结点处既不能相对移动也不能相对转动，在此点各杆端结为整体，即在结点处各个杆件之间的夹角保持不变。它相应的受力状态是结点对杆端有防止相对转动的约束力矩存在，即除产生杆端轴力和剪力之外，还产生杆端力矩，如图 3.5(b)所示。

实际工程中，现浇钢筋混凝土刚架中的结点常属于这类情形，如图 3.7 所示。

(3) 组合结点。组合结点是铰结点和刚结点综合运用，其特点是部分杆件可绕其自由转动或夹角可以变化，而部分杆件之间夹角在结构变形前后保持不变，如图 3.5(c)所示。

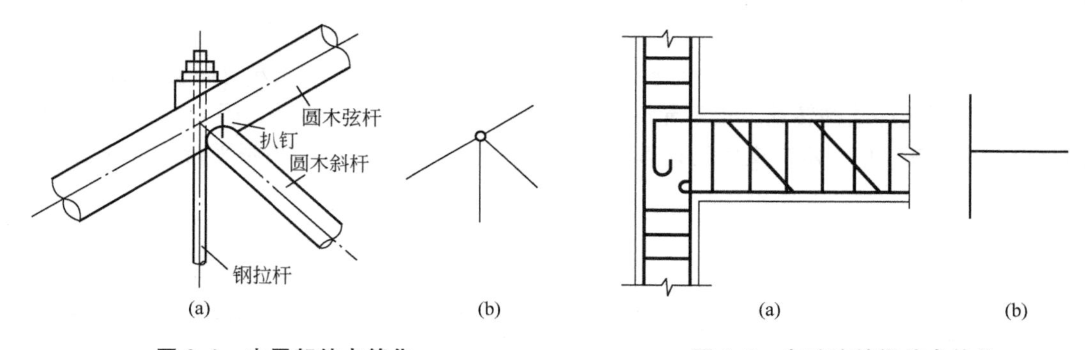

图 3.6 木屋架结点简化　　图 3.7 多跨连续梁结点简化

实际工程中，多跨连续梁中的结点常属于这类情形。

3.1.4 支座的简化

将结构与基础或支承部分相联结的装置称为支座。它的作用是将结构的位置固定，并将作用于结构上的荷载传递到基础或支承部分上去。支座对结构的反作用力称为支座反力。支座的简化要根据其约束情况而定，一般分为可动铰支座(相当于 1 个简单约束)、固定铰支座(相当于 2 个简单约束)、固定支座(相当于 3 个简单约束)及定向支座。

(1) 可动铰支座。可动铰支座也称辊轴支座，如图 3.8(a)所示。可动铰支座既允许结构绕着铰轴转动，又允许结构沿着支承面移动。它对结构的约束作用只是能阻止结构上的 A 端沿垂直于支承平面方向的移动。因此，当不考虑摩擦阻力时，其支座反力 $\boldsymbol{F}_y$ 将通过铰 A 的中心并与支承平面垂直。根据上述特点，这种支座的计算简图如图 3.8(b)所示，即可动铰支座只用一根链杆表示。

(2) 固定铰支座。固定铰支座也称铰支座，如图 3.9(a)所示。固定铰支座只允许结构绕着铰轴转动，而不允许结构沿着支承面方向及垂直方向移动。因此，它可以产生通过铰结点 A 的任意方向的支座反力，一般将其分解为相互垂直的两个方向的分力 $\boldsymbol{F}_y$ 和 $\boldsymbol{F}_x$。根据上述特点，这种支座的计算简图如图 3.9(b)、(c)所示，即固定铰支座用两根相交的链杆表示。

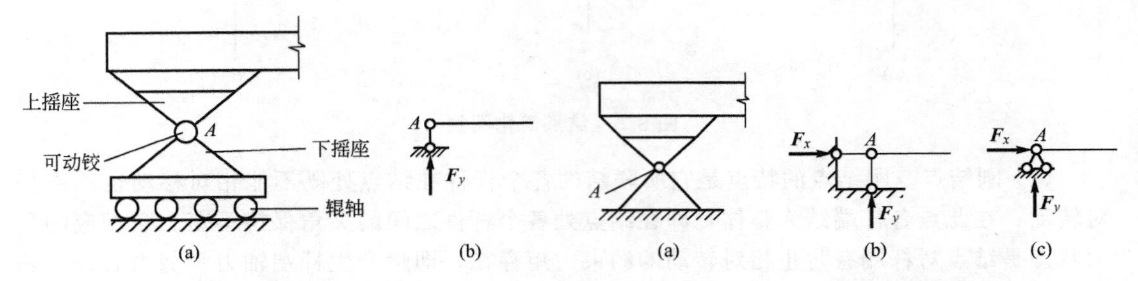

图 3.8　可动铰支座简化　　　　图 3.9　固定铰支座简化

(3) 固定支座。固定支座所支承的部分完全被固定，如图 3.10(a)所示。它既不允许结构发生转动，也不允许结构发生任何方向的位移。因此，它可以产生 3 个约束反力，即水平和竖向分力 F_x、F_y 和反力矩 M_A。固定支座的计算简图如图 3.10(b)所示，也可以用 3 根不完全平行又不完全交于一点的链杆表示，如图 3.10(c)所示。

(4) 定向支座。如图 3.11(a)所示，定向支座允许结构沿着一个方向即支撑面方向平行滑动，但既不允许结构转动，也不允许结构沿垂直于支撑面方向移动。因此，它可以产生竖向反力和反力矩 M_A。定向支座的计算简图如图 3.11(b)所示，即用两根平行的链杆表示。

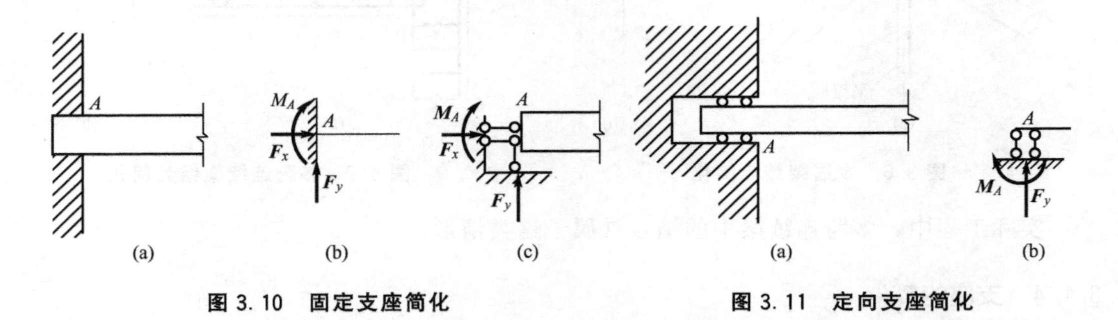

图 3.10　固定支座简化　　　　图 3.11　定向支座简化

3.1.5　荷载的简化

在实际工程中，结构不但要承受多种形式的荷载作用，而且荷载的作用方式也是多种多样的。在结构计算简图中，通常可把各种荷载作用按照作用范围的差异简化为集中荷载和分布荷载两种形式，并将其标注在杆轴上。当荷载作用范围远小于结构尺寸时，可视为集中荷载，如轮压及相对尺寸较小的设备就属于集中荷载。当荷载作用范围较大，且连续分布，就称为分布荷载，分布荷载又分均布荷载和非均布荷载两种。例如，等截面梁的自重就是均布荷载，沿高度分布的土压力、水压力就是非均布荷载。有关荷载的其他知识可参看第 1 章内容。

进行结构构件简化时，要明白实际构件和简化构件的区别与联系；正确把握各构件简化的基本特点和表达方式。作轴力图时，应先按外力的不连续作用点分段，再求出各段代

表截面的内力方程，最后由方程作图。

3.2 结构体系的简化

3.2.1 杆件结构体系分类

本章研究的并不是实际的结构物，而是代表实际结构的计算简图。因此，结构的分类实际上是指结构计算简图的分类。

杆件结构通常可以分为下列几类。

1. 梁

梁是一种受弯杆件，其轴线常为直线。水平梁在竖向荷载作用下不产生水平支座反力，其截面内力只有弯矩和剪切力。梁可以是单跨的，如图 3.12(a)、(b)所示，也有多跨的，如图 3.12(c)、(d)所示。

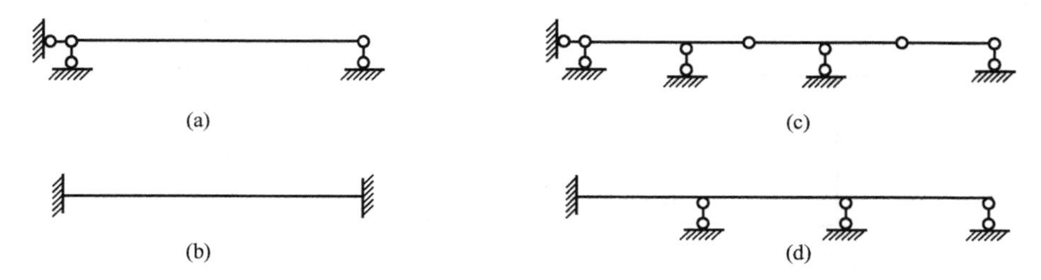

图 3.12　梁的简化图例

2. 柱

结构构件中，截面尺寸的宽度与厚度较小而高度相对较大的构件，称为柱。柱主要承受竖向荷载，属于受压构件。

根据柱的约束条件将其简化为下列四种。

(1) 两端铰支柱，例如屋架的受压竖杆，如图 3.13(a)所示。

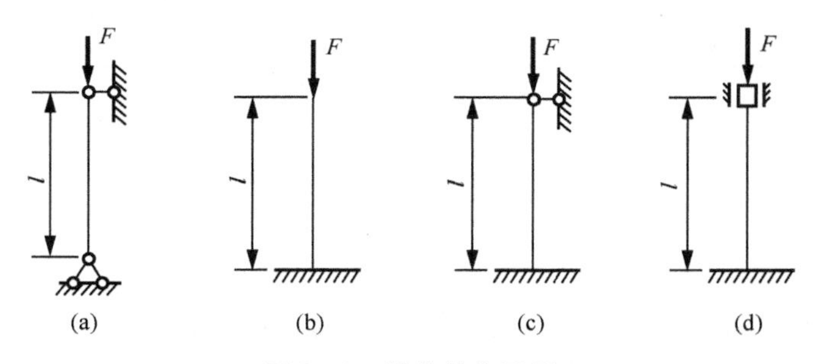

图 3.13　柱的简化图例

(2) 一端固定一端自由的柱，例如单层工业厂房的独立柱，如图 3.13(b)所示。

(3) 一端固定一端铰支柱，例如单层工业厂房排架柱，如图 3.13(c)所示。

(4) 两端固定的柱，例如框架结构柱，如图 3.13(d)所示。

3. 拱

拱是具有曲线外形且在竖向荷载作用下能产生水平推力的结构，故又称推力结构。拱的简化如图 3.14 所示。这种水平反力将使拱内弯矩远小于跨度、荷载及支撑情况相同的梁的弯矩。

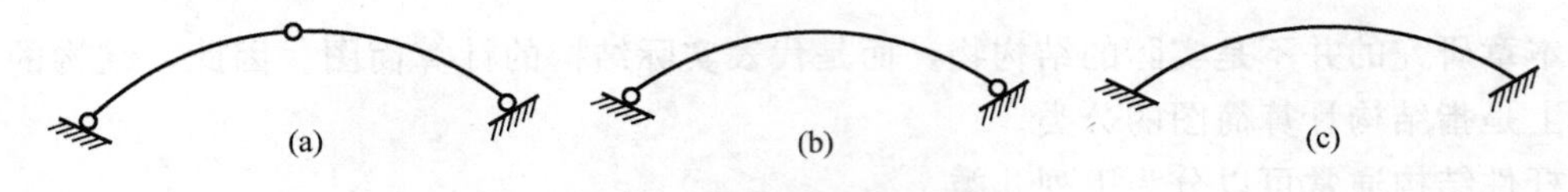

图 3.14 拱的简化图例

4. 刚架

刚架是由梁和柱组成的结构，其部分或全部结点为刚结点，如图 3.15 所示。平面刚架是以弯曲变形为主的结构，在荷载作用下，各杆会产生弯矩、剪力和轴力，但多以弯矩为主要内力。

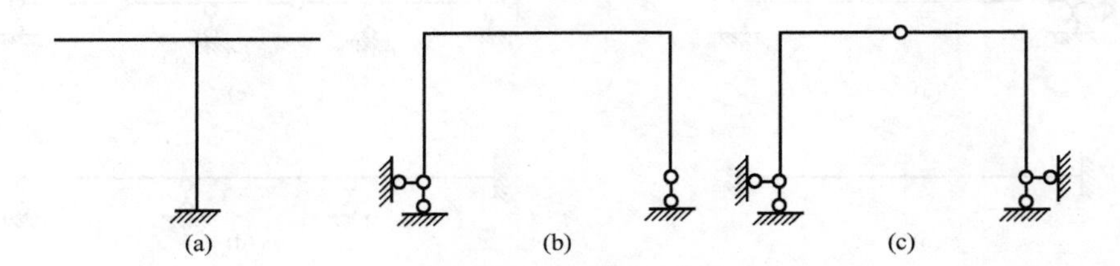

图 3.15 刚架的简化图例

5. 桁架

桁架由直杆组成，各杆相联结处全部为铰结点，如图 3.16 所示。桁架仅承受结点荷载时，各杆只产生轴向变形和轴向拉力。

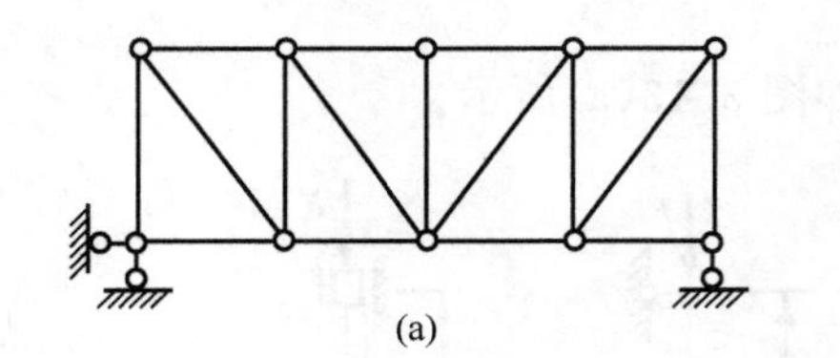

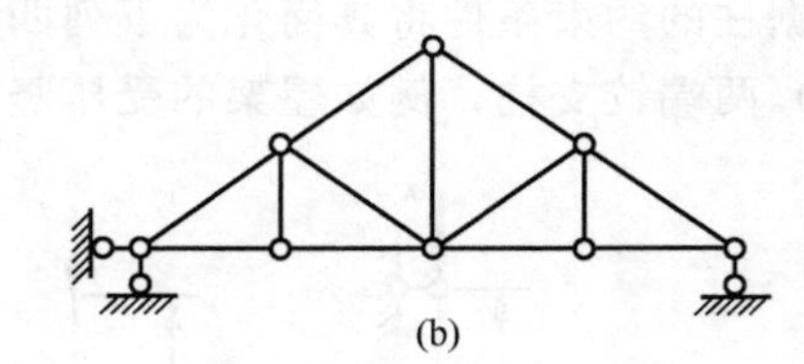

图 3.16 桁架的简化图例

6. 组合结构

组合结构是既含轴力杆件又含受弯杆件的结构，也称为桁、梁混合结构，如图 3.17 所示。其中有些杆件只承受轴向拉力，而另一些杆件还同时承受弯矩和剪切力。

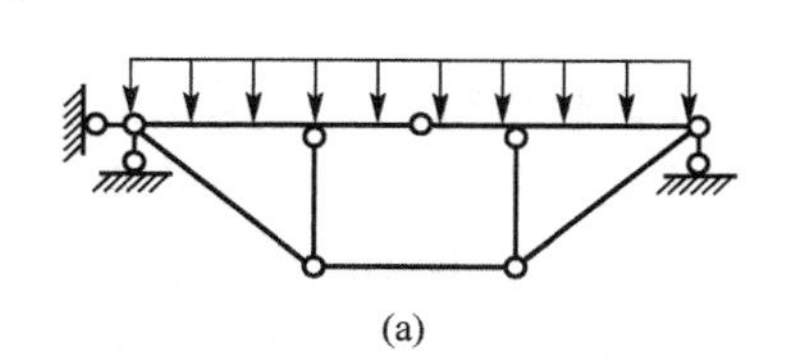

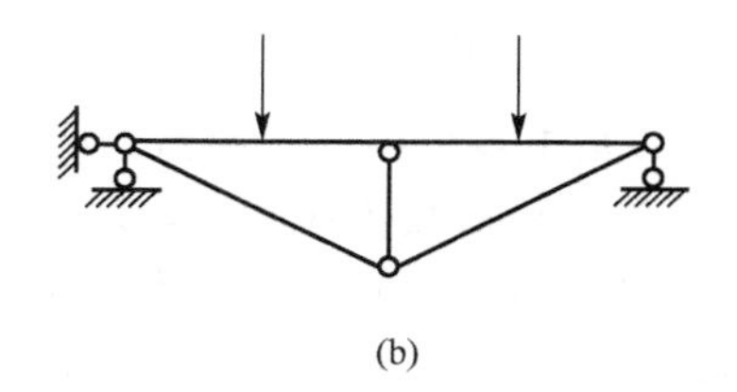

图 3.17　桁、梁混合结构与简化图例

3.2.2　杆件结构体系的简化

建筑结构一般都是空间结构。但是，大多数空间结构往往由若干个平面杆系结构组成，并且这些平面杆系结构主要承担该平面内的荷载。在这种情况下，空间结构的问题就可分解为几个平面结构来计算，从而使计算大为简化。

空间结构分解为平面结构的方法有以下两种。

(1) 从结构中选取一个有代表性的平面计算单元。

(2) 沿纵向和横向分别按平面结构计算。

图 3.18(a)为常见的简单空间刚架。考虑纵向力 $\boldsymbol{F}_1$ 和横向力 $\boldsymbol{F}_2$ 的作用，当力 $\boldsymbol{F}_1$ 单独作用时，横梁 AB 和 CD 等基本不受力，此时可取纵向刚架作为计算简图，如图 3.18(b)所示。同样，当力 $\boldsymbol{F}_2$ 单独作用时，纵梁 AI、BJ 基本不受力，此时可取平面刚架作为计算简图，如图 3.18(c)所示。

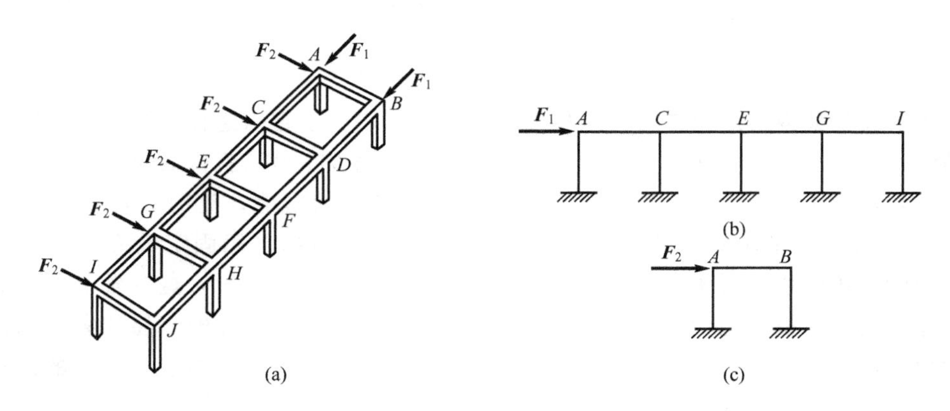

图 3.18　空间刚架体系与简化图例

把空间结构简化为平面结构是有条件的，并不是所有空间结构都可以简化为平面结构。如从结构中选取有代表性的平面计算单元时，就应注意该结构物沿长度方向横截面几何尺寸应相仿，且长度远大于其他尺寸。

3.2.3　结构体系的简化示例

下面以图 3.19(a)所示的钢筋混凝土单层工业厂房结构示意图为例，说明选取计算简图的方法和原则。

1. 结构体系的简化

图 3.19(a)是由多个横向排架借助于屋面板、桥式起重机梁、柱间支撑等纵向构件联结成的空间结构。从荷载传递来看，屋面荷载和桥式起重机轮压力等都主要通过屋面板和桥式起重机梁等构件传递到一个个横向排架上，且各横向排架几何尺寸相同。因此在选取计算简图时，可以略去各排架之间的纵向联系，而将其简化为图 3.19(b)所示的平面排架来分析。

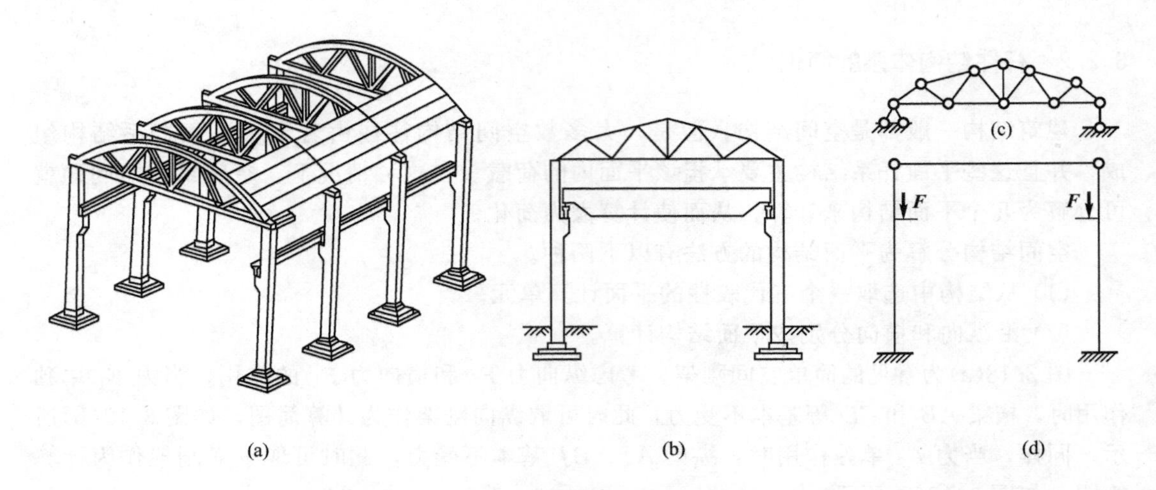

图 3.19 钢筋混凝土单层工业厂房结构与简化图例

2. 平面排架的简化

对于平面排架内的屋架是否可以单独取出计算，取决于它与竖柱的联结构造方式。如果钢筋混凝土柱顶与屋架端部的联结构造，是用预埋钢板在吊装就位后再焊接在一起，则屋架端部与柱顶不能发生相对线位移，但仍有微小转动的可能。这时，可把柱与屋架的联结看做铰结点，在计算屋架各杆的内力时，可以单独取出并用固定铰支座和辊轴支座代替柱顶的支撑作用。对于组成屋架的各个杆件，可用其轴线表示，这些轴线的交点即可代替实际的结点。根据力学分析和实测验证，当荷载只作用于结点时，屋架各杆的内力主要是轴力，切力和弯矩都很小，因此可把屋架的各结点均假定为铰结点。屋架的计算简图如图 3.19(c)所示。

3. 平面排架内竖柱的简化

对于平面排架内的竖柱，在计算其内力时，为简化计算，屋架部分可用抗拉刚度为无限大的杆件来代替，竖柱也用轴线表示。牛腿上由桥式起重机梁传来的荷载相对柱轴线的偏心，可用在牛腿处的悬挑短杆表示。竖柱与基础之间的联结以固定支座代替。其计算简图如图 3.19(d)所示。

用计算简图代替实际结构进行计算，具有一定的近似性，但这是一种科学的抽象。如何选取合适的计算简图，是结构设计中十分重要而又比较复杂的问题，不仅要掌握选取的原则，而且要有较多的实践经验。

特别提示

系统掌握结构构件体系的基本类别；熟悉杆件体系组成的基本特点。作轴力图时，应先按外力的不连续作用点分段，再求出各段代表截面的内力方程，最后由方程作图。

3.3 平面体系的几何组成分析

3.3.1 几何组成分析的目的

杆系结构是由若干个杆件相互联结而形成的体系，并与地基联结成一体，可以用来承受荷载的作用。当不考虑各杆件材料自身的变形时，也就是把所有的杆件都假想地看成不变形的刚体，那么杆件按照一定的组成规则联结起来，可以得到两类杆件体系，即几何不变体系和几何可变体系。几何不变体系是在任意力系作用下，其几何形状和位置均保持不变的体系；几何可变体系是在任意力系作用下，其几何形状和位置发生改变的体系。工程结构在使用过程中，只有几何不变体系才能够承受荷载而作为结构使用。

图 3.20(a)所示为由两根竖杆和一根横杆绑扎而成的支架。假定竖杆在地里埋的较浅，因而可将支点 C 和 D 简化为铰支座，结点 A 和 B 简化为铰结点，其计算简图如图 3.20(b)所示。很显然这个支架是几何可变体系，是不牢固的，在外力的作用下很容易向一侧倾倒，如图中虚线所示，即不能承受荷载，因而不能作为结构来使用。但若在该体系中加上一根斜撑 AD，如图 3.20(c)所示，支架将变为一个牢固的杆件体系，其已变为几何不变体系，能够承受荷载。

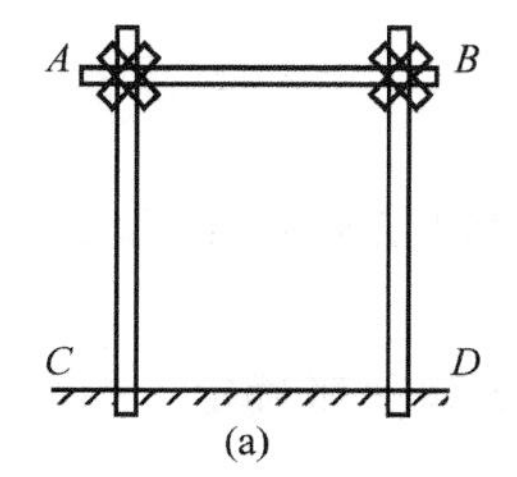

(a)

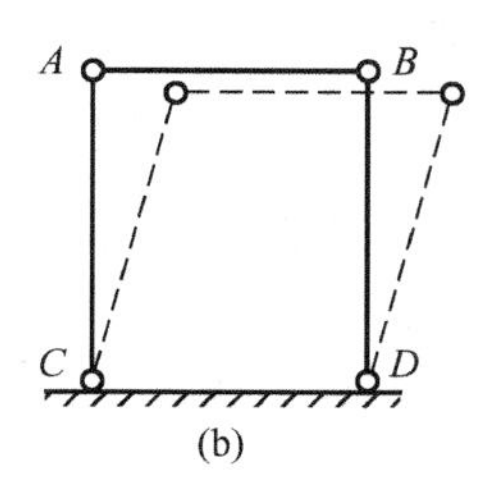

(b)

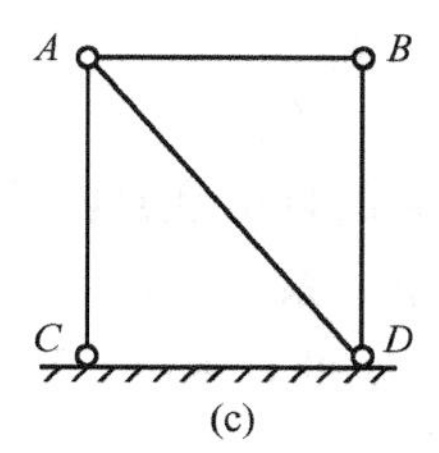

(c)

图 3.20 简单支架与简化图例

由此可以看出，作为结构来使用的杆件体系，必须保持其原有的几何形状和位置，应使杆系结构的几何形状和位置保持不变，这是十分重要且关键的。

在结构体系的几何组成分析中，其目的可主要归纳为以下 3 点。

(1) 判别体系是否为几何不变体系，从而确定它是否能作为结构使用。

(2) 正确区分静定结构和超静定结构，以便选择计算方法，为结构的内力分析打下必要的基础。

(3) 明确体系的几何组成顺序，有助于了解结构各部分之间的受力和变形关系，确定相应的计算顺序。

3.3.2 几何不变体系的组成分析

1. 体系几何组成性质的一般概念

一个体系如果是几何不变的，则组成该体系的各构件在空间必处于确定的位置。由于一个物体在空间的位置完全可用它的坐标来表示，因此，要正确把握体系几何不变性的实质，必须熟悉刚片、自由度、约束等基本概念。

1) 刚片

由于在几何组成分析中不考虑材料的应变，所以可以将体系中任何杆件视为一个刚体；又由于所讨论的体系只限于各杆件位于同一平面内的情况，故又进一步将每根杆视为一个刚片。例如，一个梁、一个柱、一根链杆都可看做一个刚片。在分析过程中，已肯定为几何不变的部分也可视为一个刚片。此外与结构相联的基础通常也视为一个刚片。例如，图 3.21(a)所示体系为一刚片，而图 3.21(b)所示的不是刚片(几何形状可变)。通常以图 3.21(c)所示图形代表刚片。

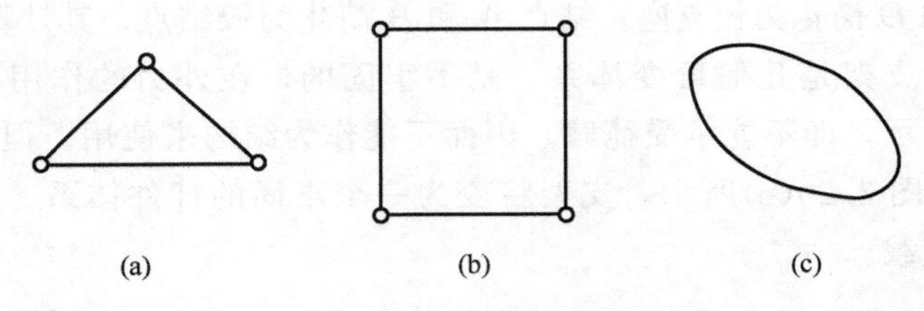

图 3.21 刚片示例图

2) 自由度

体系的自由度是指该体系运动时，用来确定其位置所需的独立坐标(或参变量)数目。如果一个体系的自由度大于零，则该体系就是几何可变体系。

(1) 点的自由度：平面内一动点 A，其位置需用两个坐标 x 和 y 来确定，如图 3.22(a)所示，所以一个点在平面内有两个自由度。

(2) 刚片的自由度：一个刚片在平面内自由运动时，其位置可由其上任一点 A 的坐标 (x, y)和过点 A 的任一直线 AB 的倾角 φ 来确定，如图 3.22(b)所示。所以一个刚片在平面内有 3 个自由度。

(3) 地基的自由度：地基就是一个大的几何不变体系，即为一大刚片。但是在进行几何组成分析时通常是将基础作为参照物，因此其自由度一般不考虑，即认为地基的自由度为零。

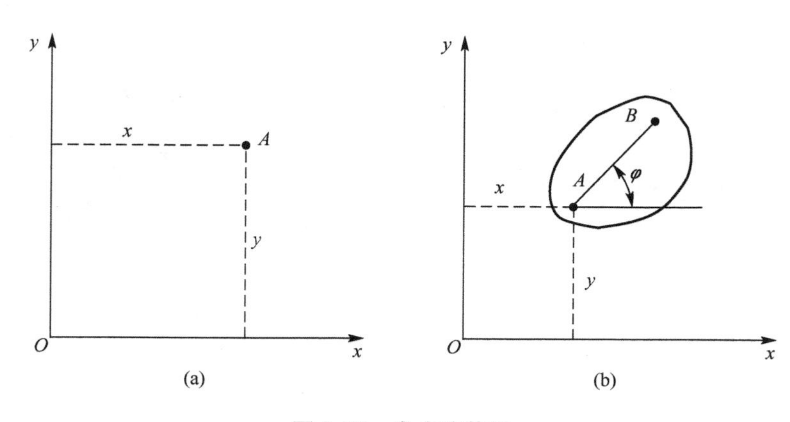

图 3.22 自由度体系

3）约束

约束是指能够减少自由度的装置(又称联系)。减少一个自由度的装置，就称为一个约束(或联系)。常见的约束有如下几种。

(1) 链杆约束。凡刚性构件，不论直杆或曲杆、折杆，只要杆件两端用铰链与其他杆件相联，且杆上无荷载与其他约束，都可称为链杆(即二力杆)，如图 3.23(a)所示，且折线与曲线链杆在约束上等同于将两端铰相联的直线链杆。如图 3.23(b)所示，用一个链杆与基础相联，则刚片不能沿链杆方向移动，因而减少一个自由度，故一个链杆相当于一个约束。

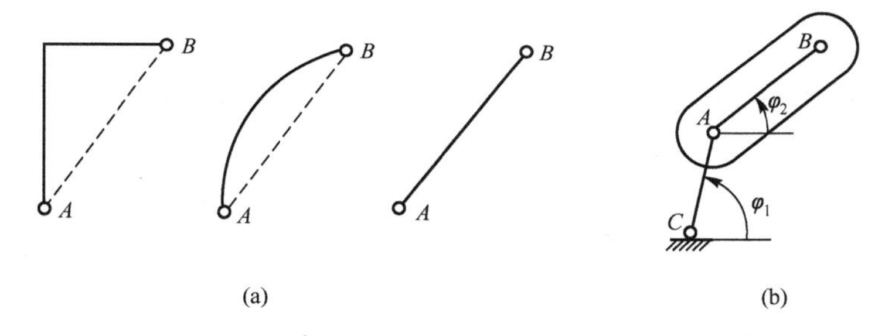

图 3.23 链杆约束

(2) 铰链约束。用一个铰链将刚片Ⅰ、Ⅱ联结起来，如图 3.24(a)所示，对刚片Ⅰ而言，其位置可由 A 点的坐标(x，y)和 AB 线的倾角 φ_1 来确定，因此它有 3 个自由度。刚片Ⅰ的位置确定后，刚片Ⅱ与刚片Ⅰ在 A 点铰接，只能绕 A 点转动，即仅有一种独立的运动方式，确定其位置仅需一个参数 φ_2 即可。这样两刚片在平面内独立的自由度个数由 6 个变为 4 个，可见一个铰链约束能减少二个自由度。这种仅联结两个刚片的铰称为单铰。显然，一个单铰或一个铰支座相当于两个约束，能减少两个自由度。而联结两个以上刚片的铰称为复铰。联结 n 个刚片的复铰相当于 $n-1$ 个单铰，能减少 $2(n-1)$ 个自由度。如图 3.24(b)所示，3 个刚片Ⅰ、Ⅱ和Ⅲ之间用同一个复铰联结后，它们的自由度由 9 个减少为 5 个，相当于 $2\times(3-1)=4$ 个约束。

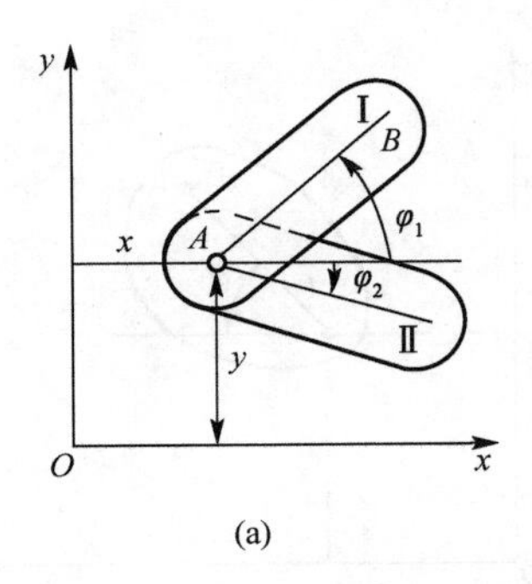

(a)

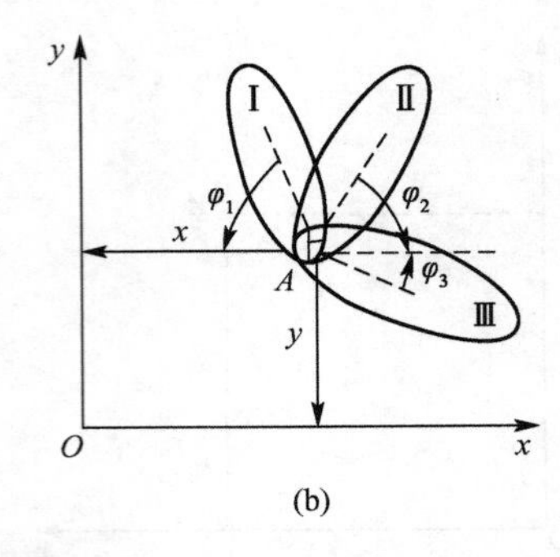

(b)

图 3.24　铰链约束

(3) 刚性联结。通过类似的分析可知，固定端支座相当于 3 个链杆的约束，联结两杆件的刚性结点也相当于 3 个链杆的约束，即有 3 个约束。

(4) 多余约束。如果在一个体系中增加一个约束，而体系的自由度并不减少，则此约束为多余约束。如图 3.25(a)所示，一点 A 与基础的联结，链杆①、②约束了点 A 的两个自由度，即点 A 被固定了，则链杆①、②是非多余约束(即必要约束)。若再增加一个链杆，如图 3.25(b)所示，实际上仍减少两个自由度，则有一个是多余约束(可把 3 个链杆中任何一个看做是多余约束)。

实际上，一个平面体系通常都是由若干个刚片加入许多约束所组成的。如果在组成体系的各刚片之间恰当地加入足够的约束，就能使各刚片之间不能发生相对运动，从而使该体系成为几何不变体系。

4) 虚铰

如图 3.26(a)所示，两刚片用两根不平行的链杆 ab、cd 相联结。若设刚片Ⅱ不动，刚片Ⅰ将绕 ab、cd 两杆延长线的交点 O 转动；反之，若设刚片Ⅰ不动，则刚片Ⅱ也将绕 O 点转动。O 点称为刚片Ⅰ、Ⅱ的相对转动瞬心(即瞬心)。该铰的位置在两链杆轴线的交点上，且其位置随两刚片的转动而改变，又称为虚铰。当两刚片Ⅰ、Ⅱ用两根相互平行的链杆相联时，如图 3.26(b)所示，这两个链杆的作用相当于一个无穷远的“铰”，所以两平行链杆延长线的无穷远处称为无穷远的虚铰。

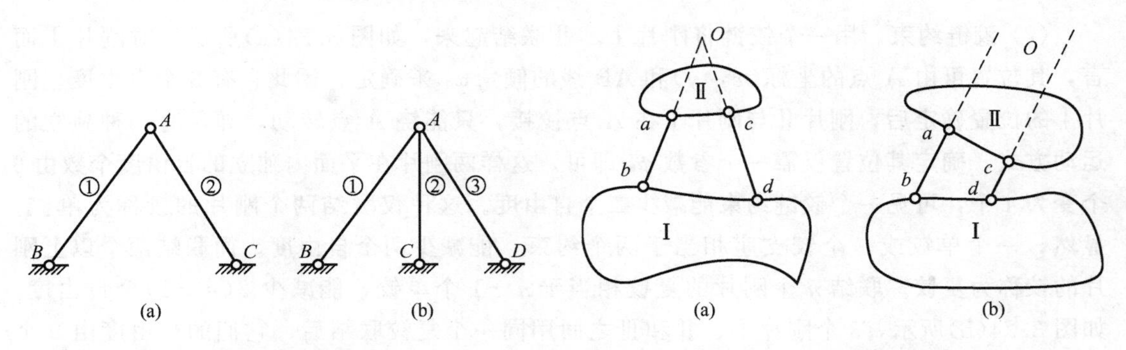

图 3.25　刚性联结示例　　　　**图 3.26　虚铰示例**

2. 几何不变体系的组成规则

平面杆件体系是由同一平面内若干杆件通过一定的联结方式所组成的。在不考虑材料应变的条件下，如果该体系的几何形状可以发生变动，就称为几何可变体系。如果该体系的几何形状不能发生变动，就称为几何不变体系。

几何可变体系又可分为两类：一类可以发生无限制的连续变动，称为几何常变体系，如图 3.27(a)所示；一类是在某一瞬时可以发生微小变动，称为几何瞬变体系，如图 3.27(b)所示。

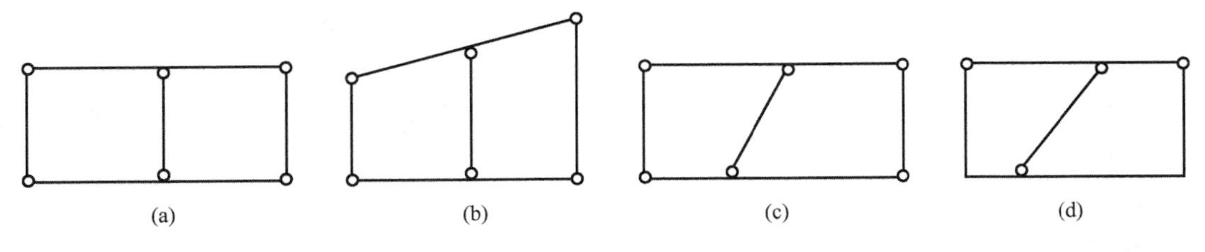

图 3.27 几何可变体系图示

几何不变体系也可分为两类：一类是几何不变，无多余约束体系，如图 3.27(c)所示；一类是几何不变，有多余约束体系，如图 3.27(d)所示。几何不变、无多余约束体系又称为静定结构。几何不变、有多余约束体系又称为超静定结构，并且有几个多余约束就称为几次超静定，如图 3.27(d)所示体系属于二次超静定结构。

例如，一所简易房屋设计成图 3.28(a)、(b)两种形式是绝对不能允许的，而设计成图 3.28(c)、(d)两种形式是允许的。因为通过体系的几何组成分析知道：图 3.28(a)为几何常变体系；图 3.28(b)为几何瞬变体系；图 3.28(c)为几何不变、无多余约束体系；图 3.28(d)为几何不变、有两个多余约束体系。

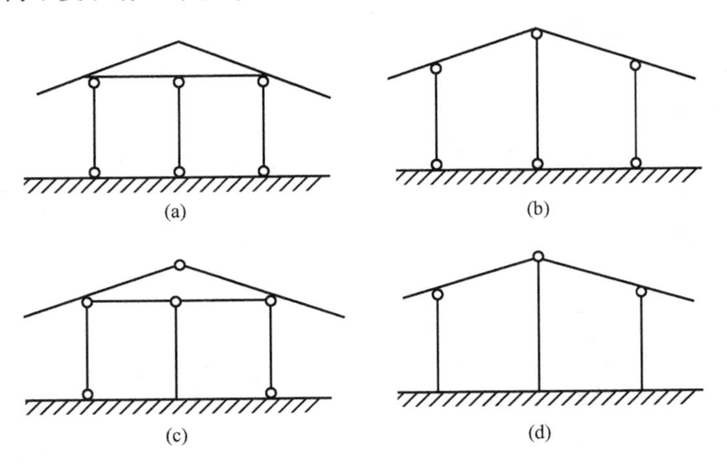

图 3.28 几何不变体系图示

本节仅讨论无多余约束的几何不变体系的组成规律。如图 3.29(a)所示，由 3 个刚性杆 1、2、3 用 3 个铰 A、B、C 两两相联构成一个铰接三角形，在平面内 3 个独立的刚片有 9 个自由度，3 个单铰相当于 6 个约束，则铰接三角形有 3 个自由度，故该铰接三角形

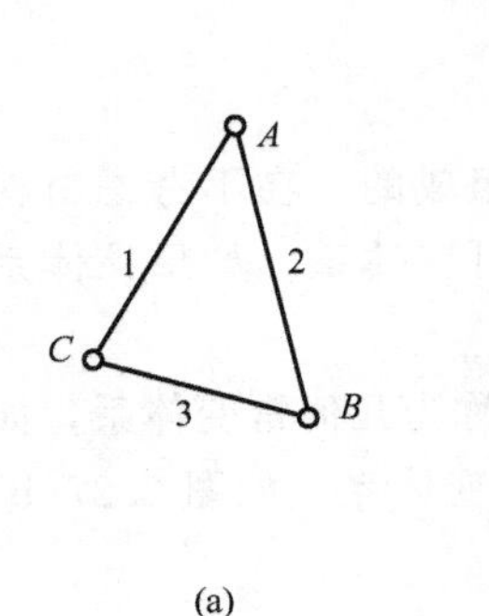

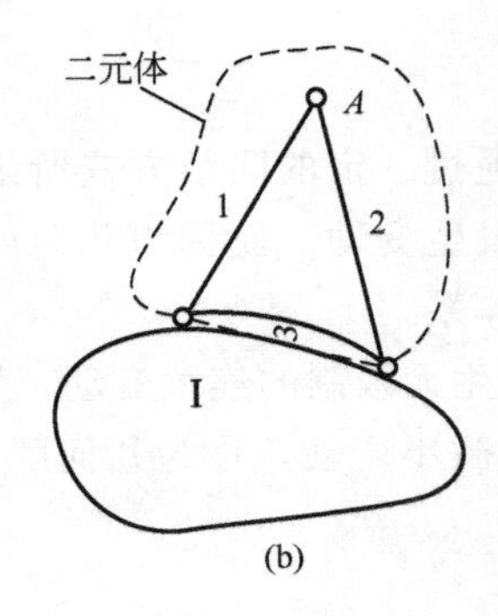

图 3.29　二元体图示

是几何不变体系且无多余约束。在几何组成分析中，最基本的规律就是三角形规律，无多余约束的几何不变体系的组成规律都是建立在基本三角形几何不变的性质上。

1）二元体规则

如图 3.29(b)所示，将刚性杆 3 视为刚片Ⅰ，1、2 杆视为两根链杆来联结结点 A，很明显该体系仍为几何不变体系且无多余约束，这种由两根不共线的链杆联结一个结点的装置称为二元体。

规则Ⅰ：一个点与一刚片用两根不共线的链杆相联结，则组成一个几何不变体系，且无多余联系。

由二元体的概念可得出推论Ⅰ(二元体的加减规则)：在一个几何体系上增加或撤去一个二元体，则不改变该体系的几何组成。因此，在进行体系的几何组成分析时，宜先将二元体撤除，再对剩余部分进行分析，所得结论就是原体系的几何组成分析结论。

2）两刚片规则

平面中两个独立的刚片共有 6 个自由度，若将它们组成一个大刚片，则有 3 个自由度。由此可知，在两刚片之间至少应该用 3 个约束相联，才可能组成一个几何不变的体系。

将图 3.29(a)的铰接三角形中任意的两根链杆(如 3 和 1)视为刚片(Ⅰ和Ⅱ)，即得图 3.30(a)所示体系。如前所述，若把铰 C 用由两根链杆构成的虚铰来代替，即为两刚片由 3 根不完全平行也不全交于一点的链杆相联，如图 3.30(b)所示，这两种情况都为无多余约束的几何不变体系。

规则Ⅱ：两刚片之间用一个铰和一根不通过铰的链杆相联或两刚片之间用不全交于一点也不全平行的 3 根链杆相联，组成几何不变体系，且无多余联系。

3）三刚片规则

将图 3.29(a)的铰接三角形中 3 根链杆均视为刚片，平面中 3 个独立的刚片共有 9 个自由度，若组成一个刚体则只有 3 个自由度，由此可知，在 3 个刚片之间至少应增加 6 个链杆或 3 个铰(见图 3.31)，才可能将三刚片组成为几何不变体系。

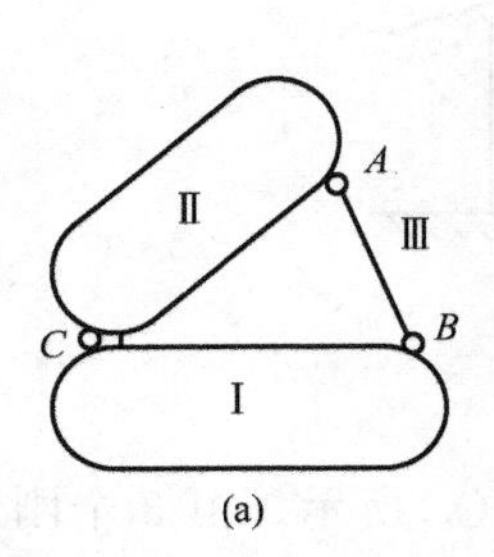

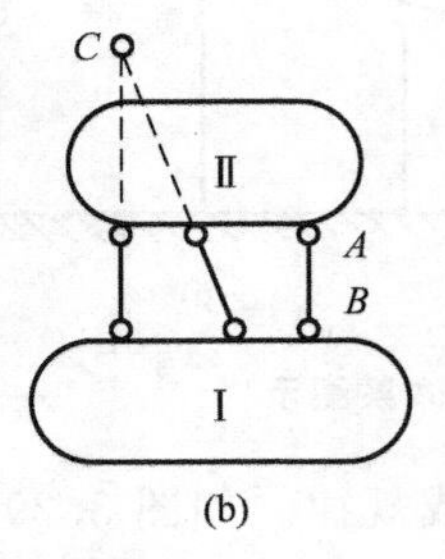

图 3.30　两刚片联结图示

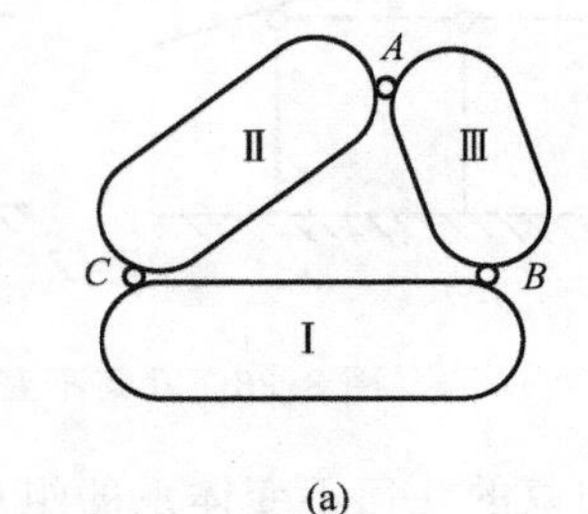

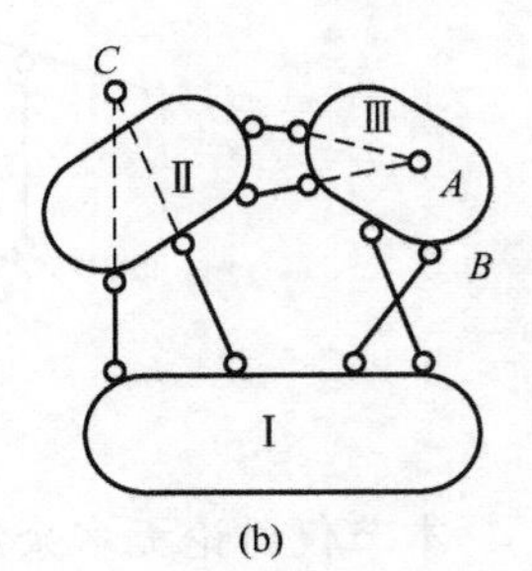

图 3.31　三刚片联结图示

规则Ⅲ：三刚片之间用不在同一直线上的3个铰两两相联，则组成几何不变体系，且无多余联系。

4）瞬变体系

在前面所讨论的几何不变体系的组成规则中，对刚片之间的联结方式提出了几何布置方面的限制条件。如果不满足这些限制条件时，体系可能会发生瞬变现象。

图3.32(a)中刚片Ⅰ与点C用共线的两链杆AC、BC联结。对链杆AC来说，C点沿以AC为半径的圆弧的切线方向运动；对链杆BC来说，C点沿以BC为半径的圆弧的切线方向运动。由于两圆弧在C点有公切线，所以在此瞬时，C点的运动是可能发生的，即体系在这一瞬时是几何可变的。但经过一微小位移后［图3.32(b)］，两链杆不再共线，体系成为几何不变的。

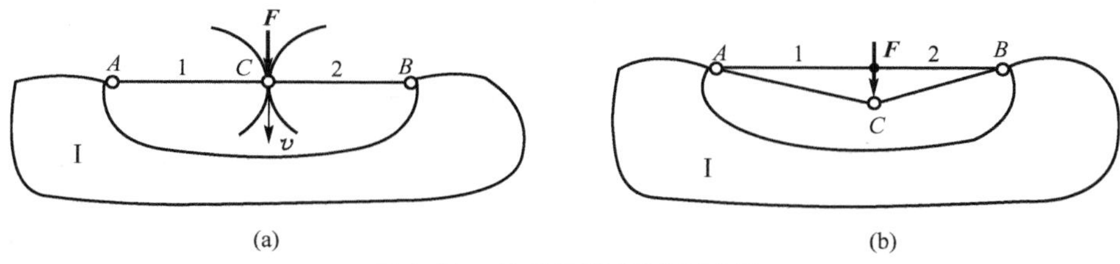

图3.32　共线两链杆瞬变图例

这种本来是几何可变的，经微小位移后又成为几何不变的体系称为瞬变体系。瞬变体系是不能作为结构使用的。不仅如此，对于接近瞬变体系的几何构造在实际结构布置时也不允许出现。因为瞬变体系和接近瞬变体系的几何构造在荷载作用下会产生很大的内力，极易使体系发生破坏。

瞬变体系还有其他一些情况：图3.33(a)中联结两刚片的三链杆交于一点，是瞬变的。图3.33(b)中联结两刚片的三链杆平行但不等长，刚片Ⅰ上A、B、C 3点的运动方向相同，故其运动是可能的。体系在此瞬时是几何可变但经微小位移后，由于三链杆不等长，各链杆的转角不相同，彼此不再平行，体系成为几何可变的，可见体系是瞬变体系。三链杆互相平行也可理解为它们在无限远处相交。特别地，如果三链杆平行且等长时，体系是几何可变的。

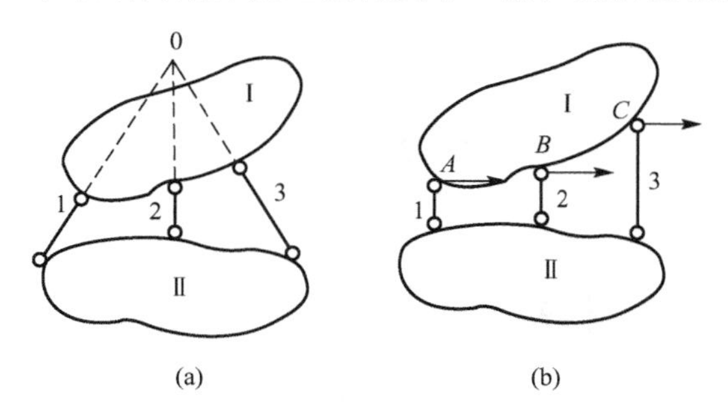

图3.33　平行三链杆瞬变图例

3.3.3　几何组成分析实例

对杆件体系进行几何组成分析，没有统一步骤可循，简单的问题可以直接套用规则，复杂的问题要连续运用规则，有的要进行等效变换，使结构简化后再运用规则。总之，对体系作几何组成分析是机动灵活的，需作适当数量的练习才能掌握。

应用案例 3-1

梁的几何组成分析，对图 3.34 所示多跨梁进行几何组成分析。

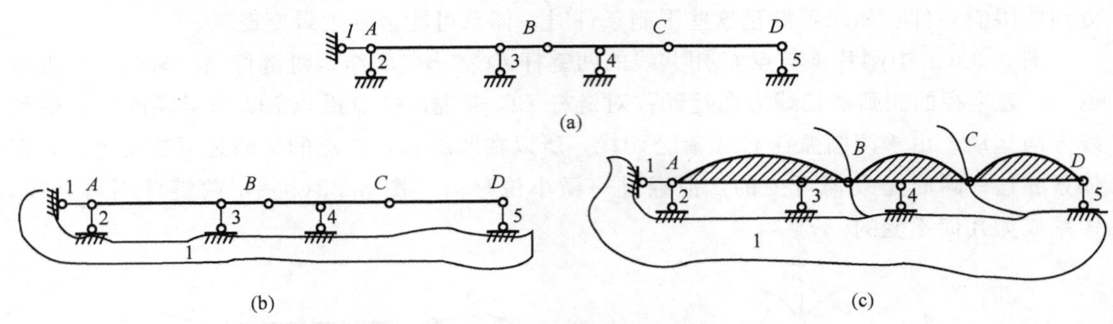

图 3.34　应用案例 3-1 图

解：将支座下面支承部视为作刚片Ⅰ，如图 3.34(b)所示；按分析规则将梁 AB 视为刚片Ⅱ，刚片Ⅰ与刚片Ⅱ两者由连杆 1、2、3 连接，满足两刚片几何不变没有多余约束规则。将刚片Ⅰ、Ⅱ视为新刚片，将梁 BC 视为刚片Ⅲ，新刚片与刚片Ⅲ两者由 B 处一个铰和连杆 4 连接，满足两刚片规则，为几何不变。将刚片Ⅰ、Ⅱ、Ⅱ视为Ⅰ新刚片，将梁 CD 视为刚片Ⅳ，新刚片与Ⅳ刚片两者由 C 处一个铰和连杆 5 连接，满足两刚片规则，为几何不变对多跨梁进行几何组成分析过程见图 3.34(c)所示。

结论：该组成为几何不变体系，且没有多余约束。

应用案例 3-2

桁架的几何组成分析，对图 3.36 所示桁架进行几何组成分析。

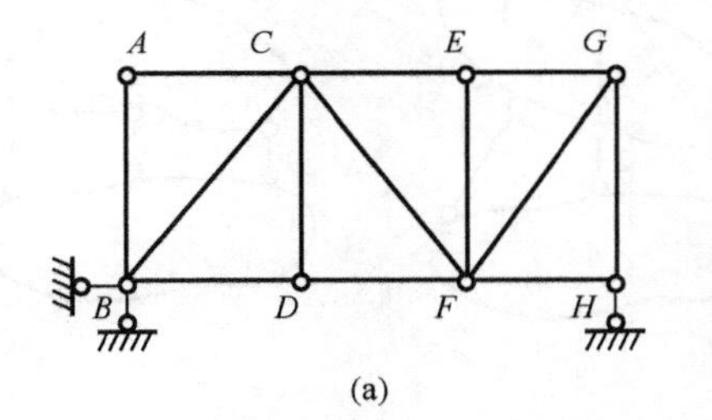

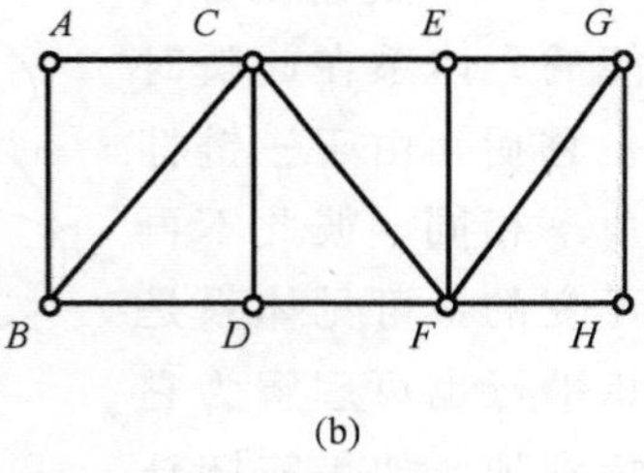

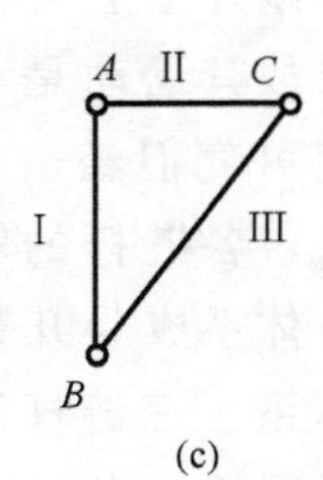

图 3.35　应用案例 3-2 图

解：桁架的几何组成分析时，一般先进行桁架内部分析不考虑支座，再进行桁架外部分析考虑桁架与支座的组成，桁架内部分析时，先按组成规则找到一个几何不变的基本体，然后用二元体规则逐步进行分析。

本案例对图 3.35(b)进行桁架内部分析，将三角形 ABC 视为三个刚片的组成几何不变的基本体如图 3.35(c)，将基本体 ABC 视为一个刚片与点 D 组成二元体满足二元体规则，将 $ABCD$ 视为一个新刚片与点 F 组成满足二元体规则，按此方法对点 E、G、H 逐步进行分析，桁架内部分析结论是几何不变没有多余约束；对桁架外部分析，将桁架内部视为一个刚片，将支承支座部分视为一个刚片，按两刚片规则，两刚片之间用一个铰和一根不通过铰的链杆相连几何不变没有多余约束。

结论：该组成为几何不变体系，且没有多余约束。

应用案例 3-3

桁架的几何组成分析，对图3.36(a)所示桁架进行几何组成分析。

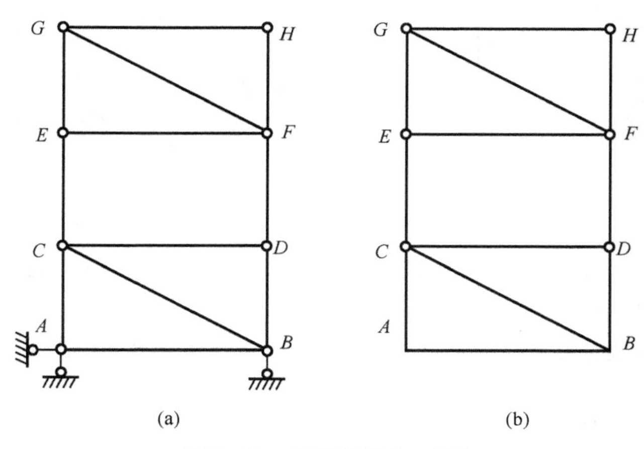

图3.36 应用案例3-3图

解：对图3.36(b)进行桁架内部分析，按二元体规则分析*ABCD*部分为几何不变没有多余约束视为一个刚片；*EFGH*部分为几何不变没有多余约束视为一个刚片，按两刚片规则，两刚片之间用*CE*、*DF*两根链杆相连缺少一根链杆结论是几何可变体系。对桁架外部分析，将桁架内部视为一个刚片，将支承支座部分视为一个刚片，按两刚片规则，两刚片之间用一个铰和一根不通过铰的链杆相连外部是几何不变没有多余约束。

结论：该组成为几何可变体系，且缺少一个约束。

应用案例 3-4

组合结构的几何组成分析，对图3.37(a)所示组合结构进行几何组成分析。

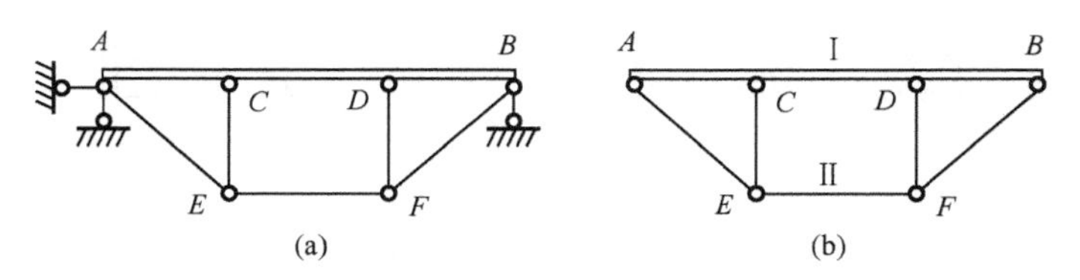

图3.37 应用案例3-4图

解：对图3.37(b)组合结构进行内部分析，将梁*AB*与*EF*杆视为刚片Ⅰ和Ⅱ，按两刚片规则，两刚片之间用了四根链杆连接，内部为几何不变体系，有一个多余约束；对组合结构进行外部分析，将组合结构内部视为一个刚片，将支承支座部分视为一个刚片，按两刚片规则，两刚片之间用一个铰和一根不通过铰的链杆相连外部是几何不变没有多余约束。

结论：该组成为几何可变体系，但有一个多余约束。

应用案例 3-5

刚架的几何组成分析，对图 3.38(a)所示刚架进行几何组成分析。

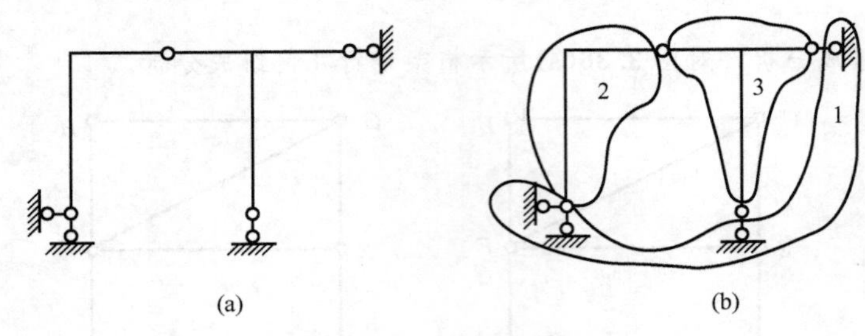

图 3.38　例 3-5 图

解： 刚架几何组成分析时，一般将支承支座部分视为刚片，将刚结点汇交的构杆视为刚片，按组成规则进行分析。

本案例将支承支座部分视为刚片 1，将上部结构视为刚片 2、3[图 3.38(b)]，刚片 1 与刚片 2；刚片 2 与刚片 3 各用单铰连接，刚片 1 与 3 刚片用两链杆连接形成一虚铰，三个铰不在一直线上，满足三个刚片几何不变没有多余约束规则。

结论：该组成为几何不变体系，且没有多余约束。

应用案例 3-6

对图 3.39(a)所示刚架进行几何组成分析。

解： 将支承支座部分视为刚片 1，T 形刚架视为刚片 2，两侧的刚架视为两链杆[图 3.39(b)]。按二刚片规则，刚片 1、2 是用三根相交于一点的链杆连接，所以结论是几何瞬变体系。

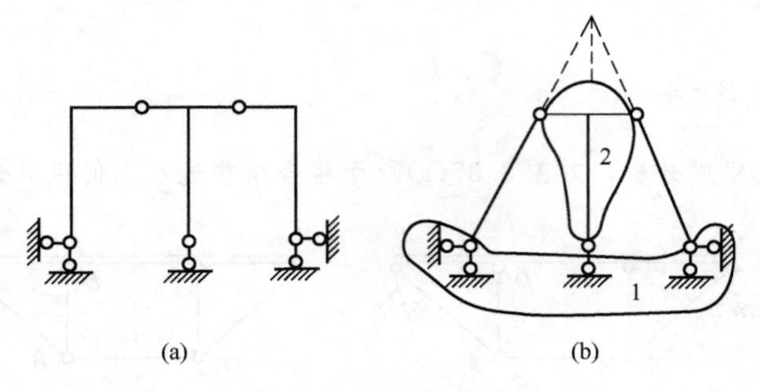

图 3.39　例 3-6 图

上面介绍了几种常用体系的几何组成分析方法。在进行分析时，要融会贯通、综合运用，要特别掌握好 3 个规则。要注意，在运用 3 个规则时刚片数最多为 3 个。这就需要在分析过程中用这 3 个规则逐次将小刚片归并成大刚片或拆除一些二元体，将复杂的体系进行简化。

3.3.4 静定结构和超静定结构

1. 静定结构和超静定结构

杆系结构可分为静定结构和超静定结构。由静力学可知，凡可以用静力平衡方程确定全部反力和内力的结构都是静定结构。静定结构的未知量数目与平衡方程数目相等。凡反力和内力不能全由平衡方程确定的结构都称为超静定结构。超静定结构的未知量数目多于平衡方程数目。图 3.40(a)所示简支梁是静定结构的例子，它的 3 个反力可由平面力系的 3 个平衡方程$\sum F_x=0$、$\sum F_y=0$、$\sum M=0$ 唯一求出，并进而可用截面法求梁的内力；图 3.48(b)所示连续梁是超静定结构的例子，它的 5 个反力不能全由平衡方程$\sum F_x=0$、$\sum F_y=0$、$\sum M=0$ 求出。计算超静定结构时，不但要考虑结构的平衡条件，还必须考虑结构的变形条件。

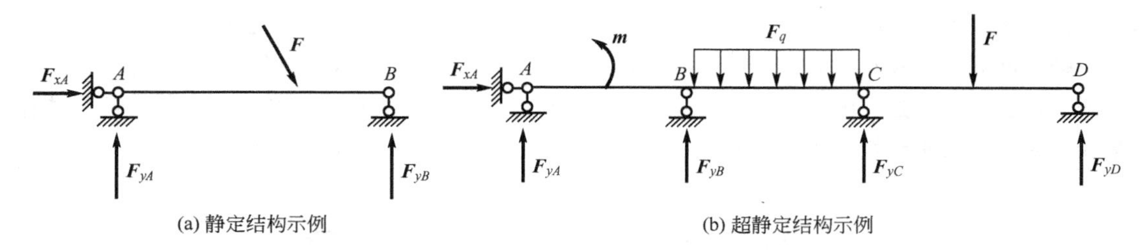

(a) 静定结构示例　　(b) 超静定结构示例

图 3.40　静定结构和超静定结构

2. 几何组成与静定性的关系

平面内的一个自由刚片有 3 个自由度。为使其几何不变又无多余约束，需要的约束数应与自由度相等且约束要适当。于是未知的约束反力数目与平衡方程数目相等，可由平衡方程求得唯一解，这就是静定结构。

如果约束数目多于自由度数目(当然约束要适当)，这时未知力个数多，而平衡方程数目少，全部未知力就不能全由平衡方程解出，这就是超静定结构。多余约束的数目称为超静定次数。用几何组成分析方法，可以确定结构是否有多余约束，有几个多余约束，从而判定结构的超静定次数。

应用案例 3-7

分析图 3.41(a)所示结构的几何组成，如果是超静定结构，判定超静定次数。

解：将基础和刚架视为刚片 1、2，如图 3.41(b)所示，由二刚片规则，它们之间用一个单铰和一根不通过此铰的链杆联结是无多余约束的几何不变体系。本例中刚片 1、2 由 4 根链杆联结，多一个约束，故为一次超静定结构。

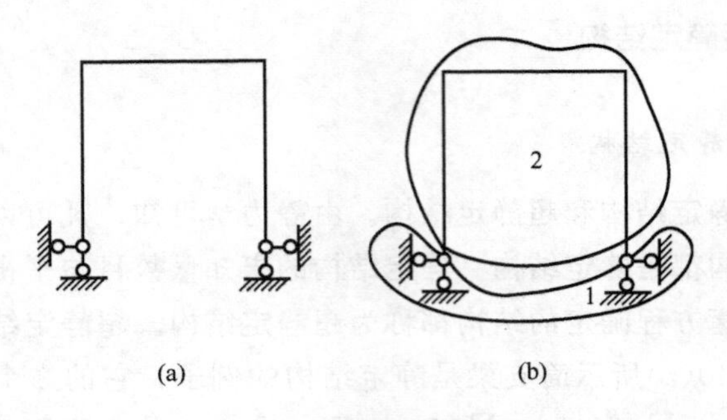

图 3.41 应用案例 3-13 图

应用案例 3-8

分析图 3.42(a)所示结构的几何组成，如果是超静定结构，判定超静定次数。

解： 由于上部体系用 3 根链杆与基础联结，可拆除后只对上部体系进行分析，如图 3.42(b)所示。按三刚片规则，刚片 1、2、3 用 3 个不共线的单铰联结是几何不变体系，但有两根链杆是多余的。所以此结构是几何不变体系，有两个多余约束，是二次超静定结构。

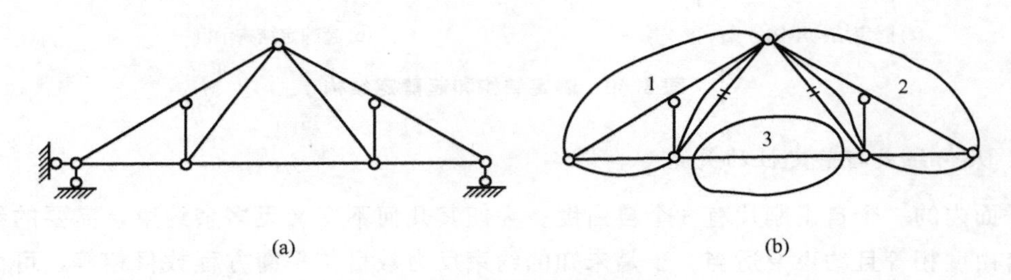

图 3.42 应用案例 3-14 图

特 别 提 示

(1) 牢固掌握刚片、自由度、约束等基本概念。

(2) 熟练使用二元体规则、两刚片规则、三刚片规则等进行结构体系的可变性分析。

本 章 小 结

1. 几何体系的分类

(1) 几何不变：无多余约束——静定结构；有多余约束——超静定结构。

(2) 几何可变(包括瞬变及常变)：不能用作结构。

2. 几何不变体系的3个组成规则及推论

以铰接三角形为基础，将无多余约束的几何不变体系的组成建立在基本三角形几何不变的性质上。依此性质推出的3个组成规则为二元体规则、两刚片规则、三刚片规则；推论为二元体的加减规则。在熟练掌握规则的同时进行一些训练，掌握分析方法。

3. 几何组成分析方法及步骤

(1) 去掉明显的二元体，简化原体系后再分析。

(2) 体系与地基的联结方式有两种：

① 若体系与地基以不全平行也不全交于一点的3根链杆相联结，则可去掉这3根链杆，分析体系内部的自由度。

② 若体系与地基的联结超过3个约束，则应将地基视为一刚片，从地基出发进行分析。

(3) 注意运用“等效变换”。即用虚铰代替对应的两个链杆；用大刚片代替几何不变部分；用直线链杆代替曲线链杆和折杆；用一个刚片代替整个地基等。

习题

一、判断题

1. 杆件结构的几何特征是其长度远大于截面的宽度和高度。 (　　)
2. 板壳结构的几何特征是长、宽、厚三个方向尺寸约为同一数量级。 (　　)
3. 结构中杆件互相连接的地方称为结点。结点的简化常将其归纳为铰结点和组合结点两种。 (　　)
4. 两刚片之间以三根链杆相连均能组成无多余约束的几何不变体系。 (　　)
5. 不能作为结构使用的是几何常变体系和瞬变体系。 (　　)

二、单项选择题

1. 两端嵌固在墙体中的雨篷梁，在受弯计算时，其两端支座可假设为(　　)。

A. 两端均为固定端支座　　B. 两端均为固定铰支座
C. 两端均为可动绞支座　　D. 一端可动铰支座、另一端固定铰支座

2. 在无多余约束的几何不变体系上增加二元体后构成(　　)。

A. 可变体系　　B. 无多余约束的几何不变体系
C. 瞬变体系　　D. 有多余约束的几何不变体系

3. 一个点和一个刚片用(　　)共线的链杆相连，可组成无多余约束的几何不变体系。

A. 两根　　B. 两根不　　C. 三根　　D. 三根不

4. 三刚片组成几何不变体系的规则是(　　)。

A. 三链杆相连，不平行也不相交于一点
B. 三铰两两相连，三铰不在一直线上

C. 三铰三链杆相连，杆不通过铰

D. 一铰一链杆相连，杆不通过铰

5. 图示 3.43 体系为（　）。

A. 瞬变体系　　　　B. 常变体系

C. 有多余约束的几何不变体系　　　　D. 无多余约束的几何不变体系

6. 如图 3.44 所示平面杆件体系是何种杆件体系（　）。

A. 常变　　　　B. 瞬变

C. 不变且无多余联系　　　　D. 不变且有一个多余联系

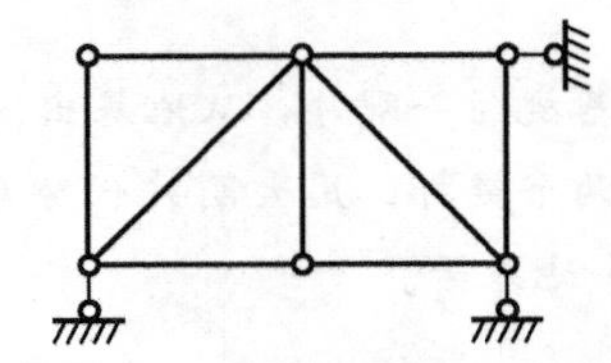

图 3.43　选择题 5 图

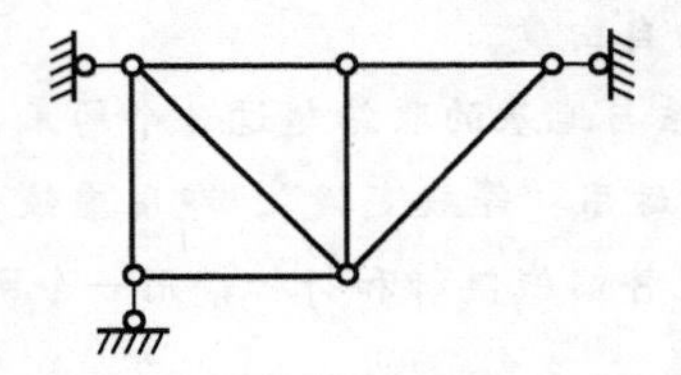

图 3.44　选择题 6 图

三、填空题

1. 静定结构可分为________、________、________和________四大类。

2. 连接两个刚片的单铰相当于________个约束。

3. 能作为结构使用的是几何不变无多余联系和________体系。

4. 两个刚片用三链杆相联形成无多余约束的几何不变体系的充分必要条件是________。

四、组成分析题

1. 试对图 3.45 所示结构作几何组成分析，如果体系是几何可变的，确定是几何常变，还是几何瞬变；如果是几何不变的，确定有无多余约束，有几个多余约束。

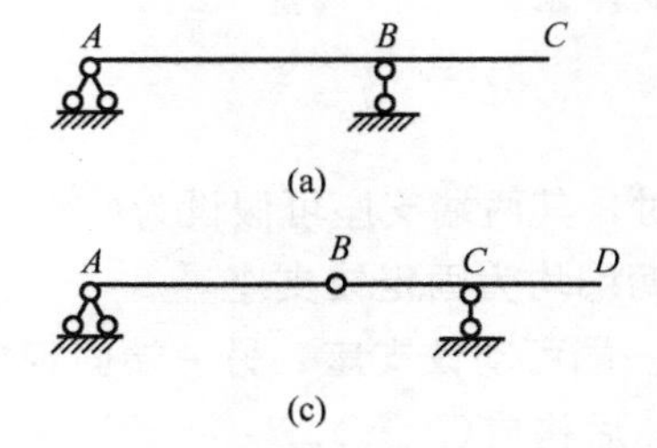

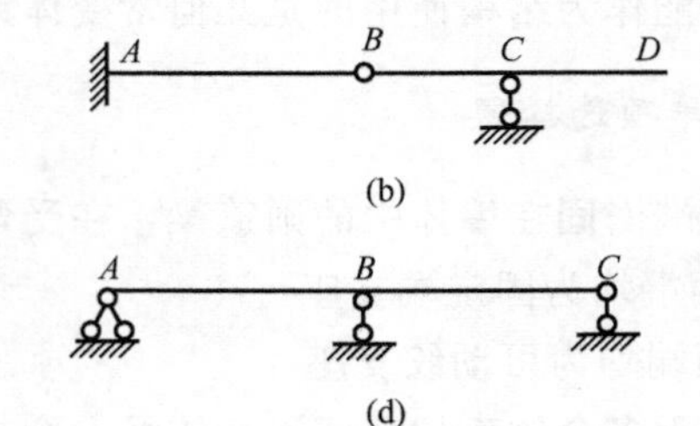

图 3.45　题 1 图

2. 试对图 3.46 所示结构作几何组成分析。

3. 试对图 3.47 所示结构作几何组成分析。

4. 试对图 3.48 所示结构作几何组成分析。

5. 试对图 3.49 所示结构作几何组成分析。若为多余约束的几何不变体系，则指出其多余约束的数目。

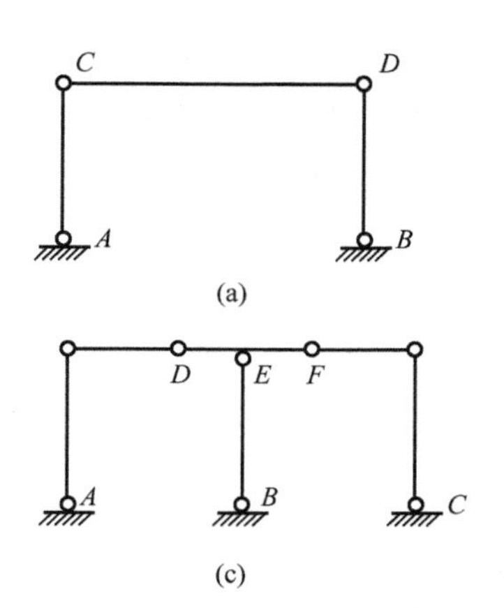

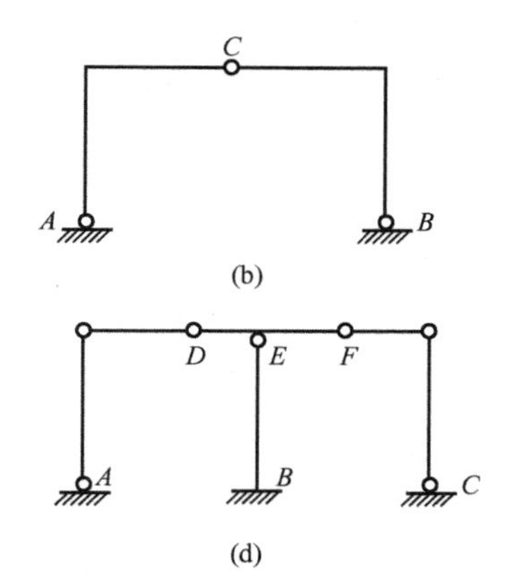

(a) (b)

(c) (d)

图 3.46 题 2 图

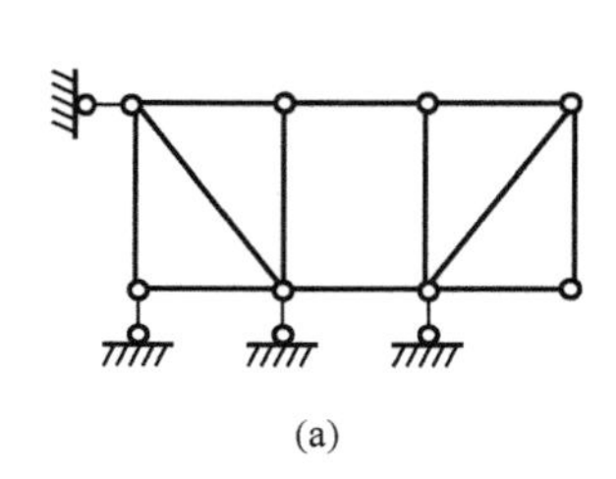

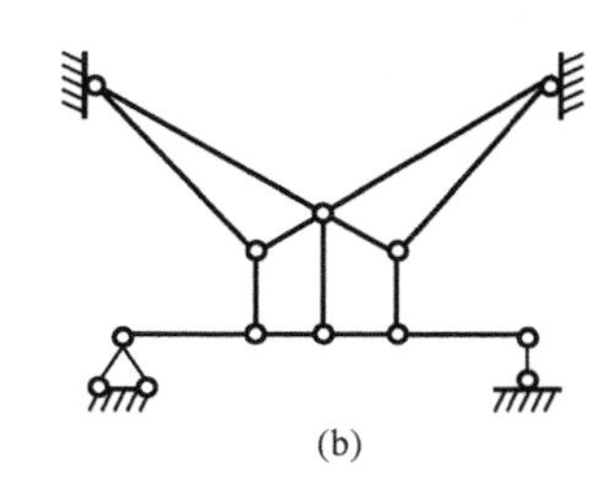

(a) (b)

图 3.47 题 3 图

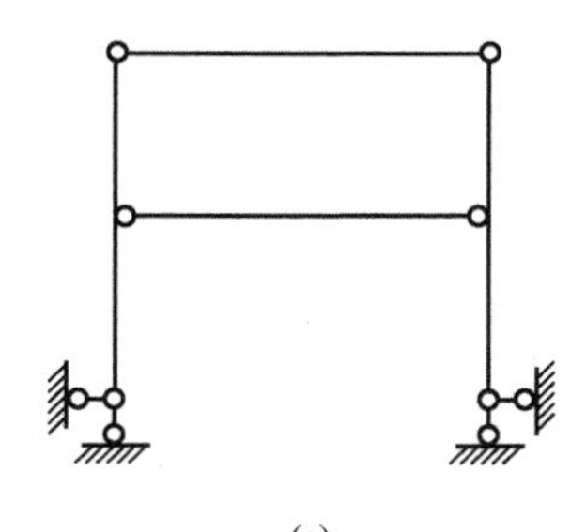

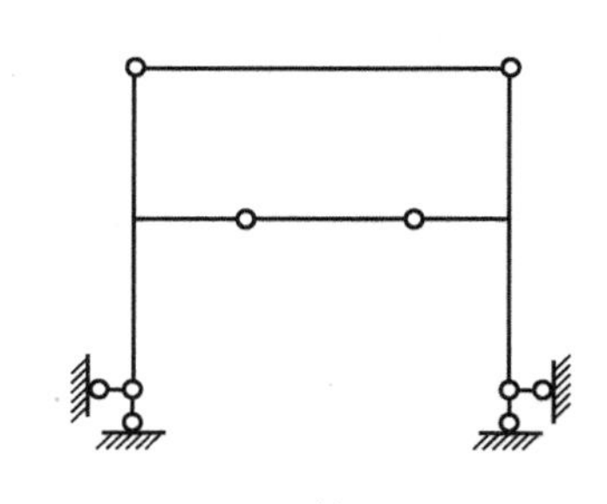

(a) (b)

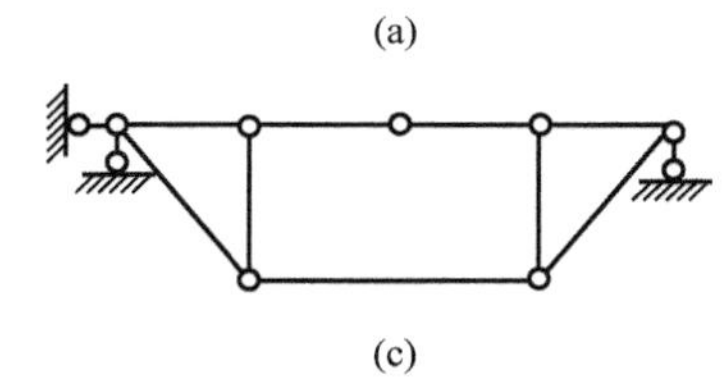

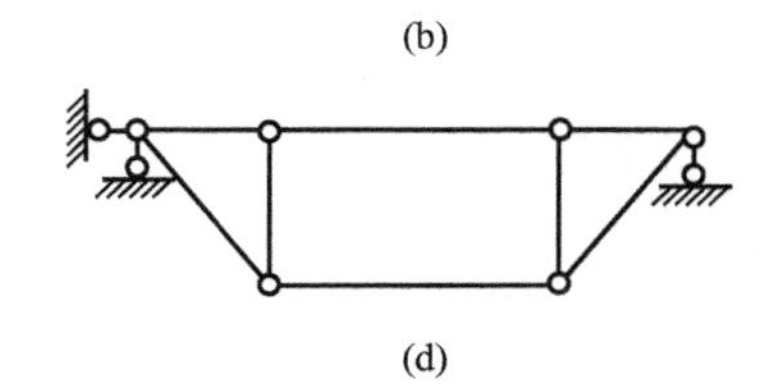

(c) (d)

图 3.48 题 4 图

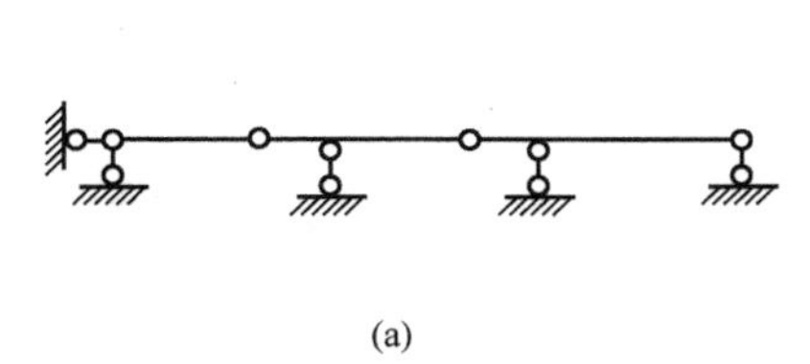

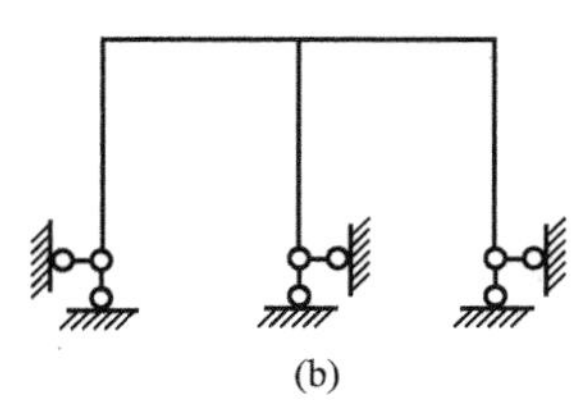

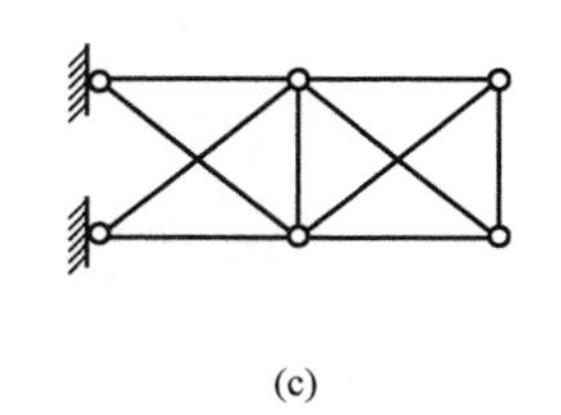

(a) (b) (c)

图 3.49 题 5 图

6. 图示 3.50 结构中，若变动 AB 杆和 BC 杆的长度，使铰 A 在竖直方向上移动，而其他铰的位置不变，为保持体系的几何不变，h 不能等于什么数值？

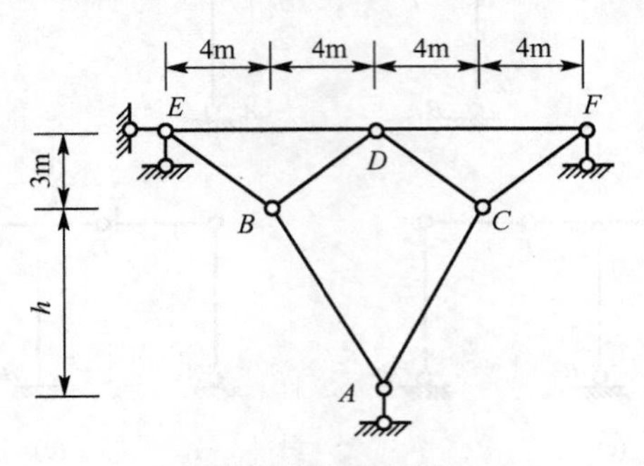

图 3.50　题 6 图

第4章

静定结构的内力分析

教学目标

掌握轴力、剪力、弯矩三种内力的基本概念和截面法求内力的基本过程，熟练直接计算法的应用；熟悉内力图的概念并能绘制内力图；熟悉梁、刚架、拱、桁架、组合结构五种平面杆件结构的形成和特点，并熟练掌握五种平面杆件结构的内力计算和内力图绘制过程。

教学要求

能力目标	知识要点	相关知识	权重(%)
轴心拉压杆件的计算	轴力概念、求法、轴力图绘制方法步骤	截面法概念、内力及内力图概念	15
梁的内力计算和内力图绘制	梁的内力类型、求法，剪力图和弯矩图的绘制方法步骤	用截面法求梁的内力，用直接计算法求梁的内力，方程法和简易法绘内力图，荷载和内力之间的微分关系，叠加法绘弯矩图，多跨梁和斜梁的内力计算	20
刚架的内力计算和内力图绘制	刚架的内力类型、求法，轴力图、剪力图和弯矩图的绘制方法步骤	用直接计算法求刚架的内力，用荷载和内力之间的微分关系绘弯矩图、轴力图、剪力图，选择合理顺序可以简化过程	20
拱的内力计算和内力图绘制	拱的内力计算方法，内力图绘制方法，与其他结构的差别	利用拱和简支梁的关系计算拱的支反力和截面内力，列表绘轴力图、剪力图和弯矩图	10
桁架的内力计算和内力图绘制	桁架的内力计算方法和内力图绘制特点	结点法和截面法求轴力，轴力图的表示	20
组合结构的内力计算和内力图绘制	组合结构的内力计算方法和内力图绘制方法	区分梁式杆和二力杆，明确两种杆件内力求法不同及内力图绘制方法的不同	15

引 例

建筑的主要功能是为人类的生产和生活提供空间。为了形成空间，任何建筑都必须依赖能够承受荷载的构件及其形成的结构，如梁、柱、墙、板等。显然，为了保证建筑的稳定坚固，必须正确设计各种构件；而只有了解了各种构件的受力情况，才可能做到这一点。本章从最基本的受力构件和受力形式出发，研究了常见的平面杆件结构的内力分析和计算方法，介绍了内力图的绘制方法。这些内容是进一步计算构件、结构的基本依据，是进一步研究超静定结构的基础。例如，工程中简支梁和悬臂梁的配筋问题许多人容易搞错，受力钢筋(粗钢筋)的位置经常被混淆，学习本章知识后，这些问题很容易得到解决。在图 4.1 所示的两种构件中，简支梁截面配筋图由于荷载作用下梁下部受拉(弯矩图画在下边)，主要受力钢筋(粗钢筋)应放置在梁下部，梁截面下部 3 根钢筋上部 2 根钢筋见图 4.1(a)；悬臂梁截面配筋图，由于荷载作用下梁上部受拉(弯矩图画在上边)，主要受力钢筋(粗钢筋)应放置在梁上部，梁截面上部 3 根钢筋下部 2 根钢筋见图 4.1(b)。因此，本章知识对工程实践起着重要的基础性作用，对本章的主要内容，应认真学习提高能力、熟练掌握内力分析与计算本领。

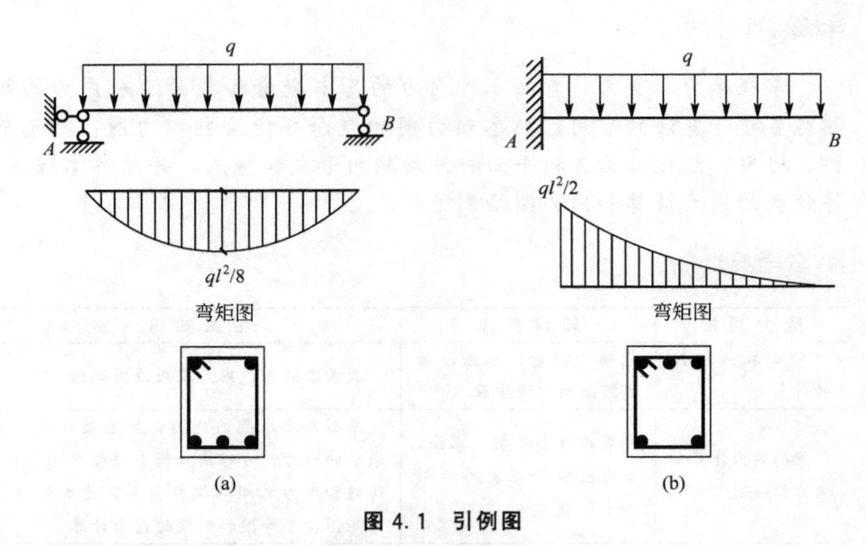

图 4.1 引例图

4.1 轴心拉(压)构件

4.1.1 轴心拉(压)构件的内力

1. 轴心拉(压)构件的受力特点

构件在外力作用下会产生变形和内力，这种内力是外力作用的效应，是在外力作用下引起的原有内部质点力的改变量。内力计算是建筑力学中最基础的内容之一。

当外力(或其合力)作用线与杆件轴线重合时，杆件发生轴向拉(压）变形，杆件内部产生轴向拉(压）内力，简称轴力，如图 4.2 所示。

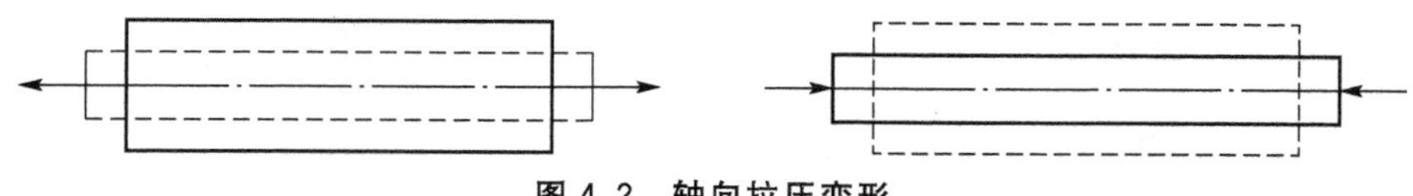

图 4.2 轴向拉压变形

在建筑工程中，经常可以见到轴向拉(压）构件，例如砖柱和桁架中的杆件，其内力只有轴力。

2. 轴心拉(压)构件的内力计算方法

求解内力的基本方法是截面法，不仅求轴力适用，而且在后续各节求解其他变形杆中也适用，必须熟练掌握。下面对图 4.3(a)所示轴心受拉杆件求 $m—m$ 横截面内力，通过此过程来说明截面法的具体应用。

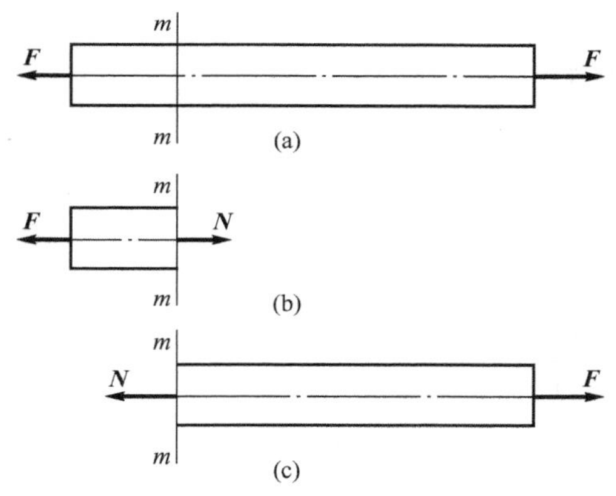

图 4.3 截面法求轴力

截面法计算内力分 3 步：

(1) 沿所求内力的截面 $m—m$，假想地把构件截开，任取一部分为研究对象，而丢掉另一部分，如图 4.3(b)、(c)所示。

(2) 对保留部分隔离体画受力图，加上所有外力，使得隔离体仍处于平衡状态。由隔离体的平衡条件可知，轴心受拉杆件横截面上的内力只能是轴力 N。

为了便于在内力图上表示出内力符号，不论横截面上内力的实际指向如何，规定将未知内力标成正方向。对于轴心拉(压）杆件内力，规定拉力为正，压力为负，即离开截面为正，指向截面为负。

(3) 对隔离体受力图建立平衡方程，并解出所求内力。对图 4.3(b)有

$$\sum F_x=0,\quad F-N=0$$

即

$$N=F$$

正号表示内力实际指向与假设指向一致，负号表示内力实际指向与假设指向相反，此处，横截面上内力为正，即拉力。

对图 4.3(c)，也有$\sum F_x=0$，$F-N=0$，即 $N=F$，结果相同。

4.1.2 轴心拉(压)构件内力图

构件设计需要用到内力图。将构件各截面的内力表示在一个图上所得到的图形即为内力图。一般用构件轴线的平行线代表构件，以线上各点代表各截面，将计算得到的截面内力过截面点垂直平行线画到图上。对于图 4.3，由于其内力沿杆长均无变化，其内力图为平行于轴线的线段，如图 4.4 所示。对轴心拉(压) 杆来说，其内力为轴力，内力图即轴力图。习惯上将正值标在水平杆上部，负值标在水平杆下部。由图 4.4 可知，内力图可以清楚、完整地表达杆件各截面上的内力，是进行后续应力、应变、强度、刚度计算的依据。

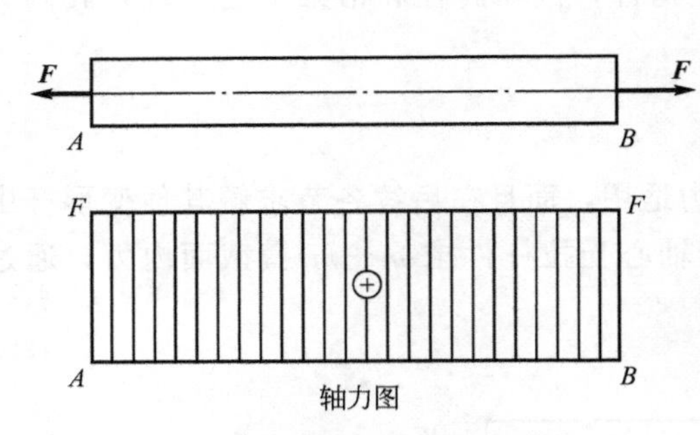

图 4.4 轴心拉杆的轴力图

思考：图 4.5(a)所示拉压杆的轴力图如何绘制？

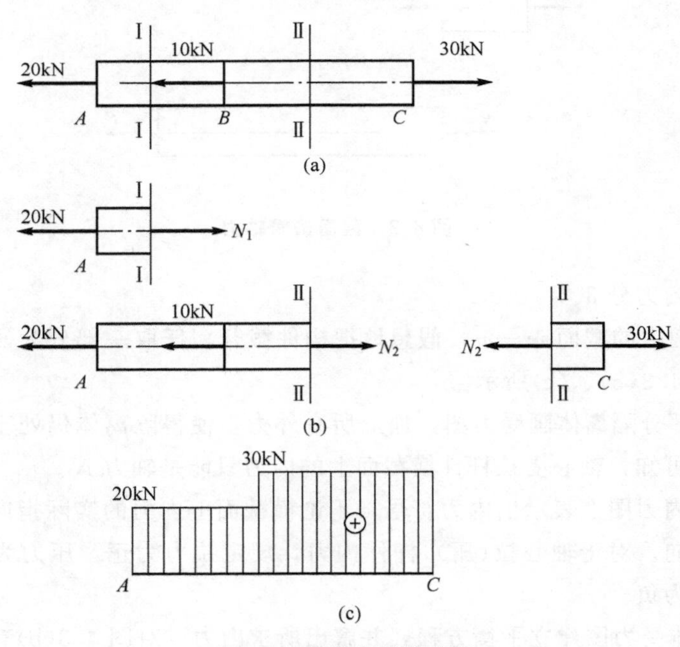

图 4.5 拉压杆的轴力图

特别提示

当拉压杆受力较复杂时，可先按受力情况分段，一般，两力之间取一段，再根据平衡条件进行求解即可。当受力更为复杂时，方法、过程不变，见下例。

应用案例 4-1

轴心拉(压) 杆受力如图 4.6(a)所示，不计杆自重，求作轴力图。

解：首先判断内力类型。由该杆的受力特点，可知变形为轴向拉压变形，内力为轴向力 N。

然后用截面法求各段代表性截面内力。按外力特点可分为 3 段，在图上标出代表性截面Ⅰ—Ⅰ、Ⅱ—Ⅱ、Ⅲ—Ⅲ。依次画出 3 段的隔离体受力图，如图 4.6(b)所示。

AC 段：由$\sum F_x=0$，$N_1-20=0$，得 $N_1=20(\mathrm{kN})$

CD 段：由$\sum F_x=0$，$N_2-20-10=0$，得 $N_2=30(\mathrm{kN})$

DB 段：由$\sum F_x=0$，$N_3-10=0$，得 $N_3=10(\mathrm{kN})$

在求解内力时，可取截面两侧的任一侧为研究对象，可得到同样的结果。但要注意，一般选受力简单的一侧进行计算。

最后根据所求轴力作轴力图，如图 4.6(c)所示。

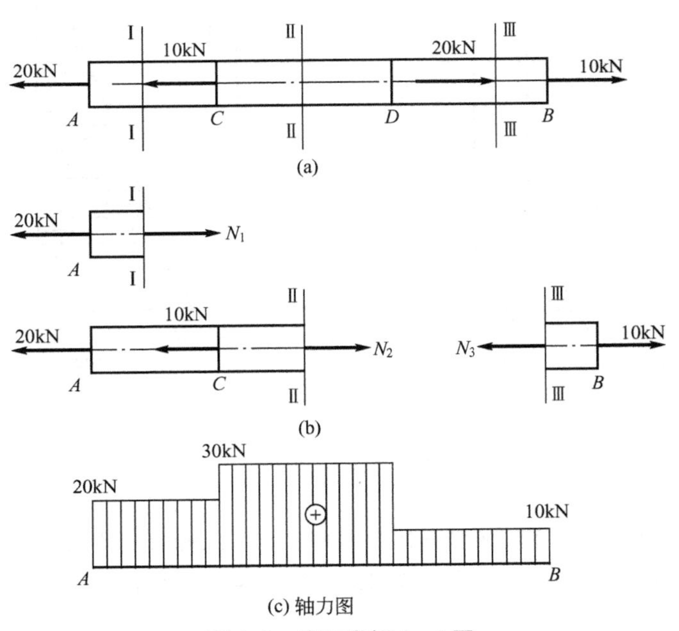

图 4.6 应用案例 4-1 图

内力图一般与受力图对正，对水平或斜向杆件，一般正值画在杆上方或斜上方，负值画在杆下方或斜下方，并必须标出正负号；对竖直杆件，正负值可画在杆件的任一侧，并必须标出正负号。同时，在内力图上，还必须画出垂直杆轴线的线段，如图4.6(c)所示，以说明杆件内力与所处截面位置的对应关系。最后，内力图旁应标出内力图类型，以及所有内力值与其单位。

应用案例4-2

柱子受力如图4.7(a)所示，柱高为h，横截面为圆形，直径为d，材料自重为γ，求作轴力图。

解： 由该柱的受力特点，可知变形为轴向拉压变形，内力为轴向力。

由于考虑柱子的自重荷载，该柱的主动荷载为重力。由于重力随杆长变化，各截面对应的内力不同，应写出代表截面的内力方程，再由方程作内力图。

选轴线为y轴，杆顶为坐标原点，在杆件中部任取1—1截面为代表截面，画出该截面上部杆的隔离体受力图，如图4.7(b)所示。

由平衡方程$\sum F_y=0$，有$N(y)+G=0$，即$N(y)=-G$。

由于$G=\gamma\pi d^2 y/4$，有$N(y)=-\gamma\pi d^2 y/4$，$(0<y<h)$。

由于$N(y)$为线性变化规律，可作出杆件轴力图，如图4.7(c)所示。

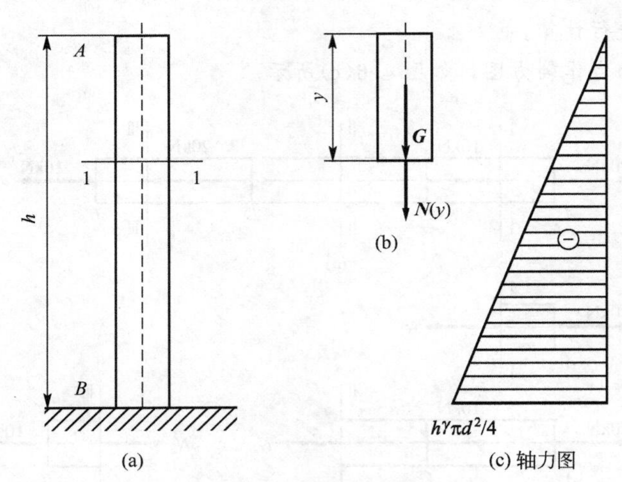

图4.7　应用案例4-2图

特别提示

使用截面法截开杆件后可以任取一侧计算内力，但最好用受力简单的一侧，这样不易出错。作轴力图时，应先按外力的不连续作用点分段，再求出各段代表截面的内力方程，最后由方程作图。

4.2 受弯构件

4.2.1 受弯构件的变形特点及基本形式

1. 受弯构件的变形特点

工程结构中的杆件，当受到垂直轴线的外力或轴线平面内的外力偶作用时，其轴线将由直线变为曲线，发生弯曲变形，如图4.8(a)、(b)所示。这样的构件即为受弯构件。以弯曲变形为主的杆件统称为梁，是工程上十分重要也十分常见的一种构件，如阳台挑梁和门窗过梁等。

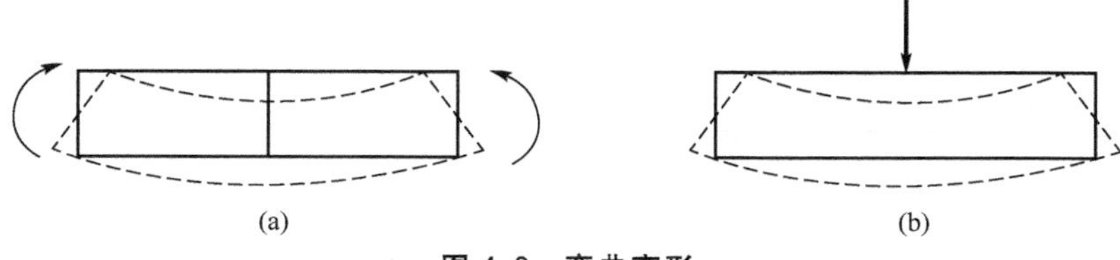

图4.8 弯曲变形

工程常见的梁，横截面一般都具有竖向对称轴，如图4.9中AD，对称轴与梁轴线(见图4.9中EF)，可以构成梁的纵向对称面，如图4.9中的平面$ABCD$。如果梁上外力均作用在纵向对称面内，梁轴线将在该纵向对称面内弯曲成一条平面曲线，这种弯曲变形即为平面弯曲，如图4.9所示。平面弯曲是弯曲问题中最基本的情况，是本章的研究重点。

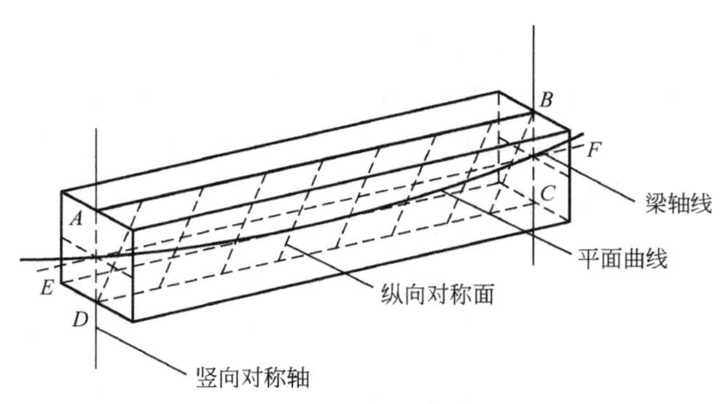

图4.9 平面弯曲

具有纵向对称面的平面弯曲梁的受力特点是：外力为横向力(作用线与梁轴线垂直)或外力偶，其中外力作用在梁纵向对称面内；外力偶作用在梁纵向对称面或与之平行的平面内。其变形特点是：梁变形后，轴线变成纵向对称面内的一条平面曲线。

2. 受弯构件的基本形式

在对受弯梁进行分析计算时，为方便起见，常使用计算简图，主要有以下 3 种基本形式：

1）简支梁

梁的一端是固定铰支座，另一端是可动铰支座，如图 4.10(a)所示。门窗过梁可以简化为一根简支梁。

2）外伸梁

梁用一个固定铰支座和一个可动铰支座支撑，但梁的一端或两端伸出支座外，如图 4.10(b)、(c)所示。简支梁和外伸梁两支座间的距离为梁的跨度。梁可以是单跨的，也可以是多跨的。

3）悬臂梁

梁一端固定，另一端自由时可以简化为悬臂梁，如图 4.10(d)所示。阳台挑梁可以简化为悬臂梁。

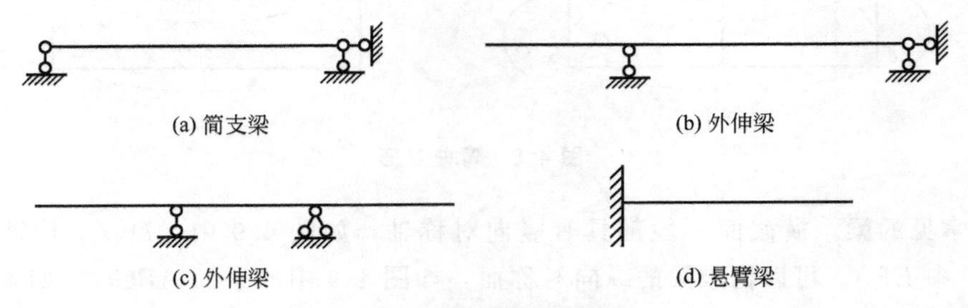

图 4.10　受弯梁计算简图

4.2.2　受弯构件的内力计算

承受外力后，梁内各部分之间产生了相互作用力，即内力。梁内内力一般有轴力 N、剪力 V 和弯矩 M。其中，截面内力沿杆轴切线方向的分力为轴力，轴力以拉力为正，压力为负，如图 4.11(a)所示。截面内力沿杆轴法线方向的分力为剪力，剪力使截取的隔离体顺时针转动为正，反之为负，如图 4.11(b)所示。截面内力对截面形心的力矩为弯矩；弯矩使杆件下部受拉为正，反之为负，如图 4.11(c)所示。

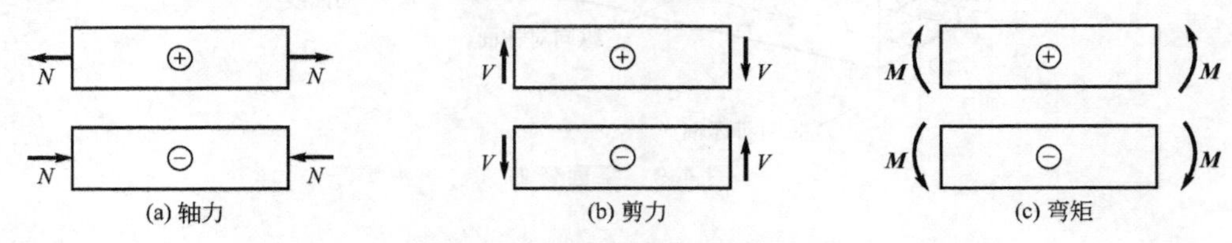

图 4.11　受弯构件内力正负号规定

在竖向荷载下，水平梁内的内力有弯矩和剪力；有水平外力时梁内也会产生轴力。

计算梁截面内力的基本方法是截面法，基本步骤同轴心拉(压）杆的内力计算，即沿指定截面将杆件截开，任取截面一边为隔离体，利用隔离体的3个平衡方程，即可确定该截面的3个内力分量。计算梁内力时，截面法有两种表现形式，即画隔离体受力图法求内力和直接计算法求内力。

1. 画隔离体受力图法求内力

下面通过求解图4.12中梁1—1截面的内力来说明该方法的运用，其中1—1截面距A支座为1m。

首先求解支座反力。由梁的整体平衡方程$\sum M_A=0$，有$F_{By}\times 8-10\times 2=0$，得$F_{By}=2.5(\text{kN})$；由$\sum F_y=0$，有$F_{By}+F_{Ay}-10=0$，得$F_{Ay}=7.5(\text{kN})$。

然后对1—1截面使用截面法求解内力。

取左段为研究对象，画出隔离体受力图，如图4.12(b)所示。由$\sum F_y=0$，有$F_{Ay}-V_1=0$，得$V_1=7.5(\text{kN})$。

对1—1截面形心建立力矩方程，由$\sum M_1=0$，有$M_1-F_{Ay}\times 1=0$，得$M_1=7.5(\text{kN}\cdot\text{m})$。

如取右段为研究对象，画出隔离体受力图，如图4.12(c)所示。由$\sum F_y=0$，有$F_{By}+V_1-10=0$，得$V_1=7.5(\text{kN})$。

对1—1截面形心建立力矩方程，由$\sum M_1=0$，有$F_{By}\times 7-10\times 1-M_1=0$，得$M_1=7.5(\text{kN}\cdot\text{m})$(下侧受拉)。

显然，取任一段结果均相同。因此，进行计算时，应选取受力简单的一侧进行研究。

图4.12 隔离体受力图法求内力

应用案例4-3

已知伸臂梁的计算简图如图4.13所示，试求解E、C、F这3个截面的内力。

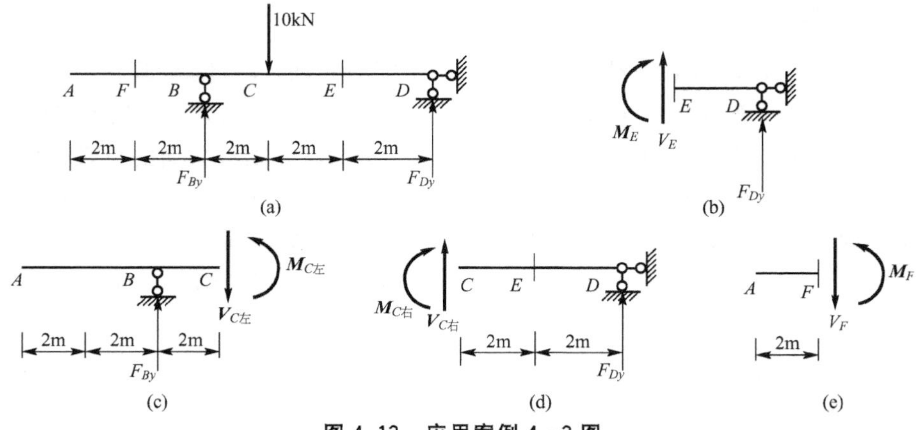

图4.13 应用案例4-3图

解：

(1) 首先求解支反力。由梁的整体平衡方程 $\sum M_B=0$，有 $F_{Dy}\times6-10\times2=0$，得 $F_{Dy}=10/3(kN)$。

由 $\sum F_y=0$，有 $F_{By}+F_{Dy}=10(kN)$，得 $F_{By}=20/3(kN)$

(2) 用截面法求截面内力。

① E 截面：在 E 截面处假想把杆件截开，取右侧为隔离体，画出其受力图，如图 4.13(b) 所示。

由平衡方程 $\sum M_E=0$，有 $F_{Dy}\times2-M_E=0$，得 $M_E=20/3(kN\cdot m)$

由 $\sum F_y=0$，有 $V_E+F_{Dy}=0$，得 $V_E=-10/3(kN)$

② C 截面：由于 C 截面处有集中力，应分开求 C 左和 C 右截面的内力。

求 C 左截面内力时，在该处假想把杆件截开，取左侧为隔离体，画出其受力图，如图 4.13(c)所示。

由平衡方程 $\sum M_C=0$，有 $M_{C左}-F_{By}\times2=0$，得 $M_{C左}=40/3(kN\cdot m)$

由 $\sum F_y=0$，有 $F_{By}-V_{C左}=0$，得 $V_{C左}=20/3(kN)$

同理可求 C 右截面内力，取右侧为隔离体，画出受力图，如图 4.13(d)所示。

由平衡方程 $\sum M_C=0$，有 $F_{Dy}\times4-M_{C右}=0$，得 $M_{C右}=40/3(kN\cdot m)$

由 $\sum F_y=0$，有 $F_{Dy}+V_{C右}=0$，得 $V_{C右}=-10/3(kN)$

可知，在集中力作用处，截面两侧弯矩相等，因此，求解一个弯矩即可；而该处截面两侧剪力不等，必须分开求解。

③ F 截面：在 F 截面处假想把杆件截开，取左侧为隔离体，画出其受力图，如图 4.13(e) 所示。

由平衡方程 $\sum M_F=0$，有 $M_F=0$，得 $M_F=0$

由 $\sum F_y=0$，有 $V_F=0$，得 $V_F=0$

即由于 AF 段无外力，故无内力。

注意，在求解截面内力时，可取截面任一侧为隔离体画出受力图计算，但按上边求解比较简单；因此，应选取受力简单的一侧进行研究。

2. 直接计算法求内力

通过隔离体受力图法可以总结出计算截面内力的简便方法，即直接计算法。其规律如下：

(1) 任一截面的剪力 V 等于截面一侧的所有外力沿杆轴法线方向的投影代数和；

(2) 任一截面的轴力 N 等于截面一侧的所有外力沿杆轴切线方向的投影代数和；

(3) 任一截面的弯矩 M 等于截面一侧的所有外力对截面形心的力矩代数和。

其中，内力正值方向设定同前。即对剪力，使截取的隔离体顺时针转动为正，反之为负；对轴力，以拉力为正，压力为负；对弯矩，使杆件下部受拉为正，反之为负。

应用案例 4-4

已知外伸梁的计算简图如图 4.14 所示，试用直接计算法求解 E、C、F 3 个截面的内力。

解：首先求支座反力。同例 4-3，有

$$F_{Dy}=10/3(\text{kN})$$

$F_{By}=20/3(\text{kN})$

其次利用直接计算法求各截面内力。

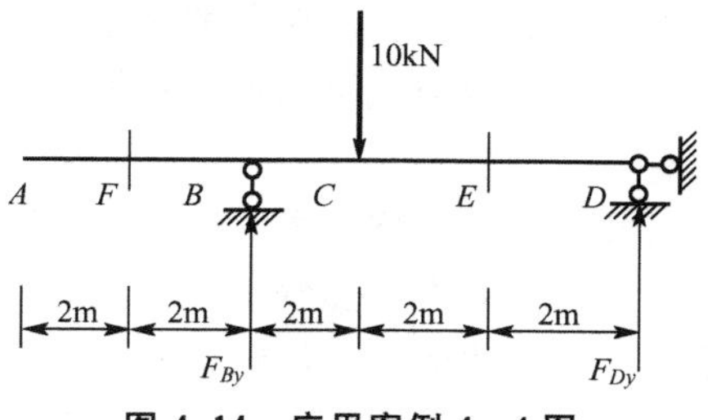

图 4.14 应用案例 4-4 图

E 截面：在竖向外力作用下，E 截面有两个截面内力，即弯矩和剪力。求该截面内力，可利用上述基本规律计算，规律中“截面一侧”可取 E 左侧或右侧。由于 E 截面右侧只有一个外力 F_{Dy}，而 E 截面左侧有两个外力 F_{By} 和 10kN，显然对 E 截面右侧利用基本规律计算简便。计算中，要注意正负号的选取。对剪力，使杆顺时针转动为正；使杆逆时针转动为负。对弯矩，使杆下部受拉为正；使杆上部受拉为负。

具体计算如下。

$V_E=-F_{Dy}=-10/3(\text{kN})$

$M_E=F_{Dy}\times2=20/3(\text{kN}\cdot\text{m})$

由于 C 截面有集中力，求剪力应分左右计算，求弯矩不用分。

C 左截面：在竖向外力作用下，C 左截面也有两个截面内力，即弯矩和剪力。求该截面内力，可利用上述基本规律计算，规律中“截面一侧”可取 C 左截面的左侧或右侧。由于 C 左截面左侧只有一个外力 F_{By}，而 C 左截面右侧有两个外力 F_{Dy} 和 10kN，显然对 C 左截面左侧利用基本规律计算简便。计算中，要注意正负号的选取，同 E 截面。

具体计算如下：

$V_{C左}=F_{By}=20/3(\text{kN})$

$M_{C左}=F_{By}\times2=40/3(\text{kN}\cdot\text{m})$

C 右截面：求该截面内力，可利用上述基本规律计算，规律中“截面一侧”可取 C 右截面的左侧或右侧。由于 C 右截面右侧只有一个外力 F_{Dy}，而 C 右截面左侧有两个外力 F_{By} 和 10kN，显然对 C 右截面右侧利用基本规律计算简便。正负号的选取同前。

具体计算如下：

$V_{C右}=-F_{Dy}=-10/3(\text{kN})$

$M_{C右}=F_{Dy}\times4=40/3(\text{kN}\cdot\text{m})$

F 截面：找到 F 截面，由于左侧没有外力，右侧有三个外力，故取左侧来应用规律。由于左侧没有外力，其沿杆轴法向投影为零，对截面形心的力矩代数和也为零，所以有：

$V_F=0(\text{kN})$

$M_F=0(\text{kN}\cdot\text{m})$

下同应用案例 4-30。

在以后的计算中，只要取截面一侧的梁，按照直接计算法规律，即可方便地求出横截面上的剪力、轴力、弯矩值。

4.2.3 用内力方程法作梁的内力图

梁承受荷载后，在各截面上一般会产生截面内力；在竖向荷载下，主要有剪力和弯矩，它们一般随截面位置而变化，可以表示成截面位置坐标 x 的函数，即

$$V(x)=f_1(x),\quad M(x)=f_2(x)$$

此两式也可称为梁的剪力方程和弯矩方程。

通过剪力方程和弯矩方程，可以绘出梁的剪力图和弯矩图。其做法与轴力图相似，以平行于梁轴线的横坐标轴表示各横截面位置，以垂直于轴线的纵坐标表示剪力和弯矩等内力，按方程的变化规律可以作出内力图。通过内力图可以形象地了解内力在杆件上的变化规律，便于找出最大内力，进行梁的强度和刚度计算。

绘内力图的步骤一般为：

(1) 求出梁的支反力；

(2) 根据受力情况分段考虑；

(3) 用直接计算法求出梁各段的内力方程；

(4) 根据各段内力方程的特点作内力图。

下面举例说明如何用内力方程法作梁的内力图。

应用案例 4-5

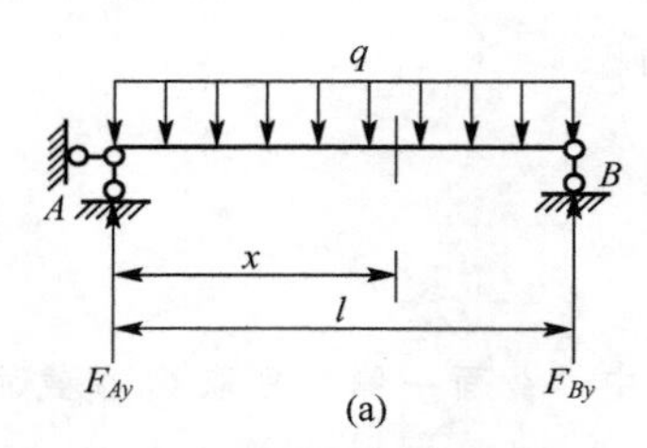

(a)

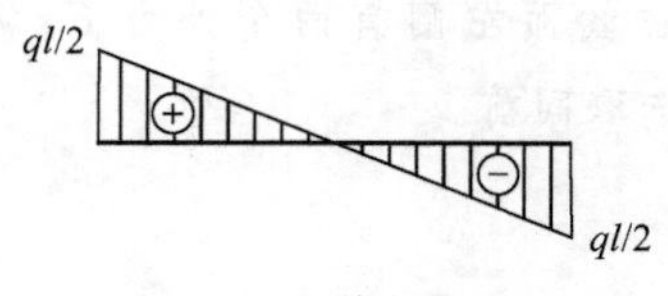

(b) 剪力图

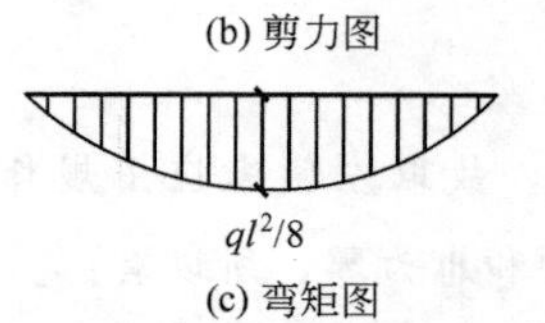

(c) 弯矩图

图 4.15 应用案例 4-5 图

已知图 4.15(a)所示简支梁，承受满跨的均布荷载作用，试用方程法绘梁的内力图。

解：(1) 求支座反力。由梁的整体平衡方程 $\sum M_B=0$，有 $ql^2/2-F_{Ay}\times l=0$，得 $F_{Ay}=ql/2$。

由 $\sum F_y=0$，有 $F_{By}+F_{Ay}=ql$，得 $F_{By}=ql/2$。

也可利用对称性直接求出。

(2) 写内力方程。以轴线为 x 坐标轴，AB 方向为正方向，选择距 A 为代表性截面，对截面左侧运用直接计算法，可列出该截面的剪力方程和弯矩方程，即

$$V(x)=F_{Ay}-qx=ql/2-qx\quad (0<x<l)$$

$$M(x)=F_{Ay}x-qx\times x/2=qlx/2-qx^2/2\quad (0<x<l)$$

(3) 由内力方程绘内力图。由内力方程可知剪力图呈直线变化规律，因此，绘剪力图时只需定出两截面的内力值，连成直线即可。

当 $x\to 0$ 时，$V_{AB}=ql/2$；

当 $x\to 1$ 时，$V_{BA}=ql/2-ql=-ql/2$。

剪力图如图 4.15(b)所示。

由内力方程可知弯矩图呈抛物线变化规律，因此，绘弯矩图时需定出3个截面的内力值，连成抛物线即可。

当 $x \to 0$ 时，$M_{AB}=0$；

当 $x \to l$ 时，$M_{BA}=ql^2/2-ql^2/2=0$；

当 $x \to l/2$ 时，$M_{中}=ql^2/4-ql^2/8=ql^2/8$(下部受拉)。

弯矩图如图4.15(c)所示。

应用案例 4-6

已知图4.16(a)所示简支梁，在跨中 C 截面承受集中力 F 作用，试用方程法绘梁的内力图。

解：(1) 求支座反力。

由梁的整体平衡方程 $\sum M_B=0$，有 $Fb-F_{Ay}\times l=0$，得 $F_{Ay}=Fb/l$。

由 $\sum F_y=0$，有 $F_{By}+F_{Ay}=P$，得 $F_{By}=F_a/l$。

(2) 写内力方程。以轴线为 x 坐标轴，由于有集中力作用，C 截面两侧内力方程不同，应分段写出。

AC 段，取 AC 向为正方向，用 x_1 表示任意截面，得

$$V(x_1)=F_{Ay}=Fb/l \quad (0\leqslant x\leqslant a)$$

$$M(x)=F_{Ay}x_1=Fb\ x_1/l(0\leqslant x\leqslant a)$$

CB 段，取 BC 向为正方向，用 x_2 表示任意截面，得

$$V(x_2)=-F_{By}=-Fa/l \quad (0\leqslant x\leqslant b)$$

$$M(x_2)=F_{By}x_2=Fax_2/l(0\leqslant x\leqslant b)$$

(3) 由内力方程绘内力图。

由内力方程可知剪力图为定值，因此，绘剪力图时只需定出一个截面的内力值，然后推移轴线的平行线即可。注意两侧数值不同。剪力图如图4.16(b)所示。

由内力方程可知弯矩图呈直线变化规律，因此，绘弯矩图时只需定出两截面的内力值，连成直线即可。

左侧：当 $x_1 \to 0$ 时，$M_{AB}=0$；

当 $x_1 \to a$ 时，$M_{AB}=Fba/l$(下部受拉)。

右侧：当 $x_2 \to 0$ 时，$M_{BA}=0$；

当 $x_2 \to b$ 时，$M_{BA}=Fab/l$(下部受拉)。

弯矩图如图4.16(c)所示。

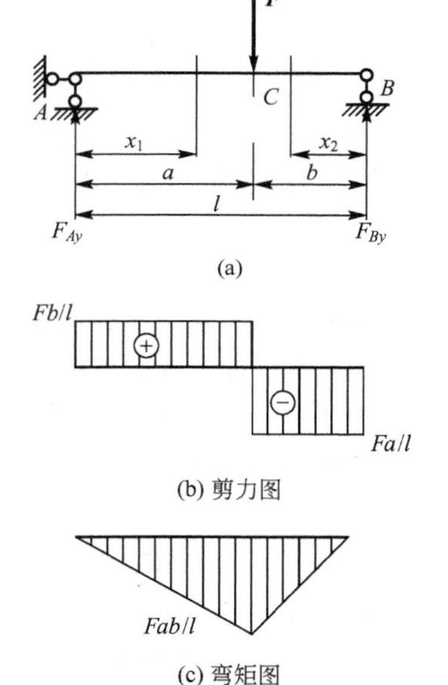

图4.16 应用案例4-6图

应用案例 4-7

已知图4.17(a)所示悬臂梁，承受满跨的均布荷载作用，试用方程法绘梁的内力图。

解：绘悬臂梁内力图时，可以不求支座反力，直接由自由端向杆件内部求。

(1) 写内力方程。以轴线为 x 坐标轴，BA 方向为正方向，选择距 B 为代表性截面，对截面右侧运用直接计算法，可列出该截面的剪力方程和弯矩方程，即

$$V(x)=qx \quad (0\leqslant x\leqslant l)$$

$$M(x)=-qx\times x/2=-qx^2/2 \quad (0\leqslant x\leqslant l)$$

(2) 由内力方程绘内力图。由内力方程可知剪力图呈直线变化规律，因此，绘剪力图时只需定出两截面的内力值，连成直线即可。

当 $x\to 0$ 时，$V_{BA}=0$；

当 $x\to l$ 时，$V_{AB}=ql$。

弯矩图如图 4.17(b)所示。

由内力方程可知弯矩图呈抛物线变化规律，因此，绘弯矩图时需定出 3 个截面的内力值，连成抛物线即可。

当 $x\to 0$ 时，$M_{BA}=0$；

当 $x\to l$ 时，$M_{AB}=-ql^2/2$(上部受拉)；

当 $x\to l/2$ 时，$M_{中}=-ql^2/8$(上部受拉)。

(a)

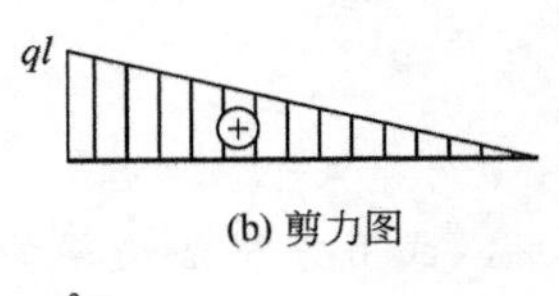

(b) 剪力图

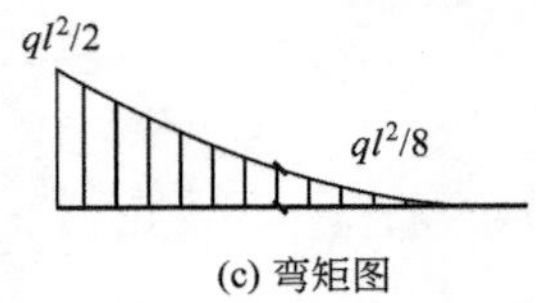

(c) 弯矩图

图 4.17　应用案例 4-7 图

弯矩图如图 4.17(c)所示。

应用案例 4-8

已知图 4.18(a)所示悬臂梁，在右端 B 截面承受集中力作用，试用方程法绘梁的内力图。

解：对悬臂梁，直接由自由端向杆件内部求。

(1) 写内力方程。以轴线为 x 坐标轴，BA 方向为正方向，选择距 B 为代表性截面，对截面右侧运用直接计算法，可列出该截面的剪力方程和弯矩方程，即

$$V(x)=F \quad (0\leqslant x\leqslant l)$$

$$M(x)=-Fx \quad (0\leqslant x\leqslant l)$$

(2) 由内力方程绘内力图。

由内力方程可知剪力为定值，因此，绘剪力图时只需定出一个截面的内力值，然后推移轴线的平行线即可。剪力图如图 4.18(b)所示。

由内力方程可知弯矩图呈直线变化规律，因此，绘弯矩图时需定出两截面的内力值，连成直线即可。

当 $x\to 0$ 时，$M_{BA}=0$；

当 $x\to l$ 时，$M_{AB}=-Fl$(上部受拉)。

弯矩图如图 4.18(c)所示。

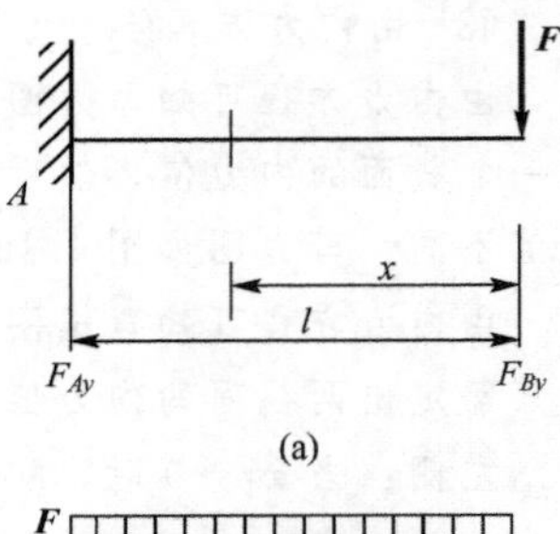

(a)

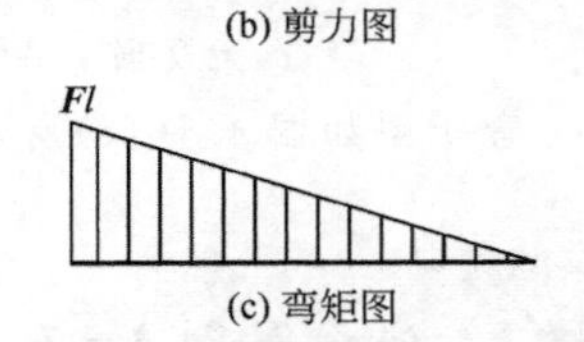

(b) 剪力图

(c) 弯矩图

图 4.18　应用案例 4-8 图

应用案例 4-9

已知图 4.19(a)所示简支梁，在梁上 C 截面承受集中力偶 M_e 作用，试用方程法绘梁的内力图。

解：(1) 求支座反力。由梁的整体平衡方程 $\sum M_B=0$，有 $M_e+F_{Ay}\times l=0$，得 $F_{Ay}=-M_e/l$。

由 $\sum F_y=0$，有 $F_{By}+F_{Ay}=0$，得 $F_{By}=M_e/l$。

(2) 写内力方程。以轴线为 x 坐标轴，由于有集中力偶作用，C 截面两侧内力方程不同，应分段写出。

AC 段，取 A 点为坐标原点，取 AC 向为正方向，用 x_1 表示任意截面，用直接计算法可求出该截面内力，如下。

$$V(x_1)=F_{Ay}=-M_e/l \quad (0<x\leqslant a)$$

$$M(x_1)=F_{Ay}x_1=-M_ex_1/l \quad (0<x<a)$$

CB 段，取 B 点为坐标原点，取 BC 向为正方向，用 x_2 表示任意截面，用直接计算法可求出该截面内力，如下。

$$V(x_2)=-F_{By}=-M_e/l \quad (0<x\leqslant b)$$

$$M(x_2)=F_{By}x_2=M_ex_2/l \quad (0<x<b)$$

(3) 由内力方程绘内力图。由内力方程可知剪力为定值，因此，绘剪力图时只需定出一个截面的内力值，然后推移轴线的平行线即可。剪力图如图 4.19(b)所示。

两段上的弯矩方程均为线性方程，因此绘弯矩图时均需定出两截面的内力值，分别连成直线即可。

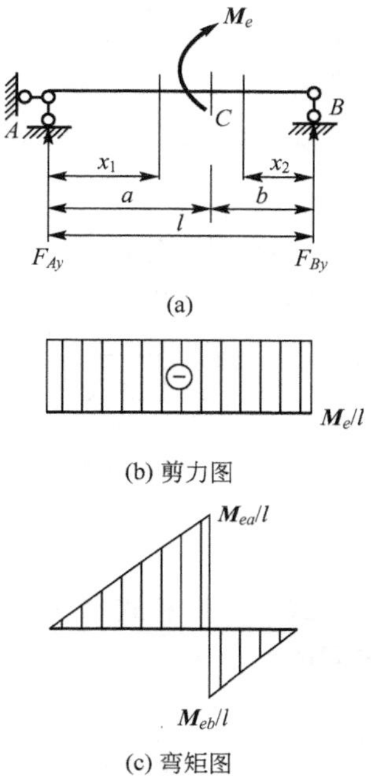

(a)

(b) 剪力图

(c) 弯矩图

图 4.19 应用案例 4-9 图

AC 段，当 $x\to 0$ 时，$M_{AB}=0$；

当 $x\to a$ 时，$M_{CA}=-M_ea/l$(上部受拉)。

CB 段，当 $x\to 0$ 时，$M_{BA}=0$；

当 $x\to b$ 时，$M_{CA}=M_eb/l$(下部受拉)。

弯矩图如图 4.19(c)所示。

由以上例题可知，梁的截面内力有以下特点。

(1) 在集中力作用的横截面处，剪力 V 无定值，发生突然变化(简称突变)，变化的大小就是该处集中力的数值。当该处集中力向下作用时，剪力 V 从左向右代数值减小；当该处集中力向上作用时，剪力 V 从左向右代数值增大。

(2) 在集中力偶作用的横截面处，弯矩 M 无定值，发生突变，变化的大小就是该处集中力偶的数值。当该处集中力偶为顺时针转向时，弯矩 M 从左向右代数值减小；当该处集中力偶为逆时针转向时，弯矩 M 从左向右代数值增大。

(3) 在梁端的铰支座处，只要该处无集中力偶作用，梁端铰内侧截面的弯矩一定等于 0；如果此处有集中力偶作用，则梁端铰内侧截面的弯矩等于集中外力偶矩。注意，外伸梁下铰不是端铰，不能应用该条规则。

4.2.4 荷载与内力之间的微分关系

梁上荷载与其内力之间具有一定的关系，可以在绘内力图时运用，下面通过图 4.20 说明。

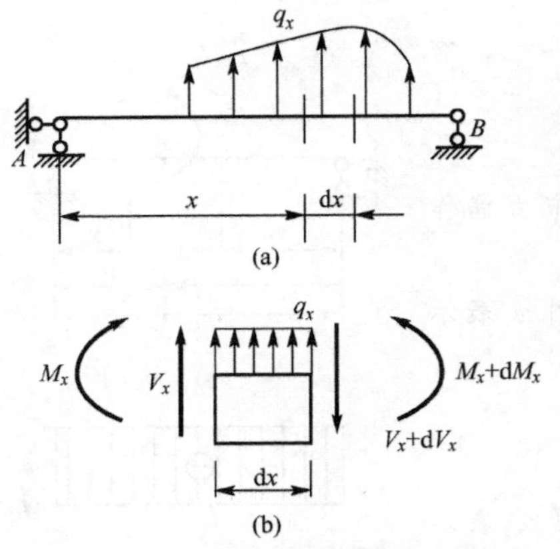

图 4.20 荷载与内力的微分关系

图 4.20(a)中梁在跨中作用有任意分布的荷载，为研究任意 x 截面 M_x、V_x 和 q_x 的相互关系，用两个相邻截面从梁上截取长为 $\mathrm{d}x$ 的微梁段，如图 4.20(b)所示。由于 $\mathrm{d}x$ 为微量，分布荷载可视为常量，该段受力图如图 4.20(b)所示。由于梁处平衡状态，微段也处于平衡状态，有如下方程：

$$\sum F_y=0,\quad V_x+q_x\mathrm{d}x-(V_x+\mathrm{d}F_{Vx})=0$$

有

$$\mathrm{d}V_x/\mathrm{d}x=q_x \tag{4-1}$$

如记 $\mathrm{d}x$ 段右截面形心为 C，有

$$\sum M_C=0,\ (M_x+\mathrm{d}M_x)-M_x-V_x\mathrm{d}x-q_x\mathrm{d}x\mathrm{d}x/2=0$$

略去高阶微量 $q_x\mathrm{d}x\mathrm{d}x/2$，有

$$\mathrm{d}M_x/\mathrm{d}x=V_x \tag{4-2}$$

式(4-1)和式(4-2)即为弯矩、剪力和分布荷载集度之间的微分关系式。荷载与内力之间的微分关系见表 4-1。

表 4-1 荷载、剪力图、弯矩图之间的关系

	无外力段	均布载荷段	集中力	集中力偶
外力	$q=0$	$q>0$　$q<0$	F　C	m　C
V图特征	水平直线 $V>0$　$V<0$	斜直线 增函数　降函数	自左向右突变 V_1　C　V_2 $V_1-V_2=F$	无变化 C
M图特征	斜直线 增函数　降函数	曲线 凸向上　凹向下	自左向右折角 折向与F反向	自左向右突变 与m反 M_2　M_1 $M_1-M_2=m$

由数学知识可知，弯矩图上某一点的切线斜率等于该点处的截面剪力；剪力图上某点的切线斜率等于该点处的分布荷载集度。由上讨论可知梁上荷载与其内力之间具有如下的关系。

(1) 当某段梁上无分布荷载，即 $q_x=0$ 时，剪力值为定值，剪力图为水平直线，弯矩图为斜直线。

(2) 当某段梁上有均布荷载，即 q_x 为定值时，剪力图为斜直线，弯矩图为二次抛物线；并且当某截面的剪力为零时，该截面的弯矩有极值。

(3) 当某段梁上有线性分布荷载时，剪力图为二次抛物线，弯矩图为三次抛物线。

运用以上规律，可以迅速、简便地绘出梁的内力图。

4.2.5 用叠加法画直梁的弯矩图

对直梁在复杂荷载作用下作弯矩图时，可以利用静定梁，在简单荷截作用下的弯矩图，依据叠加原理绘，制梁的弯矩图，从而使绘制弯矩图的工作得到简化。静定梁在简单荷截作用下的弯矩图见表 4－2。

表 4－2 静定梁在简单荷截作用下的弯矩图

梁的形式	悬臂梁	简支梁	外伸梁
集中力作用下弯矩图	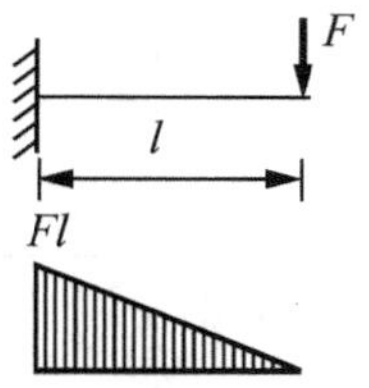 F, l, Fl	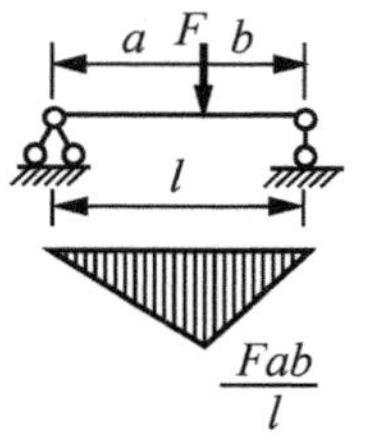 a, F, b, l, $\frac{Fab}{l}$	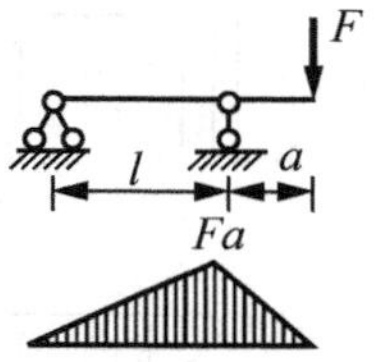 F, l, a, Fa
均布线载荷作用下弯矩图	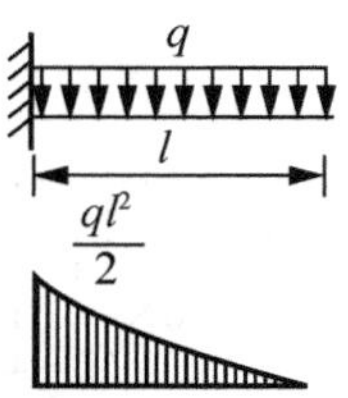 q, l, $\frac{ql^2}{2}$	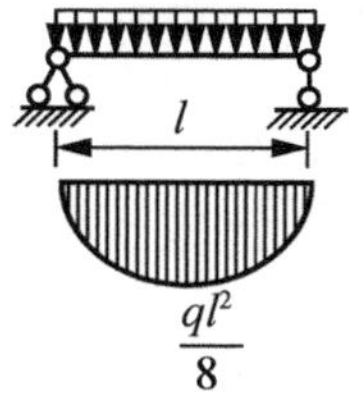 l, $\frac{ql^2}{8}$	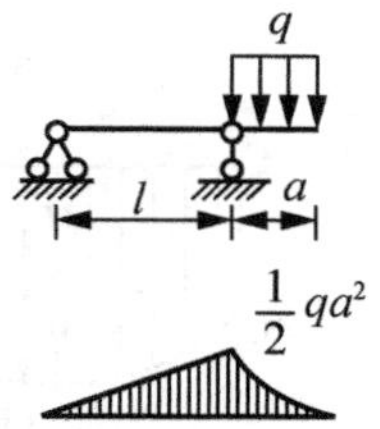 q, l, a, $\frac{1}{2}qa^2$
集中力偶作用下弯矩图	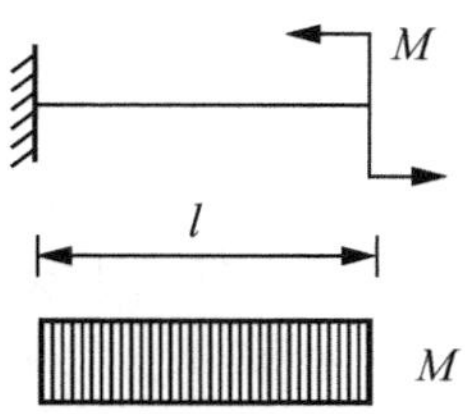 M, l, M	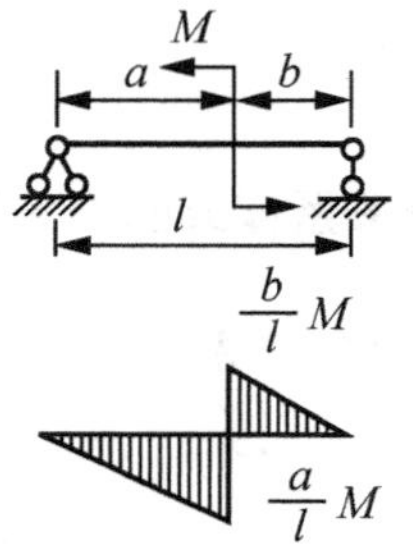 M, a, b, l, $\frac{b}{l}M$, $\frac{a}{l}M$	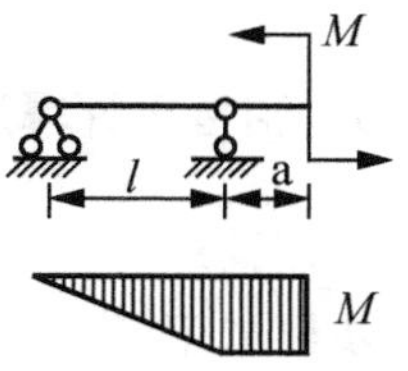 M, l, a, M

如图 4.21(a)所示，当简支梁承受跨间均布荷载和端部力偶时，其弯矩图绘制可用力

学中的叠加原理，即梁在 3 个荷载下的弯矩值，等于各个荷载单独作用所引起的弯矩值的叠加。可将荷载分为两部分：跨间均布荷载和端部力偶。当端部力偶单独作用时，如图 4.21(b)所示，梁弯矩图(M_1 图)为直线；当跨间均布荷载单独作用时，梁弯矩图(M_0 图)为图 4.21(c)所示二次抛物线。将图 4.21(b)和图 4.21(c)的数值进行竖坐标的叠加，即得原简支梁总弯矩图，如图 4.21(d)所示。如记原梁上任一截面的弯矩为 $M(x)$，则有 $M(x)=M_1(x)+M_0(x)$。注意：弯矩值的叠加是指竖坐标的叠加，图 4.21(d)中 M_0 也应垂直于杆轴 AB，而不是垂直于图中虚线。

对一般杆件，如图 4.22(a)中 AB 段，其隔离体如图 4.22(b)所示，受到均布荷载、端部弯矩及端部竖向力作用，受力图与图 4.22(c)相同，可用图 4.22(c)所示相应简支梁弯矩图的绘制方法作其弯矩图，即可利用图 4.21 中的叠加法。这样，作任意直杆段弯矩图的问题即转化为作相应简支梁弯矩图的问题。具体步骤如下：首先求出 A、B 两端的弯矩值，连成虚线；然后以此虚线作为基线，再叠加相应简支梁在相应荷载下的弯矩图。

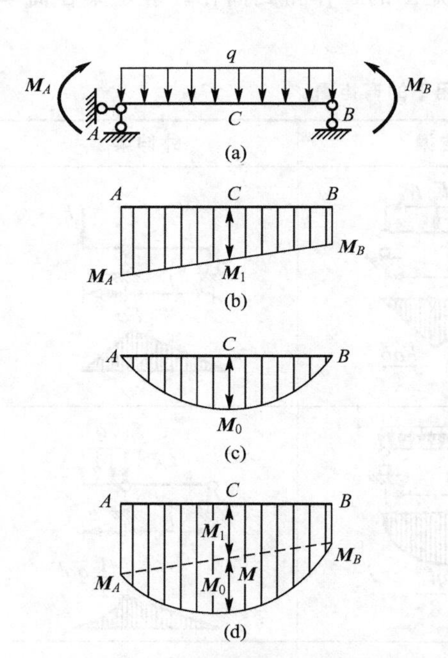

图 4.21　叠加法画直梁的弯矩图

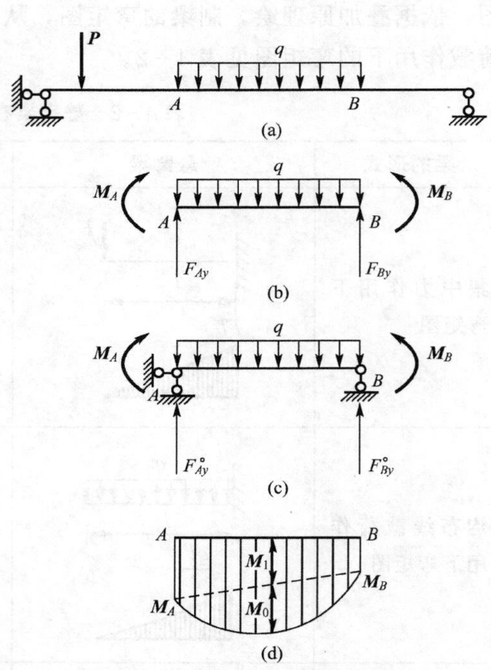

图 4.22　一般杆件叠加法

4.2.6　用直接计算法和微分关系作梁的内力图

利用荷载与内力之间的微分关系以及叠加法作弯矩图，可以大大简化梁的内力图绘制，步骤如下。

(1) 求出梁的支反力。

(2) 选择控制截面，即集中力作用点，集中力偶作用点，均布荷载的起点和终点，杆件端点，用直接计算法求出各控制截面的内力值。

(3) 按控制截面分段，以控制截面的内力值为该截面的纵坐标，根据荷载与内力之间的微分关系以及叠加法分段绘内力图。

应用案例 4-10

已知图 4.23(a)所示简支梁，在梁上作用有荷载，试绘出梁的内力图。

解：(1) 求支座反力。取 AB 梁为研究对象。由梁的整体平衡方程 $\sum M_B=0$，即

$$10\times2\times3+16\times2-F_{Ay}\times4=0$$

有 $F_{Ay}=23(\text{kN})$

由 $\sum F_y=0$，即

$$F_{By}+F_{Ay}-16-10\times2=0$$

有 $F_{By}=13(\text{kN})$

(2) 选择控制截面，根据控制截面的概念，有 A 右、C 左、C 右、B 左 4 个截面。利用直接计算法，选择受力简单的一侧分别计算出各控制截面内力，如下：

A 右截面，取 A 右截面左侧梁计算：

$$V_{A右}=23(\text{kN}),\quad M_{A右}=0$$

C 左截面，取 C 左截面左侧梁计算：

$$V_{C左}=23-10\times2=3(\text{kN})$$

$$M_{C左}=23\times2-10\times2\times1=26(\text{kN}\cdot\text{m})(下部受拉)$$

C 右截面，取 C 右截面右侧梁计算：

$$V_{C右}=-13(\text{kN})$$

$$M_{C右}=13\times2=26(\text{kN}\cdot\text{m})(下部受拉)$$

由于 C 截面是集中力作用点，也可只计算一侧弯矩。

B 左截面，取 B 左截面右侧梁计算：

$$V_{B左}=-13(\text{kN}),\quad M_{B左}=0$$

(3) 分段绘梁的内力图。

将各截面内力值垂直梁轴线画到图上，绘剪力图时，正值在上，负值在下，图上标出符号；绘弯矩图时，画在受拉侧，不标符号。见图 4.23(b)、图 4.23(c)。

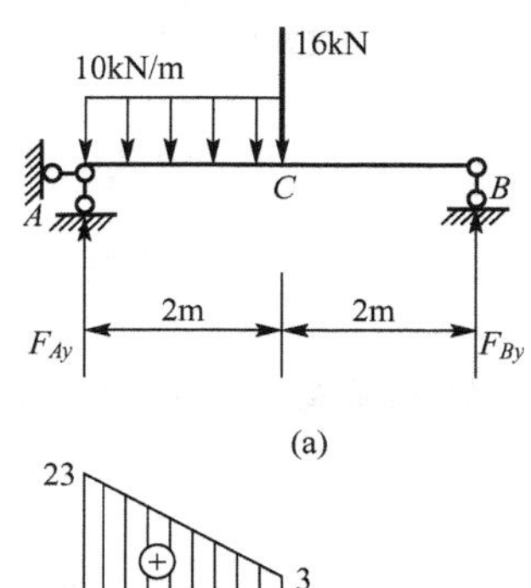

(a)

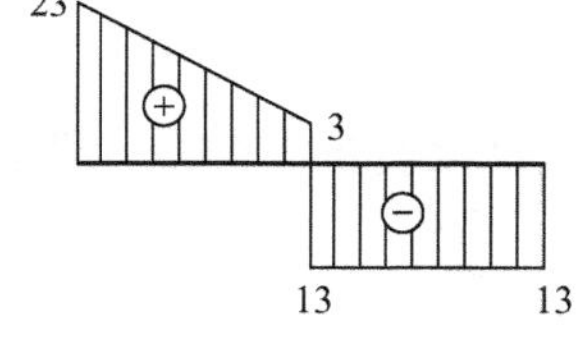

(b) 剪力图(kN)

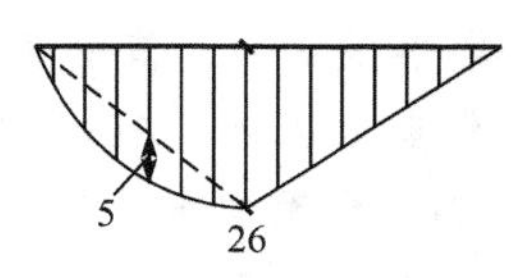

(c) 弯矩图(kN·m)

图 4.23 应用案例 4-10 图

绘剪力图时，AC 段作用有均布荷载，剪力图呈线性规律，直接将两端值相连即可；BC 段无均布荷载，即空段，剪力图为轴线的平行线，过任一端点值推移轴线的平行线即可，如图 4.23(b)所示。

绘弯矩图时，AC 段作用有均布荷载，弯矩图呈二次抛物线规律，用叠加法，将两端值连成虚线，在跨中沿荷载方向(向下)叠加 $ql^2/8$ 即可；BC 段无均布荷载，即空段，弯矩图为线性规律，直接将两端值相连即可，如图 4.23(c)所示。

应用案例 4－11

已知图 4.24(a)所示外伸梁，在梁上作用有荷载，试绘出梁的内力图。

解：(1) 求支座反力。取 AD 梁为研究对象，由梁的整体平衡方程 $\sum M_B=0$，即

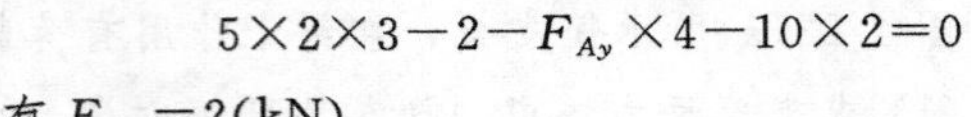

$$5\times2\times3-2-F_{Ay}\times4-10\times2=0$$

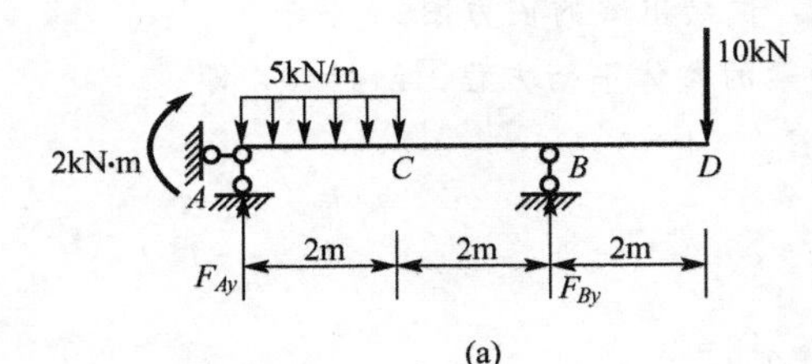

(a)

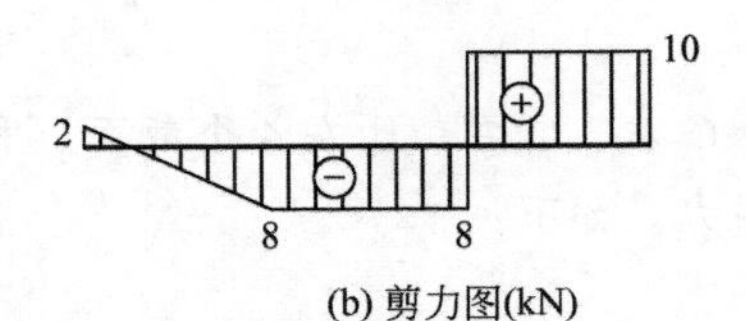

(b) 剪力图(kN)

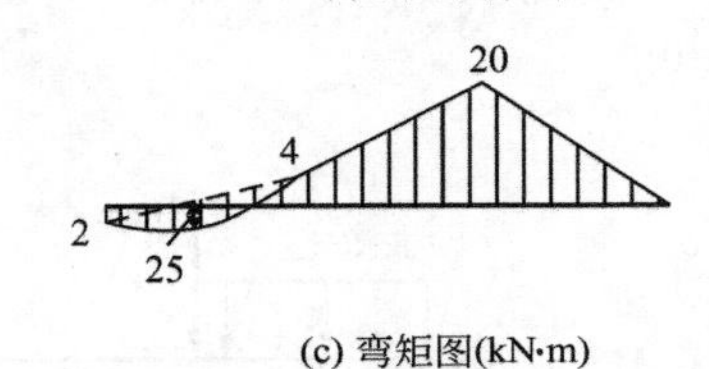

(c) 弯矩图(kN·m)

图 4.24　应用案例 4－11 图

有 $F_{Ay}=2(\text{kN})$

由 $\sum F_y=0$，即

$$F_{By}+F_{Ay}-10-5\times2=0$$

有 $F_{By}=18(\text{kN})$

(2) 选择控制截面，有 A 右、C、B 左、B 右、D 左 5 个截面。分别计算出截面内力，如下：

A 右截面，取 A 右截面左侧梁计算：

$V_{A右}=2(\text{kN})$，$M_{A右}=2(\text{kN}\cdot\text{m})$　(↓)

C 截面既无集中力，也无集中力偶，取一个截面即可，由于右侧受力简单，取 C 右截面右侧梁计算：

$$V_C=10-18=-8(\text{kN})$$

$$M_C=18\times2-10\times4=-4(\text{kN}\cdot\text{m})\quad(\uparrow)$$

B 左截面，取 B 左截面右侧梁计算：

$$V_{B左}=10-18=-8(\text{kN})$$

$$M_{B左}=-10\times2=-20(\text{kN}\cdot\text{m})\quad(\uparrow)$$

B 右截面，取 B 右截面右侧梁计算：

$$V_{B右}=10(\text{kN})$$

$$M_{B右}=-10\times2=-20(\text{kN}\cdot\text{m})\quad(\uparrow)$$

D 左截面，取 D 左截面右侧梁计算：

$$V_{D左}=10(\text{kN})$$

$$M_{D左}=0$$

(3) 分段绘梁的内力图。

将各截面内力值垂直梁轴线的平行线画到图上，如图 4.24(b)、(c)所示。

绘剪力图时，AC 段作用有均布荷载，剪力图呈线性规律，直接将两端值相连即可；BC、BD 段无均布荷载，即空段，剪力图为轴线的平行线，过任一端点值推移轴线的平行线即可，如图 4.24(b)所示。

绘弯矩图时，AC 段作用有均布荷载，弯矩图呈二次抛物线规律，用叠加法，将两端值连成虚线，在跨中沿荷载方向(向下)叠加 $ql^2/8$ 即可；BC、BD 段无均布荷载，即空段，弯矩图为线性规律，直接将两端值相连即可，如图 4.24(c)所示。

注意：梁左端 A 截面有集中力偶，弯矩值有突变，不为零。

应用案例 4-12

已知图 4.25(a)所示悬臂梁，在梁上作用有如图荷载，试绘出梁的内力图。

解：(1) 对悬臂梁，不求支座反力，直接由自由端开始求。

(2) 选择控制截面，有 A 右、B、C 左三个截面。分别计算出截面内力，如下：

C 左截面为端截面，无集中力和集中力偶，有

$$V_{C左}=0,\quad M_{C左}=0$$

B 截面，左、右截面内力值均相同，取 B 右截面右侧梁计算：

$$V_{B左}=q\times l=ql$$

$$M_{B左}=-ql\times l/2=-ql^2/2\text{kN}\cdot\text{m}\quad(\uparrow)$$

A 右截面，取 A 右截面右侧梁计算：

$$V_{A右}=q\times l-q\times l=0$$

$$M_{A右}=-ql\times l\times 3l/2+ql\times l/2=-ql^2\quad(\uparrow)$$

(3) 分段绘梁的内力图。

将各截面内力值垂直梁轴画到梁的平行线上。

绘剪力图时，AB、BC 段均有均布荷载，剪力图呈线性规律，在两段上直接将两端值相连即可，如图 4.25(b)所示。

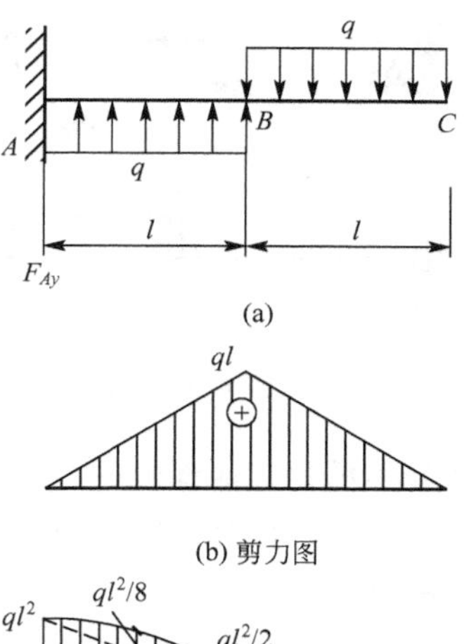

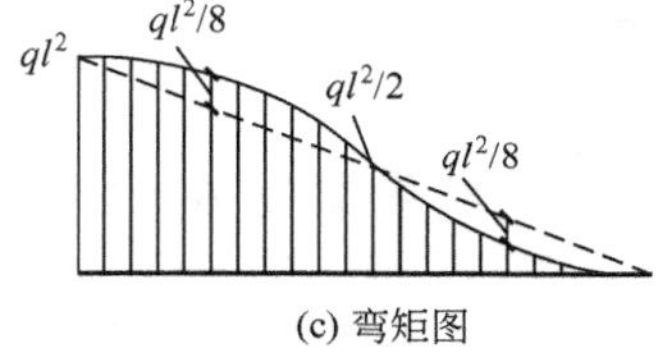

图 4.25 应用案例 4-12 图

绘弯矩图时，AB、BC 段均呈二次抛物线规律，均用叠加法，在跨中沿荷载方向叠加 $ql^2/8$ 即可，注意在 AB 段，向上叠加；在 BC 段，向下叠加，如图 4.25(c)所示。

特别提示

(1) 注意掌握截面内力计算的两种方法；注意掌握内力图绘制的两种方法。

(2) 注意掌握直杆的叠加法。

(3) 注意熟练掌握常见结构构件的内力图绘制。

4.3 静定多跨梁、斜梁的内力与内力图

4.3.1 静定多跨梁的内力与内力图

静定多跨梁是由若干单跨梁用中间铰按照静定结构的几何组成规则形成的一种结构体系，在屋架檩条和公路桥梁中应用较多。图 4.26(a)所示为一屋盖中的檩条，檩条接头处用斜口搭接的形式，并用螺栓固紧，其计算简图如图 4.26(b)所示。

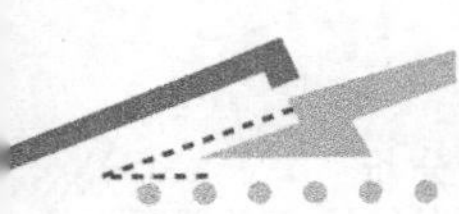

图 4.26 静定多跨梁示意图

静定多跨梁的几何组成可分为两部分：基本部分和附属部分。基本部分是指能独立承受荷载并保持结构平衡的部分，如图 4.26(b)中的 ABC 和 DEF 部分；附属部分是指不能独立承受荷载和保持结构平衡，必须依靠基本部分的支撑才能保持结构平衡的部分，如图 4.26(b)中的 CD 部分。因此，结构的形成是先固定基本部分，后固定附属部分，可以表示为图 4.26(c)中的层次图，其中，基本部分画在下方，附属部分画在上方。

由静定多跨梁的组成可以知道，附属部分不承受其他部分的力，受力简单；基本部分要承受附属部分传来的力，受力相对复杂。因此，计算静定多跨梁时，宜采用与组成相反的次序，即先计算附属部分，后计算基本部分。

应用案例 4-13

已知图 4.27(a)所示静定多跨梁，在梁上作用有如图荷载，试绘出梁的内力图。

解：(1) 分析层次，作层次图。由图 4.27(a)所示，AB 为基本部分，BCD、DEF 均为附属部分，且 DEF 为最上层附属部分，可画出该梁的层次图，如图 4.27(b)所示。因此，该梁的计算次序应为：先计算 DEF 部分，再计算 BCD 部分，最后计算 AB 部分。

(2) 逐层求支座反力。先计算最上层，对 DEF 梁

有 $\sum M_D=0$，即 $F_{Ey}\times 2a-P\times 3a=0$，得 $F_{Ey}=3P/2(\uparrow)$

有 $\sum F_y=0$，即 $F_{Dy}+F_{Ey}=P$，得 $F_{Dy}=-P/2(\downarrow)$

对 BCD 梁

有 $\sum M_B=0$，即 $F_{Cy}\times 2a-F_{Dy}\times 3a=0$，得 $F_{Cy}=-3P/4(\downarrow)$

有 $\sum F_y=0$，即 $-F_{Dy}+F_{By}+F_{Cy}=P$，得 $F_{By}=P/4(\uparrow)$

AB 为悬臂梁，可直接从自由端计算，不再计算支反力。

(3) 直接计算法求各层梁控制截面剪力，根据各段受力情况绘剪力图。

对 DEF 梁

$$V_{F左}=P,\quad V_{E右}=P,\quad V_{E左}=P-3P/2=-P/2$$

因 DE、EF 段均为空载段，两段剪力图均为水平线。

对 BCD 梁

$$V_{C右}=-P/2,\quad V_{C左}=-P/2+3P/4=P/4$$

因 BC、CD 段均为空载段，两段剪力图均为水平线。

AB 为悬臂梁，从自由端计算，$V_{A右}=P/4$

剪力图也为水平线。

据上，可绘出剪力图，如图 4.27(d)所示。

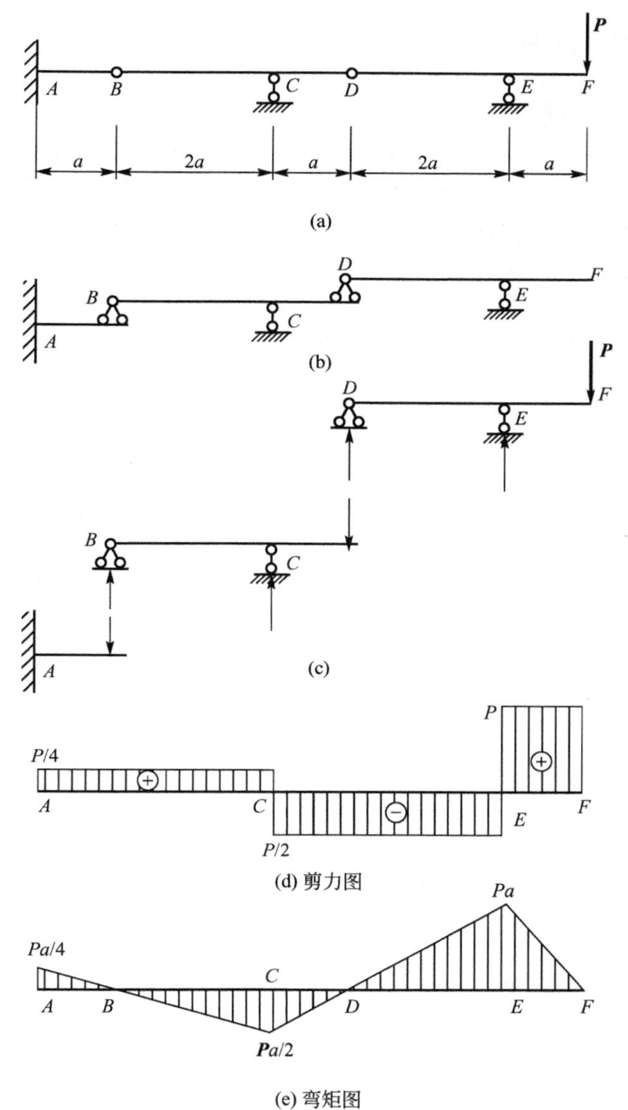

图 4.27 应用案例 4-13 图

(4) 直接计算法求各层梁控制截面弯矩，根据各段受力情况绘弯矩图。

对 DEF 梁，$M_{F左}=0$，$M_{E右}=M_{E左}=Pa(\uparrow)$，$M_D=0$

因 DE、EF 段均为空载段，两段弯矩图均为斜直线。

对 BCD 梁，$M_{C右}=M_{C左}=Pa/2$(下拉)，$M_B=0$

因 BC、CD 段均为空载段，两段弯矩图均为斜直线。

AB 为悬臂梁，从自由端计算，$M_{A右}=Pa/4(\uparrow)$

弯矩图也为斜直线。

据上，可绘出多跨梁弯矩图，如图 4.27(e)所示。

4.3.2 斜梁的内力与内力图

在建筑工程中，楼梯的计算简图通常取为简支斜梁，如图 4.28(a)、(b)、(c)所示。

斜梁上的荷载主要有两种：沿斜梁轴线分布的竖向荷载，如图 4.28(b)所示，如自重；以及沿斜梁水平投影分布的竖向荷载，如图 4.28(c)所示，如使用荷载。为了计算方便，常将沿斜梁轴线分布的竖向荷载，化为沿水平线分布的竖向荷载。换算的依据是荷载等效。当为均布荷载时，如果杆轴每单位长度的均布荷载为 q'，杆水平线每单位长度的均布荷载为 q，两者的换算换算关系如下。

$$ql = q'l' = q'l/\cos\theta$$

$$q = q'/\cos\theta$$

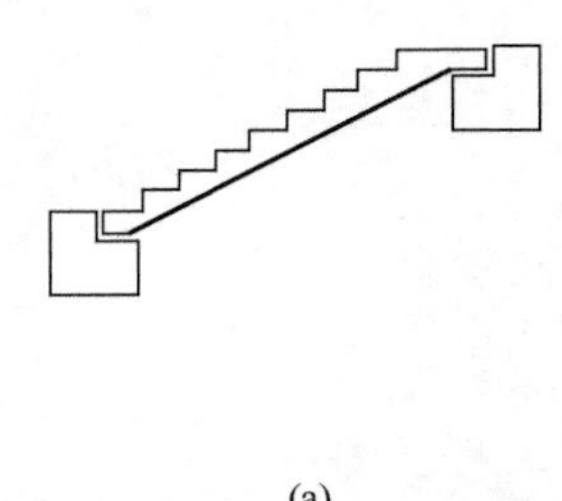

(a)

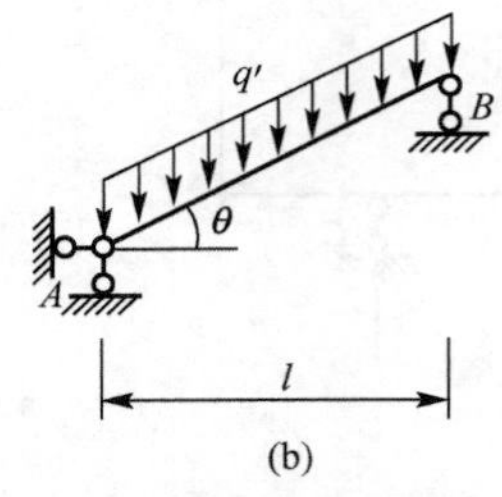

(b)

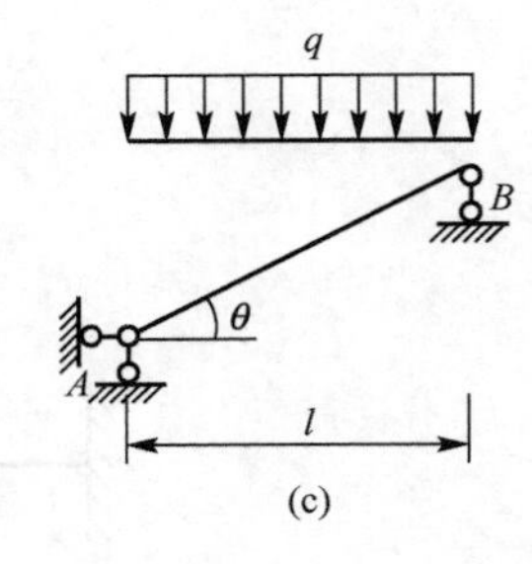

(c)

图 4.28 斜梁计算简图

应用案例 4-14

已知图 4.29(a)所示简支斜梁，在梁上作用有沿水平线分布的竖向荷载 q，试绘出梁的内力图。

解：(1) 求支反力。

由 $\sum F_x = 0$，有 $F_{Ax} = 0$；

由 $\sum M_A = 0$，有 $F_{By} \times l - ql \times l/2 = 0$，得 $F_{By} = ql/2(\uparrow)$

由 $\sum F_y = 0$，有 $F_{Ay} + F_{By} - ql = 0$，得 $F_{Ay} = ql/2(\uparrow)$

(2) 用截面法求任一截面 C 的内力。

由于 AB 跨间作用有均布荷载，应写出跨间任一截面的内力方程。取截面 C 为代表性截面，用截面法可以取出截面 C 左段的隔离体受力图，如图 4.29(b)所示，对此图建立平衡方程(建立投影方程时，取杆轴切线方向 m 和法线方向 n 为投影轴)如下：

由 $\sum m = 0$，有 $ql\sin\theta/2 - qx\sin\theta + N_C = 0$，$N_C = -q(l-2x)\sin\theta/2$

由 $\sum n = 0$，有 $-ql\cos\theta/2 + qx\cos\theta + V_C = 0$，$V_C = q(l-2x)\cos\theta/2$

由 $\sum M_C = 0$，有 $qlx/2 - qx^2/2 - M_C = 0$，$M_C = q(lx - x^2)/2(\uparrow)$

(3) 作梁的弯矩图、剪力图和轴力图。

① 作弯矩图。由内力方程可知弯矩图呈抛物线变化规律，因此，绘弯矩图时需定出三截面的内力值，连成抛物线即可。

当 $x \to 0$ 时，$M_{AB} = 0$

当 $x \to l$ 时，$M_{BA}=0$

当 $x \to l/2$ 时，$M_{中}=ql^2/8$(下部受拉)

弯矩图如图 4.29(c)所示。

② 作剪力图。由内力方程可知剪力图呈直线变化规律，因此，绘剪力图时只需定出两截面的内力连成直线即可。

当 $x \to 0$ 时，$V_{AB}=ql\cos\theta/2$

当 $x \to l$ 时，$V_{BA}=-ql\cos\theta/2$

剪力图如图 4.29(d)所示。

③ 作轴力图。由内力方程可知轴力图呈直线变化规律，因此，绘轴力图时只需定出两截面的内力值，连成直线即可。

当 $x \to 0$ 时，$N_{AB}=-ql\sin\theta/2$

当 $x \to l$ 时，$N_{BA}=ql\sin\theta/2$

轴力图如图 4.29(e)所示。

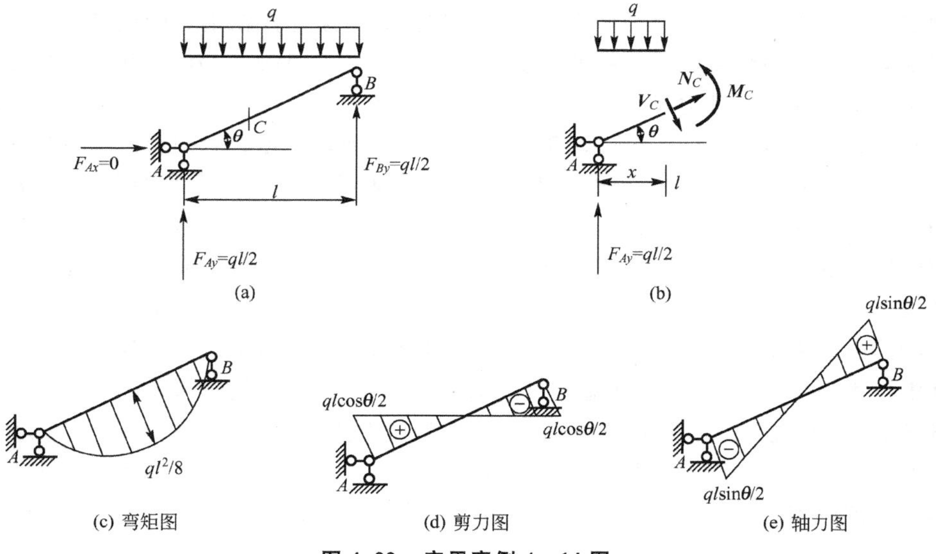

图 4.29 应用案例 4-14 图

思考： 图 4.30 中，设每根梁上均布载荷均相同，杆水平长度也相同，$M_{a_{max}}$、$M_{b_{max}}$、$M_{c_{max}}$分别为图示三根梁中的最大弯矩，它们之间的关系为(　　)

A. $M_{a_{max}}>M_{b_{max}}>M_{c_{max}}$　　B. $M_{a_{max}}<M_{b_{max}}<M_{c_{max}}$

C. $M_{a_{max}}>M_{b_{max}}=M_{c_{max}}$　　D. $M_{a_{max}}<M_{c_{max}}<M_{b_{max}}$

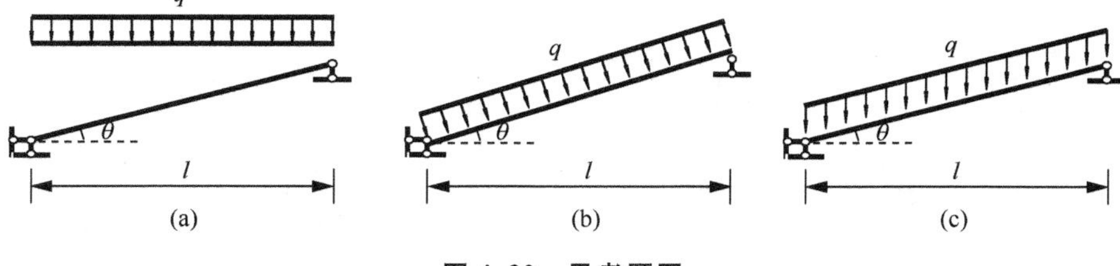

图 4.30 思考题图

特别提示

(1) 静定多跨梁计算次序与组成次序相反。

(2) 斜梁上常取沿水平方向分布的荷载进行计算。

4.4 平面刚架

4.4.1 平面刚架的内力

平面刚架如图 4.31 所示，简称刚架，其组成特点是均具有梁和柱，并且梁和柱之间通过刚结点相连。

刚结点的主要特点是能够像固定端支座一样限制所连杆件在结点处的转动，使得所连杆件在结点处的夹角保持不变。刚架中的内力一般有弯矩 M、剪力 V 和轴力 N 3 种，但常以弯矩为主，剪力和轴力是次要的。

刚架是建筑工程中应用广泛的结构，可分为静定刚架和超静定刚架，本章主要以静定平面刚架为研究对象。静定平面刚架的常见类型有悬臂刚架，如图 4.31(a)所示；简支刚架，如图 4.31(b)所示；三铰刚架，如图 4.31(c)所示；组合刚架，如图 4.31(d)所示。

刚架内力的求解方法仍然是截面法，可以采用画隔离体受力图的方式，也可以采用直接计算法。一般来说，受力简单时宜用直接计算法，受力复杂容易出错时宜用隔离体受力图的方法。由于刚架杆件较多，在表示杆件截面内力时一般用截面所在杆两端字母表示杆件，其中以第一个字母表示截面端，如 M_{AB} 表示 AB 杆上 A 截面的 M 值，M_{BA} 表示 AB 杆上 B 截面的 M 值；V_{AB} 表示 AB 杆上 A 截面的剪力值，V_{BA} 表示 AB 杆上 B 截面的剪力值。刚架内力的求解步骤一般是先求解支座反力，再用截面法求截面内力。但当刚架为悬臂刚架时，可以不求支座反力，直接从自由端向内部求解，从而简化作题过程。

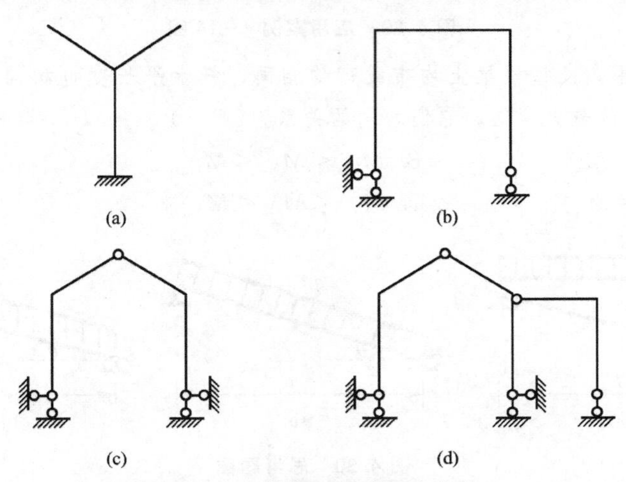

图 4.31 静定平面刚架的类型

4.4.2 平面刚架的内力图

平面刚架的内力图绘制一般有三步：①求解刚架支座反力；②根据受力情况选择控制截面(集中力作用点、集中力偶作用点、均布荷载的起点和终点以及各杆端)，用截面法求出各控制截面内力；③分杆分段绘制内力图(宜选用从支座向上边，从两边向中间的顺序作)，一般有弯矩图，剪力图和轴力图。同样，对悬臂刚架，可以不求支座反力，直接从自由端向内部求解、绘图即可。

注意：在剪力图和轴力图上，对水平杆(或斜杆)，一般正值画在杆上侧(或斜上侧)，负值画在杆下侧(或斜下侧)；对竖杆，可画在杆件任一侧；均需在图上标出正负号。弯矩图要画在受拉侧，图上不标正负号。

应用案例 4-15

已知图 4.32(a)所示悬臂刚架，承受如图荷载作用，试绘出刚架的内力图。

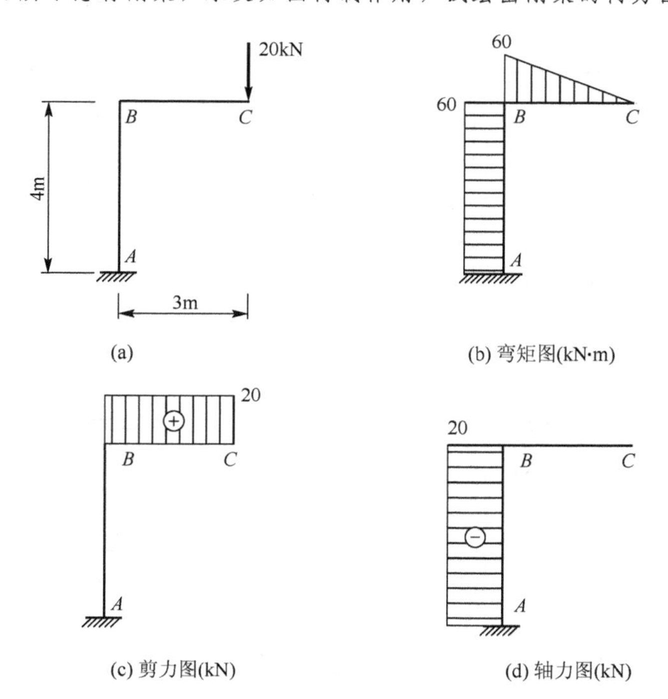

图 4.32 应用案例 4-15 图

解： 本结构为悬臂刚架，不需求支反力。

(1) 选取控制截面：即 AB 杆上的 A、B 两截面；BC 杆上的 B、C 两截面。

(2) 从自由端 C 点开始，用截面法(直接计算法)求各控制截面的内力。

BC 杆：$V_{CB}=20\text{kN}$，$V_{BC}=20\text{kN}$

由于 C 处竖向力沿 BC 杆轴线投影为零，故 BC 杆上轴力为零，即有：

$N_{CB}=0$，$N_{BC}=0$，$M_{CB}=0$，$M_{BC}=-20\times3=-60\text{kN}\cdot\text{m}$(上拉)

AB杆：由于C处竖向力沿AB杆轴线法向投影为零，故AB杆上剪力为零，即有：$V_{BA}=0$，$V_{AB}=0$，$N_{BA}=-20$，$N_{AB}=-20\text{kN}\cdot\text{m}$，$M_{BA}=-20\times3=-60$(左拉)，$M_{AB}=-60\text{kN}\cdot\text{m}$(左拉)

注意：B点为两杆刚节点(连接两根杆件的刚节点)，如果刚节点上无集中力偶，弯矩图应画在杆件同侧，数值相等。如本例中均画在杆外侧。

应用案例 4-16

已知图4.33(a)所示悬臂刚架，承受如图荷载作用，试绘出刚架的内力图。

解：由于结构为悬臂刚架，不需求支反力。

(1) 选取控制截面：即AB杆上的A、B两截面；BC杆上的B、C两截面；BD杆上的B、D两截面。

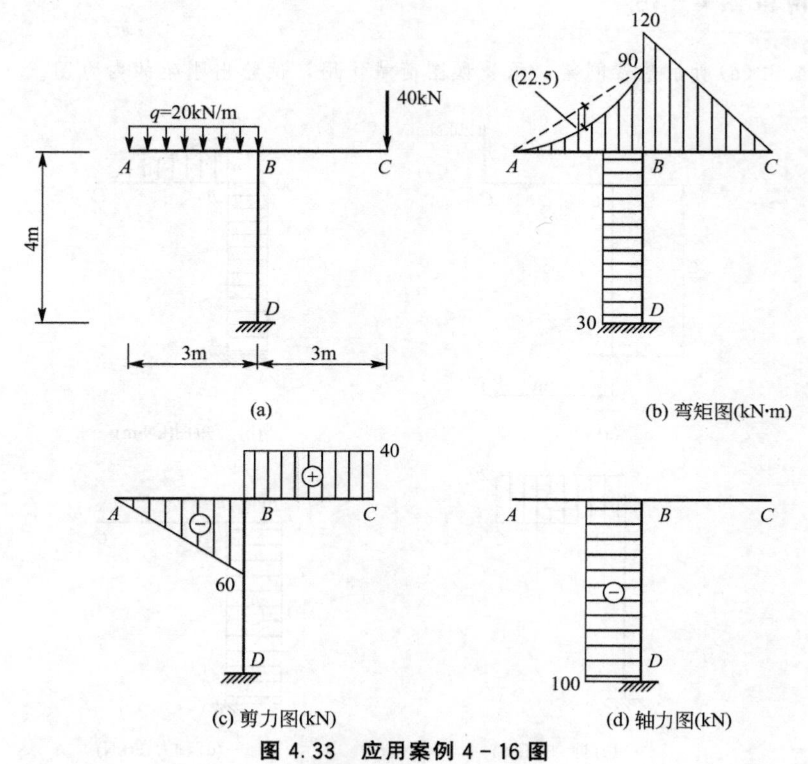

图 4.33 应用案例 4-16 图

(2) 用截面法(直接计算法)求各控制截面的内力。

AB杆：$V_{AB}=0$，$V_{BA}=-20\times3=-60(\text{kN})$

$N_{AB}=0$，$N_{BA}=0$

$M_{AB}=0$，$M_{BA}=-20\times3\times1.5=-90(\text{kN}\cdot\text{m})$(上拉)

BC杆：$V_{CB}=0$，$V_{BC}=40\text{kN}$

$N_{CB}=0$，$N_{BC}=0$

$M_{CB}=0$，$M_{BC}=-40\times3=-120(\mathrm{kN\cdot m})$(上拉)

BD 杆：$V_{BD}=0$，$V_{DB}=0$

$N_{BD}=-20\times3-40=-100(\mathrm{kN})$，$N_{DB}=-20\times3-40=-100(\mathrm{kN})$

$M_{BD}=20\times3\times1.5-40\times3=-30(\mathrm{kN\cdot m})$(左拉)，$M_{DB}=20\times3\times1.5-40\times3$
$=-30(\mathrm{kN\cdot m})$(左拉)

(3) 分杆分段作刚架的弯矩图，剪力图和轴力图。

AB 杆为均布荷载段：弯矩图应为抛物线，可按叠加法作图；剪力图应为斜直线；轴力图也为直线。

BC 杆为空载段：弯矩图应为斜直线；剪力图应为轴线的平行线；轴力图也为直线。

BD 杆为空载段：弯矩图应为斜直线；剪力图应为轴线的平行线；轴力图也为直线。

将各控制截面的内力值垂直于杆轴线的平行线画到图上，并结合上述规律，可作出刚架的弯矩图，剪力图和轴力图，如图 4.32(b)、(c)、(d)所示。

应用案例 4-17

已知图 4.34(a)所示刚架，承受如图荷载作用，试绘出刚架的内力图。

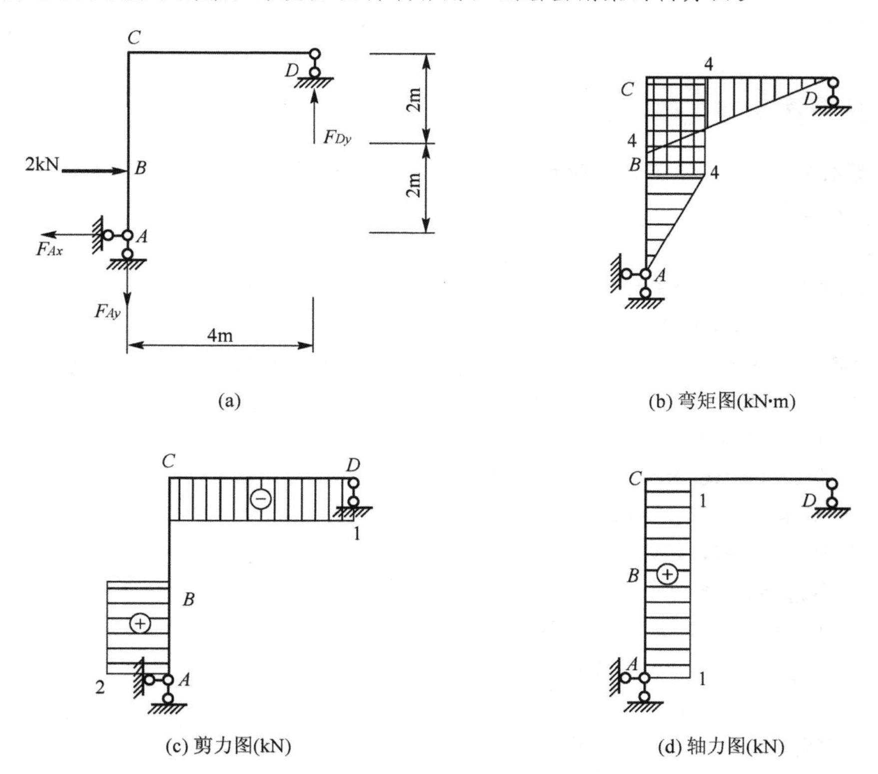

图 4.34 应用案例 4-17 图

解：(1) 刚架为简支刚架，必须求支反力。取整体为研究对象，有下式。

$\sum X=0$，$F_{Ax}-2=0$，有 $F_{Ax}=2(\leftarrow)$

$\sum M_A=0$，有 $F_{Dy}\times4-2\times2=0$，得 $F_{Dy}=1(\uparrow)$

$\sum F_y=0$，有 $F_{Ay}-F_{Dy}=0$，得 $F_{Ay}=1(\downarrow)$

将支反力实际方向标于图上(本例均与假设同)，见图4.34(a)。如果求出的支反力与假设相反，可再画一图，然后做内力图，不易出错。

(2) 选取控制截面，用截面法(直接计算法)求各控制截面的内力。控制截面有：AB 段的 A、B 两截面；BC 段的 B、C 两截面；CD 杆上的 C、D 两截面。

AB 段：$V_{AB}=2$，$V_{BA}=2$，$N_{AB}=1$，$N_{BA}=1$，$M_{AB}=0$，$M_{BA}=2\times2=4$(右拉)

BC 段：$V_{BC}=2-2=0$，$V_{CB}=2-2=0$，$N_{CB}=1$，$N_{BC}=1$，$M_{BC}=2\times2=4$(右拉)，$M_{CB}=2\times4-2\times2=4$(右拉)

CD 杆：$V_{DC}=-1$，$V_{CD}=-1$，$N_{DC}=0$，$N_{CD}=0$，$M_{DC}=0$，$M_{CD}=1\times4=4$(下拉)

(3) 分杆分段作刚架的 M 图，V 图和 N 图。

AB、BC 段为空载段：M 图应为斜直线；V 图应为轴线的平行线；N 图也为直线。

CD 杆为空载段：M 图应为斜直线；V 图应为轴线的平行线；N 图也为直线。

将各控制截面的内力值垂直于杆轴线的平行线画到图上，并结合上述规律，可做出刚架的 M 图，V 图和 N 图，见图4.34(b)、(c)、(d)。

注意：C 点为两杆刚节点，且无集中力偶作用，弯矩图画在同侧，数值相等。B 点为集中力作用点，在弯矩图上有向右的尖点，在剪力图上有突变。BC 段无剪力，弯矩为杆轴的平行线，为特殊情况。

应用案例 4-18

已知图4.35(a)所示刚架，承受如图荷载作用，试绘出刚架的内力图。

解：(1) 求支反力。

由 $\sum F_x=0$，$F_{Ax}-0.5\times4-2=0$，有 $F_{Ax}=4(\text{kN})(\leftarrow)$

由 $\sum M_A=0$，有 $F_{Dy}\times4-0.5\times4\times2-2\times5=0$，得 $F_{Dy}=3.5(\text{kN})(\uparrow)$

由 $\sum F_y=0$，有 $F_{Ay}+F_{Dy}=0$，得 $F_{Ay}=-3.5(\downarrow)$

(2) 选取控制截面，用截面法(直接计算法)求各控制截面的内力。控制截面有：AB 杆上的 A、B 两截面；BC 杆上的 B、C 两截面；BD 杆上的 B、D 两截面。

AB 杆：$V_{AB}=4(\text{kN})$，$V_{BA}=4-0.5\times4=2(\text{kN})$

$N_{AB}=3.5(\text{kN})$，$N_{BA}=3.5(\text{kN})$

$M_{AB}=0$，$M_{BA}=4\times4-0.5\times4\times2=12(\text{kN}\cdot\text{m})$(右拉)

BC 杆：$V_{CB}=2(\text{kN})$，$V_{BC}=2(\text{kN})$

$N_{CB}=0$，$N_{BC}=0$

$M_{CB}=0$，$M_{BC}=2\times1=2(\text{kN}\cdot\text{m})$(左拉)

BD 杆：$V_{DB}=-3.5(\text{kN})$，$V_{BD}=-3.5(\text{kN})$

$N_{DB}=0$，$N_{BD}=0$

$M_{DB}=0$，$M_{BD}=3.5\times4=14(\text{kN}\cdot\text{m})$(下拉)

(3) 分杆分段作刚架的弯矩图，剪力图和轴力图。

AB 杆为均布荷载段：弯矩图应为抛物线，可按叠加法作图；剪力图应为斜直线；轴力图也为直线。

BC、BD 杆为空载段：弯矩图应为斜直线；剪力图应为轴线的平行线；轴力图也为直线。

将各控制截面的内力值垂直于杆轴线的平行线画到图上，并结合上述规律，可作出刚架的弯矩图，剪力图和轴力图，如图4.35(b)、(c)、(d)所示。

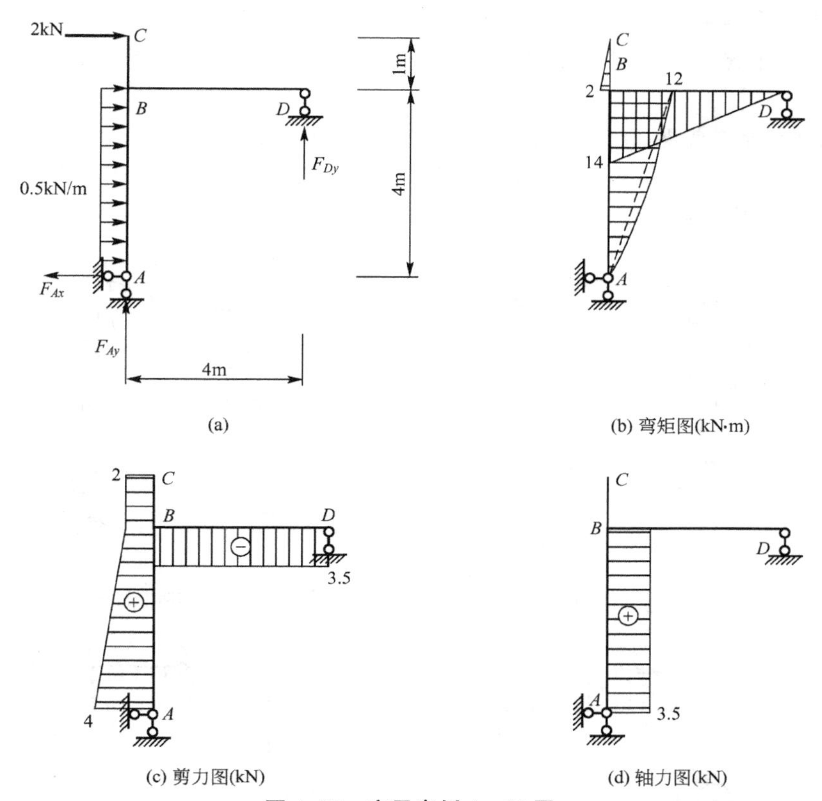

图4.35 应用案例4-18图

应用案例4-19

已知图4.36(a)所示三铰刚架，承受如图荷载作用，试绘出该刚架的内力图。

解：(1) 该结构为底脚等高的三铰刚架，非悬臂刚架，应先求支反力。

取整体为研究对象，有$\sum M_A=0$，有$F_{Ey}\times6-10\times6\times3=0$，$F_{Ey}=30\text{kN}(\uparrow)\sum F_y=0$，有$Y_{Ey}-Y_{Ay}=0$，得$F_{Ay}=-30\text{kN}(\downarrow)$

取CDE为研究对象，有$\sum M_C=0$，有$F_{Ey}\times3-F_{Ex}\times6=0$得$F_{Ex}=15\text{kN}(\leftarrow)$

再取整体为研究对象，有$\sum X=0$，$F_{Ax}-10\times6+F_{Ex}=0$，有$F_{Ax}=45\text{kN}(\leftarrow)$

(2) 选取控制截面，用截面法(直接计算法)求各控制截面的内力。控制截面有：AB杆上的A、B两截面；BD段上的B、D两截面；ED杆上的E、D两截面。

AB杆：$V_{AB}=45$，$V_{BA}=45-10\times6=-15$，$N_{AB}=30$，$N_{BA}=30$，$M_{AB}=0$，$M_{BA}=45\times6-10\times6\times3=90\text{kN}\cdot\text{m}$(右拉)

ED杆：$V_{ED}=15\text{kN}$，$V_{DE}=15\text{kN}$，$N_{ED}=-30\text{kN}$，$N_{DE}=-30\text{kN}$，$M_{ED}=0$，$M_{DE}=15\times6=90\text{kN}\cdot\text{m}$(右拉)

BD 段：$V_{DB}=-30\text{kN}$，$V_{BD}=-30\text{kN}$，$N_{DB}=-15\text{kN}$，$N_{BD}=45-60=-15\text{kN}$，$M_{DB}=15\times6=90\text{kN}\cdot\text{m}$(上拉)，$M_{BD}=-10\times6\times3+45\times6=90$(下拉)

(3) 分杆分段作刚架的 M 图，V 图和 N 图。

AB 杆为均布荷载段：M 图应为抛物线，可按叠加法作；V 图应为斜直线；N 图也为直线。

BD、ED 杆为空载段：M 图应为斜直线；V 图应为轴线的平行线；N 图也为直线。

将各控制截面的内力值垂直于杆轴线的平行线画到图上，并结合上述规律，可做出刚架的 M 图，V 图和 N 图，见图 4.36(b)、(c)、(d)。

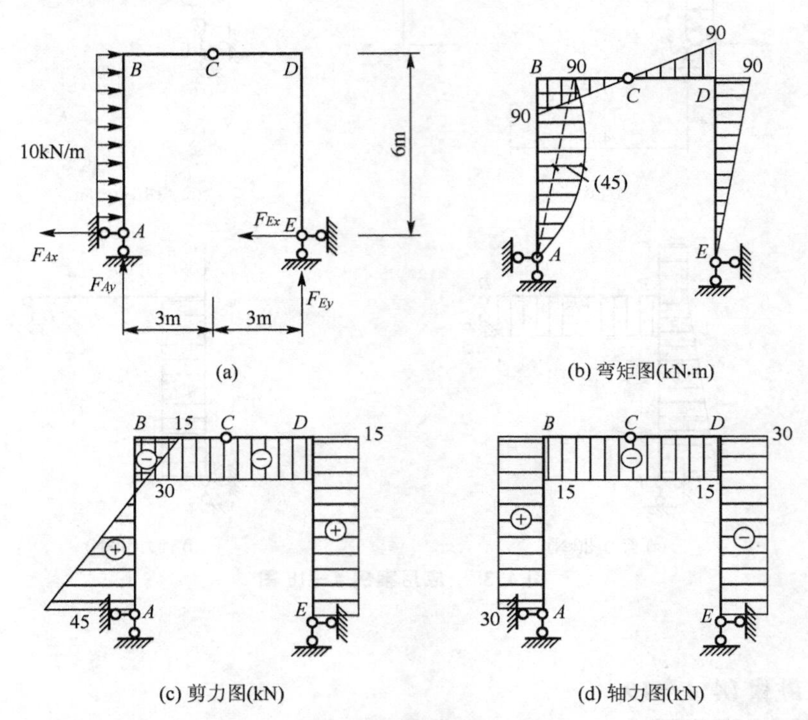

图 4.36　应用案例 4-19 图

应用案例 4-20

已知图 4.37(a)所示三铰刚架，承受如图荷载作用，试绘出该刚架的内力图。

解：(1) 求支反力。取整体为研究对象，有 $\sum M_A=0$，有 $F_{Ey}\times6\text{m}-F_{Ex}\times3\text{m}-10\text{kN/m}\times6\text{m}\times3\text{m}=0$

取 CDE 为研究对象，有 $\sum M_C=0$，有 $F_{Ey}\times3\text{m}+F_{Ex}\times3\text{m}=0$

得 $F_{Ey}=20(\text{kN})(\uparrow)F_{Ex}=-20(\text{kN})(\leftarrow)$

再取整体为研究对象，有 $\sum F_x=0$，$F_{Ax}-10\text{kN/m}\times6\text{m}+F_{Ex}=0$，有 $F_{Ax}=40(\text{kN})(\leftarrow)$

$\sum F_g=0$，有 $F_{Ay}+F_{Ey}=0$，得 $F_{Ay}=-20(\text{kN})(\downarrow)$

(2) 选取控制截面，用截面法(直接计算法)求各控制截面的内力。控制截面有：AB 杆上的 A、B 两截面；BD 杆上的 B、D 两截面；ED 杆上的 E、D 两截面。

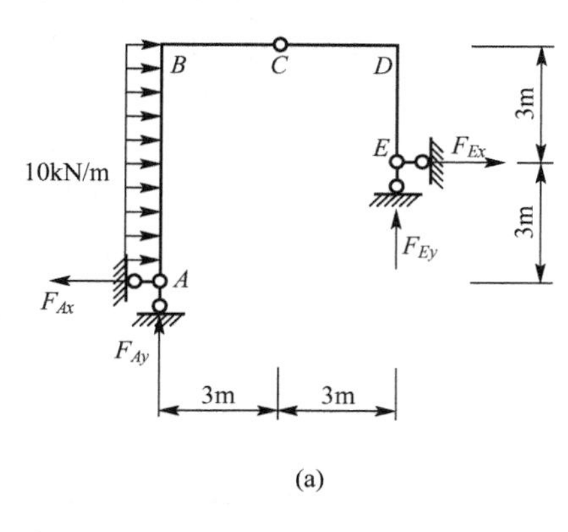

(a)

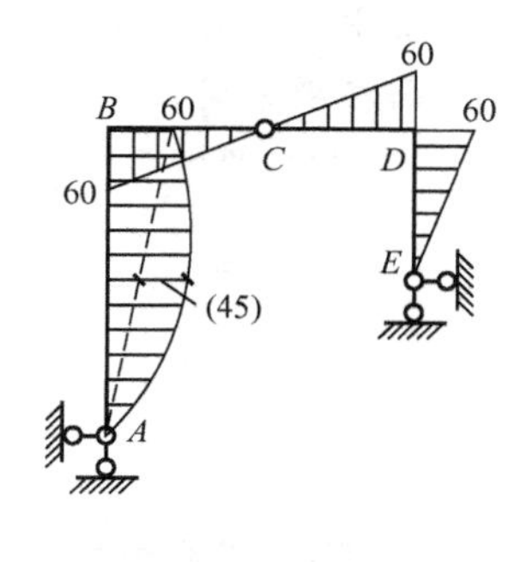

(b) 弯矩图(kN·m)

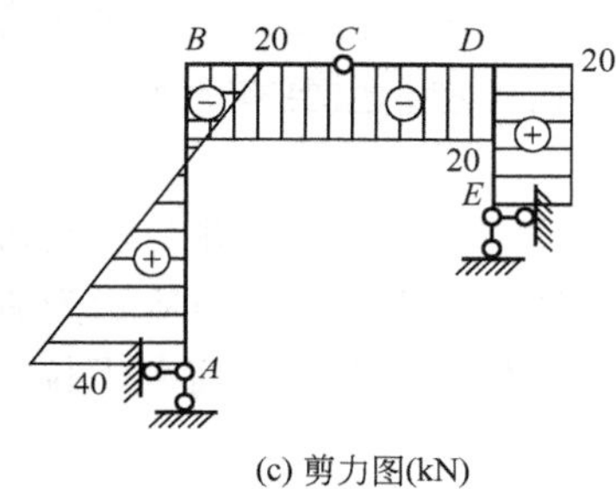

(c) 剪力图(kN)

(d) 轴力图(kN)

图 4.37　应用案例 4－20 图

AB 杆：$V_{AB}=40(\text{kN})$，$V_{BA}=40\text{kN}-10\text{kN/m}\times6\text{m}=-20\text{kN}$

$N_{AB}=20(\text{kN})$，$N_{BA}=20(\text{kN})$

$M_{AB}=0$，$M_{BA}=40\text{kN}\times6\text{m}-10\text{kN/m}\times6\text{m}\times3\text{m}=60\text{kN}\cdot\text{m}$(右拉)

ED 杆：$V_{ED}=20(\text{kN})$，$V_{DE}=20(\text{kN})$

$N_{ED}=-20(\text{kN})$，$N_{DE}=-20(\text{kN})$

$M_{ED}=0$，$M_{DE}=20\text{kN}\times3\text{m}=60\text{kN}\cdot\text{m}$(右拉)

BD 杆：$V_{DB}=-20(\text{kN})$，$V_{BD}=-20(\text{kN})$

$N_{DB}=-20(\text{kN})$，$N_{BD}=-20(\text{kN})$

$M_{DB}=20\text{kN}\times3\text{m}=60\text{kN}\cdot\text{m}$(↲)，$M_{BD}=-20\text{kN}\times3\text{m}+20\text{kN}\times6\text{m}$

$=60\text{kN}\cdot\text{m}$(下拉)

(3) 分杆分段作刚架的弯矩图，剪力图和轴力图。

AB 杆为均布荷载段：弯矩图应为抛物线，可按叠加法作图；剪力图应为斜直线；轴力图也为直线。

BD、ED 杆为空载段：弯矩图应为斜直线；剪力图应为轴线的平行线；轴力图也为直线。

将各控制截面的内力值垂直于杆轴线的平行线画到图上，并结合上述规律，可做出刚架的弯矩图，剪力图和轴力图，如图 4.37(b)、(c)、(d)所示。

特别提示

(1) 和梁相比，刚架杆件较多，注意各杆杆端内力的表示和计算。

(2) 刚架中，若遇到两杆刚结点，当无结点力偶作用时，刚结点所连两杆端弯矩数值相等，且应画在刚架同侧。

4.5 三 铰 拱

4.5.1 三铰拱的组成和类型

拱式结构是指杆轴为曲线，并且在竖向荷载下会产生水平反力的结构。这种水平反力又称推力，所以，拱式结构又称有推力结构。拱式结构在房屋、桥梁、水工等工程中均得到了广泛采用。三铰拱是拱式结构中比较常见的一种结构类型。主要有两类：无拉杆的三铰拱和有拉杆的三铰拱，如图 4.38(a)、(b)所示。

图 4.38(a)所示为无拉杆的三铰拱，曲杆 AB 和 BC 由铰 B 相连，并与基础通过铰 A 和铰 C 相连，A、B、C 三铰不共线，组成了几何不变体系。图 4.38(b)所示为有拉杆的三铰拱，增加了拉杆 AC，并通过可动支座在 C 处与基础相连，在竖向荷载下拉杆可以承受推力，从而可以减小拱对基础的推力作用。

现以图 4.38(a)为例说明三铰拱各部分的名称。曲线 ABC 称为拱轴，常见抛物线和圆弧形拱轴。铰 A、C 称为拱脚，铰 B 称为顶铰，顶铰与拱脚连线间的竖向距离称为拱高或矢高，拱脚间的水平距离称为跨度。拱高与跨度之比称为高跨比或矢跨比，其变化范围一般为 1～1/10。

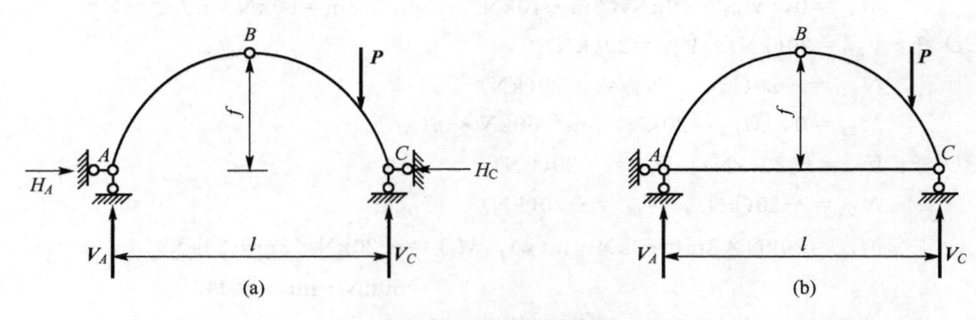

图 4.38 三铰拱的类型

4.5.2 三铰拱的内力计算

计算三铰拱时，常将其与同跨简支梁相比较，该简支梁称为相应简支梁。现以图 4.39(a)为例说明其支反力和内力的计算公式，图 4.39(b)为其相应简支梁。

1. 支座反力的计算

对图 4.39(a)，取整体为研究对象，有

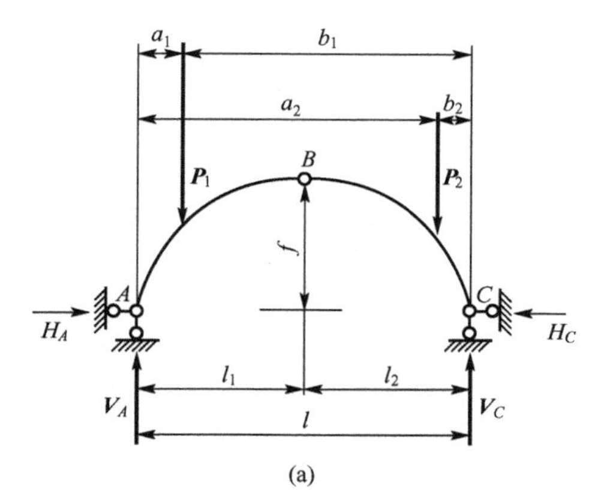

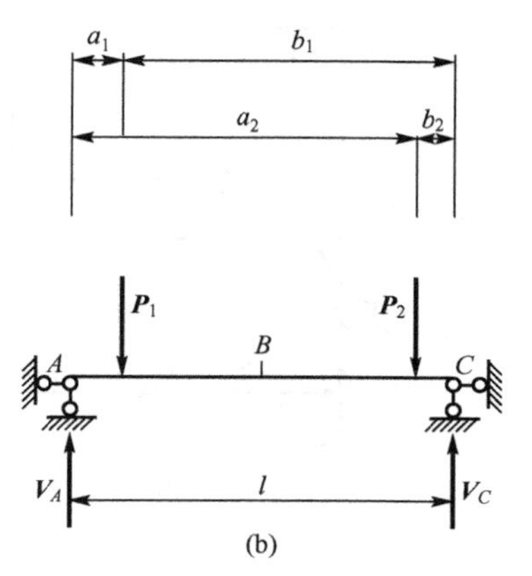

图 4.39 三铰拱与相应简支梁

$\sum M_A=0$，有 $V_C\times l-P_1\times a_1-P_2\times a_2=0$ $V_C=(P_1a_1+P_2a_2)/l$

$\sum M_C=0$，有 $V_A\times l-P_1\times b_1-P_2\times b_2=0$ $V_A=(P_1b_1+P_2b_2)/l$

与图 4.39(b)中结果相同，若计相应简支梁的支反力为 V_A^0 和 V_C^0，即有

$$V_A=V_A^0 \quad V_C=V_C^0$$

再取左半拱 AB 为研究对象，有 $\sum M_B=0$，有 $V_A\times l_1-H_A\times f-P_1\times(l_1-a_1)=0$，有 $H_A=[V_A\times l_1-P_1\times(l_1-a_1)]/f$

观察可知相应简支梁上 B 截面的弯矩 $M_B^0=V_A\times l_1-P_1\times(l_1-a_1)$，故有

$$H_A=M_B^0/f$$

由 $\sum F_x=0$，有 $H_C=M_B^0/f$

2. 内力计算

求出支座反力后，即可以用截面法计算任一截面的内力。以图 4.40(a)为例，可求出任一截面 D 的内力计算公式。截面 D 的形心坐标为 X_D、Y_D，拱轴切线倾角为 θ_D。截面 D 上弯矩以下拉为正，剪力以顺时针旋转为正，轴力以离开截面受拉为正，如图 4.40(c)、(d)所示。

1) 弯矩计算

对图 4.40(d)，由 $\sum M_D=0$，有

$$V_A\times x_D-H_A\times y_D-P_1\times(x_D-a_1)-M_D=0$$

$$M_D=[V_A\times x_D-P_1\times(x_D-a_1)]-H_A\times y_D=M_D^0-H_A\times y_D$$

式中 M_D^0——相应简支梁在截面 D 处的弯矩。

任一截面的弯矩计算公式为

$$M=M^0-Hy$$

式中 M^0——简支梁在相应截面的弯矩；

y——拟求截面形心到 AC 线的垂直距离。

由此可知，水平推力的存在可以使拱内弯矩比相应简支梁有所减小。

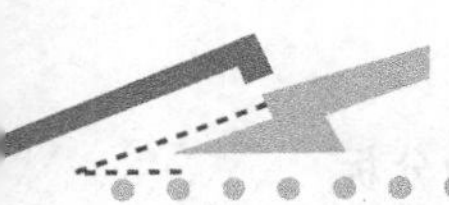

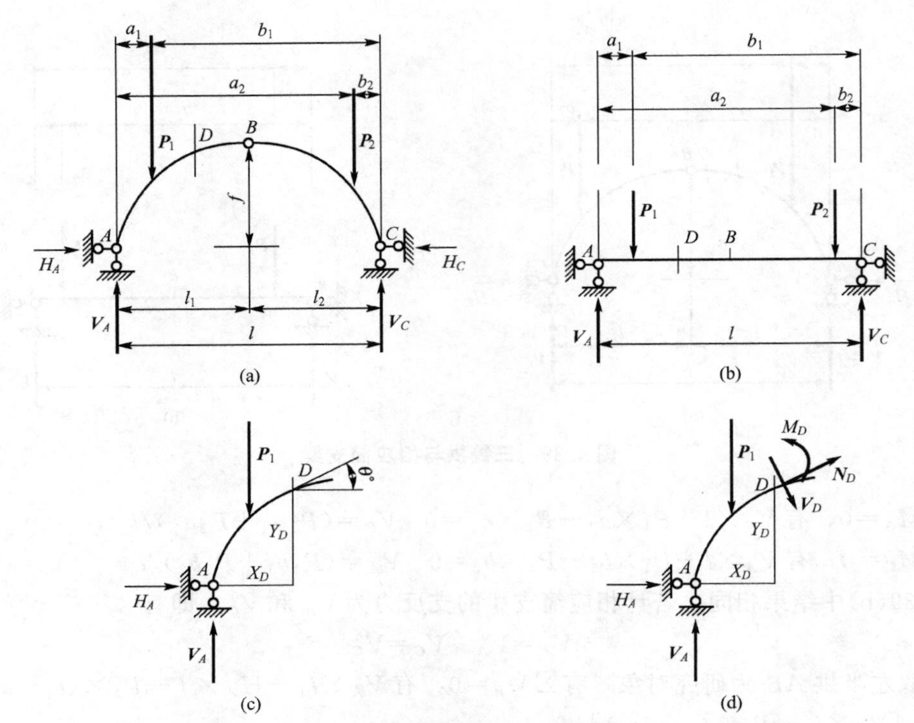

图 4.40　三铰拱的内力计算

2）剪力计算

对图 4.40(d)，根据内力直接计算公式，有

$$V_D=(V_A-P_1)\cos\theta_D-H_A\sin\theta_D=V_D^0\cos\theta_D-H_A\sin\theta_D$$

任一截面的剪力计算公式为

$$V=V^0\cos\theta-H\sin\theta$$

式中　V^0——简支梁在相应截面的剪力。

θ——拟求截面的倾角。设 x 轴向右为正，y 轴向上为正，在左半拱 θ 取正，在右半拱 θ 取负。

3）轴力计算

对图 4.40(d)，根据内力直接计算公式，有

$$N_D=-(V_A-P_1)\sin\theta_D-H_A\cos\theta_D=-V_D^0\ \sin\theta_D-H_A\cos\theta_D$$

任一截面的剪力计算公式为

$$N=-V^0\ \sin\theta_D-H\cos\theta$$

式中　V^0——简支梁在相应截面的剪力。

θ——拟求截面的倾角。设 x 轴向右为正，y 轴向上为正，在左半拱 θ 取正，在右半拱 θ 取负。

由上述公式可知，只要拱曲线方程已知，截面位置和方向已知，即可以将相应简支梁相应截面处的内力代入相应公式，计算出三铰拱的各截面内力。

3. 内力图的绘制

三铰拱是曲杆，不能使用直杆绘内力图的方法绘图，需要逐点求出各截面内力值，再将各内力值在相应截面处垂直杆轴线画出，然后连成曲线。绘制位置与内力图上正负号表示同前。

应用案例 4-21

已知图 4.41(a)所示三铰拱，承受如图荷载作用，试绘出该三铰拱的内力图。三铰拱的轴线为抛物线

$$y=4fx(l-x)/l^2$$

解：(1) 求支反力。利用公式

$$V_A=V_A^0,\ V_B=V_B^0,\ H=M_C^0/f$$

由$\sum M_B=0$，有 $V_A^0\times16\text{m}-2\text{kN/m}\times8\text{m}\times12\text{m}-10\text{kN}\times4\text{m}=0$

即有 $V_A=V_A^0=14.5(\text{kN})$

由$\sum F_y=0$，有 $V_B=V_B^0=2\text{kN/m}\times8\text{m}+10\text{kN}-14.5\text{kN}=11.5\text{kN}$

对图 4.41(b)，利用直接计算法，可得 $M_C^0=V_B\times8\text{m}-10\text{kN}\times4\text{m}=52\text{kN}\cdot\text{m}$

有 $H=M_C^0/f=52\text{kN}\cdot\text{m}/4\text{m}=13\text{kN}$

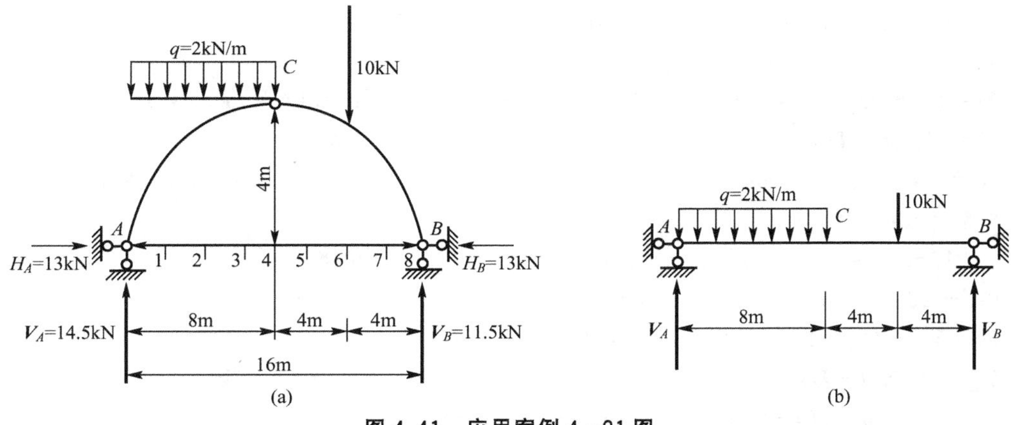

图 4.41 应用案例 4-21 图

(2) 内力计算。由拱的轴线方程有

$$y=4fx(l-x)/l^2=4\times4x(16-x)/16^2=x-x^2/16$$

拱的轴线倾角为 $\tan\theta=\text{d}y/\text{d}x=1-x/8$

将拱沿轴线分为 8 等份，列表算出各等分点对应截面内力值，如表 4-3 所示。

表 4-3　三铰拱的内力计算

截面几何参数						V^0/kN	弯矩计算			剪力计算			轴力计算		
x	y	$\tan\theta$	θ/°	$\sin\theta$	$\cos\theta$		M^0/(kN·m)	$-Hy$/kN	M/(kN·m)	$V^0\cos\theta$/kN	$-H\sin\theta$/kN	F_V/kN	$-V^0\sin\theta$/kN	$-H\cos\theta$/kN	N/kN
0	0	1	45	0.707	0.707	14.5	0	0	0	10.25	−9.19	1.06	−10.25	−9.19	−19.44
2	1.75	0.75	36.9	0.600	0.800	10.5	25	−22.75	2.25	8.4	−7.8	0.6	−6.3	−10.4	−16.7
4	3.00	0.5	26.6	0.447	0.894	6.5	42	−39	3	5.811	−5.811	0	−2.91	−11.62	−14.53
6	3.75	0.25	14	0.243	0.970	2.5	51	−48.75	2.25	2.43	−3.159	0.729	−0.61	−12.61	−13.22
8	4	0	0	0	1	−1.5	52	−52	0	−1.5	0	−1.5	0	−13	−13
10	3.75	−0.25	−14	−0.243	0.970	−1.5	49	−48.75	0.25	−1.455	3.159	1.704	−0.36	−12.61	−12.97
12	3	−0.5	−26.6	−0.447	0.894	−1.5 −11.5	46	−39	7	−1.341 −10.281	5.811	4.47 −4.47	−0.67 −5.14	−11.62	−12.29 −16.76
14	1.75	−0.75	−36.9	−0.600	0.800	−11.5	23	−22.75	2.25	−9.2	7.8	−1.4	−6.9	−10.4	−17.3
16	0	−1	−45	−0.707	0.707	−11.5	0	0	0	−8.13	9.1	1.06	−8.13	−9.19	−17.32

现以 2 等分点（$x=4\text{m}$）和 6 等分点（$x=12\text{m}$）为例说明具体计算过程。

2 等分点：

$x=4\text{m}\quad y=4\text{m}-4^2/16\text{m}=3\text{m}\quad \tan\theta=1-4/8=0.5$

$\theta=26.6°\quad \sin\theta=0.447\quad \cos\theta=0.894$

$M=M^0-H_y=(14.5\times4-2\times4\times2)\text{kN}\cdot\text{m}-13\text{kN}\times3\text{m}=3\text{kN}\cdot\text{m}$

$V=V^0\cos\theta-H\sin\theta=(14.5-2\times4)\text{kN}\times\cos\theta-13\text{kN}\times\sin\theta=0$

$N=-V^0\sin\theta_D-H\cos\theta=-(14.5-2\times4)\text{kN}\times\sin\theta-13\text{kN}\times\cos\theta=-14.53\text{kN}$

6 等分点：

$x=12\text{m}\quad y=12\text{m}-12^2/16\text{m}=3\text{m}\quad \tan\theta=1-12/8=-0.5$

$\theta=-26.6°\quad \sin\theta=-0.447\quad \cos\theta=0.894$

$M=M^0-H_y=11.5\text{kN}\times4\text{m}-13\text{kN}\times3\text{m}=7\text{kN}\cdot\text{m}$

$V_{左}=V^0\cos\theta-H\sin\theta=(-11.5+10)\text{kN}\times\cos\theta-13\text{kN}\times\sin\theta=4.47\text{kN}$

$V_{右}=V^0\cos\theta-H\sin\theta=(-11.5)\text{kN}\times\cos\theta-13\text{kN}\times\sin\theta=-4.47\text{kN}$

$N_{左}=-V^0\sin\theta_D-H\cos\theta=-(-11.5+10)\text{kN}\times\sin\theta-13\text{kN}\times\cos\theta=-12.29\text{kN}$

$N_{右}=-V^0\sin\theta_D-H\cos\theta=-(-11.5)\text{kN}\times\sin\theta-13\text{kN}\times\cos\theta=-16.76\text{kN}$

(3) 作内力图。根据上表中的数值，可绘出三铰拱的 3 种内力图，如图 4.42(a)、(b)、(c)所示。

由表 4-3 和图 4.42 可知，三铰拱和相应简支梁在相应截面处的弯矩相比，前者要小得多［图 4.42(d)］，因此，使用拱式结构可大量节约材料；同时可知，拱主要承受压力［图 4.37(a)、(b)、(c)］，因此，可用抗压性能好而抗拉性能差的材料来制拱，如砖、石、混凝土等。但是，由于三铰拱在拱脚处推力的存在要求拱应比梁具有更为坚固的基础或支撑结构。

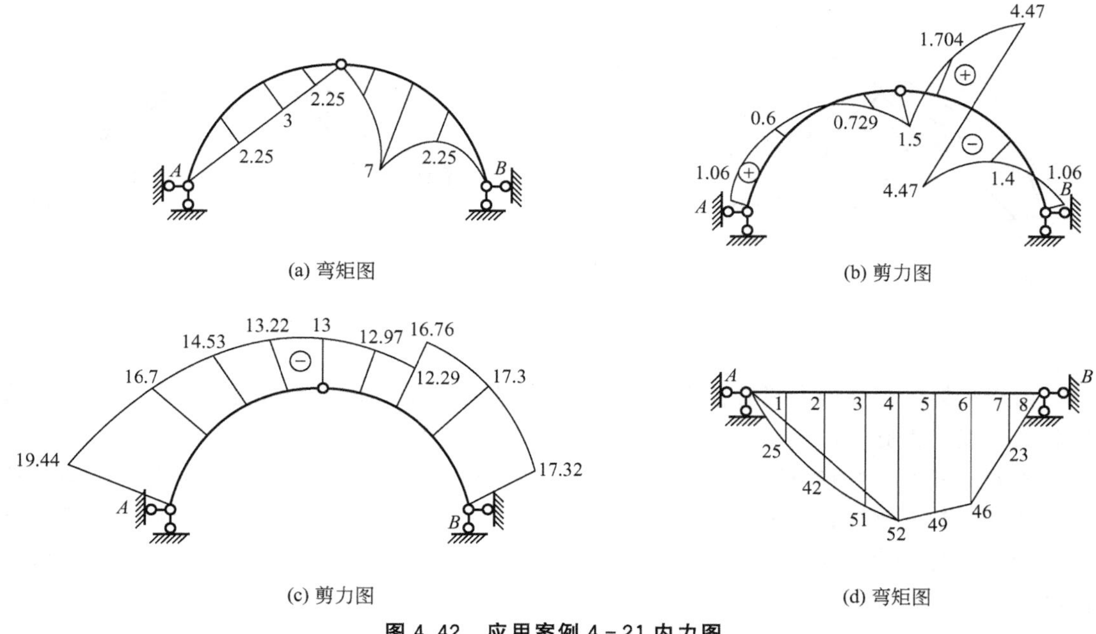

(a) 弯矩图　(b) 剪力图

(c) 剪力图　(d) 弯矩图

图 4.42　应用案例 4－21 内力图

特别提示

计算拱时最好结合相应简支梁进行计算。

4.6　平面桁架

4.6.1　桁架的假设、内力特点及分类

1. 桁架的假设、内力特点

对于图 4.43(a)所示的屋架，在实际计算中，为了简化计算过程，通常做以下假设：

(1) 桁架的结点(两杆相连处)都是铰结点；

(2) 各杆都是直杆，并且通过铰的中心；

(3) 外力(约束反力和荷载)都作用在结点上。

符合上述假设的屋架的计算简图如图 4.43(b)所示，这类结构称为桁架，也称理想桁架。当桁架各杆轴线和所受外力均在一个平面内时，称为平面桁架。因此，平面桁架是由直杆通过铰结点组成的平面链杆体系。当荷载只作用在结点时，杆件只在两端受力，通常称为二力杆。根据二力平衡原理，桁架杆件内只有沿轴线方向的轴力。因此，按理想桁架计算的桁架内力均为轴力。

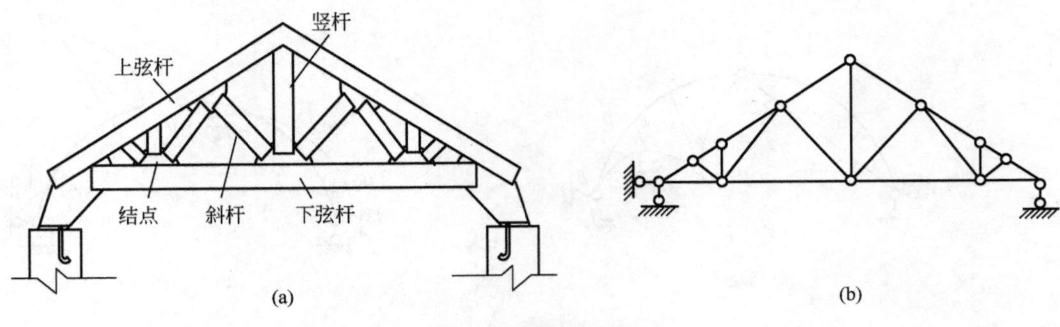

图 4.43 简单桁架

由于桁架的杆件内力只有轴力，截面上应力分布均匀，可以充分发挥材料的作用，跨越较大跨度，因此，广泛应用于工业及公共建筑工程。

桁架的杆件按所在位置可分为弦杆和腹杆两类，如图 4.43 所示。桁架上下外围的杆件为弦杆，有上弦杆和下弦杆；弦杆之间的杆件为腹杆，有竖杆和斜杆。弦杆上两相邻结点间的区间称为节间，其长度为节间长度。上弦杆和下弦杆之间的最大距离称为桁架高度。

2. 桁架的分类

静定平面桁架杆件的布置必须满足几何不变无多余约束体系的组成规则，根据其组成的不同，可以分为以下 3 类。

(1) 简单桁架。从基础或一个铰结三角形开始，依次增加一个二元体形成的结构，称为简单桁架，如图 4.43(b)所示。

(2) 联合桁架。由几个简单桁架根据几何组成规则Ⅱ或规则Ⅲ形成的桁架，称为联合桁架，如图 4.44(a)所示。

(3) 复杂桁架。凡不属于前两类的桁架称为复杂桁架，如图 4.44(b)所示。

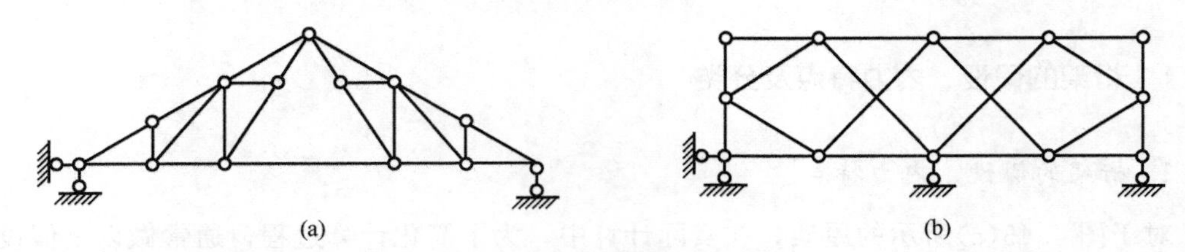

图 4.44 联合桁架和复杂桁架

4.6.2 桁架内力计算方法

静定平面桁架的内力计算方法有两种：结点法和截面法。

1. 结点法

在求解桁架内力时，每次取一个结点为研究对象，画出其隔离体受力图，利用平面汇交力系的平衡方程来计算未知轴力，该方法即为结点法。由于一个结点可以列出两个平衡方程，每次取一个结点可以计算出两个杆件的未知轴力。结点法适用于求全部桁架杆的内力。为了能够求出所有内力，必须从只有两个未知力的结点开始，然后依次截取各结点计算。

桁架中内力为零的杆称做零杆。使用结点法时，可以利用其特殊情况先判断出零杆和内力关系，再进行计算，可以简化计算过程。

(1) 无外力作用的两杆结点，两杆的内力都为 0，如图 4.45(a)中，N_1 和 N_2 均为 0。

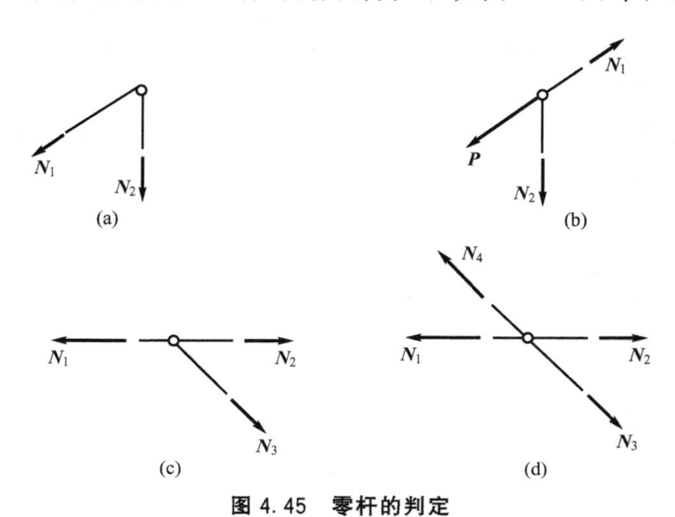

图 4.45 零杆的判定

(2) 不共线的两杆结点，外力沿一杆作用，则另一杆内力为零，如图 4.40(b)中，N_2 为 0。

(3) 无外力作用的三杆结点，如果其中两杆共线，则第三杆内力为 0，为零杆；并且共线的两杆内力相等，同为拉力或同为压力，如图 4.40(c)中，N_3 为 0，N_1 和 N_2 相等。

(4) 无外力作用的四杆结点，如四杆两两共线，则每对共线杆内力相同，同为拉力或压力，如图 4.40(d)中，N_1 和 N_2 相等，N_3 和 N_4 相等。

思考：下图中各有几根零杆。

① 图 4.46 结构有多少根零杆？(　　)

A. 5 根　　B. 6 根　　C. 7 根　　D. 8 根

② 图 4.47 结构有多少根零杆(　　)

A. 5 根　　B. 6 根　　C. 7 根　　D. 8 根

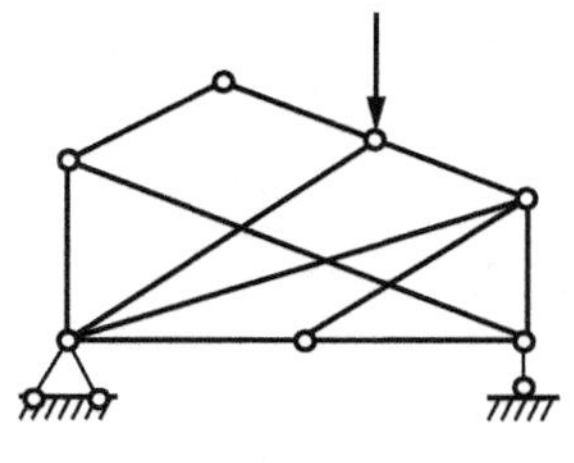

图 4.46 思考题①图

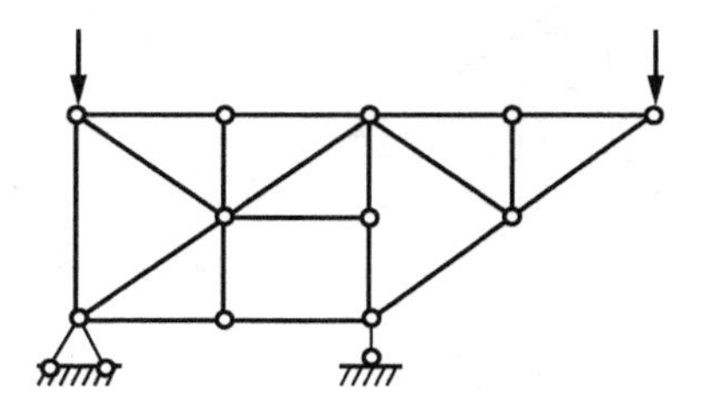

图 4.47 思考题②图

2. 截面法

截面法适用于求桁架中某几根杆的内力。

在求解桁架内力时，用一个截面切断拟求杆件，任取截面一侧为研究对象，画出其隔离体受力图，利用平面一般力系的平衡方程来计算未知轴力，该方法即为截面法。由于一个一般力系可以列出 3 个平衡方程，每次取一个截面最多可以计算出 3 个杆件的未知轴力。在计算中，应注意合理选择计算侧和平衡方程，从而简化计算过程。

使用结点法或截面法求出桁架的内力后，即可绘制桁架的内力图。由于桁架杆均为二力杆，内力均为轴力，因此，每杆的轴力图都为简单的矩形。由于绘出所有的矩形十分不便，习惯上把各杆的内力值标到各杆的旁边，即为桁架的内力图。

应用案例 4-22

试用结点法求图 4.48(a)所示桁架的内力与内力图。

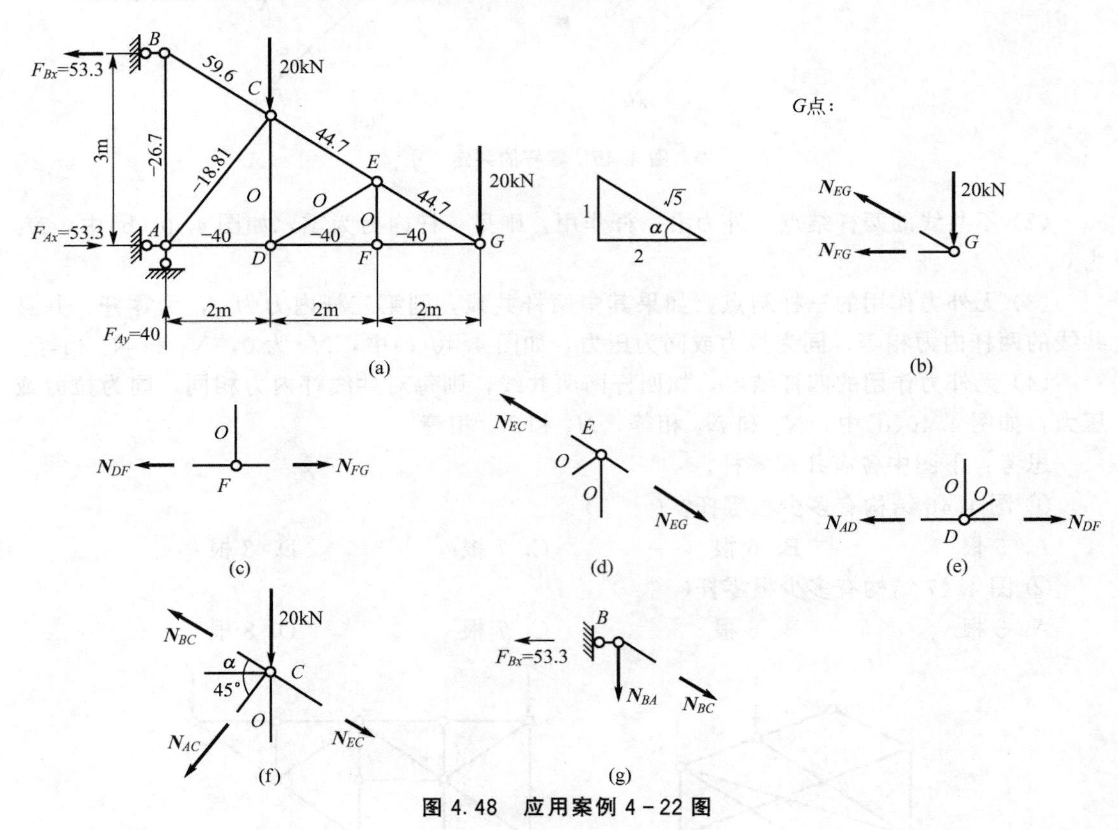

图 4.48　应用案例 4-22 图

解：(1) 求支座反力。

由 $\sum M_B=0$，有 $F_{Ax}\times 3\text{m}-20\text{kN}\times 6\text{m}-20\text{kN}\times 2\text{m}=0$，即 $F_{Ax}=160/3\approx 53.3(\text{kN})(\rightarrow)$

由 $\sum F_x=0$，有 $F_{Bx}=F_{Ax}=160\text{kN}/3\approx 53.3(\text{kN})(\leftarrow)$

由 $\sum F_y=0$，有 $F_{Ay}-20-20=0$，即 $F_{Ay}=40(\text{kN})(\uparrow)$

(2) 用结点法计算各杆内力。首先应用基本原则确定各零杆。依次使用无外力下三结点杆原则，可知 EF、ED、CD 杆均为零杆。再选择计算次序。由于使用结点法必须从只有两个未知力的结点开始，后依次截取各结点计算，该题可以从 G 点开始依次向内部计算。具体如下：

G 点：由长度三角形可知：$\sin\alpha=1/\sqrt{5}$，$\cos\alpha=2/\sqrt{5}$

由 $\sum F_y=0$，有 $N_{EG}\sin\alpha-20\text{kN}=0$，$N_{EG}=20\sqrt{5}(\text{kN})$

由 $\sum F_x=0$，有 $N_{FG}+N_{EG}\cos\alpha=0$，$N_{FG}=-40(\text{kN})$

F 点：由于 $N_{EF}=0$，$N_{DF}=N_{FG}=-40(\text{kN})$

E 点：由于 $N_{EF}=N_{ED}=0$，$N_{EC}=N_{EG}=20\sqrt{5}(\text{kN})$

D 点：由于 $N_{CD}=N_{ED}=0$，$N_{AD}=N_{DF}=-40(\text{kN})$

C 点：

由 $\sum F_y=0$，有 $N_{BC}\sin\alpha-20\text{kN}-N_{EC}\sin\alpha-N_{AC}\sin45°=0$

由 $\sum F_x=0$，有 $N_{BC}\cos\alpha-N_{EC}\cos\alpha+N_{AC}\cos45°=0$

将 $N_{EC}=20\sqrt{5}$ 代入，解联立方程，有 $N_{BC}=59.6(\text{kN})$，$N_{AC}=-18.81(\text{kN})$

最后取 B 点为研究对象，由 $\sum Y=0$，有 $N_{BC}\sin\alpha+N_{BA}=0$，得 $N_{BA}=-26.7(\text{kN})$

(3) 作内力图。把以上求出的各杆轴力标于各杆旁，即有结构轴力图，如图 4.48 所示。

应用案例 4-23

试用截面法求图 4.49(a)所示桁架中指定杆 AC、DE、DG 杆的内力。

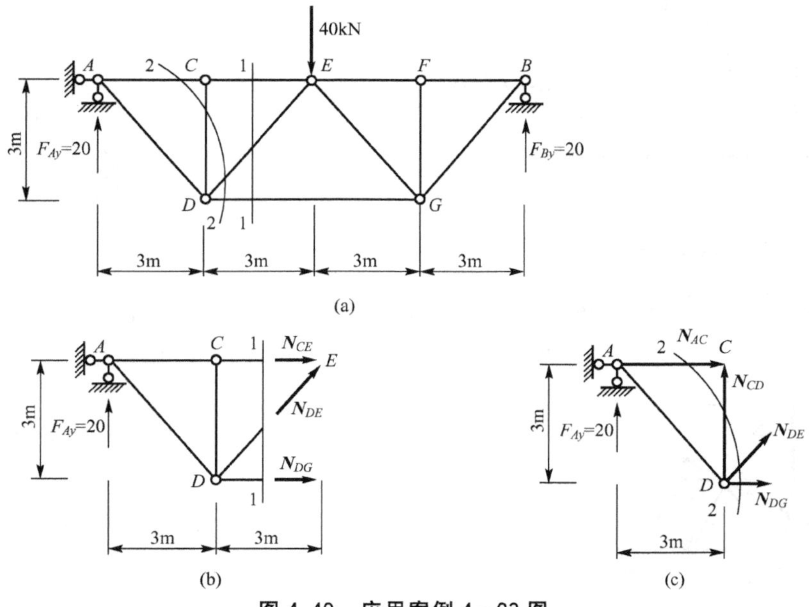

图 4.49 应用案例 4-23 图

解： 由于本例只需求出三根杆的内力，故宜用截面法。

(1) 求支座反力。由于结构有对称性，可直接求出 $F_{Ay}=F_{By}=20\text{kN}(\uparrow)$

(2) 用截面法计算指定各杆的内力。

本结构可视为联合桁架，DG 杆可视为连接杆，先求 DG 杆的轴力。

首先选取1—1截面将杆件 CE、DE、DG 截开，可同时求出 DE、DG 两杆的内力。

由 $\sum M_E=0$，有 $F_{Ay}\times 6\text{m}-N_{DG}\times 3\text{m}=0$，$N_{DG}=40(\text{kN})$

由 $\sum F_y=0$，有 $F_{Ay}+N_{DE}\times\sin 45°=0$，$N_{DE}=-28.28(\text{kN})$

再选取2—2截面将杆件 AC、CD、DE、DG 截开，虽然截开4根杆，但由于 CD、DE、DG 三杆交于 D 点，可取 D 点为矩心，可建立 $\sum M_D=0$，求出 AC 杆的内力。

由 $\sum M_D=0$，有 $F_{Ay}\times 3\text{m}+N_{AC}\times 3\text{m}=0$，$N_{AC}=-20(\text{kN})$

4.6.3 结点法和截面法的综合应用

在桁架计算中，有时联合运用结点法和截面法更为简便，尤其对联合桁架，常先用截面法计算连接杆的轴力，然后用结点法计算其他杆件轴力。

应用案例 4-24

计算图4.50桁架中1、2、3杆的轴力。

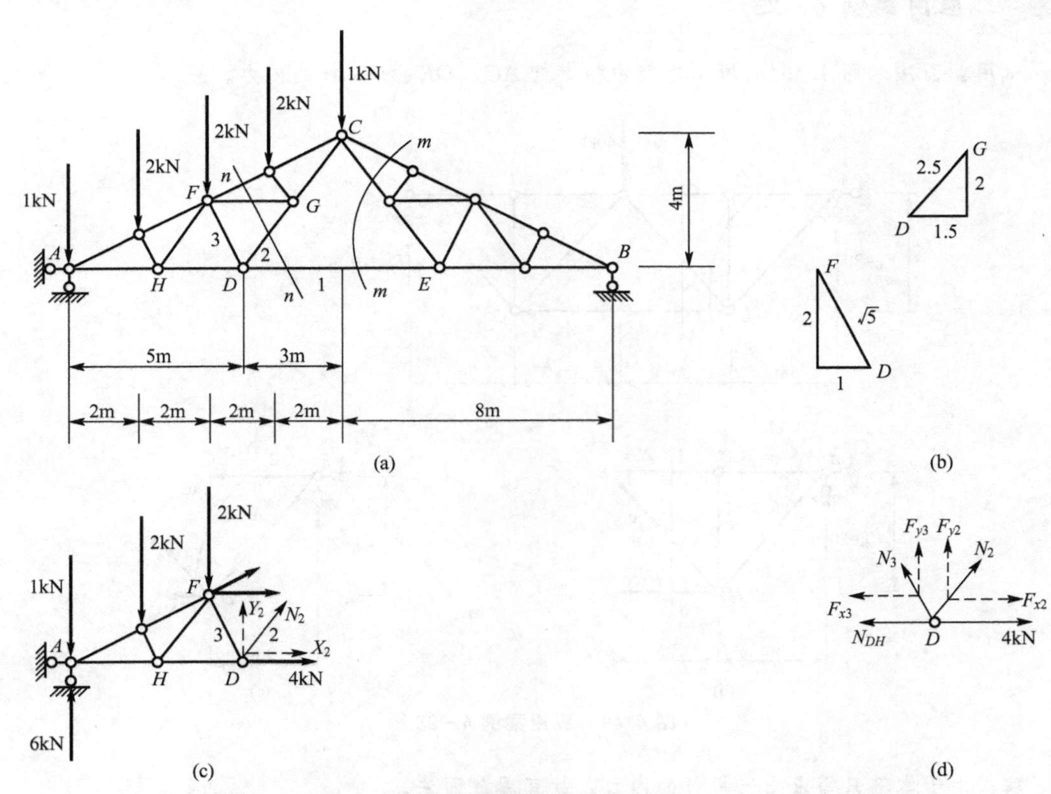

图4.50 应用案例4-24图

解：(1) 先求支座反力。

由$\sum M_A=0$，有$F_{By}\times16\text{m}-1\text{kN}\times8\text{m}-2\text{kN}\times6\text{m}-2\text{kN}\times4\text{m}-2\text{kN}\times2\text{m}=0$，得$F_{By}=2$(kN)(↑)

由$\sum F_y=0$，有$F_{Ay}+F_{By}-8\text{kN}=0$，得$F_{Ay}=6$(kN)(↑)

由$\sum F_x=0$，有$F_{Ax}=0$

(2) 计算指定各杆1、2、3的内力。

结构为联合桁架，宜先求出1杆轴力；由于1杆位置在中间，宜采用截面法计算。由于2杆比3杆计算简单，然后计算2杆轴力，最后计算3杆。

① 首先选取m—m截面将桁架连接杆件截开，取截面右边为隔离体，并以C点为矩心

由$\sum M_C=0$，有$N_1\times4\text{m}-2\text{kN}\times8\text{m}=0$，得$N_1=4$(kN)(拉力)

② 再作n—n截面将桁架截开，取截面左边为隔离体，并以F点为矩心，将N_2在D点分解为F_{x2}和F_{y2}

由$\sum M_F=0$，有$(6-1)\text{kN}\times4\text{m}-2\text{kN}\times2\text{m}-F_{y2}\times1\text{m}-F_{x2}\times2\text{m}-4\text{kN}\times2\text{m}=0$

利用比例关系$F_{x2}=(F_{y2}\times1.5)/2$

代入上式，得$F_{y2}=3.2$(kN)

故$N_2=(F_{y2}\times2.5)/2=4$(kN)(拉力)

③ 最后取结点D为隔离体，并将N_3在D点分解为F_{x3}和F_{y3}

由$\sum F_y=0$，$F_{y3}+F_{y2}=0$，$F_{y3}+3.2=0$，得$F_{y3}=-3.2$(kN)

故$N_3=(-3.2\times\sqrt{5})/2=-3.58$(kN)(压力)

因此，在结点法和截面法的综合应用中，应根据所求杆的具体位置，来选择最简便的方法。

特别提示

(1) 桁架各杆的轴力图都为简单的矩形，习惯上把各杆的内力值标到相应杆的旁边，形成桁架的简单内力图。

(2) 只有熟练掌握结点法和截面法，在复杂情况下才可能灵活选用、综合利用。

4.7 组合结构

4.7.1 组合结构的组成和特点

组合结构是指桁架杆件与梁或桁架杆件与刚架组合在一起所形成的结构，其特点是含有组合结点。在组合结构中，既有只承受轴力的二力杆，还有承受弯矩、剪力和轴力的梁式杆，如图4.51所示。

图4.51(a)所示为下撑式五角形屋架，上弦为梁式杆，下弦和腹杆为二力杆。

图4.51(b)所示为组合刚架，柱子和梁为梁式杆，中间杆为二力杆。

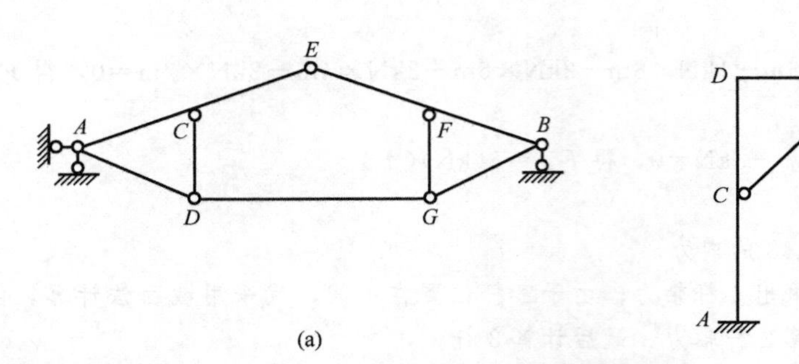

图 4.51 组合结构

4.7.2 组合结构的计算

组合结构由于含有梁式杆和二力杆，在结构计算中应灵活运用以前所学的计算方法，先分清杆件类型，再加以计算。

由于梁式杆内力分量一般有弯矩、剪力和轴力，而二力杆内力分量只有轴力，因此，一般先用截面法求出二力杆轴力，然后计算梁式杆的内力，最后再绘制梁式杆的内力图。

应用案例 4-25

作图 4.52(a)所示组合结构的内力图。

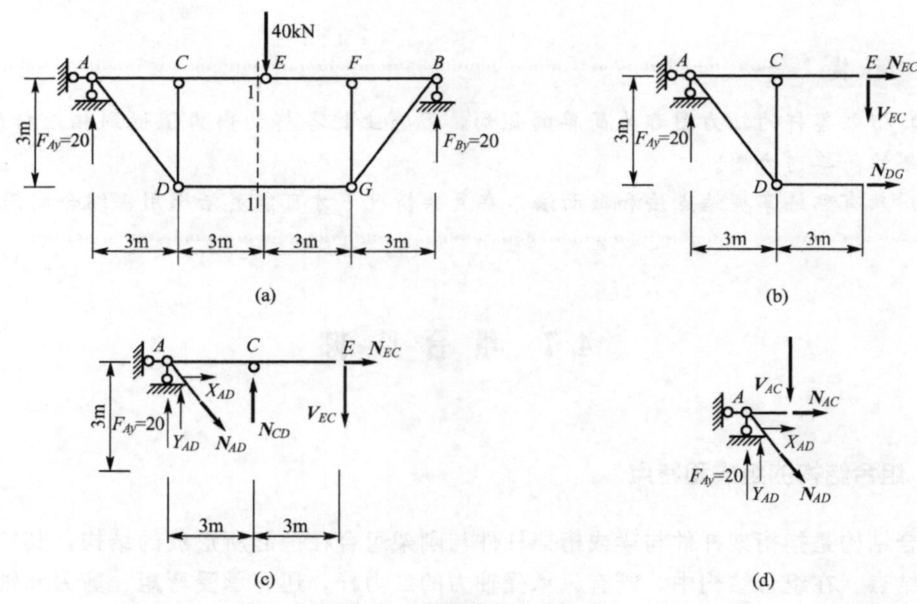

图 4.52 应用案例 4-25 图

解：(1) 先求支座反力。利用对称性，有 $F_{Ay}=F_{By}=20(\text{kN})(\uparrow)$，由 $\sum F_x=0$，有 $F_{Ax}=0$。

(2) 计算二力杆轴力。

几何组成分析：本结构由 ADE 和 EGB 两个刚片用铰 E 和二力杆 DG 连接而成，形成了无多余约束的几何不变体系。计算内力时，可先作截面 1—1，沿 E 截面左侧截断铰 E 和二力杆 DG，隔离体如图 4.52(b)所示。

取 E 截面左边为隔离体，并以 E 点为矩心，由 $\sum M_E=0$，有 $N_{DG}\times 3\text{m}-20\text{kN}\times 6\text{m}=0$，$N_{DG}=40\text{kN}$(拉力)

再由结点 D 的平衡，有

由 $\sum F_x=0$，有 $F_{ADx}-40\text{kN}=0$

$$F_{ADx}=40(\text{kN})$$

$$F_{ADy}=40(\text{kN})$$

$$N_{AD}=40\text{kN}\times\sqrt{2}=56.56(\text{kN})\quad(\text{拉力})$$

由 $\sum F_y=0$，有 $N_{CD}=-40(\text{kN})$(压力)

(3) 计算梁式杆内力。取梁式杆 ACE 为隔离体，隔离体受力图如图 4.52(c)所示，控制截面为 A、C、E。

结点 A 的隔离体受力图如图 4.52(d)所示。

由 $\sum F_x=0$，有 $N_{AC}+40\text{kN}=0$，得 $N_{AC}=-40(\text{kN})$(压力)

由 $\sum F_y=0$，有 $V_{AC}+40\text{kN}-20\text{kN}=0$，得 $V_{AC}=-20(\text{kN})$

对梁式杆 ACE

由 $\sum F_x=0$，有 $N_{EC}+40\text{kN}=0$，得 $N_{EC}=-40(\text{kN})$(压力)

由 $\sum F_y=0$，有 $V_{EC}-40\text{kN}-20\text{kN}+40\text{kN}=0$，得 $V_{EC}=20(\text{kN})$

由点 A 向点 C 计算，有

$$M_{CA}=-20\text{kN}\times 3\text{m}=-60\text{kN}\cdot\text{m}\quad(\uparrow)$$

$$N_{CA}=-40(\text{kN})\quad(\text{压力})$$

$$V_{CA}=20\text{kN}-40\text{kN}=-20\text{kN}$$

由点 E 向点 C 计算，有

$$M_{CE}=-20\text{kN}\times 3\text{m}=-60\text{kN}\cdot\text{m}\quad(\uparrow)$$

$$N_{CE}=-40(\text{kN})\quad(\text{压力})$$

$$V_{CE}=20(\text{kN})$$

因结构对称，荷载对称，内力分布对称，所以计算出 ACE 后，右半 BFE 可由对称性作出。

(4) 作结构的内力图，如图 4.53 所示。

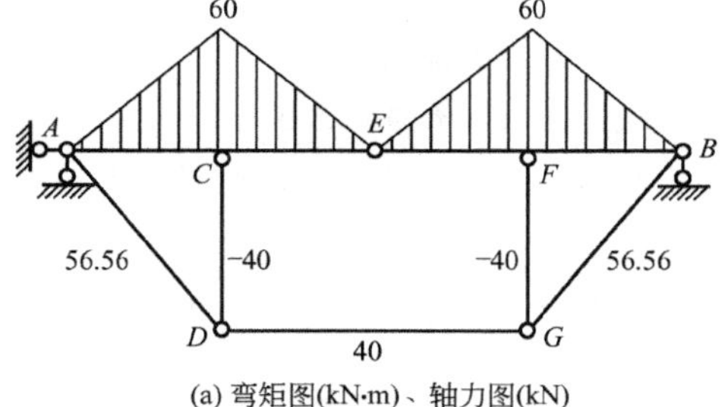

(a) 弯矩图(kN·m)、轴力图(kN)

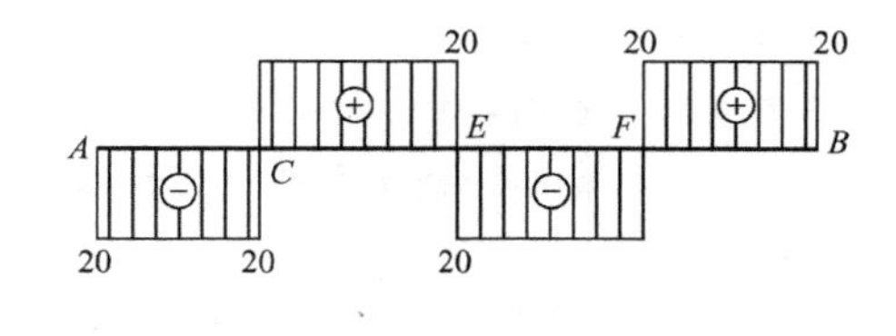

(b) 剪力图(kN)

图 4.53 应用案例 4-25 内力图

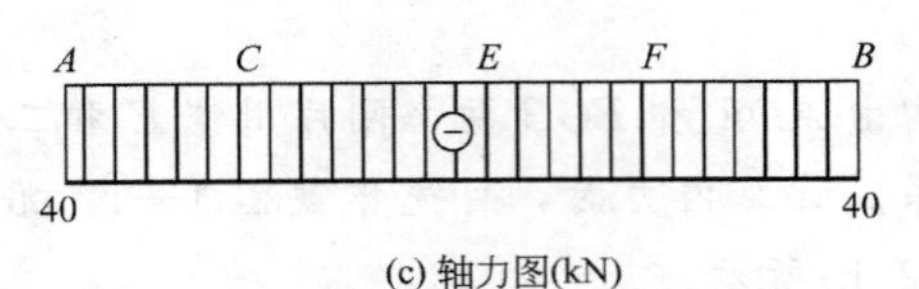

(c) 轴力图(kN)

图 4.53　应用案例 4-25 内力图(续)

特别提示

组合结构计算的关键在于分清梁式杆和二力杆，并能选择合理的计算顺序。

本章小结

1. 两种基本变形、3 种内力、5 种杆件结构类型

本章主要学习了两种基本变形和 3 种内力。两种基本变形是：轴向拉压变形和平面弯曲变形。3 种内力是：轴力 N、剪力 V、弯矩 M。

本章的主要研究对象是 5 种平面杆件结构类型：梁、刚架、拱、桁架和组合结构，本章主要研究了这些结构的内力计算和内力图绘制。

2. 三种内力的概念和求法

(1) 三种内力的概念：

轴力 N——杆件横截面上的分布内力系沿杆轴切向的合力；

剪力 V——杆件横截面上的分布内力系沿杆轴法向的合力；

弯矩 M——杆件横截面上的分布内力系对截面形心的力矩代数和。

(2) 三种内力的正负号规定。在求解内力前，应先按正方向标出未知内力。3 种内力的正负号规定如下：

轴力 N——以拉力为正，压力为负。轴力图要标正负号，一般杆上为正，杆下为负。

剪力 V——对隔离体内部任一点的矩为顺时针转动的为正；逆时针转动的为负。剪力图要标正负号，一般杆上为正，杆下为负。

弯矩 M——以下部受拉为正，上部受拉为负；弯矩图画在受拉侧，不标正负号。

(3) 3 种内力的求法：

基本方法均为截面法。如求某截面的内力，即在该处把截面截开，取截面任一侧为隔离体，根据隔离体的受力平衡方程即可求出各内力。

一般使用由截面法演变来的直接计算法计算，主要应用如下原则：

轴力 N——截面一侧所有外力沿杆轴切向的投影代数和；以拉力为正，压力为负。

剪力 V——截面一侧所有外力沿杆轴法向的投影代数和；使杆对截面顺时针转动为正；逆时针转动为负。

弯矩 M——截面一侧所有外力对截面形心的力矩代数和。以下部受拉为正，上部受拉为负。

3. 平面杆件结构的内力和内力图

(1) 作内力图时，写内力方程法是最基本的方法，可根据情况选择代表性截面写出内力方程，再由方程绘内力图。

(2) 作内力图常用简易法，具体步骤如下：

① 一般情况，需要先求出支反力；

② 根据外力情况选择控制截面，按控制截面分段，并求出各控制截面的内力值。

③ 根据荷载和内力之间的微分关系分段作图。

(3) 在绘制弯矩图时，灵活利用区段叠加法，可以简化作图过程。

(4) 桁架结构中只有轴力，内力图只有轴力图；求各杆件轴力的方法主要有结点法和截面法。前者适合求解所有杆件轴力的情况，后者适合求解某几根杆轴力的情况。灵活运用结点法和截面法可以简化作题过程。

(5) 拱形结构的内力求法可以借鉴与相应梁的关系进行；组合结构的内力问题需要综合梁式杆与二力杆的求法进行。

习题

一、判断题

1. 简支梁在跨中受均布力 q 作用时，支座弯矩一定最大。 ( )
2. 有集中力作用处，剪力图有突变，弯矩图有尖点。 ( )
3. 悬臂梁受均布荷载作用，梁的最大弯矩在梁的下侧。 ( )
4. M图应画在梁受拉一侧。 ( )
5. 下图 4.54(a)所示伸外梁弯矩图的正确形状为(1)图。 ( )

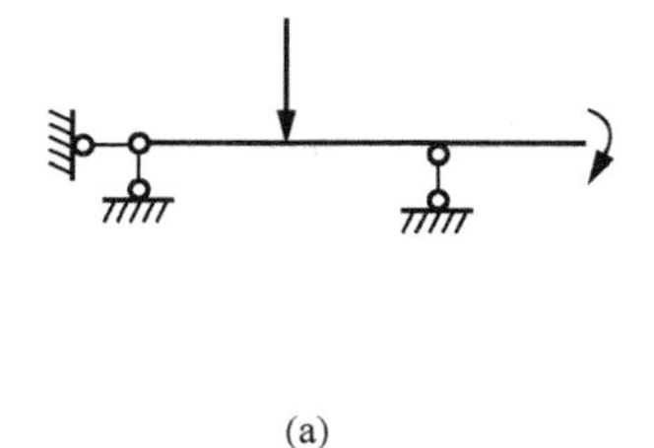

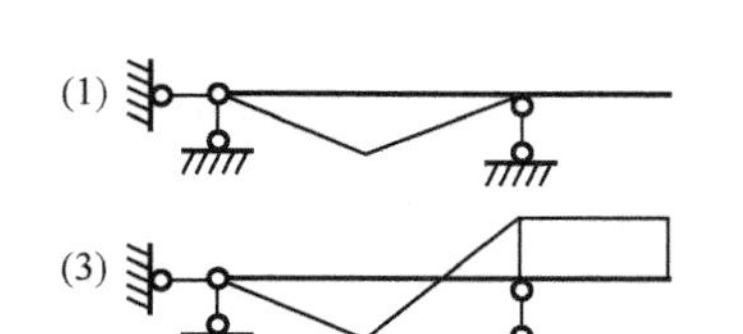

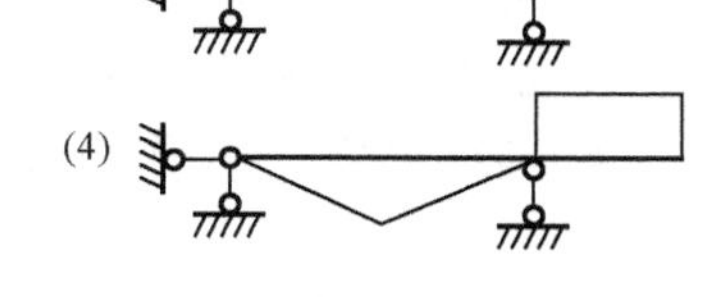

图 4.54 判断题 5 图

6. 悬臂梁如图 4.55 所示，弯矩图的形状是否正确。 ( )

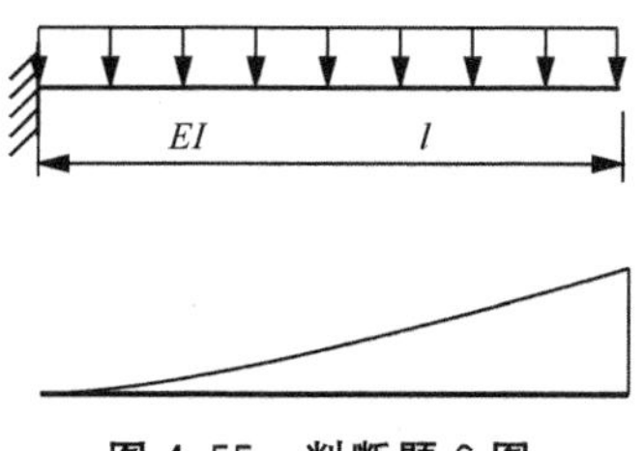

图 4.55 判断题 6 图

二、单项选择题

1. 计算内力的一般方法是(　　)。

A. 静力分析　　B. 节点法

C. 截面法　　D. 综合几何、物理和静力学三方面

2. 如图 4.56 所示杆件中间截面的内力是(　　)。

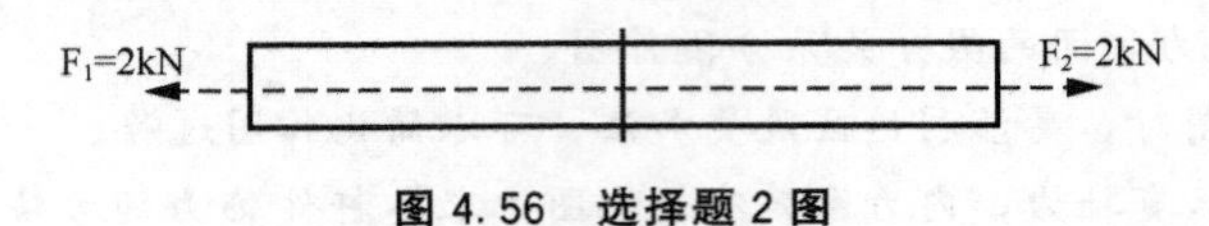

图 4.56　选择题 2 图

A. 2kN　　B. 零　　C. 4kN　　D. 无法计算

3. 以弯曲变形为主要变形的构件通常称为(　　)。

A. 刚架　　B. 拱　　C. 桁架　　D. 梁

4. 梁的内力变化特点之一是：在剪力为零的截面，(　　)存在着极值。

A. 扭矩　　B. 剪应力　　C. 轴力　　D. 弯矩

5. 两根跨度相同的简支梁，截面弯矩相等的条件是(　　)。

A. 截面形状相同　　B. 截面面积相同

C. 材料相同　　D. 外荷载相同

6. 下图 4.57 所示的截面 B 的弯矩 M_b 与跨内的均布线荷载(　　)。

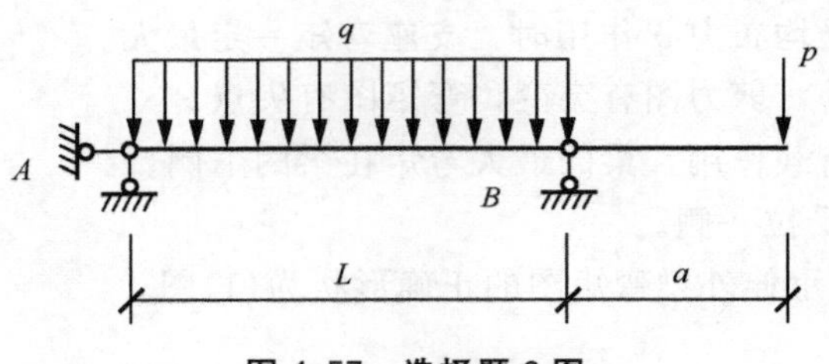

图 4.57　选择题 6 图

A. 有关　　B. 无关　　C. 成正比　　D. 成反比

7. 如图 4.58 所示多跨静定梁的基本部分是(　　)。

A. AB 部分　　B. BC 部分　　C. CD 部分　　D. DE 部分

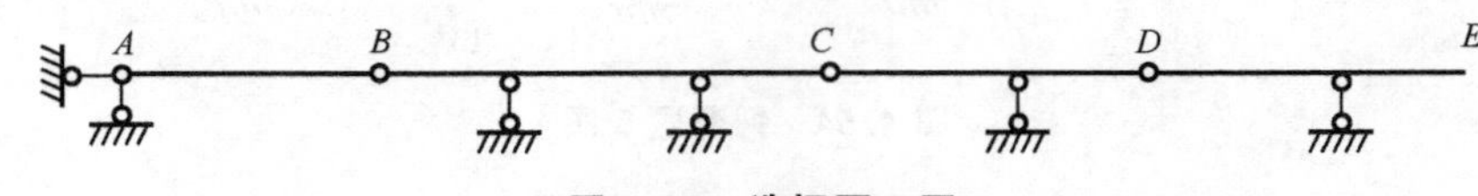

图 4.58　选择题 7 图

三、填空题

1. 简支梁受集中荷载 F 作用，梁的跨度 L，梁的最大弯矩为________，荷载的位置为________。

2. 简支梁受均布荷载 q 作用，梁的跨度 L，梁的最大剪力为________。

3. 简支梁受均布荷载 q 作用，梁的跨度 L，梁的最大弯矩为________。

4. 如图 4.59 所示梁，计算 2 截面的弯矩值为________。

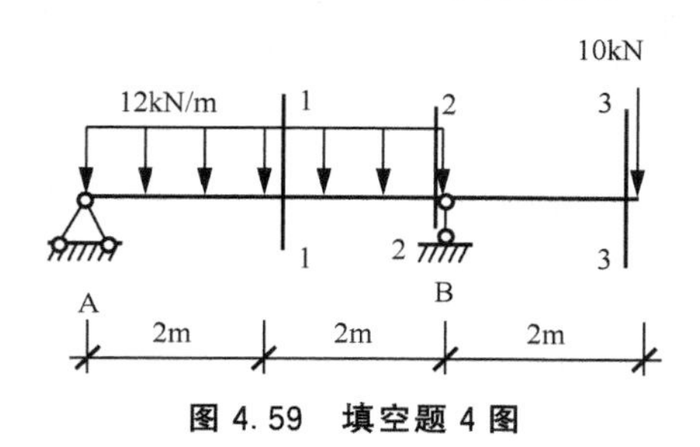

图 4.59 填空题 4 图

5. 如图 4.60 所示桁架中 b 杆的内力为________。

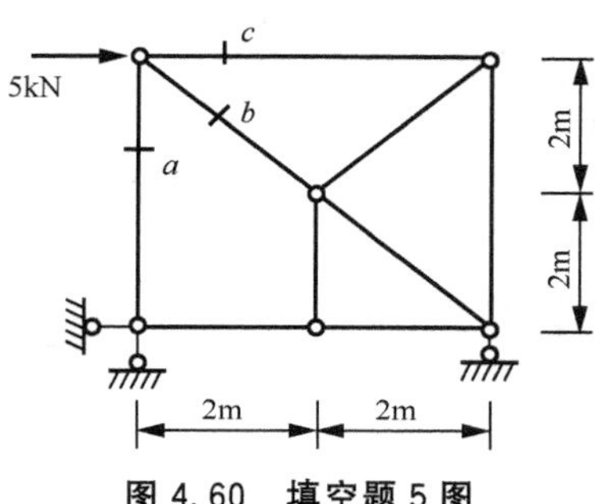

图 4.60 填空题 5 图

四、计算题

1. 求作图 4.61 所示轴向拉(压) 杆的内力图。

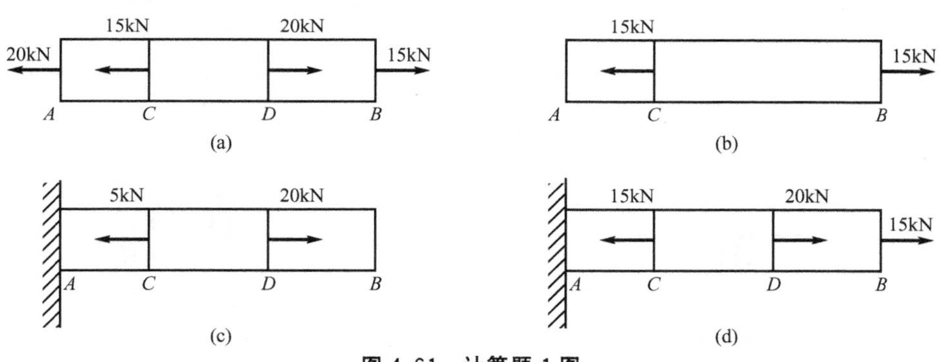

图 4.61 计算题 1 图

2. 用截面法的两种形式(隔离体法和直接计算法)求图 4.62 所示梁上指定截面的内力：(1)求图(a)中的 V_C、M_C；(2)求图(b)中的 V_C、M_C；(3)求图(c)中的 F、C、E 三截面的内力。

3. 用列方程法求图 4.62 中的各内力图。

4. 用简易法求图 4.62 中的各内力图。

5. 用简易法求图 4.63 所示梁的各内力图。

6. 试作图 4.64 所示多跨静定梁的各内力图。

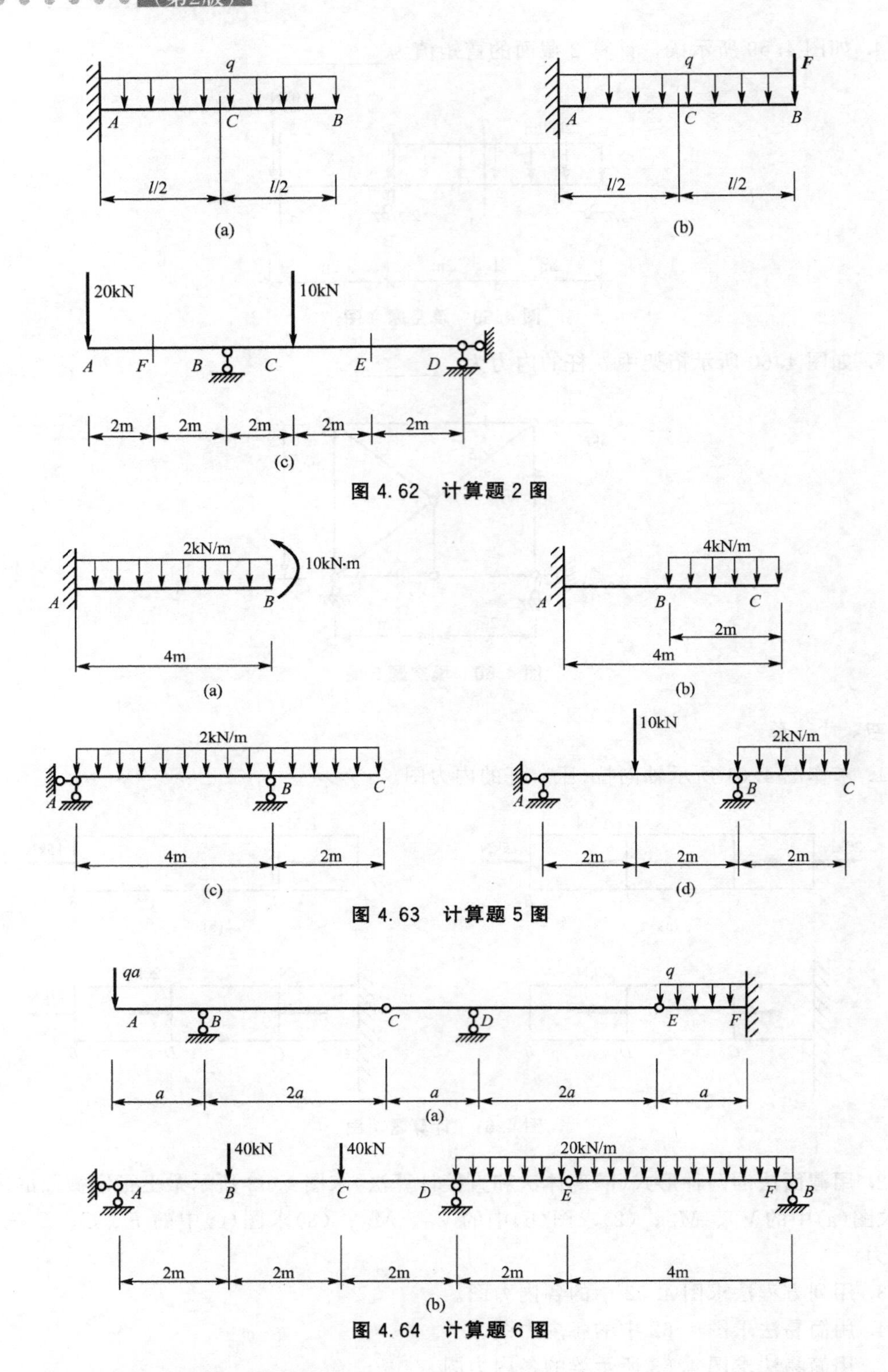

图 4.64　计算题 6 图

7. 试作图 4.65 所示刚架的内力图。

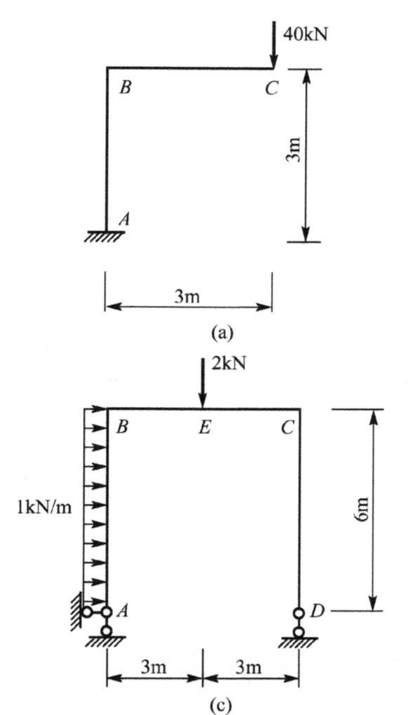

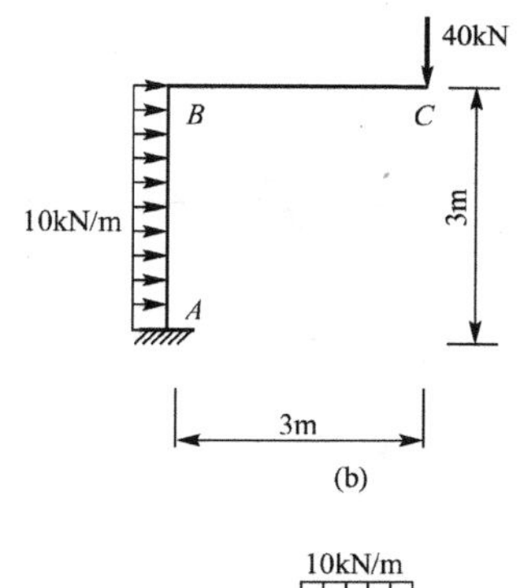

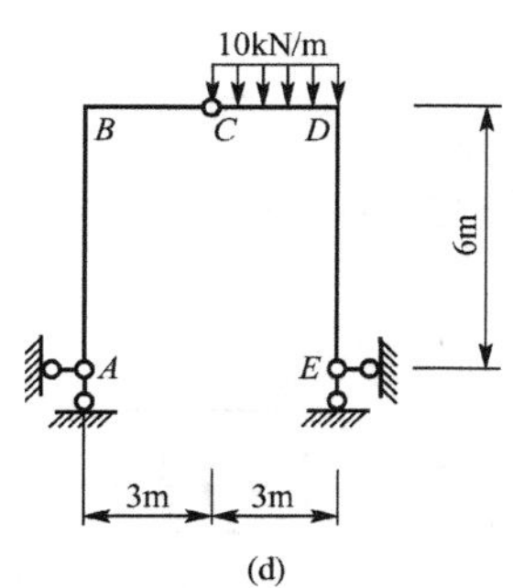

图 4.65 计算题 7 图

8. 试作图 4.66 所示桁架的内力图。

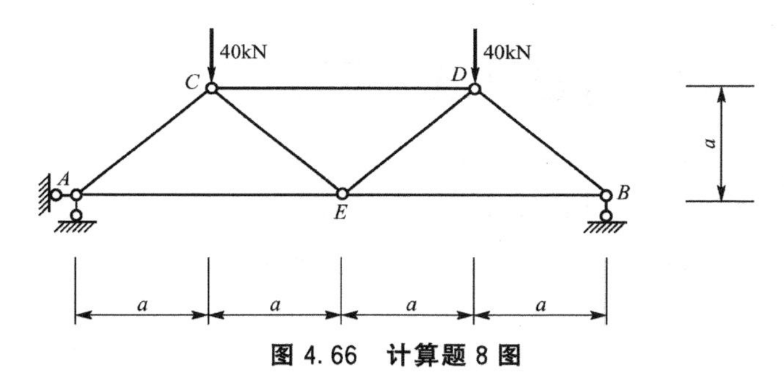

图 4.66 计算题 8 图

9. 试作图 4.67 所示桁架指定杆的内力图。

(1) 求图(a)中 N_{CE}、N_{DF}、N_{CF} 杆的内力；

(2) 求图(b)中 N_{CD}、N_{CF}、N_{EF} 杆的内力。

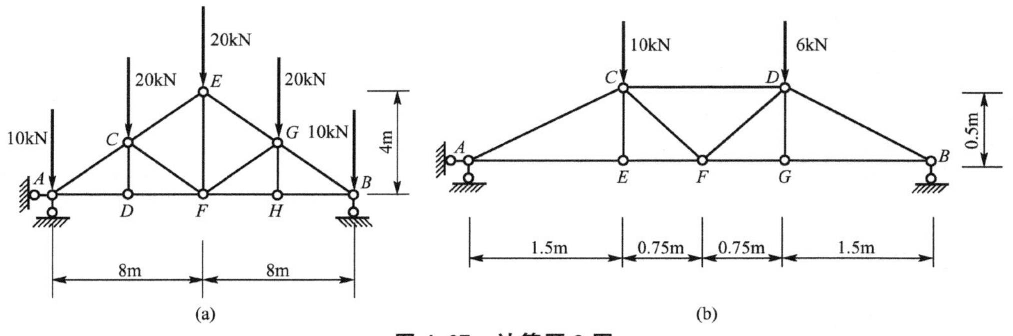

图 4.67 计算题 9 图

10．试作图 4.68 所示组合结构的内力图。

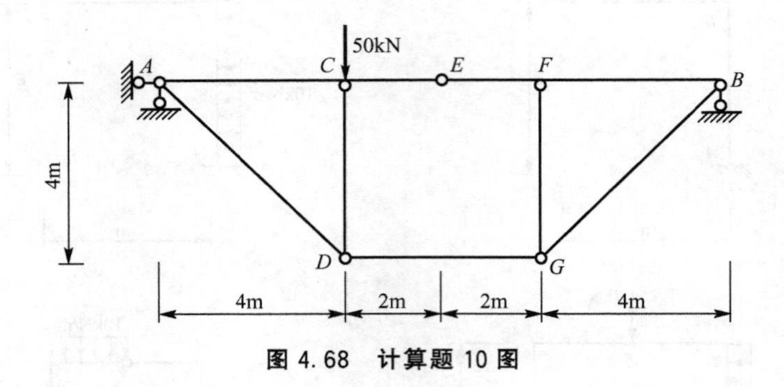

图 4.68　计算题 10 图

11．已知均布线荷载 q 梁长 L，试求图 4.69 所示外伸梁当梁的正负弯矩相等时 X 的长度。

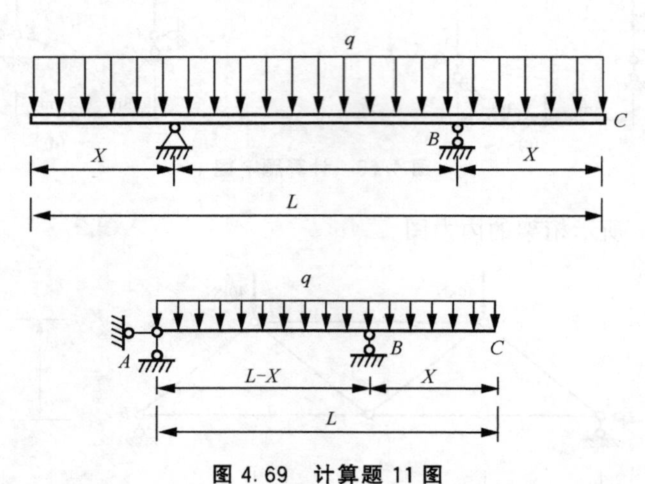

图 4.69　计算题 11 图

第5章

结构构件的应力计算

教学目标

熟悉平面图形的几何性质量的定义，熟练正确地计算常见几何组合图形的形心坐标，熟练正确使用平行移轴公式计算截面惯性矩。理解应力、应变的概念和胡克定律。熟悉轴心拉(压)构件的应力分布规律，掌握轴心拉(压)构件的应力和应变计算。熟悉受弯构件的正应力、剪应力分布规律，掌握受弯构件的应力计算。了解偏心受压、受拉构件的正应力分布规律，正确使用公式进行应力计算。

教学要求

能力目标	知识要点	权重(%)
熟悉截面的几何性质	静矩、惯性矩、惯性积、惯性半径的概念	20
了解应力与应变的概念	应力、应变的概念和胡克定律	10
掌握轴心拉(压)构件的应力分布和应力、应变计算	轴心拉(压)构件的应力分布、应力计算、应变计算	25
掌握受弯构件的应力分布和应力计算	受弯构件的应力分布、正应力计算、剪应力计算	30
掌握偏心受压、受拉构件的应力分布和应力计算	偏心受压(拉)构件的应力分布、正应力计算	15

引例

如图 5.1 所示正在吊装作业钢梁和钢柱，钢梁是两点起吊，钢柱是一点起吊，起吊时他们在吊点处的应力大呢？还是其他部位应力大？那个截面最危险呢？本章知识对土木工程承载力计算起着重要作用，对本章的主要内容，应认真学习提高能力、熟练掌握应力分析与计算本领。

图 5.1　两种不同方式吊装的钢构件

5.1　截面的几何性质

5.1.1　重心和形心

组成物体的各质点都受到地球的引力，这些引力的合力就是物体的重力，合力的作用点称为物体的重心。

对于均质物体来说，重心的位置完全取决于物体的几何形状，而与物体的重量无关。这时物体的重心也称为形心。形心即均质物体的几何中心。

特别提示

不管物体如何放置，重心是一个确定的点，重心与组成该物体的物质有关。

1. 重心坐标公式

为确定一般物体的重心坐标，将物体分割成 n 个微小块，各微小块的重力分别为 G_1、G_2、…、G_n，其作用点的坐标分别为(x_1, y_1, z_1)、(x_2, y_2, z_2)、…、(x_n, y_n, z_n)，各微小块所受的重力的合力即为整个物体的重力 G，其作用点的坐标为 $C(x_c, y_c, z_c)$，如图 5.2 所示。

由于 $G=\sum G_i$，应用合力矩定理可得：$Gx_c=\sum G_i x_i$，$Gy_c=\sum G_i y_i$，$Gz_c=\sum G_i z_i$，则有

$$x_c=\frac{\sum G_i x_i}{G},\quad y_c=\frac{\sum G_i y_i}{G},\quad z_c=\frac{\sum G_i z_i}{G}$$

上式即一般物体的重心坐标的公式。

2. 形心坐标公式

对均质物体，用体积 V 代替重心坐标公式中的 G，可得到形心坐标公式，即

$$x_c=\frac{\sum V_i x_i}{V},\quad y_c=\frac{\sum V_i y_i}{V},\quad z_c=\frac{\sum V_i z_i}{V}$$

对平面图形，用面积 A 代替重心坐标公式中的 G，可得到形心坐标公式，如图 5.3 所示，即

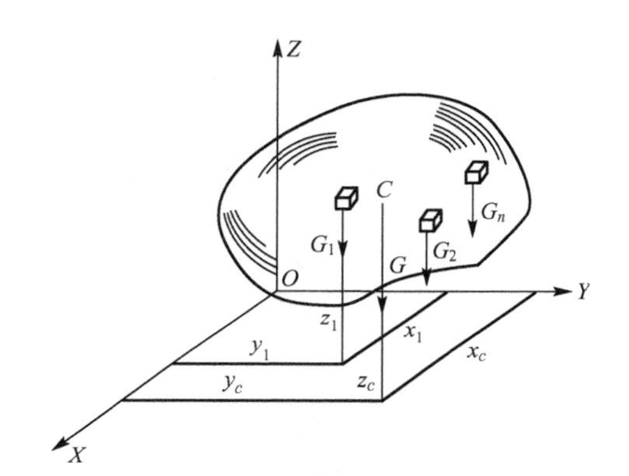

图 5.2　一般物体的重心

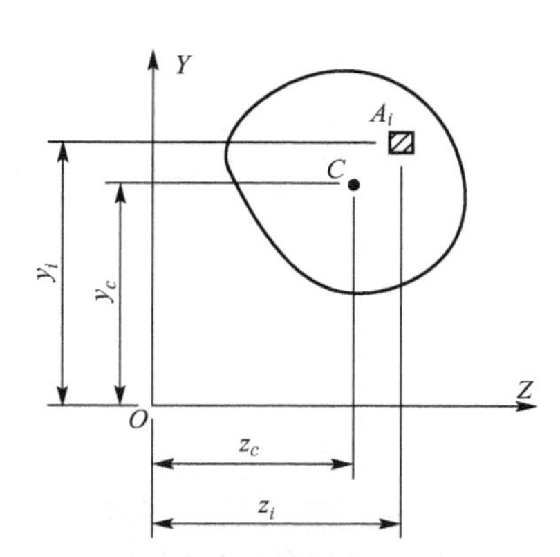

图 5.3　平面图形的形心

$$y_c=\frac{\sum A_i y_i}{A},\quad z_c=\frac{\sum A_i z_i}{A} \tag{5-1}$$

3. 平面组合图形的形心计算

组成建筑物的构件，其截面形状大都为简单图形，如圆形、方形、矩形，或几个简单图形的组合，如 T 形、工字形、槽形等，如图 5.4 所示。

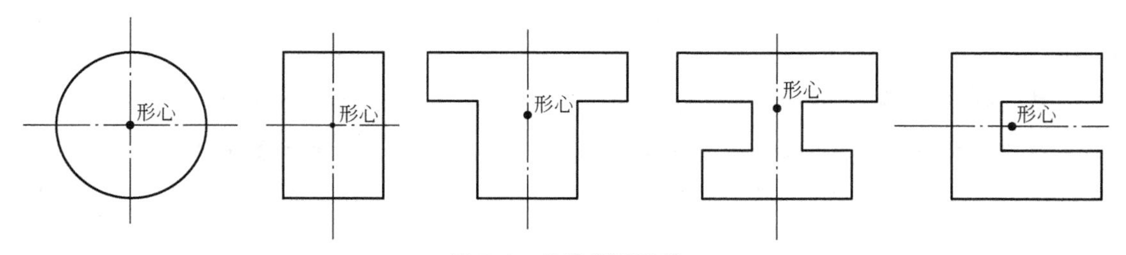

图 5.4　构件截面形状

当平面图形具有对称轴或对称中心时，则形心一定在对称轴或对称中心上。对于平面组合图形，则可以先将其分割成若干个可以确定形心位置的简单图形，用式(5-1)叠加得其形心的坐标，这种方法称为分割法；若先将其补成可以确定形心位置的简单图形，补充出来的图形面积再用式(5-1)计算时可以减去，这种方法称为负面积法。

应用案例 5-1

试求图 5.5(a)所示 T 形截面的形心坐标。（单位：mm）

解： 将 T 形截面分割成两个矩形，如图 5.5(b)所示，其面积分别是：

$$A_1=300\text{mm}\times100\text{mm}=30000\text{mm}^2$$

$$A_2=200\text{mm}\times200\text{mm}=40000\text{mm}^2$$

以 T 形下底为相对坐标轴 Z_0 轴，则两个矩形的形心 y 坐标为

$$y_1=250(\text{mm})；\ y_2=100(\text{mm})$$

以 T 形对称轴为相对坐标轴 y_0 轴，则两个矩形的形心 z 坐标为

$$z_1=0；\ z_2=0$$

由式(5-1)，可求得 T 形截面的形心坐标为

$$y_c=\frac{\sum A_i y_i}{A}=\frac{A_1y_1+A_2y_2}{A_1+A_2}=\frac{30000\text{mm}^2\times250\text{mm}+40000\text{mm}^2\times100\text{mm}}{30000\text{mm}^2+40000\text{mm}^2}=164.3\text{mm}$$

$$z_c=\frac{\sum A_i z_i}{A}=0$$

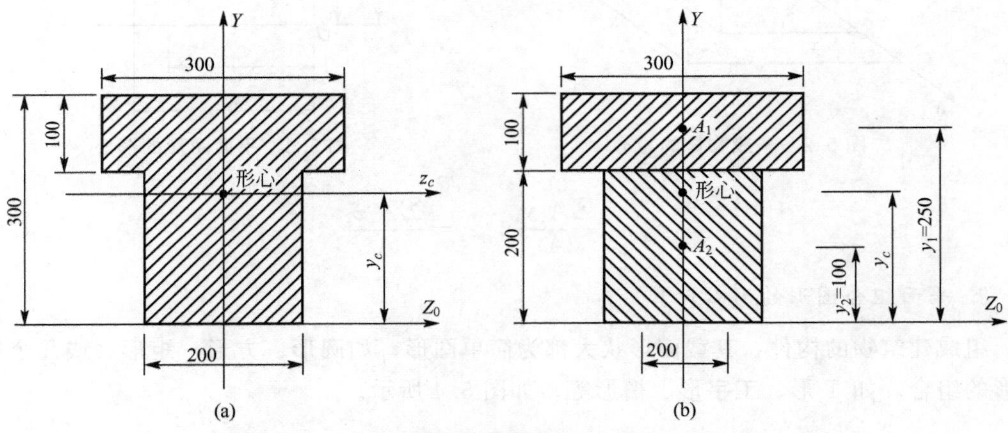

图 5.5 应用案例 5-1 图

计算得到的形心坐标 $z_c=0$，说明形心在对称轴 y 轴上，以后不需再计算。

应用案例 5-2

试求图 5.6(a)所示槽形截面的形心坐标。

解：(1)分割法：将槽形截面分割成 3 个矩形，如图 5.6(b)所示，其面积分别是

$$A_1=40\text{mm}\times240\text{mm}=9600\text{mm}^2$$

$$A_2=A_3=200\text{mm}\times40\text{mm}=8000\text{mm}^2$$

其形心坐标为

$$z_1=20(\text{mm});\ z_2=z_3=140(\text{mm})$$

由式(5-1)，可求得T形截面的形心坐标为

$$z_c=\frac{\sum A_i z_i}{A}=\frac{A_1z_1+A_2z_2+A_3z_3}{A_1+A_2+A_3}=\frac{9600\text{mm}^2\times20\text{mm}+8000\text{mm}^2\times140\text{mm}\times2}{9600\text{mm}^2+8000\text{mm}^2\times2}=95\text{mm}$$

(2) 负面积法：将槽形截面补成一个大矩形，其面积为 A_1，减去所补的小矩形，面积为 A_2，如图5.6(c)所示，则

$$A_1=240\text{mm}\times240\text{mm}=57600\text{mm}^2$$

$$A_2=200\text{mm}\times160\text{mm}=32000\text{mm}^2$$

以槽形左侧为相对坐标轴 y_0 轴，则二个矩形的形心 z 坐标为

$$z_1=120(\text{mm});\ z_2=140\text{mm}$$

由式(5-1)，可求得 T 形截面的形心坐标为

$$z_c=\frac{\sum A_i z_i}{A}=\frac{A_1z_1-A_2z_2}{A_1-A_2}=\frac{57600\text{mm}^2\times120\text{mm}-32000\text{mm}^2\times140\text{mm}}{57600\text{mm}^2-32000\text{mm}^2}=95\text{mm}$$

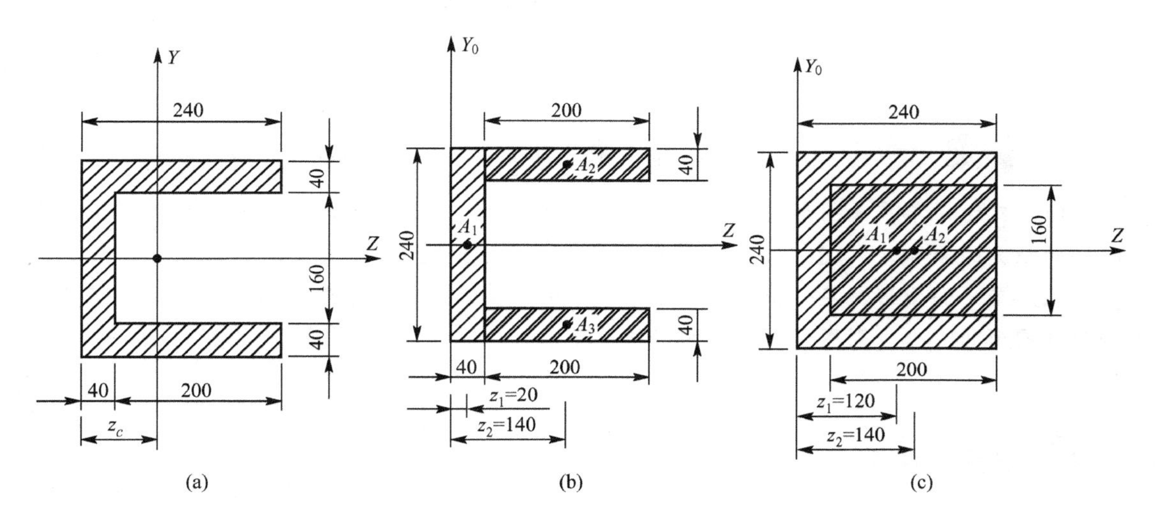

图5.6 应用案例5-2图

特别提示

计算得到的形心坐标，会随着相对坐标轴 y_0 的位置不同而变化，但形心位置不变。例如，y_0 轴取在槽形右侧，则 $z_c=145$。

5.1.2 截面的几何性质量计算

截面的几何性质量计算包括：静矩、惯性矩、惯性积和惯性半径。

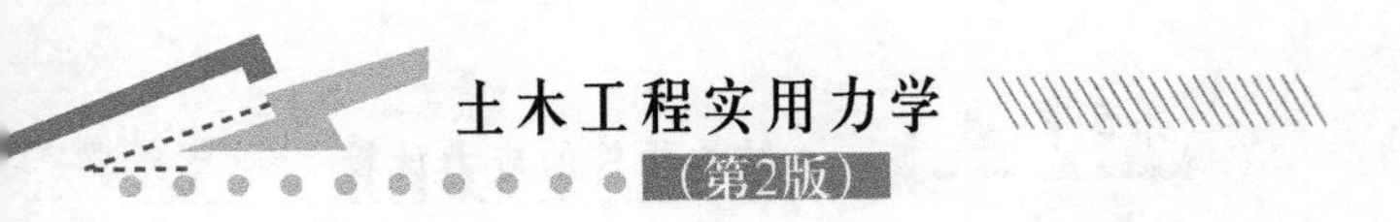

1. 静矩

任意平面图形上的微面积 dA 与其到某一坐标轴的距离 y（或 z）的乘积的总和，称为该平面图形对该轴的静矩，一般用 S_z（或 S_y）来表示，如图 5.7 所示，有

$$S_z = \int_A y\mathrm{d}A\text{；}S_y = \int_A z\mathrm{d}A \tag{5-2}$$

静矩为代数量，它可为正，可为负，也可为零，单位为 m^3 或 mm^3。

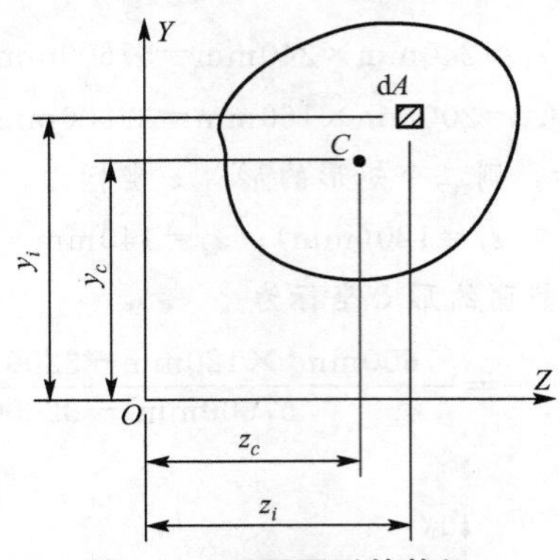

图 5.7　平面图形的静矩

特 别 提 示

（1）对于简单平面图形或组合图形来说，静矩就是平面图形的面积与其形心到某一坐标轴的距离的乘积，式(5-2)可改为 $S_z = \sum A_i y_{ci}$，$S_y = \sum A_i z_{ci}$。

（2）若平面图形对某一轴的静矩等于零，则该轴必然通过图形的形心；反之，若某一轴通过图形的形心，则图形对该轴的静矩等于零。

应用案例 5-3

试求图 5.8(a)所示 T 形截面对 Y 轴和 Z 轴的静矩。

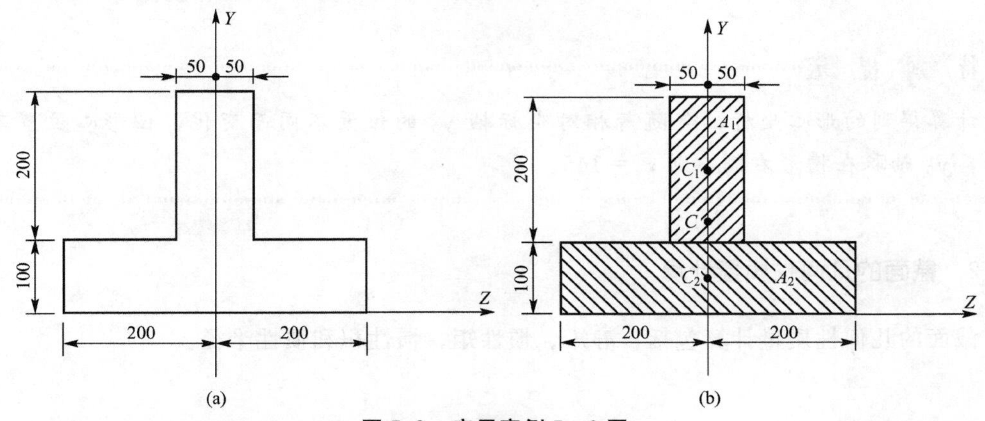

图 5.8　应用案例 5-3 图

解：将T形截面分割成两个矩形，如图5.8(b)所示，其面积分别为

$$A_1 = 100\text{mm} \times 200\text{mm} = 20000\text{mm}^2$$

$$A_2 = 400\text{mm} \times 100\text{mm} = 40000\text{mm}^2$$

两个矩形的形心 y 坐标为

$$y_{c1} = 200\text{mm}；\ y_{c2} = 50\text{mm}$$

由式(5-2)，可求得T形截面对 Y 轴和 Z 轴的静矩为

$$S_z = \sum A_i y_{ci} = 20000\text{mm}^2 \times 200\text{mm} + 40000\text{mm}^2 \times 50\text{mm} = 6 \times 10^6\text{mm}^3$$

$$S_y = \sum A_i z_{ci} = 0$$

2. 惯性矩

任意平面图形上的微面积 $\mathrm{d}A$ 与其到某一坐标轴的距离 y(或 z)的平方的乘积的总和，称为该平面图形对该轴的惯性矩，一般用 I_z(或 I_y)来表示，如图5.9所示，有

$$I_z = \int_A y^2 \mathrm{d}A；I_y = \int_A z^2 \mathrm{d}A \qquad (5-3)$$

惯性矩恒为正值，单位为 m^4 或 mm^4。

简单图形(见图5.10)对形心轴的惯性矩计算公式：

矩形 $\quad I_z = \dfrac{bh^3}{12}，\ I_y = \dfrac{hb^3}{12}$

圆形 $\quad I_z = I_y = \dfrac{\pi D^4}{64}$

圆环 $\quad I_z = I_y = \dfrac{\pi(D^4 - d^4)}{64}$

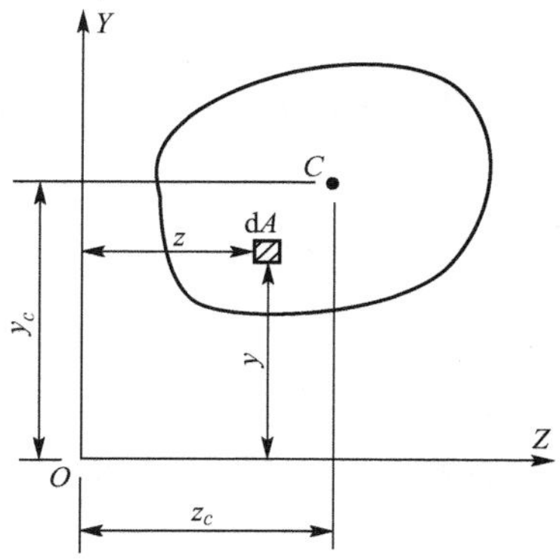

图5.9 平面图形的惯性矩

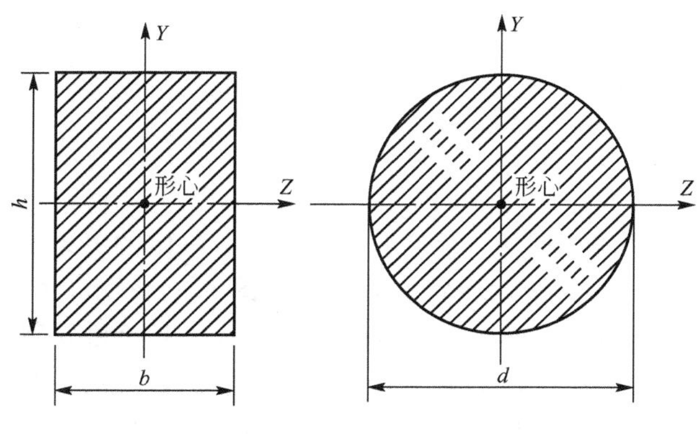

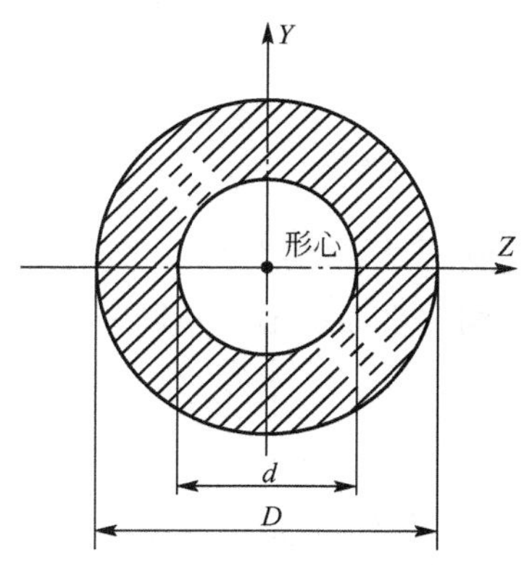

图5.10 简单图形的形心轴

特别提示

型钢可由附录A中直接查取各方向惯性矩。

3. 惯性积

任意平面图形上的微面积 dA 与其到 Y、Z 两坐标轴的距离 z 和 y 的乘积的总和，称为该平面图形对该 Y、Z 两轴的惯性积，一般用 I_{zy} 来表示，有

$$I_{zy}=\int_A zy\mathrm{d}A \tag{5-4}$$

惯性积可为正，可为负，也可为零，单位为 m^4 或 mm^4。

特别提示

在两正交坐标轴中，只要 Y、Z 轴之一为平面图形的对称轴，则平面图形对 Y、Z 轴的惯性积一定等于零。

4. 惯性半径

在工程中，为了计算方便，将图形的惯性矩表示为图形面积与某一长度平方的乘积，即

$$I_z=i_z^2A,\quad I_y=i_y^2A$$

或

$$i_z=\sqrt{\frac{I_z}{A}},\quad i_y=\sqrt{\frac{I_y}{A}} \tag{5-5}$$

公式中的长度 i_z、i_y 就是平面图形对 Y、Z 轴的惯性半径，单位为 m 或 mm。

简单图形(见图 5.10)的惯性半径计算公式为

矩形：
$$i_z=\sqrt{\frac{I_z}{A}}=\sqrt{\frac{\frac{bh^3}{12}}{bh}}=\frac{h}{\sqrt{12}},\quad i_y=\sqrt{\frac{I_y}{A}}=\sqrt{\frac{\frac{hb^3}{12}}{bh}}=\frac{b}{\sqrt{12}}$$

圆形：
$$i=\sqrt{\frac{I}{A}}=\sqrt{\frac{\frac{\pi d^4}{64}}{\frac{\pi d^2}{4}}}=\frac{d}{4}$$

5. 平行移轴公式

同一平面图形对不同坐标轴的惯性矩是不同的，但它们之间存在着一定的关系。设有面积为 A 的任意形状的截面，如图 5.11 所示，C 为其形心，$zcCyc$ 为形心坐标系，与该形心坐标轴分别平行的任意坐标系为 YOZ，形心 C 在 YOZ 坐标系下的坐标为$(a,\ b)$，则平面图形对 Y 轴和 Z 轴的惯性矩为

$$\begin{cases}I_z=I_{zc}+a^2A\\ I_y=I_{yc}+b^2A\end{cases} \tag{5-6}$$

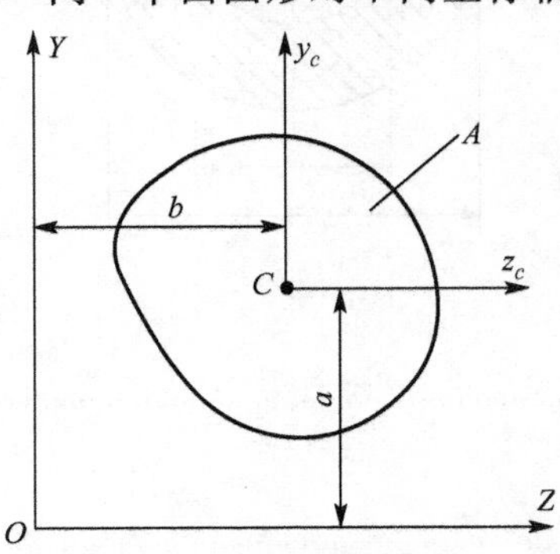

图 5.11 平行移轴示意

组合图形对某轴的惯性矩，就等于组成组合图形的各简单图形对同一轴的惯性矩之和。

应用案例 5-4

试求案例 5-1 图(a)所示 T 形截面对 Y 轴和 z_c 轴的惯性矩。

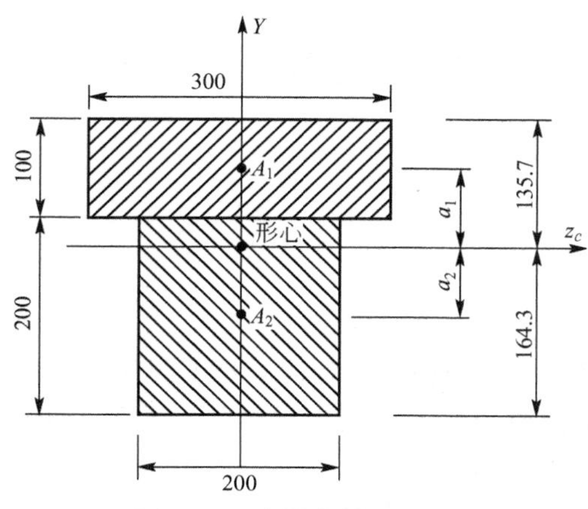

图 5.12 应用案例 5-4 图

解：如图 5.12 所示，在案例 5-1 中已经计算出了形心的位置，将 T 形截面分割成两个矩形，矩形 1 对 z_c 轴的惯性矩为它对自己的形心轴惯性矩 I_{zc1} 加上其面积与两轴距离 a_1 平方的乘积，其中 $a_1=(135.7-50)\text{mm}$，即

$$I_{zc}=I_{zc1}+a_1^2A_1=\frac{300\text{mm}\times100^3\text{mm}^3}{12}+300\text{mm}\times100\text{mm}\times(135.7-50)^2\text{mm}^2=2.45\times10^8\text{mm}^4$$

同理，矩形 2 对 z_c 轴的惯性矩为它对自己的形心轴惯性矩 I_{zc2} 加上其面积与两轴距离 a_2 平方的乘积，其中 $a_2=(164.3-100)\text{mm}$，即

$$I_{zc}=I_{zc2}+a_2^2A_2=\frac{200\text{mm}\times200^3\text{mm}^3}{12}+200\text{mm}\times200\text{mm}\times(164.3-100)^2\text{mm}^2=2.99\times10^8\text{mm}^4$$

则 T 形截面对 z_c 轴的惯性矩为两个矩形对 z_c 轴的惯性矩的和，即

$$I_{zc}=2.45\times10^8\text{mm}^4+2.99\times10^8\text{mm}^4=5.44\times10^8\text{mm}^4$$

T 形截面对 Y 轴的惯性矩为

$$I_y=\sum I_{yc}=\frac{100\text{mm}\times300^3\text{mm}^3}{12}+\frac{200\text{mm}\times200^3\text{mm}^3}{12}=3.58\times10^8\text{mm}^4$$

应用案例 5-5

试求图 5.13 所示两个 No14 工字形组合截面对 Y 轴和 Z 轴的惯性矩。

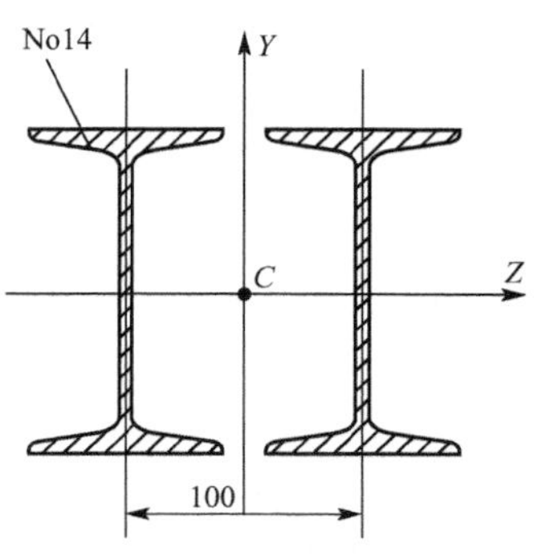

图 5.13 应用案例 5-5 图

解：组合截面有两根对称轴，形心 C 就在这两根对称轴的交点。由型钢表查得每根工字钢的面积 $A=21.5\text{cm}^2$，$I_{zc}=712\text{cm}^4$，$I_{yc}=64.4\text{cm}^4$，单根工字钢的形心到 Y 轴的距离为 $a=100/2=50\text{mm}$，则组合截面的惯性矩为

$$I_z = 2I_{zc} = 2 \times 7.12 \times 10^6 \mathrm{mm}^4 = 1.4 \times 10^7 \mathrm{mm}^4$$

$$I_y = 2(I_{yc} + a^2 A) = 2 \times (6.44 \times 10^5 + 50^2 \times 2150) \mathrm{mm}^4 = 1.2 \times 10^7 \mathrm{mm}^4$$

5.2 应力与应变的概念

5.2.1 应力的概念

1. 应力的概念

物体受力后，其内部将产生内力，即物体本身不同部分之间相互作用的力。第 4 章学过用截面法求解内力，即假想用一个截面将物体分为Ⅰ和Ⅱ两部分，将其中Ⅱ部分撇开，撇开的Ⅱ部分对留下的Ⅰ部分作用有内力。这个内力，实际上是截面上分布内力的合力，它只表示截面上总的受力情况，而无法表示截面上微面积的受力。例如，两根相同材料的轴向拉杆，如果外力相同，则内力相同；但如果截面面积不同，则随着外力的增加，截面面积小的杆件必然先行破坏。这是因为，截面面积小的杆件，内力在截面上分布的密集程度高，微面积上受到的力就大。再例如两根相同材料的梁，如果外力相同，支座情况相同，则内力相同；这时即使截面面积也相同，但如果一根为正方形，一根为矩形，则随着外力的增加，正方形梁却先行破坏。这是因为，内力在截面上虽然是连续但并不均匀分布，截面形状不同的梁，内力在截面上分布的大小却不同，所以，还需掌握内力在截面上的分布规律。

内力在截面上的分布集度称为应力。如图 5.14(a)所示，取截面的一小部分，面积为 ΔA，作用于 ΔA 上的内力为 ΔP，则内力的平均集度为$\dfrac{\Delta P}{\Delta A}$，当 ΔA 无限减小而趋于一点，则$\dfrac{\Delta P}{\Delta A}$的极限 f 就是该点的应力，即$\lim\limits_{\Delta A \to 0}\dfrac{\Delta P}{\Delta A}=f$。通常应力与截面既不垂直也不相切，在力学中为了研究物体的形变和材料的强度，就把应力分解为作用于截面法线方向的正应力 σ(或法向应力)和切线方向的剪应力 τ(或切应力)，如图 5.14(b)所示。

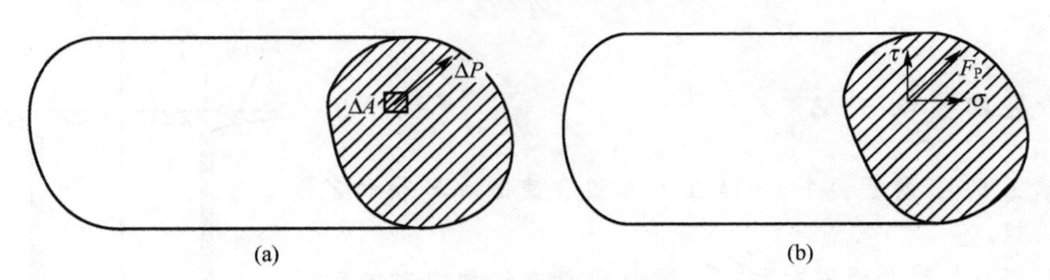

图 5.14　应力的概念

从受力构件中某一点取出一个微小的平行六面体，显然，一般情况下 3 对平面上都有应力，称为空间应力状态。如果只有两对平面存在应力，则为平面应力状态。将此单元体

置于 XOY 平面内，如图 5.15 所示。将 4 个面上的应力 f 都分解为一个正应力 σ 和一个剪应力 τ，分别与 X、Y 坐标平行，以下标表示作用方向。规定正应力以离开截面为正，也称拉应力；以指向截面为负，也称压应力；图 5.15 所示的应力全是正的。规定剪应力对单元体顺时针转向为正，反之为负；图 5.15 中左右两侧面上的剪应力是正的，上下两面上的剪应力是负的。确定了各个应力分量，就可以完全确定一点的应力状态。

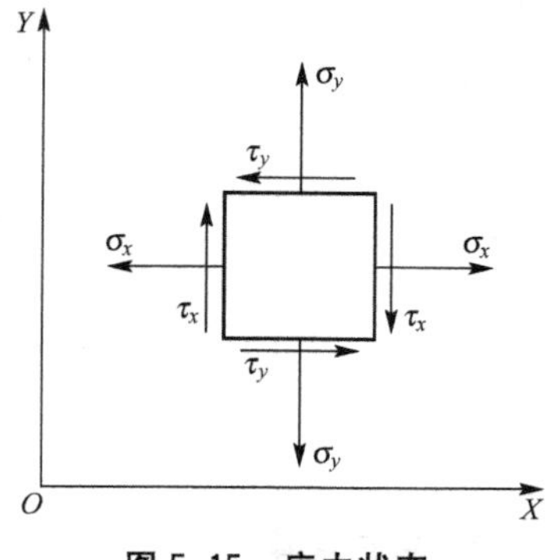

图 5.15 应力状态

应力的单位是兆帕，符号为“MPa”。在工程图纸上，通常采用 mm 为长度单位，所以在计算时，一般也把力的单位转化为 N 或把力矩单位转化为 N・mm。

$$1\text{MPa}=1\text{N/mm}^2$$

也可用帕(Pa)、千帕(kPa)、吉帕(GPa)作为单位。

$$1\text{Pa}=1\text{N/m}^2$$

$$1\text{MPa}=10^{-3}\text{GPa}=10^3\text{kPa}=10^6\text{Pa}$$

2. 强度的概念

任何一种材料制成的构件都存在一个能承受最大荷载而且不破坏的应力，工程中将构件截面材料承受最大荷载而不破坏的应力称为强度，强度是工程术语，在钢结构中其术语是构件截面材料或连接抵抗破坏的能力。

为了保证构件能安全正常的工作，在钢结构中必须对构件进行强度计算，防止结构构件因材料强度被超过而破坏。强度计算涉及到强度标准值、强度设计值、抗力分项系数等专业内容，在此不再计算。

特别提示

(1) 两根轴向拉压构件，如果受力相同、材料相同，截面面积不同，则截面面积小的构件先行破坏，这是由于截面面积小的构件应力大，而材料的强度是相同的，应力大的构件必然先破坏。

(2) 如果两根构件其他的条件都相同，就是材料不同，那么虽然应力相同，还是强度值小的构件材料必然先破坏。

5.2.2 应变的概念

1. 应变的概念

物体的形状总可以用它各部分的长度和角度来表示。所谓形变，就是形状的改变。物体的形变可以归结为长度的改变和角度的改变。为了分析物体中某点的形变，同样取过该点的微小单元体，如图 5.16 所示。物体变形后，各线段的单位长度的伸缩，称为线应变 ε；例如图 5.16(a)中 x 方向的长度由 l 伸长为 l'，即 $\varepsilon=(l'-l)/l$，线应变没有单位。各线段之间直角的改变，称为切应变 γ(或剪应变)，如图 5.16(b)所示，切应变的单位是弧度(rad)。

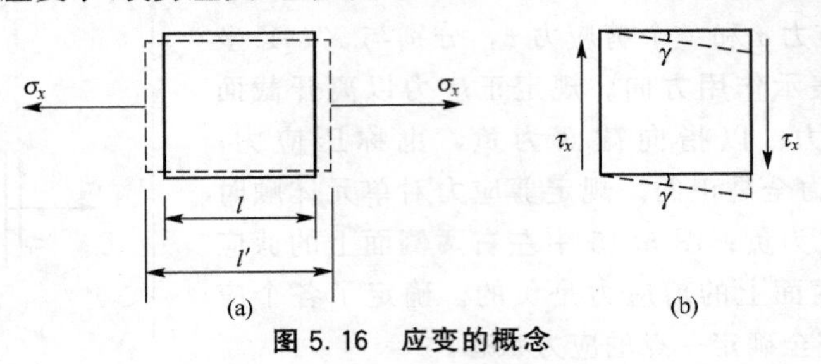

图 5.16　应变的概念

2. 胡克定律

实验证明，当应力不超过某一极限时，应力与应变成正比，即

$$\sigma = E\varepsilon,\ \tau = E\gamma \tag{5-7}$$

这一比例关系，是 1678 年由英国科学家胡克提出，故称为胡克定律。式中比例常数 E 称为弹性模量，E 的数值随材料而异，单位与应力相同。

特别提示

(1) 弹性模量 E 的数值由拉伸(压缩)实验测定。

(2) 当其他条件相同时，弹性模量 E 越大，变形越小。所以，弹性模量 E 也表示了材料抵抗弹性变形的能力。

5.3　轴心拉（压）构件

5.3.1　轴心拉(压)构件的应力

1. 横截面的应力

前面已经了解构件的应力与变形是成正比的，因此，可以取一根等直杆进行拉伸实验，通过观察等直杆的变形现象来了解轴心拉(压)构件的应力分布情况。如图 5.17(a)所示，在杆件表面均匀的画上若干与杆轴线平行的纵线及与轴线垂直的横线，然后在杆的两端施加一对轴向拉力 P，如图 5.17(b)所示。可以观察到，所有的纵线仍保持为直线且平行，即伸长相同；所有的横线也仍保持为直线且平行，只是相对距离增大了。

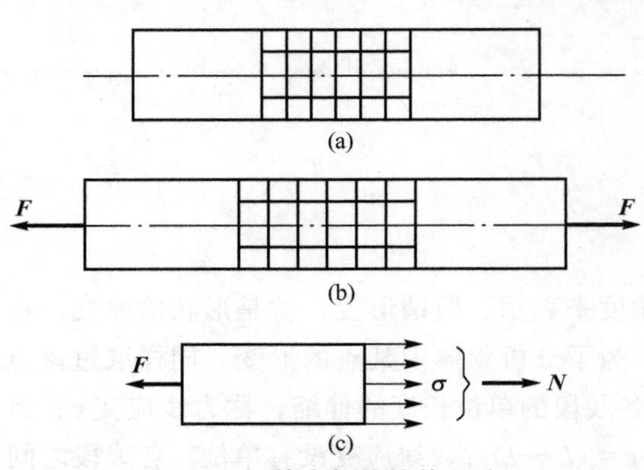

图 5.17　等直杆的拉伸实验

根据实验的变形现象，我们可以得出

如下假设：

（1）平面假设。若将各横线看做是一个横截面，则杆件横截面在拉伸变形后仍然保持为平面且与杆轴线垂直，任意两个横截面只是作相对平移。

（2）均匀连续。即材料是均匀连续的，横截面上各点的形变是均匀分布的。

由以上假设可知，轴心拉（压）构件的横截面上的各点的应力相等且垂直于横截面，也就是说，杆件横截面上各点只产生正应力，且大小相等，如图5.17中图(c)所示，即

$$\sigma=\frac{N}{A} \tag{5-8}$$

式中 N——杆件横截面上的轴力；

A——杆件横截面的面积。

特别提示

（1）当杆件受轴向压缩时，式(5-8)同样适用。

（2）前面已规定了轴力的正负号，由式(5-8)可知，正应力的正负号与轴力相同。

应用案例5-6

图5.18(a)所示等直杆，当截面为60mm×60mm的正方形时，试求中各段横截面上的应力。

解： 杆件的横截面面积 $A=60\text{mm}\times60\text{mm}=3600\text{mm}^2$，绘出杆件的轴力图[如图5.18(b)]，由式(5-8)可得

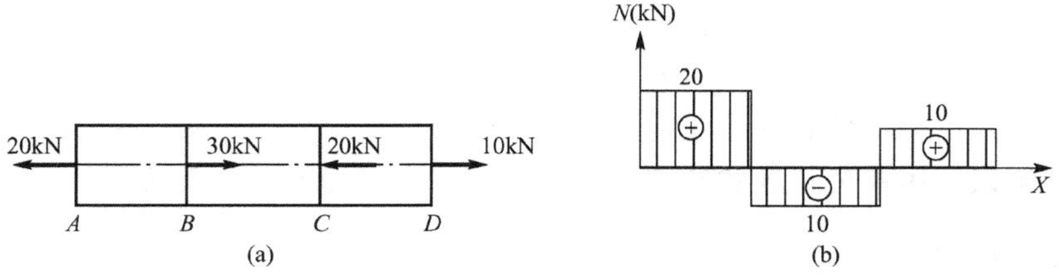

图5.18 应用案例5-6图

AB 段内任一横截面上的应力：$\sigma_{AB}=\dfrac{N_{AB}}{A}=\dfrac{20\text{N}\times10^3}{3600\text{mm}^2}=5.6(\text{MPa})$

BC 段内任一横截面上的应力：$\sigma_{BC}=\dfrac{N_{BC}}{A}=\dfrac{-10\text{N}\times10^3}{3600\text{mm}^2}=-2.8(\text{MPa})$

CD 段内任一横截面上的应力：$\sigma_{CD}=\dfrac{N_{CD}}{A}=\dfrac{10\text{N}\times10^3}{3600\text{mm}^2}=2.8(\text{MPa})$

2. 斜截面的应力

在5.2.1节中，介绍了应力状态的概念，显然，通过一点的不同方向的截面，其应力是不同的。已经学习了计算横截面上的应力，那么，与横截面成 α 夹角的任一斜截面的应力与横截面的应力的关系为

$$\begin{cases}\sigma_\alpha=\sigma\cos^2\alpha \\ \tau_\alpha=\dfrac{1}{2}\sigma\sin2\alpha\end{cases} \tag{5-9}$$

由式(5-9)可见，轴向拉(压)杆在斜截面上有正应力和剪应力，它们的大小随截面的方位 α 角的变化而变化。

当 $\alpha=0°$时，即横截面上，正应力最大，剪应力等于零。

当 $\alpha=45°$时，剪应力最大。

当 $\alpha=90°$时，正应力和剪应力都等于零，说明在平行杆轴线的纵向截面上无任何应力。

特别提示

有兴趣的读者可以自己推导式(5-9)。原理是斜截面上总应力与横截面大小相等，方向相同，只是分布到斜截面上去了；还要注意应力与斜截面不再垂直，需要正交分解成正应力和剪应力。

5.3.2 轴心拉(压)构件的应变

1. 绝对变形和相对变形

杆件受到轴向力作用时，沿杆轴向方向会产生伸长(或缩短)，称为纵向变形。同时杆在垂直轴线方向的横向尺寸将减小(或增大)，称为横向变形。它们都属于绝对变形。如图 5.19 所示，一根原长为 L，直径为 D 的杆件，受到轴向拉力 P 作用后，其长度增为 l'，直径减为 D'，则杆件的绝对变形为

$$\begin{cases}\Delta l=l'-l & \text{(纵向变形)} \\ \Delta D=D'-D & \text{(横向变形)}\end{cases} \tag{5-10}$$

绝对变形只反映杆件总的形变量，而无法说明杆件的形变程度。由于杆件的各段是均匀伸长的，所以，用单位长度的形变来反映杆件的变形程度更加真实。

特别提示

两根形变均为 10mm 的杆件，1m 长的杆件每毫米伸长 0.01mm，而 0.1m 长的杆件每毫米伸长 0.1mm，比 1m 长的杆件变形程度大，也更易破坏。

单位长度的形变即相对变形，也就是线应变 ε。图 5.19 所示杆件的相对变形为

$$\begin{cases}\varepsilon=\dfrac{\Delta l}{l} & \text{(纵向线应变)} \\ \varepsilon'=\dfrac{\Delta D}{D} & \text{(横向线应变)}\end{cases} \tag{5-11}$$

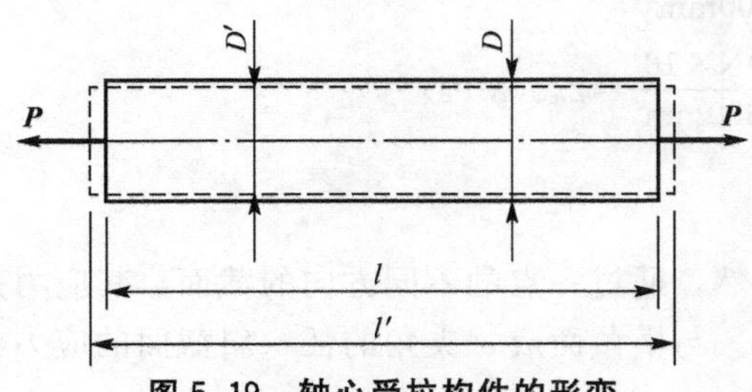

图 5.19 轴心受拉构件的形变

绝对变形 Δl 和 ΔD 的量纲与长度相同，拉伸时 Δl 为正，ΔD 为负；压缩时 Δl 为负，ΔD 为正。相对变形 ε 和 ε' 是无量纲的量，正

负号与绝对变形相同。

2. 胡克定律

根据胡克定律，当轴向拉(压)杆的应力不超过某一极限时，应力与应变成正比，即

$$\sigma=E\varepsilon$$

所以，当已知杆件的应力时，可用$\varepsilon=\frac{\sigma}{E}$来计算轴向拉(压)杆的应变。

也可将$\sigma=\frac{N}{A}$和$\varepsilon=\frac{\Delta l}{l}$代入式(5-7)，则得到胡克定律的另一表达式，可以计算绝对变形量，即

$$\Delta l=\frac{Nl}{EA} \tag{5-12}$$

3. 泊松比

实验证明，当应力不超过某一极限时，横向线应变ε'与纵向线应变ε的绝对值之比为一常数，称为横向变形系数或泊松比，用μ表示，即

$$\mu=\left|\frac{\varepsilon'}{\varepsilon}\right| \tag{5-13}$$

μ为无量纲的量，其数值随材料而异，可通过实验确定。μ和E、G都是表示材料弹性性能的常数。表5-1列出了几种材料的E、μ和G值。

表5-1　几种材料的E、μ和G值

材料名称	E(10^3MPa)	μ	G(10^3MPa)
碳　钢	196～206	0.24～0.28	78.5～79.4
合金钢	194～206	0.25～0.30	78.5～79.4
灰铸铁	113～157	0.23～0.27	44.1
白口铸铁	113～157	0.23～0.27	44.1
纯　铜	108～127	0.31～0.34	39.2～48.0
青　铜	113	0.32～0.34	41.2
冷拔黄铜	88.2～97	0.32～0.42	34.4～36.3
硬铝合金	69.6	—	26.5
轧制铝	65.7～67.6	0.26～0.36	25.5～26.5
混凝土	15.2～35.8	0.16～0.18	—
橡　胶	0.00785	0.461	—
木材(顺纹)	9.8～11.8	0.539	—
木材(横纹)	0.49～0.98	—	—

应用案例 5-7

一圆形钢杆，长 $L=500\text{mm}$，直径 $d=25\text{mm}$，在轴向拉力 $F=120\text{kN}$ 的作用下，测得直径缩小 $\Delta d=0.007\text{mm}$，在 50mm 的长度内伸长 $\Delta l=0.058\text{mm}$，试求杆件的弹性模量 E 和泊松比 μ。

解：变换式(5-12)得

$$E=\frac{Nl}{A\Delta l}=\frac{120\text{N}\times10^3\times50\text{mm}}{\frac{\pi\times25^2\text{mm}^2}{4}\times0.058\text{mm}}=2.1\times10^5\text{MPa}$$

应用式(5-11)和式(5-13)，得

$$\mu=\left|\frac{\varepsilon'}{\varepsilon}\right|=\left|\frac{\frac{0.007}{25}}{\frac{0.058}{50}}\right|=0.24$$

应用案例 5-8

图 5.20(a) 所示方形阶梯砖柱，上柱截面为 240mm×240mm，下柱截面为 370mm×370mm，材料的弹性模量 $E=0.03\times10^5\text{MPa}$，柱上作用有荷载 $F=30\text{kN}$，不计自重，试求柱顶的位移。

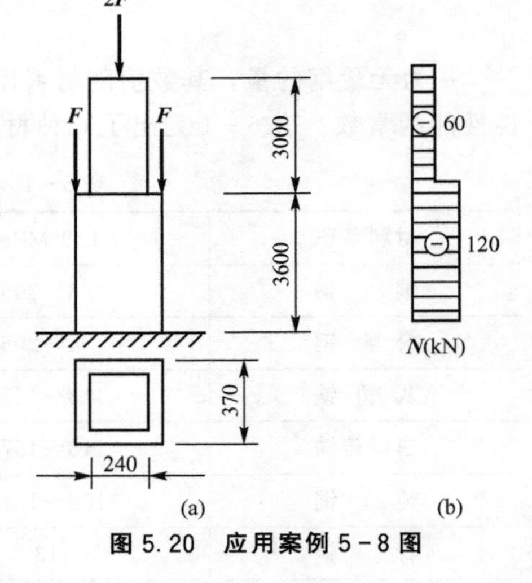

图 5.20 应用案例 5-8 图

解：绘出砖柱的轴力图。由于上下两柱的截面面积和轴力都不相等，故首先求出两段柱子的变形，然后求和即柱顶的位移。

上柱变形：$\Delta l_{上}=\frac{N_{上}\,l_{上}}{EA_{上}}=\frac{-60\text{N}\times10^3\times3000\text{mm}}{0.03\times10^5\text{MPa}\times240^2\text{mm}^2}$

$=-1.04\text{mm}$

下柱变形：$\Delta l_{下}=\frac{N_{下}\,l_{下}}{EA_{下}}=\frac{-120\text{N}\times10^3\times3600\text{mm}}{0.03\times10^5\text{MPa}\times370^2\text{mm}^2}$

$=-1.05\text{mm}$

柱顶位移：$\Delta=-1.04\text{mm}+(-1.05)\text{mm}=-2.09\text{mm}$

应用案例 5-9

计算图 5.21(a) 所示结构中杆①和杆②的形变。已知杆①为钢杆，$A_1=8\text{cm}^2$，$E_1=200\text{GPa}$；杆②为木杆，$A_2=480\text{cm}^2$，$E_2=12\text{GPa}$；$F=100\text{kN}$。

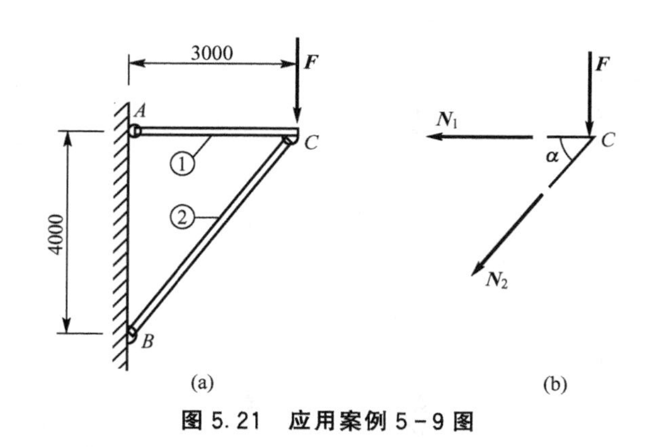

图 5.21 应用案例 5-9 图

解：(1)求各杆的轴力。

取 C 点为研究对象，列平衡方程得

$$\sum F_y=0,\quad -F-N_2\sin\alpha=0$$

$$\sum F_x=0,\quad -N_1-N_2\cos\alpha=0$$

将 $\sin\alpha=4/5$，$\cos\alpha=3/5$ 代入以上两个式子，解得 $N_1=75(\mathrm{kN})$(拉)，$N_2=-125(\mathrm{kN})$(压)。

(2) 计算杆件的形变。

$$\Delta l_1=\frac{N_1 l_1}{E_1 A_1}=\frac{75\mathrm{N}\times 10^3\times 3000\mathrm{mm}}{2\times 10^5\mathrm{MPa}\times 800\mathrm{mm}^2}=1.41\mathrm{mm}$$

$$\Delta l_2=\frac{N_2 l_2}{E_2 A_2}=\frac{-125\mathrm{N}\times 10^3\times 5000\mathrm{mm}}{0.12\times 10^5\mathrm{MPa}\times 40000}=-1.30\mathrm{mm}$$

5.3.3 受压构件的稳定性

受轴向压力的直杆称为压杆。压杆在轴向压力作用下保持其原有的平衡状态，称为压杆的稳定性。从强度观点出发，压杆只要满足轴向压缩的强度条件就能正常工作。但是这个结论，对某些受压杆，如细长杆是不适用的。例如，一根长 300mm 的钢杆，其横截面的宽度和厚度分别为 20mm 和 1mm，材料的抗压允许应力为 140MPa，如果按照其抗压强度计算，其最大可以承受 2800N 的压力。但是实际上，在压力不到 40N 时，杆件就发生了明显的弯曲变形，从而丧失了其在直线形状下保持平衡的能力，最终破坏。

1. 稳定的概念

(1) 压杆稳定性：当 $F<F_{cr}$时[图 5.22(a)、(b)、(c)]，撤去干扰力后，压杆仍然恢复到原有的直线平衡状态。称压杆原有的直线平衡状态形式是稳定。

对任一弹性系统，施加外界干扰使其从平衡位置发生微小偏离，撤去干扰后，如果系统能回到其原始位置，则称其原始位置的平衡是稳定的；如果系统不能回到其原始位置[图 5.22(d)]，则称其原始位置的平衡是不稳定。

对于中心受压杆件，加上微小侧向干扰使杆件偏离直线形式而微弯，撤去干扰，若压

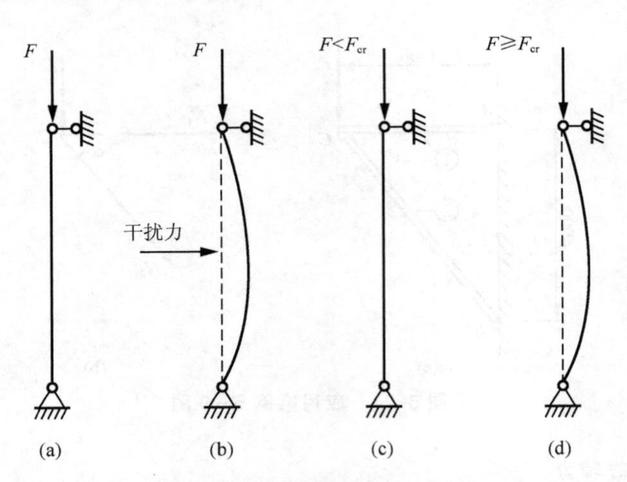

图 5.22　压杆的稳定平衡与不稳定平衡

杆可恢复其原直立状态，则原直立状态的平衡是稳定；若撤去干扰后压杆不能恢复其原直立状态，则此压杆原直立状态的平衡是不稳定。

(2) 压杆的失稳：当 $F>F_{cr}$ 时，撤去干扰力后，压杆不能恢复到原有的直线平衡状态，称原有的直线平衡状态的形式是不稳定。这种丧失原有直线平衡状态形式的现象，称为丧失稳定性，简称失稳。

(3) 临界力：压杆的平衡状态与所受轴向压力 F 的大小有关。压杆有一个特定荷载值 F_{cr}，当轴向压力 $F<F_{cr}$ 时，压杆处于稳定平衡状态，当 $F>F_{cr}$ 时，压杆的处于不稳定平衡状态。该特定值 F_{cr} 称为临界力或临界荷载。压杆丧失其初始直线形式的平衡状态，称为失稳或屈曲。

2. 压杆的稳定平衡与不稳定平衡

当压力 P 小于某一临界值时，杆件受到微小干扰，偏离直线平衡位置，当干扰撤除后，杆件又回到原来的直线平衡位置，杆件的直线平衡形式是稳定。

3. 压杆稳定的计算

(1) 细长压杆的临界力计算式如下。

$$F_{cr}=\frac{\pi^2 EI}{(\mu l)^2} \tag{5-14}$$

此式是由瑞士科学家欧拉($L.Euler$)于1744年提出的，故也称为细长压杆的欧拉公式，见图5.23。

① 式中：I 为压杆失稳弯曲时，横截面对中性轴的惯性矩。
　　μ 为长度系数，与压杆两端的约束有关；
　　μl 称为相当长度。

② 长度系数 μ：两端铰支的细长压杆 $\mu=1$；
　　一端固定，另一端自由的细长压杆 $\mu=2$；
　　两端固定的细长压杆 $\mu=0.5$；
　　一端固定，另一端铰支的细长压杆 $\mu=0.7$。

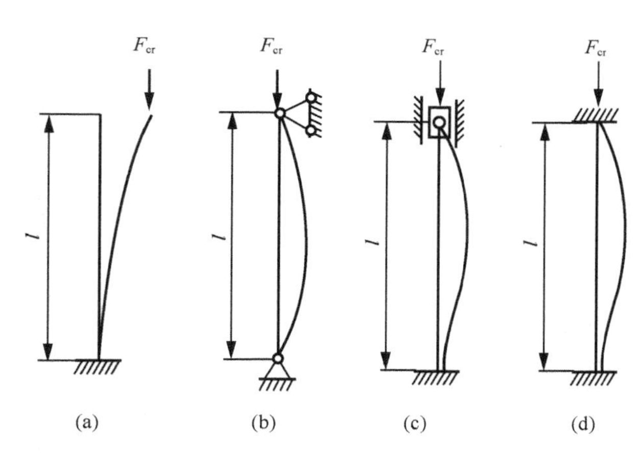

图 5.23　各种支承约束条件下等截面细长压杆

(2) 公式的使用说明。

① 当压杆两端约束在各个方向相同时，压杆在最小刚度平面内失稳。所谓最小刚度平面，就是惯性矩为 I_{min} 的纵向平面。

② 当压杆两端约束在各个方向不同时，压杆在柔度 λ 最大的平面失稳。

③ 公式仅是理想中心受压细长杆临界力的理论值。实际压杆不可避免的存在材料不均匀、微小的初曲率及荷载微小偏心等现象。其临界力必定小于理论值。

应用案例 5－10

图 5.24(a)所示为某工程有扫地杆的扣件式脚手架，扣件式钢管脚手架节点的实际工程是一种半刚半铰节点，为了计算方便和便于对比分析，假定：除扫地杆连接节点以外的节点具有良好抗弯性能；扫地杆的连接节点为铰节点。有扫地杆脚手架针对其实际工况的计算简图如图 5.24(b)、(c)所示；现在取最下面一跨作为计算单元如图 5.24(d)，杆长 1.5 米，脚手架竖杆采用 $\Phi48\times3$ 的电焊钢管，$E=200$GPa，试求细长压杆的临界力。

(a)

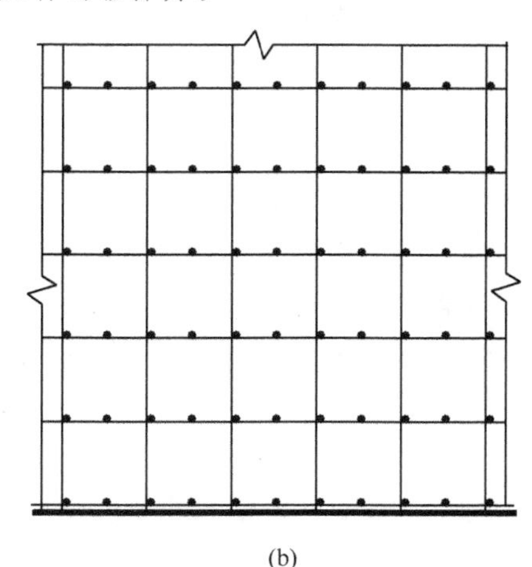

(b)

图 5.24　应用案例 5－10 图

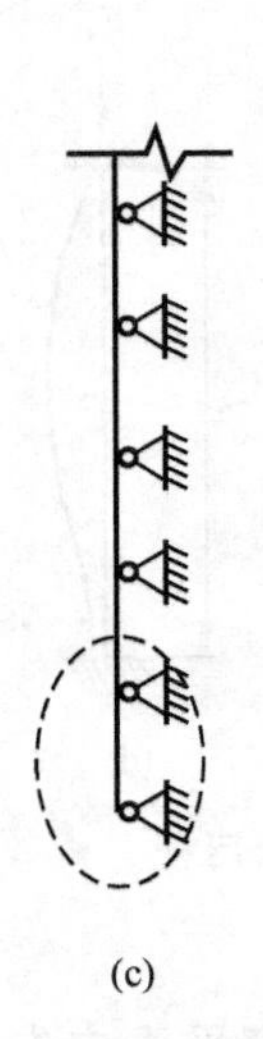

(c)

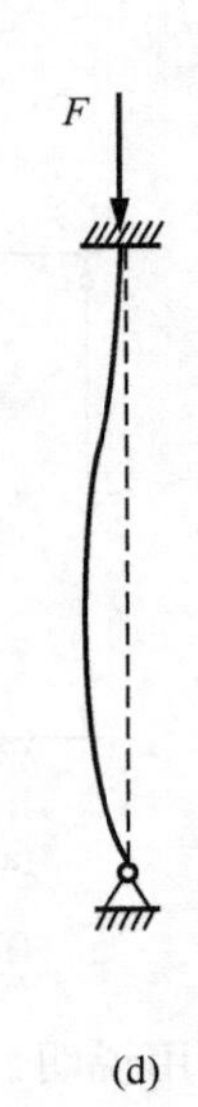

(d)

图 5.24 应用案例 5-10 图(续)

解：(1) 计算杆件的惯性矩

$$I_z=\frac{\pi(D^4-d^4)}{64}=\frac{\pi(48^4-45^4)}{64}=59257.2(\text{mm}^4)$$

(2) 由公式 5-14 得，该细长压杆的临界力

$$F_{\text{cr}}=\frac{\pi^2 I_z E}{(\mu l)^2}=\frac{3.14^2\times 59257.2\times 10^{-12}\times 200\times 10^9}{(0.7\times 1.5)^2}=74.2\times 10^3(\text{N})=74.2(\text{kN})$$

特别提示

(1) 压杆失稳时的压力比发生强度不足而破坏的压力要小得多。因此，对细长压杆还要进行稳定性计算。

(2) 减小压杆长度是提高压杆稳定性的有效措施之一，因此，在条件许可的情况下，应尽量使压杆长度减小，或在压杆中间增加支承。

4. 临界应力的计算

欧拉公式只有在弹性范围内才是适用的。为了判断压杆失稳时是否处于弹性范围，以及超出弹性范围后临界力的计算问题，必须引入临界应力及柔度的概念。

压杆在临界力作用下，其在直线平衡位置时横截面上的应力称为临界应力，用 σ_{cr} 表示。压杆在弹性范围内失稳时，则临界应力为：

$$\sigma_{\text{cr}}=\frac{P_{\text{cr}}}{A}=\frac{\pi^2 EI}{(\mu l)^2 A}=\frac{\pi^2 Ei^2}{(\mu l)^2}=\frac{\pi^2 E}{\lambda^2} \tag{5-15}$$

式中 λ 称为柔度，i 为截面的惯性半径，即

$$\lambda=\frac{\mu l}{i} \tag{5-16}$$

$$i=\sqrt{\frac{I}{A}} \tag{5-17}$$

式中 I 为截面的最小形心主轴惯性矩，A 为截面面积。

柔度 λ 又称为压杆的长细比。它全面的反映了压杆长度、约束条件、截面尺寸和形状对临界力的影响。柔度 λ 在稳定计算中是个非常重要的量。

应用案例 5-11

如图 5.25 所示一压杆长 $L=1.5\text{m}$，由两根 56mm×56mm×8mm 等边角钢组成，两端铰支，压力 $P=150\text{kN}$，角钢为 A3 钢，试该杆的柔度。

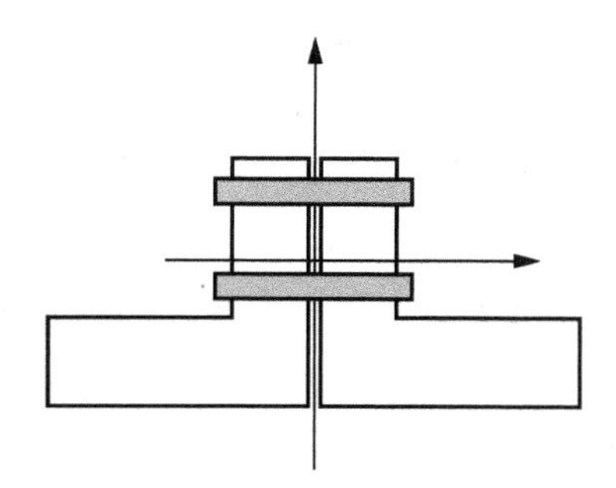

图 5.25 应用案例 5-11

解：一个角钢，查型钢表得，

$$A_1=8.367(\text{cm}^2)，I_{y1}=23.63(\text{cm}^4)$$

两根角钢图示组合之后，$I_y<I_Z$，$I_{\max}=I_y=2I_{y1}=2\times23.63=47.26(\text{cm}^4)$

$$i=\sqrt{\frac{I}{A}}=\sqrt{\frac{47.26}{2\times8.367}}=1.68(\text{cm})$$

则柔度为：$\lambda=\frac{\mu l}{i}=\frac{150}{1.68}=89.3$

5. 提高压杆稳定的措施

压杆的稳定性取决于临界载荷的大小。由临界应力图可知，当柔度 λ 减小时，则临界应力提高，而 $\lambda=\frac{\mu l}{i}$，所以提高压杆承载能力的措施主要是尽量减小压杆的长度，选用合理的截面形状，增加支承的刚性以及合理选用材料。现分述如下。

(1) 减小压杆的长度。

减小压杆的长度，可使 λ 降低，从而提高了压杆的临界载荷。工程中，为了减小柱子的长度，通常在柱子的中间设置一定形式的撑杆，它们与其他构件连接在一起后，对柱子形成支点，限制了柱子的弯曲变形，起到减小柱长的作用。对于细长杆，若在柱子中设置一个支点，则长度减小一半，而承载能力可增加到原来的 4 倍。

(2) 选择合理的截面形状。

压杆的承载能力取决于最小的惯性矩 I，当压杆各个方向的约束条件相同时，使截面对两个形心主轴的惯性矩尽可能大，而且相等，是压杆合理截面的基本原则。因此，薄壁圆管[图 5.26(a)]，正方形薄壁箱形截面图[图 5.26(b)]是理想截面，它们各个方向的惯性矩相同，且惯性矩比同等面积的实心杆大得多。但这种薄壁杆的壁厚不能过薄，否则会出现局部失稳现象。对于型钢截面(工字钢、槽钢、角钢等)，由于它们的两个形心主轴惯性矩相差较大，为了提高这类型钢截面压杆的承载能力，工程实际中常用几个型钢，通过缀板组成一个组合截面，如图 5.26(c)、(d)所示。

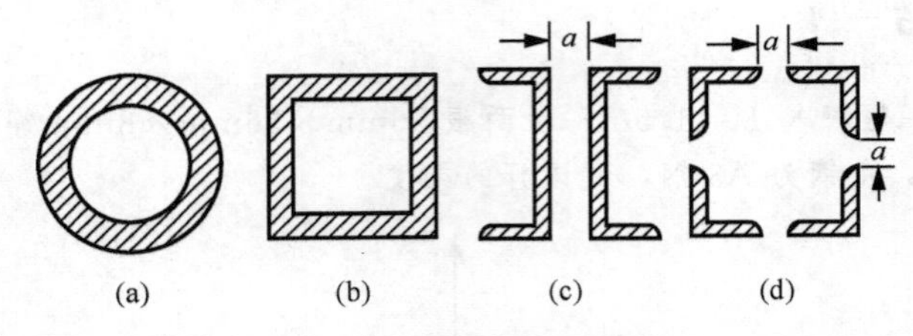

图 5.26　压杆的合理截面形状

(3) 增加支承的刚性。

对于大柔度的细长杆，一端铰支另一端固定压杆的临界载荷比两端铰支的大一倍。因此，杆端越不易转动，杆端的刚性越大，长度系数 μ 就越小，如图 5.27 所示，若增大杆右端止推轴承的长度 a，就加强了约束的刚性。

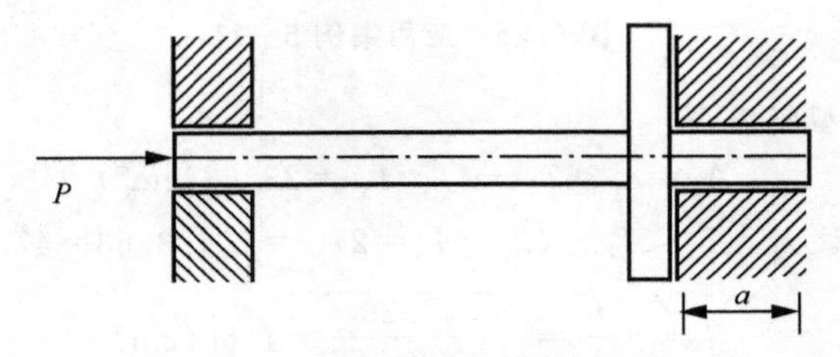

图 5.27　增加支承刚度的措施

(4) 合理选择材料：弹性模量 E 越大，临界力越大。

最后尚需指出，对于压杆，除了可以采取上述几方面的措施以提高其承载能力外，在可能的条件下，还可以从结构方面采取相应的措施。例如，将结构中的压杆转换成拉杆，这样，就可以从根本上避免失稳问题，以图 5.28 所示的托架为例，在不影响结构使用的条件下，若图 5.28(a)所示结构改换成图 5.28(b)所示结构，则 AB 杆由承受压力变为承受拉力，从而避免了压杆的失稳问题。

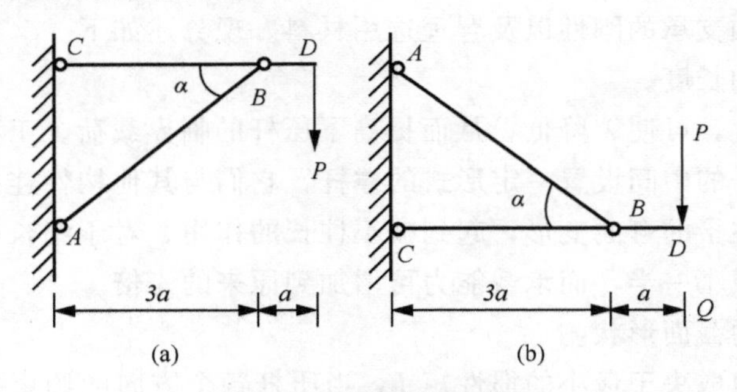

图 5.28　压杆转换成拉杆

特别提示

(1) 压杆失稳时的压力比发生强度不足而破坏的压力要小得多。因此，对细长压杆还要进行稳定性计算。

(2) 减小压杆长度是提高压杆稳定性的有效措施之一，因此，在条件许可的情况下，应尽量使压杆长度减小，或在压杆中间增加支撑。

5.4 受弯构件的应力

梁弯曲时，横截面上一般产生两种内力——剪力和弯矩。剪力是与横截面相切的内力，它是横截面上剪应力的合力。弯矩是在纵向对称平面作用的力偶矩，它是由横截面上沿法线方向作用的正应力组成的。这样，梁弯曲时，横截面上存在两种应力，即切应力(或称剪应力)τ 和正应力σ。

5.4.1 受弯构件正应力

1. 正应力分布规律

为了解正应力在横截面上的分布情况，可先观察梁的形变，取一根弹性较好的矩形截面梁，在其表面上画上若干与轴向平行的纵线和与轴线垂直的横线，构成许多均等的小方格，然后在梁的两端施加一对力偶使梁发生纯弯曲变形，如图 5.29 所示，这时可以观察到所有的横线也仍保持为直线但不再平行，倾斜了一个角度；所有的纵线弯成曲线，上部纵线缩短，下部纵线伸长。

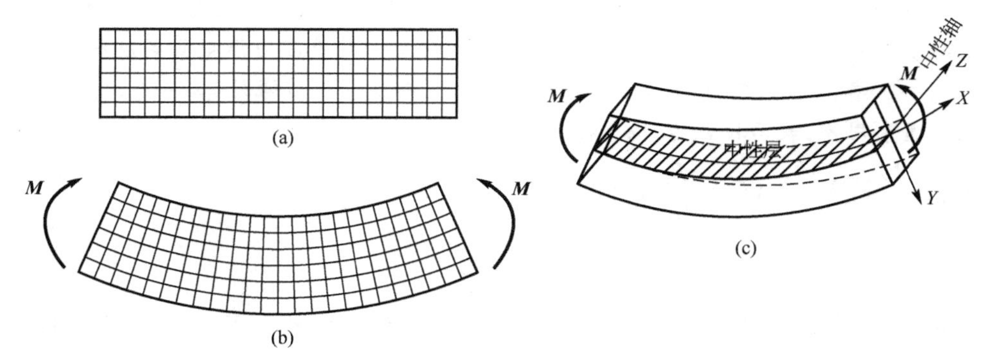

图 5.29 梁的变形实验

根据上面所观察到的现象，推测梁的内部变形，可作出如下的假设和推断。

(1) 平面假设。各横截面变形后仍保持平面，且仍与弯曲后的梁轴线垂直。

(2) 单向受力假设。认为梁是由无数条互不挤压或互不牵拉的纵向纤维组成。

从上部各层纤维缩短到下部各层纤维伸长的连续变化中，梁内必有一层纤维既不伸长也不伸短，这层纤维称为中性层。中性层与横截面的交线称为中性轴，如图 5.29(c)所示，中性轴将梁截面分成受压和受拉两个区域。中性层上的线应变 $\varepsilon=0$，向上和向下随截面高度应变呈线性增长，由胡克定律可以推出，梁弯曲时横截面上的正应力分布规律为：沿截面高度呈线性分布，中性轴 $\sigma=0$，上边缘为压应力最大值，下边缘为拉应力最大值，如图 5.30 所示。

2. 正应力计算公式

由静力平衡条件分析，可知横截面上任一点(图 5.31)正应力的计算公式为

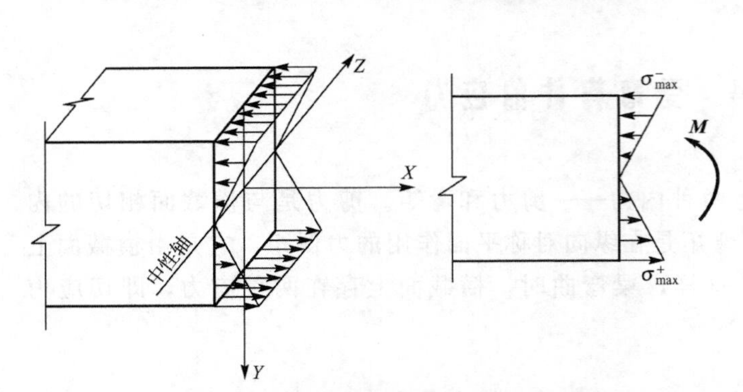

图 5.30　梁弯曲时横截面上的正应力分布

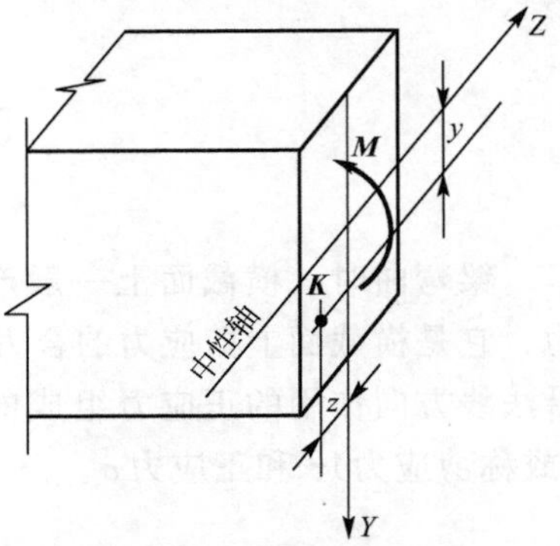

图 5.31　横截面上任一点的正应力

$$\sigma=\frac{My}{I_z} \tag{5-18}$$

式中　M——截面弯矩；

y——截面上任一点到中性轴的距离；

I_z——截面对 I 轴的惯性矩。

特别提示

(1) 由式(5-18)可知，梁弯曲时横截面上任一点的正应力 σ 与弯矩 M 和该点到中性轴的距离 y 成正比，与截面对中性轴的惯性矩 I_z 成反比，正应力沿截面高度线性分布；中性轴上($y=0$)各点的正应力为零；最大正应力发生在上、下边缘处($y=y_{max}$)。

(2) 通常用 σ^+ 表示拉应力，σ^- 表示压应力。

因为 $\sigma_{max}=\frac{My_{max}}{I_z}$，令 $W_z=\frac{I_z}{y_{max}}$，则

$$\sigma_{max}=\frac{M}{W_z} \tag{5-19}$$

式中　W_z 为抗弯截面模量(或系数)，它是一个与截面形状和尺寸有关的几何量，常用单位为 mm^3 或 m^3。对高为 h 宽为 b 的矩形截面，$W_z=\frac{1}{6}bh^2$；对直径为 d 的圆形，$W_z=\frac{\pi d^3}{32}$。

应用案例 5-12

悬臂梁 AB 受 P 作用，如图 5.32 所示，试求最大弯矩截面上最大拉应力和最大压应力，以及截面上 K 点的应力，$P=20\text{kN}$，$l=2\text{m}$。

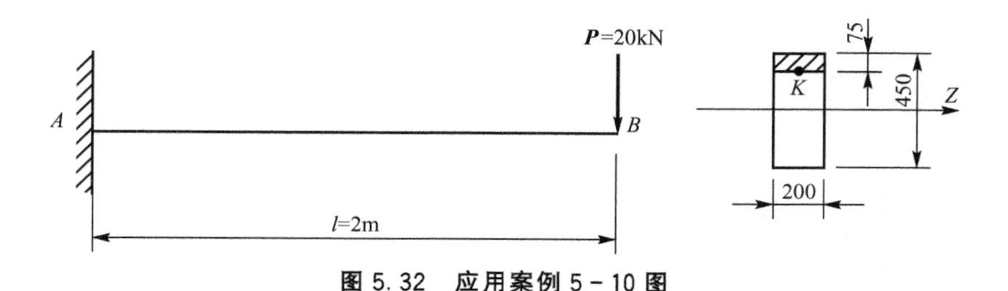

图 5.32 应用案例 5-10 图

解：最大弯矩发生在悬臂梁的根部 A 截面，即

$$M_{\max}=Pl=20\text{kN}\times 2\text{m}=40(\text{kN}\cdot\text{m})$$

最大拉应力发生在 A 截面的上边缘，即

$$\sigma_{\max}^{+}=\frac{M_{\max}}{W_z}=\frac{40\times 10^6\text{N}\cdot\text{mm}}{\frac{1}{6}\times 200\text{mm}\times 450^2\text{mm}^2}=5.93(\text{MPa})$$

最大压应力发生在 A 截面的下边缘，即

$$\sigma_{\max}^{-}=\frac{M_{\max}}{W_z}=5.93(\text{MPa})$$

A 截面承受的是负弯矩，K 点位于中性轴上方，K 点的应力为拉应力，即

$$\sigma_K=\frac{My_K}{I_z}=\frac{40\times 10^6\text{N}\cdot\text{mm}\times 150\text{mm}}{\frac{1}{12}\times 200\text{mm}\times 450^3\text{mm}^3}=3.95(\text{MPa})$$

特别提示

也可用 $\sigma_K=\sigma_{\max}^{+}\times\frac{150\text{mm}}{225\text{mm}}=3.95\text{MPa}$ 来计算截面上 K 点的应力。

应用案例 5-13

一对称 T 形截面的外伸梁，梁上作用均布荷载，梁的尺寸如图 5.33 所示，已知 $l=1.5\text{m}$，$q=8\text{kN/m}$，求梁中横截面上的最大拉应力和最大压应力。

解：

1. 设截面的形心到下边缘距离为 y_1

则有 $y_1=\frac{4\times 8\times 4+10\times 4\times 10}{4\times 8+10\times 4}=7.33(\text{cm})$

图 5.33　应用案例 5－13 图

则形心到上边缘距离 $y_2=12-7.33=4.67(\mathrm{cm})$

于是截面对中性轴的惯性距为

$$I_z=\left(\frac{4\times 8^3}{12}+4\times 8\times 3.33^2\right)+\left(\frac{10\times 4^3}{12}+10\times 4\times 2.67^2\right)=864.0(\mathrm{cm}^4)$$

2. 作梁的弯矩图

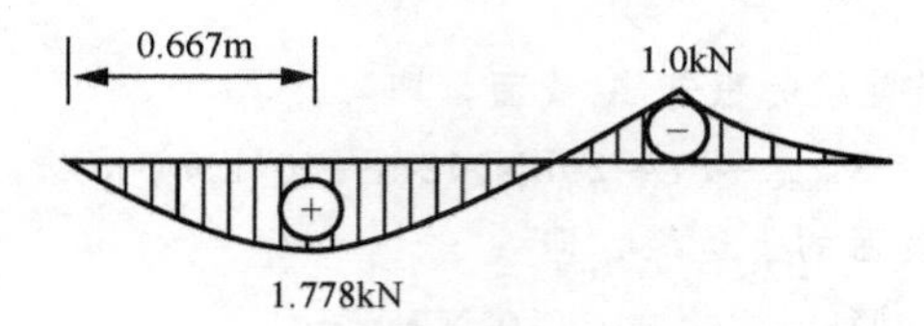

设最大正弯矩所在截面为 D，最大负弯矩所在截面为 E，则在 D 截面

$$\sigma_{\mathrm{t,max}}=\frac{M_D}{I_z}y_1=\frac{1.778\times 10^3\times 7.33\times 10^{-2}}{864.0\times 10^{-8}}=15.08\times 10^6(\mathrm{Pa})=15.08(\mathrm{MPa})$$

$$\sigma_{\mathrm{c,max}}=\frac{M_D}{I_z}y_2=\frac{1.778\times 10^3\times 4.67\times 10^{-2}}{864.0\times 10^{-8}}=9.61\times 10^6(\mathrm{Pa})=9.61(\mathrm{MPa})$$

在 E 截面上

$$\sigma_{\mathrm{t,max}}=\frac{M_E}{I_z}y_2=\frac{1.0\times 10^3\times 4.67\times 10^{-2}}{864.0\times 10^{-8}}=5.40\times 10^6(\mathrm{Pa})=5.40(\mathrm{MPa})$$

$$\sigma_{\mathrm{c,max}}=\frac{M_E}{I_z}y_1=\frac{1.0\times 10^3\times 7.33\times 10^{-2}}{864.0\times 10^{-8}}=8.48\times 10^6(\mathrm{Pa})=8.48(\mathrm{MPa})$$

所以梁内 $\sigma_{\mathrm{t,max}}=15.08(\mathrm{MPa})$，$\sigma_{\mathrm{c,max}}=9.61(\mathrm{MPa})$

5.4.2　受弯构件剪应力

剪应力是剪力在横截面上的分布集度，它在横截面上的分布较为复杂。

1. 矩形截面剪应力的分布特点与计算

对于高度为 h 宽度为 b 的矩形截面梁，其横截面上的剪力 V 沿轴方向，如图 5.34 所示，则剪应力 τ 的分布特点如下。

(1) 剪应力 τ 的方向与剪力 V 方向相同。

(2) 与中性轴等距离的各点剪应力相等，即沿截面宽度为均匀分布。

(3) 沿截面高度按二次抛物线规律分布，在截面的上下边缘应力为零，在中性轴上剪应力最大。

截面上任一点处剪应力的计算公式为

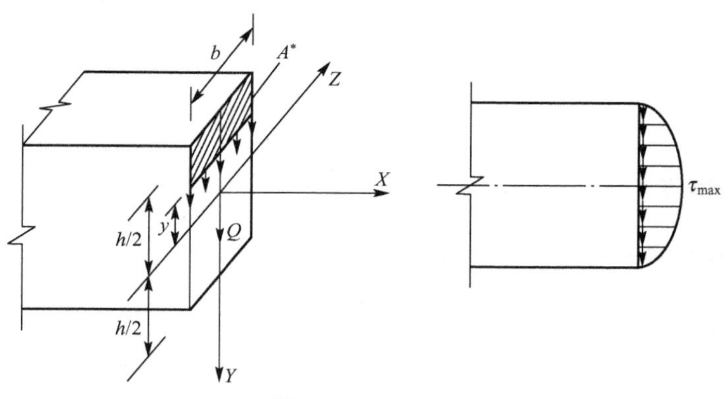

图 5.34　梁弯曲时横截面上的剪应力分布

$$\tau=\frac{VS_Z^*}{I_Zb} \tag{5-20}$$

式中　V——横截面上剪力；

I_Z——截面对中性轴的惯性矩；

b——横截面的宽度；

S_Z^*——截面上需求剪应力点处的水平线以上(或以下)部分面积 A^* 对中性轴的静矩。

矩形截面最大剪应力计算公式为

$$\tau_{\max}=1.5\frac{V}{bh} \tag{5-21}$$

式中　bh 为横截面的宽度和高度。

2. 工字形截面剪应力分布特点与计算

工字形截面梁由腹板和翼缘组成，如图 5.35所示。横截面上的剪力约 95%～97%由腹板承担，腹部是一个狭长的矩形，所以它的剪应力可按矩形截面的剪应力公式计算，即

$$\tau=\frac{VS_Z^*}{I_Zd} \tag{5-22}$$

式中　d——腹部的宽度；

S_Z^*——截面上需求剪应力点处的水平线以上(或以下)至截面边缘部分面积 A^* 对中性轴的静矩。

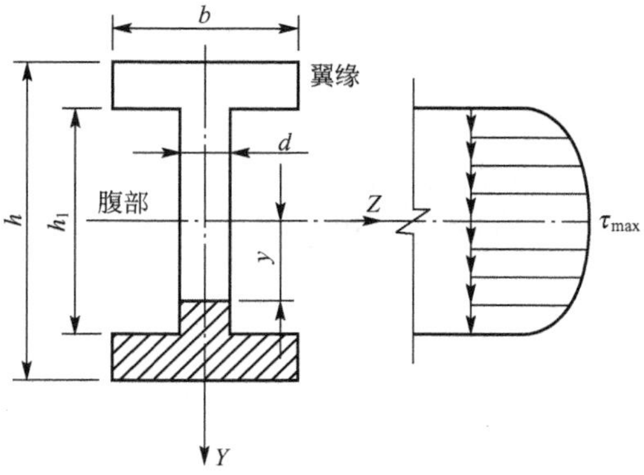

图 5.35　工字形截面梁弯曲时横截面上的剪应力

中性轴上剪应力最大，剪应力计算公式为

$$\tau_{\max}=\frac{V_{\max}S_{Z,\max}^*}{I_Zd} \tag{5-23}$$

式中　$S^*_{Z\max}$为工字形截面中性轴以上(或以下)面积对中性轴的静矩。可由型钢表直接查得$\dfrac{I_Z}{S^*_{Z,\max}}$值。

应用案例 5-14

承受集中力的矩形截面的剪支梁如图 5.36 所示，已知 $F=15\text{kN}$，$L=3\text{m}$，$b=60\text{mm}$，$h=120\text{mm}$，试求该梁的最大剪应力。

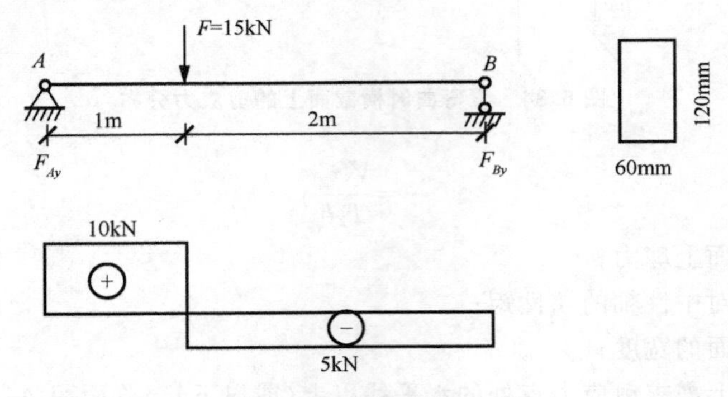

图 5.36　应用案例 5-14

解：$\sum M_A=0$，$F_{By}\times 3-F\times 1=0$，$F_{By}=5(\text{kN})$

$\sum F_y=0$，$F_{Ay}+F_{By}-F=0$，$F_{Ay}=10(\text{kN})$

(1) 如剪力图所示 $v_{\max}=10(\text{kN})$

(2) 计算 S_Z，I_Z

$$S_Z=\frac{h}{2}\times b\times\frac{h}{4}=\frac{120}{2}\times 60\times\frac{120}{4}=108000(\text{mm}^3)$$

$$I_Z=\frac{bh^3}{12}=\frac{60\times 120^3}{12}=8640000(\text{mm}^4)$$

(3) 代剪应力公式校核

$$\tau_{\max}=\frac{V_{\max}S_Z}{I_Z b}=\frac{10\times 10^3\times 108000\times 10^{-9}}{8640000\times 10^{-12}\times 60\times 10^{-3}}=2.083\times 10^6(\text{Pa})=2.083(\text{MPa})<3.0(\text{MPa})$$

5.5　组合变形构件的应力

5.5.1　概述

1. 杆件的基本变形

(1) 拉伸和压缩：变形形式是由大小相等、方向相反、作用线与杆件轴线重合的一对力引起的，表现为杆件长度的伸长或缩短。如托架的拉杆和压杆受力后的变形。

（2）剪切：变形形式是由大小相等、方向相反、相互平行的一对力引起的，表现为受剪杆件的两部分沿外力作用方向发生相对错动。如连接件中的螺栓和销钉受力后的变形。

（3）扭转：变形形式是由大小相等、转向相反、作用面都垂直于杆轴的一对力偶引起的，表现为杆件的任意两个横截面发生绕轴线的相对转动。如雨篷梁受力后的变形。

（4）弯曲：变形形式是由垂直于杆件轴线的横向力，或由作用于包含杆轴的纵向平面内的一对大小相等、方向相反的力偶引起的，表现为杆件轴线由直线变为受力平面内的曲线。如单梁吊车的横梁受力后的变形。

杆件同时发生几种基本变形，称为组合变形。

2. 组合变形

实际工程中，许多杆件往往同时存在着几种基本变形，它们对应的应力或变形属同一量级，在杆件设计计算时均需要同时考虑。本章将讨论此种由两种或两种以上基本变形组合的情况，统称为组合变形。

图 5.37(a)图示烟囱，自重引起轴向压缩变形，风荷载引起弯曲变形；图 5.37(b)图示柱，偏心力引起轴向压缩和弯曲组合变形；图 5.37(c)图示传动轴和图 5.37(d)图示梁分别发生弯曲与扭转、斜弯曲组合变形。

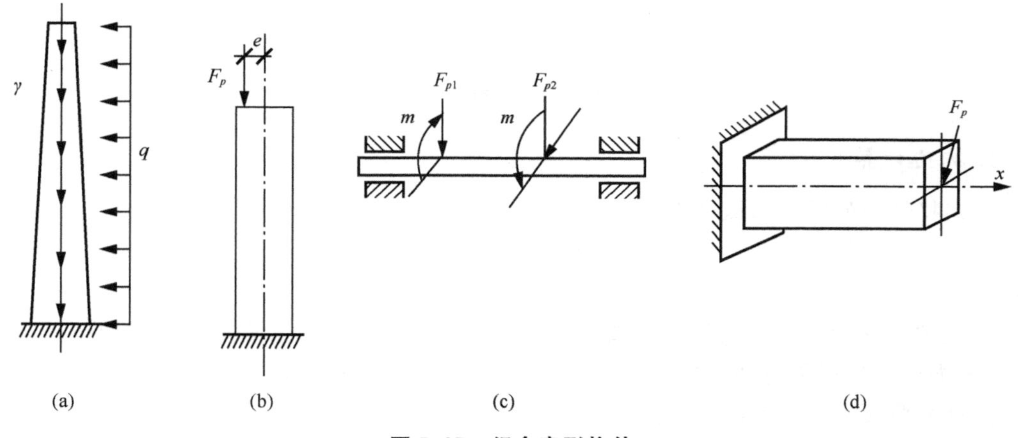

图 5.37　组合变形构件

3. 组合变形的分析方法及计算原理

处理组合变形问题的方法如下。

（1）将构件的组合变形分解为基本变形。

（2）计算构件在每一种基本变形情况下的应力。

（3）将同一点的应力叠加起来，便可得到构件在组合变形情况下的应力。

叠加原理是解决组合变形计算的基本原理，叠加原理应用条件：在材料服从胡克定律，构件产生小变形，所求力学量定荷载一次函数的情况下，计算组合变形时可以将几种变形分别单独计算，然后再叠加，得组合变形杆件的内力、应力和变形。

5.5.2 斜弯曲

外力 F 的作用线只通过横截面的形心而不与截面的对称轴重合，此梁弯曲后的挠曲线不再位于梁的纵向对称面内，这类弯曲称为斜弯曲。斜弯曲是两个平面弯曲的组合，这里将讨论斜弯曲时的正应力及其强度计算。

现以图 5.38 所示矩形截面悬臂梁为例来说明斜弯曲时应力的计算。设自由端作用一个垂直于轴线的集中力 F，其作用线通过截面形心(也是弯心)，并与形心主惯性轴 y 轴夹角为 φ。

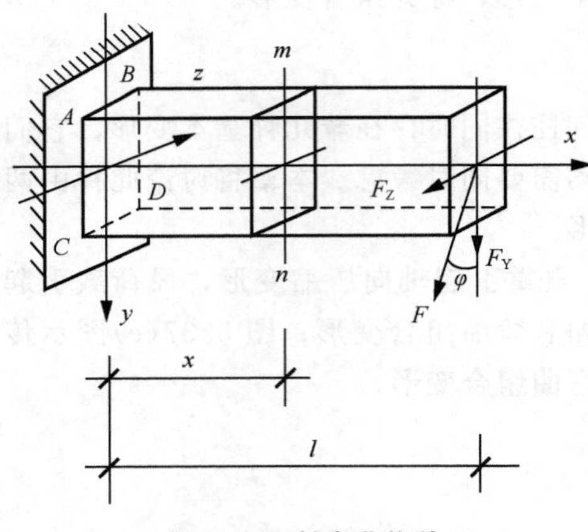

图 5.38 斜弯曲构件

1. 内力计算

首先将外力分解为沿截面形心主轴的两个分力如下。

$$F_y = F \cdot \cos\varphi$$
$$F_z = F \cdot \sin\varphi$$

其中，F_y 使梁在 xy 平面内发生平面弯曲，中性轴为 z 轴，内力弯矩用 M_z表示；F_z 使梁在 xz 平面内发生平面弯曲，中性轴为 y 轴，内力弯矩用 M_y表示。

任意横截面 $m—n$ 上的内力为

$$M_z = F_y \cdot (l-x) = F(l-x)\cos\varphi = M\cos\varphi$$
$$M_y = F_z \cdot (l-x) = F(l-x)\sin\varphi = M\sin\varphi$$

式中，$M = F_p(l-x)$是横截面上的总弯矩。

$$M = \sqrt{M_z^2 + M_y^2}$$

2. 应力分析

横截面 $m—n$ 上第一象限内任一点 k(y，z)处，对应于 M_z、M_y 引起的正应力分别为

$$\sigma' = -\frac{M_z}{I_z}y = -\frac{M\cos\varphi}{I_z}y$$
$$\sigma'' = -\frac{M_y}{I_y}z = -\frac{M\sin\varphi}{I_y}z$$

式中 I_y、I_z 分别为横截面对 y、z 轴的惯性矩。

因为σ'和σ''都垂直于横截面，所以k点的正应力为

$$\sigma=\sigma'+\sigma''=-M\left(\frac{y\cos\varphi}{I_z}+\frac{z\sin\varphi}{I_y}\right) \tag{5-24}$$

注意：求横截面上任一点的正力时，只需将此点的坐标(含符号)代入上式即可。

3. 中性轴的确定

设中性轴上各点的坐标为(y_0，z_0)，因为中性轴上各点的正应力等于零，于是有

$$\sigma=-M\left(\frac{y_0}{I_z}\cos\varphi+\frac{z_0}{I_y}\sin\varphi\right)=0$$

即

$$\frac{y_0}{I_z}\cos\varphi+\frac{z_0}{I_y}\sin\varphi=0 \tag{5-25}$$

此式5-25为中性轴方程，可见中性轴是一条通过截面形心的直线。设中性轴与z轴夹角为α，如图5.39示，则

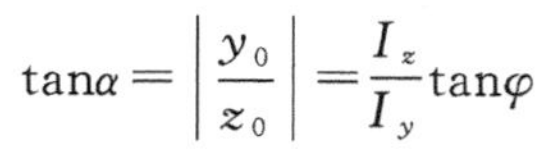

$$\tan\alpha=\left|\frac{y_0}{z_0}\right|=\frac{I_z}{I_y}\tan\varphi$$

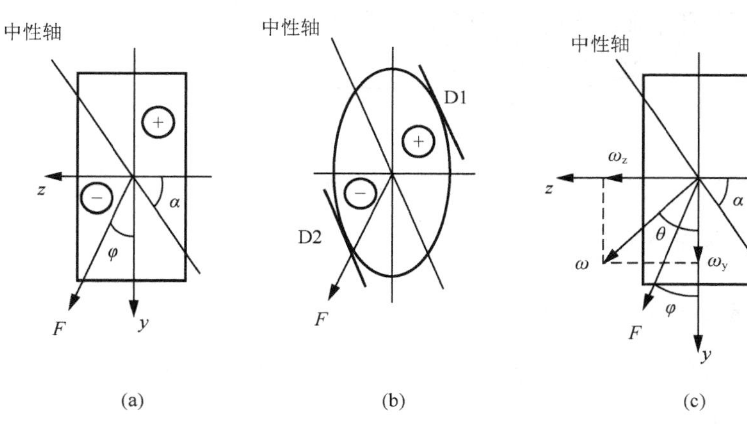

图5.39 中性轴示意图

特别提示

(1) 危险截面上M_y和M_Z不一定同时达到最大值。

(2) 危险点为距中性轴最远的点，若截面有棱角，则危险点必在棱角处；若截面无棱角，则危险点为截面周边与平行于中性轴之直线的切点。

(3) 中性轴一般不垂直于外力作用线(或中性轴不平行于合成的弯矩矢量)。

应用案例5-15

图5.40所示屋架结构。已知屋面坡度为1∶2，两屋架之间的距离为4m，木檩条梁的间距为1.5m，屋面重(包括檩条)为1.4kN/m²。若木檩条梁采用120mm×180mm的矩形截面，试

计算最大应力。

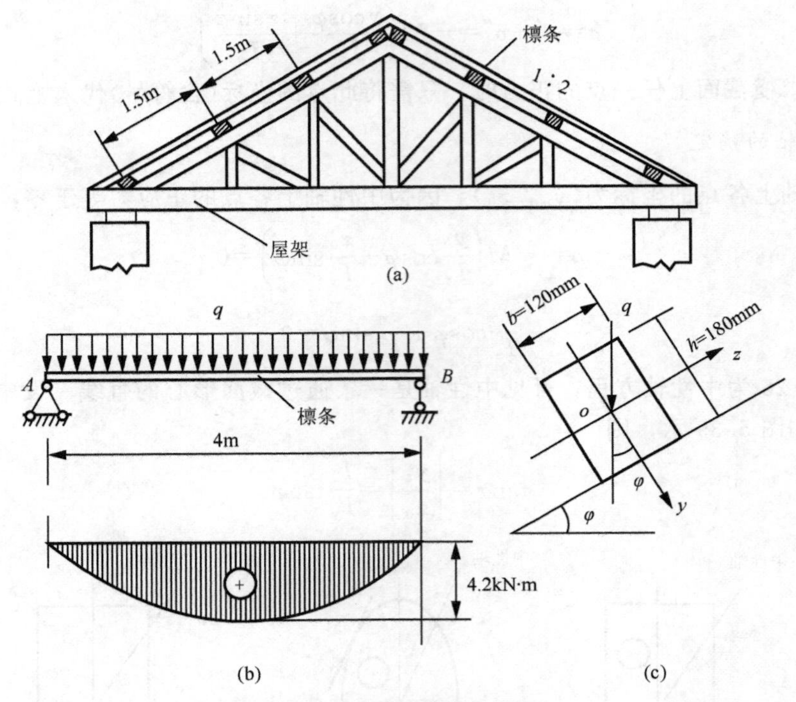

图 5.40　应用案例 5－15

解：(1) 将实际结构简化为计算简图

$$q=1.4\times1.5=2.1(\mathrm{kN/m})$$

(2) 内力及截面惯性矩的计算

$$M_{\max}=\frac{ql^2}{8}=\frac{2.1\times10^3\times4^2}{8}=4200(\mathrm{N\cdot m})=4.2(\mathrm{kN\cdot m})$$

屋面坡度为 1∶2

则，$\tan\varphi=\dfrac{1}{2}$，$\varphi=26''34'$，$\sin\varphi=0.447$，$\cos\varphi=0.894$

惯性矩为：

$$I_z=\frac{bh^3}{12}=\frac{120\times180^3}{12}=0.583\times10^8(\mathrm{mm}^4)$$

$$I_y=\frac{hb^3}{12}=\frac{180\times120^3}{12}=0.259\times10^8(\mathrm{mm}^4)$$

$$y_{\max}=\frac{h}{2}=90(\mathrm{mm}),\quad z_{\max}=\frac{b}{2}=60(\mathrm{mm})$$

(3) 计算最大工作应力

$$\sigma_{\max}=M_{\max}\left(\frac{y_{\max}}{I_z}\cos\varphi+\frac{Z_{\max}}{I_y}\sin\varphi\right)$$

$$=4200\times10^3\times\left(\frac{90}{0.583\times10^8}\times0.894+\frac{60}{0.259\times10^8}\times0.447\right)$$

$$=10.16(\mathrm{MPa})$$

5.5.3 偏心受压构件的应力

杆件受到平行于轴线但不与轴线重合的力作用时，引起的形变称为偏心压缩。如图 5.41、图 5.43 所示，设构件的轴线方向为 X 方向，矩形截面有 Y、Z 两个方向，若压力只在 Y 方向偏离轴线，则称为单向偏心受压构件，如图 5.41(a)所示；若在 Y、Z 两个方向都偏离轴线，则称为双向偏心受压构件，如图 5.43(a)所示。

1. 单向偏心受压构件

如图 5.41(b)所示，矩形截面在 $K(y_K，0)$点受压力 F 的作用，将压力 P 简化到截面的形心 O，则得到一个轴向压力和一个力偶 M_z，从而引起轴向压缩和平面弯曲的组合变形。由截面法可求得任一横截面上的内力为

$$N=F，M_z=Fy_K$$

在横截面上由轴力引起的任一点的正应力为［图 5.41(c)］

$$\sigma_N=\frac{N}{A}=-\frac{F}{A}$$

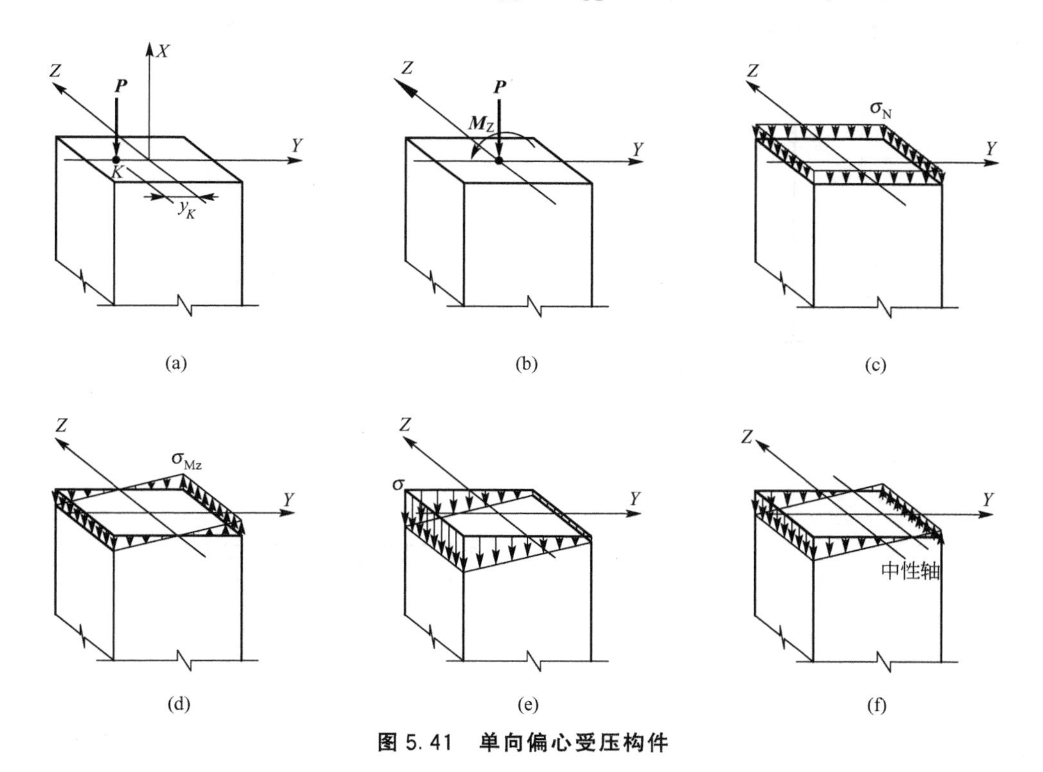

图 5.41 单向偏心受压构件

由弯矩 M_z引起的任一点的正应力为［图 5.41(d)］

$$\sigma_{M_z}=\pm\frac{M_z}{I_z}y=\pm\frac{Fy_Ky}{I_z}$$

将上述两项应力代数相加，即得到偏心受压构件的横截面上任一点的总应力为

$$\sigma=\sigma_N+\sigma_{M_z}=-\frac{F}{A}\pm\frac{M_z}{I_z}y$$

显然，最大压应力发生在压力 F 所在一侧构件的边缘，如图 5.41(e)所示，其值为

$$\sigma_{\max}=-\sigma_{\mathrm{N}}-\sigma_{M_z}=-\frac{F}{A}-\frac{M_z}{I_z}y_{\max}$$

而最小压应力发生另一侧的边缘上，其值为

$$\sigma_{\max}=-\sigma_{\mathrm{N}}+\sigma_{M_z}=-\frac{F}{A}+\frac{M_z}{I_z}y_{\max}$$

当压力偏心较大(即 K 点坐标 y_K 值较大)，则弯矩 M_z 也较大，那么就有可能 $\sigma_{\max}=-\sigma_{\mathrm{N}}+\sigma_{M_z}>0$，即另一侧出现拉应力，如图 5.41(f)所示，此时，横截面受压区较大，受拉区较小，中性轴偏移。

应用案例 5-16

挡土墙如图 5.42(a)所示，材料的自重 $\gamma=22\mathrm{kN/m^3}$，试计算挡土墙没填土时底截面 AB 上的正应力(计算时挡土墙长度取 1m)。

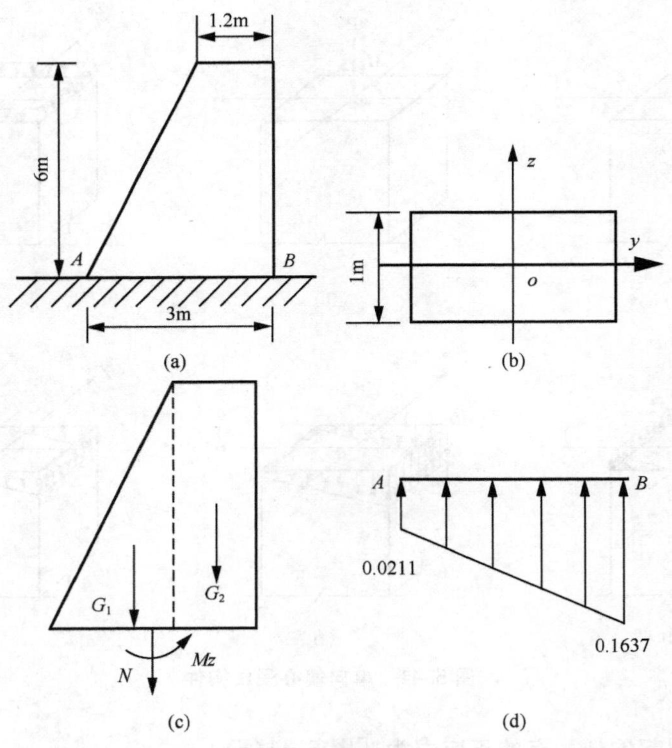

图 5.42 应用案例 5-16

解：挡土墙受重力作用，为了便于计算，将挡土墙按图 5.42(c)中画的虚线分成两部分，这两部分的自重分别为 G_1、G_2。

$$G_1=\gamma \cdot V_1=22\times 1.2\times 6\times 1=158.4(\text{kN})$$

$$G_2=\gamma \cdot V_2=22\times \frac{1}{2}(3-1.2)\times 6\times 1=118.8(\text{kN})$$

1. 内力计算

挡土墙基底处的内力如下。

$$N=-(G_1+G_2)=-(158.4+118.8)=-277.2(\text{kN})$$

$$M_Z=G_1\left(\frac{3}{2}-\frac{1.2}{2}\right)-G_2\left[\frac{3}{2}-(3-1.2)\frac{2}{3}\right]=158.4\times 0.9-118.8\times 0.3=106.92(\text{kN}\cdot\text{m})$$

2. 计算应力，画应力分布图

基底截面面积：$A=3\times 1=3(\text{m}^2)$

抗弯截面系数：$W_Z=\dfrac{1\times 3^2}{6}=1.5(\text{m}^3)$

则基底截面上 A 点、B 点处的应力为：

$$\sigma_B^A=\frac{N}{A}\pm\frac{M_Z}{W_Z}=\frac{-277.2\times 10^3}{3\times 10^6}\pm\frac{106.9\times 10^6}{1.5\times 10^9}=\frac{-0.0211}{-0.1637}(\text{MPa})$$

基底截面的正应力分布图如图 5.42(d)所示。

2. 双向偏心受压构件

如图 5.43 所示，矩形截面在 $K(y_K,\ z_K)$点受压力 F 的作用，与前面相似，将压力 F 简化到截面的形心 O，得到一个轴向压力和两个力偶 M_y、M_z，从而引起轴向压缩和两个平面弯曲的组合变形。则横截面上的内力为

$$N=F，M_y=Fz_K，M_z=Fy_K$$

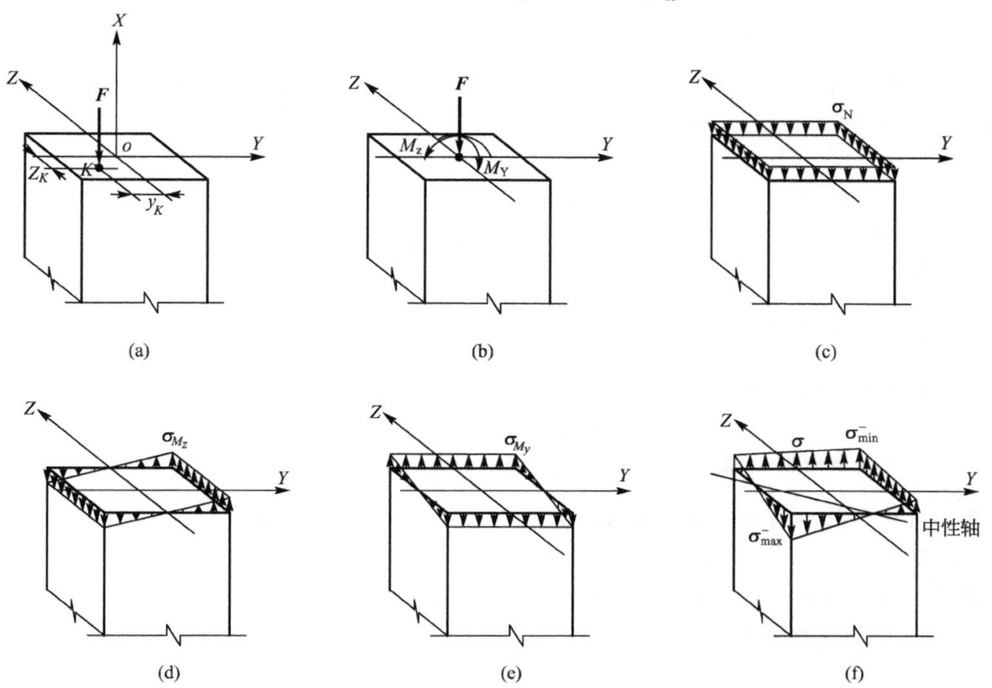

图 5.43 双向偏心受压构件

可得到双向偏心受压构件的横截面上任一点的总应力为

$$\sigma=\sigma_N+\sigma_{M_z}+\sigma_{M_y}=-\frac{F}{A}\pm\frac{M_z}{I_z}y\pm\frac{M_y}{I_y}z$$

最大压应力发生在压力 F 所作用的象限的角点上，其值为

$$\sigma_{\max}^{-}=-\sigma_N-\sigma_{M_z}-\sigma_{M_y}=-\frac{F}{A}-\frac{M_z}{I_z}y_{\max}-\frac{M_y}{I_y}z_{\max}$$

而最小压应力发生在对角线的角点上，其值为

$$\sigma_{\min}^{-}=-\sigma_N+\sigma_{M_z}+\sigma_{M_y}=-\frac{F}{A}+\frac{M_z}{I_z}y_{\max}+\frac{M_y}{I_y}z_{\max}$$

当压力偏心较大(即 K 点坐标 y_K 和 z_K 值较大)，则弯矩 M_y、M_z 也较大，那么就有可能最小压应力变成正值，也就是拉应力，如图 5.43(f)所示。

5.5.4 偏心受拉构件的应力

与偏心受压构件相类似，偏心受拉构件的变形也可分解为轴向拉伸和两个平面弯曲的组合变形。其横截面上任一点的总应力为

$$\sigma=\sigma_N+\sigma_{M_z}+\sigma_{M_y}=\frac{F}{A}\pm\frac{M_z}{I_z}y\pm\frac{M_y}{I_y}z$$

最大拉应力发生在拉力 F 所作用的象限的角点上，其值为

$$\sigma_{\max}^{+}=\sigma_N+\sigma_{M_z}+\sigma_{M_y}=\frac{F}{A}+\frac{M_z}{I_z}y_{\max}+\frac{M_y}{I_y}z_{\max}$$

而最小拉应力发生在对角线的角点上，其值为

$$\sigma_{\min}^{+}=\sigma_N-\sigma_{M_z}-\sigma_{M_y}=\frac{F}{A}-\frac{M_z}{I_z}y_{\max}-\frac{M_y}{I_y}z_{\max}$$

当拉力偏心较大(即 A 点坐标 y_A 和 z_A 值较大)，则弯矩 M_y、M_z 也较大，那么就有可能最小拉应力变成负值，也就是压应力。

本章小结

1. 截面的几何性质

(1) 组合图形的形心公式：$y_c=\frac{\sum A_i y_i}{A}$，$z_c=\frac{\sum A_i z_i}{A}$。

(2) 常用截面的惯性矩：矩形 $I_z=\frac{bh^3}{12}$，$I_y=\frac{hb^3}{12}$；圆形 $I_z=I_y=\frac{\pi D^4}{64}$，

型钢可由附录A直接查取各方向惯性矩。

(3) 惯性矩的平行移轴公式：$I_z=I_{zc}+a^2A$。

用平行移轴公式可以计算平面组合图形对形心轴的惯性矩。

2. 应力与应变的概念

(1) 内力在截面上的分布集度称为应力。

(2) 物体变形后，各线段的单位长度的伸缩，称为线应变 ε；各线段之间直角的改变，称为切应变 γ(或剪应变)。

(3) 胡克定律：当应力不超过某一极限时，应力与应变成正比，$\sigma=E\varepsilon$，$\tau=E\gamma$。

3. 轴心拉(压) 构件的应力分布和应力、应变计算如下：

(1) 根据实验的变形现象，可以得出平面假设和均匀连续假设。

(2) 轴向拉(压) 杆横截面上的应力与横截面垂直并平均分布，即 $\sigma=\frac{N}{A}$。

(3) 胡克定律有两种形式，计算绝对变形：$\Delta l=\frac{Nl}{EA}$；计算相对变形，即应变：$\varepsilon=\frac{\sigma}{E}$。

4. 受弯构件的应力分布和应力计算

(1) 梁弯曲时横截面上的正应力分布规律为：沿截面高度呈线性分布，中性轴 $\sigma=0$，中性轴将截面分成受压区和受拉区，上边缘为压应力最大值，下边缘为拉应力最大值。

(2) 横截面上任一点正应力的计算公式为 $\sigma=\frac{M_y}{I_z}$，最大应力为 $\sigma_{\max}=\frac{M}{W_z}$。

(3) 抗弯截面模量 W_z 是一个与截面形状和尺寸有关的几何量，即 $W_z=\frac{I}{y_{\max}}$，矩形为 $W_z=\frac{1}{6}bh^2$；圆形为 $W_z=\frac{\pi d^3}{32}$。

(4) 矩形截面梁上的剪应力沿截面高度按二次抛物线规律分布，在截面的上下边缘应力为零，在中性轴处最大。

5. 偏心受压、受拉构件的应力分布和应力计算

(1) 偏心受压、受拉构件可将压(拉)力 F 简化到截面的形心 O，得到一个轴向压力和一个力偶 M_z，将分别产生的应力代数相加，即得到偏心受压(拉)构件的横截面上任一点的总应力，即

$$\sigma=\sigma_{\mathrm{N}}+\sigma_{M_z}+\sigma_{M_y}=-\frac{F}{A}\pm\frac{M_z}{I_z}y\pm\frac{M_y}{I_y}z$$

(2) 当偏心受压构件的压力偏心较大时，截面可能出现拉应力。

习 题

一、判断题

1. 两根构件，材料不同、截面面积不同、轴力不同，当两根构件应力相同时，两构件同时破坏。 (　　)

2. 轴向拉压构件，构件的承载能力与材料、截面、构件长度有关。 (　　)

3. 实心圆截面的抗弯截面系数 $W=\pi D^3/32$ 。 (　　)

4. 梁受弯时，横截面上最大的剪应力距中性轴最远。 (　　)

5. 梁受弯时，横截面上最大的正应力距中性轴最近。 (　　)

二、单项选择题

1. 两根材料相同、截面不同的杆件，受相同轴力作用时，其(　　)。

A. 应变相同，应力相同　　B. 应变不同，应力相同

C. 应变相同，应力不同　　D. 应变不同，应力不同

2. (　　)截面梁的抗弯截面系数 $W=bh^2/6$。

A. 圆形　　B. 工字型　　C. 槽形　　D. 矩形

3. 如图 5.44 所示，构件的矩形截面，其截面惯性矩 I_Z 为(　　)。

A. $\frac{bh^3}{12}$　　B. $\frac{bh^2}{12}$　　C. $\frac{bh^3}{6}$　　D. $\frac{bh^2}{6}$

4. 当梁的截面面积相同条件下，梁的承载能力依次是(　　)。

A. 矩形截面＞工字形截面＞实心圆形截面

B. 工字形截面＞矩形截面＞实心圆形截面

C. 实心圆形截面＞矩形截面＞工字形截面

D. 工字形截面＞实心圆形截面＞矩形截面

5. 矩形截面梁横截面上剪应力沿截面高度的变化呈(　　)分布。

A. 垂直线　　B. 斜直线　　C. 二次曲线　　D. 半圆形

6. 矩形截面梁如图 5.45 所示。已知截面上 C 点处的正应力为 180MPa，b 点处的正应力为(　　)。

A. 100MPa　　B. 90MPa　　C. 80MPa　　D. 60MPa

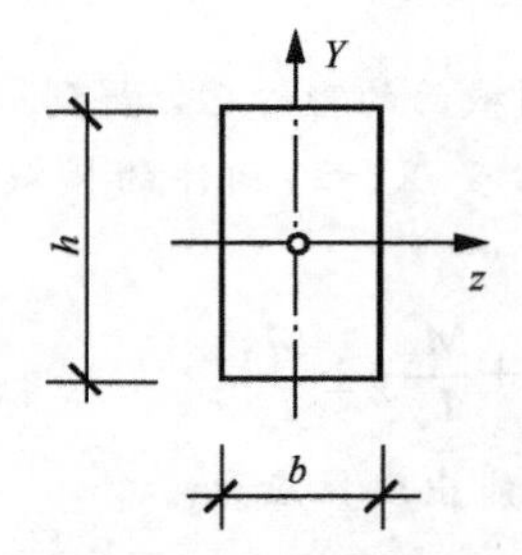

图 5.44　选择题 3 图

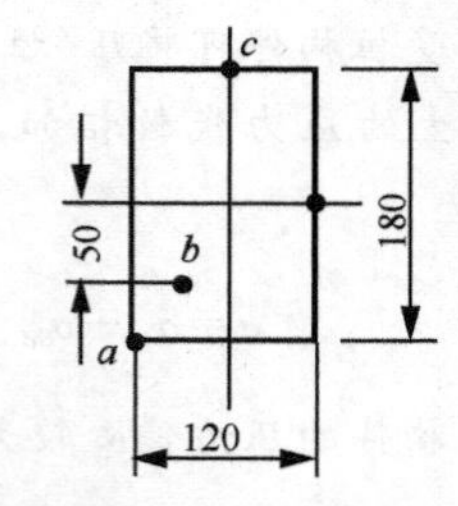

图 5.45　选择题 6 图

7. μl 称为计算长度。μ 称为长度系数，一端固定、一端铰支 $\mu=$(　　)。

A. 2　　B. 1　　C. 0.7　　D. 0.5

三、多项选择题

1. 构件的承载能力包括(　　)。

A. 强度　　B. 刚度　　C. 安全度

D. 耐久性　　E. 稳定性

2. 两根相同材料的杆件，在(　　)情况下杆件易先破坏。

A. 拉力相同，截面积大的　　B. 拉力相同，截面积小的

C. 截面积小而拉力大的　　D. 截面积大而拉力小的

E. 截面积相同，拉力大的

3. 杆件的纵向变形 ΔL 与(　　)有关。

A. 轴力　　B. 杆长　　C. 材料的弹性模量

D. 抗弯截面模量　　E. 横截面积

4. 梁截面正应力的叙述正确的是(　　)。

A. 截面弯矩愈大，截面正应力愈大

B. 抗弯截面模量愈大，截面正应力愈大

C. 抗弯截面模量愈大，截面正应力愈小

D. 截面惯性矩愈大，截面正应力愈小

E. 截面惯性矩愈小，截面正应力愈小

四、填空题

1. 如图 5.46 所示，T 形截面形心轴 Z 以上部分对 Z 轴和形心轴 Z 以下部分对轴 Z 轴的静矩是________关系。

2. 某三角形如图 5.47 所示，Z_1，Z_2，Z_3 相互平行，其中 Z_2 为形心轴，则三个惯性矩的大小的排列是________。

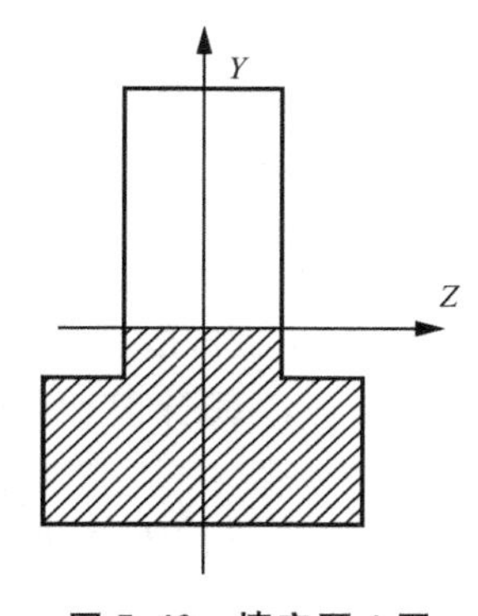

图 5.46　填空题 1 图

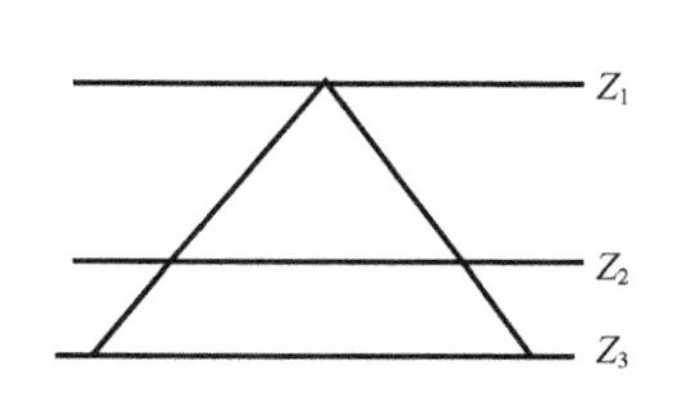

图 5.47　填空题 2 图

3. 如图 5.48 所示，两个相同的槽钢组合成(a)、(b)两种截面，试比较它们对形心轴的惯性矩 I_Z 和 I_Y 的大小是________。

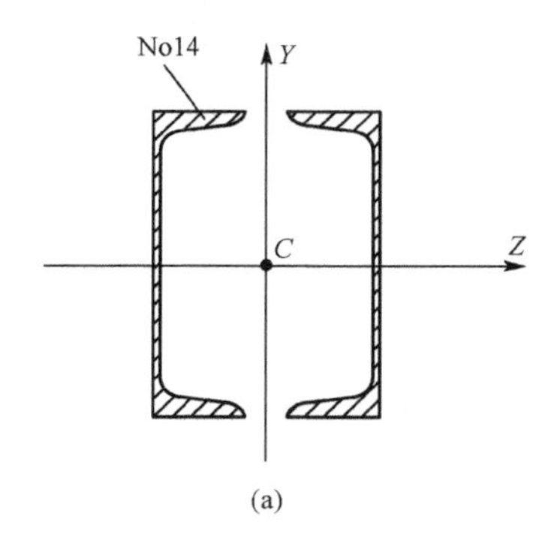

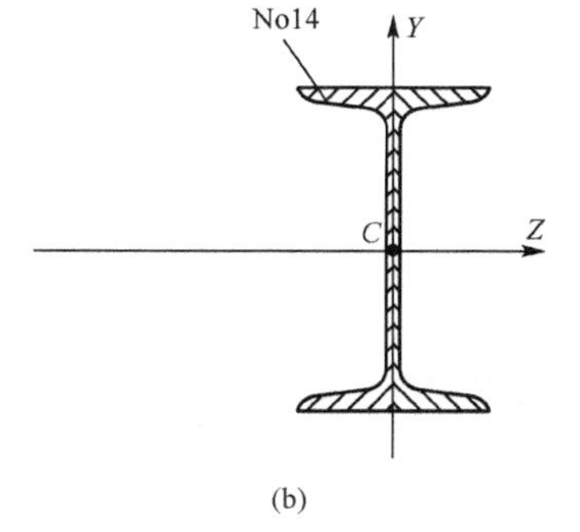

图 5.48　填空题 3 图

4. μl 称为计算长度。μ 称为________，它反映了约束情况对________载荷的影响。

5. 由 $F_{cr}=\frac{\pi^2 EI}{(\mu l)^2}$ 可知，长度系数 μ 值________，压杆的临界力________。

6. 压杆的柔度越小，压杆的临界应力________、压杆的稳定性越________。

五、计算题

1. 试求图 5.49 所示平面图形的形心 C 相对 O 点的坐标以及截面对形心轴 Y、Z 的惯性矩。

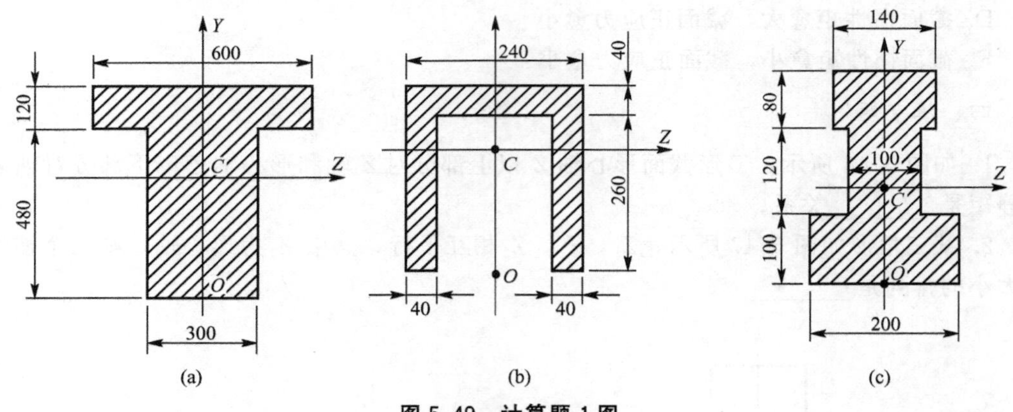

图 5.49　计算题 1 图

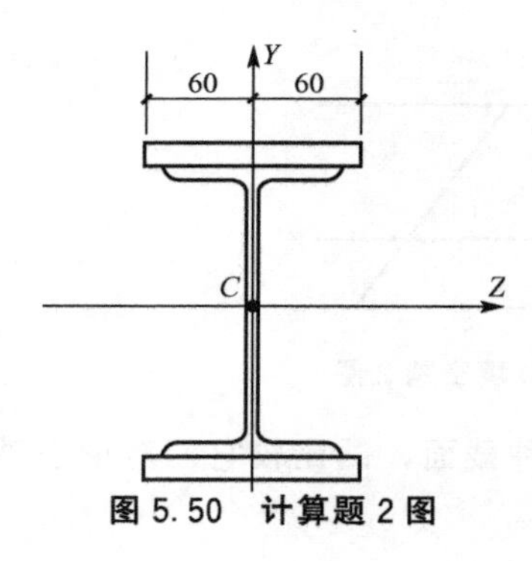

图 5.50　计算题 2 图

2. 如图 5.50 所示，已从型钢表中查得 18 号工字钢的形心主惯性矩 $I_Z=1660\text{cm}^4$，$I_Y=122\text{cm}^4$，若上下翼缘各焊上一块 120mm×20mm 的钢板，试计算此组合截面的 I_Z 和 I_Y。

3. 试求图 5.51 所示阶梯状直杆上各横截面上的应力，已知 $a_1=10\text{mm}$，$a_2=20\text{mm}$，$a_3=30\text{mm}$。

4. 图 5.52 所示支架①杆为直径 $d=14\text{mm}$ 的钢圆截面杆，②杆为边长 $a=10\text{cm}$ 的正方形截面杆，在结点挂一重物 $W=40\text{kN}$，求①杆和②杆所受到的应力。

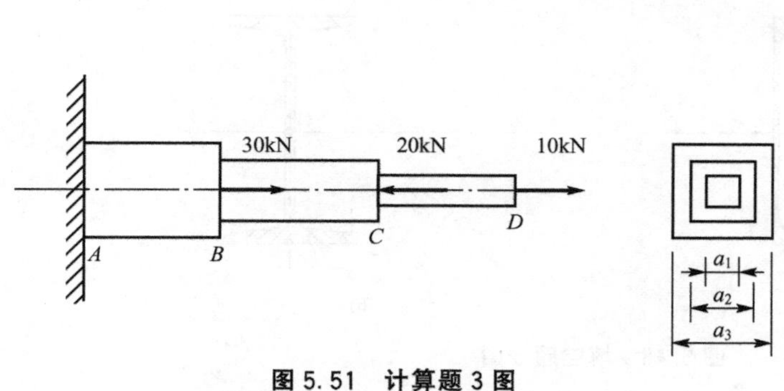

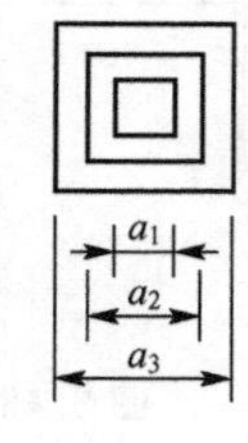

图 5.51　计算题 3 图

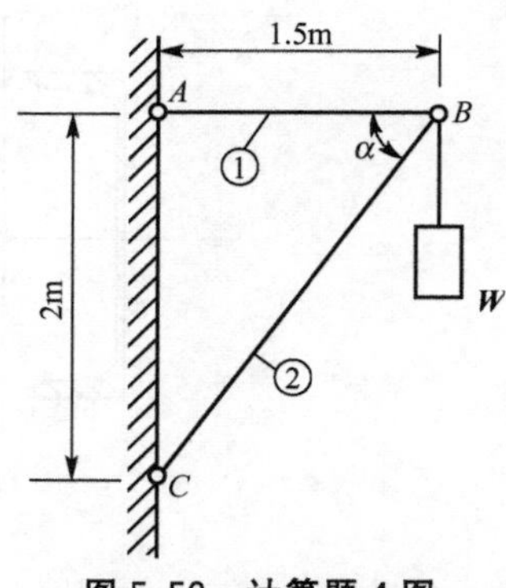

图 5.52　计算题 4 图

5. 图 5.53 所示一方形截面砖柱，上段柱边长为 240mm，下段柱边长为 370mm。荷载 $P=50\text{kN}$，不计自重，材料的弹性模量 $E=0.03\times10^5\text{MPa}$，试求砖柱顶面的位移。

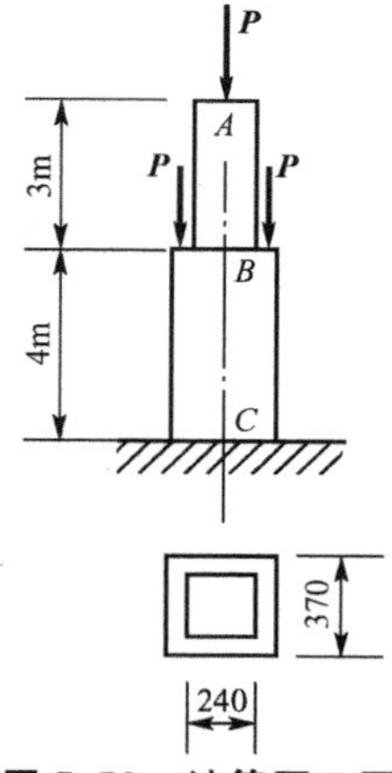

图 5.53　计算题 5 图

6. 如图 5.54 所示，先在 AB 两点之间拉一根直径 $d=1\text{mm}$ 的钢丝，然后在钢丝中间起吊一荷载 P。已知钢丝在力 P 作用下产生变形，其应变达到 0.08%，如果 $E=200\text{GPa}$，钢丝自重不计，试计算：(1)钢丝的应力；(2)钢丝在点 C 下降的距离；(3)荷载 P 的大小。

7. 如图 5.55 所示雨篷结构简图，水平梁 AB 上受均布荷载 $q=10\text{kN/m}$ 的作用，B 端用圆钢杆 BC 拉住，已知拉杆的直径 $d=20\text{mm}$，梁的截面为矩形 $bh=40\text{mm}\times60\text{mm}$，试计算拉杆和梁的应力。

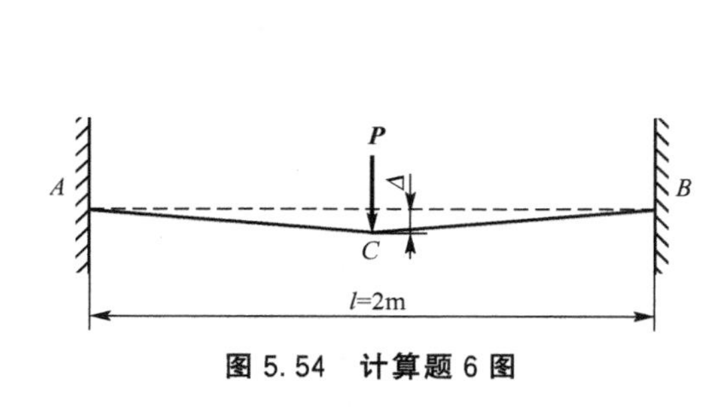

图 5.54　计算题 6 图

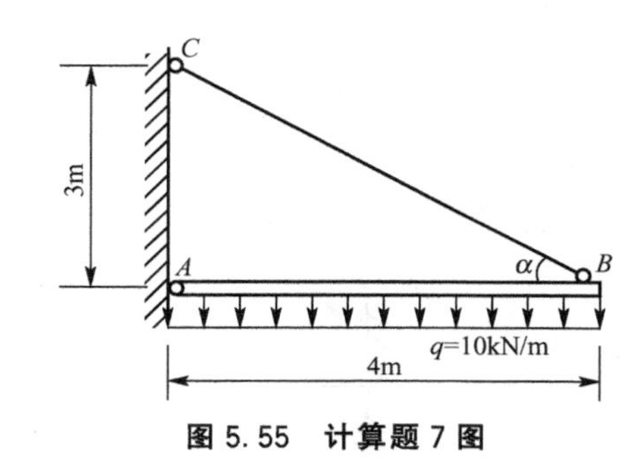

图 5.55　计算题 7 图

8. 图 5.56 所示已知钢柱由两根 10 号槽钢组成，$l=10\text{m}$，两端固定，求钢柱的临界应力。

9. 图 5.57 所示结构中，圆截面杆 CD 的直径 $d=50\text{mm}$，$E=200\text{GPa}$，$\lambda_P=100$。试确定该结构的临界荷载 F_{cr}。

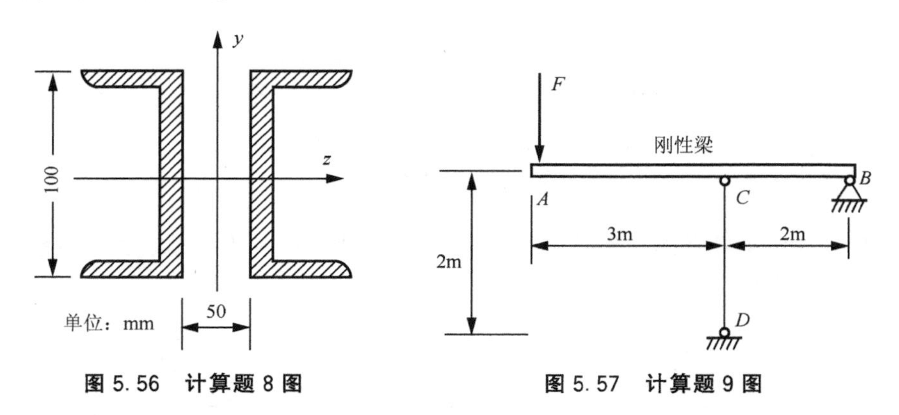

图 5.56　计算题 8 图

图 5.57　计算题 9 图

10. 图 5.58 所示简支梁 AB，试求其截面 D 上的 a、b、c、d、e 这 5 点处的正应力。

11. 某外伸梁，截面为倒 T 形，尺寸及梁上受荷载如图 5.59 所示，试计算梁的最大拉应力和最大压应力。(图中未注明单位均为 mm)

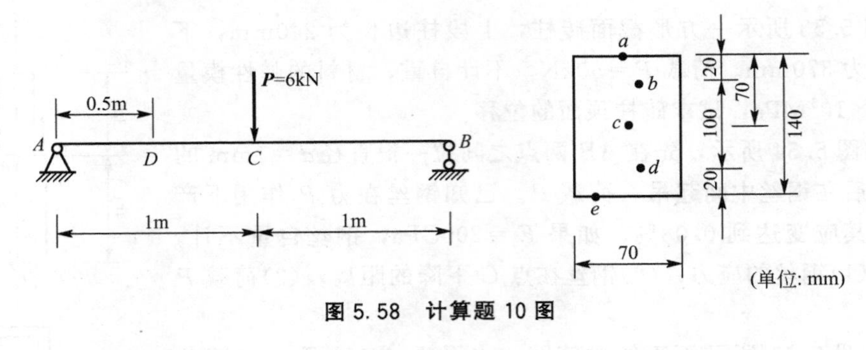

图 5.58 计算题 10 图

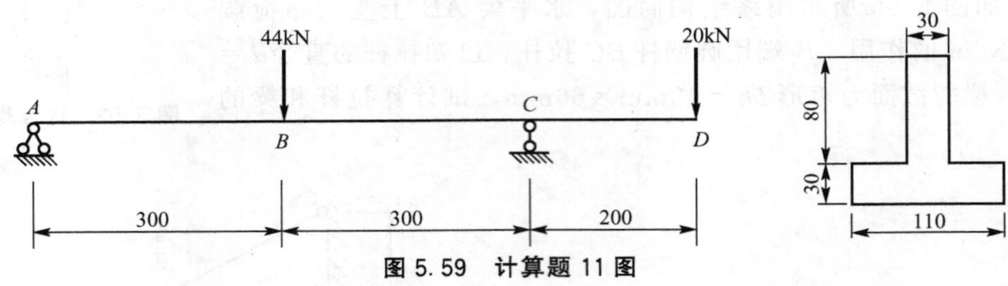

图 5.59 计算题 11 图

12. 悬臂梁 AB 受线均布荷载 q 作用如图 5.60 所示，试求最大剪应力。

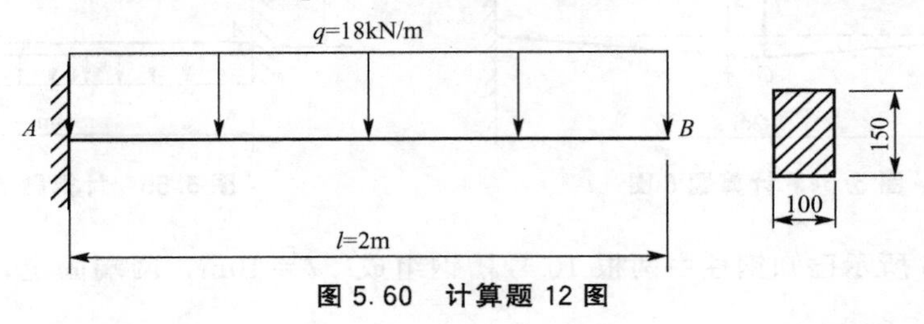

图 5.60 计算题 12 图

13. 图 5.61 所示简支梁 AB，采用 I20a 工字钢，试计算梁的最大正应力和最大剪应力。

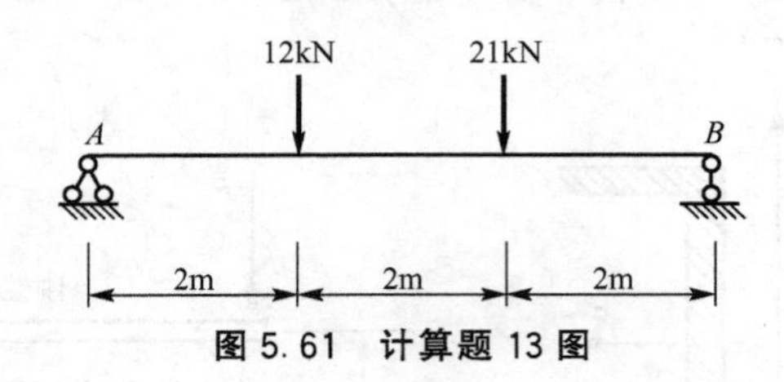

图 5.61 计算题 13 图

14. 图 5.62 所示外伸梁，由两根 No16a 槽钢组成。已知 $l=6\text{m}$，$F=18\text{kN}$，试计算槽钢所受到的最大应力。

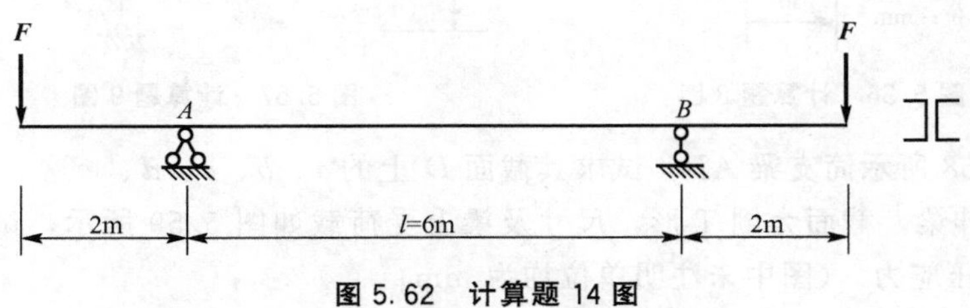

图 5.62 计算题 14 图

15. 如图 5.63 所示为一桥墩，桥墩承受的荷载为：上部结构传给桥墩的压力 $P=1900\text{kN}$、桥墩自重 $G=1800\text{kN}$、列车的水平制动力 $Q=300\text{kN}$。基础底面为矩形，试求基础底面 AD 边与 BC 边处的正应力。

16. 如图 5.64 所示，若在正方形横截面短柱的中间开一槽，使横截面积减少为原截面积的一半。试问开槽后的最大正应力为不开槽时最大正应力的几倍？

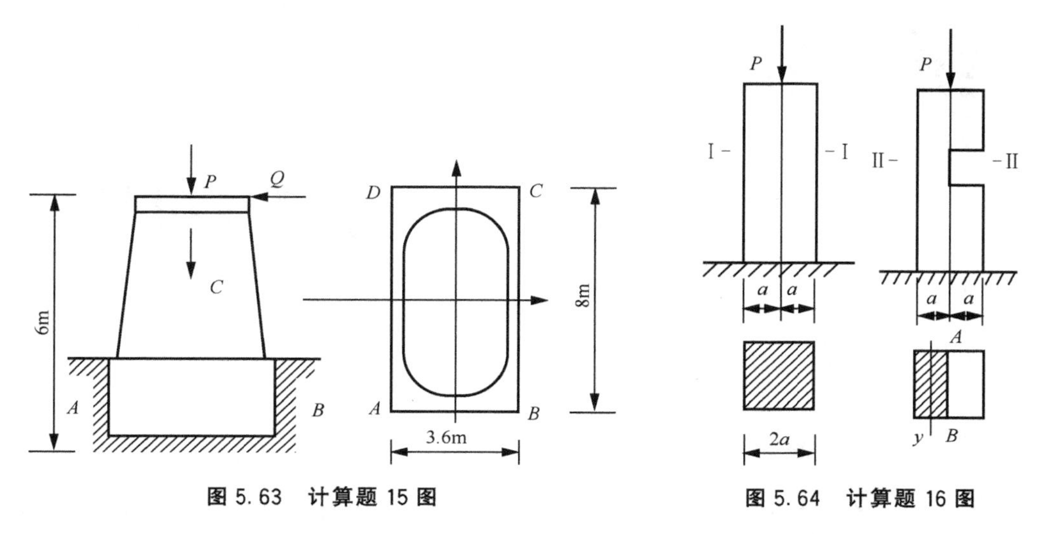

图 5.63　计算题 15 图　　图 5.64　计算题 16 图

17. 受集度为 q 的均布荷载作用的矩形截面简支梁，其荷载作用面与梁的纵向对称面的夹角 $\alpha=30°$，如题图 5.65(a)所示。已知该梁材料的弹性模量 $E=10\text{GPa}$；梁的尺寸为 $l=4\text{m}$，$h=160\text{mm}$，$b=120\text{mm}$。试计算梁的最大正应力。

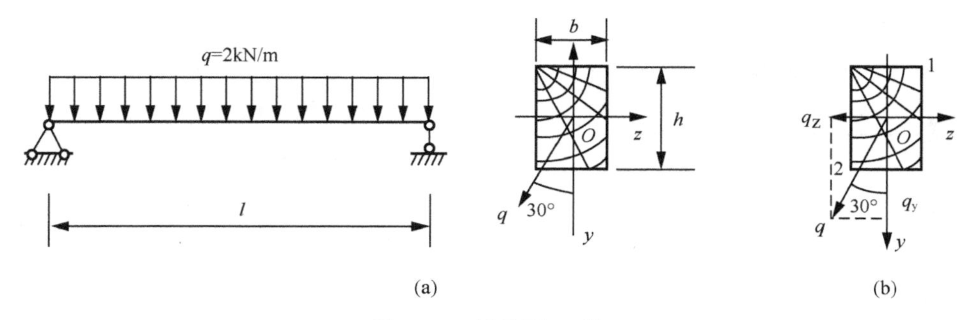

图 5.65　计算题 17 图

第6章

剪切与扭转

教学目标

本章主要讨论杆件的剪切和扭转这两种基本变形；要求学生理解、掌握剪切与扭转的基本概念，明晰其内力分析及基本计算步骤。

教学要求

能力目标	知识要点	相关知识	权重(%)
剪切与挤压的概念理解	受力特点和变形特点	剪力、剪切面、挤压力、挤压面等	10
剪切和挤压的实用计算	剪应力	剪力的计算，剪切面面积等	30
	正应力	挤压力的计算，挤压面面积等	20
扭转的理解与计算	扭转内力	受扭杆件的应力和变形，扭矩及其计算方法	20
	扭转应力	横截面上的应力(变形几何关系、静力学关系、物理学关系)	20

引 例

对于钢结构的骨架，在外荷载的作用下，结构构件将产生轴向拉压、弯曲、剪切、扭转四种基本变形和组合变形。若构件受到一对相距很近、大小相同、方向相反的横向外力作用时，则该杆件将沿着两侧外力之间的横截面发生相对错动，这种变形形式称之为剪切。图 6.1 所示梁、柱螺栓连接节点，梁在竖向荷载作用下通过螺栓与柱连接使钢结构保持平衡，连接件螺栓横截面将发生相对错动产生剪切，因此，属受剪构件。螺栓受剪的同时梁钢板与螺栓接触还将发生挤压。本例中梁一侧用 6 个螺栓与柱连接为什么不是 4 个或 8 个呢？因此，为确保钢结构在荷载作用下拥有足够承载力，必须对剪切和扭转这两种变形形式加以分析和计算。

图 6.1 梁、柱螺栓连接节点

6.1 剪 切

实际工程中，构件之间通常采用连接件相互连接，具体常用螺栓、铆钉、销钉等，分别见图 6.2(a)、(b)、(c)。连接件对整个结构的牢固和安全起着重要作用，对其强度分析应予以重视，本节内容主要研究拉(压)杆连接部分的强度计算。

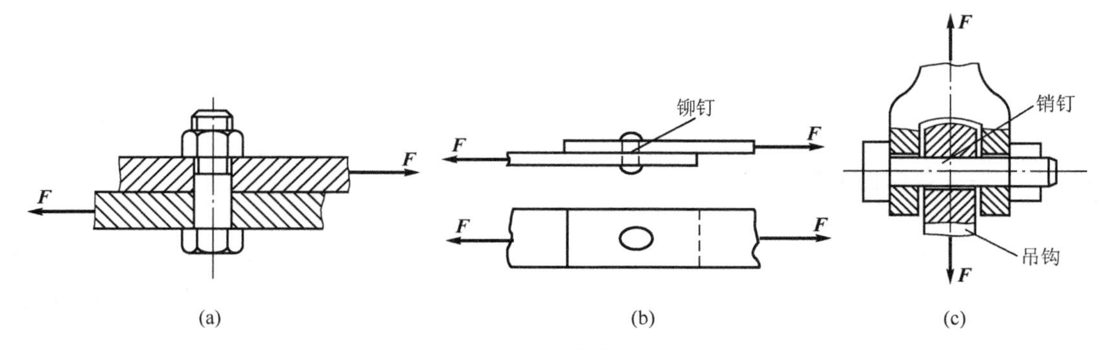

图 6.2 连接件剪切示例

6.1.1 剪切的概念及工程实例

剪切是杆件的基本变形之一，其计算简图如图 6.3(a)所示。在杆件受到一对相距很近、大小相同、方向相反的横向外力 F 的作用时，将沿着两侧外力之间的横截面发生相对错动，这种变形形式就称为剪切。当外力 F 足够大时，杆件便会被剪断。发生相对错动的横截面则称为剪切面。

在外力 F 作用下，使得剪切面发生相对错动，该截面上必然会产生相应的内力以抵抗变形，这种内力就称为剪力，用符号 V 表示。运用截面法，可以很容易地分析出位于剪切面上的剪力与外力 F，大小相等、方向相反，如图 6.3(b)所示。力学中通常规定：剪力对所研究的分离体内任意一点的力矩为顺时针方向的为正，逆时针方向的为负。图 6.3(c)所示剪力为正。

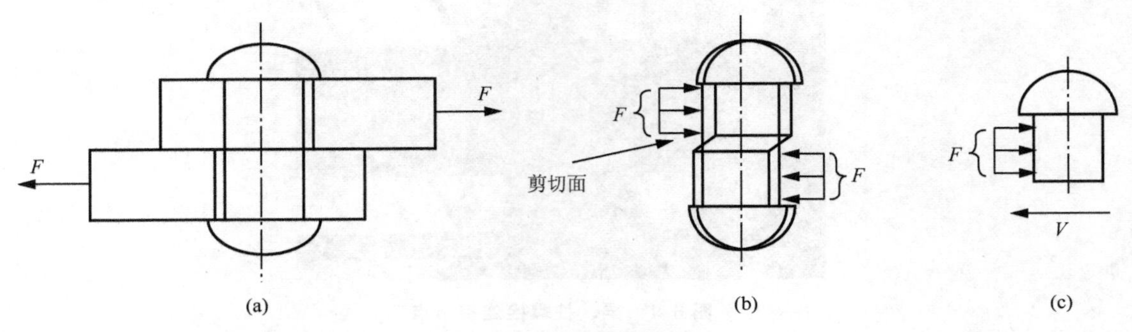

图 6.3　剪切的计算实例

6.1.2 剪切的实用计算

正如轴向拉伸和压缩中杆件横截面上的轴力 F_N 与正应力 σ 的关系一样，剪力同样是剪应力 τ 合成的结果，剪应力的方向和正负号的规定均与剪力一致。因为剪应力的实际分布情况比较复杂，要作精确的分析是比较困难的，所以工程中通常以试验和经验为基础作出一些假设，采用简化的计算方法，称为剪切的实用计算。剪切实用计算假设剪切面上各点处的剪应力相等，用剪力 V 除以剪切面的面积 A 所得到的剪应力平均值 τ 作为计算剪应力(也称名义剪应力)，即

$$\tau=\frac{V}{A} \tag{6-1}$$

式中　V——剪切面上的剪力；

　　　A——剪切面的面积。

如图 6.4 所示，两块钢板进行了焊接，焊缝高度为 h_f，在外力 F 作用下，焊缝的剪切面积为焊缝的周长$(2a+b)$乘以焊缝的计算高度。根据钢结构知识，焊缝的计算高度取 45°方向所对应的高度，即 $0.7h_f$。因此焊缝受到的剪应力 $\tau=\dfrac{V}{A}=\dfrac{F}{0.7h_f(2a+b)}$。

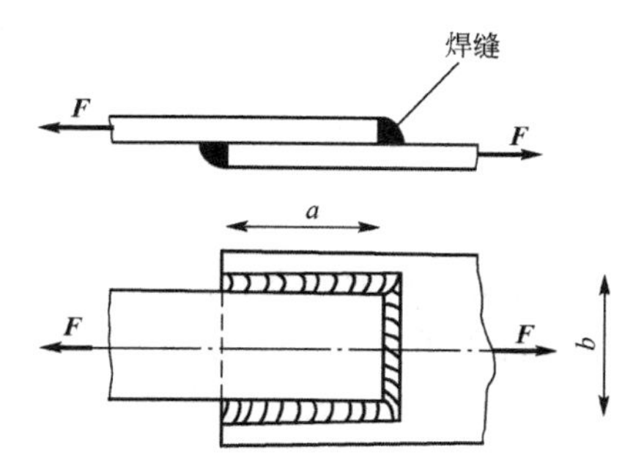

图 6.4　钢板焊缝连接剪切示例

应用案例 6-1

正方形截面的混凝土柱和基底混凝土板如图 6.5(a)所示。假设地基对基底板的反力均匀分布，其压强为 p，如图 6.5(b)所示。混凝土板的厚度 t 为 100mm，试确定混凝土板受到的剪应力大小。

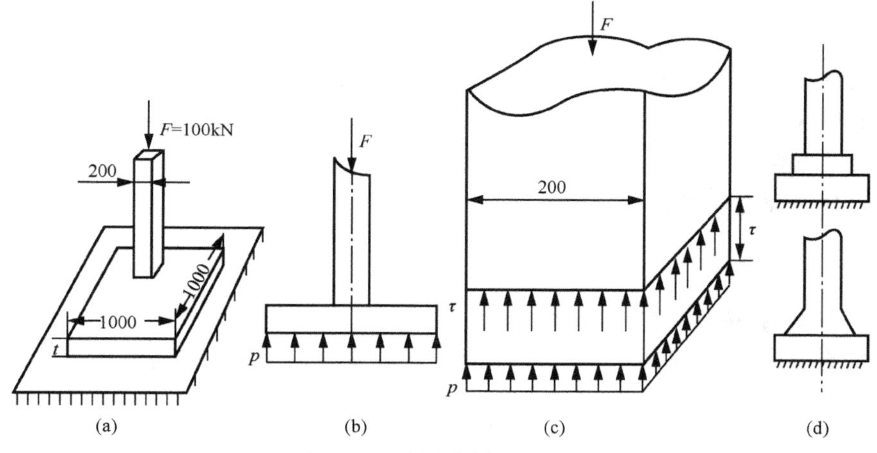

图 6.5　应用案例 6-1 图

解： 假设地基对地基板反力为均匀分布，所以

$$p=\frac{F}{A_{板}}=\frac{100\times10^3}{1\times1}=100(\text{kPa})$$

沿剪切面将柱截出，其受力如图 6.5(c)所示。混凝土板受到的剪应力为

$$\begin{aligned}\tau &=\frac{F-pA_{柱}}{A}\\&=\frac{F-p(200\times200\times10^{-6})}{4t\times10^{-6}}\\&=\frac{100\times10^3-100\times10^3\times200\times200\times10^{-6}}{4\times100\times10^{-6}}\\&=240(\text{MPa})\end{aligned}$$

在实际工程中，为了减少基底板的厚度，常将柱的底部做成阶梯状或斜坡形式，如图 6.5(d)所示。

6.1.3 挤压的实用计算

连接件在受剪切的同时，在两构件接触面上，因为相互挤压会产生局部受压，称为挤压，如图 6.6 所示。剪切构件除可能被剪断外，还可能发生挤压破坏。挤压的破坏特点为：在构件互相接触的表面上，因承受较大的压力作用，使接触处的局部区域发生显著的塑性变形或被压碎。

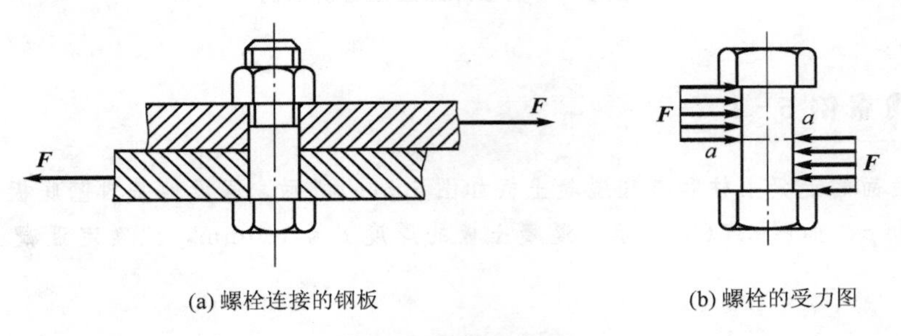

(a) 螺栓连接的钢板　　(b) 螺栓的受力图

图 6.6　螺栓挤压图

在接触处产生的变形为挤压变形。在接触面上的压力称之为挤压力，用符号 F_{bs} 表示。当挤压力足够大时，将使螺栓压扁或钢板在孔缘处压皱，从而导致连接松动而失效。在工程设计中，通常假定在挤压面上应力是均匀分布的，挤压力根据所受外力由静力平衡条件求得，因而挤压面上名义挤压应力如下。

$$\sigma_{bs}=\frac{F_{bs}}{A_{bs}} \tag{6-2}$$

式中　A_{bs}——计算挤压面面积。

当接触面为平面(如键联结中键与轴的接触面)时，计算挤压面面积 A_{bs} 取实际接触面的面积；当接触面为圆柱面(如螺栓联结中螺栓与钢板的接触面)时，计算挤压面面积 A_{bs} 取圆柱面在直径平面上的投影面积，如图 6.7(a)所示。

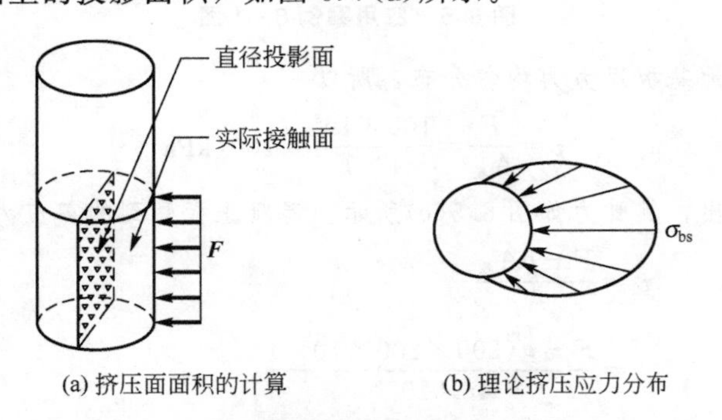

(a) 挤压面面积的计算　　(b) 理论挤压应力分布

图 6.7　挤压面面积与理论挤压应力的分布

实际上，挤压应力在接触面上的分布是很复杂的，与接触面的几何形状及材料性质直接相关。根据理论分析，圆柱状联结件与钢板接触面上的理论挤压应力沿圆柱面的分布情况如图6.7(b)所示，而按式(6-2)计算得到的名义挤压应力与接触面中点处的最大理论挤压应力值相近。

为了防止因联结松动而失效，必须控制挤压应力。

在联结件的设计中，在一般情况下，分别对剪切和挤压进行计算都是必要的。但是，如果被联结件的截面在联结处遭到削弱，则必须对被联结件进行计算。

应用案例 6-2

用四个铆钉搭接两块钢板，如图6.8(a)所示。已知拉力 $F=110\text{kN}$，铆钉直径 $d=16\text{mm}$，钢板宽度 $b=90\text{mm}$，厚 $t=10\text{mm}$。试计算铆钉的剪应力、挤压应力、以及钢板最大拉应力。

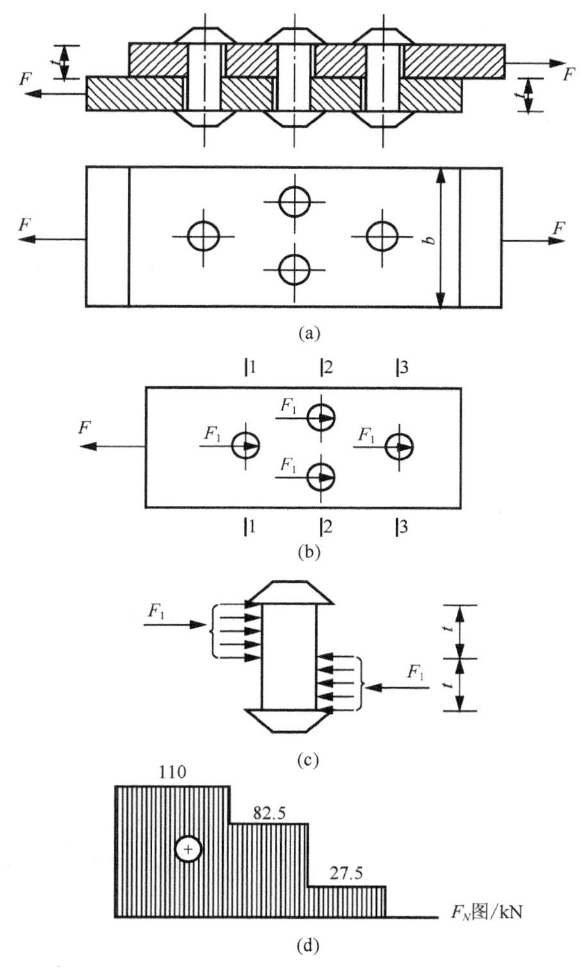

图6.8 应用案例6-2图

解：连接件存在三种破坏的可能性：①铆钉被剪断；②铆钉或钢板发生挤压破坏；③钢板由于钻孔，断面受到削弱，在削弱截面处被拉断。如果要判断连接件安全可靠，必须先计算出铆钉的剪应力、挤压应力、以及钢板最大拉应力。

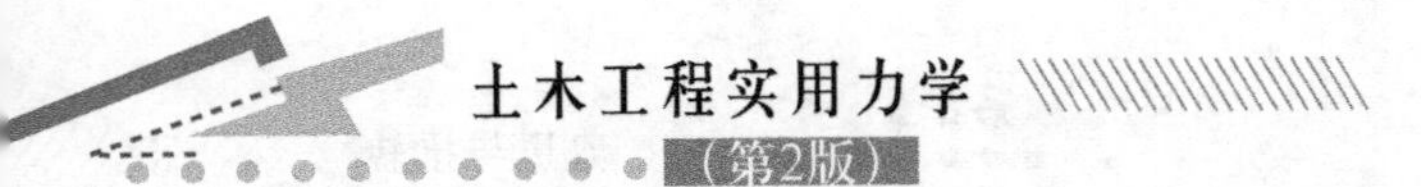

(1) 受力分析。连接件有四个铆钉，铆钉直径相同，且相对于钢板轴线对称分布。在实用计算中假设每个铆钉传递的力相等，如图 6.8(b)所示。得：

$$F_1=\frac{F}{4}=\frac{110}{4}=27.5(\text{kN})$$

(2) 铆钉的剪应力计算。铆钉受力如图 6.7(c)所示。

$$\tau=\frac{V}{A}=\frac{F_1}{\frac{\pi d^2}{4}}=\frac{27.5\times10^3\times4}{\pi\times16^2}=136.8(\text{MPa})$$

(3) 铆钉的挤压应力计算。

$$\sigma_{\text{bs}}=\frac{F_{\text{bs}}}{A_{\text{bs}}}=\frac{F_1}{td}=\frac{27.5\times10^3}{10\times16}=171.9(\text{MPa})$$

(4) 钢板的最大拉应力计算。两块钢板的受力情况及开孔情况相同，只要校核其中一块即可。以下面一块钢板为例，作出钢板的轴力图，如图 6.8(d)所示，截面 3—3 不是危险截面，只需对截面 1—1 和 2—2 进行应力计算，从而确定最大拉应力。

$$\sigma_{1-1}=\frac{F}{A_1}=\frac{F}{(b-d)t}=\frac{110\times10^3}{(90-16)\times10}=149(\text{MPa})$$

$$\sigma_{2-2}=\frac{F}{A_2}=\frac{\frac{3F}{4}}{(b-2d)t}=\frac{0.75\times110\times10^3}{(90-2\times16)\times10}=142(\text{MPa})$$

因此钢板的最大拉应力发生在 1—1 截面，大小为 149MPa。

特别提示

拉压构件连接件的变形形式主要是剪切并伴有挤压。实用计算假定剪切面上的剪应力和挤压应力均匀分布，其公式分别为 $\tau=\frac{V}{A}$，$\sigma_{\text{bs}}=\frac{F_{\text{bs}}}{A_{\text{bs}}}$。在连接件计算中，正确判断剪切面和挤压面是分析问题的关键。此外，钢板由于钻孔，断面受到削弱，在削弱截面处可能被拉断，还应计算削弱截面处的最大拉应力。

6.2 扭　转

扭转也是杆件的基本变形之一，其计算简图如图 6.9(a)所示。在一对大小相等、方向相反、作用面垂直于杆件轴线的外力偶作用下，直杆的任意两横截面(如图中 m—m 截面

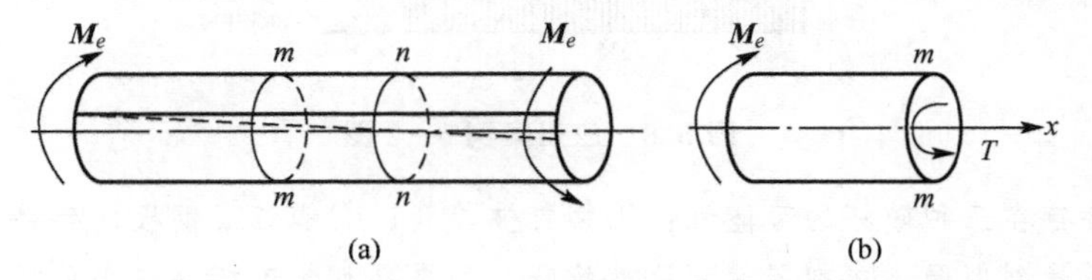

图 6.9　扭转的计算简图

和 $n—n$ 截面)将绕轴线相对转动，杆件的轴线仍将保持直线，而其表面的纵向线将成螺旋线。这种变形形式就称为扭转。

在工程中，受扭杆件是很常见的，例如，机器中的传动轴(见图 6.10)，房屋建筑中带雨篷的门过梁(见图 6.11)等。但单纯发生扭转的杆件不多，如果杆件的变形以扭转为主，其他次要变形可忽略不计的，可以按照扭转变形对其进行强度和刚度计算；如果杆件除了扭转外还有其他主要变形的(如雨篷梁还受弯，钻杆还受压)，则要通过组合变形计算。本章仅就等直圆杆的扭转问题加以说明。

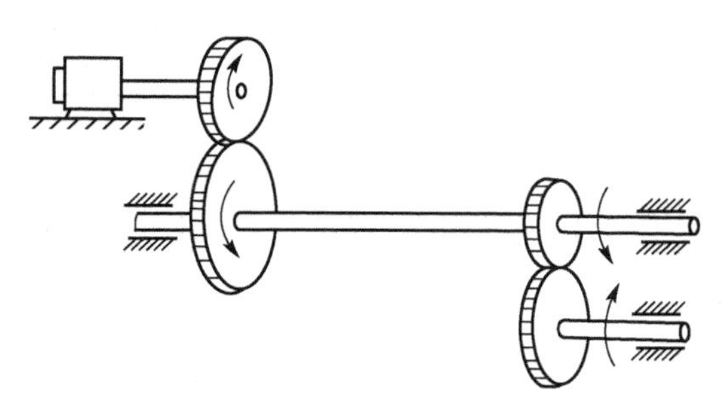

图 6.10 机器传动轴简图

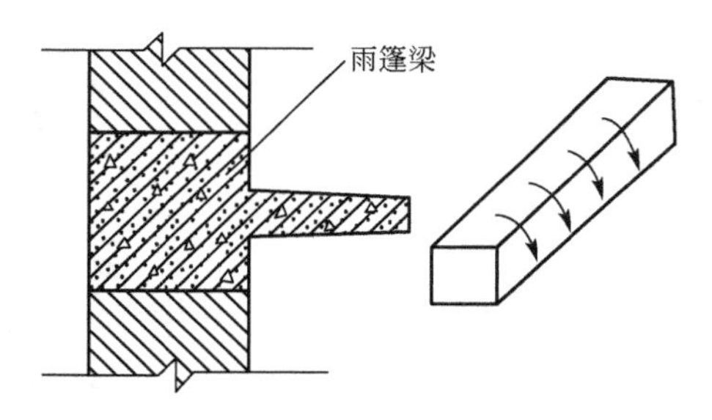

图 6.11 雨篷门过梁简图

6.2.1 扭转内力

要研究受扭杆件的应力和变形，首先得计算轴横截面上的内力。截面上的内力可用截面法求出。将杆件沿横截面 n—n 假想地截开[图 6.12(a)]，任取其中一段[例如左段，如图 6.12(b)所示]为研究对象。根据该段杆件的平衡条件可知，扭转时，杆件横截面上的分布内力为一垂直于杆件横截面的力偶，其力偶矩称为扭矩，用符号 T 表示。由平衡方程 $\sum M_x=0$ 得到 $T=M$。

如果取杆件的右段[图 6.12(c)]为研究对象，扭矩 T 也有同样的结果，他与前者互为反作用。为了使截面的左右两段轴求得的扭矩具有相同的正负号，对扭矩的正、负作如下规定：采用右手螺旋法则，如图 6.13 所示，以右手四指表示扭矩的转向，当拇指的指向与截面外法线方向一致时，扭矩为正号；反之为负号。根据以上规则可快速绘出图杆件图 6.12(a)的扭矩图，如图 6.12(d)所示。当杆件上作用有多个外力偶矩时，为了表现沿轴线各横截面上扭矩的变化情况，从而确定最大扭矩及其所在位置，可仿照轴力图的绘制方法来绘制扭矩图。

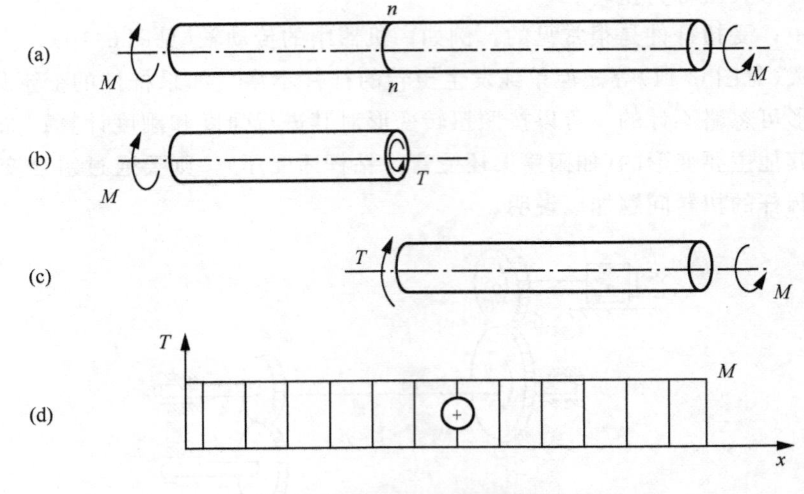

图 6.12　扭转计算图与扭矩图

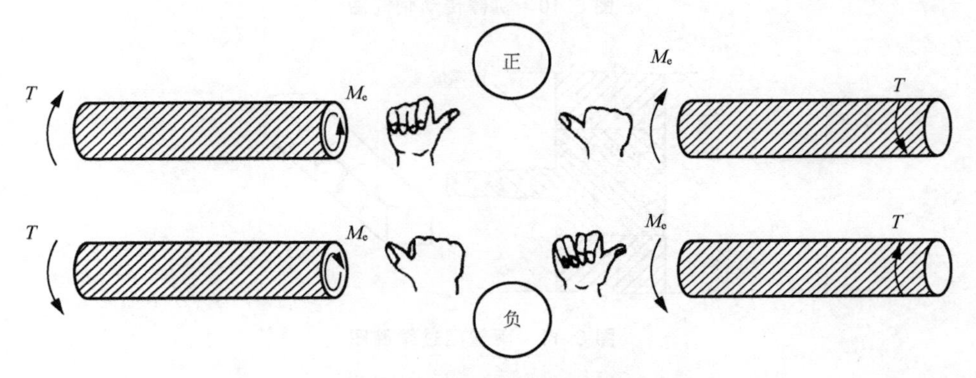

图 6.13　扭转正负号示例

以工程中常用的传动轴为例，往往只知道它所传递的功率 P 和转速 n，而作用在轴上的外力偶矩可以通过功率 P 和转速 n 换算得到。因为功率是每秒钟内所做的功，有

$$P=M_e\times10^{-3}\times\omega=M_e\times\frac{2n\pi}{60}\times10^{-3} \tag{6-3}$$

于是，作用在轴上的外力偶矩为

$$M_e=9549\,\frac{P}{n} \tag{6-4}$$

式中，功率 P 的单位为 kW，外力偶矩的单位为 N·m，ω 的单位是 mm/s，转速 n 的单位为 r/min。

杆件上的外力偶矩确定后，可用截面法计算任意横截面上的内力。

6.2.2 扭转应力

1. 薄壁圆筒的扭转

设圆筒的壁厚为 t，圆筒的平均半径为 R，当 t 远小于 R 时，这种圆筒称为薄壁圆筒。为了研究薄壁圆筒受扭转时的应力，首先观察扭转时的变形现象。因此扭转前在圆筒表面画上等距离圆周线和纵向线，形成许多小方格，如图 6.14(a)所示。然后在圆筒两端施加一对大小为 M 的外力偶，使其发生扭转变形如图 6.14(b)所示，于是看到如下现象。

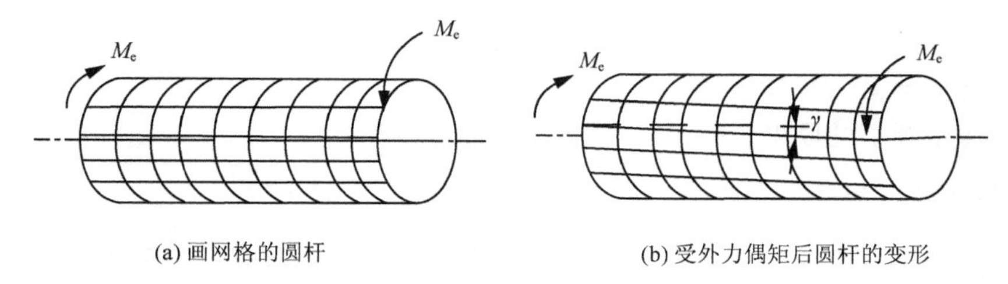

(a) 画网格的圆杆　　(b) 受外力偶矩后圆杆的变形

图 6.14　等直圆杆的扭转变形

(1) 各圆周线的形状、大小、及间距均未改变，只是绕轴线作了相对转动。

(2) 各纵向线都倾斜了同一个角度 r，表面矩形方格错动成平行四边形。直角的改变量 r 即为剪应变。

根据观察到的现象可以得到以下推论。

① 由于圆周线的形状、大小和间距不变，说明圆筒无纵向线应变，故横截面上无正应力。

② 由于圆筒表面方格左右两侧的边发生相对错动，产生了剪应变，说明圆筒横截面上有剪应力。

③ 由于相邻两圆周线间每个方格的直角改变量相等，即剪应变相同，根据材料连续均匀假设可知，横截面上沿圆周各点处的剪应力也相等，且方向垂直于半径(因剪切变形垂直于半径的平面内)。至于剪应力沿半径方向的变化，因圆筒壁很薄，可假设剪应力沿壁厚均匀分布，如图 6.15(a)所示。

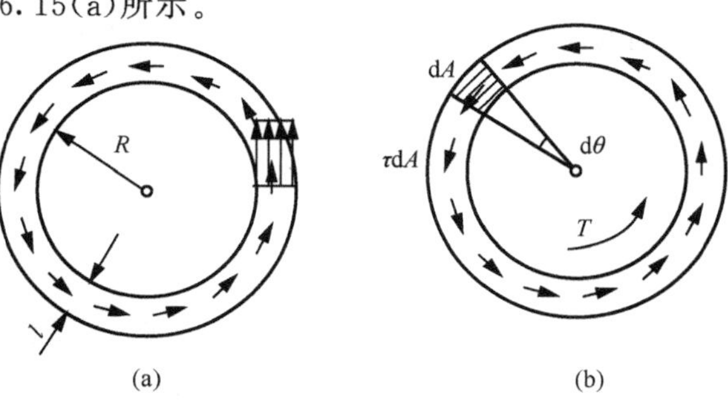

(a)　　(b)

图 6.15　薄壁圆筒扭转剪应力

根据上述分析可认为：薄壁圆筒扭转时，横截面上只有剪应力，且大小相等，方向垂直于半径。

在图 6.15(b)中取圆心角 $d\theta$ 对应的微面积 $dA=tRd\theta$，横截面上的切向分布内力 $\tau dA=\tau Rtd\theta$，圆筒横截面上的扭转内力偶就是由这些切向分布力组成。切向分布力 τdA 对圆心之矩为 $\tau R^2 td\theta$，于是横截面的扭矩为下式。

$$T=\int R\tau \mathrm{d}A=\int_0^{2\pi}\tau R^2 t\,\mathrm{d}\theta=2\pi tR^2\tau$$

横截面上的剪应力为下式。

$$\tau=\frac{T}{2\pi R^2 t} \tag{6-5}$$

式中　T——横截面上的扭矩；

R—薄壁圆筒的平均半径；

t—薄壁圆筒的厚度。

2. 圆轴扭转时的剪应力

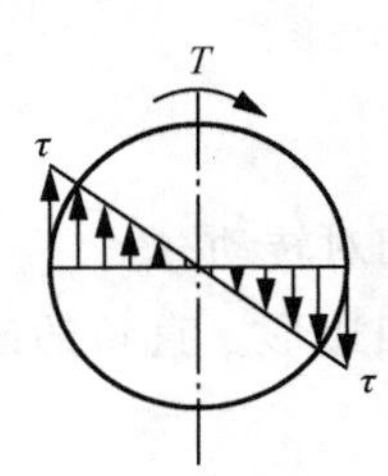

图 6.16　圆轴扭转时的剪应力分布图

圆轴是工程中常见的受扭构件。与薄壁圆筒相仿，圆轴在扭转时横截面上也只有剪应力。综合考虑变形几何关系、物理关系和静力学关系，便可得到圆轴扭转时横截面上任一点处剪应力的计算公式(6-6)，根据公式，可知剪应力分布如图 6.16 所示。

$$\tau_\rho=\frac{T\cdot\rho}{I_\rho} \tag{6-6}$$

式中　T——横截面上的扭矩；

ρ——要求应力的点到圆心的距离；

I_ρ——该截面的极惯性矩。

当 ρ 等于半径 R 时，即在横截面最外边缘处，剪应力最大其值为

$$\tau_{\max}=\frac{T_{\max}}{W_\rho} \tag{6-7}$$

特别提示

由公式(6-6) $\tau_\rho=\dfrac{T\cdot\rho}{I_\rho}$ 可知，越靠近杆轴处剪应力值越小，如做成实心杆，则该处的材料强度就没有得到充分利用。反之如采用空心轴，就可以充分发挥材料的作用，达到经济的效果。

应用案例 6-3

已知图 6.17(a)所示传动轴的主动轮输入功率 $P_A=300$ kW，从动轮的输出功率分别为 $P_B=80$ kW，$P_C=40$ kW，$P_D=180$ kW，轴做匀速转动，转速为 $n=200$r/min。轴的直径 $d=78$mm，试求该轴的最大剪应力。

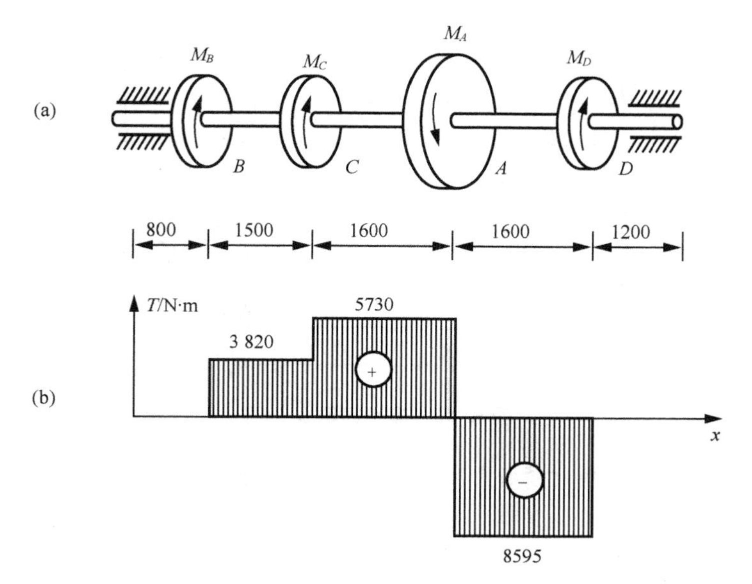

图 6.17 应用案例 6-3 图

解： 1. 计算各轮的外力偶矩数值

$$M_A=9550\frac{P_A}{n}=9550\times\frac{300}{200}=14325(\text{N}\cdot\text{m})$$

$$M_B=9550\frac{P_A}{n}=9550\times\frac{80}{200}=3820(\text{N}\cdot\text{m})$$

$$M_C=9550\frac{P_A}{n}=9550\times\frac{40}{200}=1910(\text{N}\cdot\text{m})$$

$$M_D=9550\frac{P_A}{n}=9550\times\frac{180}{200}=8594(\text{N}\cdot\text{m})$$

2. 作出扭矩图如图 6.17(b)所示(其中扭矩最大段为 AD 段)。

3. 计算抗扭截面模量

$$W_\rho=\frac{\pi d^3}{16}=\frac{\pi\times78^3}{16}=93130.8(\text{mm}^3)$$

4. 计算最大剪应力

$$\tau_{\max}=\frac{T_{\max}}{W_\rho}=\frac{8595\times10^3}{93130.8}=92.29(\text{MPa})$$

该轴最大剪应力为 92.29(MPa)(AD 段)。

应用案例 6-4

长度都为 1 的两根受扭圆轴，一为实心圆轴，一为空心圆轴，如图 6.18 所示，两者材料相同，在圆轴两端都承受大小为 M_e 的外力偶矩，圆轴外表面上纵向线的倾斜角度也相等。实心轴的直径为 D_1；空心轴的外径为 D_2，内径为 d_2，且 $\alpha=d_2/D_2=0.9$。试求两杆的外径之比 D_1/D_2 以及两杆的重量比。

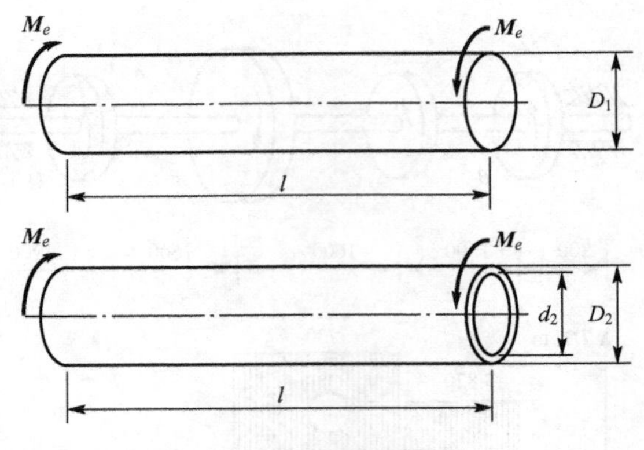

图 6.18　应用案例 6-4 图

解： 圆轴外表面上纵向线的倾斜角度相等，也就是两轴横截面外边缘处的切应变相等，即

$$\gamma_{1\max}=\gamma_{2\max}$$

两轴的材料相同，故 $G_1=G_2$，由剪切胡克定律可得

$$\tau_{1\max}=\tau_{2\max}$$

两轴的扭转截面系数分别为

$$W_{P1}=\frac{\pi D_1^3}{16},\quad W_{P2}=\frac{\pi D_2^3}{16}(1-\alpha^4)$$

将上两式分别代入式(6-17)，可得两轴的最大剪应力为

$$\tau_{1\max}=\frac{T_1}{W_{P1}}=\frac{16T_1}{\pi D_1^3},\quad \tau_{2\max}=\frac{T_2}{W_{P2}}=\frac{16T_2}{\pi D_2^3(1-\alpha^4)}$$

根据上面求得的 $\tau_{1\max}=\tau_{2\max}$，并将 $T_1=T_2=M_e$ 和 $\alpha=0.9$ 代入，经整理可得

$$\frac{D_1}{D_2}=\sqrt[3]{1-\alpha^4}=\sqrt[3]{1-0.9^4}=0.7$$

因为两轴的材料和长度均相同，故两轴的重量比即为其横截面面积之比。于是有

$$\frac{A_1}{A_2}=\frac{\frac{\pi}{4}D_1^2}{\frac{\pi}{4}D_2^2(1-\alpha^2)}=\frac{D_1^2}{D_2^2(1-\alpha^2)}=\frac{0.7}{1-0.9^2}=3.7$$

由此可见，在最大剪应力相等的情况下，空心圆轴比实心圆轴节省材料。因此，空心圆轴在工程中得到广泛应用。例如，汽车、飞机的传动轴就采用了空心轴，可以减轻零件的重量，提高运行效率。

特别提示

(1) 理解扭转变形的受力特点和变形特点以及扭转内力内涵等。

(2) 熟练把握扭转应力的计算方法。

(3) 作扭矩图时，应先按外力的不连续作用点分段，再求出各段代表截面的扭矩方程，最后由方程作图。

本章小结

1. 剪切的概念

(1) 受力特点：作用在构件上的力是大小相等、方向相反、作用线与轴线垂直且相距很近的一对外力。

(2) 变形特点：以两作用力间的横截面为分界面，构件两部分沿该面(剪切面)发生相对错动。

(3) 注意事项：铆钉的实际受力情况比较复杂，在剪切、挤压变形的同时还伴有诸如拉伸、弯曲等其他形式的变形。但这些附加变形一般都不是影响铆钉强度主要因素，计算时可不予考虑。

2. 实用计算

实用计算假定剪切面上的剪应力和挤压应力均匀分布。

(1) 剪切的应力计算公式：$\tau=\frac{F_S}{A}$

(2) 挤压的应力计算公式：$\sigma_{bs}=\frac{F_{bs}}{A_{bs}}$。

一般情况下，连接件需进行三种强度计算：剪切、挤压和拉伸。在连接件的计算中，正确判别剪切面和挤压面是分析问题的关键。

3. 扭转的概念

当外力偶矩的与杆件的轴线重合时，杆件发生扭转变形。扭转产生的内力为扭矩。

4. 扭转应力

(1) 扭转应力计算公式：$\tau=\frac{T_{max}\rho}{I_\rho}$

(2) 扭转最大应力计算公式：$\tau_{max}=\frac{T_{max}}{W_\rho}$

习　题

一、判断题

1. 杆件的四种基本变形是偏心压缩、剪切、扭转、弯曲。（　　）
2. 实心圆截面的抗扭截面系数 $W=\pi D^3/64$ 。（　　）
3. 构件扭转时的内力为扭矩，产生截面的应力为正应力。（　　）
4. 实心圆截面构件扭转时，横截面上最大的剪应力心圆距最远。（　　）

二、单项选择题

1. 杆件受到一对大小相等、方向相反、作用线(　　)且相距很近的垂直于杆轴的力作用时，杆件产生剪切变形。

A．平行　　B. 垂直　　C. 相交　　D. 共线

2.(　　)变形时，横截面上的内力称为扭矩、横截面上的应力称为剪应力。

A. 扭转　　B. 拉伸　　C. 弯扭　　D. 剪切

3. 在受拉螺栓连接件中，(　　)。

A. 有受剪面和挤压面

B. 可能有受剪面、无挤压面

C. 可能无受剪面，有挤压面

D. 只有受剪面

4. 如图 6.19 剪切连接中，对挤压面的位置叙述正确的是(　　)。

A. 上左半圆柱面及下右半圆柱面

B. 上右半圆柱面及下左半圆柱面

C. 上左半圆柱面及下左半圆柱面

D. 上右半圆柱面及下右半圆柱面

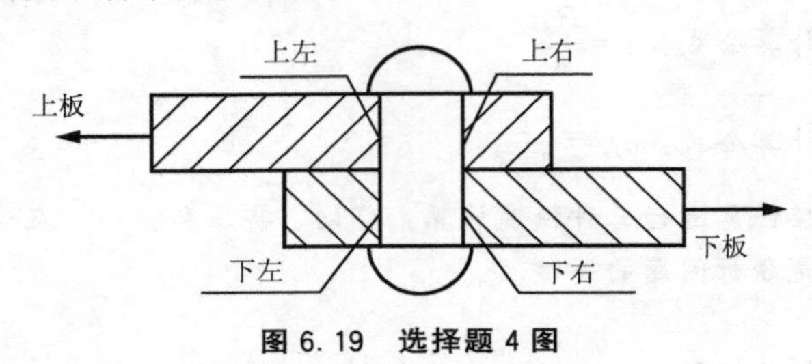

图 6.19　选择题 4 图

三、填空题

1. 指出下图 6.20 中构件的剪切面数量是________和挤压面数量是________，并算出剪切面面积为________和挤压面的面积为________。

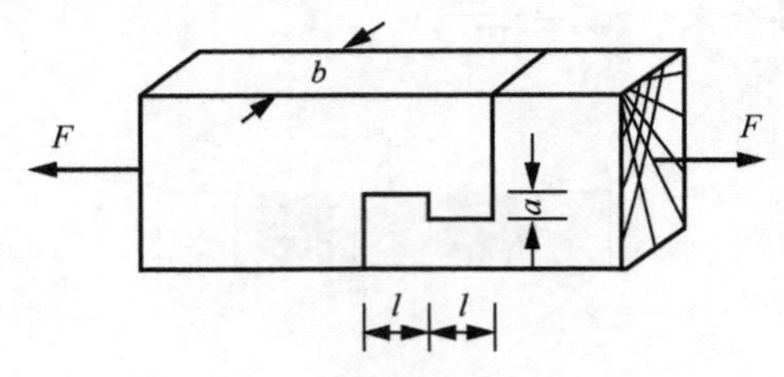

图 6.20　填空题 1 图

2. 钢结构普通螺栓连接的破坏方式有________、________、________。

四、计算题

1. 两块厚度 $t=10$mm、$b=100$mm 的钢板用三个铆钉连接，如图 6.21 所示。若 $F=50$kN，铆钉的直径 $d=20$mm，试计算铆钉的剪应力、挤压应力，以及钢板的最大拉应力。

2. 两块钢板用一颗铆钉连接，如图 6.21 所示。若铆钉的直径 $d=24$mm，每块钢板的厚度 $t=12$mm，拉力 $F=45$kN，试计算铆钉的剪应力和挤压应力。

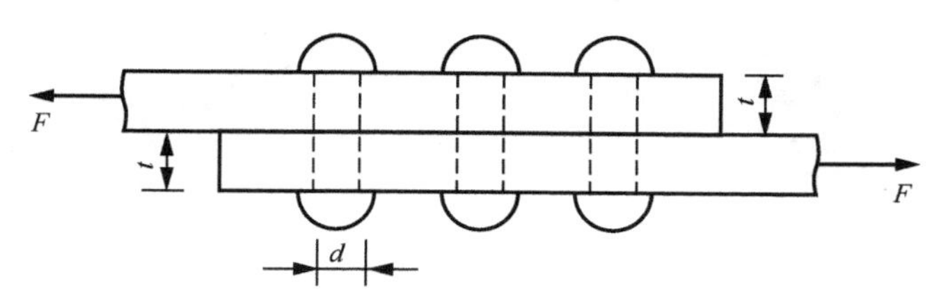

图 6.21 计算题 1 图

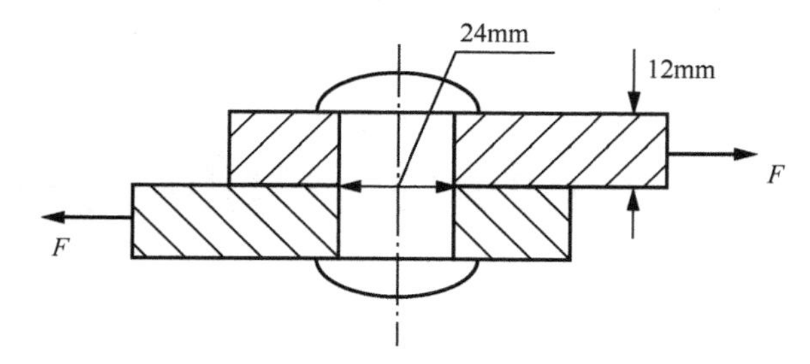

图 6.22 计算题 2 图

3. 绘制图 6.22 所示各杆的扭矩图。

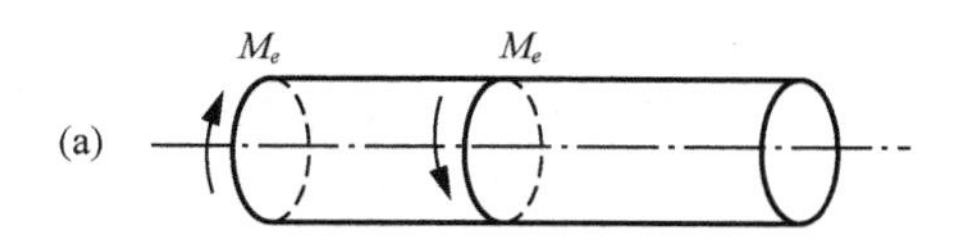

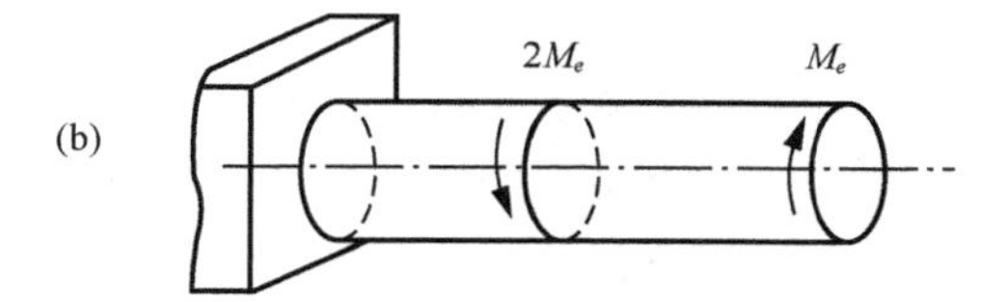

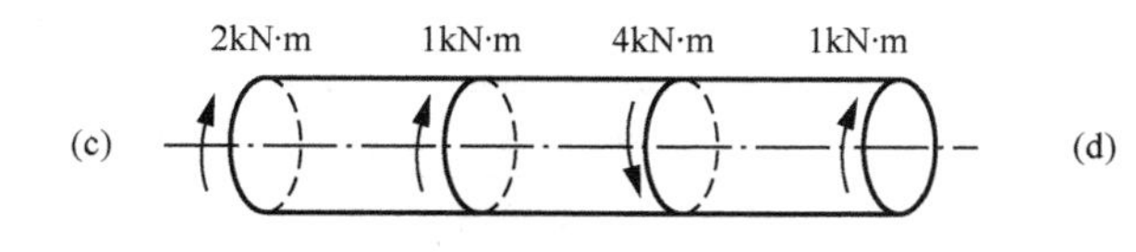

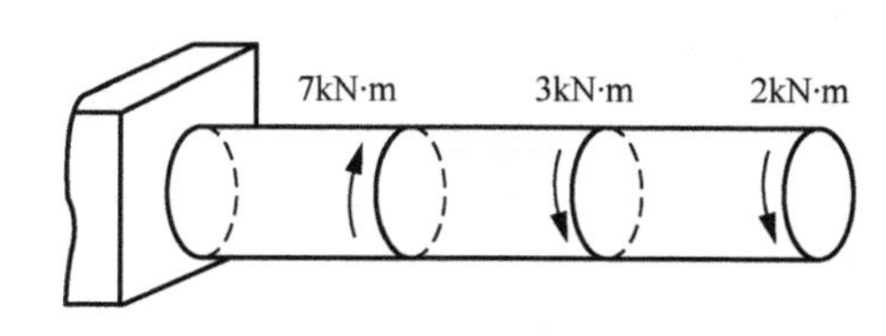

图 6.23 计算题 3 图

4. 某传动轴如图 6.24 所示，转速 $n=300\text{r/min}$；主动轮输入的功率 $P_1=500\text{kW}$，3 个从动轮输出的功率分别为 $P_2=150\text{kW}$，$P_3=150\text{kW}$，$P_4=200\text{kW}$。轴的直径 $d=60\text{mm}$，试计算该轴最大的扭转应力。

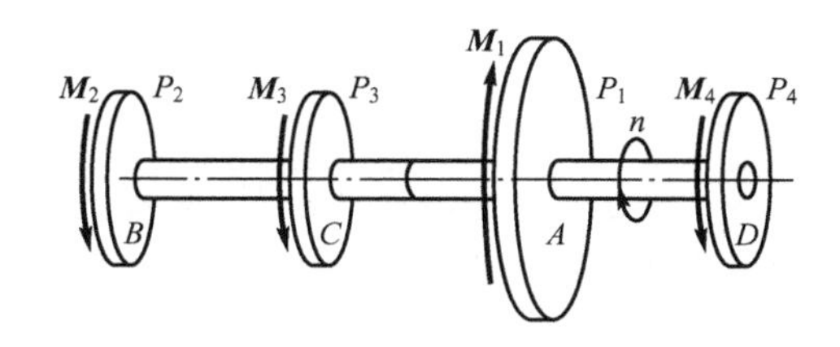

图 6.24 计算题 4 图

第7章

静定结构的位移计算

教学目标

了解受弯构件挠度和转角，结构的线位移、角位移；掌握受弯构件变形的计算方法，了解虚功原理，结构位移计算的一般公式；掌握常见静定结构梁和刚架的位移计算步骤，重点掌握图乘法的计算要点；能正确运用图乘法进行一般静定结构(如梁和刚架)的位移计算。

教学要求

能力目标	知识要点	相关知识	权重(%)
受弯构件挠度和转角的计算	挠度和转角的概念，叠加法	挠度和转角计算的目的，简单荷载作用下梁的挠度和转角，受弯构件的刚度	30
位移分析与计算	线位移、角位移的定义，位移的计算原理，图乘法及适用条件，弯矩图形面积及形心的确定	位移的分类，实功和虚功，虚功原理，单位荷载，弯矩图	20
静定结构的位移计算	梁和刚架在荷载作用下内力图绘制方法，图乘计算位移，在温度变化和支座移动时的位移	结构位移计算的目的，内力计算及绘制弯矩图，弯矩图形面积及形心的确定方法，互等定理	50

引 例

建筑结构在荷载(温度变化或支座移动)作用下会产生变形,因而其上各点的位置将发生变化,这种结构位置的变化称为结构的位移。结构的位移可用线位移和角位移来度量。计算结构位移的一个目的是为了校核结构的刚度。结构如果强度、稳定性能够保证,但在荷载作用下变形过大没有足够的刚度,也不能正常工作。如图 7.1 模板工程支撑系统,在钢筋混凝土的自重荷载和侧压力以及各种施工荷载作用下,若梁模板产生过大变形,模板支撑产生过大位移将影响工程质量,造成损失。因此,本章从最基本的变形、位移概念、介绍位移分析与计算的基本公理,对该章的主要内容,应认真学习提高能力、防止工程质量发生。

图 7.1 模板工程支撑系统

7.1 受弯构件的形变

7.1.1 挠度和转角

1. 形变和位移

建筑结构在荷载和温度变化以及支座发生移动时会发生变形。这种形变除了指结构中各杆件的形变外,还包括结构形状的改变。结构发生变形时,结构中各杆横截面的位置会有所变动。结构的位移是指结构中杆件横截面位置的改变。而结构的形变可用结构上某些截面的位移来反映。

结构的位移分线位移和角位移两种。截面的移动称为线位移(杆件在竖直方向上的线位移也称为挠度),在计算简图上用杆轴上一点(截面形心)处的移动来表示。截面的转动称为角位移(即转角的大小),在计算简图上用杆轴上一点处切线方向的变化来表示。结构的形变如图 7.2 所示。

空间结构情况下,杆件截面的线位移可用轴向位移 u 和侧向位移 v、w 3 个分量来表示,角位移也可用 3 个分量来表示。讨论杆件变形时,线位移用上述 3 个分量比较方便,但在结构的位移计算中,通常考虑平面问题,采用水平和竖向位移分量来表示线位移角位移可用一个分量来表示。

图 7.2(a)所示刚架在荷载作用下发生变形，原来杆件上的 A 点变形后变到 A' 点，这两点之间的直线距离称为 A 点变形后的线位移用 Δ_A 表示，A 点的线位移可分解为水平位移 Δ_{AX} 和竖向位移 Δ_{AY}，变形前 A 截面与变形后 A' 截面之间的夹角称为角位移用 β 表示。

图 7.2(b)所示刚架在荷载作用下发生变形，C、D 两点的水平线位移分别向右和向左，方向相反，这两个方向相反的线位移之和 $\Delta_C+\Delta_D$ 称为 C、D 两点的相对水平线位移；同理，图 7.2(b)的两根竖向杆件的角位移分别向右和向左，$\alpha+\gamma$ 则称为两根杆件间的相对角位移。

通常将以上所述的线位移、角位移、相对线位移及相对角位移统称为广义位移。

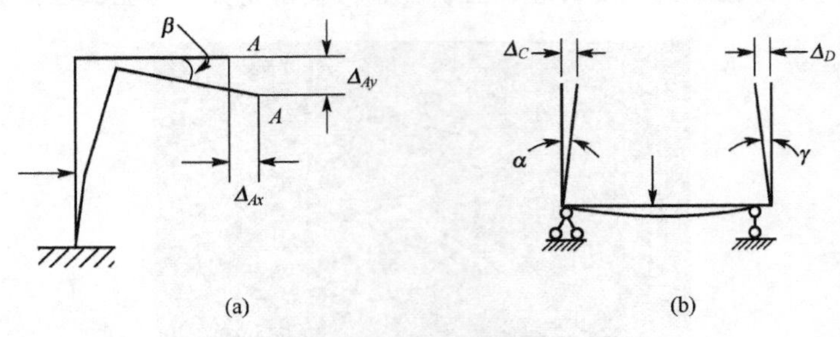

图 7.2　结构的形变

2. 受弯杆件的挠度及转角

1）概述

在工程实践中，对某些受弯构件，除要求具有足够的强度外，还要求变形不能过大，即要求构件有足够的刚度，以保证结构或机器正常工作。在图 7.3 所示有一简支梁，在一集中力作用下发生如虚线所示的变形，在梁的跨中处发生的竖向线位移 Δ 即是该截面的挠度；在左侧支座处作变形曲线的切线，则该切线和梁轴线间的夹角 θ 便是该支座在外力作用下发生的转角。

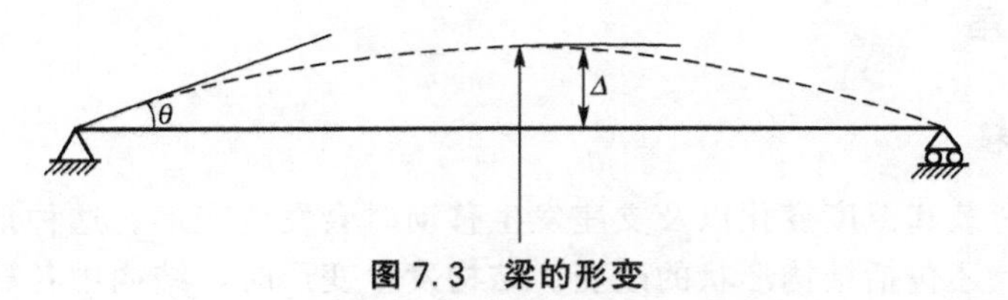

图 7.3　梁的形变

2）受弯构件的挠度和转角的计算

受弯构件的挠度和转角的计算一般采用叠加法计算，其计算方法见应用案例。简单荷载作用下梁的挠度和转角如表 7－1 所示。

表 7－1　简单荷载作用下梁的挠度和转角

序号	梁的简图	挠曲线方程	端截面转角	最大挠度
1	A　B　m　θ_B　f_a　l	$v=-\dfrac{mx^2}{2EI}$	$\theta_B=-\dfrac{ml}{EI}$	$f_B=-\dfrac{ml^2}{2EI}$

续表

序号	梁的简图	挠曲线方程	端截面转角	最大挠度
2	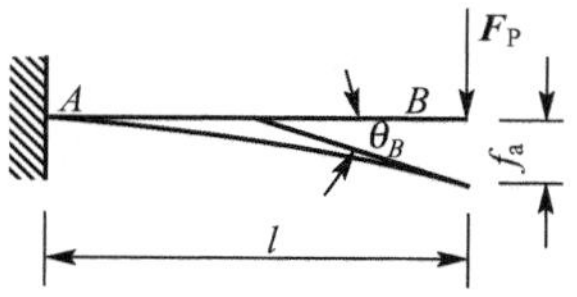 F_P A B θ_B f_a l	$v=-\frac{Px^2}{6EI}(3l-x)$	$\theta_B=-\frac{Pl^2}{2EI}$	$f_B=-\frac{Pl^3}{3EI}$
3	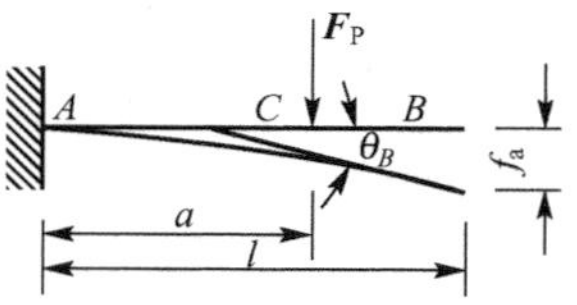 F_P A C B θ_B f_a a l	$v=-\frac{Px^2}{6EI}(3a-x)$ $(0\leqslant x\leqslant a)$ $v=-\frac{Pa^2}{6EI}(3x-a)$ $(a\leqslant x\leqslant l)$	$\theta_B=-\frac{Pa^2}{2EI}$	$f_B=-\frac{Pa^2}{6EI}(3l-a)$
4	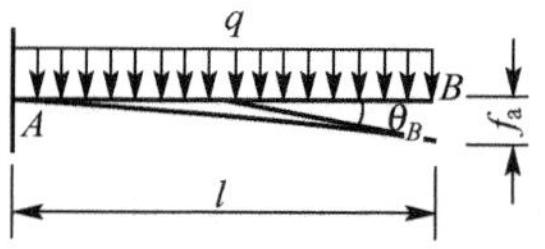 q A B θ_B f_a l	$v=-\frac{qx^2}{24EI}(x^2-4lx+6l^2)$	$\theta_B=-\frac{ql^3}{6EI}$	$f_B=-\frac{ql^4}{8EI}$
5	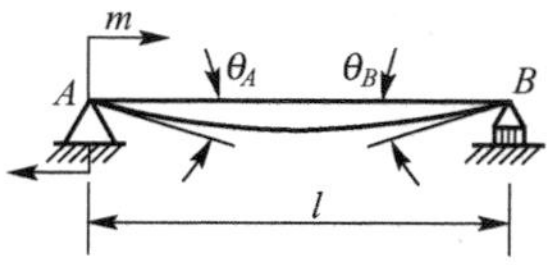 m A B θ_A θ_B l	$v=-\frac{mx}{6EI}(1-x)$ $(2l-x)$	$\theta_A=-\frac{ml}{3EI}$ $\theta_B=\frac{ml}{6EI}$	$x=\left(1-\frac{1}{\sqrt{3}}\right)l$， $f_{max}=-\frac{ml^2}{9\sqrt{3}EI}$ $x=\frac{1}{2}$，$f_{\frac{1}{2}}=\frac{ml^2}{16EI}$
6	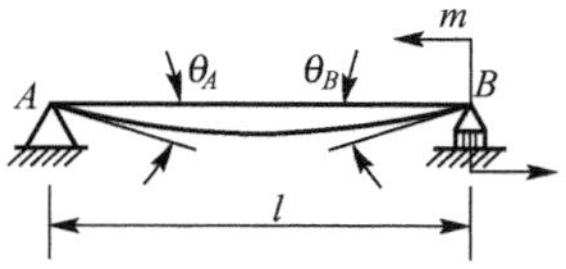 m A B θ_A θ_B l	$v=-\frac{mx}{6EI}(l^2-x^2)$	$\theta_A=-\frac{ml}{6EI}$ $\theta_B=\frac{ml}{3EI}$	$x=\frac{l}{\sqrt{3}}$ $f_{max}=-\frac{ml^2}{9\sqrt{3}EI}$ $x=\frac{l}{2}$，$f_{\frac{l}{2}}=\frac{ml^2}{16EI}$
7	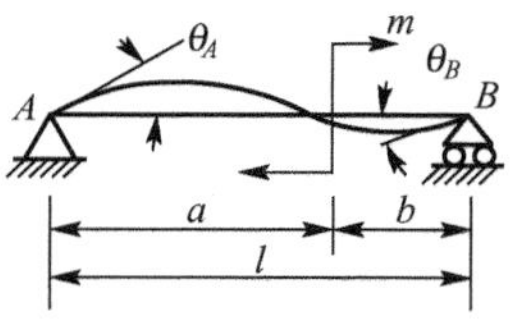 θ_A m θ_B A B a b l	$v=\frac{mx}{6EIl}(l^2-3b^2-x^2)$ $(0\leqslant x\leqslant a)$ $v=\frac{m}{6EIl}[-x^3+3l(x-a)^2+(l^2-3b^2)x]$ $(a\leqslant x\leqslant l)$	$\theta_A=\frac{m}{6EIl}(l^2-3b^2)$ $\theta_B=\frac{m}{6EIl}(l^2-3a^2)$	
8	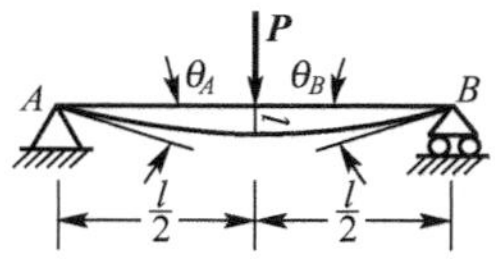 P A B θ_A θ_B $\frac{l}{2}$ $\frac{l}{2}$	$v=-\frac{Px}{48EI}(3l^2-4x^2)$ $\left(0\leqslant x\leqslant\frac{l}{2}\right)$	$\theta_A=-\theta_B=-\frac{Pl^2}{16EI}$	$f=-\frac{Pl^3}{48EI}$

续表

序号	梁的简图	挠曲线方程	端截面转角	最大挠度
9		$v=-\frac{Pbx}{6EIl}(l^2-x^2-b^2)$ $(0\leqslant x\leqslant a)$ $v=-\frac{Pb}{6EIl}\left[\frac{l}{b}(x-a)^3+(l^2-b^2)x-x^2\right]$ $(a\leqslant x\leqslant l)$	$\theta_A=\frac{Pab(l-b)}{6EIl}$ $\theta_B=\frac{P_{ab}(l-a)}{6EIl}$	设$a>b$，在$x=\sqrt{\frac{l^2-b^2}{3}}$处， $f_{\max}=-\frac{Pb(l^2-b^2)^{3/2}}{9\sqrt{3}EIl}$ 在$x=\frac{l}{2}$处， $f_{\frac{l}{2}}=\frac{Pb(3l^2-4b^2)}{48EI}$
10		$v=-\frac{qx}{24EI}(l^3-2lx^2+x^3)$	$\theta_A=-\theta_B$ $=-\frac{ql^3}{24EI}$	$f=-\frac{5ql^4}{384EI}$

表7-1中梁的挠曲线方程，表达了梁在荷载作用下平面弯曲时变形的曲线。梁的挠曲线方程是依据梁在小变形的情况下，变形曲线的曲率等于杆件发生的挠度v对x的二阶导数，简单荷载作用下梁的挠曲线方程推导从略。表7—1中符号的规定梁的挠度向上为正，向下为负；梁的截面转角逆时针转为正，顺时针转为负。

应用案例7-1

已知梁的抗弯刚度为EI。试求图7.4悬臂梁在集中力P作用下B截面的转角θ_B和挠度f_B。已知$l=4\text{m}$，$P=20\text{kN}$。

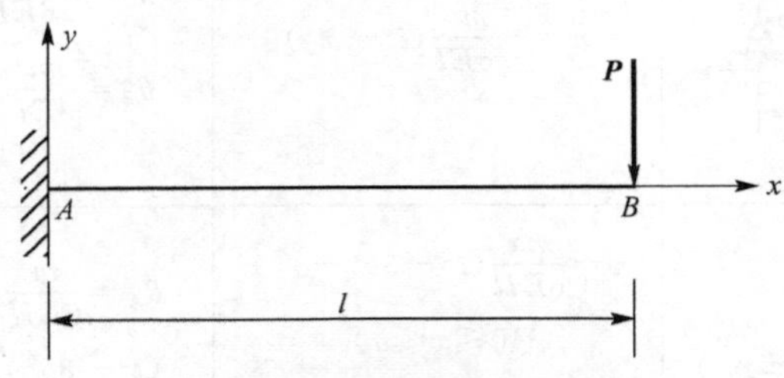

图7.4　应用案例7-1图

解：查表7-1可知：$\theta_B=-\frac{Pl^2}{2EI}=-\frac{20\text{kN}\times4^2\text{m}^2}{2EI}=-\frac{160}{EI}$（↻）；

$$f_B=-\frac{Pl^3}{3EI}=-\frac{20\text{kN}\times4^3\text{m}^3}{3EI}=-\frac{1280}{3EI}(\downarrow)$$

应用案例7-2

已知梁的抗弯刚度为EI，跨度为6m。试求图7-5所示的简支梁在均布荷载$q=3\text{kN/m}$作用下跨中截面C的挠度f_C。

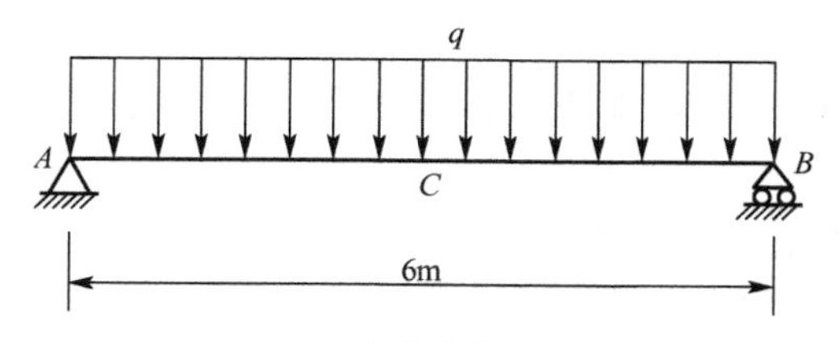

图 7.5 应用案例 7-2 图

解：查表 7-1 可知

$$f_c=-\frac{5ql^4}{384EI}=-\frac{5\times 3\text{kN/m}\times 6^4\text{m}^4}{384EI}=-\frac{405}{8EI}\quad(\downarrow)$$

应用案例 7-3

已知悬臂梁的抗弯刚度为 EI，梁长 $l=1.5\text{m}$，受集中荷载 $F=32\text{kN}$，均布线荷载 $q=2\text{kN/m}$ 作用，试计算图 7.6 悬臂梁 B 点的挠度 f_B。

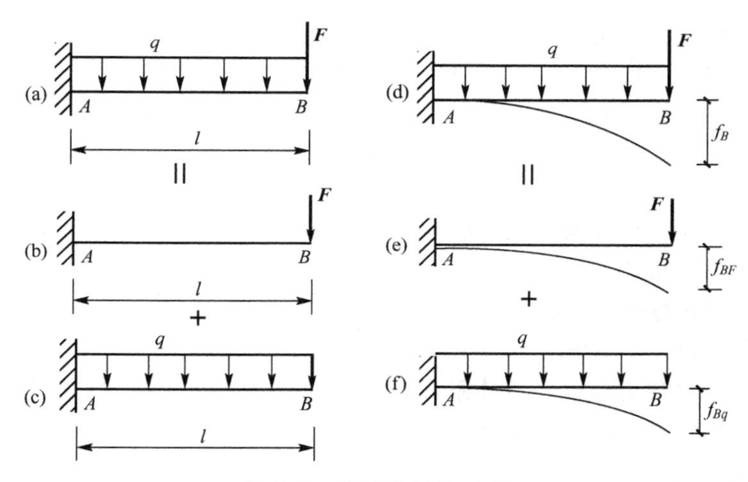

图 7.6 应用案例 7-3 图

解：利用叠加法将图 7.6(a)荷载分解为图 7.6(b)、(c)；悬臂梁 B 点的挠度 f_B 如图 7.6(d)所示；分别计算图 7.6(e)、(f)的挠度。

查表 7-1 可知：

$$f_{BF}=-\frac{Fl^3}{3EI}=-\frac{32\text{kN}\times 1.5^3\text{m}^3}{3EI}=-\frac{36}{EI}\quad(\downarrow)$$

$$f_{Bq}=-\frac{ql^4}{8EI}=-\frac{2\text{kN/m}\times 1.5^4\text{m}^4}{8EI}=-\frac{1.27}{EI}\quad(\downarrow)$$

叠加计算挠度 f_B，即

$$f_B=f_{BF}+f_{Bq}=-\frac{36}{EI}-\frac{1.27}{EI}=-\frac{37.27}{EI}\quad(\downarrow)$$

特别提示

(1) 受弯构件刚度计算其实质是计算构件的挠度（线位移）和转角（角位移），计算过程中可直接查表7-1。

(2) 若有两个以上的荷载在计算过程中可以利用叠加法计算。

(3) EI 称为受弯构件的刚度，由应用案例可知 EI 大则受弯构件变形小，在土木工程中为减少构件或结构的形变往往采用加大刚度的措施。

7.2 静定结构位移计算的方法与实例

7.2.1 静定结构的位移计算方法

1. 概述

静定结构的位移计算是建筑力学分析的一项重要内容，也是超静定结构内力分析的基础。计算位移的目的有两个：①刚度验算；②超静定结构分析的基础。

产生位移的主要因素有下列3种：①荷载；②温度变化、材料胀缩；③支座沉降、制造误差。本章节只讨论线性变形体系的位移计算，计算的理论基础是虚功原理，计算的方法是单位荷载法。

线性变形体系是指位移与荷载呈线性关系的体系，当荷载全部撤除后，位移将全部消失。线性变形体系的应用条件是：

(1) 材料处于弹性阶段，应力与应变成正比；

(2) 结构变形微小，不影响力的作用。

线性变形体系也称为线性弹性体系，它的应用条件也是叠加原理的应用条件，所以，对线性变形体系的计算，可以应用叠加原理。

2. 虚功和虚功原理

1) 实功和虚功

如图7.7所示，荷载由零增大到 P_1，其作用点的位移也由零增大到 Δ_{11}，对线弹性体系 P 与 Δ 成正比。其中 Δ_{ij} 中第一个下标表示位移的性质，第二个下标表示产生位移的原因。如 Δ_{12} 表示在 P_1 作用的位置上由 P_2 产生的位移，即

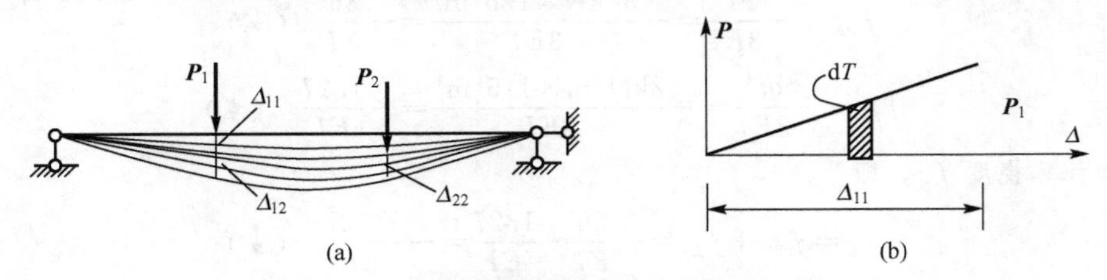

图7.7 梁的形变及应力应变关系图

$$dT = P \cdot d\Delta$$

$$T_{11} = \int dT = \frac{1}{2} P_1 \Delta_{11}$$

再加 P_2，P_2 在自身引起的位移 Δ_{22} 上做的功为

$$T_{22} = \frac{1}{2} P_2 \Delta_{22}$$

在 Δ_{12} 过程中，P_1 的值不变，$T_{12} = P_1 \Delta_{12}$，Δ_{12} 与 P_1 无关。

实功是力在自身引起的位移上所做的功，如 T_{11}，T_{22}，实功恒为正。虚功是力在其他原因产生的位移上做的功，如 T_{12}。若力与位移同向，虚功为正，反向时，虚功为负。

2) 广义力和广义位移

做功的因素包括力和位移。与力有关的因素，称为广义力 F。与位移有关的因素，称为广义位移 Δ。广义力与广义位移的乘积是虚功，即

$$T = F\Delta$$

(1) 广义力是单个力，则广义位移是该力的作用点的位移在力作用方向上的分量。

(2) 广义力是一个力偶，则广义位移是它所作用的截面的转角。

(3) 若广义力是等值、反向的一对力 P，则

$$T = P\Delta_A + P\Delta_B = P(\Delta_A + \Delta_B) = P\Delta$$

(4) 若广义力是一对等值、反向的力偶 M，则

$$T = M\varphi_A + M\varphi_B = M(\varphi_A + \varphi_B)$$

这里 Δ 是与广义力相应的广义位移。

变形体虚功原理的具体表述为：设变形体系在力系作用下处于平衡状态(力状态)，又设该变形体系由于其他与上述力系无关的原因发生符合约束条件的微小的连续变形(位移状态)，则力状态下的外力在位移状态的相应位移上所做的外力虚功的总和(记为 W_e)，等于力状态中变形体的内力在位移状态的相应变形上所做内力虚功的总和(W_i)，即 $W_e = W_i$。

当计算结构某指定的位移时，应取结构的实际状态为位移状态，再根据所要求的未知位移虚设一个力状态，然后根据虚功方程求出所要求的位移。其中虚拟的力状态与结构的实际状态毫无关系，完全可以根据需要而拟设，但它应该是一个平衡状态，其上作用的力系满足平衡条件，如图 7.8 所示。

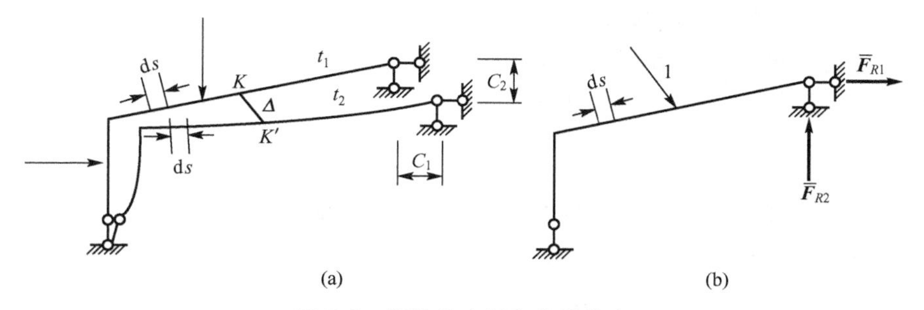

图 7.8 杆件的实际和虚拟状态

3. 荷载作用下的位移计算

结构位移计算的一般公式为

$$d\Delta=(\overline{M}\kappa+\overline{N}\varepsilon+\overline{V}\gamma_0)ds \tag{7-1}$$

一根杆件各个微段(见图 7.9)变形引起的位移总和

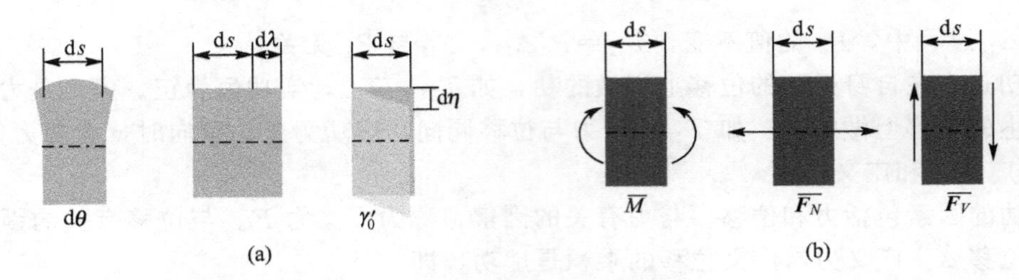

图 7.9 微元体的形变

$$\Delta=\int d\Delta=(\overline{M}\kappa+\overline{N}\varepsilon+\overline{V}\gamma_0)ds \tag{7-2}$$

如果结构由多个杆件组成，则整个结构变形引起某点的位移为

$$\Delta=\sum\int(\overline{M}\kappa+\overline{N}\varepsilon+\overline{V}\gamma_0)ds \tag{7-3}$$

若结构的支座还有位移，则总的位移为

$$\Delta=\sum\int(\overline{M}\kappa+\overline{N}\varepsilon+\overline{V}\gamma_0)ds-\sum\overline{R}_k c_k \tag{7-4}$$

以上公式中的$\overline{M}$、$\overline{N}$、$\overline{V}$、$\overline{R_k}$表示虚拟单位荷载作用下产生的弯矩、轴力、剪力和支座反力。以上公式适用范围与特点：

(1) 适于小形变，可用叠加原理。

(2) 形式上是虚功方程，实质是几何方程。

关于公式普遍性的讨论：

(1) 变形类型：轴向变形、剪切变形、弯曲变形。

(2) 变形原因：荷载与非荷载。

(3) 结构类型：各种杆件结构。

(4) 材料种类：各种变形固体材料。

位移计算公式也是变形体虚功原理的一种表达式，即

外虚功：
$$W_e=1\cdot\Delta+\sum\overline{R_k}c_k \tag{7-5}$$

内虚功：
$$W_i=\sum\int(\overline{M}k+\overline{N}\varepsilon+\overline{V}\gamma_0)ds \tag{7-6}$$

变形体虚功原理：各微段内力在应变上所做的内虚功总和 W_i，等于荷载在位移上以及支座反力在支座位移上所做的外虚功总和 W_e，即

$$1\cdot\Delta+\sum\overline{R_k c_k}=\sum\int(\overline{M}k+\overline{N}\varepsilon+\overline{V}\gamma_0)ds \tag{7-7}$$

结构的实际变形和虚力状态如图 7.10 所示。

1) 位移计算的一般步骤

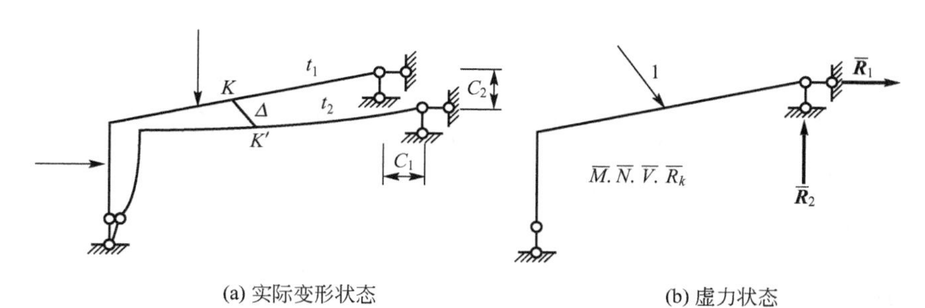

(a) 实际变形状态　　(b) 虚力状态

图 7.10　结构的实际变形和虚力状态

(1) 建立虚力状态：在待求位移方向上加单位力。

(2) 求虚力状态下的内力及反力。

(3) 用位移公式计算所求位移，注意正负号问题。

2) 具体计算步骤

(1) 在荷载作用下建立 M_P、N_P 和 V_P 的方程，可经荷载→内力→应力→应变过程推导应变的表达式。

(2) 由上面的内力计算应变，其表达式由材料力学可得

$$k=\frac{M_P}{EI},\quad \varepsilon=\frac{N_P}{EA},\quad \gamma_0=k\frac{N_P}{EA} \tag{7-8}$$

在 γ_0 的表达式中，k 为考虑剪应力在横截面上分布不均匀而引入的修正系数，其数值与截面的形状有关，即

矩形截面：　$k=1.2$

圆形截面：　$k\approx1.1$

薄壁圆环截面：　$k=2$

工字形截面：$k=\dfrac{A}{A_f}$，A_f 为腹板截面积。

(3) 荷载作用下的位移计算公式为

$$\Delta=\sum\int\frac{\overline{M}M_P}{EI}\mathrm{d}s+\sum\int\frac{\overline{N}N_P}{EA}\mathrm{d}s+\sum\int\frac{k\overline{V}V_P}{GA}\mathrm{d}s \tag{7-9}$$

式中右边 3 项分别代表结构的弯曲变形、轴向变形和剪切变形对所求位移的影响。

3) 各类结构的位移计算公式

在实际计算中，根据结构的受力及变形特点，常常忽略一些次要因素，而只考虑其中的一项或两项。

(1) 梁和刚架。对于梁和刚架，位移主要是弯曲变形所引起，轴向变形和剪切变形的影响很小，可以略去不计，故位移计算公式可简化为

$$\Delta=\sum\int\frac{\overline{M}M_P}{EI}\mathrm{d}s \tag{7-10}$$

(2) 桁架。对于桁架，由于各杆只有轴力，而且每根杆件的抗拉刚度 EA、轴力 $\overline{N}$ 和 N_P 均为常数，故位移计算公式可简化为

$$\Delta=\sum\int\frac{\overline{N}N_P}{EA}ds=\sum\frac{\overline{N}N_P}{EA}\int ds=\sum\frac{\overline{N}N_Pl}{EA} \tag{7-11}$$

(3) 拱。对于拱，主要考虑轴力和弯矩，剪力的影响可不计，故位移计算公式可简化为

$$\Delta=\sum\int\frac{NN_P}{EA}ds+\sum\int\frac{\overline{M}M_P}{EI}ds \tag{7-12}$$

(4) 组合结构。对于组合结构，其中链杆只有轴力，而梁式杆件一般情况下可只考虑弯曲变形的影响，故位移计算公式可简化为

$$\Delta=\sum\int\frac{\overline{N}N_P}{EA}ds+\sum\int\frac{\overline{M}M_P}{EI}ds \tag{7-13}$$

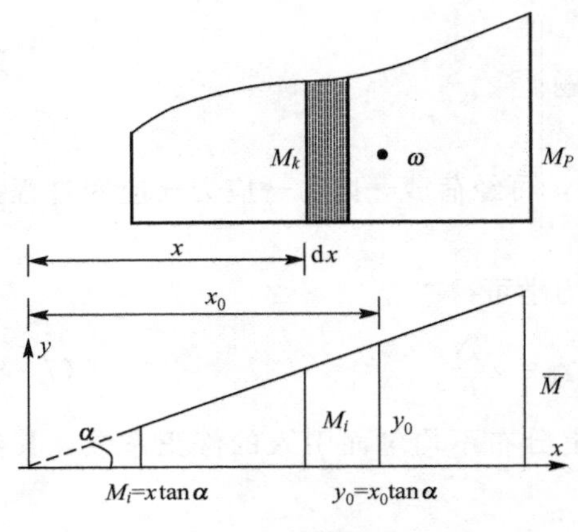

图 7.11　弯矩图

4. 图乘法

计算梁或刚架在荷载作用下的位移时，需要先列出 $\overline{M}$ 和M_P的表达式，然后代入相关公式进行计算。对积分$\sum\int\frac{\overline{M}M_P}{EI}ds$ 如果满足以下 3 个条件，便可采用图乘法来代替积分计算，使计算简化，如图 7.11 所示。

(1) 杆件轴线为直线。

(2) 抗弯刚度 EI 为常数。

(3) 弯矩$\overline{M}$图和 M_P 图中至少有一个是直线图形。

$$\begin{aligned}\int\frac{\overline{M}M_P}{EI}ds&=\int\frac{\overline{M}M_P}{EI}dx=\frac{1}{EI}\int\overline{M}M_P\,dx\\&=\frac{1}{EI}\int M_k\cdot x\tan\alpha\cdot dx=\frac{1}{EI}\cdot\tan\alpha\int M_k\cdot x\cdot dx\\&=\frac{1}{EI}\cdot\tan\alpha\cdot\omega x_0=\frac{\omega y_0}{EI}\end{aligned}$$

所以

$$\Delta=\frac{\overline{M}M_P}{EI}ds=\sum\frac{\omega y_0}{EI} \tag{7-14}$$

注意：

① $\sum$表示对各杆和各杆段分别图乘再相加。

② 竖标 y_0 取在直线图形中，对应另一图形的形心处。如遇到折线图形应分段进行图乘。

③ 面积 ω 与竖标 y_0 在杆的同侧，ω 和 y_0 取正号，否则取负号。

在应用图乘法时，需要知道某些图形的面积及图形形心的位置。为应用方便，现将经常遇到的几种简单图形的面积及其形心位置列于图 7.12 中，各抛物线图形中的“顶点”是指其切线平行于底边的点，而顶点在中点或端点的抛物线则称为标准抛物线。

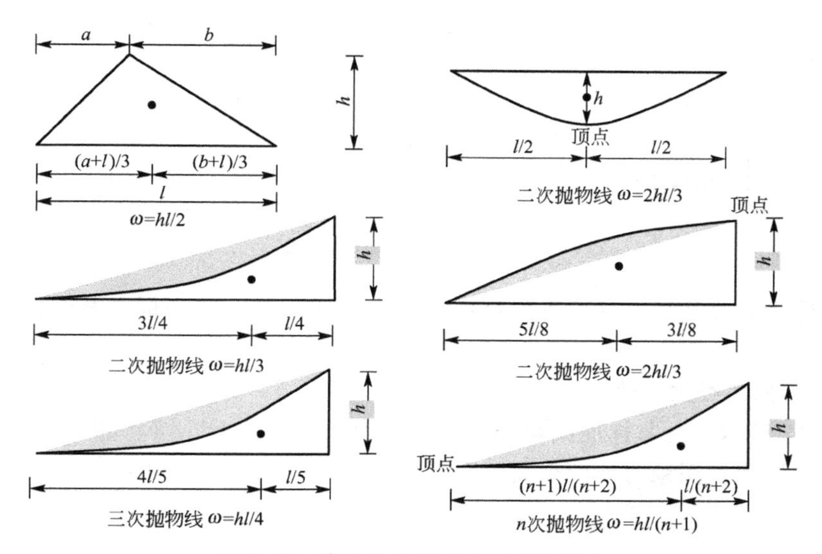

图 7.12 常见几何图形的面积及形心

1）直线形乘直线形(图 7.13)

$$\int M_i M_k \mathrm{d}x = \omega_1 y_1 + \omega_2 y_2 \tag{7-15}$$

式中 $y_1 = \frac{2}{3}c + \frac{1}{3}d$，$y_2 = \frac{1}{3}c + \frac{2}{3}d$，所以

$$\int M_i M_k \mathrm{d}x = \omega_1 y_1 + \omega_2 y_2 = \frac{1}{6}(2ac + 2bd + ad + bc) \tag{7-16}$$

图 7.14 所示为具有正、负两部分的直线图形，仍可将 M_P 图分成两个三角形，但一个在基线上侧，另一个在基线下侧。按照以上方法进行图乘，在叠加时，只需注意竖标 y_a 和 y_b 的表达式分别为

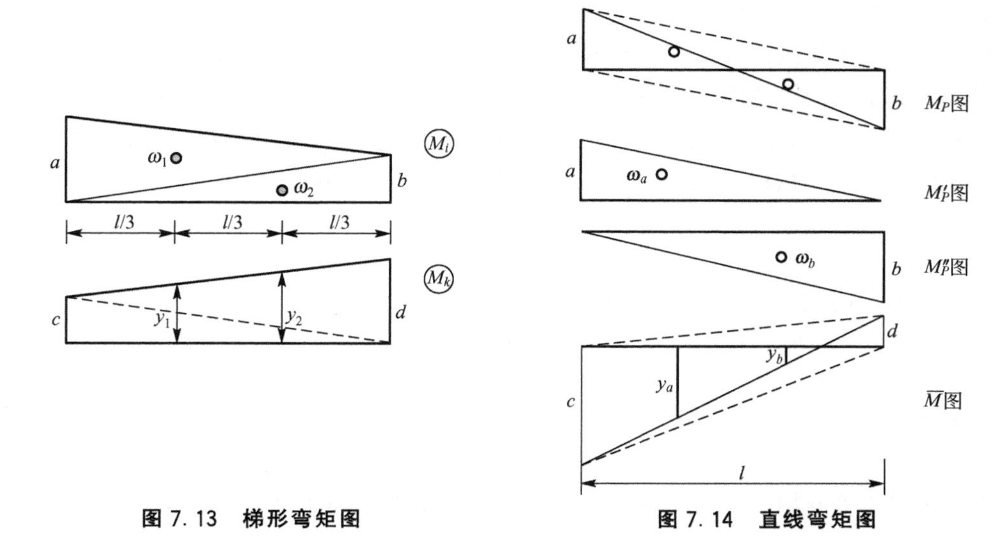

图 7.13 梯形弯矩图

图 7.14 直线弯矩图

$$y_a=\frac{2}{3}c-\frac{1}{3}d,\quad y_b=\frac{1}{3}c-\frac{2}{3}d$$

于是

$$\begin{aligned}\int \overline{M}M_P\,\mathrm{d}x &=\omega_a y_a+\omega_b y_b\\ &=-\frac{1}{2}al\left(\frac{2c}{3}-\frac{d}{3}\right)+\frac{1}{2}bl\left(\frac{c}{3}-\frac{2d}{3}\right)\end{aligned}\tag{7-17}$$

各种直线形乘直线形，都可以用该以上两个公式处理。如竖标在基线同侧乘积取正，否则取负。

2）非标准抛物线乘直线形

如图 7.15 所示，当非标准抛物线图形和直线图形图乘时，可将非标准抛物线图形看成是两个简单图形，图乘时将两个简单图形和直线图形分别进行图乘并相加即可。

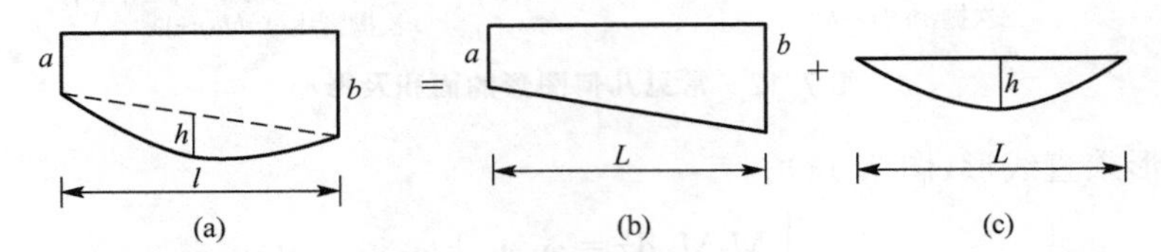

图 7.15　非标准抛物线弯矩图

5．温度改变和支座移动时静定结构的位移计算

1）温度改变时静定结构的位移计算

工程结构都是在某一温度范围内建造的。在使用时，这些结构所处的环境温度相对于建造时的温度一般要发生变化，这种温度的改变将会引起构件的变形，从而使结构产生位移。

对于静定结构，温度的改变只会引起材料的自由膨胀或收缩，在结构中不会引起内力。静定结构由于温度改变引起的位移计算公式，仍可由位移计算的一般公式导出。

以图 7.16 所示刚架为例，设该刚架外侧温度升高 t_1℃，内侧温度升高 t_2℃，且 t_2℃＞t_1℃，并假设温度沿截面的高度 h 方向成线性分布，则刚架发生变形后，其截面仍保持为平面。从杆件中取出一微段 ds ［图 7.16(b)］，杆件轴线处的温度为

$$t_0=\frac{h_1t_2+h_2t_1}{h}$$

如果杆件截面关于形心轴对称($h_1=h_2$)，则有

$$t_0=\frac{t_1+t_2}{2}$$

上下边缘的温度差为

$$\Delta_t=t_2-t_1$$

在温度发生变化时，杆件不发生切应变，轴向应变 ε 和曲率 κ 分别为

$$\varepsilon=\alpha_l t_0$$

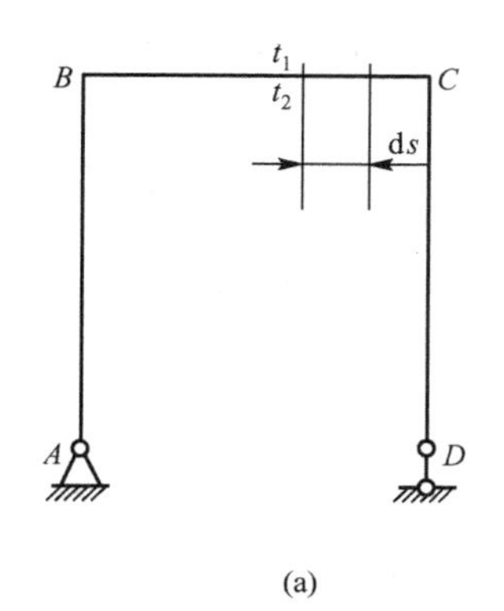

(a)

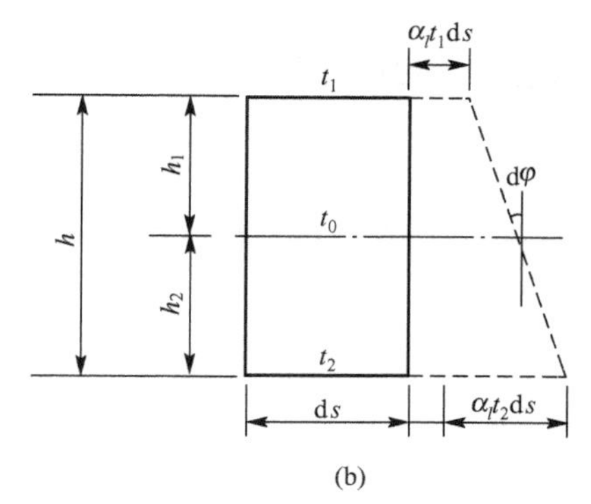

(b)

图 7.16 杆件在温度变化时的形变

$$\kappa=\frac{\mathrm{d}\varphi}{\mathrm{d}s}=\frac{\alpha_l(t_2-t_1)\mathrm{d}s}{h\,\mathrm{d}s} \tag{7-18}$$

式中 α_l——材料的线膨胀系数。

将以上公式代入位移计算公式，并令 $\gamma=0$，便可得到温度变化时的位移计算公式，即

$$\Delta_{Kt}=\sum(\pm)\int_l \overline{N}\alpha_l t_0\mathrm{d}s+\sum(\pm)\int_l \overline{M}\frac{\alpha_l\Delta_t}{h}\mathrm{d}s \tag{7-19}$$

如果 t_0、Δ_t 和 h 沿刚架每根杆件的全长为常数，则式(7-19)可写成

$$\Delta_{Kt}=\sum(\pm)\alpha_l t_0 A\overline{F_{\mathrm{N}}}+\sum(\pm)\alpha_l\frac{\Delta_t}{h}A_{\overline{M}} \tag{7-20}$$

式中 l——杆件的长度；

$A\overline{N}$——$\overline{N}$ 图的面积；

$A_{\overline{M}}$——$\overline{M}$ 图的面积。

在应用以上公式计算结构温度变化产生的位移时，比较虚拟单位荷载作用下的形变与实际状态因温度变化引起的形变，如果两者变形的方向一致，则取正号；反之取负号。t_0 和 Δ_t 均按绝对值进行计算。

2）支座移动时的位移计算

静定结构在支座移动时，只发生刚体位移，不产生内力和形变，如图 7.17 所示刚架由于支座 A 的移动只发生图中虚线所示的刚体位移。若求刚架上 K 点沿 $K—K$ 方向的位移 Δ_k，可在点 K 沿 $K—K$ 方向虚加一单位力 $\overline{F}=1$ 作为虚拟状态，则静定结构位移计算的一般公式转化为

$$\Delta_k=-\sum\overline{R}c \tag{7-21}$$

式中 $\overline{R}$——虚拟状态的支座反力；

c——实际状态的支座位移；

$\sum\overline{R}c$——虚拟状态的支座反力在实际状态的支座位移上所做虚功的和。

在式(7－21)中，乘积 $\overline{R}c$ 正负号的规定为：当虚拟状态的支座反力与实际支座位移的方向一致时取正号，相反时取负号。

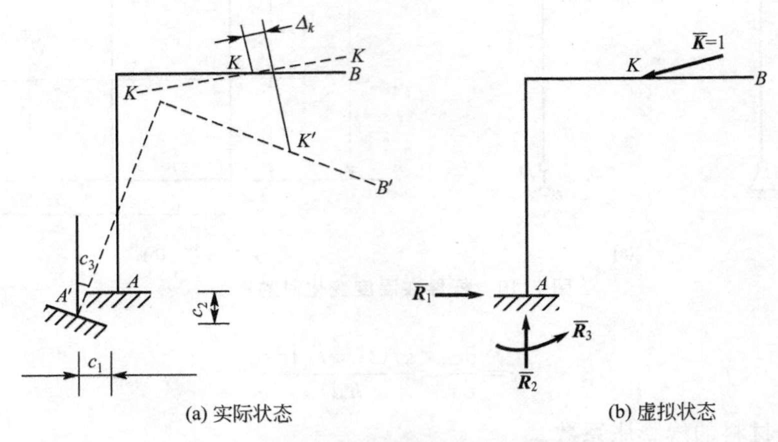

图 7.17　支座移动时结构位移的实际和虚拟状态

6. 互等定理

本节介绍线弹性结构常用的 3 个普遍定理——功的互等定理、位移互等定理和反力互等定理。其中最基本的是功的互等定理，位移互等定理和反力互等定理均可以由功的互等定理推导出。在以后的超静定结构计算中，要引用这些互等定理。

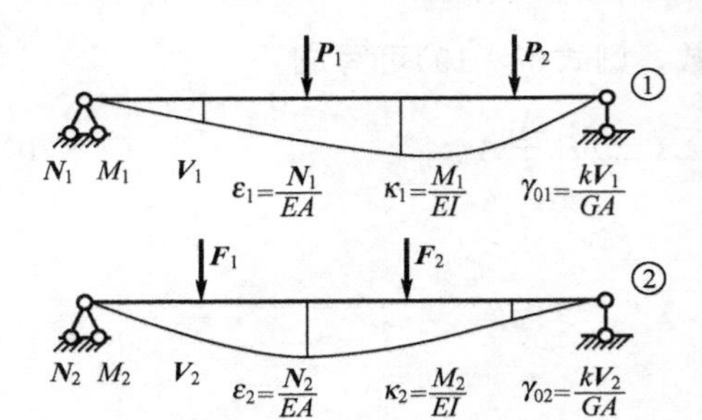

图 7.18　两种力状态下杆件的形变

应用条件：①应力与应变成正比；②形变是微小的。

1）功的互等定理

如图 7.18 所示的①、②两种状态，根据虚功原理可以写出虚功方程：

$$W_{12}=\sum P_1\Delta_2=\int\left(\frac{N_1N_2}{EA}+\frac{M_1M_2}{EI}+\frac{kV_1V_2}{GA}\right)\mathrm{d}s$$

$$W_{21}=\sum P_2\Delta_1=\int\left(\frac{N_2N_2}{EA}+\frac{M_2M_1}{EI}+\frac{kV_2V_1}{GA}\right)\mathrm{d}s$$

以上两式的右边完全相等，故有 $W_{12}=W_{21}$。

这就是功的互等定理：在任一线性变形体系中，状态①的外力在状态②的位移上做的功 W_{12} 等于状态②的外力在状态①的位移上做的功 W_{21}，即 $W_{12}=W_{21}$。

2）位移互等定理

位移互等定理是功的互等定理的一个特殊情形，即在两种状态中分别作用单位力时，在单位力的作用点沿单位力方向的位移之间的互等关系。

如图 7.19 所示的①、②两种状态，根据虚功原理可以写出虚功方程：

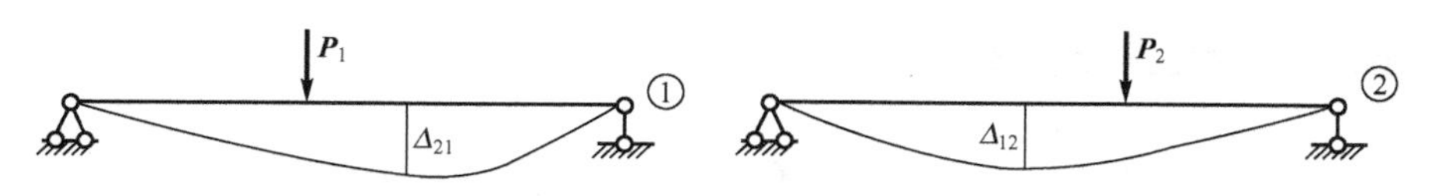

图 7.19 两种力状态下简支梁的位移

$$P_1\Delta_{12}=P_2\Delta_{21}$$
$$\Delta_{12}/P_2=\Delta_{21}/P_1$$
$$\delta_{ij}=\Delta_{ij}/P_j$$

式中 δ_{ij}——位移影响系数，等于 $P_j=1$ 所引起的与 P_i 相应的位移。令 $P_1=P_2=1$，则有 $\Delta_{12}=\Delta_{21}$。这就是位移互等定理：在任一线性变形体系中，由荷载 P_1 所引起的与荷载 P_2 相应的位移影响系数 Δ_{21} 等于由荷载 P_2 所引起的与荷载 P_1 相应的位移影响系数 Δ_{12}。或者说，由单位荷载 $P_1=1$ 所引起的与荷载 P_2 相应的位移 δ_{21} 等于由单位荷载 $P_2=1$ 所引起的与荷载 P_1 相应的位移 δ_{12}。

注意：①这里荷载可以是广义荷载，位移是相应的广义位移；②δ_{12} 与 δ_{21} 不仅数值相等，量纲也相同。

3）反力互等定理

反力互等定理是功的互等定理的另一个特殊情形，它表示超静定结构在两个支座分别产生单位位移时，在两种状态中反力之间的互等关系。

如图 7.20 两种状态，根据虚功原理可以写出虚功方程，即

$$R_{11}\cdot 0+R_{21}\cdot c_2=R_{12}\cdot c_1+R_{22}\cdot 0$$
$$R_{21}/c_1=R_{12}/c_2$$

$R_{ij}=R_{ij}/c_j$ 称为反力影响系数，等于$c_j=1$所引起的与 c_i 相应的反力。当 $c_1=c_2=1$ 时，$R_{12}=R_{21}$。

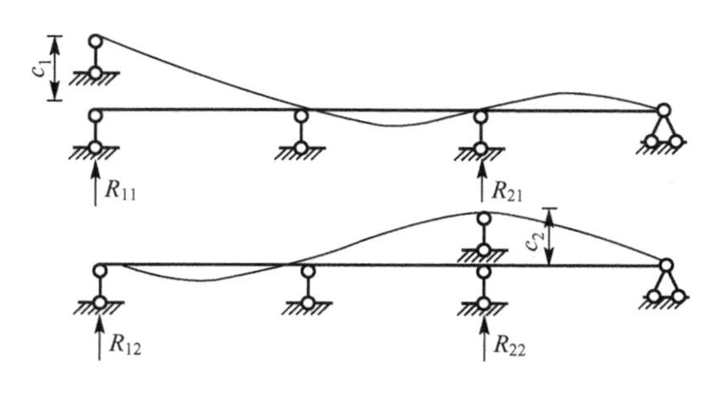

图 7.20 多跨梁支座移动时的形变

反力互等定理：在任一线性变形体系中，由位移 c_1 所引起的与位移 c_2 相应的反力影响系数 R_{21} 等于由位移 c_2 所引起的与位移 c_1 相应的反力影响系数 R_{12}。或者说，由单位位移 $c_1=1$ 所引起的与位移 c_2 相应的反力 R_{21} 等于由单位位移 $c_2=1$ 所引起的与位移 c_1 相应的反力 R_{12}。

注意：①这里支座位移可以是广义位移，反力是相应的广义力。②反力互等定理仅用于超静定结构。

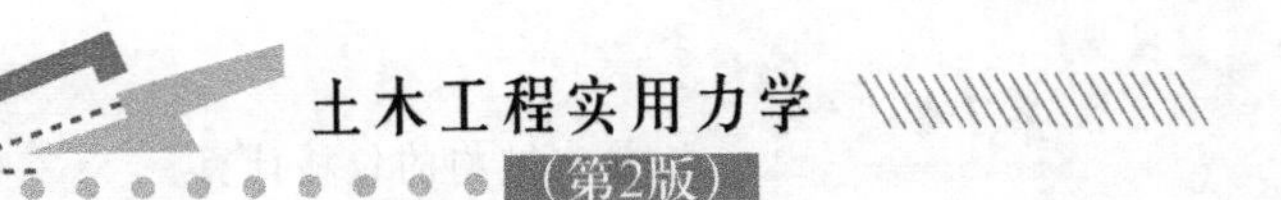

7.2.2 静定结构的位移计算实例

1. 静定结构在荷载作用下的位移计算(利用一般公式)

应用案例 7-4

试计算图 7.21 所示悬臂梁 A 点的竖向位移 Δ_{AV}，$EI=C$。

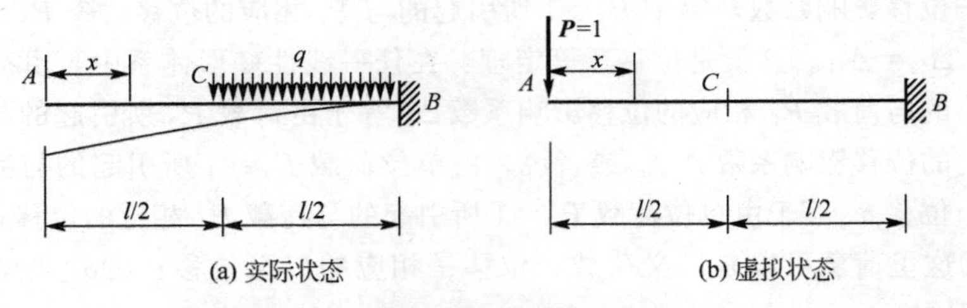

图 7.21 悬臂梁的实际受力和虚设状态

解：(1) 列出两种状态的内力方程：

AC 段$\left(0\leqslant x\leqslant\dfrac{l}{2}\right)$

$$\begin{cases}N_P=0\\V_P=0\\M_P=0\end{cases}\quad\begin{cases}\overline{N}=0\\\overline{V}=-1\\\overline{M}=-x\end{cases}$$

CB 段$\left(\dfrac{l}{2}\leqslant x\leqslant l\right)$

$$\begin{cases}N_P=0\\V_P=-q\left(x-\dfrac{l}{2}\right)\\M_P=-\dfrac{q}{2}\left(x-\dfrac{l}{2}\right)^2\end{cases}\quad\begin{cases}\overline{N}=0\\\overline{V}=-1\\M=-x\end{cases}$$

(2) 将上面各式代入位移公式分段积分计算 Δ_{AV}。

AC 段($0\leqslant x\leqslant l/2$)，在荷载作用下的内力均为零，故积分也为零。

CB 段($l/2\leqslant x\leqslant l$)

$$\Delta=\int_{\frac{l}{2}}^{l}\frac{\overline{M}M_P}{EI}\mathrm{d}x+\int_{\frac{l}{2}}^{l}\frac{k\overline{V}V_P}{GA}\mathrm{d}x$$

上式中由弯矩引起的位移为

$$\Delta_M=\int_{\frac{l}{2}}^{l}\frac{\overline{M}M_P}{EI}\mathrm{d}x=\frac{1}{EI}\int_{\frac{l}{2}}^{l}-x\left[-\frac{q}{2}\cdot\left(x-\frac{l}{2}\right)^2\right]\mathrm{d}x$$

$$=\frac{q}{2EI}\cdot\frac{7l^4}{192}=\frac{7ql^4}{384EI}\quad(\downarrow)$$

设为矩形截面 $k=1.2$，则

$$\Delta_Q=\int_{\frac{l}{2}}^{l}\frac{k\overline{V}V_P}{GA}\mathrm{d}x=\int_{\frac{l}{2}}^{l}1.2(-1)\left[-q\left(x-\frac{l}{2}\right)\right]\frac{\mathrm{d}x}{GA}=\frac{3ql^2}{20GA}\quad(\downarrow)$$

所以

$$\Delta_{AV}=\Delta_M+\Delta_V=\frac{7ql^4}{384EI}+\frac{3ql^2}{20GA}$$

(3) 讨论：比较剪切变形与弯曲变形对位移的影响。

$$\frac{\Delta_V}{\Delta_M}=\frac{\dfrac{3ql^2}{20GA}}{\dfrac{7ql^4}{384EI}}=8.23\frac{EI}{GAl^2}$$

设材料的泊松比 $\mu=\frac{I}{3}$，由材料力学公式 $\frac{E}{G}=2(1+\mu)\frac{8}{3}$，设矩形截面的宽度为 b、高度为 h，则有 $A=bh$，$I=bh^3/12$，代入上式得

$$\frac{\Delta_V}{\Delta_M}=8.23\frac{EI}{GAl^2}=8.23\times\frac{8}{3}\times\frac{1}{12}\left(\frac{h}{l}\right)^2=1.83\left(\frac{h}{l}\right)^2$$

当 $\frac{h}{l}=\frac{1}{10}$ 时，$\frac{\Delta_V}{\Delta_M}=1.83\%$；当 $\frac{h}{l}=\frac{1}{5}$ 时，$\frac{\Delta_Q}{\Delta_M}=7.32\%$。

所以，在计算受弯构件的位移时，一般情况下剪力的影响可以忽略。

应用案例 7-5

求图 7.22 所示等截面梁 B 端转角。

解：(1) 如图 7.23 所示，将一虚拟单位力偶加到 B 支座处。

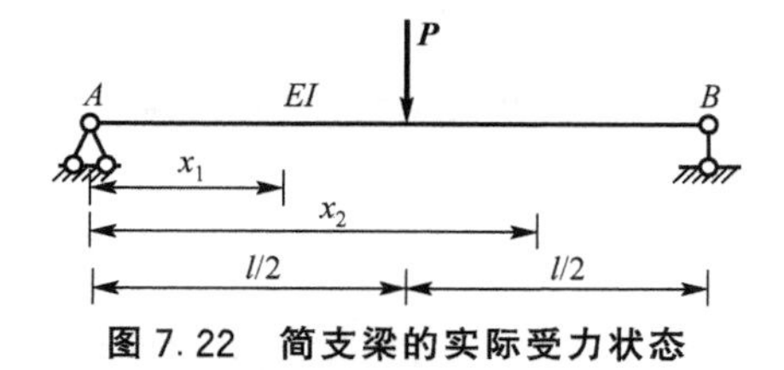

图 7.22 简支梁的实际受力状态

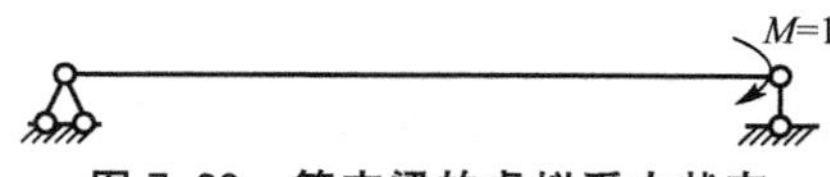

图 7.23 简支梁的虚拟受力状态

(2) 列出弯矩方程，注意 M_P 必须分段，即

$$\overline{M}(x)=-\frac{x}{l}\quad(0\leqslant x\leqslant l)$$

$$M_P(x)=\frac{Px}{2}\quad\left(0\leqslant x\leqslant\frac{l}{2}\right)$$

$$M_P(x)=\frac{P(l-x)}{2}\quad\left(\frac{l}{2}\leqslant x\leqslant l\right)$$

(3) 计算 B 支座的角位移，即

$$\Delta_B=\int_0^l\frac{\overline{M}M_P}{EI}\mathrm{d}x$$

$$=\frac{1}{EI}\int_0^{\frac{l}{2}}\frac{Px}{2}\cdot\left(-\frac{x}{l}\right)\mathrm{d}x+\frac{1}{EI}\int_{\frac{l}{2}}^{l}\frac{P(l-x)}{2}\cdot\left(\frac{x}{-l}\right)\mathrm{d}x$$

$$=-\frac{Pl^2}{16EI}\quad(\curvearrowleft)$$

应用案例 7-6

试计算图 7.24 所示桁架结构在 D 点的竖向位移 Δ_{DV}。

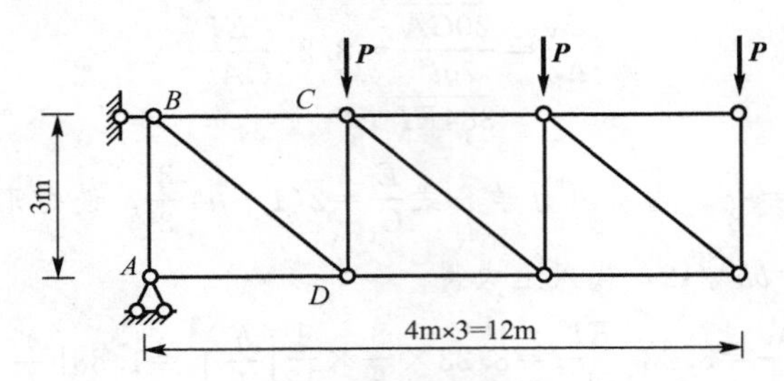

图 7.24 简支桁架

解：在 D 点加一虚拟单位力 $P=1$，算出该桁架在荷载和虚拟单位力作用下的各杆件轴力如图 7.25(a)、(b)所示。

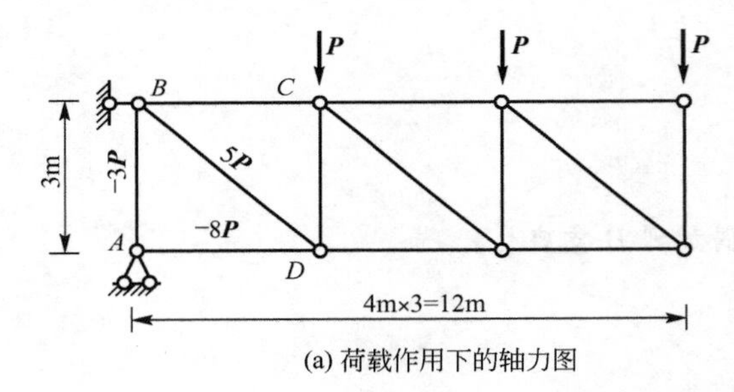

(a) 荷载作用下的轴力图

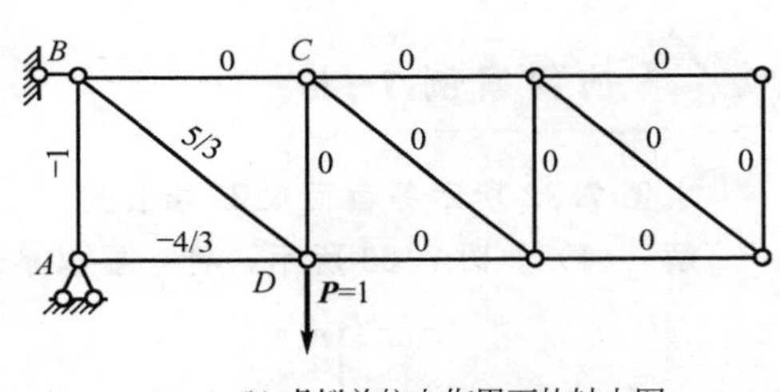

(b) 虚拟单位力作用下的轴力图

图 7.25 轴力图

将以上杆件中数据代入位移计算公式得

$$\Delta_{DV}=\sum\frac{\overline{N}N_P\cdot L}{EA}=\frac{1}{EA}\left[-3P\times(-1)\times3+5P\times\frac{5}{3}\times5+(-8\mathrm{P})\times\left(-\frac{4}{3}\right)\times4\right]=\frac{280P}{3EA}\quad(\downarrow)$$

2. 图乘法的具体应用

应用案例 7-7

求图 7.26 所示外伸梁上点 C 的竖向位移 Δ_{CV}。已知梁的抗弯刚度 EI 为常数。

解：(1) 在 C 点虚加一竖向单位力 $\overline{F}=1$，绘出荷载弯矩图和单位力弯矩图，分别如图 7.27(a)、(b)所示。

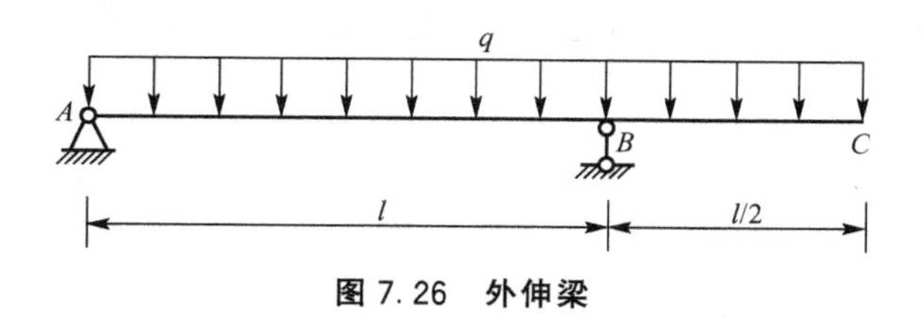

图 7.26　外伸梁

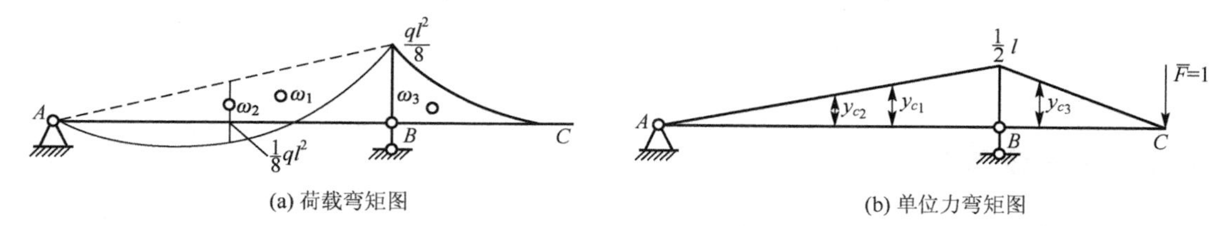

(a) 荷载弯矩图　　(b) 单位力弯矩图

图 7.27　外伸梁的实际受力和虚拟状态

(2) AB 段的荷载弯矩图可以分解为一个三角形和一个标准抛物线形；BC 段的荷载弯矩图为一标准抛物线形。荷载弯矩图中各部分面积与相应单位力弯矩图的竖标分别为

$$w_1=\frac{1}{2}\times l\times\frac{ql^2}{8}=\frac{ql^3}{16},\quad y_{c1}=\frac{2}{3}\times\frac{l}{2}=\frac{l}{3}$$

$$w_2=\frac{2}{3}\times l\times\frac{ql^2}{8}=\frac{ql^3}{12},\quad y_{c2}=\frac{1}{2}\times\frac{l}{2}=\frac{l}{4}$$

$$w_3=\frac{1}{3}\times\frac{l}{2}\times\frac{ql^2}{8}=\frac{ql^3}{48},\quad y_{c3}=\frac{3}{4}\times\frac{l}{2}=\frac{3l}{8}$$

将以上数据代入图乘法公式可得 C 点的竖向位移为

$$\Delta_{CV}=\frac{1}{EI}\left[\frac{ql^3}{16}\times\frac{l}{3}\times\left(-\frac{ql^3}{12}\right)\times\frac{l}{4}+\frac{ql^3}{48}\times\frac{3l}{8}\right]=\frac{ql^4}{128EI}\quad(\downarrow)$$

计算结果为正，说明 Δ_{CV} 的实际方向与虚设的单位力方向一致。

应用案例 7-8

试求图 7.28 所示等截面简支梁 C 截面的转角。

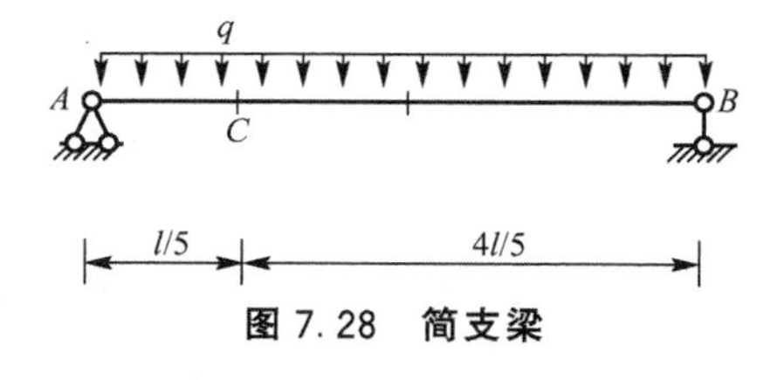

图 7.28　简支梁

解：在 C 截面加上一虚拟单位力偶。作出荷载弯矩图和单位力弯矩图，如图 7.29(a)、(b)所示。

将相关数据代入图乘法公式得

$$\theta_c=\sum\frac{wy_c}{EI}=\frac{1}{EI}\left[\frac{2}{3}\times\frac{ql^2}{8}\times l\times\frac{1}{2}-\left(\frac{1}{2}\times\frac{l}{5}\times\frac{2ql^2}{25}+\frac{2}{3}\times\frac{l}{5}\times\frac{ql^2}{8\times 25}\right)\times 1\right]=\frac{33ql^3}{100EI}\quad(\curvearrowright)$$

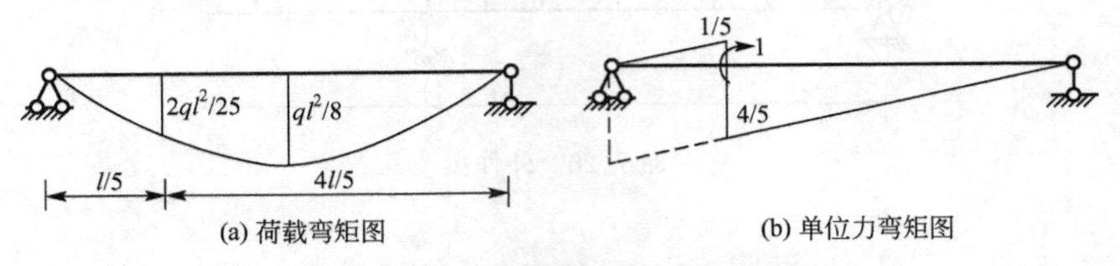

图 7.29　简支梁的实际和虚拟受力状态

应用案例 7-9

试计算图 7.30 所示悬臂刚架 D 点的水平位移 Δ_{DH}，EI 为常数。

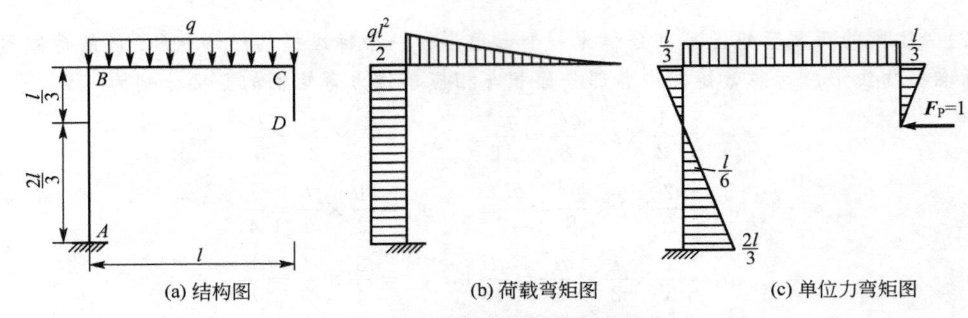

图 7.30　悬臂刚架的弯矩图

解： 在 D 点加一虚拟单位水平荷载 $F_P=1$ 作为虚拟状态，作出荷载弯矩图和单位力弯矩图如图 7.30(b)、(c)所示。图乘时面积 w 取自荷载弯矩图，在单位力弯矩图中取竖标 y_c，则

$$\Delta_{DH}=\sum\frac{wy_c}{EI}=\frac{1}{EI}\left[\frac{1}{3}\times\frac{ql^2}{2}\times l\times\frac{l}{3}-\frac{ql^2}{2}\times l\times\left(\frac{1}{2}\times\frac{2l}{3}-\frac{1}{2}\times\frac{l}{3}\right)\right]$$

$$=-\frac{ql^4}{36EI}\quad(\rightarrow)$$

应用案例 7-10

求图 7.31 所示刚架杆端 A、B 之间的相对水平线位移 Δ_{ABH}。已知各根杆件的抗弯刚度 EI 为常数。

解： 为求杆端 A、B 间的相对水平线位移，须在 A、B 处虚设一对大小相等、方向相反的单位力 $F_P=1$，然后绘制出相应的荷载弯矩图和单位力弯矩图，分段进行图乘并相加即可。

作出的荷载弯矩图和单位力弯矩图如图 7.31(b)、(c)所示，将相应的数据代入图乘法公式可得

$$\Delta_{ABH}=\sum\frac{wy_c}{EI}=\frac{1}{EI}\left(\frac{2}{3}\times 40\times 4\times 4+0\right)$$

$$=\frac{1280}{3EI}\quad(\rightarrow\leftarrow)$$

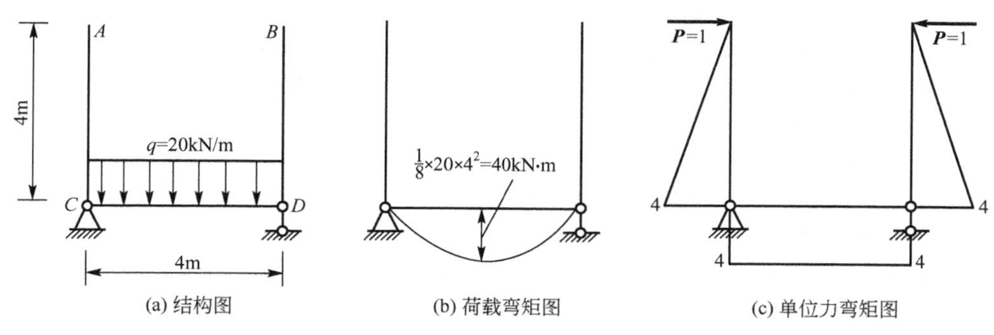

图 7.31 简支刚架的实际和虚拟受力状态

计算结果为正，说明 A、B 间的相对水平线位移与所加的单位力方向一致。

特别提示

计算静定结构位移时，要重点把握好所加虚拟单位荷载的位置及种类。如求角位移时加一虚拟单位力偶，求线位移时加一虚拟单位力。特别需要注意的是，虚拟假设的力和位移都是广义的力和广义的位移。

本章小结

1．位移的种类，计算位移的目的

本章主要学习了两种类型的位移，即角位移和线位移，位移是和形变紧密联系的。本章讨论的力和位移都是指广义的力和广义的位移。

计算位移的目的有两个：一个目的是校核结构的刚度；另一个目的是为了分析超静定结构。

2．受弯构件的刚度计算

受弯构件刚度计算的实质是先算出其在荷载或其他因素作用下发生的位移，然后将其与国家规范规定的结构许用挠度和许用转角进行比较，如果不超过许用值，说明构件的刚度符合要求。

3．静定结构的位移计算

1）实功和虚功的含义及虚功原理

实功中力和位移有着必然的联系，虚功中力和位移毫无关系，这是二者本质的区别。虚功原理的实质可概括为外力虚功等于内力虚功，即 $W_e = W_i$。此处需强调的是，这里的内力是由外力引起的。

2）单位荷载法和图乘法的联系

单位荷载法是虚功原理的一种特殊形式，其实质就是将外力虚功中的外力变成了单位力，这样便于计算。单位荷载法适合计算位移的范围比图乘法要广。应用图乘法计算静定结构的位移时必须要满足3个适用条件。

3）利用图乘法计算位移时需注意的问题

利用图乘法计算位移时除了要满足3个基本条件外，还需重点掌握以下几点。

(1) 遇到折线弯矩图形进行图乘时，必须要分段进行；面积 W 和形心竖标值 y_c 在杆件同一侧图乘时取正号，反之取负号。

(2) 当杆件的抗弯刚度 EI 发生变化时，也需要在刚度发生变化位置处分段进行图乘。

(3) 熟练掌握常见几何图形面积及形心位置的确定方法。遇到不规则的几何图形需要对其进行拆分，计算时不能缺项。

(4) 加设虚拟单位力(指广义力)时，一是要位置正确，二是要注意位移的类型，线位移要虚设单位力，角位移要虚设单位力偶。相对线位移和相对角位移要虚设一对单位力和一对单位力偶。

(5) 温度变化和支座移动时的位移计算

对静定结构而言，温度变化和支座移动不会引起内力。位移计算的关键是必须正确作出相应的内力图形，再代入相关公式进行计算。

4）互等定理

本章介绍了3个互等定理，即功的互等定理、位移互等定理和反力互等定理，其中后两个定理均是由功的互等定理推导出的。在后面的有关章节中会用到这部分内容。

习 题

一、判断题

1. 构件的承载能力不包括刚度。 ( )
2. EA 称为梁的刚度，它反映了材料抵抗拉压变形的能力。 ( )
3. 为保证构件能安全正常地工作，构件应具有足够的抵抗破坏的能力和足够的刚度。 ( )
4. 梁受弯时，EI 大的梁变形小，EI 小的梁变形大。 ( )
5. 计算静定结构位移的目的是为分析超静定结构。 ( )

二、单项选择题

1. 构件抵抗变形的能力称为( )。

A. 强度　　B. 刚度　　C. 稳定性　　D. 弹塑性

2. 梁的挠度的大小与( )。

A. 材料、截面有关　　B. 截面、荷载有关

C. 材料、荷载有关　　D. 材料、截面、弯矩有关

3. 图7.32所示虚拟状态是为了求( )。

A. A 点线位移　　B. A 截面转角

C. A 点竖向位移　　D. A 点水平位移

4. 悬臂梁两种状态的弯矩图如图7.33所示，图乘结果是( )。

A. $\dfrac{F_Pl^3}{3EI}$　　B. $\dfrac{2F_Pl^3}{3EI}$　　C. $\dfrac{2F_Pl^2}{3EI}$　　D. $\dfrac{F_Pl^4}{3EI}$

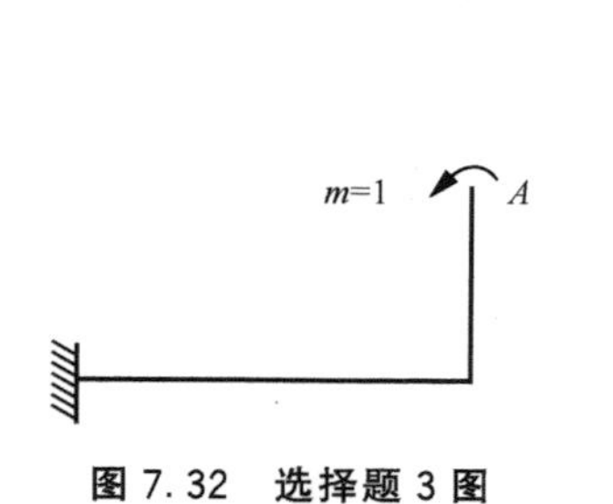

图 7.32 选择题 3 图

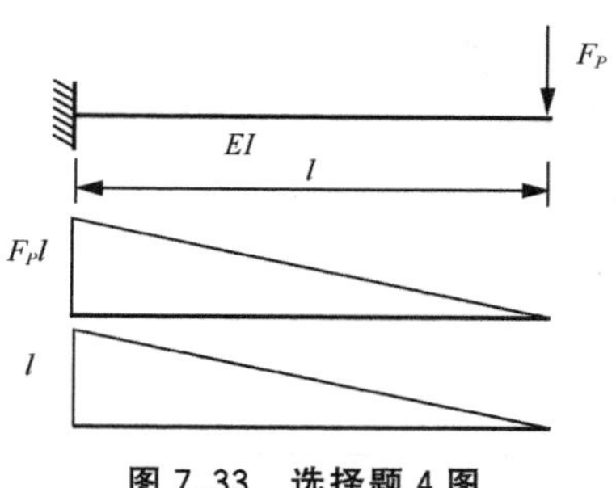

图 7.33 选择题 4 图

三、填空题

1. 图乘法的适用条件是________。
2. 静定结构位移是指 ________、________。
3. 三个互等定理是________、________、________。

四、计算题

1. 求图 7.34 所示结构截面 C 的竖向位移 Δ_{CV}。EI 为常数。
2. 求图 7.35 所示刚架结点 A 的水平位移 Δ_{AH}。各杆 EI 为常数。

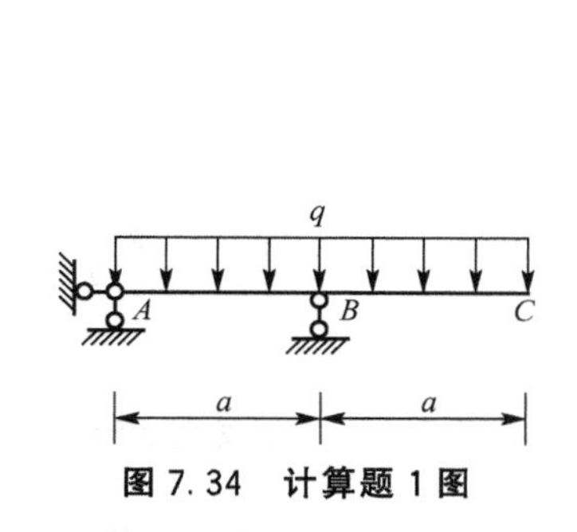

图 7.34 计算题 1 图

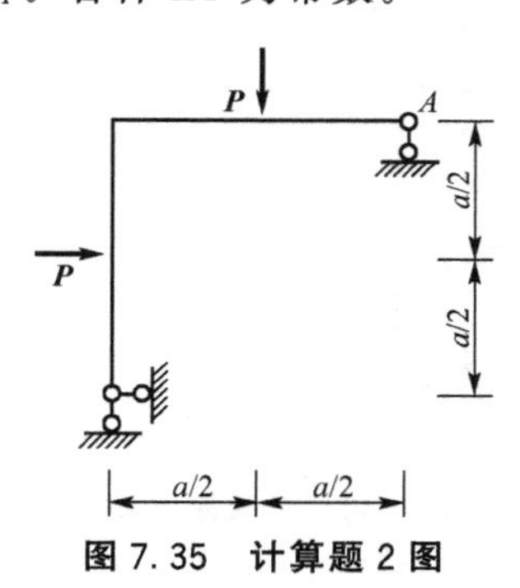

图 7.35 计算题 2 图

3. 求图 7.36 所示简支梁在力 P 作用下右支座处的转角 θ_B。
4. 求图 7.37 所示刚架 B 点的竖向位移，EI 为常数。

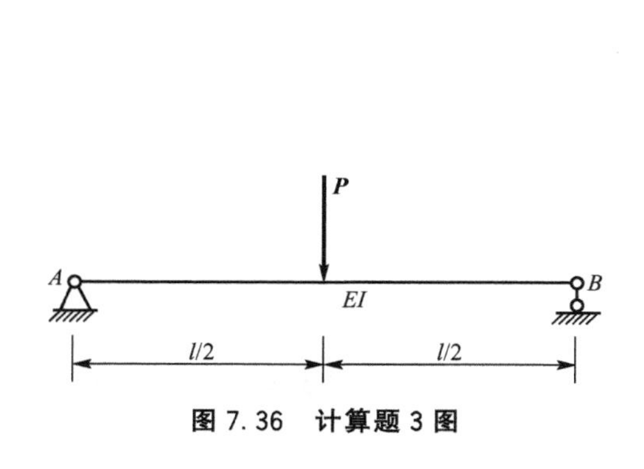

图 7.36 计算题 3 图

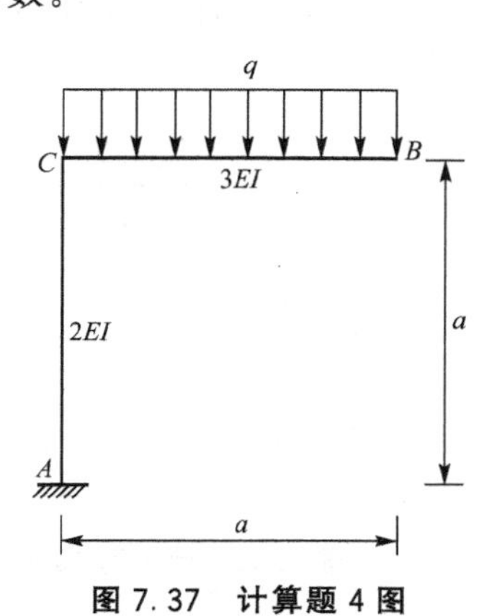

图 7.37 计算题 4 图

5. 计算 7.38 图示结构 B 点竖向位移 Δ_{BV}，EI 为常数。

6. 计算图 7.39 所示刚架的截面 C 的转角，EI 为常数。

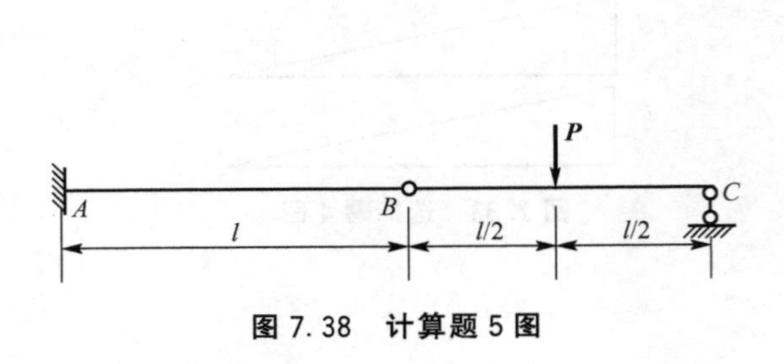

图 7.38 计算题 5 图

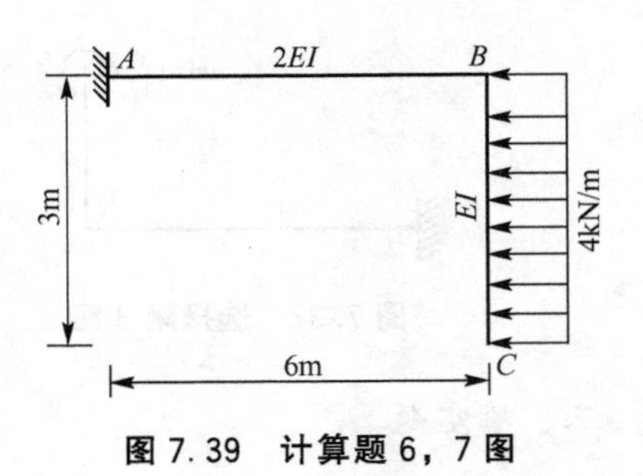

图 7.39 计算题 6，7 图

7. 计算上题中(图 7.39)C 处的水平线位移。

8. 求图 7.40 所示刚架 D 点的水平位移，EI 为常数。

9. 求图 7.41 所示悬臂梁中点 C 的竖向位移，EI 为常数。

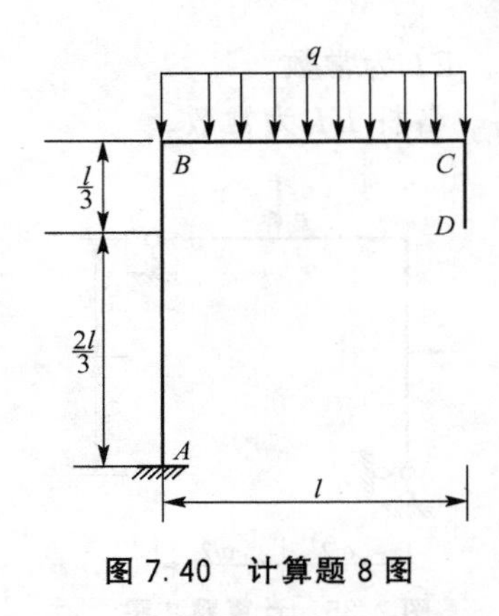

图 7.40 计算题 8 图

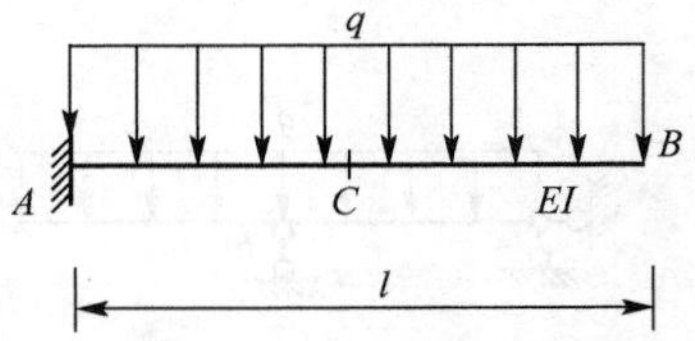

图 7.41 计算题 9 图

10. 求图 7.42 所示刚架 C 点的竖向位移。$a=4\text{m}$，$\alpha=0.0001$，各杆件截面为矩形，截面高度 $h=40\text{cm}$。

11. 图 7.43 所示刚架，支座 A 下沉 a，求 B 点的水平位移和 B 端的转角。

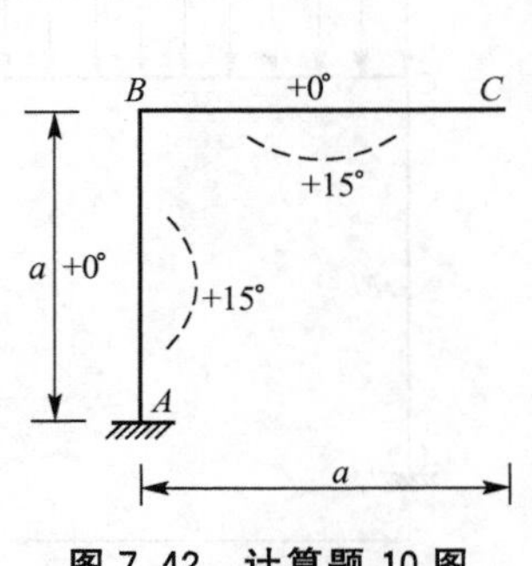

图 7.42 计算题 10 图

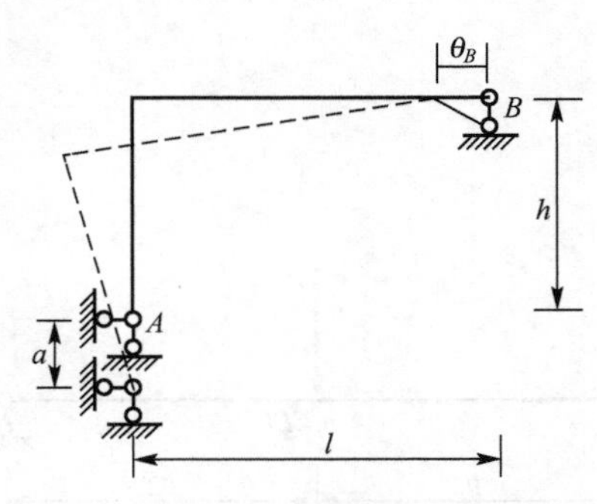

图 7.43 计算题 11 图

第8章

力　　法

教学目标

理解静定结构和超静定结构的区别和联系，熟悉超静定次数确定的方法；理解力法的基本原理和力法典型方程的建立过程；掌握超静定梁和刚架的内力计算，熟悉超静定排架、桁架和超静定组合结构的内力计算；理解支座移动、转动和温度变化对超静定结构内力的影响；能正确进行相关的内力计算和绘制内力图。

教学要求

能力目标	知识要点	相关知识	权重(%)
确定超静定结构的超静定次数	必要约束和多余约束的概念，多余约束的确定方法及步骤	平面体系几何组成分析、常见静定结构的类型	15
能够正确建立力法的典型方程	超静定结构的计算方法，基本体系和基本结构的形成和建立过程，力法方程的建立	虚功原理和单位荷载法，静定结构的受力分析，静定结构的位移计算。超静定次数的确定，主系数、副系数、自由项的概念。静定结构的内力计算	20
能够对超静定梁和刚架的内力计算	梁和刚架的类型、内力求法，轴力图、剪力图和弯矩图的绘制方法步骤	建立力法方程，正确选取基本结构和基本体系，计算主系数、副系数和自由项，求出多余约束力后作用于基本结构，使超静定结构的内力计算转化为静定结构的内力计算。超静定刚架对称性的利用	40
能够对超静定排架、桁架及超静定组合结构的计算	超静定排架、桁架、组合结构的内力计算方法，内力图绘制方法	通过选择合理的基本结构建立力法方程，利用排架、桁架、组合结构的受力特点绘制轴力图、剪力图和弯矩图	20
支座移动、转动和温度变化对超静定内力的影响	支座移动、转动和温度变化时超静定结构的内力计算	支座移动、转动和温度变化时静定结构的位移计算，形常数的概念	5

引例

在前面几章所讲的内容中，涉及的结构大多是静定结构。但工程实际中，还存在着另一种类型的结构，即超静定结构，日常所见的高层建筑和框架结构的建筑物都是属于这种结构如图8.1所示。就几何组成而言，超静定结构和静定结构的重要区别在于是否有多余约束。静定结构的内力计算要比超静定结构的内力计算简单，但其安全性显然要差一些。梁在柱子处上部为什么要增加钢筋呢？梁配的箍筋在柱子处为什么要密呢？因此，本章从最基本的超静定结构形式出发，讨论了常见的超静定结构的内力计算原理和计算方法，介绍了超静定结构的内力计算和内力图的绘制方法。这些内容是建筑结构设计和计算的基本依据，是进一步熟悉设计意图更好的从事土木工程施工打下基础。力法是计算超静定结构的基本方法之一，是其他计算方法的基础，对该章的主要内容，应认真学习、提高能力、熟练掌握超静定结构内力分析与计算本领。

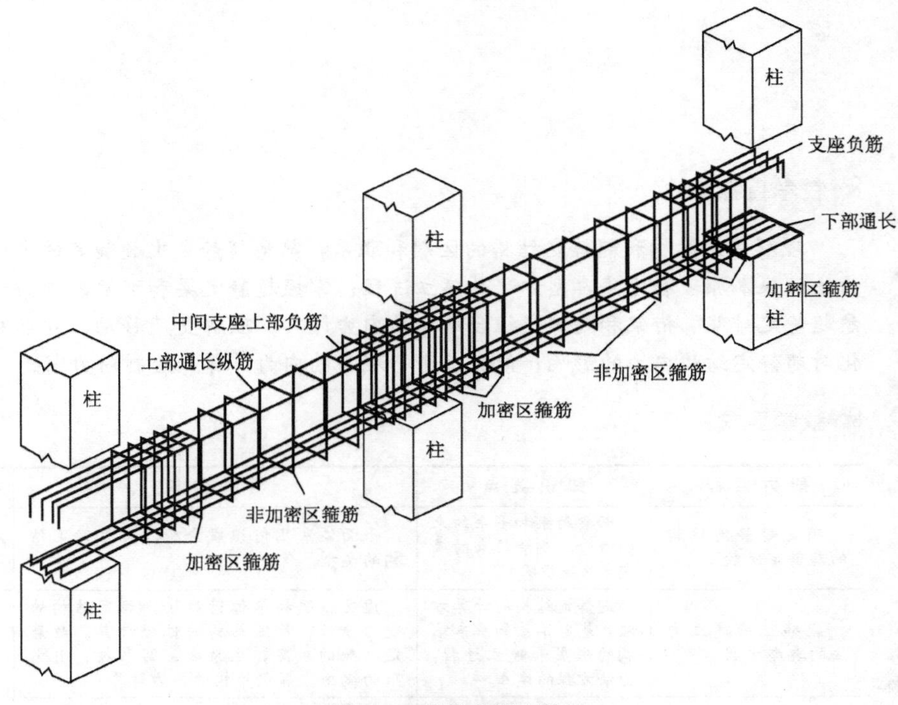

图8.1 超静定梁配筋图

8.1 超静定次数的确定

8.1.1 静定结构

1. 静定结构的概念

在结构的简化与几何组成分析中曾讨论过，凡在几何组成上为几何不变且无多余约束的杆件体系，它的全部支座反力和各截面内力都可以由静力平衡方程唯一地确定，这种杆件体系称为静定结构。图 8.2(a)所示的简支梁是杆件 AB 用 3 根不交于一点的链杆和基础相联，是无多余约束的几何不变体系，其支座反力 F_{Ax}、F_{Ay} 和 F_{By} 及任一截面上的内力都可由静力平衡方程唯一确定。

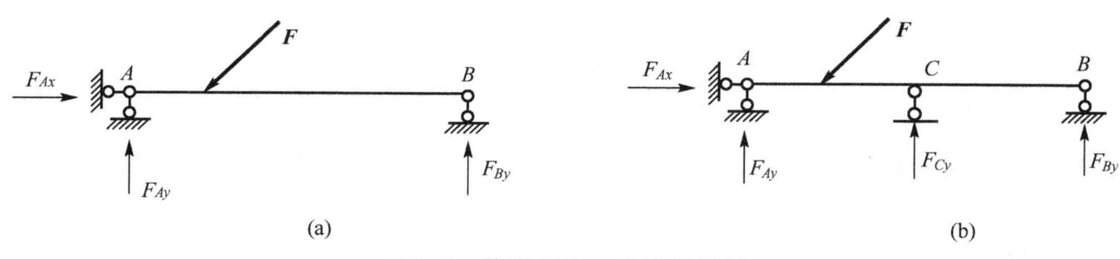

图 8.2 静定梁和一次超静定梁

2. 多余约束和必要约束的概念

图 8.2(a)所示的简支梁上增加一根支座链杆 C，就得到图 8.2(b)所示的连续梁，它有 4 个支反力，但平衡条件只有 3 个，仅靠平衡方程无法求出全部反力和各截面的内力。又如图 8.3 所示的无铰拱，也无法求出全部反力和各截面的内力。综上所述，如果一个结构只用平衡条件不能确定全部反力和内力，则称为超静定结构。

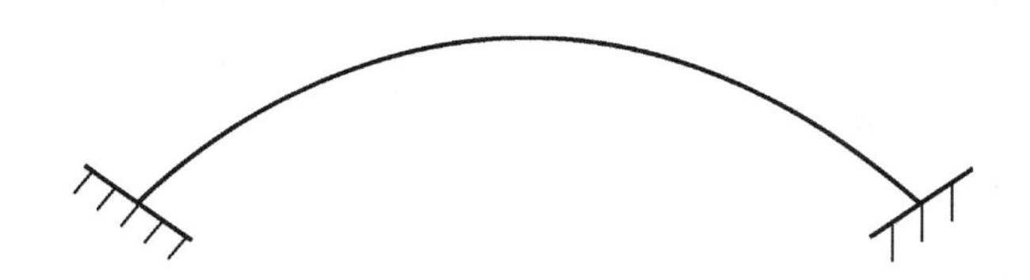

图 8.3 超静定拱

从几何组成上分析，简支梁［图 8.2(a)］如果去掉支座链杆 B，就变成了几何可变体系。因此，对简支梁来说，支座链杆 B 是其保持几何不变所必需的约束。这种使体系保持几何不变所必需的约束称为必要约束。但是，如果从连续梁［图 8.2(b)］上去掉支座链杆 B，则仍然是几何不变体系。因此，对连续梁 AB 来说，支座链杆 B 是多余约束。所谓“多余”，是指这些约束仅就保持体系的几何不变性来说不是必要的。对图 8.2(b)所示连续梁，3 根竖向支座链杆中的任一根都可作为多余约束，但一根水平支座链杆是必要约束。

以上讨论表明，静定结构的几何特性是几何不变且没有多余约束，而超静定结构是几何不变且有多余约束。因此，内力超静定，有多余约束，这是超静定结构区别于静定结构的基本特点。

工程中常见的超静定结构的类型可分为梁、桁架、刚架、拱、组合结构等，如图 8.2、图 8.3、图 8.4 所示。

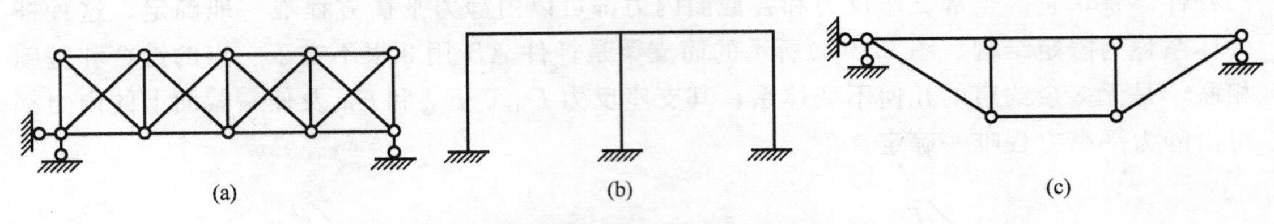

图 8.4　超静定桁架、刚架、组合结构

8.1.2　超静定次数的确定方法

1. 超静定次数的确定方法

超静定结构中多余约束的个数称为超静定次数。图 8.1(b)所示连续梁是一次超静定，图 8.4(a)中桁架为 4 次超静定。超静定结构可以看做是在静定结构上增加若干个多余约束而成。因此，确定超静定次数最直接的方法，就是撤除多余约束，使原结构变成一个静定结构。所撤除的多余约束的个数，就是原结构的超静定次数。

约束的作用可用约束力来代替，撤除一个约束就相当于解除一个约束力的作用。所撤除约束的个数应等于被解除的约束力的数目。因此，结构的超静定次数同时也可用被解除的约束力的个数来确定。所以，超静定次数等于把原结构变为静定结构时所去掉的约束(多余约束)的个数，等于多余约束力的个数。在确定超静定次数，去掉多余约束时，必须注意要去掉所有的多余约束。

2. 撤除多余约束情况归纳

从超静定结构上撤除多余约束的情况可归结为如下一些情况。

(1) 撤除一根链杆(或支杆)，相当于去掉一个约束［图 8.5(a)、(b)］。

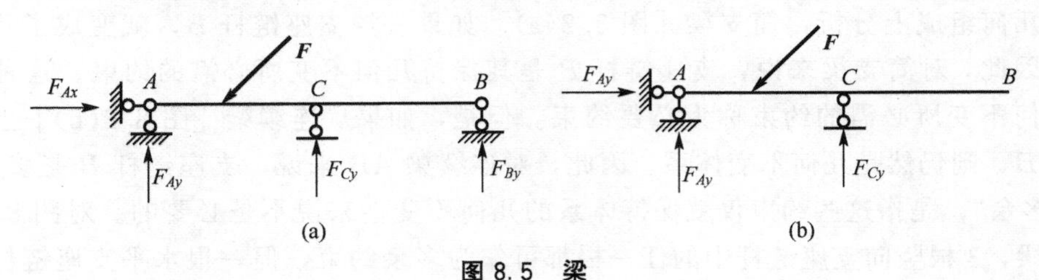

图 8.5　梁

(2) 撤去一个铰支座或铰结点，等于去掉两个约束(图 8.6、图 8.7)。

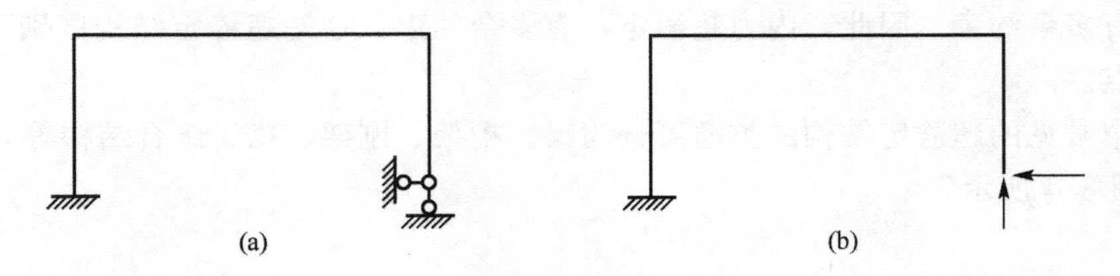

图 8.6　刚架

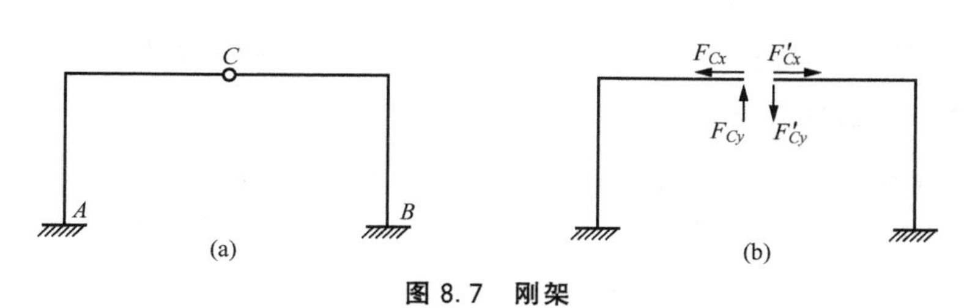

图 8.7 刚架

(3) 撤去一个固定支座或刚结点，相当于去掉 3 个约束［图 8.8(a)、(b)、(c)］。

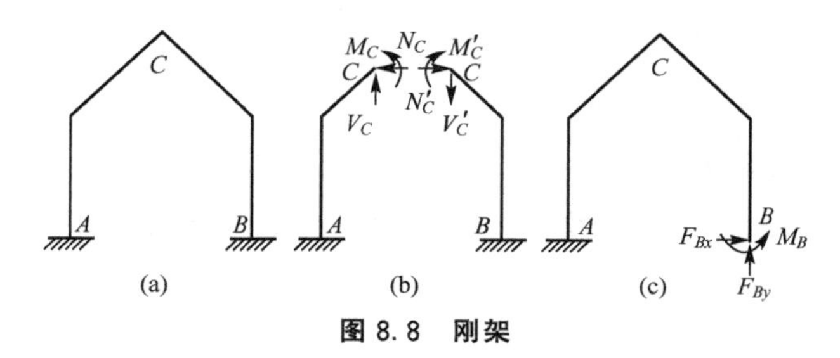

图 8.8 刚架

(4) 将固定支座改为铰支座或将刚结点改为铰结点，等于去掉一个约束［图 8.9(a)、(b)］。

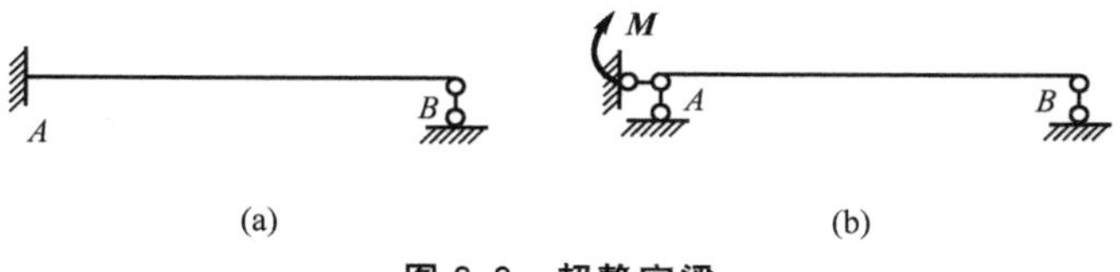

图 8.9 超静定梁

(5) 切断一根链杆，等于去掉一个约束。

(6) 切断一根梁式杆，等于去掉 3 个约束［图 8.10(a)、(b)］。

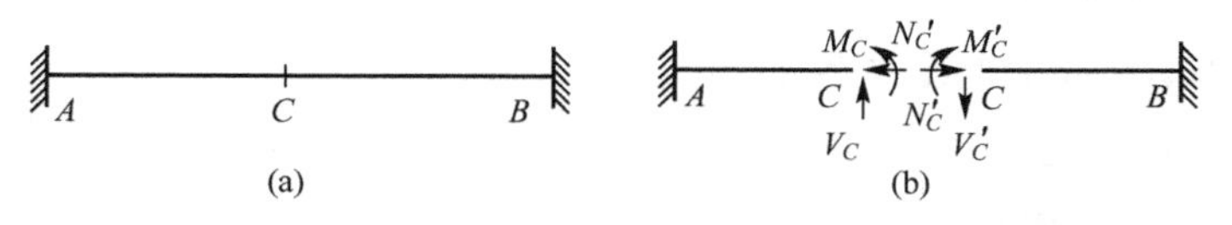

图 8.10 超静定梁

虽然去掉约束的方式是多样的，但必须注意：

(1) 去掉的约束必须是多余约束，即去掉约束后，结构仍几何不变，不能去掉必要的约束。如撤去必要的约束，有可能导致结构成为瞬变体系，如图 8.11 所示。

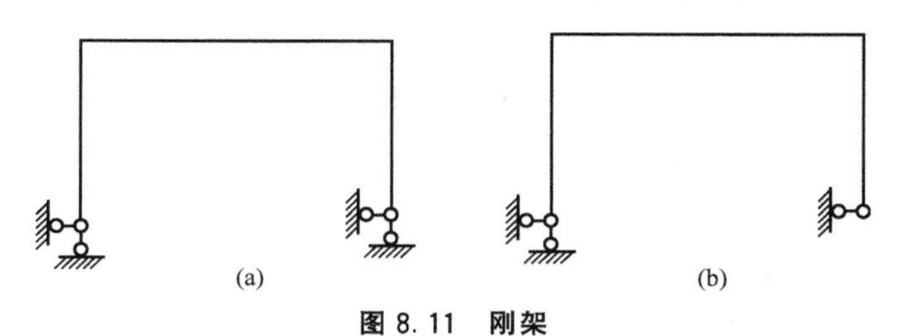

图 8.11 刚架

(2) 必须去掉全部多余约束，即去掉约束后形成的体系必须是无多余约束的。

3. 超静定结构的计算方法

对超静定结构进行受力分析时需要考虑两种因素：一是必须考虑平衡条件；二是必须考虑变形协调条件。因为在超静定结构中存在多余约束，建立的平衡方程的数量少于未知力的数目，导致不能求出所有的支反力和各截面的内力，这时必须引入变形协调条件方能解决这些问题。

计算超静定结构的方法分为两类：一类是直接解联立方程，如力法和位移法；另一类是逐次修正的渐进法，如力矩分配法等。在工程实践中还出现了许多近似方法。

必须牢固掌握多余约束和必要约束的概念，在确定超静定次数时只能去掉多余约束，不能去掉必要约束，且需注意去掉多余约束后的结构仍然是几何不变体系，这样不易出错。

8.2 力法基本原理

8.2.1 力法的概念

1. 概述

力法是计算超静定结构最基本的方法。

力法的基本思路是把超静定结构的计算问题转化为静定结构的计算问题，即利用前面几章内容所熟悉的静定结构的计算方法来达到计算超静定结构的目的。

2. 力法的基本未知量和基本体系

超静定结构中多余约束的存在，导致产生多余约束力，所以不能由静力平衡条件求出所有的未知力，必须考虑变形协调条件才能求解。

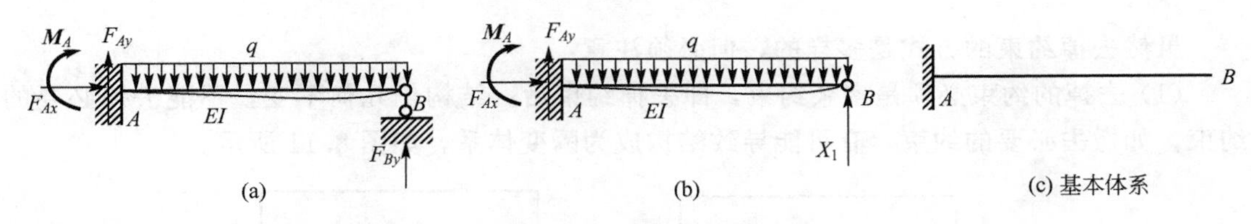

图 8.12 一次超静定梁

图 8.12 所示是一个一次超静定结构，具有 F_{Ax}、F_{Ay}、$\boldsymbol{M}_A$、F_{By} 这 4 个支座反力，由静力平衡条件无法求解。如去掉 B 支座处的链杆，代一相应的多余约束力 X_1 作用，如图 8.12(b)所示。设法将 X_1 求出，则原结构就转化为在均布荷载 q 和 X_1 共同作用下

静定结构的计算，其他支座反力和各个截面的内力都可根据静力平衡条件求出。因此，力法计算超静定结构的关键是如何确定多余未知力。只要求出多余约束力，则其他的约束力和各种内力均可由平衡条件算出，力法的基本未知量就是多余约束力，如图 8.12(b)所示的 X_1。

在超静定结构中，去掉多余约束后的静定结构称为力法的基本体系。图 8.12(c)所示图形即是图 8.12(a)的基本体系。基本体系是利用力法计算超静定结构的重要工具，同一种超静定结构有时不仅仅有一种基本体系，在选取时，要根据实际情况选择合理的基本体系，这样可以简化计算过程和计算步骤。

3. *力法的基本方程*

现以图 8.12 为例讨论如何计算基本未知量，在计算过程中必须考虑变形协调条件。

图 8.12(a)所示 B 支座处的竖向线位移等于零，Y_B 是一固定值。图 8.13(a)、(b)为撤除多余约束后的基本体系在均布荷载 q 和未知约束力 X_1 单独作用时发生的形变，二者叠加到一起和原结构的受力及变形应保持一致。设图 8.13(a)中均布荷载 q 在 B 点处引起的竖向线位移为 Δ_{1P}，图 8.13(b)中 X_1 在 B 点处引起的竖向线位移为 Δ_{11}。在图 8.12(a)中 B 支座既不上移也不下移，只有当 $\Delta_{1P}=\Delta_{11}$，B 点位移等于零时，基本体系上作用的 X_1 才等于原超静定结构的多余约束力 Y_B，即原结构的受力和变形状态与基本体系在荷载和多余约束力作用下的受力和变形完全相同。故可列出相应的变形协调方程，即力法的基本方程

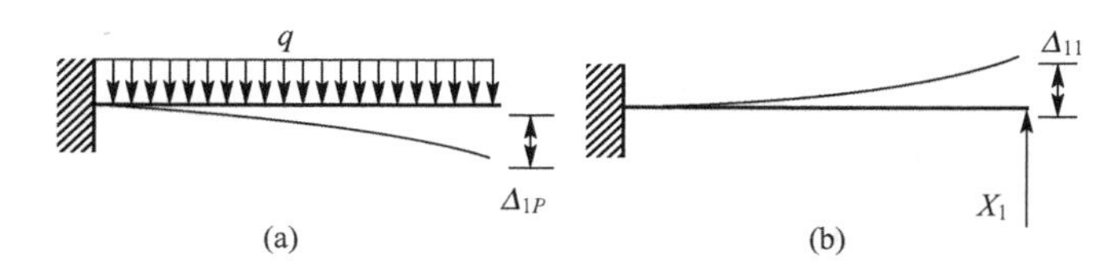

图 8.13 基本体系的变形

$$\Delta_1=\Delta_{11}+\Delta_{1P}=0$$

式中 Δ_1——基本体系在多余约束力 X_1 和荷载共同作用下沿 X_1 方向产生的总位移；

Δ_{11}——基本体系在多余约束力 X_1 单独共同作用下沿 X_1 方向产生的位移；

Δ_{1P}——基本体系在荷载单独共同作用下沿 X_1 方向产生的位移。

在线性变形体系中，Δ_{11} 与 X_1 成正比，可以写成：$\Delta_{11}=\delta_{11}X_1$，其中 δ_{11} 为基本体系在单位力 $X_1=1$ 单独作用时沿 X_1 方向上产生的位移。将其代入上式可得

$$\delta_{11}X_1+\Delta_{1P}=0$$

这即是线性变形体系一次超静定结构的力法基本方程，简称力法方程。

8.2.2 典型方程

1. *两次超静定的力法方程*

现结合图 8.14 讨论两次超静定刚架说明力法典型方程的建立过程。

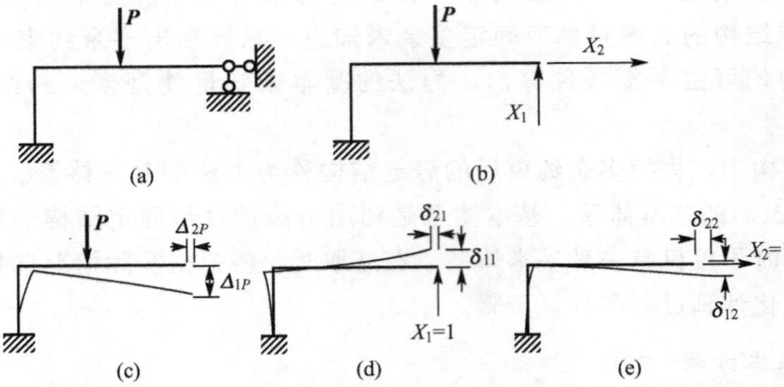

图 8.14　超静定刚架的分析过程

对图 8.14(a)所示超静定结构，撤去铰支座即为基本体系，在基本体系中，X_1 和 X_2 是基本未知量。为确定基本未知量 X_1 和 X_2，可利用变形协调条件，即基本体系在荷载及多余约束力 X_1 和 X_2 共同作用下在 X_1 和 X_2 作用的方向上产生的线位移和原结构保持相同(原结构两个方向上的位移均等于零)。因此变形条件可表达为

$$\begin{cases}\Delta_1=0\\ \Delta_2=0\end{cases} \tag{a}$$

这里，Δ_1 是 X_1、X_2 和荷载共同作用下沿 X_1 方向产生的位移，Δ_2 是 X_1、X_2 和荷载共同作用下沿 X_2 方向产生的位移。利用叠加原理，将 Δ_1、Δ_2 展开表达为

$$\begin{cases}\Delta_1=\delta_{11}X_1+\delta_{12}X_2+\Delta_{1P}\\ \Delta_2=\delta_{21}X_1+\delta_{22}X_2+\Delta_{2P}\end{cases} \tag{b}$$

将(b)式代入(a)中可得

$$\begin{cases}\Delta_1=\delta_{11}X_1+\delta_{12}X_2+\Delta_{1P}=0\\ \Delta_2=\delta_{21}X_1+\delta_{22}X_2+\Delta_{2P}=0\end{cases} \tag{c}$$

这就是两次超静定的力法方程。

式中　δ_{11}——基本体系在 $X_1=1$ 单独作用时沿 X_1 方向上产生的位移；

δ_{12}——基本体系在 $X_2=1$ 单独作用时沿 X_1 方向上产生的位移；

δ_{21}——基本体系在 $X_1=1$ 单独作用时沿 X_2 方向上产生的位移；

δ_{22}——基本体系在 $X_2=1$ 单独作用时沿 X_2 方向上产生的位移；

Δ_{1P}——基本体系在荷载单独作用时沿 X_1 方向上产生的位移；

Δ_{2P}——基本体系在荷载单独作用时沿 X_2 方向上产生的位移。

由式(c)求出 X_1 和 X_2 后，即可利用静力平衡条件求出所有的支座反力和各截面的内力。如计算任一截面的弯矩，可利用叠加法进行计算，其表达式为

$$M=\overline{M}_1X_1+\overline{M}_2X_2+M_P$$

式中　$\overline{M}_1$——单位力 $X_1=1$ 单独作用于基本体系时任一截面产生的弯矩；

$\overline{M}_2$——单位力 $X_2=1$ 单独作用于基本体系时任一截面产生的弯矩；

M_P——荷载单独作用于基本体系时任一截面产生的弯矩。

对于三次超静定结构，也可用相同的方法得到相应的力法方程。

2. n 次超静定的力法方程

用力法计算超静定结构，虽然可以选取不同的基本结构，但基本结构应该是静定的，必须是几何不变的。

对于 n 次超静定结构，则有 n 个多余未知力，对每一个多余未知力都对应有一个多余约束，相应也就有一个已知的位移条件，据此可建立 n 个方程，即

$$\left.\begin{array}{l}\delta_{11}X_1+\delta_{12}X_2+\delta_{13}X_3+\cdots+\delta_{1n}X_n+\Delta_{1P}=\Delta_1\\ \delta_{21}X_1+\delta_{22}X_2+\delta_{23}X_3+\cdots+\delta_{2n}X_n+\Delta_{2P}=\Delta_2\\ \vdots\\ \delta_{n1}X_1+\delta_{n2}X_2+\delta_{n3}X_3+\cdots+\delta_{nn}X_n+\Delta_{nP}=\Delta_n\end{array}\right\}\tag{8-1}$$

当原结构上与多余未知力相应的位移都等于零，即 $\Delta_i=0(i=1,2,3,\cdots,n)$，则式(8-1)就变为

$$\left.\begin{array}{l}\delta_{11}X_1+\delta_{12}X_2+\cdots+\delta_{1n}X_n+\Delta_{1P}=0\\ \delta_{21}X_1+\delta_{22}X_2+\cdots+\delta_{2n}X_n+\Delta_{2P}=0\\ \vdots\\ \delta_{n1}X_1+\delta_{n2}X_2+\cdots+\delta_{nn}X_n+\Delta_{nP}=0\end{array}\right\}\tag{8-2}$$

式(8-1)和式(8-2)是 n 次超静定结构的力法方程，通常称为力法基本方程，或力法典型方程。

利用叠加法，则任一截面的弯矩可按下式计算，即

$$M=\overline{M}_1X_1+\overline{M}_2X_2+\cdots+\overline{M}_nX_n+M_P$$

在上述力法典型方程组中，自左上方的 δ_{11} 至右下方的 δ_{nn} 主对角线上的系数 δ_{ij} 称为主系数。它是单位多余未知力 $X_i=1$ 单独作用时所引起的其自身的相应位移，总是与该单位多余未知力的方向一致，其值恒为正。主对角线两侧的其他系数 δ_{ij}（$i\neq j$）称为副系数，它是单位多余未知力 $X_j=1$ 单独作用时所引起的与 X_i 相应的位移，根据位移互等定理，有 $\delta_{ij}=\delta_{ji}$。

这表明力法基本方程中位于主对角线两侧对称位置的两个副系数是相等的。各式中的最后一项 Δ_{iP} 称为自由项，它是荷载单独作用时所引起与 X_i 相应的位移。副系数 δ_{ij} 和自由项 Δ_{iP} 的值可能为正、负或零。

用力法计算超静定结构的步骤可归纳如下。

(1) 去掉原结构的多余约束，并以多余未知力代替相应多余约束的作用，从而得到基本结构。

(2) 根据基本结构在去掉多余约束处的位移等于原结构相应位置的位移，建立力法方程。

(3) 计算力法方程中各系数和自由项。为此，须绘出基本结构在单位未知力作用下的内力图和荷载作用下的内力图或写出内力表达式，然后按求位移的方法计算各系数和自由项。

(4) 将计算所得系数和自由项代入力法方程，求解各多余未知力。

(5) 绘制原结构的内力图。

特别提示

注意力法方程在建立过程中考虑了哪些因素。掌握基本体系和基本未知量的含义。注意掌握叠加法在超静定结构内力分析中的应用。注意熟练掌握主系数、副系数和自由项的计算和它们间的区别联系。

8.3 力法计算内力实例

8.3.1 超静定梁

1. 概述

根据静定结构的位移计算可知，梁是以弯曲变形为主的构件，在计算其位移时，可只考虑弯矩的影响，而不计剪力和轴力的影响，于是可按照下式计算或用图乘法计算力法方程中的主系数、副系数和自由项，即

$$\left.\begin{aligned}\delta_{ii}&=\sum\int\frac{\overline{M}_i^2\,\mathrm{d}s}{EI}\\\delta_{ij}&=\sum\int\frac{\overline{M}_{ij}^2\,\mathrm{d}s}{EI}\\\Delta_{iFP}&=\sum\int\frac{\overline{M}_iM_P\,\mathrm{d}s}{EI}\end{aligned}\right\}\tag{8-3}$$

当多余未知力求出后，结构的最后弯矩图，可利用已经作出的单位弯矩图和荷载弯矩图，应用叠加法求得。

2. 例题分析

应用案例 8-1

试分析计算图 8.15 所示的连续梁并作出其弯矩图。其中 EI 为常数。

解： 选取基本结构和基本未知量。该连续梁为二次超静定结构，撤去两个多余约束可得到图 8.15(b)所示基本结构，其中 X_1、X_2 为基本未知量。

建立力法方程。因原结构在 X_1 和 X_2 作用方向上相应的角位移和线位移等于零，所以可建立以下力法方程

$$\begin{cases}\delta_{11}X_1+\delta_{12}X_2+\Delta_{1P}=0\\\delta_{21}X_1+\delta_{22}X_2+\Delta_{2P}=0\end{cases}$$

计算系数和自由项。作出单位力和荷载单独作用在基本结构上的弯矩图［图 8.15(c)、(d)、(e)］，利用图乘法计算系数和自由项如下：

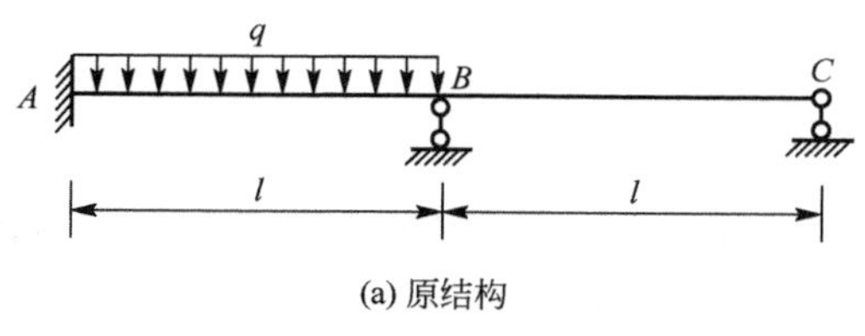

(a) 原结构

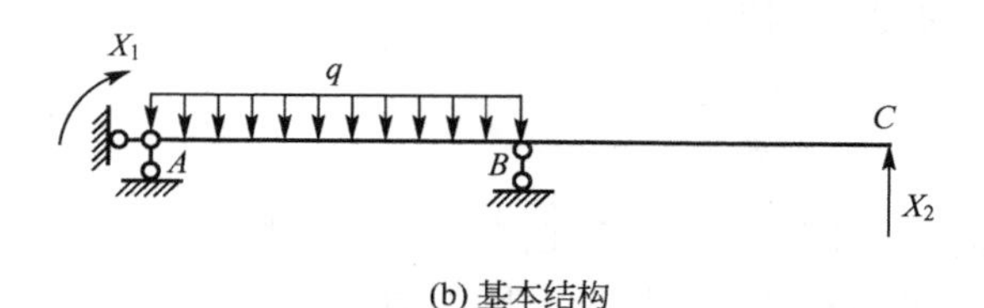

(b) 基本结构

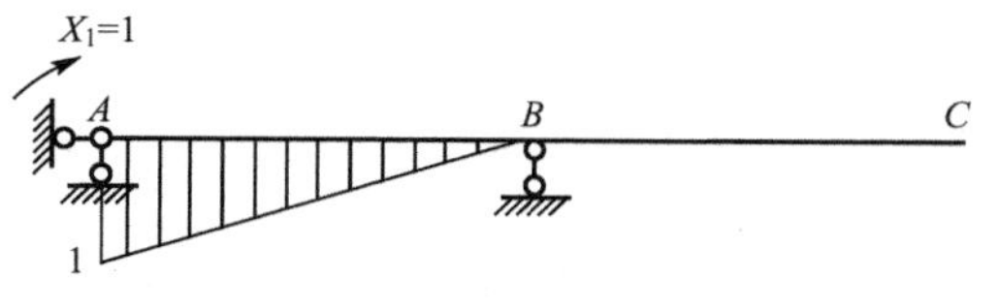

(c) 单位力弯矩图1

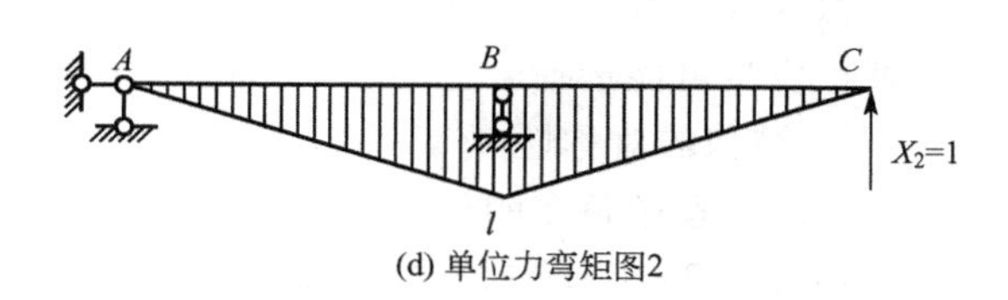

(d) 单位力弯矩图2

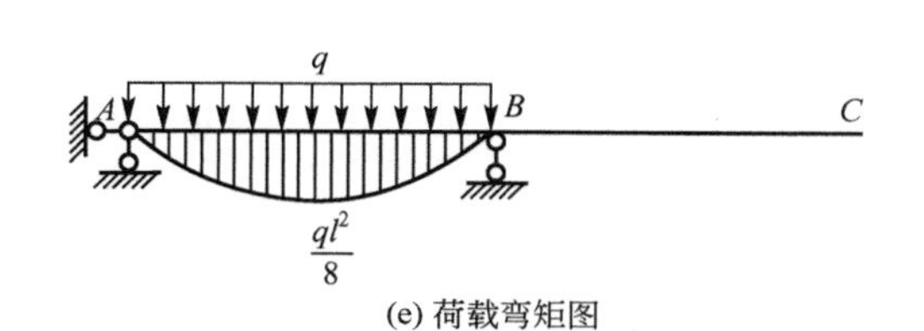

(e) 荷载弯矩图

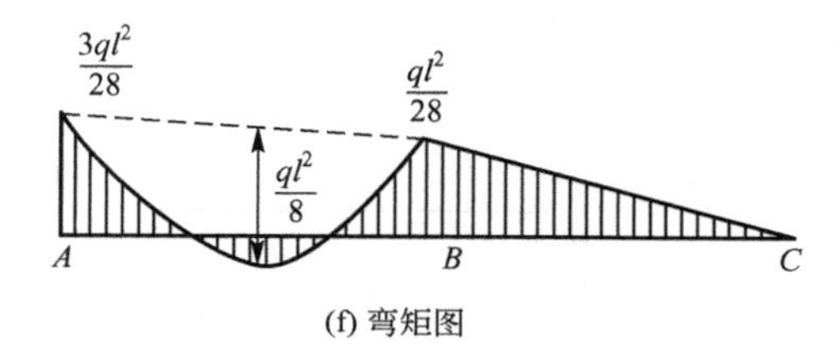

(f) 弯矩图

图 8.15 二次超静定梁

$$\delta_{11}=\frac{1}{EI}\left(\frac{1}{2}\times1\times l\times\frac{2}{3}\right)=\frac{l}{3EI}$$

$$\delta_{22}=\frac{1}{EI}\left(\frac{1}{2}l\times l\times\frac{2}{3}l\right)\times2=\frac{2l^3}{3EI}$$

$$\delta_{12}=\delta_{21}=\frac{1}{EI}\left(\frac{1}{2}\times1\times l\times\frac{l}{3}\right)=\frac{l^2}{6EI}$$

$$\Delta_{1P}=\frac{1}{EI}\left(\frac{2}{3}\times\frac{ql^2}{8}\times l\times\frac{1}{2}\right)=\frac{ql^3}{24EI}$$

$$\Delta_{2P}=\frac{1}{EI}\left(\frac{2}{3}\times\frac{ql^2}{8}\times l\times\frac{l}{2}\right)=\frac{ql^4}{24EI}$$

将以上系数和自由项代入力法方程可得

$$\begin{cases}\dfrac{l}{3EI}\left(X_1+\dfrac{l}{2}X_2+\dfrac{ql^2}{8}\right)=0\\[2ex]\dfrac{l}{3EI}\left(\dfrac{X_1}{2}+2l\cdot X_2+\dfrac{ql^2}{8}\right)=0\end{cases}$$

根据以上方程可求出未知力为

$$\begin{cases}X_1=-\dfrac{3}{28}ql^2\\[2ex]X_2=\dfrac{1}{28}ql\end{cases}$$

绘制弯矩图。根据叠加公式 $M=\overline{M}_1X_1+\overline{M}_2X_2+M_P$ 作出最后的弯矩图。

8.3.2 刚架

1. 概述

刚架也是以弯曲变形为主的构件，在计算其位移时，也可只考虑弯矩的影响，而不计剪力和轴力的影响。刚架通常是多次超静定结构。结构的超静定次数越高，需要建立的力法方程的数量就越多，计算主系数、副系数、自由项及求解方程的工作量就越大。为简化计算，应尽可能选择合理的基本结构和基本未知量。

1）结构的对称性

实际工程中很多刚架都是对称的，利用刚架的对称性可使计算简化。所谓对称刚架，是指刚架的几何形状和支撑对某一几何轴对称，杆件的截面尺寸和弹性模量对此轴也对称，即刚度也对称，如图 8.16 所示。

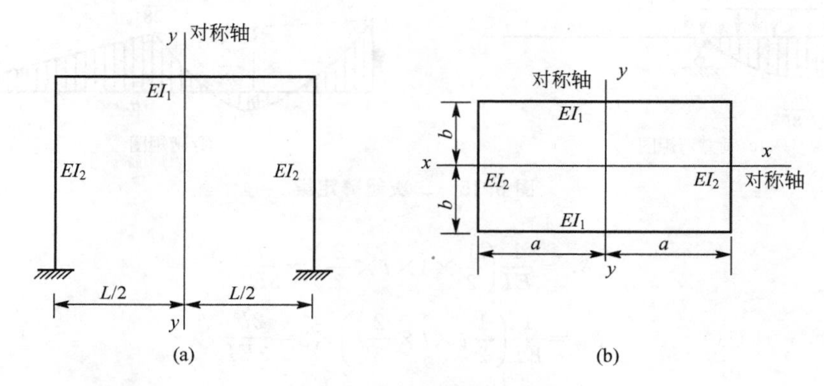

图 8.16 对称刚架

2）荷载的对称性

任何荷载都可分解为两部分的叠加：一部分是对称荷载［图 8.17(b)］；另一部分是反对称荷载［图 8.17(c)］。

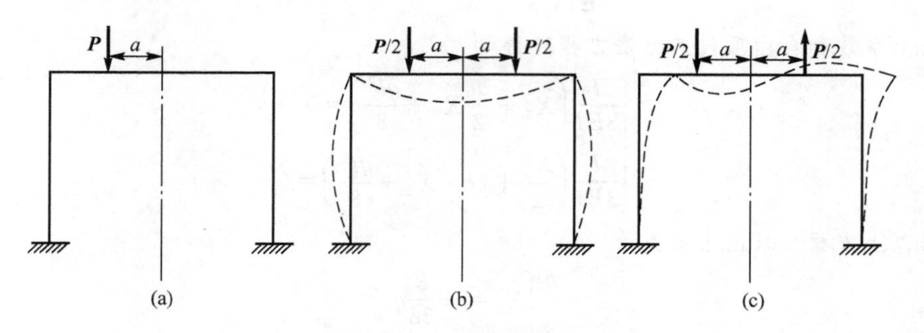

图 8.17 对称刚架

对称荷载：绕对称轴对折后，对称轴两边的荷载全部重合，即数值相等、作用点和方向一致。

反对称荷载：绕对称轴对折后，对称轴两边的荷载相反，数值相等、作用点一致、作用方向相反。

2. 刚架的对称性

计算对称刚架时，应考虑利用对称基本体系(对称的静定结构)进行计算。在图 8.18 所示刚架中，沿对称轴上梁的中间截面切开，所得基本体系是对称的。梁截面切口两侧有 3 对多余约束力，一对弯矩 X_1，一对轴力 X_2，一对剪力 X_3。根据分析可知，X_1、X_2 是对称力，而 X_3 是反对称力。

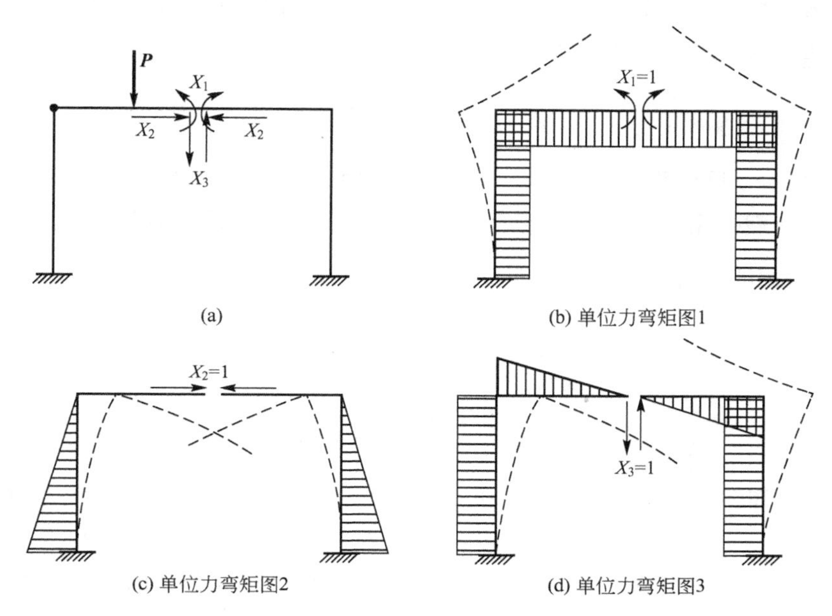

图 8.18 对称刚架受力分析

通过对原结构分析可知，基本体系在荷载和 X_1、X_2、X_3 共同作用下在切口两侧截面的相对转角和相对线位移都应等于零。于是，得到的力法方程为

$$\begin{cases}\delta_{11}X_1+\delta_{12}X_2+\delta_{13}X_3+\Delta_{1P}=0\\ \delta_{21}X_1+\delta_{22}X_2+\delta_{23}X_3+\Delta_{2P}=0\\ \delta_{31}X_1+\delta_{32}X_2+\delta_{33}X_3+\Delta_{3P}=0\end{cases} \tag{a}$$

图 8.18(b)、(c)、(d)分别为各单位多余约束力单独作用时产生的弯矩图和变形图。据此可知，对称未知力所产生的弯矩图和变形图是对称的；反对称未知力所产生的弯矩图和变形图是反对称的。因此，力法方程的系数为

$$\delta_{13}=\delta_{31}=\sum\frac{\overline{M}_1\overline{M}_2}{EI}\mathrm{d}s=0$$

$$\delta_{23}=\delta_{32}=\sum\frac{\overline{M}_2\overline{M}_3}{EI}\mathrm{d}s=0$$

于是，力法方程(a)可简化为

$$\begin{cases}\delta_{11}X_1+\delta_{12}X_2+\Delta_{1P}=0\\ \delta_{21}X_1+\delta_{22}X_2+\Delta_{2P}=0\end{cases}\tag{b}$$

$$\delta_{33}X_3+\Delta_{3P}=0\tag{c}$$

可以看出，简化后的力法方程可分为(b)、(c)两组，(b)组中只包含对称未知力 X_1、X_2，(c)组中只包含反对称未知力 X_3。

力法方程的自由项也可以简化。

在对称荷载作用下，基本体系的荷载弯矩图和变形图是对称的，而图 8.18 中的单位力弯矩图 3 图是反对称的，所以有

$$\Delta_{3P}=\sum\frac{\overline{M}_3M_P}{EI}\mathrm{d}s=0$$

由式(c)可知：反对称未知力 $X_3=0$。只需要用式(b)计算对称未知力 X_1 和 X_2 即可。

在反对称荷载作用下，基本体系的荷载弯矩图和变形图是反对称的，而图 8.18 中的 $\overline{M}_1$ 和 $\overline{M}_2$ 是对称的，所以有

$$\Delta_{1P}=\sum\frac{\overline{M}_1M_P}{EI}\mathrm{d}s=0$$

$$\Delta_{2P}=\sum\frac{\overline{M}_2M_P}{EI}\mathrm{d}s=0$$

由式(b)可知：对称未知力 $X_1=0$，$X_2=0$，只需要用式(c)计算反对称未知力 X_3 即可。

一般情况下，对称结构在对称荷载作用下，其变形是对称分布的，支反力和内力也是对称分布的。因此，在对称结构中，反对称的未知力等于零，只计算对称未知力。对称结构在反对称荷载作用下，其变形是反对称分布的，支反力和内力也是反对称分布的。因此，在对称结构中，对称的未知力等于零，只计算反对称未知力。

综上所述可得出以下结论：把对称刚架上的荷载分解为对称荷载和反对称荷载进行计算时，在对称荷载作用下，反对称多余未知力等于零；在反对称荷载作用下，对称多余未知力等于零。这就是对称结构的计算特点。

3. 例题分析

应用案例 8-2

试分析计算图示刚架并作出内力图形。EI 为常数。

解：(1)此刚架为二次超静定，取图 8.19(b)为基本体系，取 1 支座处的两个多余未知力作为基本未知量。

(2) 建立力法方程。原结构在一支座处沿 X_1 和 X_2 方向上都没有线位移。所以，基本结构应满足的变形协调条件为

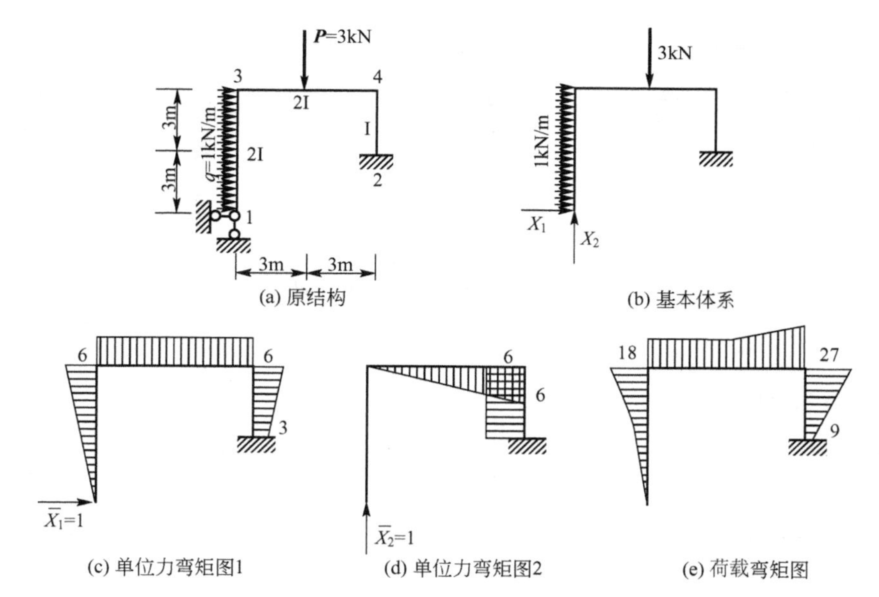

(a) 原结构 (b) 基本体系

(c) 单位力弯矩图1 (d) 单位力弯矩图2 (e) 荷载弯矩图

图 8.19 二次超静定刚架

$$\begin{cases}\delta_{11}X_1+\delta_{12}X_2+\Delta_{1P}=0\\ \delta_{21}X_1+\delta_{22}X_2+\Delta_{2P}=0\end{cases}$$

(3) 计算系数和自由项，即

$$\delta_{11}=\sum\int\frac{\overline{M}_1\overline{M}_1}{EI}\mathrm{d}x=\frac{207}{EI}$$

$$\delta_{22}=\sum\int\frac{\overline{M}_2\overline{M}_2}{EI}\mathrm{d}x=\frac{144}{EI}$$

$$\delta_{12}=\delta_{21}=\sum\int\frac{\overline{M}_1\overline{M}_2}{EI}\mathrm{d}x=-\frac{135}{EI}$$

$$\Delta_{1P}=\sum\int\frac{\overline{M}_1 M_P}{EI}\mathrm{d}x=\frac{702}{EI}$$

$$\Delta_{2P}=\sum\int\frac{\overline{M}_2 M_P}{EI}\mathrm{d}x=-\frac{520}{EI}$$

将以上计算结构代入力法方程可得

$$207X_1-135X_2+702=0$$

$$-135X_1+144X_2-520=0$$

$$\begin{cases}X_1=-2.67(\mathrm{kN})\\ X_2=1.11(\mathrm{kN})\end{cases}$$

(4) 根据叠加公式 $M=\overline{M}_1X_1+\overline{M}_2X_2+M_P$ 即可作出最后的弯矩图，将 X_1 和 X_2 作用于基本体系上可作出轴力图和剪力图。最后的内力图如图 8.20 所示。

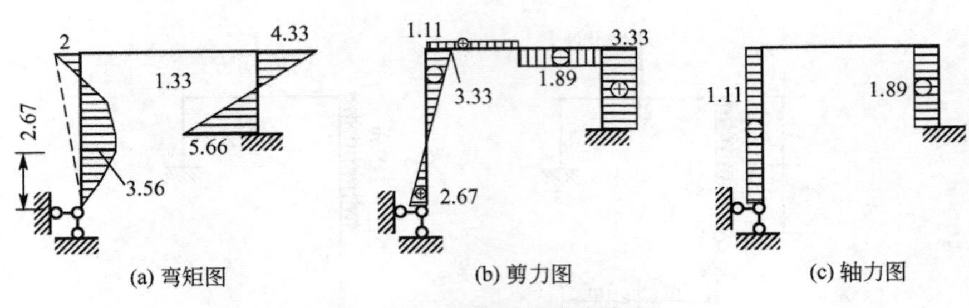

(a) 弯矩图　(b) 剪力图　(c) 轴力图

图 8.20　超静定刚架内力图

应用案例 8-3

求作图 8.21(a)单跨对称刚架的弯矩图，并讨论弯矩图随横梁与立柱刚度比值的变化规律。

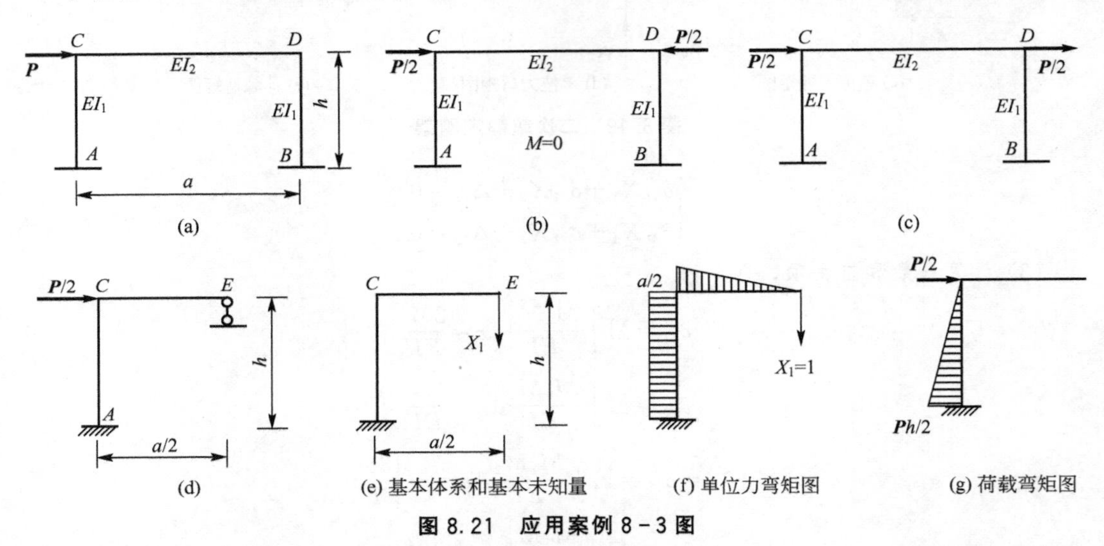

(a)　(b)　(c)

(d)　(e) 基本体系和基本未知量　(f) 单位力弯矩图　(g) 荷载弯矩图

图 8.21　应用案例 8-3 图

解：(1) 对称性分析。这是一个三次超静定的对称刚架，荷载 P 是非对称性荷载。P 可以分解为对称荷载［图 8.21(b)］和反对称荷载［图 8.21(c)］。

在对称荷载作用下，若忽略横梁 CD 轴向变形的影响，则只有横梁 CD 承受压力 $F_P/2$，其他杆件无内力。这不仅满足平衡条件，同时也满足变形协调条件，所以它就是真正的内力状态。因此，为了求图 8.21(a)所示刚架的弯矩图，只需求图 8.21(c) 在反对称荷载作用下的弯矩图即可，此时可取半结构的计算简图(根据对称刚架的受力特点，在 E 截面上只有剪力，而没有轴力和弯矩)，如图 8.21(d) 所示。

(2) 确定基本体系和基本未知量。图 8.21(d)为一次超静定结构，取图 8.21(e)作为基本体系，多余约束力 X_1 为基本未知量，据此建立的力法方程为

$$\delta_{11}X_1+\Delta_{1P}=0$$

(3) 计算系数和自由项。分别绘制出基本结构的单位弯矩图和荷载弯矩图，如图 8.21(f)、(g)所示。通过图乘法计算可得

$$\delta_{11}=\frac{1}{EI_2}\left(\frac{1}{2}\times\frac{a}{2}\times\frac{a}{2}\right)\times\frac{2}{3}\times\frac{a}{2}+\frac{1}{EI_1}\left(h\times\frac{a}{2}\right)\times\frac{a}{2}=\frac{a^3}{24EI_2}+\frac{a^2h}{4EI_1}$$

$$\Delta_{1P}=\frac{1}{EI_1}\left(\frac{1}{2}h\times\frac{Ph}{2}\right)\frac{a}{2}=\frac{Pah^2}{8EI_1}$$

(4) 将计算结构代入力法方程，并令 $k=\frac{I_2h}{I_1a}$，则有

$$X_1=-\frac{6k}{6k+1}\times\frac{Ph}{2a}$$

(5) 作弯矩图。由叠加公式 $M=\overline{M}_1X_1+M$ 及弯矩图的反对称性质，可得刚架的弯矩图[图 8.22(a)]。

讨论：

① 当横梁的 I_2 比立柱的 I_1 小很多，即 $I_2 \ll I_1$，则 $k\to 0$，弯矩图如图 8.22(b)所示。

② 当横梁的 I_2 比立柱的 I_1 大很多，即 $I_2 \gg I_1$，则 $k\to\infty$，弯矩图如图 8.22(c)所示，此时柱的零弯矩点无限接近于立柱的中点。

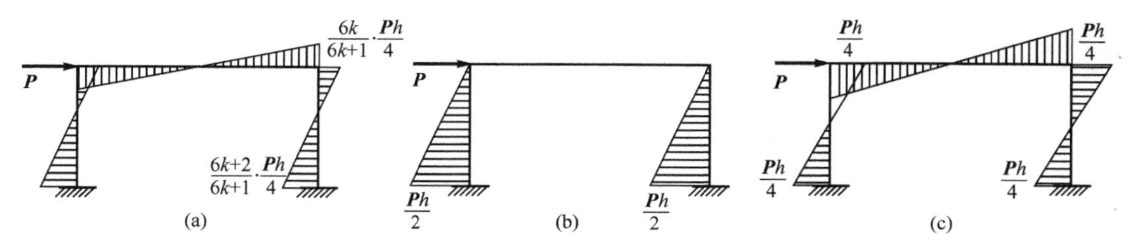

图 8.22 刚架弯矩图

8.3.3 排架

1. 概述

单层工业厂房通常采用排架结构，它是由屋架、柱子和基础组成。柱子与基础刚接，屋架与柱顶则为铰接。分析排架内力时，屋架可按桁架单独计算，在计算柱子时，屋架对柱顶只起联系作用，并将它视为刚度无穷大的刚性链杆。

图 8.23 所示是一两跨不等高厂房示意图，柱子由于要安放吊车梁，往往做成阶梯形。图 8.24 所示为该两跨厂房的计算简图。

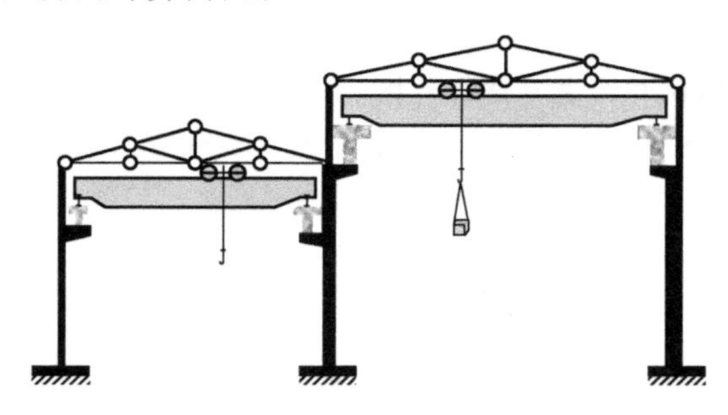

图 8.23 工业厂房示意图

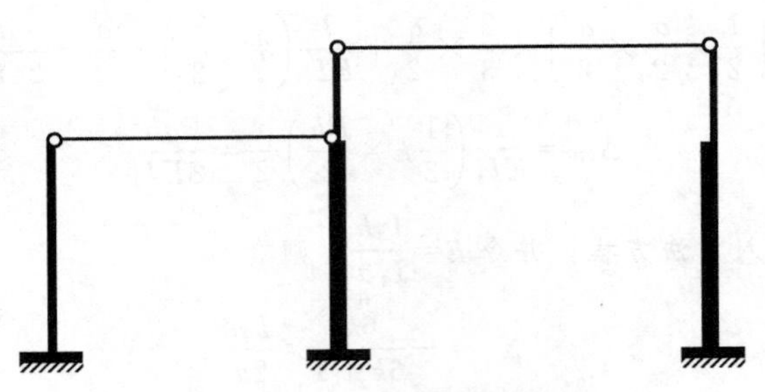
图 8.24　工业厂房计算简图

用力法分析计算排架结构的内力时，一般是将横杆截断，相当于去掉一个多余约束，然后再以横杆中的轴力作为力法方程中的基本未知量，根据切断截面两侧相对线位移等于零的条件建立力法方程。

2. 例题分析

应用案例 8-4

试计算如图 8.25(a)所示排架的力法，并绘制其弯矩图。

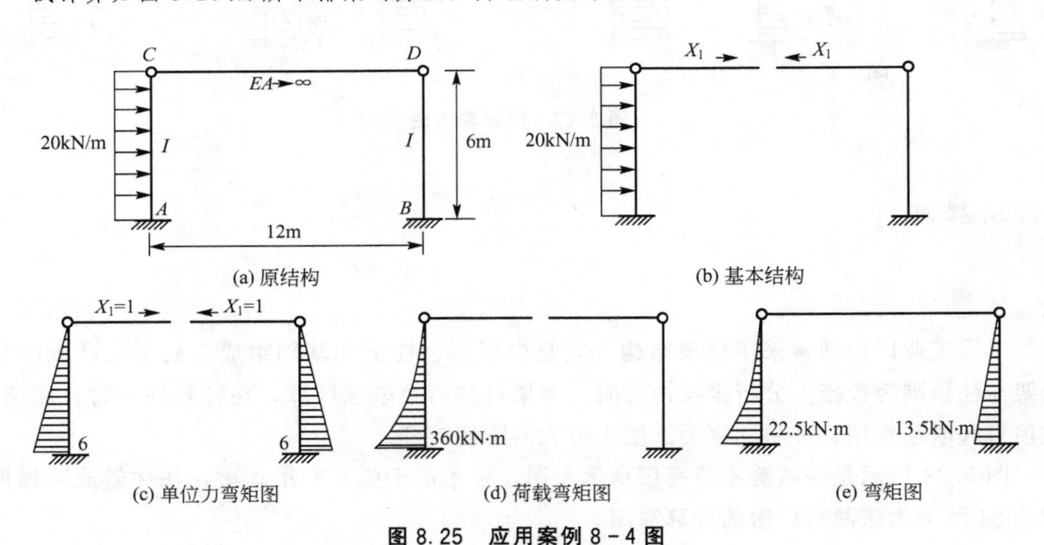

图 8.25　应用案例 8-4 图

解：(1)选取图 8.25(b)作为基本结构，把横杆 CD 上的轴力 X_1 作为基本未知量。

(2) 建立力法方程。由于切断杆件截面两侧沿杆件轴线方向的线位移等于零，所以得到的力法方程为

$$\delta_{11}X_1+\Delta_{1P}=0$$

(3) 作出基本结构在荷载作用下的弯矩图［图 8.25(d)］和单位力弯矩图［图 8.25(c)］，利用图乘法计算可得

$$\delta_{11}=\sum\frac{\omega y_c}{EI}=2\times\frac{1}{EI}\times6\times6\times\frac{2}{3}\times6=\frac{144}{EI}$$

$$\Delta_{1P}=\sum\frac{\omega y_c}{EI}=\frac{1}{EI}\times\frac{1}{3}\times36\times6\times\frac{3}{4}\times6=\frac{324}{EI}$$

代入力法方程得

$$\frac{144}{EI}X_1+\frac{324}{EI}=0$$

解方程得

$$X_1=-2.25(\mathrm{kN})$$

(4) 将 X_1 作用于基本结构上即可作出最后的弯矩图 [图 8.25(e)]。

8.3.4 桁架

1. 概述

超静定桁架在桥梁结构中使用较多，工业厂房的支撑系统有时也做成超静定桁架。

超静定桁架在只承受结点荷载的情况下，桁架中的各杆只产生轴力，所以用力法计算时，力法方程中的各系数和自由项可按以下公式计算：

$$\delta_{ii}=\sum\frac{\overline{N_i^2}}{EA}l$$

$$\delta_{ij}=\sum\frac{N_iN_j}{EA}l$$

$$\Delta_{iF}=\sum\frac{N_iN_P}{EA}l$$

式中 N_i、N_j——单位多余约束力 $\overline{X}_i=1$、$\overline{X}_i=1$ 分别作用在基本结构上时各杆件中产生的轴力；

N_P——荷载单独作用在基本结构上时各杆件中产生的轴力。

多余未知约束力(即基本未知量)$\overline{X}_1$、$\overline{X}_2$、$\overline{X}_3\cdots\overline{X}_n$ 求出后，根据叠加原理，超静定桁架中各杆件的轴力可按下式计算：

$$N=N_1X_1+N_2X_2+N_3X_3+\cdots+N_P$$

2. 例题分析

应用案例 8-5

试分析计算图 8.26(a)超静定桁架的力法，设各杆件 $EA=C$(常数)。

解：(1) 此桁架为一次超静定。截断杆件 6，基本体系如图 8.26(b)所示。基本体系应和原结构的受力和变形保持一致，原结构在杆件 6 切口两侧截面沿该杆件轴线方向的相对线位移等于零。所以，可建立如下力法方程：

$$\delta_{11}X_1+\Delta_{1P}=0$$

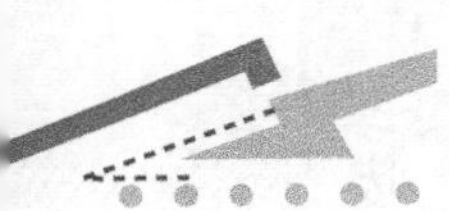

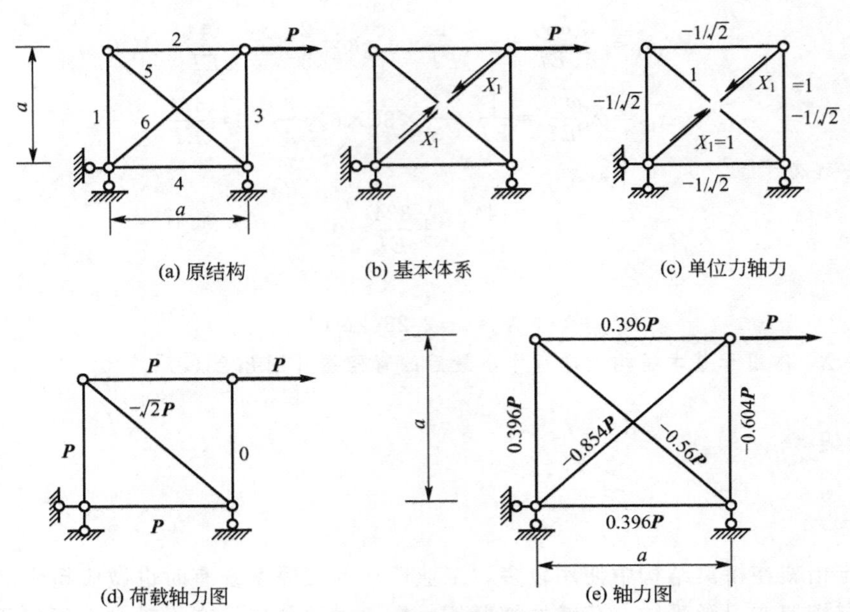

图 8.26 应用案例 8-5 图

(2) 计算系数及自由项。求出基本结构在 $X_1=1$ 单独作用下的轴力 N_1［图 8.26(c)］和荷载单独作用下轴力 N_P［图 8.26(d)］，则有

$$\delta_{11}=\sum\frac{N_1 l}{EA}=\frac{1}{EA}\sum N_1 l=\frac{1}{EA}(2+2\sqrt{2})a$$

$$\Delta_{1P}=\sum\frac{N_1 N_P}{EA}=\frac{1}{EA}\sum N_1 N_P l=\frac{1}{EA}\left[-\frac{Pa}{\sqrt{2}}(3+2\sqrt{2})\right]$$

(3) 将计算出的系数和自由项代入力法方程可得

$$\frac{1}{EA}(2+2\sqrt{2})a\cdot X_1-\frac{1}{EA}\frac{3+2\sqrt{2}}{\sqrt{2}}Pa=0$$

据此可求出：

$$X_1=\frac{3+2\sqrt{2}}{2\sqrt{2}+4}P=0.854P$$

(4) 利用叠加公式 $N=\overline{N}_1 X_1+N_P$ 可求出原结构中各杆件的轴力，如图 8.26(e)所示。

8.3.5 组合结构

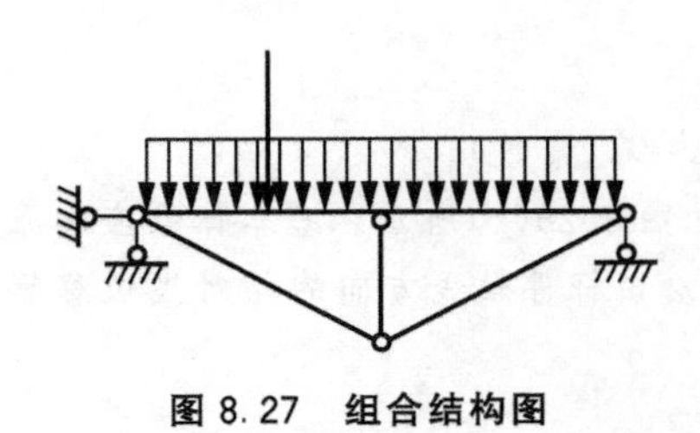

图 8.27 组合结构图

组合结构是由梁式杆和链杆组成的结构，如图 8.27 所示。组合结构中梁式杆既承受弯矩，也承受轴力和剪力，而链杆只承受轴力作用。这种结构的优点是节约材料、制造方便。在计算力法方程中的系数和自由项时，为便于计算，通常对梁式杆忽略轴力和剪力的影响，只考虑弯矩；对于链杆，则只考虑轴力的影响。故在计算

超静定组合结构时，其力法方程中的系数和自由项可按以下公式计算。

$$\delta_{ii}=\sum\frac{\overline{M}_i^2}{EI}ds+\sum\frac{\overline{N}_i^2}{EA}ds$$

$$\delta_{ij}=\sum\frac{\overline{M}_i\overline{M}_j}{EI}ds+\sum\frac{\overline{N}_i\overline{N}_j}{EA}ds$$

$$\Delta_{iP}=\sum\frac{\overline{M}_iM_P}{EI}ds+\sum\frac{\overline{N}_iN_P}{EA}ds$$

超静定组合结构中各杆件的内力可按以下叠加公式计算。

$$M=\overline{M}_1X_1+\overline{M}_2X_2+\cdots+M_P$$

$$N=\overline{N}_1X_1+\overline{N}_2X_2+\cdots+N_P$$

应用案例 8-6

试分析计算图 8.28 所示超静定组合结构的内力。各杆的刚度如下。

梁式杆 AB——$EI=1.5\times10^4(\text{kN}\cdot\text{m}^2)$

链杆 AD、BD——$EA=2.6\times10^5(\text{kN})$

链杆 CD——$EA=2.0\times10^5(\text{kN})$

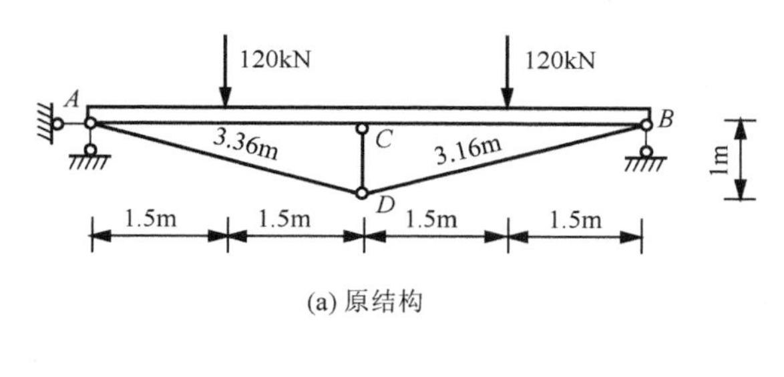

(a) 原结构

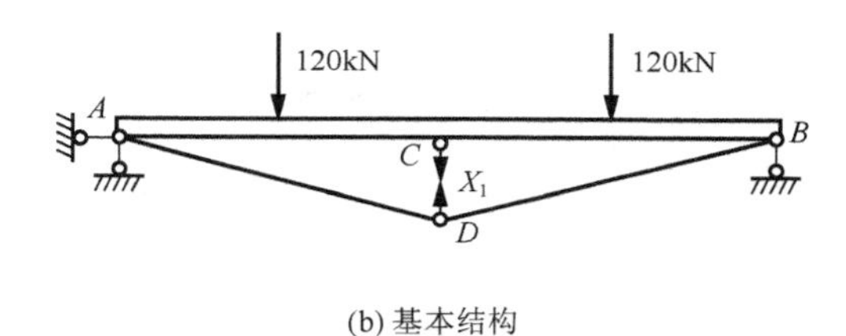

(b) 基本结构

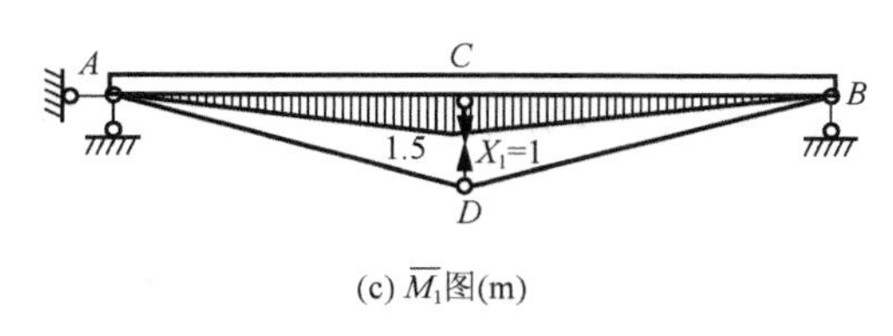

(c) $\overline{M}_1$图(m)

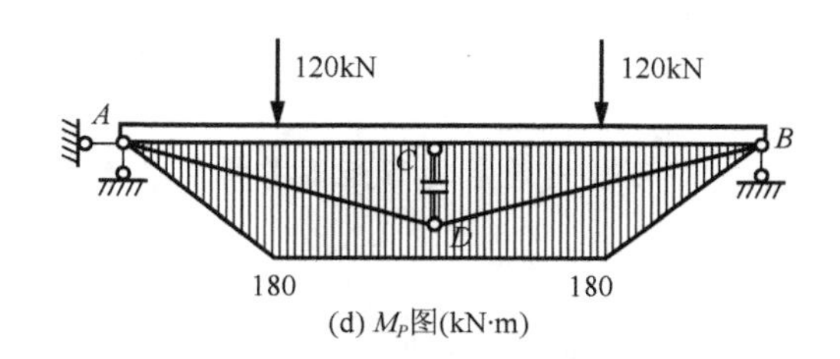

(d) M_P图(kN·m)

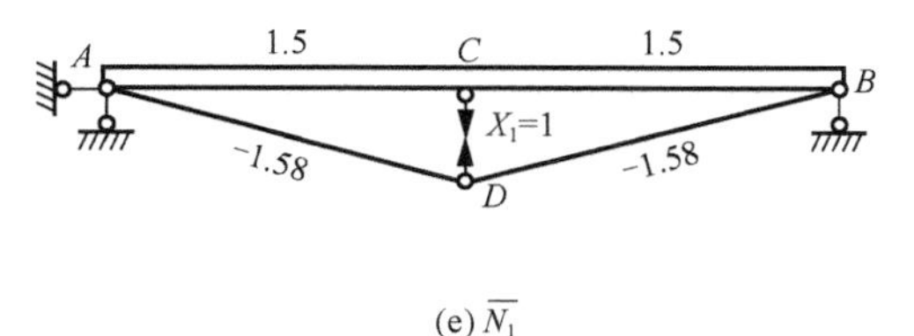

(e) $\overline{N}_1$

(f) N_P图(kN)

图 8.28 应用案例 8-6 图

解：

(1) 选择基本体系和基本未知量，建立力法方程。

原结构为一次超静定，切断杆件 CD 即是基本体系，以多余约束力 X_1 代替其轴力，X_1 即是基本未知量。根据原结构可知在切口两侧截面的相对轴向线位移等于零，于是可建立以下力法方程。

$$\delta_{11}X_1+\Delta_{1P}=0$$

(2) 计算系数和自由项。

绘制出基本体系在单位力 $X_1=1$ 和荷载单独作用下的弯矩图 $\overline{M}_1$ 和 M_P[图 8.28(c)、(d)]，并计算出该桁架中各链杆的轴力[图 8.28(e)、(f)]。据此，可计算系数和自由项如下。

$$\begin{aligned}\delta_{11}&=\delta_{11}^M+\delta_{11}^N=\int\frac{\overline{M}_1^2}{EI}ds+\sum\int\frac{\overline{N}_1^2}{EA}l\\&=\frac{2}{1.5\times10^4}\left(\frac{1}{2}\times3\times1.5\right)\times\frac{2}{3}\times1.5\\&\quad+\frac{2}{2.6\times10^5}\times1.58^2\times3.16+\frac{1}{2\times10^5}\times1^2\times1\\&=3.657\times10^{-4}(\mathrm{m/kN})\end{aligned}$$

$$\begin{aligned}\Delta_{1P}&=\Delta_{1P}^M+\Delta_{1P}^N=\sum\nolimits_l\frac{\overline{M}_1M_P}{EI}ds+\sum\int\frac{\overline{N}_1N_P}{EA}l\\&=\frac{2}{1.5\times10^4}\left[\left(\frac{1}{2}\times1.5\times0.75\right)\times\frac{2}{3}\times180\right)+\frac{1}{2}\times1.5\times(0.75+1.5)\times180]+0\\&=495\times10^{-4}(\mathrm{m})\end{aligned}$$

(3) 计算多余未知约束力 X_1。将以上计算结果代入力法方程可得

$$X_1=-\frac{\Delta_{1P}}{\delta_{11}}=-135.3(\mathrm{kN})$$

(4) 计算内力，作内力图。

由叠加公式所得

$$M=\overline{M}_1X_1+M_P$$
$$N=\overline{N}_1X_1+N_P$$

即可作出最后的弯矩图并得到各链杆的轴力，见图 8.29(a)、(b)。

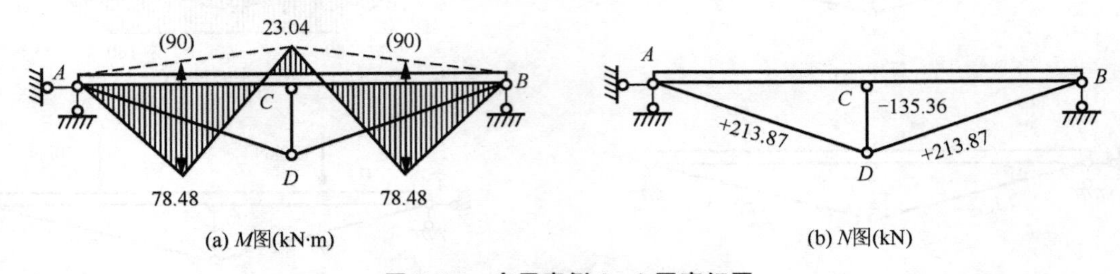

(a) M图(kN·m)　　(b) N图(kN)

图 8.29　应用案例 8-6 图弯矩图

(5) 讨论。

由以上的计算结果及图 8.29(a)可以看出，横梁由于下部链杆轴力的作用，其弯矩值比同样荷载作用下无链杆的梁的最大弯矩值减少了很多，这表明横梁下部的链杆对梁起了加劲作用。这种作用随链杆刚度 EA 的不同而发生变化，链杆的 EA 值越大，加劲作用越明显。如果

链杆的 $EA\to\infty$，$X_1\to165$KN。该组合结构就相当于 C 点处有一支杆的两跨连续梁，其 M 图也接近于两跨连续梁的弯矩图[图 8.30(a)]；如果 $EA\to0$，则该组合结构相当于一单跨简支梁，横梁下部的链杆基本不起任何作用，横梁的 M 图同跨简支梁的弯矩图[图 8.30(b)]。

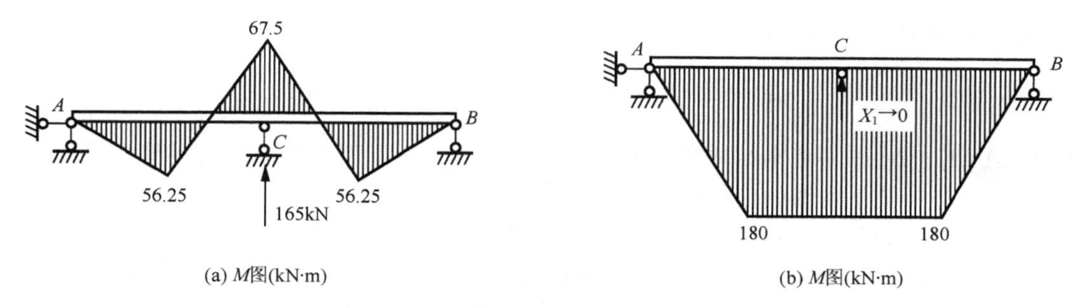

图 8.30 应用案例 8-6 连续梁弯矩图

8.3.6 温度对超静定内力的影响

1. 概述

超静定结构和静定结构之间一个最主要的区别，就是超静定结构中有多余约束。对静定结构而言，温度变化不会引起内力，而超静定结构则不然。只要存在使结构产生变形的因素，如温度变化、支座移动或转动、材料收缩、制造误差等，都会使超静定结构产生内力。

用力法计算温度变化时超静定结构内力的基本方法、计算步骤与荷载作用时的情况基本相同。

2. 计算原理及公式

如图 8.31 所示三次超静定刚架，设各杆件的外侧温度升高 t_1℃，内侧温度升高 t_2℃，现以图 8.31 为例说明超静定结构在温度变化时的内力计算方法。

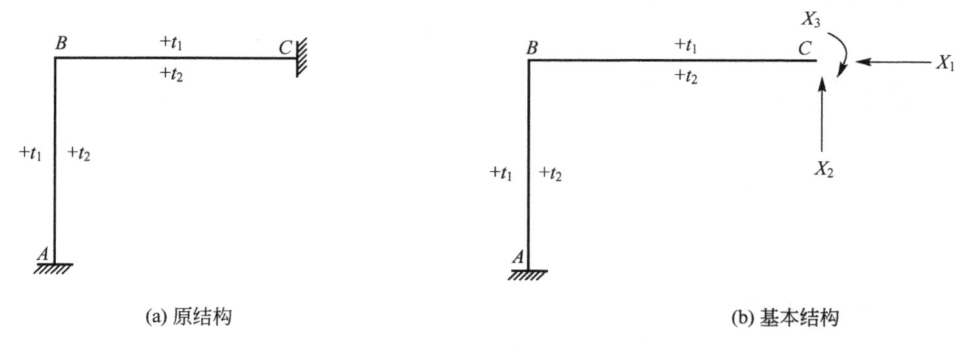

图 8.31 超静定刚架

取图 8.31(b)为基本结构，在 C 处去掉固定支座后代之以 3 个约束反力 X_1、X_2 和 X_3。假设基本结构在温度变化时沿 X_1、X_2 和 X_3 方向产生的位移分别为 Δ_{1t}、Δ_{2t}和 Δ_{3t}。

根据温度变化时的位移计算公式可知：

$$\Delta_{it}=\sum(\pm)\int_l \overline{N_i}\alpha_l t_0\,\mathrm{d}s+\sum(\pm)\int_l \frac{\overline{M}_i\alpha_l\Delta_t}{h}\mathrm{d}s\quad(i=1,2,3,\cdots,n)$$

若每根杆件的截面尺寸不变且沿长度方向温度变化的数值相等，则上式可写成：

$$\Delta_{it}=\sum(\pm)\alpha_l t_0 A\overline{N_i}+\sum(\pm)\alpha_l\frac{\Delta_t}{h}A\overline{M_i}$$

式中　$A\overline{M}_i$、$\overline{N_i}$——基本结构在第 i 个单位未知力作用下引起的某杆件的弯矩图和轴力图的面积；

α_l——材料的线膨胀系数。

根据原结构在固定支座 C 处的角位移和线位移都等于零的已知条件，可知基本结构在 X_1、X_2、X_3 及温度变化共同作用下，C 点处沿多余约束反力 X_1、X_2、X_3 方向的位移也等于零。于是，可建立以下力法方程，即

$$\begin{aligned}\delta_{11}X_1+\delta_{12}X_2+\delta_{13}X_3+\Delta_{1t}=0\\ \delta_{21}X_1+\delta_{22}X_2+\delta_{23}X_3+\Delta_{2t}=0\\ \delta_{31}X_1+\delta_{32}X_2+\delta_{33}X_3+\Delta_{3t}=0\end{aligned}$$

因为基本结构属于静定结构，所以，温度的变化并不会使其产生内力。当基本未知量(即多余约束力)算出后，可按下式计算原结构的弯矩，即

$$M=\overline{M}_1X_1+\overline{M}_2X_2+\overline{M}_3X_3$$

还可根据平衡条件求出剪力和轴力，作出相应的内力图形。

8.3.7　支座移动和转动对超静定内力的影响

1. 概述

对于静定结构，支座移动或转动将使其产生位移，但不产生内力。图 8.32(a)所示为一单跨简支梁，设支座 B 发生了微小沉降，移动到 B'。此时梁发生的只是刚性位移，其轴线仍然保持为直线，结构整体没有变形，也不产生内力。

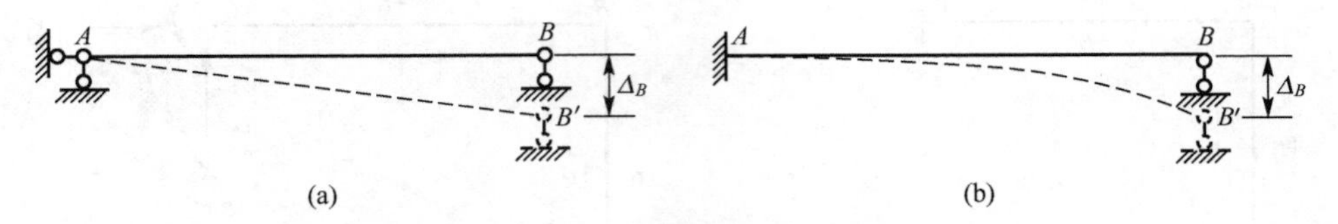

图 8.32　支座沉降时梁的形变

2. 计算原理及公式

图 8.32(b)所示为一单跨超静定梁，如支座 B 发生微小沉降，移动到 B'，则梁的轴线将变成曲线，同时产生内力。

用力法计算超静定结构在支座移动和转动时的内力，其原理与荷载作用和温度变化时的相同，只是力法典型方程中自由项的计算有所区别。

图 8.33(a)所示为一个三次超静定刚架，设支座 B 发生了竖向线位移 a、水平线位移 b 和角位移 θ。取图 8.33(b)所示一简支刚架作为其基本结构，根据原结构在固定支座 B 处发生位移的已知条件，可知基本结构在 3 个多余约束力 X_1、X_2 和 X_3 单独作用时产生的沿 X_1、X_2、X_3 作用方向的位移的和与原结构相同。于是可建立以下力法方程：

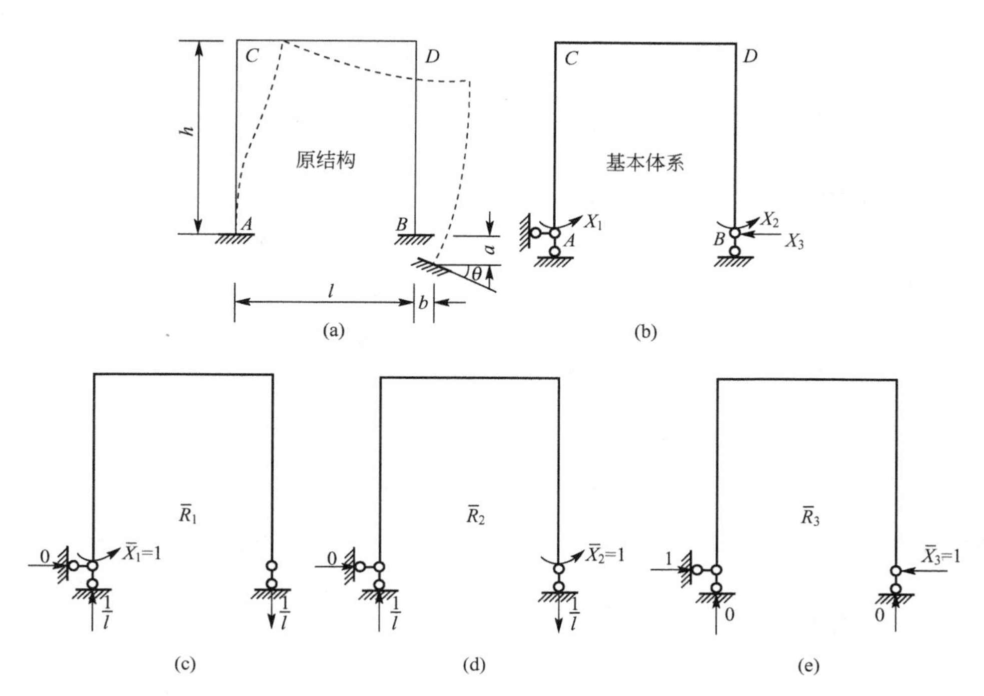

图 8.33 超静定刚架

$$\delta_{11}X_1+\delta_{12}X_2+\delta_{13}X_3+\Delta_{1\Delta}=0$$
$$\delta_{21}X_1+\delta_{22}X_2+\delta_{23}X_3+\Delta_{2\Delta}=-\theta$$
$$\delta_{31}X_1+\delta_{32}X_2+\delta_{33}X_3+\Delta_{3\Delta}=-b$$

式中 $\Delta_{1\Delta}$、$\Delta_{2\Delta}$ 和 $\Delta_{3\Delta}$ 分别代表基本结构因支座移动引起的与 X_1、X_2 和 X_3 相应的位移，其可按下式计算

$$\Delta_{i\Delta}=-\sum\overline{R}_i c$$

式中 $\overline{R}_i$——单位多余约束力 $\overline{X}_i$ 作用下基本结构的支座反力，如图 8.29(c)、(d)、(e)所示。

将求得的系数和自由项数值代入力法方程便可求解多余约束反力。

最后内力的计算也只是由多余约束反力引起的，其中弯矩可按下式计算：

$$M=\overline{M}_1X_1+\overline{M}_2X_2+\overline{M}_3X_3$$

若为 n 次超静定，则以上公式写成：

$$M=\overline{M}_1X_1+\overline{M}_2X_2+\overline{M}_3X_3+\cdots+\overline{M}_nX_n$$

应用案例 8-7

图 8.34 所示一两端固定，跨度为 l 的单跨超静定梁，A 端发生了转角 φ_A，试分析梁的内力，EA 为常数。

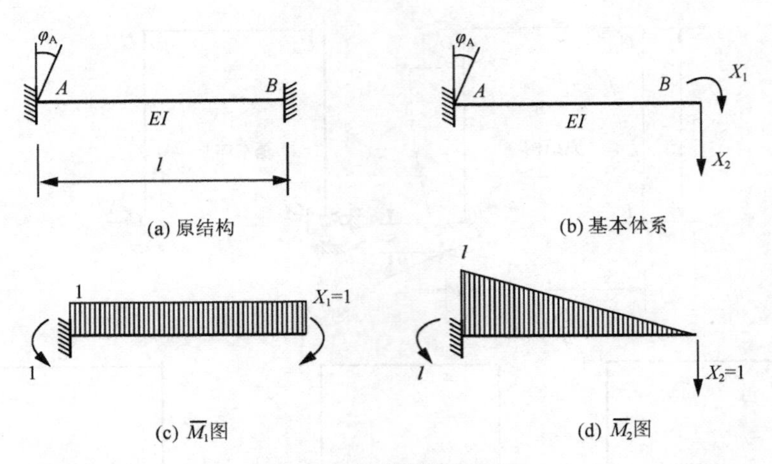

图 8.34 应用案例 8-7 图

解：该梁为一三次超静定梁，取悬臂梁作为其基本结构[图 8.34(b)]，经分析可知 B 支座处无水平支座反力。为简化计算，B 支座处只标出 X_1 和 X_2 两个多余约束力。根据 B 点的变形协调条件，可建立力法方程如下。

$$\delta_{11}X_1+\delta_{12}X_2+\Delta_{1C}=0$$
$$\delta_{21}X_1+\delta_{22}X_2+\Delta_{2C}=0$$

把单位多余约束力 $\overline{X}_1=1$ 和 $\overline{X}_2=1$ 作用与基本结构上，计算出支座反力并绘出 $\overline{M}_1$ 和 $\overline{M}_2$ 图[见图 8.34(c)、(d)]。

计算系数和自由项

$$\delta_{11}=\frac{l}{EI},\ \delta_{22}=\frac{l^3}{3EI},\ \delta_{12}=\delta_{21}=\frac{l^2}{2EI}$$
$$\Delta_{1\Delta}=\varphi_A,\ \Delta_{2\Delta}=l\varphi_A$$

将以上计算结果代入力法方程可得

$$\frac{l}{EI}X_1+\frac{l^2}{2EI}X_2+\varphi_A=0$$
$$\frac{l^2}{2EI}X_1+\frac{l^3}{3EI}X_2+l\varphi_A=0$$

解以上方程组，可求出

$$X_1=\frac{2EI}{l}\varphi_A,\ X_2=-\frac{6EI}{l^2}\varphi_A$$

将求出的 X_1 和 X_2 作用于基本结构即可作出相应的内力图[图 8.35(a)、(b)]。

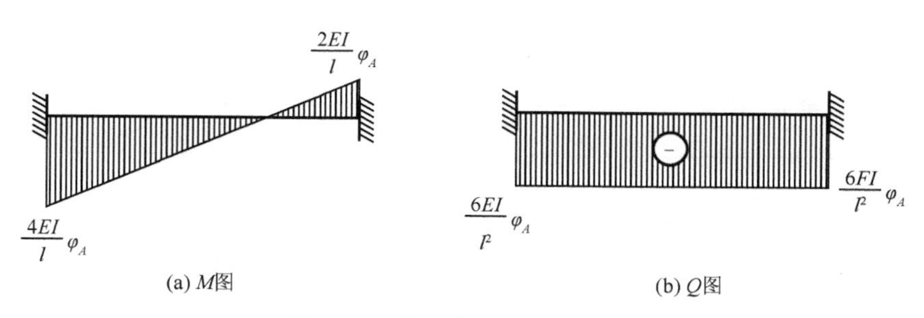

(a) M图　　(b) Q图

图 8.35　应用案例 8－7 内力图

特别提示

(1) 本节内容重点讲述了力法方程在常见超静定结构计算中的应用。在计算过程中要特别注意基本体系(基本结构)的选取，如选取的类型不同，则计算过程及繁简程度会有所区别，但最后的内力值应完全相等。

(2) 在建立力法方程后，要注意力法方程中系数和自由项的计算，只有计算结果，才能保证最后内力的正确性。

(3) 单跨超静定梁的载常数和形常数如表 8－1 所示。

表 8－1　单跨超静定梁的载常数和形常数

编　号	梁 的 简 图	弯　矩		剪　力	
		M_{AB}	M_{BA}	F_{QAB}	F_{QBA}
1	φ=1, A, B, l	$\frac{4EI}{l}=4i$	$\frac{2EI}{I}=2i$	$-\frac{6EI}{l^2}=-6\frac{t}{l}$	$-\frac{6EI}{l^2}=-6\frac{t}{l}$
2	A, B, l, l	$-\frac{6EI}{l^2}=-6\frac{t}{l}$	$-\frac{6EI}{l^2}=-6\frac{t}{l}$	$12\frac{EI}{l^3}=12\frac{t}{l^2}$	$12\frac{EI}{l^2}=12\frac{t}{l^2}$
3	F_P, A, B, a, b, l	$-\frac{F_r ab^2}{l^2}$	$\frac{F_r a^2 b}{l^2}$	$\frac{F_r b^2(l+2a)}{l^2}$	$-\frac{F_r a^2(l+2b)}{l^3}$
4	q, A, B, l	$-\frac{1}{12}ql^2$	$\frac{1}{12}ql^2$	$\frac{1}{2}ql$	$-\frac{1}{2}ql$
5	q, A, B, l	$-\frac{1}{20}ql^2$	$\frac{1}{30}ql^2$	$\frac{7}{20}ql$	$-\frac{3}{20}ql$

续表

编号	梁的简图	弯矩		剪力	
		M_{AB}	M_{BA}	F_{QAB}	F_{QBA}
6		$\frac{b(3a-l)}{l^2}M$	$\frac{a(3b-l)}{l^2}M$	$-\frac{6ab}{l^3}M$	$-\frac{6ab}{l^3}M$
7		$\frac{3EI}{l}=3i$		$-\frac{3EI}{l^2}=-3\frac{t}{l}$	$-\frac{3EI}{l^2}=-3\frac{t}{l}$
8		$-\frac{3EI}{l^2}=-3\frac{t}{l}$		$\frac{3EI}{l^3}=3\frac{t}{l^2}$	$\frac{3EI}{l^3}=3\frac{t}{l^2}$
9		$-\frac{F_r ab(l+b)}{2l^2}$		$\frac{F_r b(3l^2-b^2)}{2l^3}$	$-\frac{F_r a^2(2l+b)}{2l^3}$
10		$-\frac{1}{8}ql^2$		$\frac{5}{8}ql$	$-\frac{3}{8}ql$
11		$-\frac{1}{15}ql^2$		$\frac{4}{10}ql$	$-\frac{1}{10}ql$
12		$-\frac{7}{120}ql^2$		$\frac{9}{40}ql$	$-\frac{11}{40}ql$
13		$\frac{l^2-3b^2}{2l^2}M$		$-\frac{3(l^2-b^2)}{2l^3}M$	$-\frac{3(l^2-b^2)}{2l^3}M$
14		$\frac{BI}{l}=i$	$-\frac{EI}{l}=-i$		

续表

编号	梁的简图	弯矩		剪力	
		M_{AB}	M_{BA}	F_{QAB}	F_{QBA}
15		$-\dfrac{F_r a(l+b)}{2l}$	$-\dfrac{F_r a^2}{2l}$	F_r	
16		$-\dfrac{1}{3}ql^2$	$-\dfrac{1}{6}ql^2$	ql	

注：表中 EI 为等截面抗弯刚度，$i=\dfrac{EI}{l}$为线抗弯刚度。

本章小结

1. 超静定次数的确定及力法典型方程

本章主要学习了超静定次数的确定方法和力法典型方程的建立和应用。超静定次数的确定方法是将超静定结构中全部多余约束去掉，则去掉的多余约束的个数即是超静定次数。力法典型方程是根据结构的变形协调条件建立的，其基本未知量是多余约束力，求解时需先计算系数和自由项。

2. 利用力法求解超静定结构的一般步骤

(1) 确定基本未知量和基本结构。

(2) 根据变形协调条件建立力法方程。

(3) 求出基本结构在荷载和单位约束力单独作用时的内力，作出内力图，计算主系数、副系数和自由项。

(4) 解联立方程，求出基本未知量。

(5) 将求出的基本未知量作用于基本结构作出的内力图形即是最后的内力图。

3. 基本未知量的确定

1) 基本未知量是广义的力

对不同的超静定结构，在计算时选取的基本结构不具有唯一性，因此，基本未知量的性质也有所区别，有可能是力，也有可能是力矩。

2) 建立力法方程的注意事项

(1) 确定多余约束力的数量必须正确。

(2) 基本结构在荷载和多余约束力共同作用下的变形必须和原结构协调一致。

4. 对称性的利用

应尽量利用结构的对称性以简化计算。对于对称的超静定结构，应选取对称的基本结构形式或利用对称未知力，这样，可使力法方程分为两组：一组由对称未知力组成，另一组由反对称未知力组成。对称结构上的作用荷载可分为对称荷载和反对称荷载。对称结构在对称荷载作用下，只产生对称未知力，反对称未知力等于零；在反对称荷载作用下，只产生反对称未知力，对称未知力等于零。也可以用半边结构的计算简图进行简化。

5. 温度变化和支座移动、转动时超静定结构的计算

对静定结构而言，温度变化和支座移动、转动时不会产生内力。但对于超静定结构而言，由于其多余约束的存在，当温度变化和支座移动、转动时必然会产生内力。

温度变化和支座移动、转动时超静定结构计算的基本原理是一样的，最大的区别在于力法方程中自由项的变化。这部分内容的计算需要用到静定结构在温度变化和支座移动、转动时的位移计算公式。

6. 超静定结构的特性(与静定结构相比较)

(1) 超静定结构的解答具有唯一性。

(2) 超静定结构温度变化和支座移动、转动等因素作用下会产生内力。

(3) 超静定结构的内力与结构的材料性质、杆件的截面形状和尺寸有关。

(4) 超静定结构的内力分布比较均匀。

(5) 超静定结构的某部分作用有一组平衡的荷载时，则整个结构将产生内力。

7. 力法

力法是分析计算超静定结构最基本的方法，其他方法均以其作为基础。

习 题

一、判断题

1. 超静定次数一般不等于多余约束的个数。 (　　)

2. 力法计算的基本体系不能是可变体系。 (　　)

3. 同一结构选不同的力法基本体系，所得到的力法方程代表的位移条件相同。 (　　)

4. 同一结构的力法基本体系不是唯一的。 (　　)

5. 用力法计算超静定结构，选取的基本结构不同，所得到的最后弯矩图也不同。 (　　)

二、单项选择题

1. 力法的基本体系是(　　)。

A. 一组单跨度超静定梁　　B. 瞬变体系

C. 可变体系　　D. 几何不变体系

2. 力法计算的基本未知量为(　　)。

A. 杆端弯矩　　B. 结点角位移

C. 结点线位移　　D. 多余未知力

3. 力法方程中的系数 δ_{ij} 代表基本体系在 $X_j=1$ 作用下产生的(　　)。

A. X_i 方向的力　　B. X_j 方向的力

C. X_i 方向的位移　　D. X_j 方向的位移

4. 撤去一单铰相当于去掉了多少个约束(　　)。

A. 1个　　B. 3个　　C. 2个　　D. 4个

5. 图8.36所示结构用力法计算，EI=常数。

(1) 选取的基本体系为(　　)。

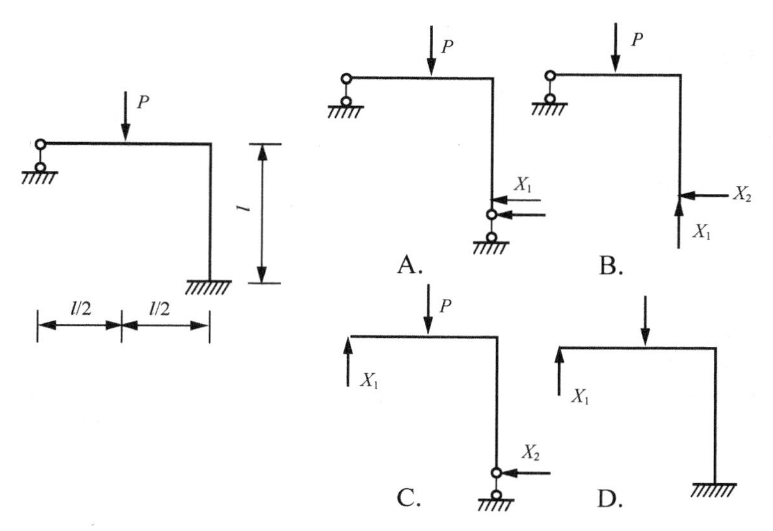

图8.36　选择题5图

(2) 列力法方程为(　　)。

A. $\delta_{11}X_1+\Delta_{1P}=0$

B. $\gamma_{11}X_1+\Delta R_{1P}=0$

C. $\Delta_{1P}X_1+\delta_{11}=0$

D. $\delta_{11}X_1+\Delta_{1P}=0$
$\delta_{11}X_2+\Delta_{2P}=0$

(3) 作 $\overline{M}_1$ 图为(　　)。

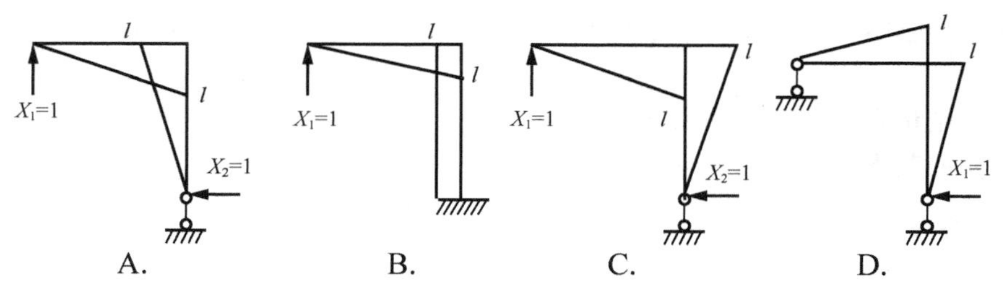

(4) 作 M_P 图为(　　)。

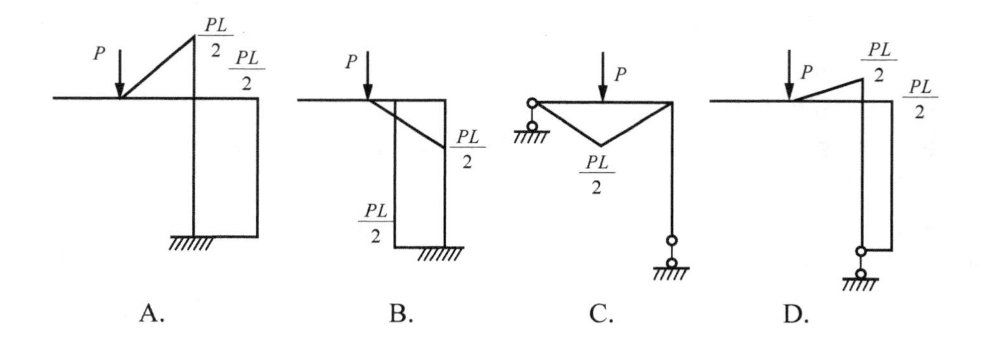

(5) 求系数 $\delta_{11}=\sum\int\frac{\overline{M}_1^2}{EI}d_s=($　　$)$。

A. $\frac{2l^3}{3EI}$　　B. $\frac{2l^2}{3EI}$　　C. $\frac{4l^3}{3EI}$　　D. $\frac{4l^2}{3EI}$

(6) 求自由项 $\Delta_{1P}=\sum\int\frac{\bar{M}_1M_P}{EI}d_S=($　　$)$。

A. $\frac{19Pl^3}{48EI}$　　B. $-\frac{19Pl^3}{48EI}$　　C. $\frac{29Pl^3}{48EI}$　　D. $-\frac{29Pl^3}{48EI}$

(7) 解方程可得 $X_1=($　　$)$。

A. $\frac{19P}{32}$　　B. $-\frac{19P}{32}$　　C. $\frac{29P}{64}$　　D. $-\frac{29P}{64}$

(8) 由叠加原理作 M 图为(　　)。

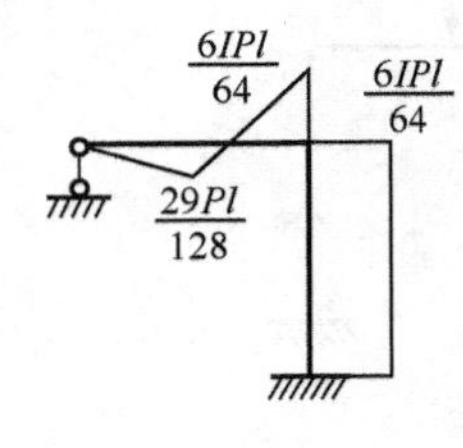

A.

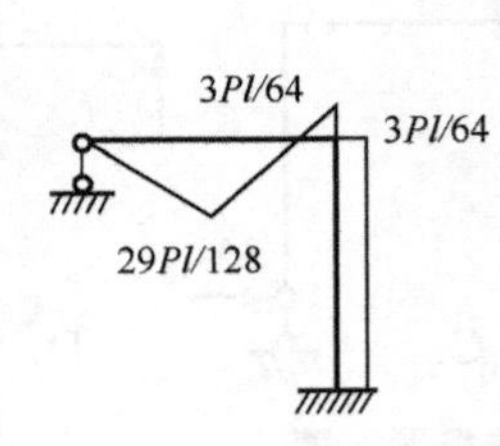

B.

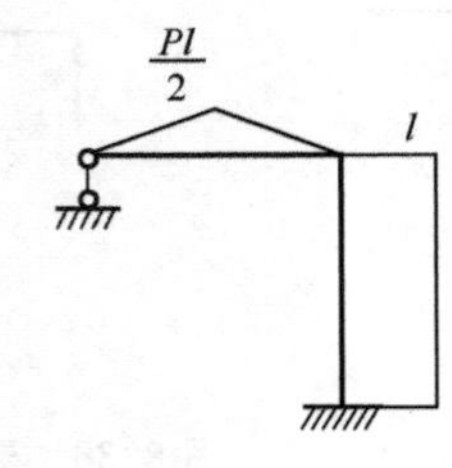

C.

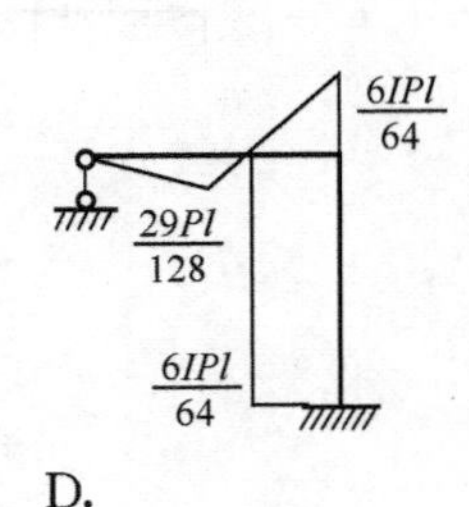

D.

三、填空题

1. 确定超静定结构的次数时，若撤去一个单铰，相当于去掉________约束。

2. 超静定结构的几何组成特征是________。

3. 温度改变对超静定结构________内力和反力。

4. 超静定结构的内力不仅满足平衡条件，而且还要满足________条件。

5. 力法的基本未知量是多余未知力，其典型方程是根据多余未知力处的________条件建立的。

6. 对称结构在对称荷载作用下内力________。

7. 力法的基本方程使用的是________条件；该方法只适用于解________结构。

四、计算题

1. 试确定图 8.37 所示结构的超静定次数。

2. 用力法计算图 8.38 所示超静定梁，并作出其内力图。

3. 作图 8.39 所示超静定梁的弯矩图。

4. 用力法计算图 8.40 和图 8.41 所示刚架，并作出内力图。

5. 用力法计算图 8.42 所示刚架，并作出内力图。

6. 用力法计算图 8.43 排架，并绘制弯矩图(部分控制截面内力见第 2 题)。

7. 试计算图 8.44 所示超静定桁架，设各杆 EA 为常数。

8. 试计算图 8.45 所示加劲吊车梁。横梁 AB 由钢筋混凝土做成，竖杆 CD 由两根等边角钢∟50mm×5mm 做成，斜杆 AD、BD 均由两根等边角钢∟63mm×5mm 做成。

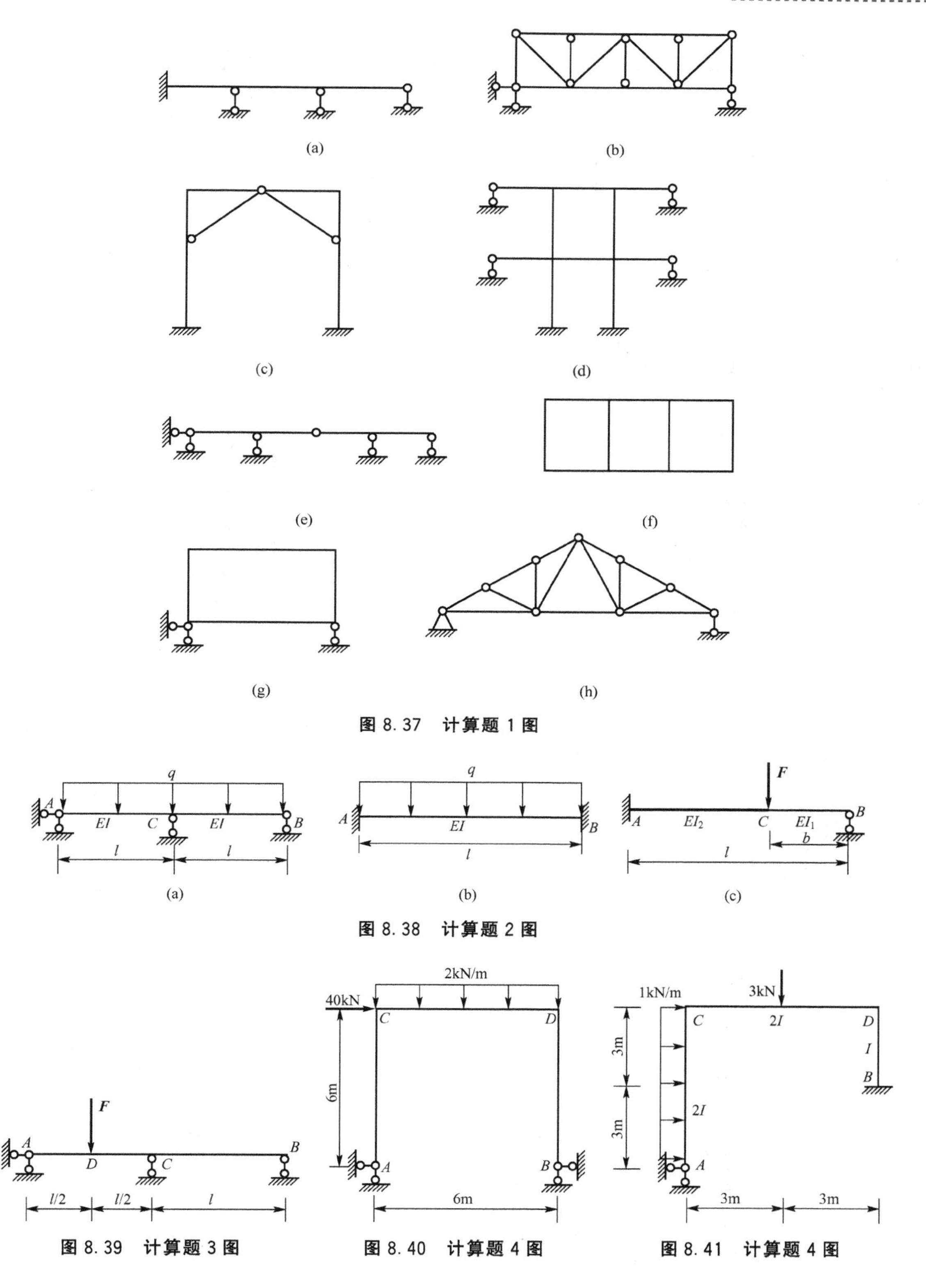

图 8.37 计算题 1 图

图 8.38 计算题 2 图

图 8.39 计算题 3 图

图 8.40 计算题 4 图

图 8.41 计算题 4 图

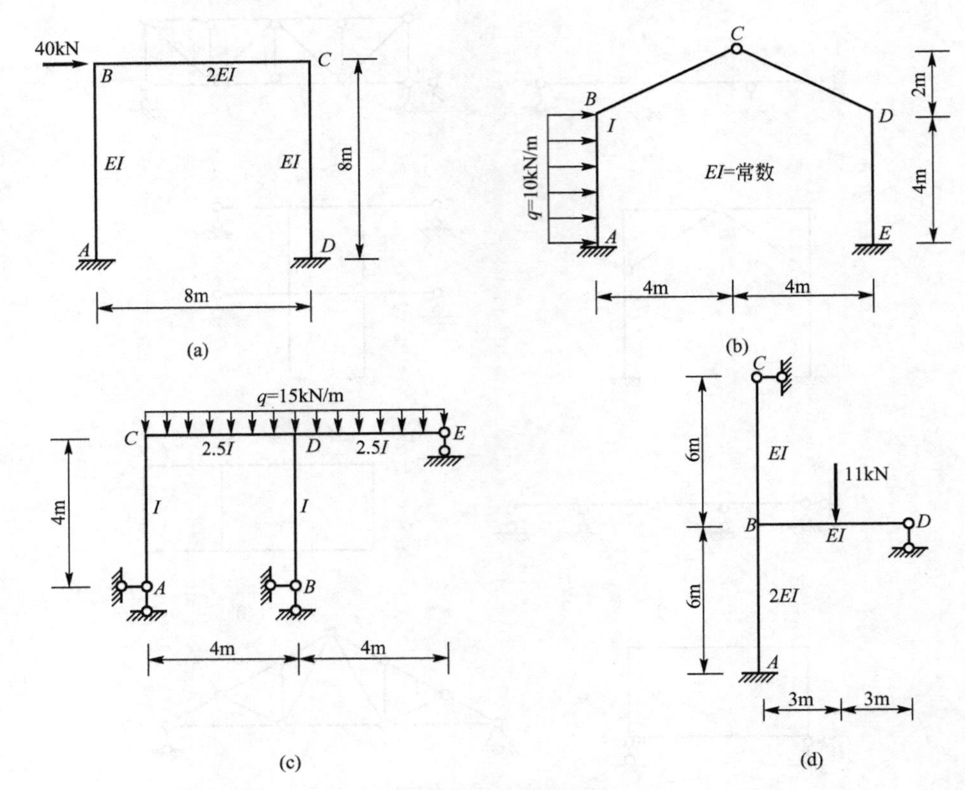

图 8.42　计算题 5 图

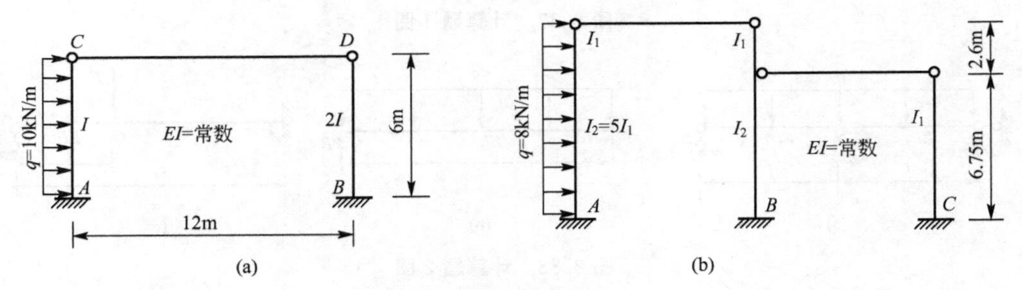

图 8.43　计算题 6 图

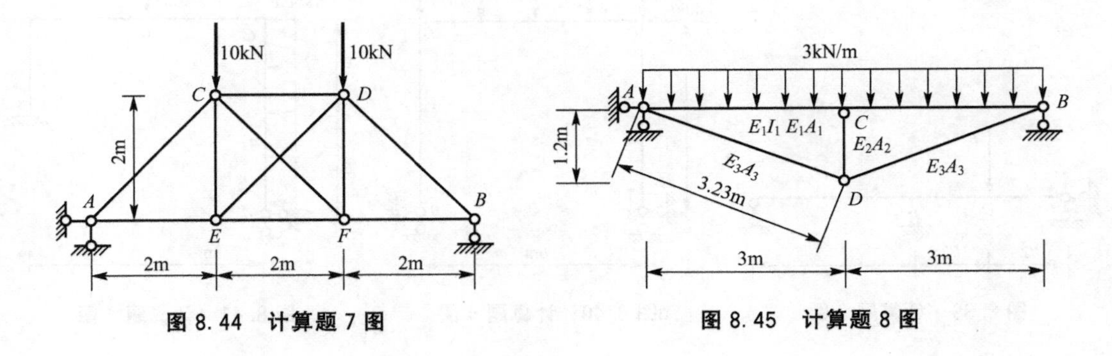

图 8.44　计算题 7 图

图 8.45　计算题 8 图

9. 设图 8.46 所示结构的温度变化如图所示，试绘制其弯矩图，并求 B 端的转角。设各杆截面为矩形，截面高度 $h=\frac{l}{10}$，线膨胀系数为 α，EI 为常数。

10. 求图 8.47 所示刚架支座 A 发生角位移 θ 时的弯矩图及 C 端的水平位移。

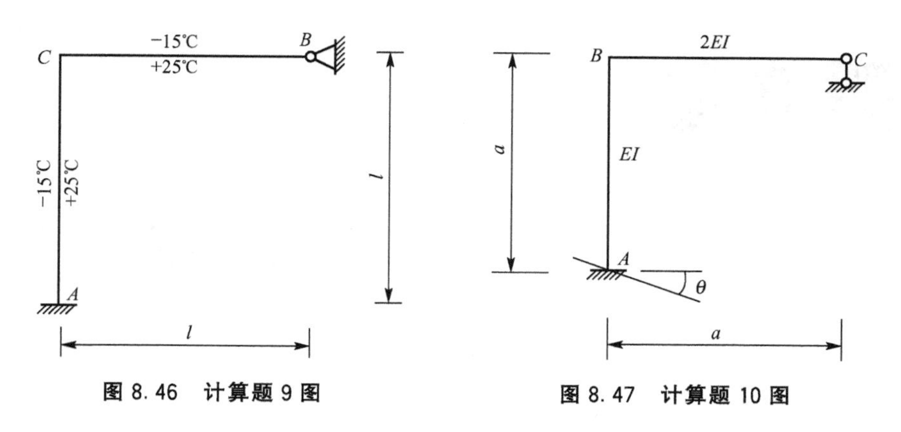

图 8.46 计算题 9 图　　图 8.47 计算题 10 图

11. 计算并绘制图 8.48 所示单跨超静定梁因支座移动或转动引起的弯矩图和剪力图。

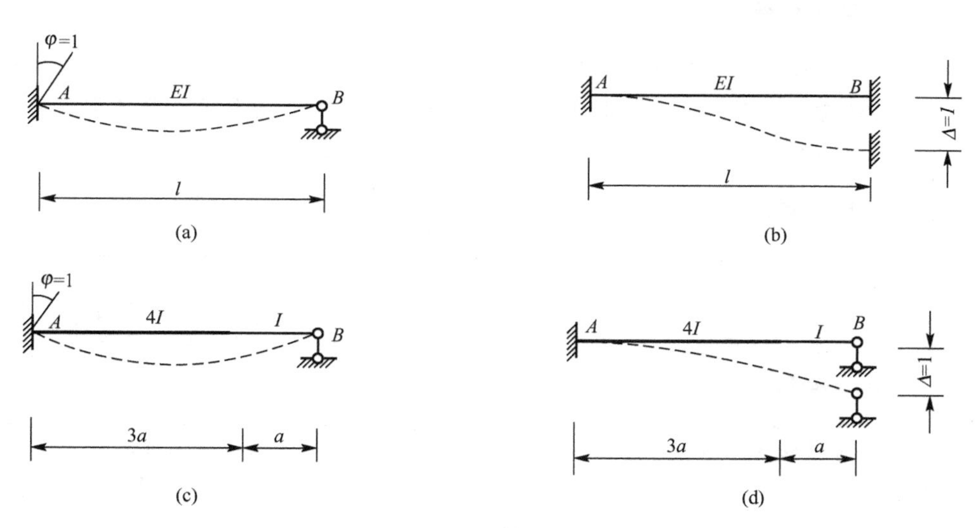

图 8.48 计算题 11 图

第9章

位　移　法

教学目标

通过学习位移法，了解等截面直杆的形常数和载常数；掌握位移法方程的物理意义，并熟练掌握利用位移法方程计算系数和自由项；熟练掌握用位移法求解各种荷载作用下的超静定梁和刚架的内力图。

教学要求

能力目标	知识要点	相关知识	权重(%)
位移法计算的基本未知量的确定	结点角位移和结点线位移个数的确定	基本未知量、基本结构概念	15
位移法典型方程的建立	系数和自由项的求法	由力的平衡条件求出位移法方程中的系数和自由项	30
应用位移法对超静定刚架进行内力计算并绘制内力图	无结点线位移刚架和有结点线位移刚架的内力计算	用位移法求出基本未知量，计算出最后的杆端弯矩，利用叠加法作出弯矩图，再根据弯矩图作出轴力图和剪力图	55

引 例

如图 9.1 所示钢筋混凝土结构梁柱节点配筋图，为什么配这么多钢筋？各钢筋有什么作用？本例属于超静定结构计算问题，而且是未知量个数较多的超静定结构，应用力法解非常繁琐，本章学习一种新的解超静定结构的方法一位移法，重点研究常见的平面超静定刚架的内力计算与内力图绘制。本章内容是以后进一步学习求解未知量个数较多的超静定结构方法的基础，应认真学习提高能力、熟练掌握超静定结构分析与计算本领。

图 9.1　钢筋混凝土结构梁柱节点配筋

9.1　位移法的基本概念

超静定结构分析的基本方法有两种，即力法和位移法，第 8 章介绍了用力法计算超静定结构。本章介绍超静定结构的另一种计算方法——位移法，现以一简单例子具体说明位移法的基本原理和计算方法。

图 9.2(a)所示一荷载作用下的超静定刚架，若用力法求解，有两个多余未知力，故有两个基本未知量，若用位移法求解，改以结点位移为基本未知量时，其未知量的数目减少为一个。该刚架在荷载作用下产生的形变如图 9.2(a)中虚线所示，根据变形协调条件，汇交于刚结点 A 的两杆 AB 和 AC 在 A 端的转角相同，设以 φ_A 表示，这就是用位移法求解时唯一的一个基本未知量。

该刚架的受力及变形的实际情况如图 9.2(b)所示。即杆 AB 相当于两端固定梁在 A 支座发生转角位移 φ_A，若 φ_A 已知，用力法可求出 A 端和 B 端的杆端弯矩；杆 AC 相当于 A 端固定、B 端铰支的梁受均布荷载 q 的作用并在 A 支座发生转角位移 φ_A，若 φ_A 已知，同样用力法可求出 A 端和 C 端的杆端弯矩。因此，计算结点 A 的转角位移 φ_A 就成了求解该问题的关键，只要知道转角 φ_A 的大小，就可用力法计算出这两个单跨超静定梁的全部反力和内力。下面就研究如何计算转角 φ_A。

为了将图 9.2(a)转化为图 9.2(b)进行计算，假设在刚架结点 A 处加入一附加刚臂 ⊲ [图 9.2(c)]，附加刚臂的作用是约束 A 点的转动，而不能约束其移动。由于结点 A 无线位移，所以加入此附加刚臂后，A 点任何位移都不能产生了，即相当于固定端。于是原

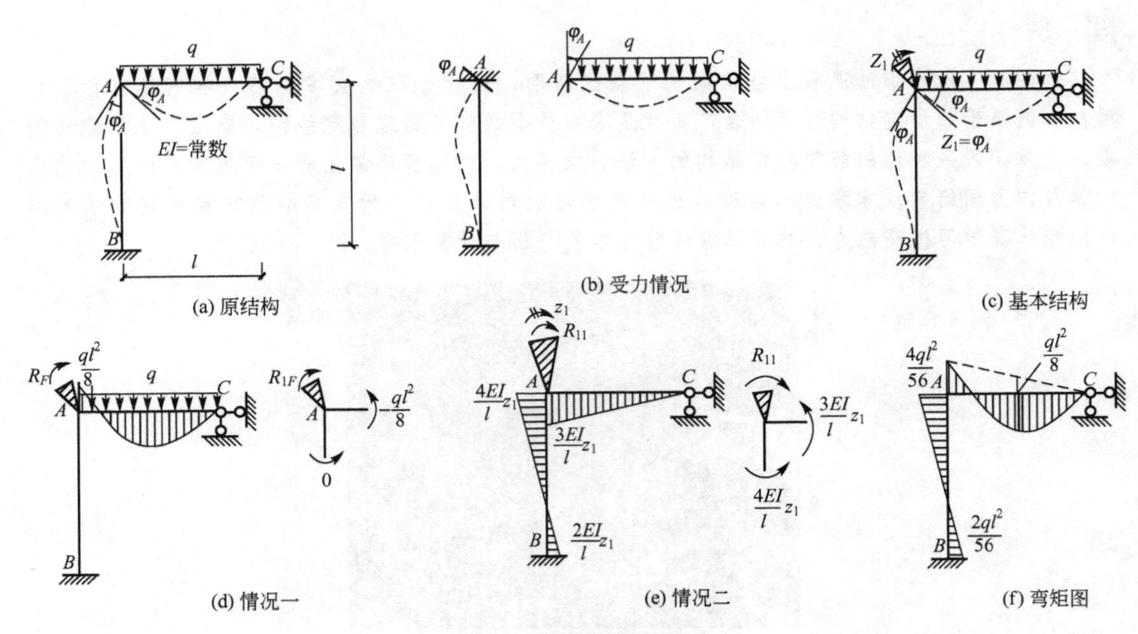

图 9.2　位移法基本原理

结构变成了由 AB 和 AC 两个单跨超静定梁组成的组合体，该组合体称为原结构按位移法计算的基本结构。若将外荷载作用于基本结构上，并使 A 点附加刚臂转过与实际变形相同的转角 $Z_1=\varphi_A$，使基本结构的受力和变形情况与原结构取得一致［图 9.2(c)］。由此可见，可用基本结构代替原结构进行计算。

为了便于计算，把基本结构上的外界因素分为两种情况：一种情况是仅有外荷载的作用［图 9.2(d)］；另一种情况是强使基本结构中附加刚臂在 A 点发生转角 Z_1［图 9.2(e)］。分别单独计算以上各因素的作用，然后由叠加原理将计算结果叠加。在图 9.2(d)中，只有荷载 q 的作用，无转角 Z_1 影响。AB 杆上无外荷载故无内力，AC 杆相当于 A 端固定、C 端铰支，在梁上受均布荷载 q 的作用，其弯矩图可由力法得出，如图 9.2(d)所示，此时在附加刚臂上产生的约束力矩为 R_{1F}。在图 9.2(e)中，只有 Z_1 的影响。AB 杆相当于两端固定梁，在 A 端产生一转角 Z_1 的支座移动；同样 AC 杆相当于 A 端固定、C 端铰支的单跨梁，在 A 端产生一转角 Z_1 的支座移动。它们的弯矩图同样可由力法求出，如图 9.2(e)所示，此时在附加刚臂上产生的约束力矩为 R_{11}。在基本结构上由转角 Z_1 及荷载两种因素共同作用下引起的附加刚臂上总的约束力矩，由叠加原理可得为 $R_{11}+R_{1F}$。由于基本结构的受力和变形与原结构相同，在原结构上原本没有附加刚臂，故基本结构附加刚臂上的约束力矩应为零，即

$$R_{11}+R_{1F}=0$$

如图 9.2(e)所示中令 r_{11} 表示当 $Z_1=1$ 时附加刚臂上的约束力矩，则 $R_{11}=r_{11}Z_1$，故上式改写为

$$r_{11}Z_1+R_{1F}=0 \tag{a}$$

式(a)称为位移法方程。式中 r_{11} 称为系数，R_{1F} 称为自由项，它们的方向规定与 Z_1 方

向相同为正，反之为负。

为了由式(a)求解 Z_1，可由图 9.2(d)中取结点 B 为隔离体，由力矩平衡条件得出：

$$R_{1F}=-\frac{ql^2}{8}$$

由图 9.2(e)中取结点 B 为隔离体，并令 $Z_1=1$，由力矩平衡条件得

$$r_{11}=\frac{7EI}{l}$$

代入式(a)中，得

$$Z_1=\frac{ql^3}{56EI}$$

求出 Z_1 后，将图 9.2(d)、(e)两种情况叠加，即得原结构弯矩图，如图 9.2(f)所示。

由以上分析归纳位移法计算的要点为：

(1) 以独立的结点位移(包括结点角位移和结点线位移)为基本未知量。

(2) 以一系列单跨超静定梁的组合体为基本结构。

(3) 由基本结构在附加约束处的受力与原结构一致的平衡条件建立位移法方程。先求出结点位移，进而计算出各杆件内力。

在位移法计算中，要用力法对每个单跨超静定梁进行受力变形分析，为了使用方便，对各种约束的单跨超静定梁由荷载及支座移动引起的杆端弯矩和杆端剪力数值均列于表 9-1 中，以备查用。

表 9-1 等截面直杆的形常数和载常数

序号	梁的简图	杆端弯矩		杆端剪力	
		M_{AB}	M_{BA}	V_{AB}	V_{BA}
1	A θ=1 B l	$4i$	$2i$	$-\frac{6i}{l}$	$-\frac{6i}{l}$
2	A B Δ=1 l B′	$-\frac{6i}{l}$	$-\frac{6i}{l}$	$\frac{12i}{l^2}$	$\frac{12i}{l^2}$
3	A θ=1 B l	$3i$	0	$-\frac{3i}{l}$	$-\frac{3i}{l}$
4	A B Δ=1 l B′	$-\frac{3i}{l}$	0	$\frac{3i}{l^2}$	$\frac{3i}{l^2}$

续表

序号	梁的简图	杆端弯矩		杆端剪力	
		M_{AB}	M_{BA}	V_{AB}	V_{BA}
5	$\theta=1$ A B B′ l	i	$-i$	0	0
6	A B $\theta=1$ B′ l	$-i$	i	0	0
7	a F b A B l	$-\dfrac{Fab^2}{l^2}$	$\dfrac{Fab^2}{l^2}$	$\dfrac{Fb^2(l+2a)}{l^3}$	$-\dfrac{Fa^2(l+2b)}{l^3}$
8	M A B a b l	$\dfrac{b(3a-l)}{l^2}M$	$\dfrac{a(3b-l)}{l^2}M$	$-\dfrac{6ab}{l^3}M$	$-\dfrac{6ab}{l^3}M$
9	q A B l	$-\dfrac{ql^2}{12}$	$\dfrac{ql^2}{12}$	$\dfrac{ql}{2}$	$-\dfrac{ql}{2}$
10	a F b A B l	$-\dfrac{Fab(l+b)}{2l^2}$	0	$\dfrac{Fb(3l^2-b^2)}{2l^3}$	$-\dfrac{Fa^2(2l+b)}{2l^3}$
11	M A B a b l q	$\dfrac{l^2-3b^2}{2l^2}M$	0	$-\dfrac{3(l^2-b^2)}{2l^3}M$	$-\dfrac{3(l^2-b^2)}{2l^3}M$
12	q A B l	$-\dfrac{ql^2}{8}$	0	$\dfrac{5}{8}ql$	$-\dfrac{3}{8}ql$

续表

序号	梁的简图	杆端弯矩		杆端剪力	
		M_{AB}	M_{BA}	V_{AB}	V_{BA}
13		$-\frac{Fa(l+b)}{2l}$	$-\frac{Fa^2}{2l}$	F	0
14		$-\frac{Mb}{l}$	$-\frac{Ma}{l}$	0	0
15		$-\frac{ql^2}{3}$	$-\frac{ql^2}{6}$	ql	0

在表 9-1 中，$i=EI/l$，称为杆件的线刚度，杆端弯矩的正、负号规定为：对杆端而言弯矩以顺时针转向为正(对支座或结点而言，则以逆时针转向为正)，反之为负，如图 9.3 所示。至于剪力的正、负号仍与以前规定相同。

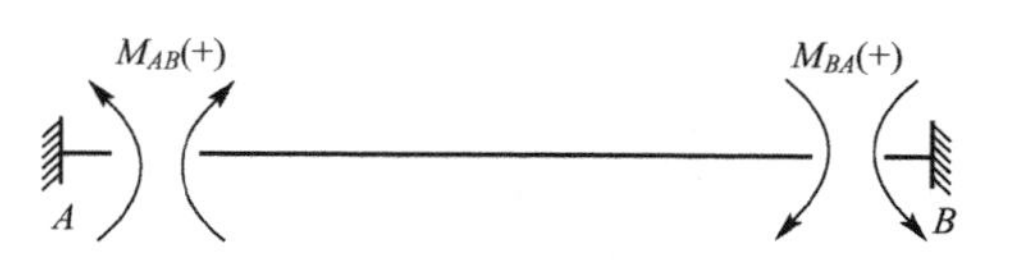

图 9.3 杆端、结点弯矩正负规定示意图

9.2 位移法基本未知量与基本结构

从前面的分析可知，位移法求解超静定结构时，首先应确定基本未知量和基本结构，当求得基本未知量后，便可计算出结构上各杆的内力。如何确定位移法的基本未知量和基本结构，现分述如下。

9.2.1 位移法计算的基本未知量

用位移法解题时，通常取刚结点的角位移(铰结点的角位移可由杆件另一端的位移求出，故不作为基本未知量)和独立的结点线位移作为基本未知量。在结构中，一般情况下刚结点的角位移数目和刚结点的数目相同，但结构独立的结点线位移的数目则需要分析判断后才能确定。下面举例说明如何确定位移法的基本未知量。

图 9.4 所示刚架，有一个刚结点和一个铰结点，现在两个结点都发生了线位移，但在忽略杆件的轴向变形时，这两个线位移相等，即独立的结点线位移只有一个，因此用位

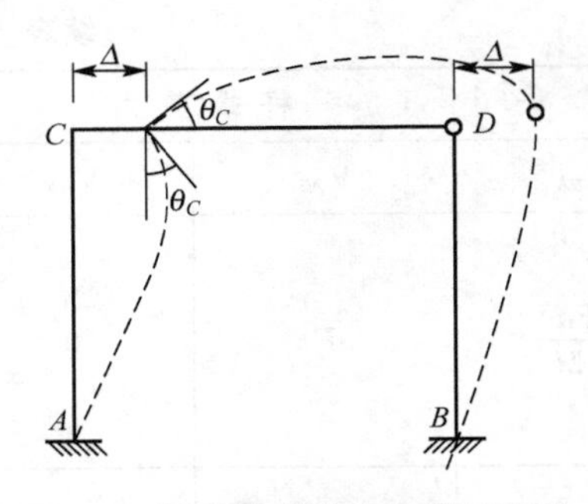

图 9.4　位移法基本未知量示意图

移法求解时的基本未知量是一个角位移 θ_C 和一个线位移 Δ，共两个基本未知量。

图 9.5(a)所示刚架，有 4 个刚结点和 2 个铰结点，在忽略杆件轴向变形时，所有结点都只能发生水平线位移，并且独立的线位移只有 2 个，因此用位移法求解时的基本未知量是 4 个角位移和 2 个线位移，共 6 个。图 9.5(b)所示刚架有 2 个结点，但结点 1 为组合结点，它包含了 2 个刚性结合，故结点 1 有两个独立的角位移，各结点都没有线位移，所以整个结构基本未知量的数目为 3 个。因此，可以认为位移法基本未知量总数目等于全部结点中的所有刚性结合的数目与独立的结点线位移的数目的总和。

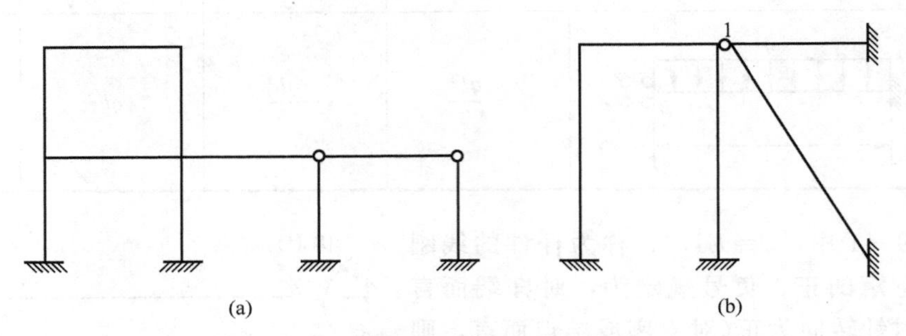

图 9.5　位移法基本未知量个数示例

当结构独立的结点线位移的数目由直观的方法难以判断时，可用"铰化结点、增加链杆"的方法判断。由于忽略杆件的轴向变形，即认为杆件两端之间的距离在变形前后保持不变，因此在结构中，由两个已知不动的结点(或支座)引出两根不在一直线上的杆件形成的结点，是不能发生移动的，这种情况与平面铰接三角形的几何组成相似。因此，为了确定结构独立的结点线位移，可先把所有的结点和支座都改为铰结点和铰支座，而得到一铰接体系，然后用增加链杆的方法使该体系成为几何不变、且无多余约束的体系，所增加的最少链杆数目，就是结点独立线位移的数目。图 9.6(a)所示刚架，刚结点有 1、3、5，还有组合结点 2，故有 4 个结点角位移；其独立的结点线位移数可用"铰化结点、增加链杆"的方法分析，对应的铰接体系如图 9.6(b)所示，在该体系中增加两根链杆 $A2$ 和 $B4$［图 9.6(b)中虚线所示］，即变成几何不变体系，所以独立的结点线位移的数目为 2 个，整个刚架基本未知量的数目为 6 个。应当指出，上述用几何组成分析的方法确定独立结点线位移数目，是以受弯直杆的变形假设为前提的，因此对于仅受轴力作用且 EA 值为有限的二力杆所组成的结构，二力杆的轴向变形不能忽略。如图 9.7 所示结构，当考虑二力杆 CD 的轴向变形时，点 C 和点 D 的水平位移一般不相等，所以结构的独立结点线位移数目为 2 个。另外，受弯曲杆两端间的距离也不能假设为不变的。

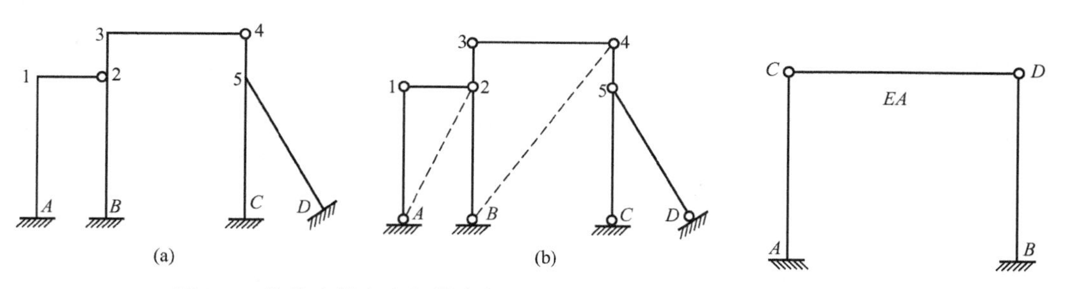

图 9.6 位移法基本未知量个数示例

图 9.7 位移法基本未知量个数示例

结点角位移的个数就是刚结点的数目，结点线位移的个数就是把原结构铰接化以后变成无多余约束的几何不变体系所需要增加的链杆数。

9.2.2 位移法基本结构

由 9.1 节可知，位移法计算是以一系列单跨超静定梁的组合体作为基本结构。因此，在确定了基本未知量后，就要附加约束以限制所有结点的位移，把原结构转化为一系列相互独立的单跨超静定梁的组合体，即在产生转角位移处附加刚臂以约束其转动，在产生结点线位移处附加支承链杆以约束其线位移。图 9.8(a)所示刚架有两个刚结点 A 点和 B 点，在忽略各杆件自身轴向变形的情况下，结点 A 和 B 都没有线位移，只有结点转角，所以只要在结点 A 和 B 处各附加一刚臂［图 9.8(b)］，以阻止 A 及 B 的转动，这样就使得原结构变成无结点线位移及角位移的一系列单跨梁的组合体。为了使组合体的受力及变形与原结构一致，还要把荷载作用加上，并分别令 A、B 两处的附加刚臂产生和原结构相等的转角 Z_1、Z_2。这样得到的体系称为位移法计算的基本结构，如图 9.8(b)所示。

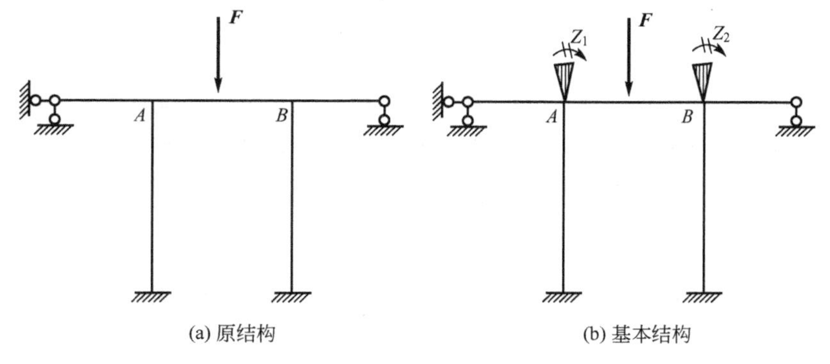

(a) 原结构　　(b) 基本结构

图 9.8 位移法基本结构的取法示例

图 9.9(a)所示，刚架有两个结点：刚结点 A 和铰结点 B，分析时可知，在两根竖杆弯曲变形的影响下，结点 A 和 B 将发生一相同的水平线位移。在刚结点 A 处附加一刚臂，以阻止 A 点的转动，在结点 B 处附加一水平链杆，以阻止结点 A、B 的水平线位移，再

把荷载作用加上，并分别令附加约束产生与原结构相同的转角 Z_1、Z_2，这样就得到基本结构，如图 9.9(b)所示。

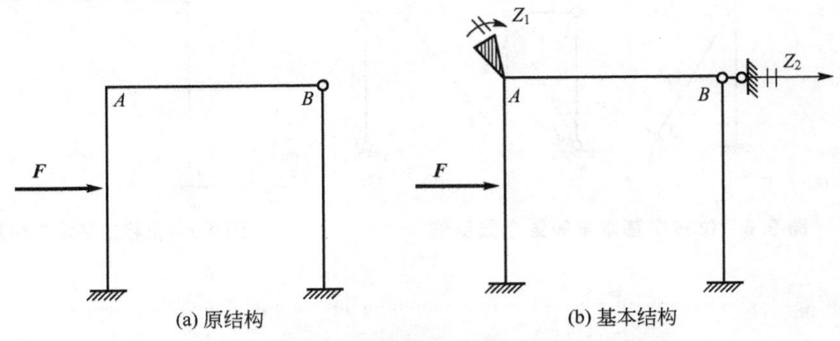

图 9.9　位移法基本结构的取法示例

图 9.10(a)所示刚架有 3 个刚结点 A、B、D 和 1 个铰结点 C，在 3 根竖杆弯曲变形的影响下，4 个结点将产生相同的水平线位移。此外还应注意，在水平杆件 BC 和 CD 的弯曲变形影响下，结点 C 将产生竖向线位移。因此要形成基本结构，需要在刚结点 A、B、D 处各附加一刚臂约束其转动，在结点 D 处附加一水平链杆，以约束各结点的水平线位移，还需在结点 C 处附加一竖向链杆，以约束该结点的竖向线位移。形成其基本结构，如图 9.10(b)所示。

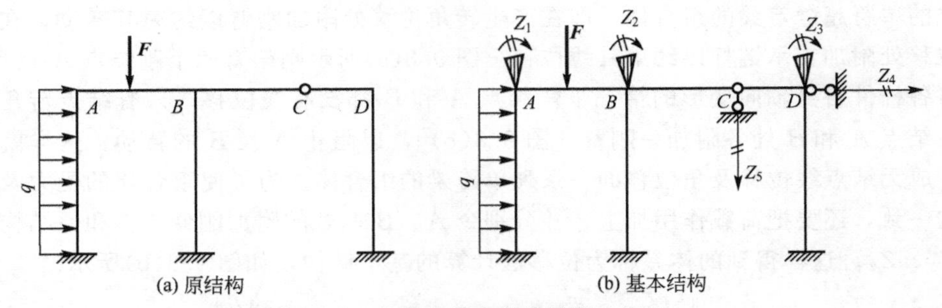

图 9.10　位移法基本结构的取法示例

最后需要注意：力法的基本结构是从原结构中拆除多余约束而代之以多余力的静定结构；而位移法的基本结构是在原结构上增加约束形成一系列单跨超静定梁的组合体。虽然它们的形式不同，但都是原结构的代表，其受力和形变与原结构是一致的。

9.3　位移法典型方程与计算步骤

9.3.1　位移法典型方程

在 9.1 节中以只有一个基本未知量的结构介绍了位移法的基本概念，下面进一步讨论如何用位移法求解有多个基本未知量的结构。图 9.11(a)所示的刚架有 3 个基本未知量，即结点 1、2、3 处的 3 个角位移 Z_1、Z_2、Z_3，而无结点线位移。

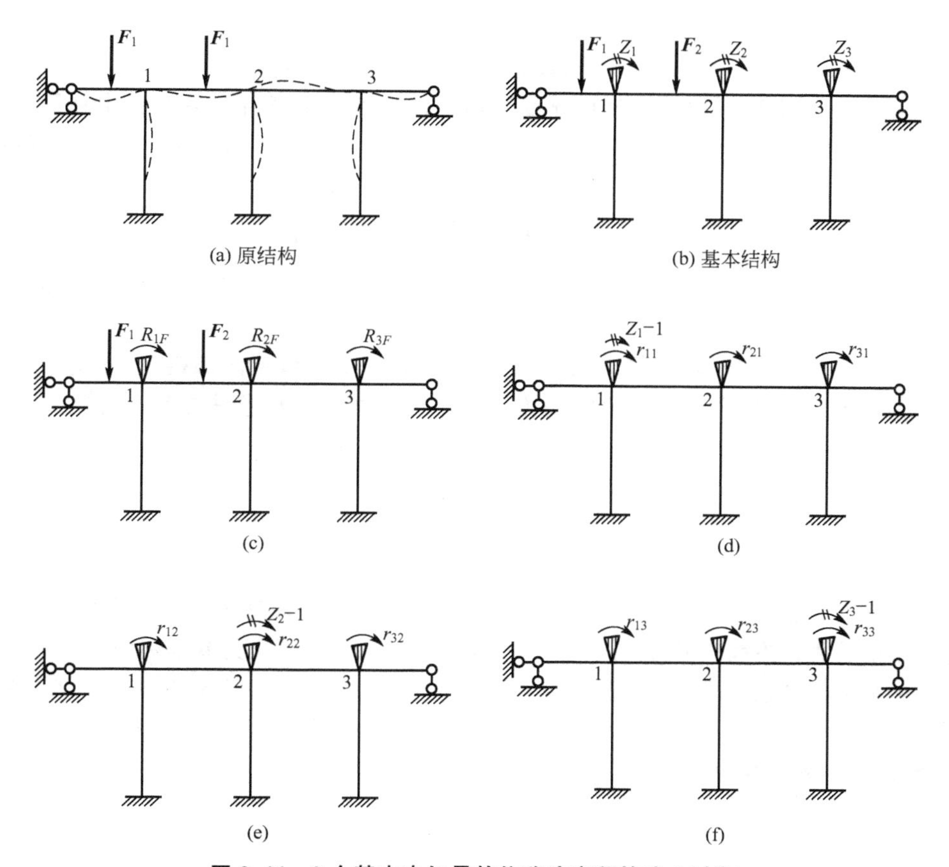

图 9.11　3 个基本未知量的位移法方程的建立过程

首先在结点 1、2、3 处各附加一刚臂并把荷载作用加上，形成基本结构，如图 9.11(b) 所示。

基本结构在荷载作用下，由于各结点处的刚臂约束了结点转动，此时在结点 1、2、3 处的附加刚臂上，因荷载作用产生的约束力矩分别为 R_{1F}、R_{2F}、R_{3F} [图 9.11(c)]。由于附加刚臂的作用，基本结构各杆的内力以及变形和原结构不一致，为了和原结构取得一致，可令结点 1、2、3 处的刚臂分别产生与原结构相同的转角 Z_1、Z_2、Z_3。

由叠加原理，先令基本结构的附加刚臂 1、2、3 分别产生单位转角，此时各刚臂上将分别产生不同的约束力矩 [图 9.11(d)、(e)、(f)]。由于实际结构上 1、2、3 点处产生的不是单位转角，而分别产生 Z_1、Z_2、Z_3 转角，故应将图 9.15(d)、(e)、(f)中相应的约束力矩分别扩大 Z_1、Z_2、Z_3 倍，即分别乘以 Z_1、Z_2、Z_3。把以上各种因素分别引起的每个附加刚臂上的约束力矩叠加后应与原结构一致，即把图 9.15(c)、(d)、(e)、(f)中各附加刚臂上的约束力矩对应叠加应等于零，$R_1=0$、$R_2=0$、$R_3=0$。可列出 3 个位移法方程为

$$\left.\begin{aligned}r_{11}Z_1+r_{12}Z_2+r_{13}Z_3+R_{1F}=0\\r_{21}Z_1+r_{22}Z_2+r_{23}Z_3+R_{2F}=0\\r_{31}Z_1+r_{32}Z_2+r_{33}Z_3+R_{3F}=0\end{aligned}\right\}\qquad(9-1)$$

其中系数和自由项可由结点隔离体的平衡条件求解，求得各系数及自由项后，代入位移法方程中，即可解出各结点位移 Z_1、Z_2、Z_3 之值。最后可按下式叠加绘出最后弯矩图，即

$$M=\overline{M}_1Z_1+\overline{M}_2Z_2+\overline{M}_3Z_3+M_F$$

式中，$\overline{M}_1$、$\overline{M}_2$、$\overline{M}_3$ 和 M_F 分别为 $Z_1=1$、$Z_2=1$、$Z_3=1$ 和荷载单独作用于基本结构上的弯矩。

对于具有 n 个基本未知量的结构，则附加约束(附加刚臂或附加链杆)也有 n 个，由 n 个附加约束上的受力与原结构一致的平衡条件，可建立 n 个位移法方程，即

$$\left.\begin{aligned}r_{11}Z_1+r_{12}Z_2+\cdots+r_{1n}Z_n+R_{1F}=0\\r_{21}Z_1+r_{22}Z_2+\cdots+r_{2n}Z_n+R_{2F}=0\\\vdots\qquad\qquad\\r_{n1}Z_1+r_{n2}Z_2+\cdots+r_{nn}Z_n+R_{nF}=0\end{aligned}\right\}\qquad(9-2)$$

上式称为位移法的典型方程。式中：r_{ii} 称为主系数，其物理意义为基本结构上 $Z_i=1$ 时附加约束 i 上的反力，主系数恒为正值；r_{ij} 称为副系数，其物理意义为基本结构上 $Z_j=1$ 时附加约束 i 上的反力，副系数可为正、负、或为零；并且由反力互等定理有 $Z_{ij}=Z_{ji}$；R_{iF} 称为自由项，其物理意义为荷载作用于基本结构上时附加约束 i 上的反力，可为正、负、或为零。

典型方程若采用矩阵形式表示，则可写为

$$\begin{pmatrix}r_{11}&r_{12}&\cdots&r_{1n}\\r_{21}&r_{22}&\cdots&r_{2n}\\\vdots&\vdots&&\vdots\\r_{n1}&r_{n2}&\cdots&r_{nn}\end{pmatrix}\begin{pmatrix}Z_1\\Z_2\\\vdots\\Z_n\end{pmatrix}+\begin{pmatrix}R_{1F}\\R_{2F}\\\vdots\\R_{nF}\end{pmatrix}=\boldsymbol{0}\qquad(9-3a)$$

简写为

$$\boldsymbol{r}_{n\times n}\boldsymbol{Z}_{n\times 1}+\boldsymbol{R}_{Fn\times 1}=\boldsymbol{0}_{n\times 1}\qquad(9-3b)$$

式中，$\boldsymbol{r}_{n\times n}$ 称为结构的刚度矩阵，矩阵中各元素称为刚度系数。

9.3.2 位移法计算步骤

根据以上所述，用位移法计算超静定结构的步骤可归纳如下。

(1) 确定基本未知量，形成基本结构。

(2) 建立位移法方程。

(3) 绘出基本结构上的单位弯矩 $\overline{M}$ 图与荷载弯矩 M_F 图，利用平衡条件求系数和自由项。

(4) 解方程求出基本未知量。

(5) 由 $M=\sum\overline{M}_iZ_i+M_F$ 叠加绘出最后弯矩图，进而作出剪力图和轴力图。

(6) 校核。

9.4 位移法计算举例

9.4.1 无结点线位移结构的计算

如果刚架的各结点只有角位移而没有线位移，那么这种刚架称为无侧移刚架。用位移法求解无侧移刚架最为方便。本节讨论无侧移刚架的计算，连续梁的计算也属于这类问题。

应用案例9-1

试用位移法计算图9.12(a)所示刚架，并绘出内力图。

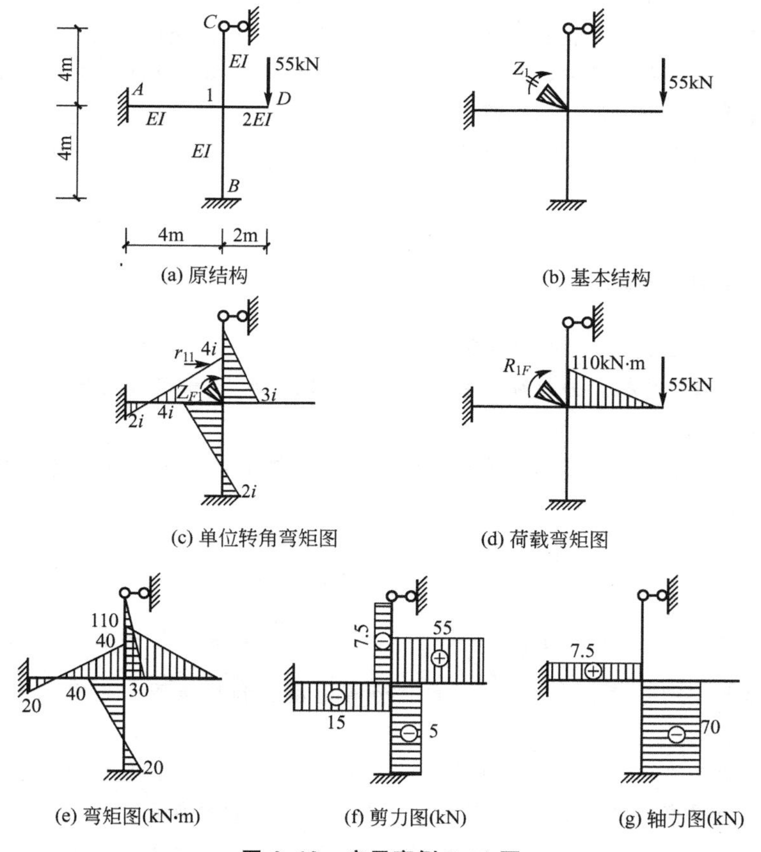

图 9.12 应用案例9-1图

解：(1) 形成基本结构。此刚架只有一个刚结点1，无结点线位移。因此，基本未知量为结点1处的转角Z_1，基本结构如图9.12(b)所示。

(2) 建立位移法方程。由1结点的附加刚臂约束力矩总和为零的条件$\sum M_1=0$，建立位移法方程为

$$r_{11}Z_1+R_{1F}=0$$

(3) 求系数和自由项。令$i=\dfrac{EI}{4}$，绘出$Z_1=1$和荷载分别单独作用于基本结构上的弯矩单位力弯矩图和荷载图，如图9.12(c)、(d)所示。

分别在图9.12(c)、(d)中利用结点1的力矩平衡条件$\sum M_1=0$，可计算出系数和自由项，即

$$r_{11}=11i \quad R_{1F}=-110\text{kN}\cdot\text{m}$$

(4) 解方程求基本未知量。将系数和自由项代入位移法方程，得

$$11iZ_1-110=0$$

解方程得

$$Z_1=\frac{10}{i}$$

(5) 绘制内力图。由$M=\overline{M}_1Z_1+M_F$叠加绘出最后弯矩图，如图9.12(e)所示。利用杆件和结点的平衡条件可绘出剪力图、轴力图，分别如图9.12(f)、(g)所示。

(6) 校核。在位移法计算中，只需作平衡条件校核。在图9.12(e)中取结点1为隔离体，验算其是否满足平衡条件$\sum M_1=0$，即

$$\sum M_1=110\text{kN}\cdot\text{m}-40\text{kN}\cdot\text{m}-40\text{kN}\cdot\text{m}-30\text{kN}\cdot\text{m}=0$$

可知计算无误。

应用案例9-2

试用位移法计算图9.13(a)所示刚架。

解： (1) 形成基本结构。分析可知基本未知量为刚结点B和C处的转角Z_1和Z_2，基本结构如图9.13(b)所示。

(2) 建立位移法方程。根据基本结构每个结点处附加刚臂的约束力矩总和为零的条件，建立位移法方程，即

$$r_{11}Z_1+r_{12}Z_2+R_{1F}=0$$
$$r_{21}Z_1+r_{22}Z_2+R_{2F}=0$$

(3) 求系数和自由项。$i_{BC}=i_{CE}=\dfrac{2EI}{4}$，$i_{BA}=i_{CD}=\dfrac{EI}{4}$，分别作出$Z_1=1$、$Z_2=1$和荷载单独作用在基本结构上的单位力弯矩图1、单位力弯矩图2和弯矩图，如图9.13(c)、(d)、(e)所示。

由于这些系数和自由项都是附加刚臂上的反力矩，故在图9.13(c)、(d)、(e)中分别利用结点B、C的力矩平衡条件$\sum M=0$，可计算出各系数和自由项如下：

$$r_{11}=3EI；r_{12}=r_{21}=EI；r_{22}=4.5EI；R_{1F}=-36.67(\text{kN}\cdot\text{m})；R_{2F}=-3.33(\text{kN}\cdot\text{m})$$

(4) 解方程求基本未知量。将系数和自由项代入位移法方程，得

$$3EIZ_1+EIZ_2-36.67\text{kN}\cdot\text{m}=0$$
$$EIZ_1+4.5EIZ_2-3.33\text{kN}\cdot\text{m}=0$$

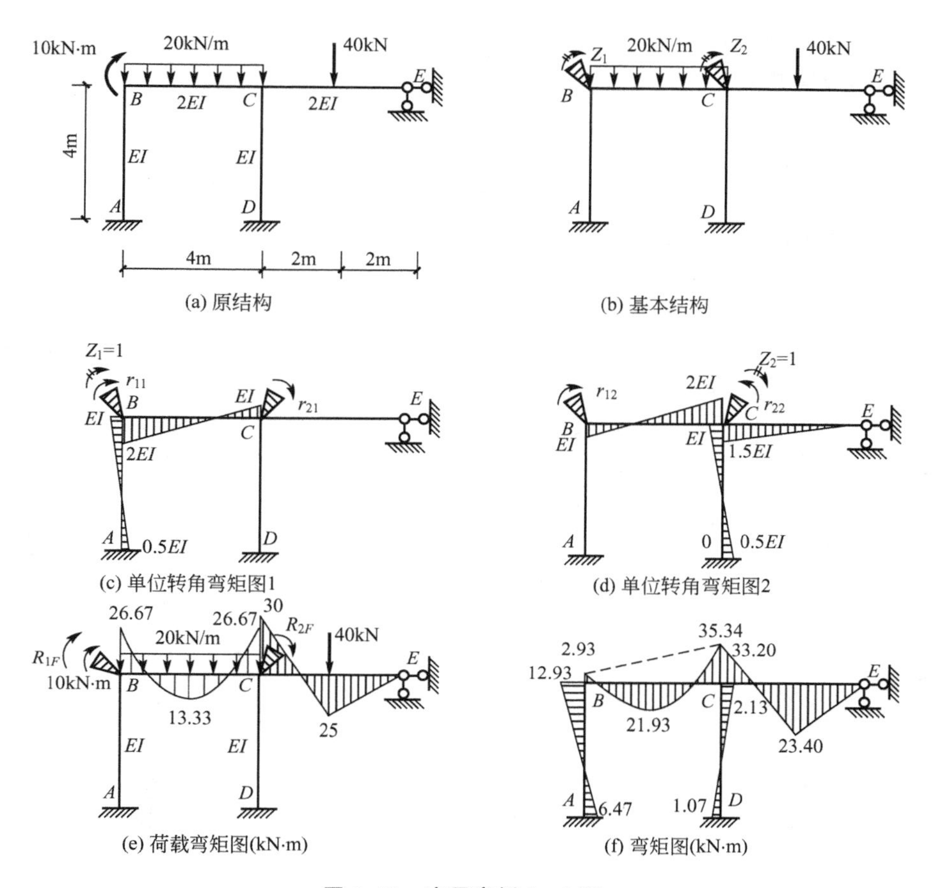

图 9.13 应用案例 9-2 图

解方程得

$$Z_1 = \frac{12.93}{EI}$$

$$Z_2 = \frac{2.13}{EI}$$

(5) 绘出弯矩图。由 $M = \overline{M}_1 Z_1 + \overline{M}_2 Z_2 + M_F$ 叠加绘出最后弯矩图，如图 9.13(f)所示。

(6) 校核。在图 9.13(f)中分别取结点 B 和结点 C 为隔离体，验算其是否满足平衡条件 $\sum M_B = 0$ 和 $\sum M_C = 0$，即

$$\sum M_B = 12.93\text{kN}\cdot\text{m} - 2.93\text{kN}\cdot\text{m} - 10\text{kN}\cdot\text{m} = 0$$

$$\sum M_C = 35.34\text{kN}\cdot\text{m} - 2.13\text{kN}\cdot\text{m} - 33.20\text{kN}\cdot\text{m} \approx 0$$

可知计算无误。

9.4.2 有结点线位移结构的计算

当刚架的结点有线位移时，称为有侧移刚架，用位移法求解时，其计算方法与无侧移刚架的计算基本一样，所不同的是阻止结点线位移的附加约束为附加链杆，附加约束中的

内力为约束反力，同时在建立位移法方程时要增加与结点线位移对应的平衡方程。下面举例说明解题的方法步骤。

应用案例 9-3

试用位移法计算图 9.14(a)所示刚架，各杆 EI 为常数。

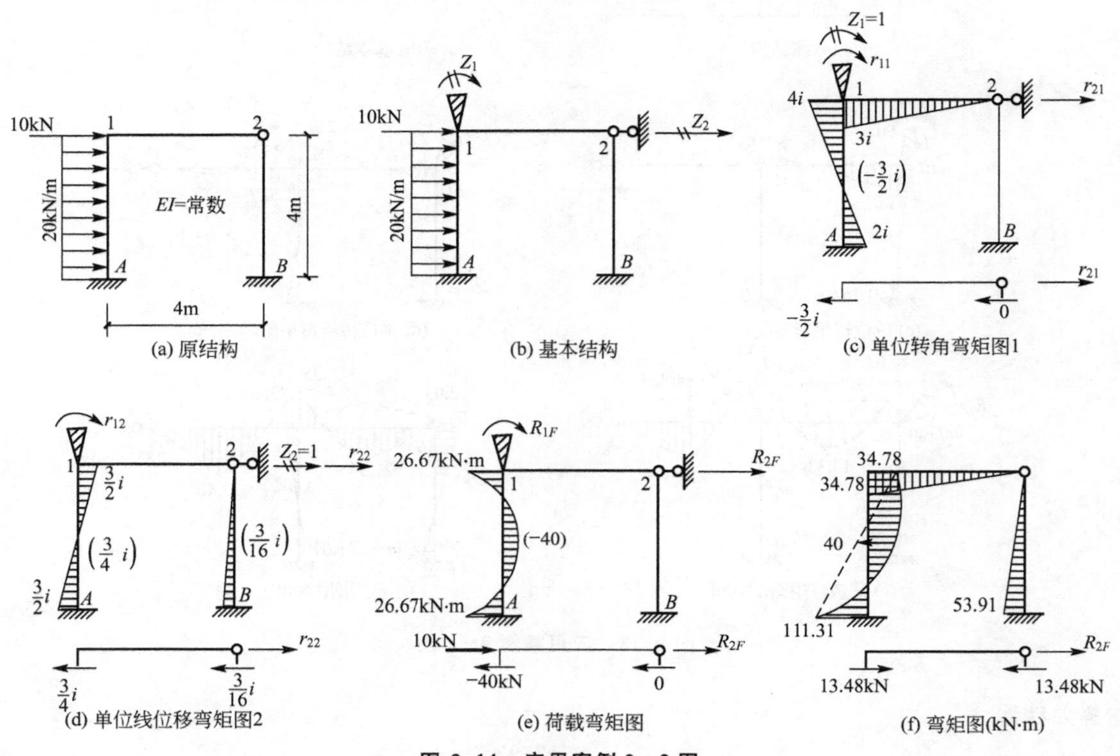

图 9.14　应用案例 9-3 图

解：(1) 形成基本结构。此刚架有一个刚结点 1 和一个铰结点 2，结点 1、2 有相同的水平线位移。因此，基本未知量为结点 1 处的转角 Z_1 和结点 1、2 共同的水平位移 Z_2，基本结构如图 9.14(b)所示。

(2) 建立位移法方程，即

$$r_{11}Z_1+r_{12}Z_2+R_{1F}=0$$
$$r_{21}Z_1+r_{22}Z_2+R_{2F}=0$$

其中第二个方程式是根据原结构结点 2 上本没有水平约束力这一条件建立的平衡方程。

(3) 求系数和自由项。令 $i=\dfrac{EI}{4}$，各杆线刚度均为 i，先作出单位力弯矩图和荷载弯矩图，分别如图 9.14(c)、(d)、(e)所示。其中单位力弯矩图 2 为基本结构的结点 2 产生水平单位线位移时所引起的弯矩图。并把求系数和自由项时需用到的柱顶剪力标在了立柱旁边的括号内。

在计算 r_{11}、r_{12} 和 R_{1F} 时，可由结点 1 的力矩平衡方程 $\sum M=0$ 求得；在计算 r_{21}、r_{22} 和

R_{2F}时，分别在图9.14(c)、(d)、(e)中取杆件12为隔离体，由投影平衡方程$\sum X=0$进行计算。

各系数及自由项为

$$r_{11}=7i;\quad r_{12}=-\frac{3}{2}i=r_{21};\quad r_{22}=\frac{15}{16}i;\ R_{1F}=26.67(\text{kN}\cdot\text{m});\quad R_{2F}=-50(\text{kN}\cdot\text{m})$$

(4) 解方程求基本未知量。将系数和自由项代入位移法方程，得

$$7iZ_1-\frac{3}{2}iZ_2+26.67=0$$

$$-\frac{3}{2}iZ_1+\frac{15}{16}iZ_2-50=0$$

解方程得

$$Z_1=\frac{4266.40}{368i}$$

$$Z_2=\frac{9919.84}{138i}$$

(5) 绘弯矩图。由$M=\overline{M}_1Z_1+\overline{M}_2Z_2+M_F$叠加绘出弯矩图，如图9.14(f)所示。

(6) 校核。在图9.14中取结点1为隔离体，有

$$\sum M_1=34.78\text{kN}\cdot\text{m}-34.78\text{kN}\cdot\text{m}=0$$

再取杆12为隔离体，有

$$\sum X=13.48\text{kN}-13.48\text{kN}=0$$

可知计算无误。

9.5 对称结构的计算

在力法一章中，对于利用结构的对称性来简化计算已作过介绍。用位移法求解时，对于对称的超静定结构，同样可利用其对称性简化计算。具体作法就是根据其受力、变形特点取半个结构进行计算。对于半刚架的选取方法和力法相同，以下举例说明。

应用案例9-4

试用位移法计算图9.15(a)所示刚架，各杆EI为常数。

解：(1)选取半刚架并形成基本结构。图9.15(a)所示刚架为对称结构作用对称荷载的情况，根据其受力、变形特点可取图9.15(b)所示半刚架进行计算。即先用位移法绘出图9.15(b)所示半个刚架的弯矩图，然后再利用结构的对称性得出原结构的弯矩图。

分析可知用位移法求解图9.15(b)所示刚架时，基本未知量只有一个，基本结构如图9.15(c)所示。

(2) 建立位移法方程，即

$$r_{11}Z_1+R_{1F}=0$$

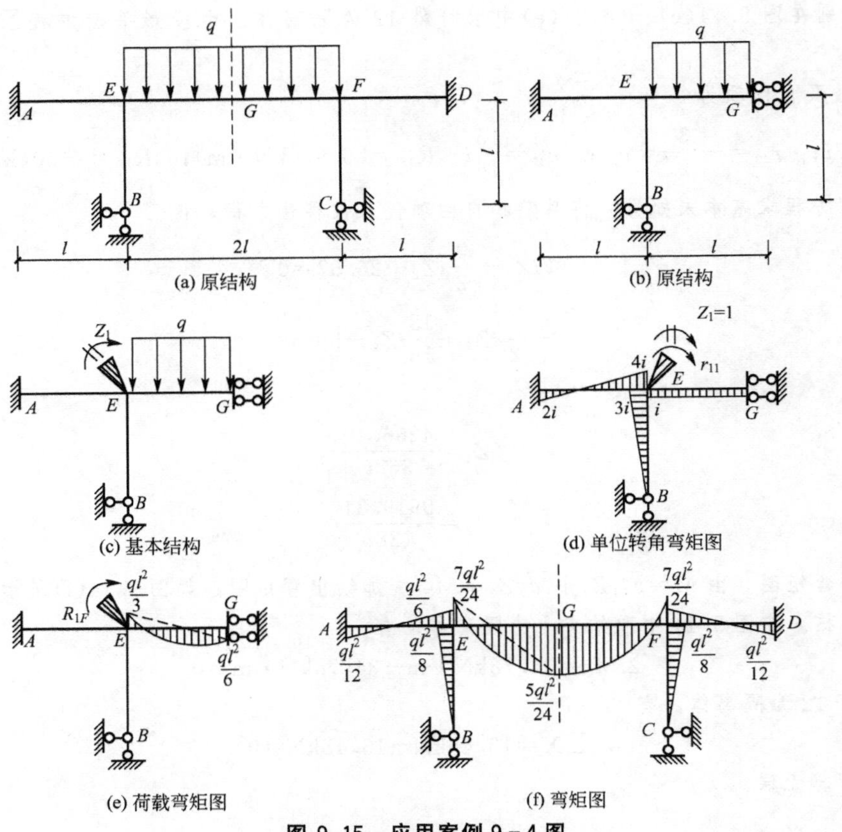

图 9.15　应用案例 9－4 图

(3) 求系数自由项。令 $i=\dfrac{EI}{l}$，分别作出 $Z_1=1$ 和荷载单独作用在基本结构上的弯矩图和荷载图，如图 9.15(d)、(e)所示。

分别在图 9.15(d)、(e)中利用结点 E 的力矩平衡条件可计算出系数和自由项，即

$$r_{11}=8i,\quad R_{1F}=-\frac{ql^2}{3}$$

(4) 解方程求未知量。将系数和自由项代入位移法方程，得

$$8iZ_1-\frac{ql^2}{3}=0$$

解得

$$Z_1=\frac{ql^2}{24i}$$

(5) 绘弯矩图。由 $M=\overline{M}_1Z_1+M_F$ 叠加可绘出左半刚架的弯矩图，由结构的对称性可绘出原结构的弯矩图，如图 9.15(f)所示。

(6) 校核。在图 9.15(f)中取结点 E 为隔离体，验算其是否满足平衡条件 $\sum M_E=0$。

$$\sum M_E=\frac{ql^2}{6}+\frac{ql^2}{8}-\frac{7ql^2}{24}=0$$

可知计算无误。

应用案例 9-5

试用位移法计算图 9.16(a)所示刚架，并绘制弯矩图。已知 EI 为常数。

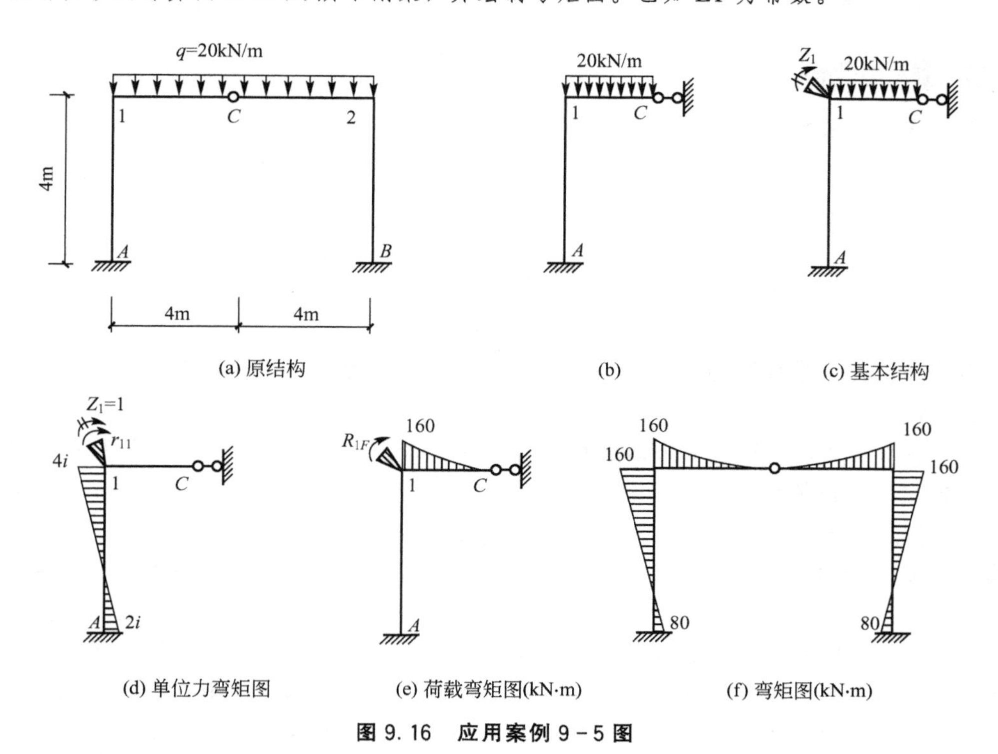

(a) 原结构 (b) (c) 基本结构

(d) 单位力弯矩图 (e) 荷载弯矩图(kN·m) (f) 弯矩图(kN·m)

图 9.16 应用案例 9-5 图

解：(1) 此刚架共有 4 个基本未知量：结点 1、2 的角位移，横梁的水平线位移及铰结点 C 处的竖向线位移。由于对称结构作用对称荷载，根据其受力及变形特点，可利用对称性取图 9.16(b)所示半刚架进行计算，此半刚架只有一个基本未知量，即结点 1 的角位移 Z_1，其基本结构如图 9.16(c)所示。

(2) 列出位移法方程，即

$$r_{11}Z_1+R_{1F}=0$$

(3) 求系数和自由项。绘出 $Z_1=1$ 和荷载分别单独作用在基本结构上的弯矩图，如图 9.16(d)、(e)所示。分别在图 9.16(d)、(e)中利用结点 1 的力矩平衡条件可计算出系数和自由项，即

$$r_{11}=4i,\quad R_{1F}=-160$$

(4) 解方程求基本未知量。将系数和自由项代入位移法方程，得

$$4iZ_1-160=0$$

解方程得

$$Z_1=\frac{40}{i}$$

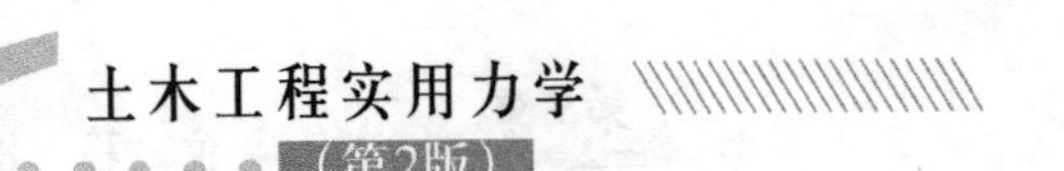

(5) 绘制弯矩图。由 $M=\overline{M}_1Z_1+M_F$ 叠加绘出半结构的弯矩图，再利用结构的对称性可得整个结构的弯矩图，如图 9.16(f)所示。

当对称刚架作用一般荷载时，可先将荷载分解为对称荷载和反对称荷载两组分别作用于结构上。然后分别取半刚架用位移法进行计算，最后将两组计算结果叠加绘出原结构的弯矩图。

特别提示

要注意半刚架的取法，往往可以事半功倍。

9.6 位移法与力法的比较

力法和位移法是计算超静定结构的两种基本方法，为了对这两种方法加深理解，下面把力法和位移法作如下比较。

(1) 基本未知量。从基本未知量看，力法取的是力——多余约束力，位移法取的是位移——独立的结点位移。

(2) 基本结构。从基本结构上看，力法是去掉约束，位移法是增加约束。力法的基本结构是去掉多余约束代之以多余未知力而形成的静定结构；位移法的基本结构是在结点上增设附加约束以阻止结点的转动和移动，使原结构变为若干个单跨超静定梁的组合体。

(3) 建立方程的原则。从基本方程看，力法是写位移协调方程，位移法是写力系平衡方程。力法方程是按照基本结构在多余力及其他外界因素作用下，由多余力方向上的位移与原结构相应约束处的位移一致的变形协调条件建立的；位移法方程是按照基本结构由各种因素引起的附加约束上的反力，与原结构的受力一致的静力平衡条件建立的。

(4) 解题步骤。力法和位移法的解题步骤在形式上是一一对应的，基本相同。

(5) 力法和位移法的适用范围。力法和位移法是计算超静定结构的两种基本方法，都可适用于任何超静定结构，但从方便计算的角度来说，力法适合计算超静定次数较少而结点位移数较多的结构，位移法则适合计算超静定次数较多而结点位移数较少的结构；力法只适用于分析超静定结构，而位移法则通用于分析静定和超静定结构。

本章小结

位移法是计算超静定结构的另一种基本方法，适用于超静定次数较高的连续梁和刚架。又是常用的渐进法(力矩分配法、力矩迭代法)和适用于计算机计算的矩阵位移法的基础。应认真搞清位移法的基本物理概念。

位移法的基本结构是单跨超静定梁的组合体，基本未知量是刚结点的角位移与结构中独立的结点线位移。这时应清楚理解等截面直杆形常数和载常数的物理意义，还要注意关于位移和杆端力的正负号规定，特别是杆端弯矩新的正负号规定。用位移法解题的基本思路是：在原结构上附加约束得到基本结构；使基本结构的附加约束发生与原结构相同的位移，则基本结构在约束位移与荷载共同作用下的内力与变形应与原结构相同。

位移法基本方程的实质是平衡条件。对每一个刚结点(附加刚臂)可以建立一个结点力矩平衡方程，对每一个独立的结点线位移(附加支座链杆)可以建立一个截面平衡方程。平衡方程的数目和基本未知量的数目正好相等。

对称结构的计算主要是取半结构进行计算。其关键是要了解半结构的取法，即了解在对称荷载或反对称荷载作用下结构有哪些独立的结点位移。通过选用适当的方法(力法或位移法)计算半结构，再利用对称性作出结构最终的弯矩图。

习 题

一、判断题

1. 图 9.17 所示结构有三个位移法基本未知量。 (　　)

图 9.17 判断题 1 图

2. 位移法典型方程中的主系数恒为正值，付系数恒为负值。 (　　)
3. 位移法典型方程中的主系数恒为正值，付系数可正可负。 (　　)
4. 位移法可用来计算超静定结构也可用来计算静定结构。 (　　)
5. 将力法和位移法比较，二者的基本未知量、基本结构和基本方程基本是相同的。 (　　)

二、单项选择题

1. 如图 9.18 所示超静定结构结点角位移的个数是(　　)。

A. 2　　B. 3　　C. 4　　D. 5

2. 用位移法求解图 9.19 所示结构时，基本未知量的个数是(　　)

A. 8　　B. 10　　C. 11　　D. 12

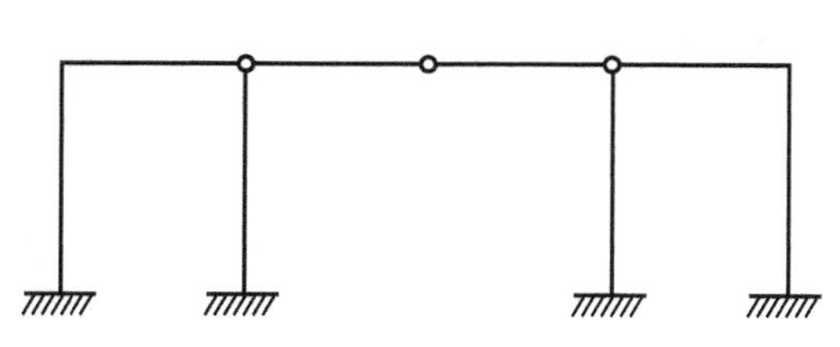

图 9.18 选择题 1 图

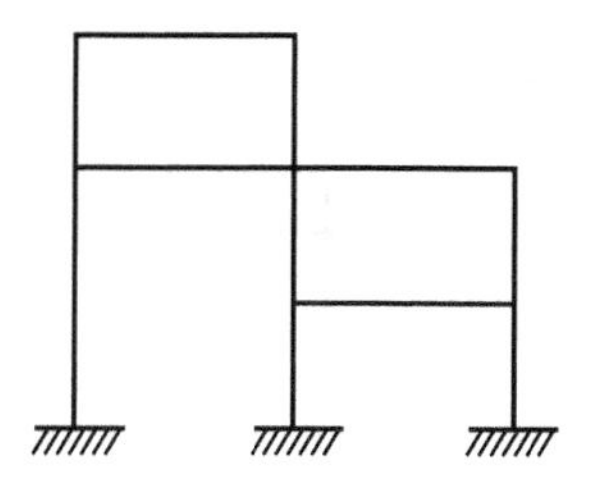

图 9.19 选择题 2 图

3. 位移法典型方程实质上是(　)。

A. 平衡方程　　B. 位移条件　　C. 物理关系　　D. 位移互等定理

4. 用位移法计算超静定结构时，其基本未知量为(　)。

A. 多余未知力　　B. 杆端内力　　C. 杆端弯矩　　D. 结点位移

5. 在位移法计算中规定正的杆端弯矩是(　　)。

A. 绕杆端顺时针转动　　B. 绕结点顺时针转动

C. 绕杆端逆时针转动　　D. 使梁的下侧受拉

6. 图 9.20 所示结构中 γ_{11} =(　　)。

A. $12i$　　B. $8i$　　C. $4i$　　D. $2i$

三、填空题

1. 位移法基本体系是一组________。

2. 单跨超静定梁的形常数是指由杆端位移引起的________。

3. 图 9.21 所示刚架有________个角位移。

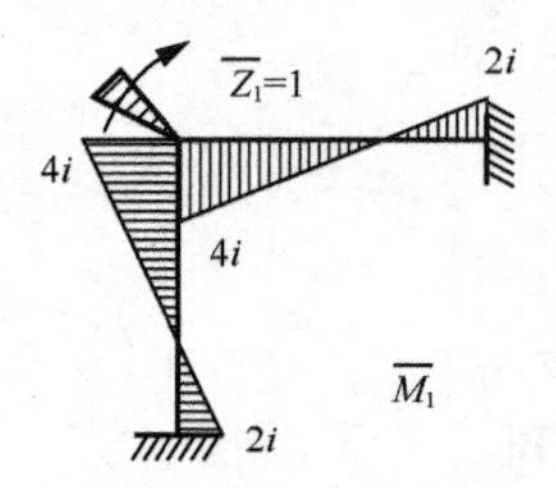

图 9.20　选择题 6 图

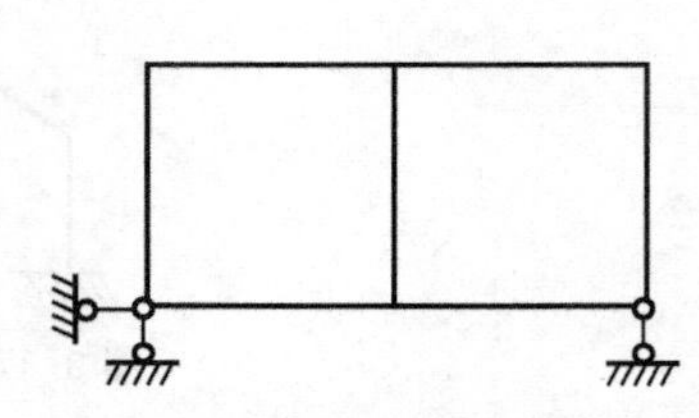

图 9.21　填空题 3 图

4. 位移法的基本方程使用的是________条件；该方法可解________结构与________结构。

四、计算题

1. 试确定用位移法计算图 9.22 所示结构的基本未知量数目，并形成基本结构。

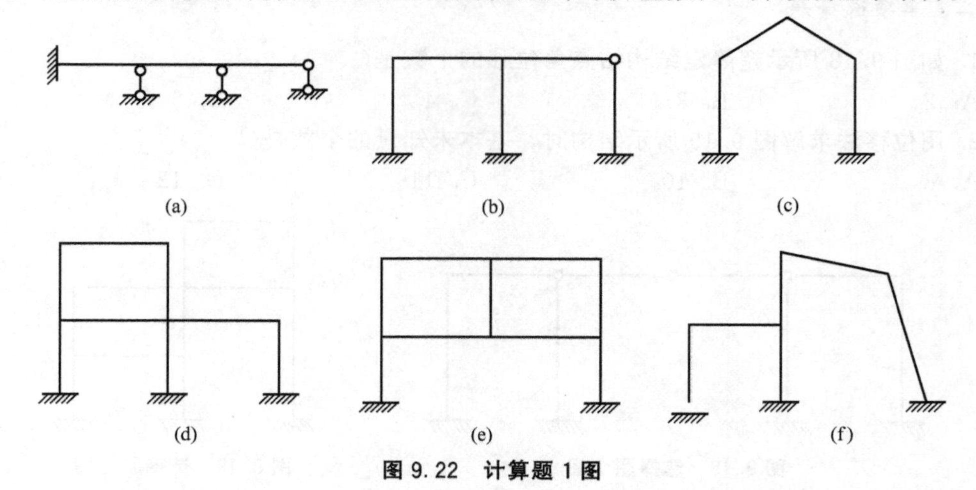

图 9.22　计算题 1 图

2. 试用位移法计算图 9.23 所示超静定梁，并绘出弯矩图。各杆 EI 为常数。

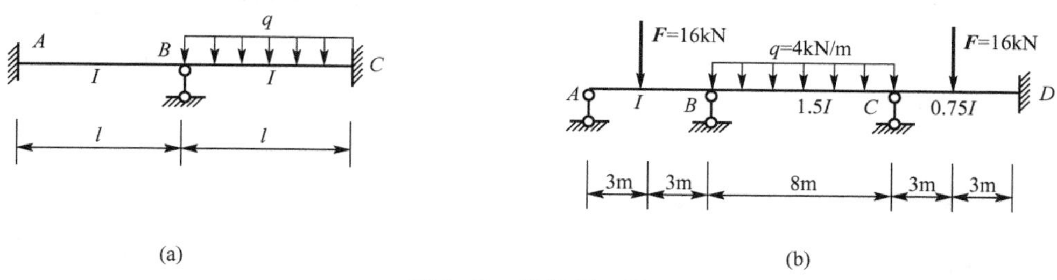

图 9.23 计算题 2 图

3. 试用位移法计算图 9.24 所示刚架，并绘出弯矩图。各杆 EI 为常数。

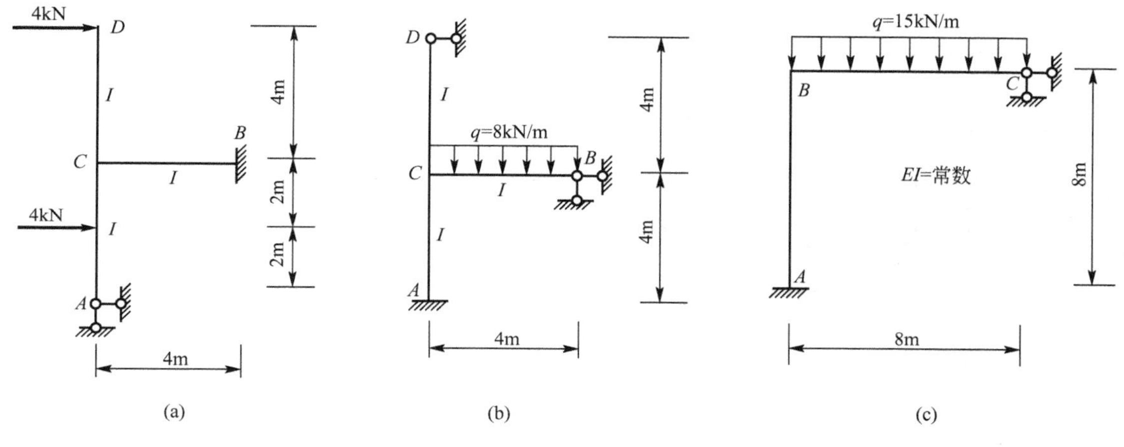

图 9.24 计算题 3 图

4. 试用位移法计算图 9.25 所示结构并绘出弯矩图，各杆 EI 为常数。

5. 试用位移法绘出图 9.26 所示对称刚架的弯矩图。已知各杆 EI 为常数。

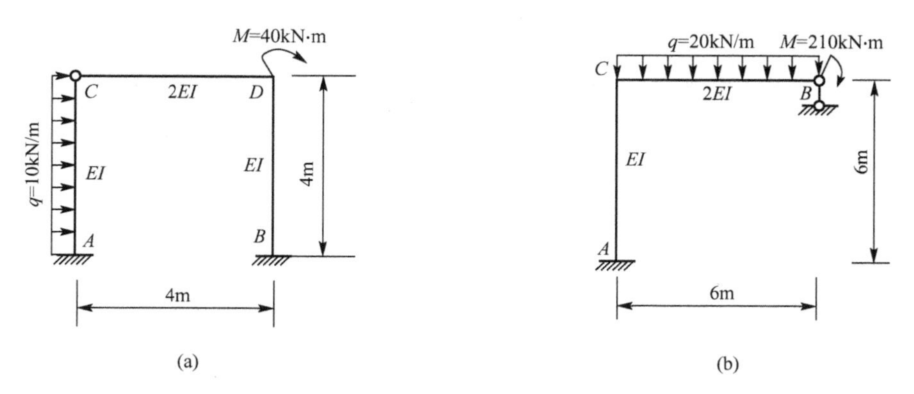

图 9.25 计算题 4 图

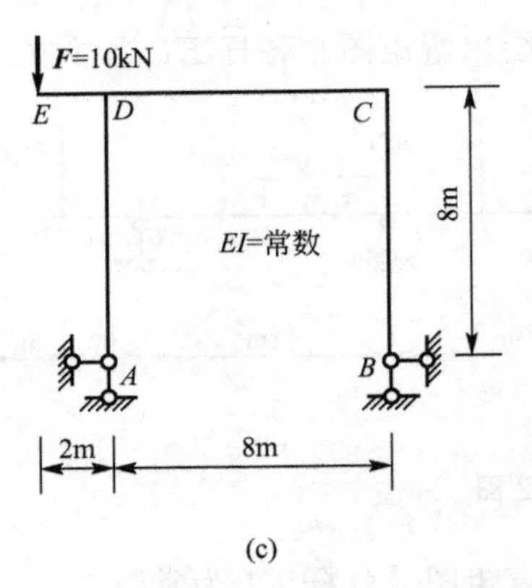

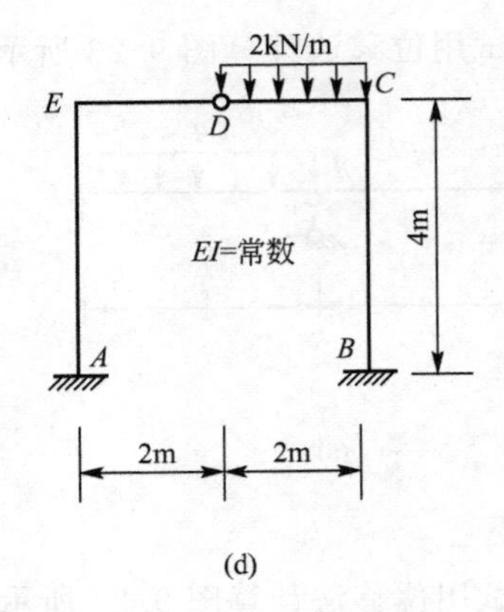

图 9.25 计算题 4 图(续)

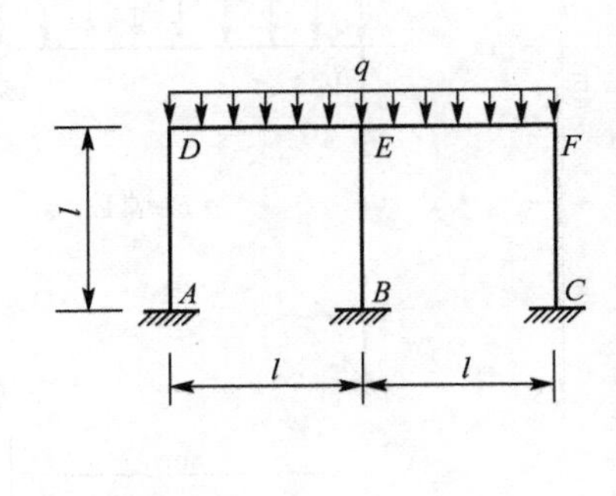

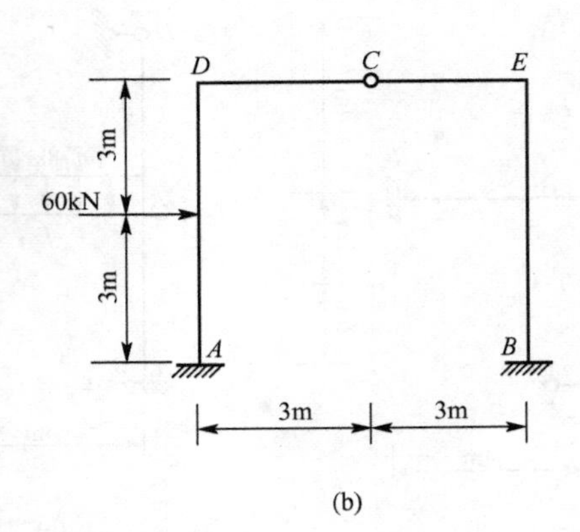

图 9.26 计算题 5 图

第10章

力矩分配法

教学目标

通过学习力矩分配法，理解力矩分配法是一种渐进法，其结果的精确度由力矩分配法的计算轮次决定；牢记力矩分配法的使用条件是没有结点线位移的结构；掌握力矩分配法计算连续梁和无结点线位移刚架的具体方法和步骤。

教学要求

能力目标	知识要点	相关知识	权重(%)
力矩分配法的基本概念	转动刚度，分配系数，传递系数的概念	理解并掌握转动刚度，分配系数，传递系数的求法	20
单结点的力矩分配法	约束力矩的计算	根据荷载求各杆的固端弯矩，进而求出不平衡力矩，根据分配系数求分配力矩，根据传递系数求传递力矩，最后叠加求出杆端的最后弯矩	30
多结点的力矩分配法	约束力矩的计算	同单结点力矩分配法，需逐次放松各结点循环计算	30
无剪力分配法	无剪力分配法的应用条件	无剪力杆件的转动刚度和传递系数的求法	20

引 例

如图 10.1 所示正在吊装作业的钢结构桁架，桁架采用四点起吊，吊装时吊点位置设置在哪四点最安全？本例属于超静定结构计算问题，用力矩分配法解决较为方便。力矩分配法是直接从实际结构的受力和变形状态出发，根据位移法基本原理，从开始建立的近似状态，逐步通过力矩分配，最后收敛于真实状态，它是属于位移法类型的渐近解法。本章知识对土木工程承载力计算起着重要的基础性作用，对本章的主要内容，应认真学习提高能力、熟练掌握超静定结构分析与计算本领。

图 10.1 钢结构桁架吊装作业

10.1 力矩分配法的基本概念

力矩分配法是建立在位移法基础上的一种渐近解法，它不必计算结点位移，可直接算得杆端弯矩。适用范围是连续梁和无结点线位移刚架的内力计算。

10.1.1 力矩分配法的基本运算

图 10.2(a)所示刚架，其上各杆件均为等截面直杆。由图可知，它只有一个刚结点，在一般忽略杆件轴向变形的情况下，该结点不发生线位移而只有角位移，称为力矩分配法的一个计算单元。

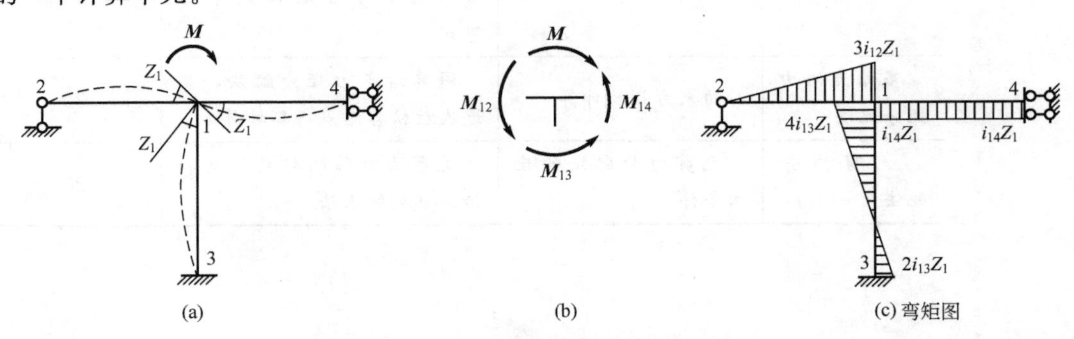

图 10.2 力矩分配法的基本运算过程

设在该单元的结点 1 作用一集中力偶 M，现要计算出汇交于结点 1 之各杆的杆端弯矩值，对此称为力矩分配法的基本运算。下节可以看到，用渐进作法求解具有多个结点角位移未知量的结构时，要反复运用这种基本运算。

在力偶荷载 M 的作用下，结点 1 产生角位移 Z_1 [图 10.2(a)]，利用转角位移方程，可以写出各杆端弯矩表达式(Z_1 尚为未知)，即

$$\left.\begin{aligned}M_{12}&=3i_{12}Z_1\\M_{14}&=i_{14}Z_1\\M_{13}&=4i_{13}Z_1\end{aligned}\right\}\tag{a}$$

$$\left.\begin{aligned}M_{21}&=0\\M_{41}&=-i_{14}Z_1\\M_{31}&=2i_{13}Z_1\end{aligned}\right\}\tag{b}$$

取结点 1 为隔离体 [图 10.2(b)]，由平衡条件 $\sum M_1=0$，可知

$$M_{12}+M_{13}+M_{14}=M\tag{c}$$

将式(a)代入式(c)，解得

$$Z_1=\frac{M}{3i_{12}+4i_{13}+i_{14}}\tag{d}$$

再将式(d)代入式(a)和式(b)，可求出各杆的杆端弯矩值，即

$$\left.\begin{aligned}M_{12}&=\frac{3i_{12}}{3i_{12}+4i_{13}+i_{14}}M\\M_{13}&=\frac{4i_{13}}{3i_{12}+4i_{13}+i_{14}}M\\M_{14}&=\frac{i_{14}}{3i_{12}+4i_{13}+i_{14}}M\end{aligned}\right\}\tag{e}$$

$$\left.\begin{aligned}M_{21}&=0\\M_{31}&=\frac{1}{2}\left(\frac{4i_{13}}{3i_{12}+4i_{13}+i_{14}}\right)M\\M_{41}&=\frac{i_{14}}{3i_{12}+4i_{13}+i_{14}}\end{aligned}\right\}\tag{f}$$

据此绘出结构的弯矩图，如图 10.2(c)所示。现在引入转动刚度、分配系数、传递系数等这样几个定义，并用力矩分配和传递的概念具体说明以上计算。

1. 转动刚度

式(a)中列出的各杆端弯矩式可统一写成：

$$M_{1k}=S_{1k}Z_1$$

S_{1k} 称为 $1k$ 杆 1 端的转动刚度。它表示在 $1k$ 杆的 1 端顺时针方向产生一单位转角时，在该端所需要施加的力矩。它的值依赖于杆件的线刚度和杆件另一端的支撑情况。如图 10.3 所示，它给出了等截面直杆远端为不同约束时的转动刚度。例如：12 杆的远端是铰支端，$S_{12}=3i_{12}$；13 杆的远端是固定端，$S_{13}=4i_{13}$；14 杆的远端是定向支座，$S_{14}=i_{14}$。

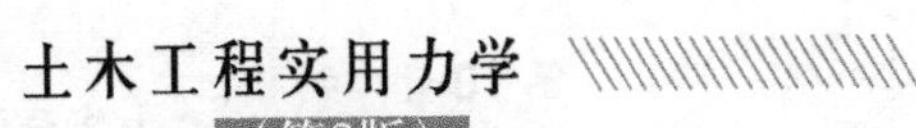

2. 分配系数

式(e)中列出的各杆端弯矩式可统一写成：

$$M_{1k}=\frac{S_{1k}}{\sum\limits_{(1)}S_{1k}}M=\mu_{1k}M \qquad (10-1)$$

$$\mu_{1k}=\frac{S_{1k}}{\sum\limits_{(1)}S_{1k}} \qquad (10-2)$$

式中 $\sum\limits_{(1)}S_{1k}$——汇交于结点1所有杆件在1端的转动刚度之和；

μ_{1k}——力矩分配系数(其中 k 可以是2、3、4等)，是将结点1作用的外力偶荷载 M 分配到汇交于该结点的各杆1端弯矩的比例。

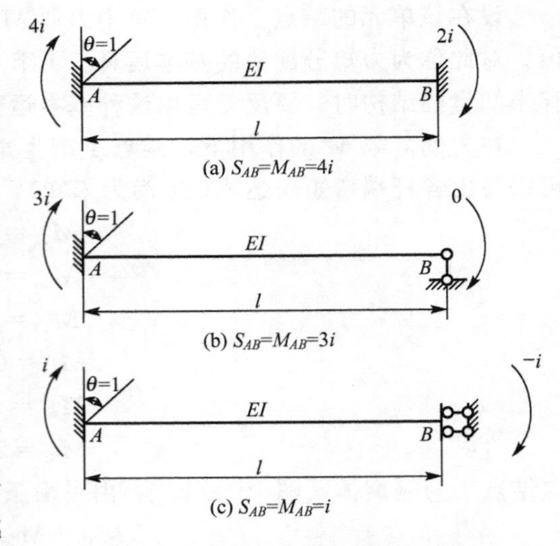

图10.3 等截面直杆远端为不同约束时的转动刚度

分配系数 μ_{1k} 数值上等于 $1k$ 杆的转动刚度与汇交于1点的各杆在1端的转动刚度之和的比值。显然，汇交于同一结点各杆的力矩分配系数之和应等于1，即

$$\sum_{(1)}\mu_{1k}=1$$

3. 传递系数

在图10.2(a)所示中，力偶荷载 M 施加于结点1，使各杆近端产生弯矩，同时也使各杆远端产生弯矩。由式(e)和式(f)可知

$$\frac{M_{31}}{M_{13}}=C_{13}=\frac{1}{2}$$

这个比值 $C_{13}=\frac{1}{2}$ 称为传递系数。传递系数表示当近端有转角时，远端弯矩与近端弯矩的比值。对于等截面杆件来说，传递系数 C 随远端的支撑情况而异，数值如下。

远端固定： $C=\frac{1}{2}$

远端滑动： $C=-1$

远端铰支： $C=0$

由此各杆端的远端弯矩式可统一写成：

$$M_{k1}=C_{1k}M_{1k}$$

系数 C_{1k} 称为由1端至 k 的传递系数。

4. 分配弯矩、传递弯矩

由式(10-1)可知，作用于结点1的力偶 M 按汇交于该结点的各杆分配系数的比例分配给各杆的近端，由此求得各杆的近端弯矩称为分配弯矩。为了在以后的分析中与杆端的最后弯矩有所区别，在分配弯矩的右上角加入附标 μ，即分配弯矩以 M_{1k}^{μ} 表示。这样，就可不必求出转角 Z_1 而直接由式(10－1)求得汇交于结点 1 的各杆端的分配弯矩。

例如：

$$M_{12}^{\mu}=\mu_{12}M$$
$$M_{13}^{\mu}=\mu_{13}M$$
$$M_{14}^{\mu}=\mu_{14}M$$

写成一般形式，则分配弯矩的计算公式为

$$M_{ik}^{\mu}=\mu_{ik}M \quad (10-3)$$

分配弯矩求得后，则另一端(称为远端)的弯矩可用该分配弯矩乘上相应的传递系数而得，由此得各杆的远端弯矩称为传递弯矩(在传递弯矩的右上角则加入附标 C)。

例如：

$$M_{21}^{c}=M_{12}^{\mu}C_{12}=0$$
$$M_{31}^{c}=M_{13}^{\mu}C_{13}=\frac{1}{2}M_{13}^{\mu}$$
$$M_{41}^{c}=M_{14}^{\mu}C_{14}=-M_{14}^{\mu}$$

写成一般形式，则传递弯矩的计算公式为

$$M_{kt}^{c}=C_{ik}M_{ik}^{\mu} \quad (10-4)$$

综上所述，可将基本运算中杆端弯矩的计算方法归纳为：当集中力偶 M 作用在结点 1 时，按分配系数分配给各杆的近端即为分配弯矩；分配弯矩乘以传递系数即为远端的传递弯矩。

10.1.2 单结点力矩分配法的计算

掌握了上述基本运算，再利用叠加原理，即可用力矩分配法计算荷载作用下具有一个结点角位移的结构。其计算步骤如下。

(1) 固定结点。先在本来是发生角位移的刚结点 i 处假想加入附加刚臂，使其不能转动，由式(10－2)计算汇交于 i 点各杆的力矩分配系数 μ_{ik}，再由表 9－1 算出汇交于 i 点各杆端的固端弯矩 M_{ik}^{F}，利用该结点的力矩平衡条件求出附加刚臂给予结点的约束力矩 M_{i}^{F}，约束力矩规定以顺时针转向为正。

(2) 放松结点。结点 i 处实际上并没有附加刚臂，也不存在约束力矩，为了能恢复到原结构的实际状态，消除约束力矩 M_{i}^{F} 的作用，在结点 i 处施加一个与它反向的外力偶 $M_{i}=-M_{i}^{F}$。结构在力偶 M_{i} 作用下，应用前述的基本运算即可求出分配弯矩 M_{ik}^{μ} 和传递弯矩 M_{ki}^{C}。

(3) 计算最后弯矩。结构的实际受力状态，为以上两种情况的叠加。将第一步中各杆端的固端弯矩分别和第二步中的各杆端的分配弯矩或传递弯矩叠加，即得汇交于 i 点之各杆的近端或远端的最后弯矩。

现举例说明如下。

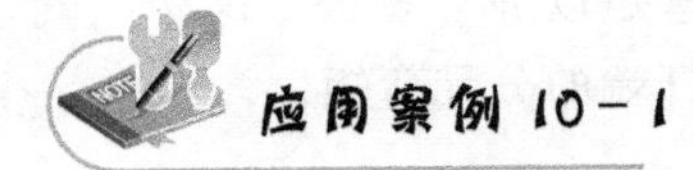

应用案例 10-1

试求图 10.4(a)所示刚架的各杆端弯矩，并绘出弯矩图，各杆的相对线刚度如图 10.4 所示。

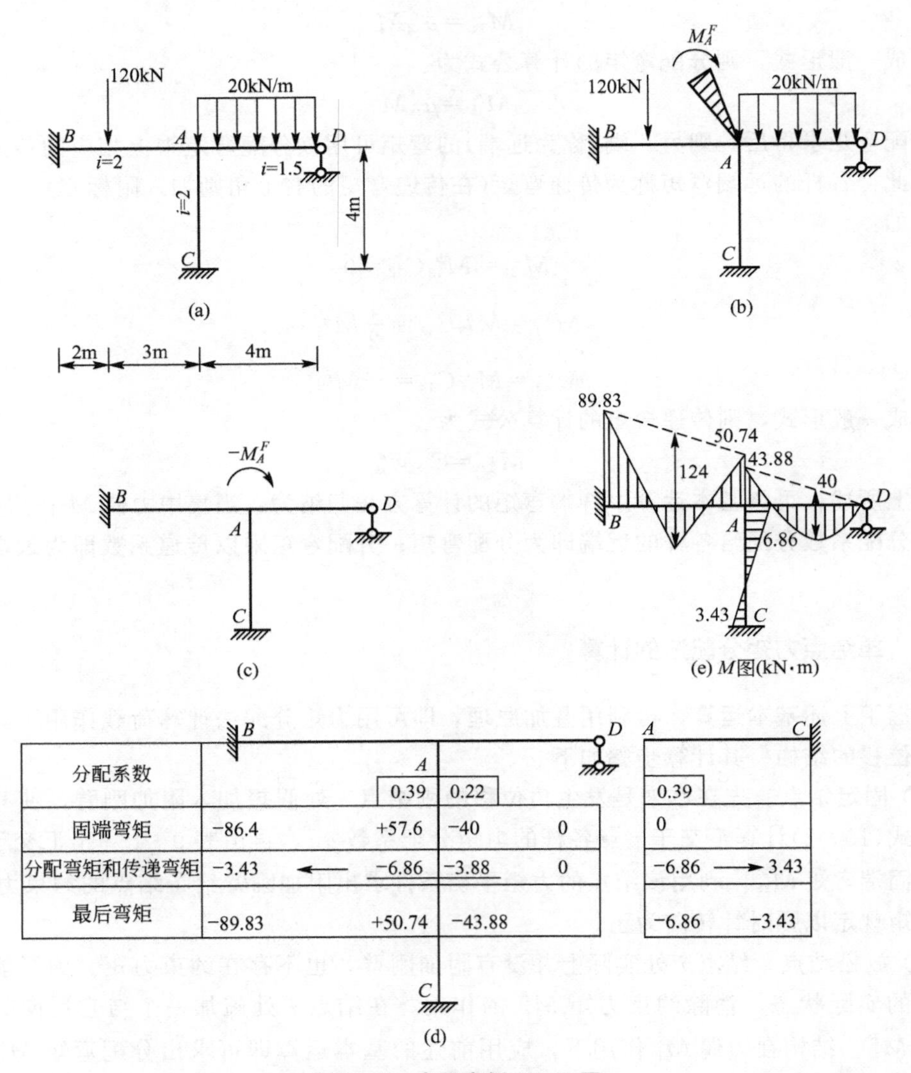

	B	A		D	A	C
分配系数		0.39	0.22		0.39	
固端弯矩	-86.4	+57.6	-40	0	0	
分配弯矩和传递弯矩	-3.43 ←	-6.86	-3.88	0	-6.86 →	3.43
最后弯矩	-89.83	+50.74	-43.88		-6.86	-3.43

图 10.4　应用案例 10-1 图

解：(1) 先在结点 A 附加一刚臂［图 10.4(b)］使结点 A 不能转动，此步骤简称为“固定结点”。此时各杆端产生的固端弯矩由表 9-1 求得，即

$$M_{AB}^F=\frac{Fa^2b}{l^2}=\frac{120\text{kN}\times 2^2\text{m}^2\times 3\text{m}}{5^2\text{m}^2}=57.6\text{kN}\cdot\text{m}$$

$$M_{BA}^F=\frac{Fab^2}{l^2}=-\frac{120\text{kN}\times 2\text{m}\times 3^2\text{m}^2}{5^2\text{m}^2}=-86.4\text{kN}\cdot\text{m}$$

$$M_{AD}^{F}=-\frac{ql^{2}}{8}=-\frac{20\text{kN/m}\times4^{2}\text{m}^{2}}{8}=-40\text{kN}\cdot\text{m}$$

$$M_{DA}^{F}=0$$

$$M_{AC}^{F}=M_{CA}^{F}0$$

由结点 A 的平衡条件 $\sum M_A=0$，求得附加刚臂上的约束力矩为

$$M_{A}^{F}=M_{AB}^{F}+M_{AC}^{F}+M_{AD}^{F}=57.6+0-40=17.6(\text{kN}\cdot\text{m})$$

(2) 为了消除附加刚臂的约束力矩 M^F，应在结点 A 处加入一个与它大小相等方向相反的力矩 $-M_A^F$ [图 10.4(c)]，在约束力矩被消除的过程中，结点 A 即逐渐转动到无附加约束时的自然位置，故此步骤常简称“放松结点”。将图 10.4(b)、(c)相叠加就恢复到图 10.4(a)的状态。对于图 10.4(c)，可用上述力矩分配法的基本运算求出各杆端弯矩。

为此，先按式(10－2)算出汇交于 A 点的各杆端分配系数，即

$$\mu_{AB}=\frac{4\times2}{4\times2+4\times2+3\times1.5}=0.39$$

$$\mu_{AC}=\frac{4\times2}{4\times2+4\times2+3\times1.5}=0.39$$

$$\mu_{AD}=\frac{3\times1.5}{4\times2+4\times2+3\times1.5}=0.22$$

利用公式 $\sum\mu_{Ak}=1$ 进行校核，即

$$\sum\mu_{Ak}=\mu_{AB}+\mu_{AC}+\mu_{AD}=0.39+0.39+0.22=1$$

可知分配系数计算正确。

力矩分配系数求出后，即可根据式(10－1)计算各杆近端的分配弯矩，即

$$M_{AB}^{\mu}=0.39\times(-17.6)=-6.86(\text{kN}\cdot\text{m})$$

$$M_{AC}^{\mu}=0.39\times(-17.6)=-6.86(\text{kN}\cdot\text{m})$$

$$M_{AD}^{\mu}=0.22\times(-17.6)=-3.88(\text{kN}\cdot\text{m})$$

计算各杆远端的传递弯矩，由式(10－4)得

$$M_{BA}^{C}=\frac{1}{2}\times(-6.86)=-3.43(\text{kN}\cdot\text{m})$$

$$M_{CA}^{C}=\frac{1}{2}\times(-6.86)=-3.43(\text{kN}\cdot\text{m})$$

$$M_{DA}^{C}=0$$

(3) 最后将各杆端的固端弯矩与分配弯矩或传递弯矩相加，即得各杆端的最后弯矩值。为了计算方便，可按图 10.4(d)所示格式进行计算。图中各杆端弯矩的正负号规定与位移法相同，即以对杆端顺时针方向转动为正，弯矩图如图 10.4(e)所示。

应用案例 10－2

试求图 10.5(a)所示等截面连续梁的各杆端弯矩，并绘出弯矩图。

解：(1) 计算各杆端分配系数。为简便起见，可采用相对线刚度。为此，设 $EI=6$，于是 $i_{BA}=i_{BC}=1$。由式(10－2)可算得

$$\mu_{BA}=\frac{3\times1}{3\times1+4\times1}=\frac{3}{7}=0.43$$

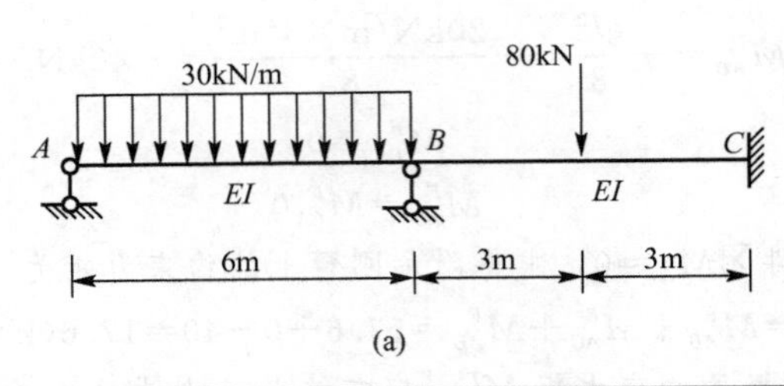

(a)

分配系数		0.43	0.57	
固端弯矩	0	135	−60	+60
分配弯矩和传递弯矩	0	−32.25	−42.75 →	−21.38
最后弯矩	0	+102.75	−102.75	+38.62

(b)

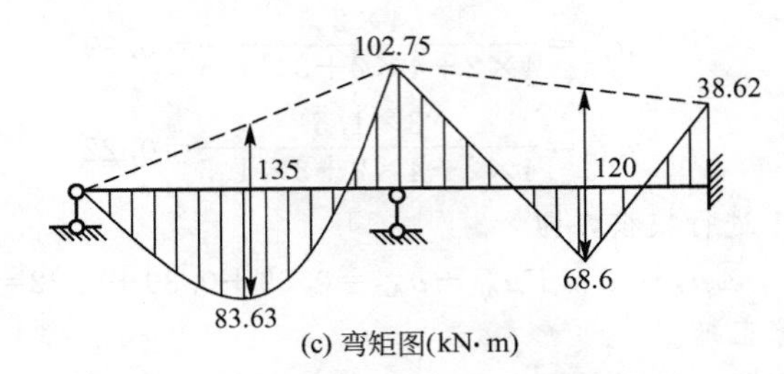

(c) 弯矩图(kN·m)

图 10.5　应用案例 10-2 图

$$\mu_{BC}=\frac{4\times1}{3\times1+4\times1}=\frac{4}{7}=0.57$$

(2) 由表 9-1 计算各杆端的固端弯矩为

$$M_{AB}^{F}=0$$

$$M_{BA}^{F}=\frac{ql^{2}}{8}=\frac{1}{8}\times30\text{kN}\cdot\text{m}\times6^{2}\text{m}^{2}=135\text{kN}\cdot\text{m}$$

$$M_{BC}^{F}=-\frac{Fl}{8}=\frac{80\text{kN}\times6\text{m}}{8}=-60\text{kN}\cdot\text{m}$$

$$M_{CB}^{F}=60(\text{kN}\cdot\text{m})$$

结点 B 的约束力矩为

$$M_{B}^{F}=M_{BA}^{F}+M_{BC}^{F}=135\text{kN}\cdot\text{m}-60\text{kN}\cdot\text{m}=75\text{kN}\cdot\text{m}$$

(3) 计算杆端弯矩。对于连续梁，计算过程常取如图 10.5(b)所示表格，直接在计算简图下方进行计算。

(4) 作弯矩图。根据已知荷载和求出的各杆端最后弯矩，即可绘制最后弯矩图如图 10.5(c)所示。

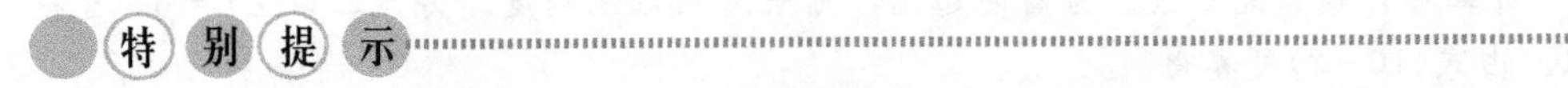

进行分配计算时，约束力矩一定要反号，用来消除约束力矩的影响。

10.2 多结点力矩分配法

上节用只有一个结点角位移未知量的结构说明了力矩分配法的基本概念。对于具有两个以上结点的连续梁和无结点线位移的刚架，只要应用上述概念和采用逐次渐近的做法，就可求出各杆端弯矩。

图 10.6(a)所示三跨等截面连续梁在 AB 跨和 CD 跨受荷载作用，变形曲线如图 10.6(a)中虚线所示。用位移法计算时有两个基本未知量(结点 B 和 C 的角位移)，可建立两个位移法方程，联立求解就可得出这两个角位移，从而求得各杆内力。采用力矩分配法计算时不用建立和求解联立方程。下面结合图 10.6(a)所示连续梁说明一般做法。

(1) 用附加刚臂将结点 B 和 C 固定，然后施加荷载［图 10.6(b)］，这时连续梁变成 3 根单跨超静定梁，其变形如图 10.6(b)中虚线所示。利用表 9-1 求得各杆的固端弯矩 M_{AB}^{F}、M_{BA}^{F} 及 M_{CD}^{F} 后，由结点 B、C 处的力矩平衡条件可分别求得此两点附加刚臂上的约束力矩 M_{B}^{F} 和 M_{C}^{F}。

(2) 为了消除附加刚臂的影响，即消去上述两个附加刚臂的约束力矩，必须放松结点 B 和 C。在此采用逐个结点依次放松的办法，使各结点逐步转动到实际应有的位置。

设想先放松一个结点，设为结点 C(注意此时结点 B 仍被固定)，即相当于在结点 C 处施加与约束力矩 M_{C}^{F} 反号的力偶荷载 $-M_{C}^{F}$。对于这个以结点 C 为中心的计算单元，由于力矩 $-M_{C}^{F}$ 所引起的杆端弯矩，可利用力矩分配法的基本运算求出。在经过图 10.6(c)所示的第一次力矩分配与传递后，结点 C 处的各杆端弯矩已自相平衡，而结点 B 处的约束力矩成为 $M_{B}^{F}+M_{BC}^{C}$。

(3) 将结点 C 重新固定，放松结点 B；即相当于在结点 B 上施加与力矩 $M_{B}^{F}+M_{BC}^{C}$ 反号的力偶荷载：$-(M_{B}^{F}+M_{BC}^{C})$。对于当前以结点 B 为中心的计算单元，同样可用力矩分配法的基本运算求得这时所产生的杆端弯矩。在结点 B 通过第一次力矩分配与传递后［图 10.6(d)］，此点的各杆端弯矩即自相平衡。

(4) 由于结点 B 被放松时，结点 C 处的附加刚臂又产生新的约束力矩 M_{CB}^{C}，所以还须重新固定结点 B，再放松结点 C，即在结点 C 施加 $-M_{CB}^{C}$ 作第二次力矩分配与传递，如图 10.6(e)所示。

(5) 同理，在结点 B 再作二次力矩分配和传递，如图 10.6(f)所示。按照以上做法，轮流放松结点 C 和结点 B，则附加刚臂给予结点的约束力矩将越来越小，经过若干轮以后，当约束力矩小到可以忽略时，即可认为已解除了附加刚臂的作用，同时结构达到了真实的平衡状态。由于分配系数和传递系数均小于 1，所以收敛是很快的。对结构的全部结点轮流放松一遍，各进行一次力矩分配与传递，称为一轮。通常进行两三轮计算就能满足工程精度要求。

(6) 最后将各杆端固端弯矩与各次的分配弯矩或传递弯矩叠加，即得原结构的各杆端弯矩。下面结合具体例题加以说明。

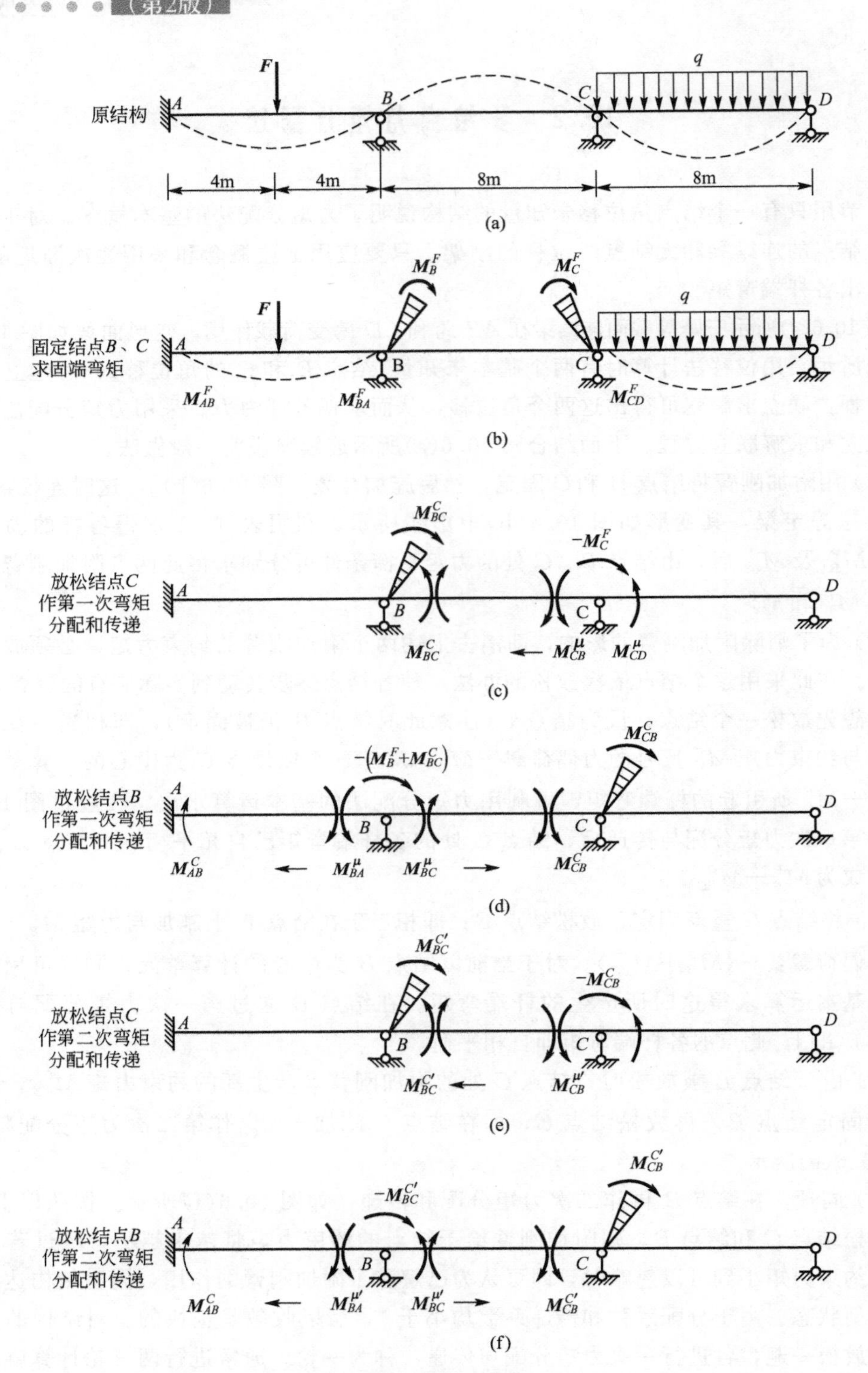

图 10.6　多结点力矩分配法分析过程

应用案例 10-3

试用力矩分配法求图 10.7(a)所示连续梁的杆端弯矩。然后作弯矩图、剪力图，并求支座反力。

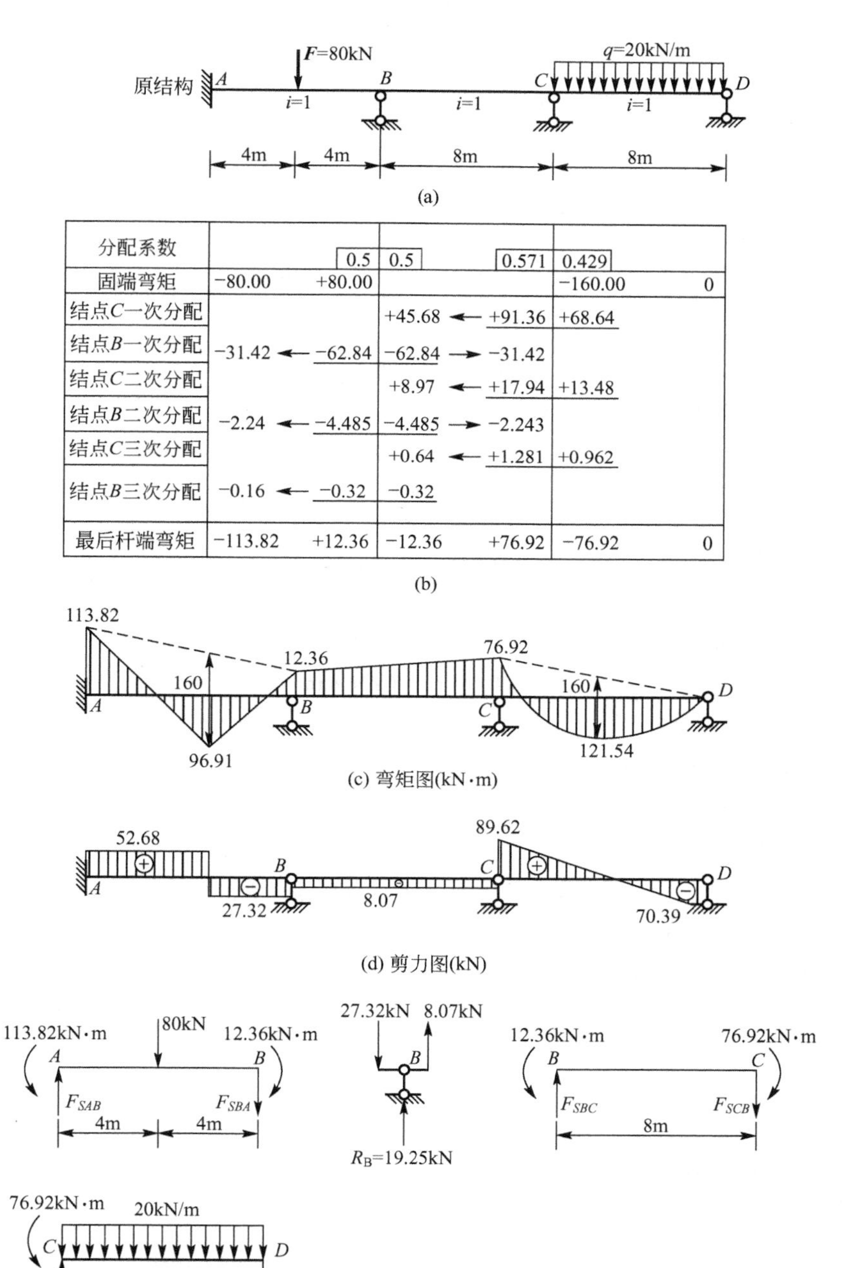

分配系数		0.5	0.5	0.571	0.429	
固端弯矩	−80.00	+80.00			−160.00	0
结点C一次分配			+45.68 ←	+91.36	+68.64	
结点B一次分配	−31.42 ←	−62.84	−62.84 →	−31.42		
结点C二次分配			+8.97 ←	+17.94	+13.48	
结点B二次分配	−2.24 ←	−4.485	−4.485 →	−2.243		
结点C三次分配			+0.64 ←	+1.281	+0.962	
结点B三次分配	−0.16 ←	−0.32	−0.32			
最后杆端弯矩	−113.82	+12.36	−12.36	+76.92	−76.92	0

图 10.7 应用案例 10-3 图

解：(1) 计算分配系数。

结点 B：

$$\mu_{BA}=\frac{4\times1}{4\times1+4\times1}=0.5$$

$$\mu_{BC}=\frac{4\times1}{4\times1+4\times1}=0.5$$

校核：

$$\mu_{BA}+\mu_{BC}=0.5+0.5=1$$

结点 C：

$$\mu_{CB}=\frac{4\times1}{4\times1+3\times1}=\frac{4}{7}=0.571$$

$$\mu_{CD}=\frac{3\times1}{4\times1+3\times1}=\frac{3}{7}=0.429$$

校核：

$$\mu_{CB}+\mu_{CD}=0.571+0.429=1$$

将分配系数写在图 10.7(b)中的相应杆端。

(2) 计算固端弯矩。固定结点 B 和结点 C，按表 9-1 算出各杆的固端弯矩，即

$$M_{AB}^{F}=-M_{BA}^{F}=-\frac{Fl}{8}=-80.0(\text{kN}\cdot\text{m})$$

$$M_{CD}^{F}=-\frac{ql^{2}}{8}=-\frac{20\text{kN/m}\times8^{2}\text{m}^{2}}{8}=-160.0(\text{kN}\cdot\text{m})$$

将计算结果写在图10.7(b)的第二行。结点 B 和结点 C 的约束力矩 M_B^F 和 M_C^F 为

$$M_{B}^{F}=+80(\text{kN}\cdot\text{m})$$

$$M_{C}^{F}=-160(\text{kN}\cdot\text{m})$$

(3) 放松结点 C(结点 B 仍固定)。对于具有两个以上结点的结构，可按任意选定的次序轮流放松结点，但为了使计算收敛得快些，通常先放松约束力矩较大的结点。在结点 C 进行力矩分配(即将 M_C^F 反号乘上分配系数)，求得各相应杆端的分配弯矩为

$$M_{CB}^{\mu}=0.571\times[-(-160.0)]=91.36(\text{kN}\cdot\text{m})$$

$$M_{CD}^{\mu}=0.429\times[-(-160.0)]=68.64(\text{kN}\cdot\text{m})$$

同时可求得各杆远端的传递弯矩(即将分配弯矩乘上相应的传递系数)，即

$$M_{BC}^{C}=\frac{1}{2}\times91.36\text{kN}\cdot\text{m}=45.68(\text{kN}\cdot\text{m})$$

$$M_{DC}^{C}=0$$

以上是在结点 C 进行第一次弯矩分配和传递，写在图 10.7 (b)的第三行。此时，结点 C 处的杆端弯矩暂时自相平衡，可在分配弯矩值下方画一横线。

(4) 重新固定结点 C，并放松结点 B。对结点 B 进行力矩分配，注意此时的约束力矩为

$$M_{B}^{F}+M_{BC}^{C}=80.0+45.68=125.68(\text{kN}\cdot\text{m})$$

然后将其反号乘以分配系数，即得相应的分配弯矩为

$$M_{BA}^{\mu}=M_{BC}^{\mu}=-125.68\times0.5=-62.84(\text{kN}\cdot\text{m})$$

传递弯矩为

$$M_{AB}^{C}=M_{CB}^{C}=\frac{1}{2}\times(-62.84)=-31.42(\mathrm{kN\cdot m})$$

将计算结果写在图10.7(b)的第四行。此时结点B处的杆端弯矩暂时自相平衡，但结点C处又产生了新的约束力矩，还需再作修正。以上对结点C、结点B各进行了一次力矩分配与传递，完成了力矩分配法的第一轮计算。

(5) 进行第二轮计算。按照上述步骤，在结点C和结点B轮流进行第二次力矩分配与传递，计算结果写在图10.7(b)的第五、六行。

(6) 进行第三轮计算。同理，对结点C和结点B进行第3次力矩分配和传递，计算结果写在图10.7(b)的第七、八行。

由上看出，经过3轮计算后，结点的约束力矩已经很小，结构已接近于实际的平衡状态，计算工作可以停止。

(7) 将各杆端的固端弯矩与每次的分配弯矩或传递弯矩相加，即得最后的杆端弯矩，写在图10.7(b)的第九行。

(8) 求得各杆端弯矩后，应用区段叠加法可绘出弯矩图，如图10.7(c)所示，同时算得跨中弯矩如下：

AB跨的跨中弯矩为

$$M_{AB}^{中}=\frac{1}{4}\times80\mathrm{kN}\times8\mathrm{m}-\frac{113.82\mathrm{kN\cdot m}+12.36\mathrm{kN\cdot m}}{2}=96.91(\mathrm{kN\cdot m})$$

CD跨的跨中弯矩为

$$M_{CD}^{中}=\frac{1}{8}\times20\mathrm{kN/m}\times8^2\mathrm{m}^2-\frac{1}{2}\times76.92\mathrm{kN\cdot m}=121.54(\mathrm{kN\cdot m})$$

(9) 取各杆为隔离体［图10.7(e)］，用平衡条件计算各杆端剪力。由杆端剪力即可作剪力图如图10.6(d)所示。

(10) 支座B的反力可由结点B的平衡条件［图10.7(e)］求出，即

$$R_B=27.32\mathrm{kN}-8.07\mathrm{kN}=19.25(\mathrm{kN})\quad(\uparrow)$$

以上多结点情况下力矩分配法的计算，虽然是以一连续梁为例来说明的，但同样适用于无结点线位移刚架。再将用力矩分配法计算一般连续梁和无结点线位移刚架的步骤归纳如下。

(1) 计算汇交于各结点的各杆端的分配系数μ_{ik}，并确定传递系数C_{ik}。

(2) 根据荷载计算各杆端的固端弯矩M_{ik}^{F}及各结点的约束力矩M_{i}^{F}。

(3) 逐次循环放松各结点，并对每个结点按分配系数将约束力矩反号分配给汇交于该结点的各杆端，算得分配弯矩，然后将各杆端的分配弯矩乘以传递系数传递至另一端，算得传递弯矩。按此步骤循环计算直至各结点上的传递弯矩小到可以略去为止。

(4) 将各杆端的固端弯矩与历次的分配弯矩、传递弯矩叠加，即得各杆端的最后弯矩。

(5) 绘制弯矩图，进而可绘制剪力图和轴力图。

应用案例10-4

试用力矩分配法计算图10.8(a)所示连续梁各杆端弯矩，并绘制弯矩图。

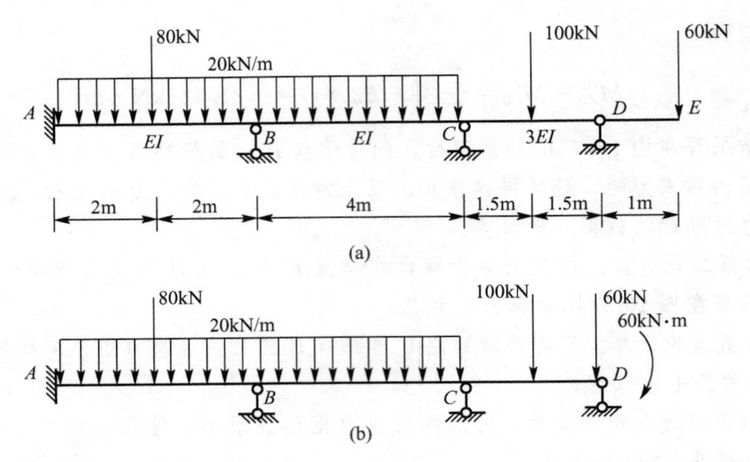

分配系数	A	B 0.5	B 0.5	C 0.25	C 0.75	D
固端弯矩	−66.67	+66.67	−26.67	+26.67	−26.25	+60
结点B一次分配、传递	−10.00	−20.00	−20.00 →	−10.00		
结点C一次分配、传递			+1.20 ←	+2.40	+7.18	
结点B二次分配、传递	−0.30 ←	−0.60	−0.60 →	−0.30		
结点C二次分配、传递				+0.08	+0.22	
最后杆端弯矩	−76.97	+46.07	−46.07	+18.85	−18.85	+60

(c)

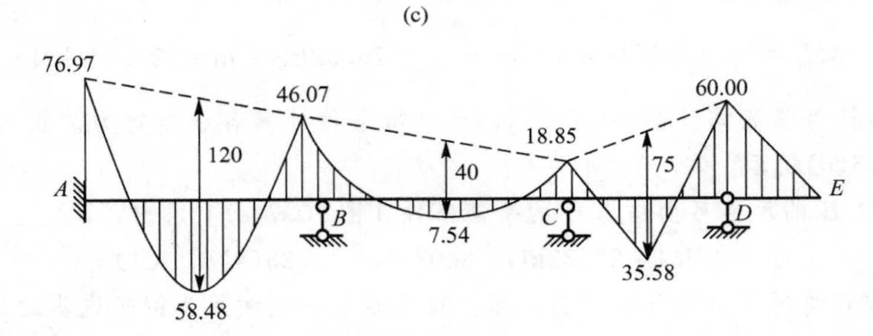

(d) 弯矩图(kN·m)

图 10.8　应用案例 10－4 图

解： 连续梁的悬臂 DE 段的内力是静定的，由平衡条件可求得 $M_{DE}=-60\text{kN}\cdot\text{m}$。$F_{SDE}=60\text{kN}$。去掉悬臂段，将 M_{DE} 和 F_{SDE} 转化为外力作用于结点 D 处，则结点 D 成为铰支端，而连续梁的 AD 部分就可按图 10.8(b)进行计算。

(1) 计算分配系数。取相对值计算，设 $EI=4$，则

结点 B：

$$\mu_{BA}=\frac{4\times1}{4\times1+4\times1}=0.5$$

$$\mu_{BA}=\frac{4\times1}{4\times4+4\times1}=0.5$$

结点 C：

$$\mu_{CB}=\frac{4\times1}{4\times1+3\times1}=0.25$$

$$\mu_{CD}=\frac{3\times4}{4\times1+3\times4}=0.75$$

(2) 计算固端弯矩。将结点 B 和结点 C 固定，由表 9-1 求出各杆的固端弯矩，即

$$M_{AB}^{F}=-\frac{20\text{kN/m}\times4^{2}\text{m}^{2}}{12}-\frac{80\text{kN}\times4\text{m}}{8}=-66.67(\text{kN}\cdot\text{m})$$

$$M_{BA}^{F}=66.67(\text{kN}\cdot\text{m})$$

$$M_{BC}^{F}=-\frac{20\text{kN/m}\times4^{2}\text{m}^{2}}{12}=-26.67(\text{kN}\cdot\text{m})$$

$$M_{CB}^{F}=26.67(\text{kN}\cdot\text{m})$$

$$M_{CD}^{F}=-\frac{3\times100\text{kN}\times3\text{m}}{16}+\frac{60\text{kN/m}}{2}=-26.25(\text{kN}\cdot\text{m})$$

$$M_{DC}^{F}=60(\text{kN}\cdot\text{m})$$

(3) 按先 B 后 C 的顺序，依次在结点处进行两轮力矩分配与传递，并求得各杆端的最后弯矩。计算过程如图 10.8(c)所示表格中。

(4) 由杆端弯矩绘弯矩图，如图 10.8(d)所示。

应用案例 10-5

试用力矩分配法计算图 10.9 所示刚架，并绘弯矩图。

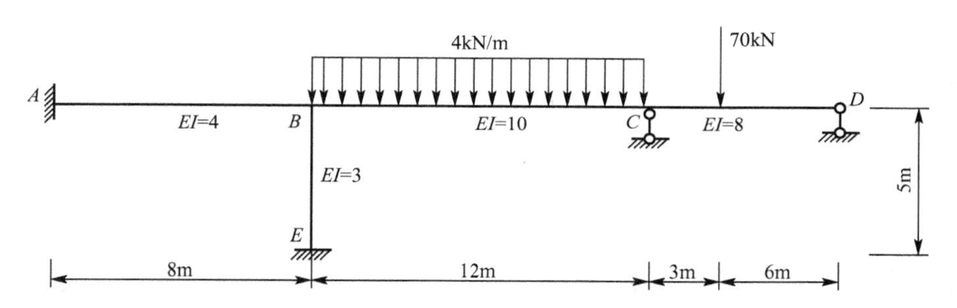

图 10.9 应用案例 10-5 图

解：用力矩分配法计算无结点线位移刚架与计算连续梁在步骤、方法上完全相同。

(1) 计算分配系数。

结点 B：

$$\mu_{BA}=\frac{4\times\frac{4}{8}}{4\times\frac{4}{8}+4\times\frac{10}{12}+4\times\frac{3}{5}}=\frac{2.00}{7.73}=0.259$$

$$\mu_{BC}=\frac{4\times\frac{10}{12}}{7.73}=0.431$$

$$\mu_{BC}=\frac{4\times\frac{3}{5}}{7.73}=0.310$$

结点 C：

$$\mu_{CB}=\frac{4\times\frac{10}{12}}{4\times\frac{10}{12}+3\times\frac{8}{9}}=\frac{3.33}{6.00}=0.555$$

$$\mu_{CD}=\frac{3\times\frac{8}{9}}{6.00}=0.445$$

(2) 计算固端弯矩。利用表 9-1，得

$$M_{BC}^{F}=-M_{CB}^{F}=-\frac{1}{12}\times4\text{kN}\times12^{2}\text{m}^{2}=-48.00\text{kN}\cdot\text{m}$$

$$M_{CD}^{F}=-\frac{70\text{kN}\times3\times6\times(9+6)\text{m}}{2\times9^{2}\text{m}^{2}}=-116.67\text{kN}\cdot\text{m}$$

(3) 在结点 C、结点 B 循环交替进行 3 轮力矩分配与传递，并通过叠加求得各杆端最后弯矩。力矩分配与传递过程如图 10.10(a)所示表格。

(4) 根据杆端最后弯矩绘出弯矩图，如图 10.10(b)所示。

	A	B		C		D	B	E
分配系数		0.259	0.431	0.555	0.455		0.310	
固端弯矩			-48.00	+48.00	-116.67			
结点C一次分配、传递			+19.06	+38.11	+30.56			
结点B一次分配、传递	+3.75	+7.5	+12.47	+6.24			+8.97	+4.49
结点C二次分配、传递			-1.73	-3.46	-2.78			
结点B二次分配、传递	+0.23	+0.45	+0.74	+0.37			+0.54	+0.27
结点C三次分配、传递			-0.11	-0.21	-0.16			
结点B三次分配、传递	+0.02	+0.03	+0.05				+0.03	+0.01
最后杆端弯矩	+4.00	+7.98	-17.52	+89.05	-89.05		+9.54	+4.77

(a)

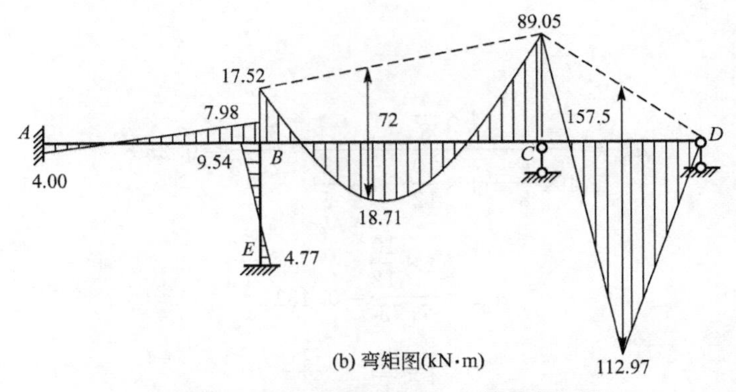

(b) 弯矩图(kN·m)

图 10.10　应用案例 10-5 最后弯矩图

应用案例 10-6

试用力矩分配法计算图10.11(a)所示对称刚架，并绘制弯矩图。

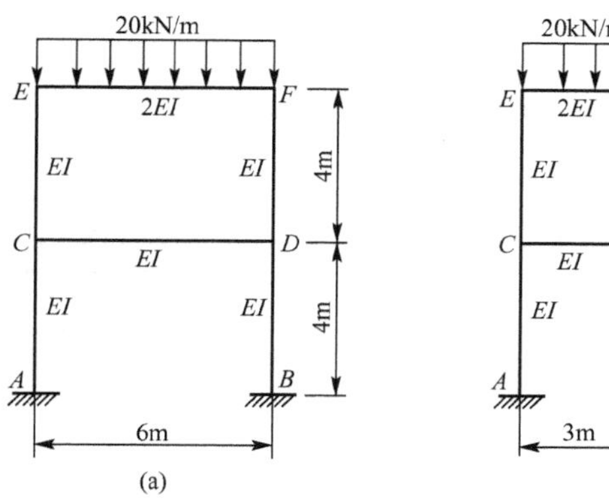

(a)

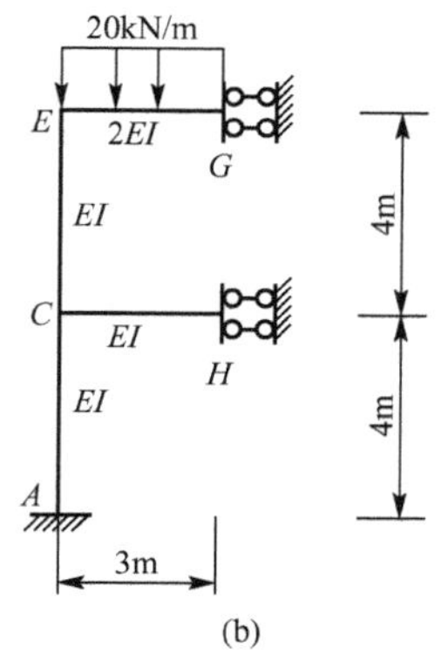

(b)

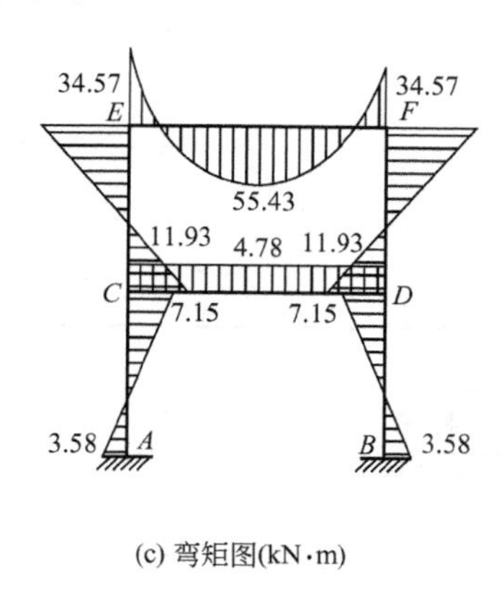

(c) 弯矩图(kN·m)

图 10.11 应用案例 10-6 图

解： 由于刚架为对称结构并受对称荷载作用，根据结构的对称性可取图10.11(b)所示半刚架进行计算。

(1) 计算力矩分配系数，即

$$S_{EG}=i_{EG}=\frac{2EI}{3}$$

$$S_{EC}=4i_{EC}=\frac{4EI}{4}=EI$$

$$S_{CE}=4i_{EC}=\frac{4EI}{4}=EI$$

$$S_{CH}=i_{CH}=\frac{EI}{3}$$

$$S_{CA}=4i_{CA}=\frac{4EI}{4}=EI$$

$$\mu_{EG}=\frac{\frac{2}{3}EI}{\frac{2}{3}EI+EI}=0.4$$

$$\mu_{EC}=\frac{EI}{\frac{2}{3}EI+EI}=0.6$$

$$\mu_{CE}=\frac{EI}{EI+\frac{2}{3}EI+EI}=0.375$$

$$\mu_{CH}=\frac{\frac{2}{3}EI}{EI+\frac{2}{3}EI+EI}=0.25$$

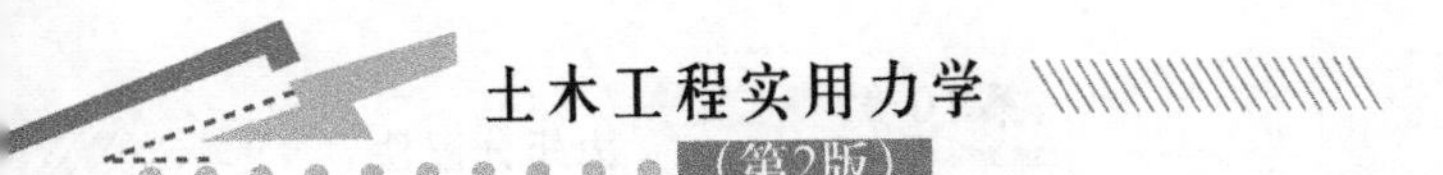

$$\mu_{CA}=\frac{EI}{EI+\frac{2}{3}EI+EI}=0.375$$

（2）计算固端弯矩，即

$$M_{EG}^{F}=-\frac{1}{3}ql^{2}=-\frac{1}{3}\times 20\text{kN/m}\times(3\text{m})^{2}=-60\text{kN}\cdot\text{m}$$

$$M_{GE}^{F}=-\frac{1}{6}ql^{2}=-\frac{1}{6}\times 20\text{kN/m}\times(3\text{m})^{2}=-30\text{kN}\cdot\text{m}$$

（3）力矩分配、传递过程如表 10-1 所示。

表 10-1 算　表　　　　单位：kN·m

结点	G	E		C			A	H
杆端	GE	EG	EC	CE	CH	CA	AC	HC
力矩分配系数		0.4	0.6	0.375	0.25	0.375		
固端弯矩	−30	−60						
力矩分配与传递	−24	24	36	18				
			−3.38	−6.75	−4.50	6.75	−3.38	4.5
	1.35	−13.5	2.03	1.02				
			−0.19	−0.38	−0.26	−0.38	−0.19	0.26
	−0.08	0.08	0.11	0.06				
				0.02	−0.02	−0.02	−0.01	−0.02
最后弯矩	−52.73	−49.02	35.17	12.34	−4.53	−6.72	−3.58	4.74

（4）由最后杆端弯矩及对称性绘弯矩图，如图 10.11(c)所示。

特别提示

第一轮分配计算时，要先从约束力矩绝对值最大的那个结点开始计算。

10.3　无剪力分配法

单跨多层对称刚架［图 10.12(a)］是工程中常用的一种结构形式，如化工厂骨架、渡槽支架、管道支架等都是单跨多层对称刚架。

为了简化计算，一单跨多层对称刚架在一般荷载作用下［图 10.12(a)］，常将荷载分解为对称和反对称荷载分别求解。在对称荷载作用下，［图 10.12(b)］，结点只有角位移，没有线位移，可以取出半刚架，如图 10.12(d)所示，直接用前述力矩分配法进行计算。在反对称荷载作用下［图 10.12(c)］，结点除有角位移外，还有结点线位移，就不能直接用力矩分配法进行计算；但可以取出半个刚架，如图 10.12(e)所示，用无剪力分配法进行计算。下面用图 10.12(e)所示的半刚架来说明这种计算方法。

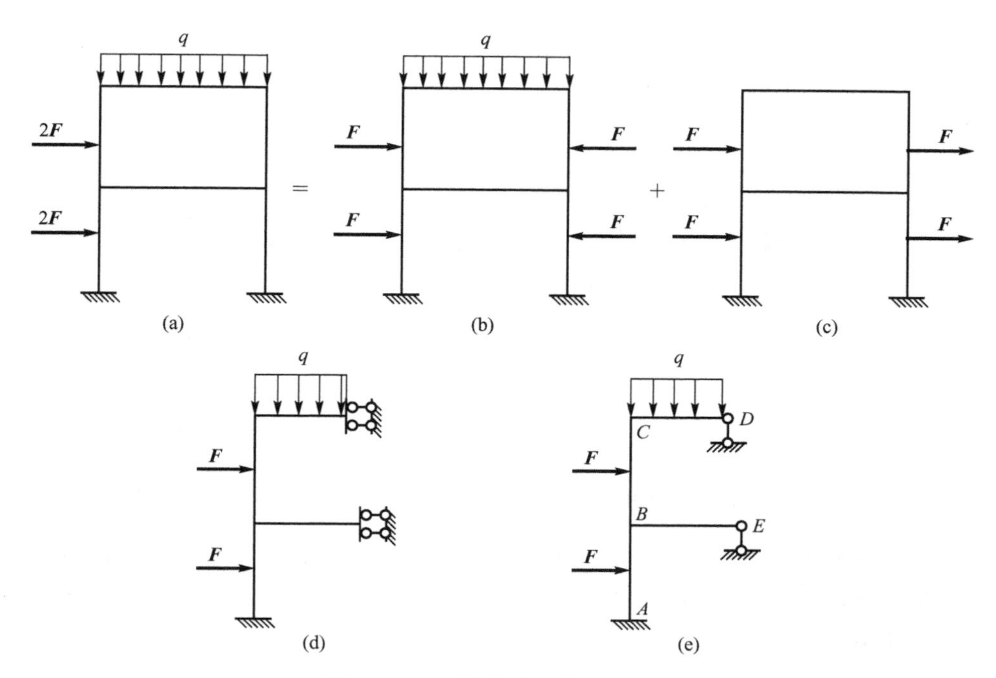

图 10.12 无剪力分配法分析过程

10.3.1 无剪力分配法的应用条件

当荷载作用于图 10.12(e)所示的刚架时，各横梁的两端不会有相对线位移。各立柱的两端虽有相对侧移，但其剪力是静定的，即各立柱为剪力静定的杆件，凡满足上述特点的刚架，可用无剪力分配法进行计算。

用无剪力分配法计算图 10.12(e)所示刚架的思路，与上节的力矩分配法是一样的。第一步也是以附加刚臂约束结点使之不能转动(结点仍能移动)，求出荷载作用下的固端弯矩，并进一步利用结点平衡条件求出约束力矩。第二步也是放松结点，在与约束力矩反号的外力偶作用下，求各杆的分配弯矩和传递弯矩。各结点轮流放松若干轮后，将各步骤的杆端弯矩叠加在一起，即得最后杆端弯矩。与力矩分配法所不同的是：固定状态只约束结点的角位移，不约束结点的线位移。

10.3.2 固端弯矩

在图 10.12(e)所示刚架的各结点分别附加刚臂以限制结点角位移，其变形如图 10.13(a)所示。对于横梁来说为两端无相对线位移杆件，结点线位移对它们无影响。因此，这里着重讨论立柱(即剪力静定杆)的固端弯矩。对于 BC 杆，在固定状态中，变形特点为两端没有转角，但有相对侧移。受力特点为杆件剪力是静定的。根据以上特点分析，它相当于下端固定、上端定向约束的杆件［图 10.13(b)］，它的固端弯矩可由表 9－1 查出。同理，AB 杆也相当于下端固定、上端定向约束的杆件［图 10.13(c)］，图中杆上端的集中力为顶层荷载传来、由静力平衡条件求得的杆端剪力。AB 杆的固端弯矩同样可由表 9-1 查出。

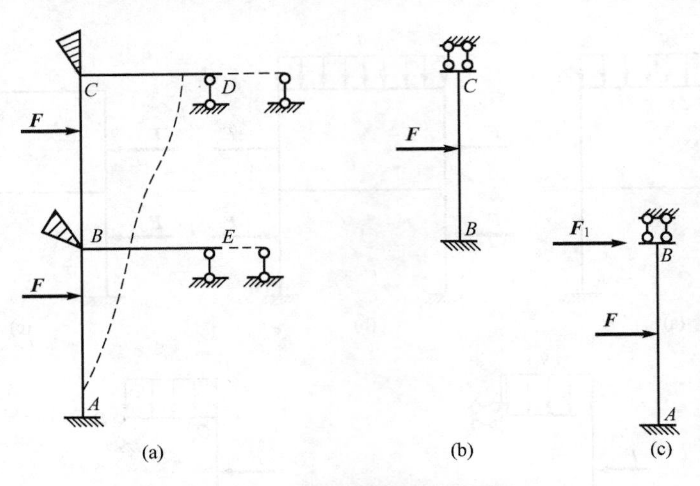

图 10.13　剪力静定杆的固端弯矩

总之，对于刚架中的剪力静定杆，它们都相当于下端固定、上端定向约束的杆件，其荷载情况除了要考虑本杆上的荷载外，还要根据静力平衡条件，在杆的上端加上由上部荷载传来的杆端剪力。

10.3.3　转动刚度和传递系数

放松结点就是将结点上的约束力矩反号分配并传递的过程。在放松结点时，结点上产生角位移，原约束不阻止线位移，立柱的变形相当于一端固定，一端定向约束的杆件，所以其转动刚度为 i，而传递系数为 -1。横梁两端无相对线位移，其仍为近端固定，远端铰支杆件。由于立柱在放松过程中，将得到的分配力矩以 -1 的传递系数传到远端，此过程中立柱的剪力为

$$F_{Sij}=-\frac{M_{ij}^{\mu}+M_{ji}^{C}}{l_{ij}}=-\frac{M_{ij}^{\mu}+(-M_{ij}^{\mu})}{l_{ij}}=0$$

由于在力矩分配、传递过程中，各柱均无新的剪力产生，即分配、传递过程是在零剪力条件下进行的，所以种方法称为无剪力分配法。以下举例说明其应用。

应用案例 10-7

试绘制图 10.14(a)所示刚架的弯矩图。

解：(1) 计算力矩分配系，即

$$\mu_{BC}=\frac{3\times2}{3\times2+1\times1}=\frac{6}{7}$$

$$\mu_{BA}=\frac{1\times1}{3\times2+1\times1}=\frac{1}{7}$$

(2) 计算固端弯矩，即

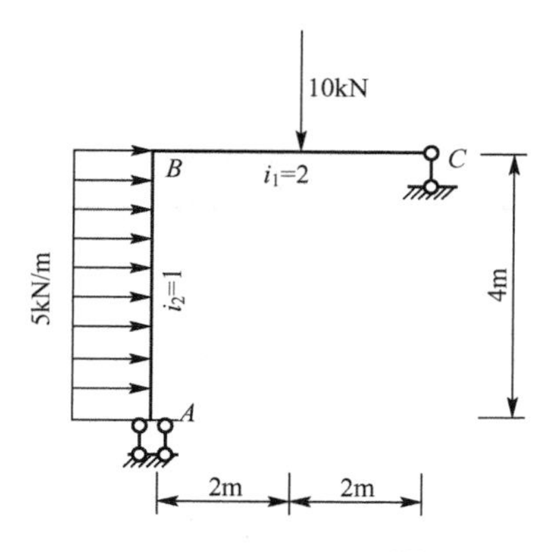

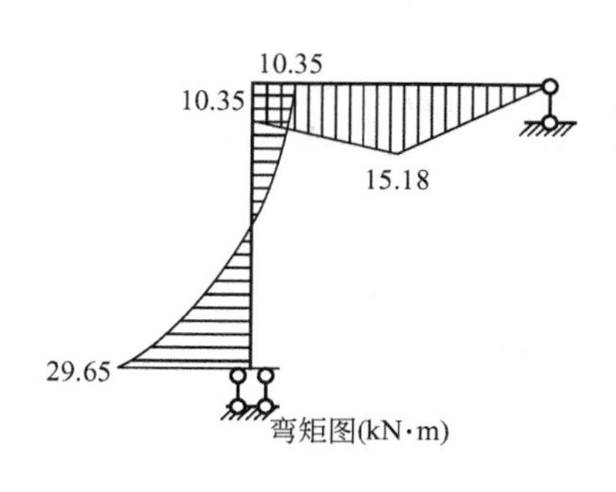

图 10.14 应用案例 10-7 图

$$M_{AB}^F=-\frac{1}{3}\times5\text{kN/m}\times(4\text{m})^2=-26.67\text{kN}\cdot\text{m}$$

$$M_{BA}^F=-\frac{1}{6}\times5\text{kN/m}\times(4\text{m})^2=-13.33\text{kN}\cdot\text{m}$$

$$M_{BC}^F=-\frac{3}{16}\times10\text{kN}\times4\text{m}=-7.5\text{kN}\cdot\text{m}$$

(3) 力矩分配与传递过程如表 10-2 所示。

表 10-2 算 表 单位：kN·m

杆 端	AB	BA	BC	CB
力矩分配系数		1/7	6/7	
固端弯矩	−26.67	−13.33	−7.5	0
力矩分配与传递	−2.98	2.98	17.85	
最后弯矩	−29.65	−10.35	10.35	0

(4) 由最后杆端弯矩值绘弯矩图，如图 10.14(b)所示。

应用案例 10-8

试计算图 10.15(a)所示刚架，并绘制弯矩图。

解：原结构为一般荷载作用下的单跨两层刚架，可分成对称荷载作用［图 10.15(b)］与反对称荷载作用［图 10.15(c)］两种情况，分别计算，然后再叠加。

对称荷载作用［图 10.15(b)］情况中，在水平结点集中力作用下，不会产生弯矩，只有横梁受轴力作用，所以弯矩是由竖向均布荷载引起的。在竖向均布荷载作用下的弯矩在例 10-6 中已经求出，如图 10.11(c)所示。

对于反对称荷载作用［图 10.15(c)］情况，可取图 10.15(d)所示半刚架计算。符合无剪力分配法应用条件。故用无剪力分配法计算：

(1) 计算力矩分配系数，即

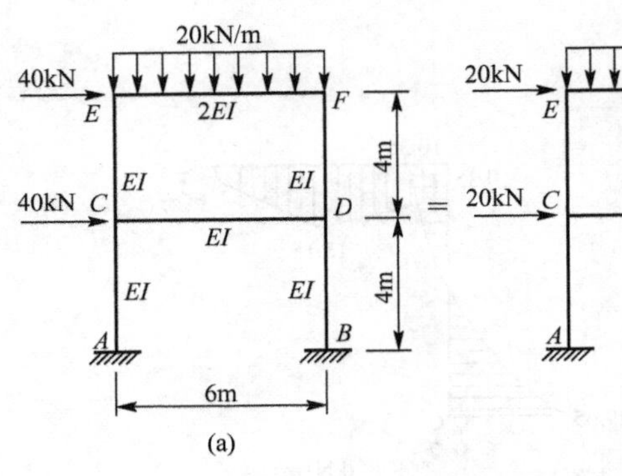

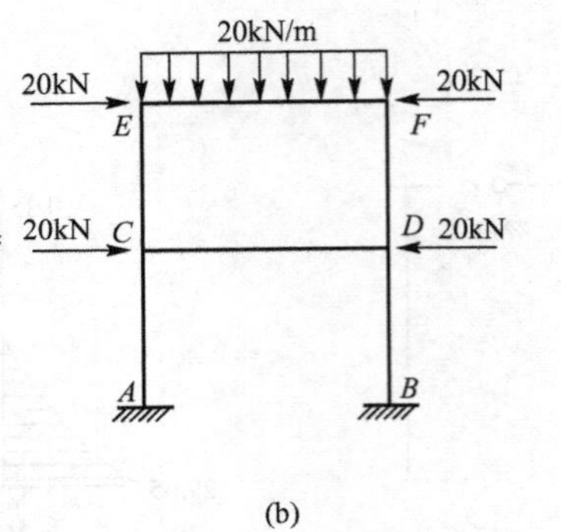

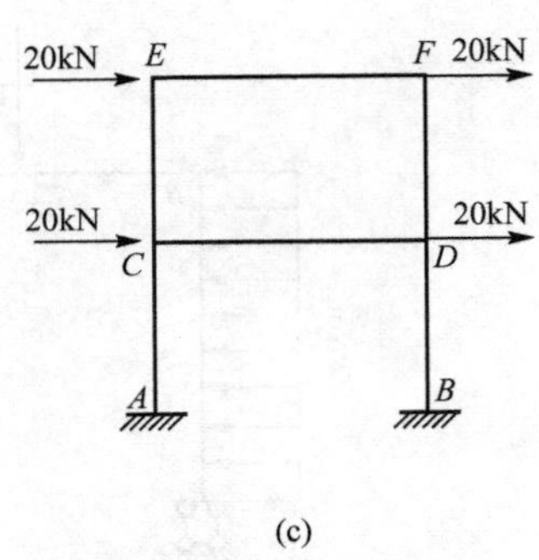

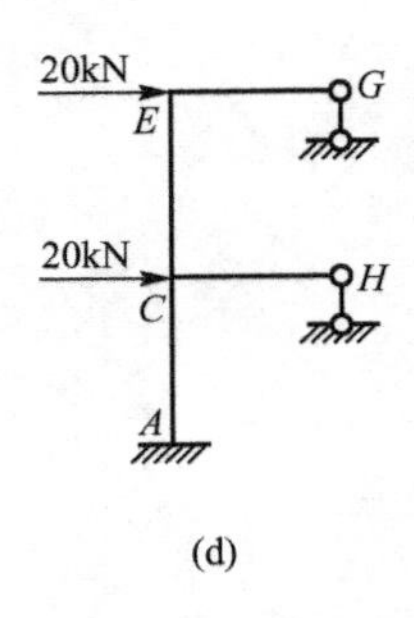

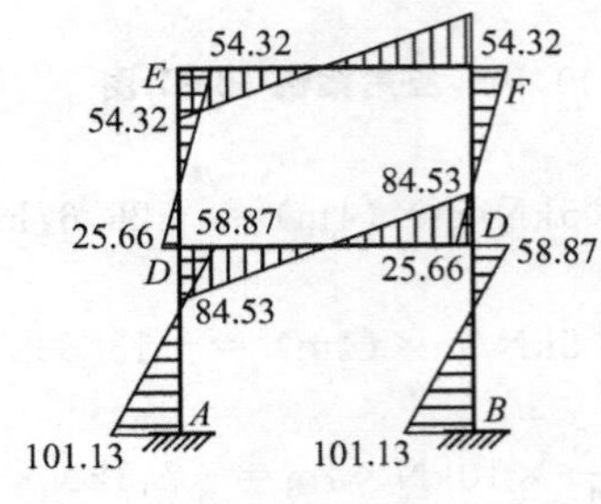

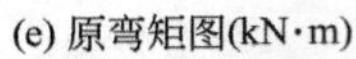
(e) 原弯矩图(kN·m)

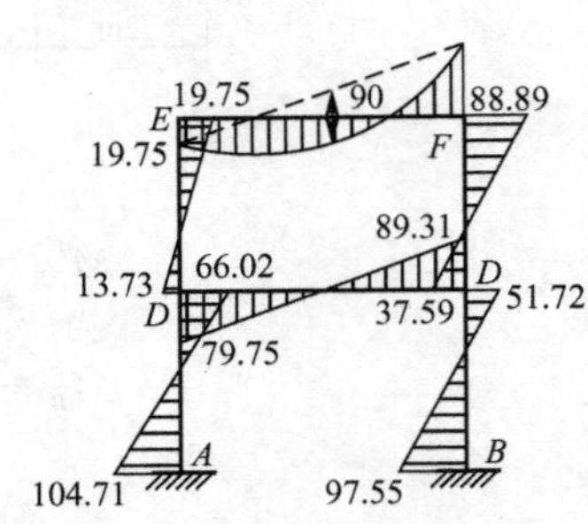

(f) 叠加后弯矩图(kN·m)

图 10.15 应用案例 10-8 图

$$S_{EG}=3i_{EG}=\frac{3\times 2EI}{3}=2EI$$

$$S_{EC}=i_{EC}=\frac{EI}{4}$$

$$S_{CE}=i_{EC}=\frac{EI}{4}$$

$$S_{CH}=3i_{CH}=\frac{3EI}{3}=EI$$

$$S_{CA}=i_{CA}=\frac{EI}{4}$$

$$\mu_{EG}=\frac{S_{EG}}{S_{EG}+S_{EC}}=\frac{2EI}{2EI+\frac{EI}{R}}=\frac{8}{9}$$

$$\mu_{EC}=\frac{S_{EC}}{S_{EG}+S_{EC}}=\frac{\frac{EI}{4}}{2EI+\frac{EI}{4}}=\frac{1}{9}$$

$$\mu_{CE}=\frac{S_{CE}}{S_{CE}+S_{CH}+S_{CA}}=\frac{\frac{EI}{4}}{\frac{EI}{4}+EI+\frac{EI}{4}}=\frac{1}{6}$$

$$\mu_{CA}=\frac{S_{CA}}{S_{CE}+S_{CH}+S_{CA}}=\frac{1}{6}$$

$$\mu_{CH}=\frac{S_{CH}}{S_{CE}+S_{CH}+S_{CA}}=\frac{EI}{\frac{EI}{4}+EI+\frac{EI}{4}}=\frac{2}{3}$$

(2) 计算固端弯矩，即

$$F_{VEC}=20(\mathrm{kN})$$

$$M_{EC}^{F}=M_{CE}^{F}=-\frac{1}{2}\times 20\mathrm{kN}\times 4\mathrm{m}=-40\mathrm{kN}\cdot\mathrm{m}$$

$$F_{VCA}=20\mathrm{kN}+20\mathrm{kN}=40\mathrm{kN}$$

$$M_{CA}^{F}=M_{AC}^{F}=-\frac{1}{2}\times 20\mathrm{kN}\times 4\mathrm{m}=-80\mathrm{kN}\cdot\mathrm{m}$$

(3) 力矩分配与传递计算过程如表10-3所示。

表10-3 算 表

单位：kN·m

结点	A	C			E		G	H
杆端	AC	CA	CH	CE	EC	EG	GE	HC
力矩分配系数		1/6	2/3	1/6	1/9	8/9		
固端弯矩	−80	−80		−40	−40			
力矩分配与力矩传递	−20	20	80	20	−20			
				−6.67	6.67	53.33		
	−1.11	1.11	4.45	1.11.	−1.11			
				−0.12	0.12	0.99		
	−0.02	0.02	0.08	0.02				
最后弯矩	−101.13	−58.87	84.53	−25.66	−54.32	54.32		

(4) 由杆端弯矩及对称性绘出弯矩图，如图10.15(e)所示。

(5) 把弯矩图［图10.15(e)］及例10-6中得出的弯矩图［图10.11(c)］叠加得到原刚架弯矩图［图10.15(f)］。

本章小结

本章介绍一种以位移法为理论基础的渐进法——力矩分配法。为了使用力矩分配法，首先介绍转动刚度、分配系数、传递系数的基本概念，然后总结基本运算中杆端弯矩的计算方法。反复使用基本运算，应用叠加原理即可求出各杆的杆端弯矩。

力矩分配法省去了建立方程和求解方程的工作，可直接计算杆端弯矩，故计算简便，但它只能计算无结点线位移的结构(包括连续梁和无侧移刚架)。对于超过一个结点角位移的结构需要经过多次循环才能求出。

习题

一、判断题

1. 在力矩分配法中，结点各杆端分配系数之和恒等于1。 (　　)

2. 图10.16示结构中，$M_{AB}=8\text{kN}\cdot\text{m}$上拉。 (　　)

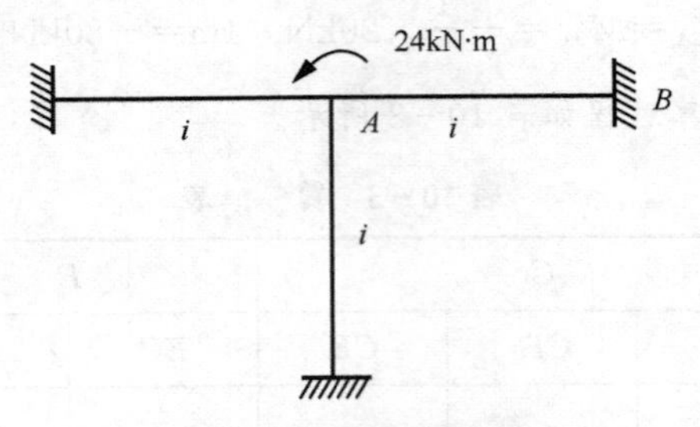

图10.16　判断题2图

3. 在力矩分配中，当远端为定向支座时，其传递系数为0。 (　　)

4. 在多结点结构的力矩分配法计算中，可以同时放松所有不相邻的结点以加速收敛速度。 (　　)

5. 力矩分配法不能直接应用于有结点线位移的刚架。 (　　)

二、单项选择题

1. 力矩分配法的直接对象是(　　)。

A. 杆端弯矩　　B. 结点位移　　C. 多余未知力　　D. 未知反力

2. 汇交于一刚结点的各杆端弯矩分配系数之和等于(　　)。

A. 1　　B. 0　　C. 1/2　　D. −1

3. 一般情况下结点的不平衡力矩总等于(　　)。

A. 汇交于该结点的固定端弯矩之和　　B. 传递弯矩之和

C. 结点集中力偶荷载　　D. 附加约束中的约束力矩

4. 如图10.17所示连续梁结点B的不平衡力矩为(　　)。

A. −10kN·m　　B. 46 kN·m　　C. 18kN·m　　D. −28 kN·m

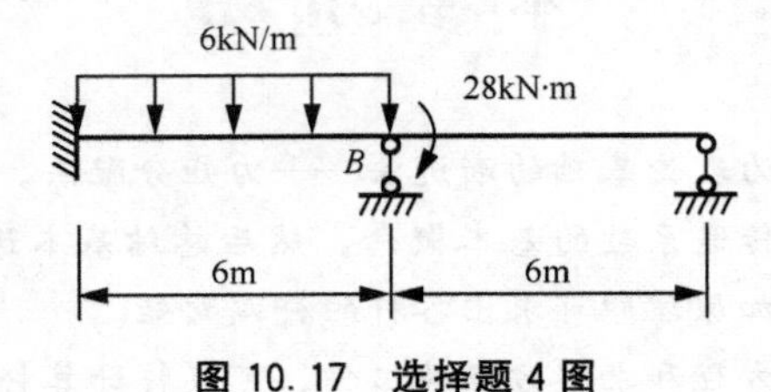

图10.17　选择题4图

三、填空题

1. 在力矩分配法中，当远端为铰支座时，其传递系数为________。

2. 力矩分配法适用于连续梁和________。

3. 在力矩分配法中，当远端为定向支座时，其传递系数为________。

4. 如图 10.18 所示连续梁 BC 杆件 B 端分配系数 $\mu_{BC}=$________；B 点各梁分配系数之和 $\mu_{BA}+\mu_{BC}=$________；BC 杆件 B 端弯矩向 C 端传递的传递系数 $C_{BC}=$________。

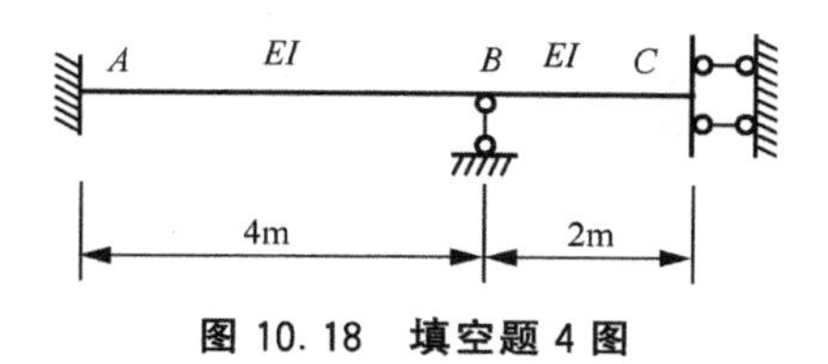

图 10.18 填空题 4 图

四、计算题

1. 试用力矩分配法计算图 10.19 所示连续梁，并绘弯矩图。已知 EI 为常数。

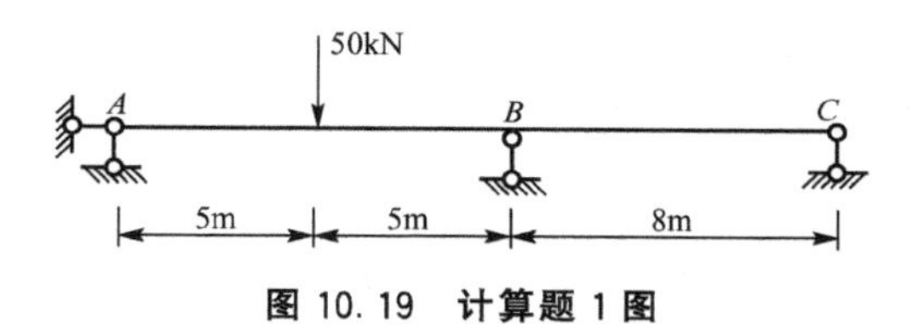

图 10.19 计算题 1 图

2. 试用力矩分配法计算图 10.20 所示连续梁，并绘弯矩图及求出支座 B 的反力 R_B。已知 EI 为常数。

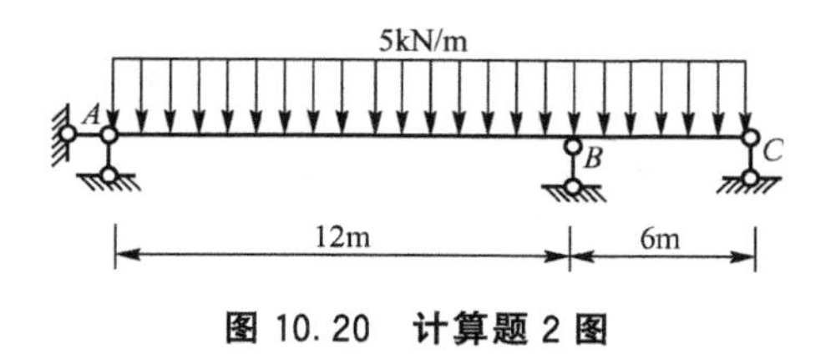

图 10.20 计算题 2 图

3. 试用力矩分配法求出图 10.21 所示连续梁支座 B 和 C 的弯矩，并求 A 支座的反力 R_A。已知 EI 为常数。

4. 试用力矩分配法作图 10.22 所示连续梁的弯矩图和剪力图。

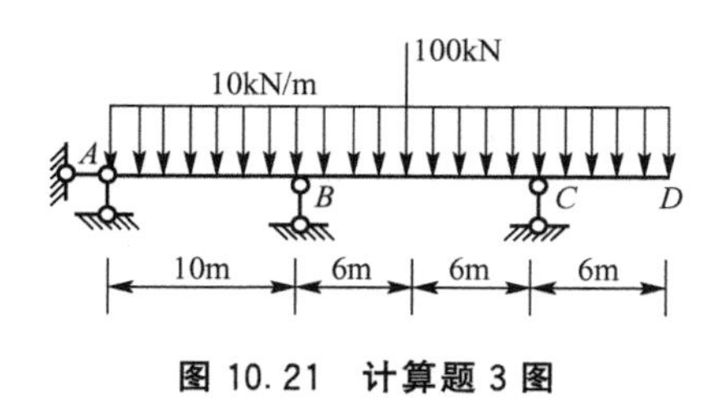

图 10.21 计算题 3 图

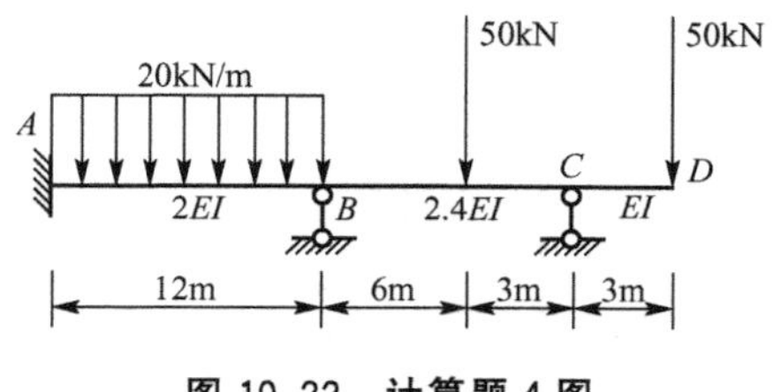

图 10.22 计算题 4 图

5. 试用力矩分配法绘制图 10.23 所示连续梁的弯矩图并求支座反力。

6. 试用力矩分配法计算图 10.24 所示连续梁，并绘弯矩图。

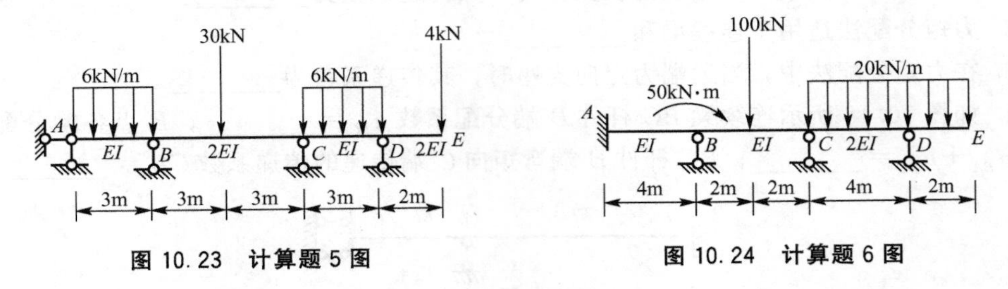

图 10.23 计算题 5 图　　　　图 10.24 计算题 6 图

7. 试用力矩分配法计算图 10.25 所示刚架，并绘弯矩图。设 EI 为常数。

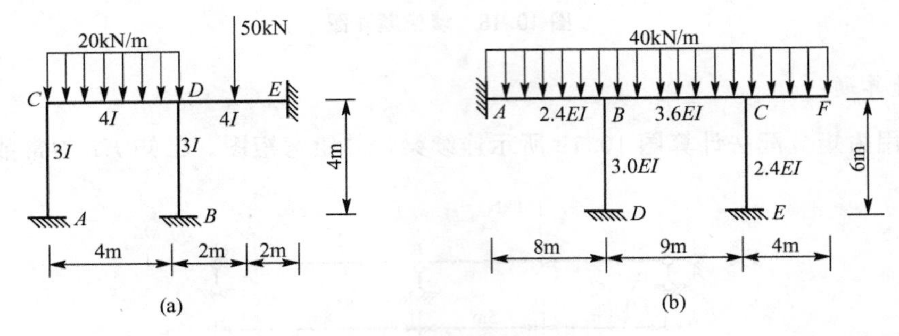

图 10.25 计算题 7 图

8. 试用无剪力分配法计算图 10.26 所示刚架，并绘弯矩图。设 EI 为常数。

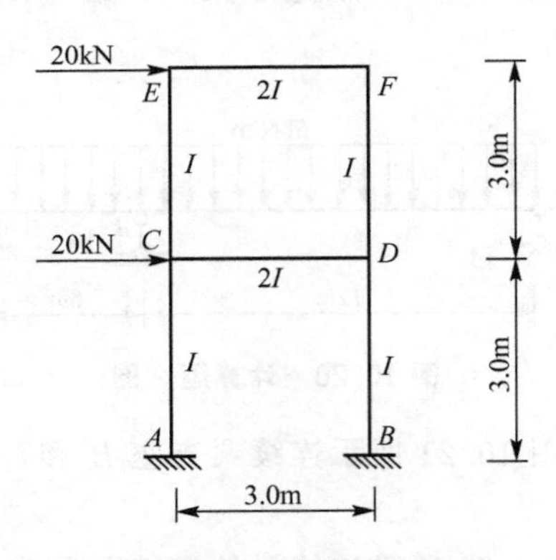

图 10.26 计算题 8 图

第11章

影 响 线

教学目标

掌握影响线的概念和绘制影响线的基本方法。熟练掌握用静力法和机动法绘制静定梁的影响线。掌握影响量的计算和最不利荷载位置的确定。掌握连续梁影响线形状的确定和最不利活荷载位置的确定。

教学要求

能力目标	知识要点	相关知识	权重(%)
绘制影响线的基本方法	移动荷载和影响线的概念、绘制影响线的基本方法	影响线的概念、最不利荷载位置、绘制静定梁影响线的基本方法	10
作静定梁影响线	静力法、机动法作静定梁影响线	用静力法和机动法绘制简支梁、外伸梁的反力和内力影响线、结点荷载作用下梁的影响线	40
影响线的应用	利用影响线求反力和内力的方法、最不利荷载位置的确定	利用影响线求反力和内力的方法、最不利荷载位置的确定、简支梁的绝对最大弯矩和内力包络图的做法	50

引例

图 11.1 所示为一公路铁路两用桥，汽车、火车在桥上驶过，大桥除承受恒载外，还会受到汽车、火车等移动荷载的作用，那么此时大桥结构的受力将如何分析呢？这就要用到影响线。影响线是移动荷载作用下结构分析的基础。本章主要介绍影响线的概念绘制影响线的基本方法、静力法和机动法绘制静定梁的影响线以及影响量的计算和最不利荷载位置的确定，从而为结构设计提供依据。

图 11.1 引例图

11.1 影响线的概念

11.1.1 移动荷载对结构的作用

在前面几章中，讨论了在恒载作用下各种结构的静力计算。由于恒载在结构上的位置是不变的，所以结构中任一支座的反力和任一截面上的内力数值和方向均固定不变。其计算比较简单，只需作出所求量值的分布图(剪力图、弯矩图等)，便可得出该量值的分布情况。然而一些工程结构除了承受固定荷载作用外，还要受到移动荷载的作用。例如图 11.1 所示在桥梁上行驶的汽车和火车、图 11.2 所示在吊车梁上行驶的吊车等，均属移动荷载。在移动荷载作用下，结构的反力和内力将随着荷载位置的移动而变化，在结构设计中，必须求出移动荷载作用下反力和内力的最大值。

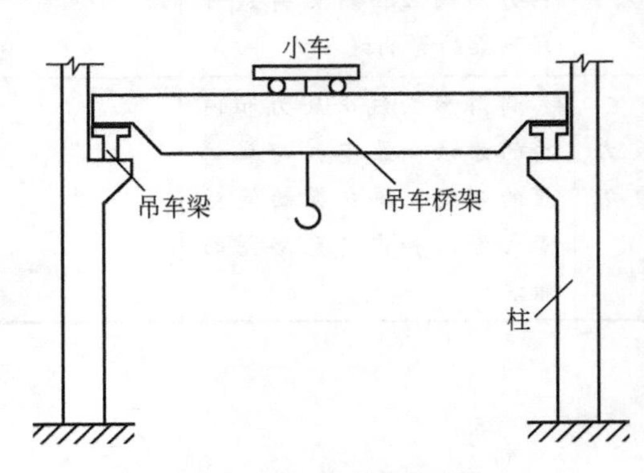

图 11.2 吊车梁示意图

为了解决这个问题，需要研究荷载移动时

反力和内力的变化规律。然而不同的反力和不同截面的内力变化规律各不相同，即使同一截面，不同的内力变化规律也不相同，解决这个复杂问题的工具就是影响线。

11.1.2 移动荷载作用下的内力计算

1. 移动荷载作用下内力计算特点

结构反力和内力随荷载作用位置的移动而变化，为此需要研究反力和内力的变化规律、最大值和产生最大值的荷载位置(即荷载的最不利位置)。

2. 移动荷载作用下内力计算方法

工程实际中的移动荷载通常是由很多间距不变的竖向荷载所组成的，其类型是多种多样的，不可能逐一加以研究。为此，可以利用分解和叠加的方法，将多个移动荷载视为单位移动荷载的组合，先只研究一种最简单的荷载，即一竖向单位集中荷载 $q=1$ 沿结构移动时，对某量值产生的影响，然后据叠加原理可进一步研究各种移动荷载对该量值的影响。

11.1.3 影响线定义

当单位移动荷载 $F=1$ 在结构上移动时，用来表示某一量值 S 变化规律的图形，称为该量值 S 的影响线。下面通过一个简单的例子说明影响线的概念。

图 11.3(a)所示为一简支梁，梁上作用一单位移动荷载 $F=1$。现求支座反力 F_{By} 的变化规律。

取 A 点为坐标原点，以 x 表示荷载的作用点的横坐标，设反力向上为正。

由平衡条件 $\sum M_A=0$，得

$$F_{By}=x/l \quad (0\leqslant x\leqslant l)$$

上式表示支座反力 F_{By} 与荷载位置参数 x 之间的函数关系，称为 F_{By} 的影响线方程。由此绘出的图形便称为 F_{By} 影响线。显然，由方程可知，F_{By} 影响线是一条直线。只要定出两点即可绘出。设 $x=0$，得 $F_{By}=0$，再设 $x=l$，得 $F_{By}=l$。由此定出两点再连以直线即得 F_{By} 影响线［图 11.3(b)］。

影响线是研究移动荷载作用下结构计算的基本工具。应用它，可确定最不利荷载位置，进而求出相应量值的最大值。

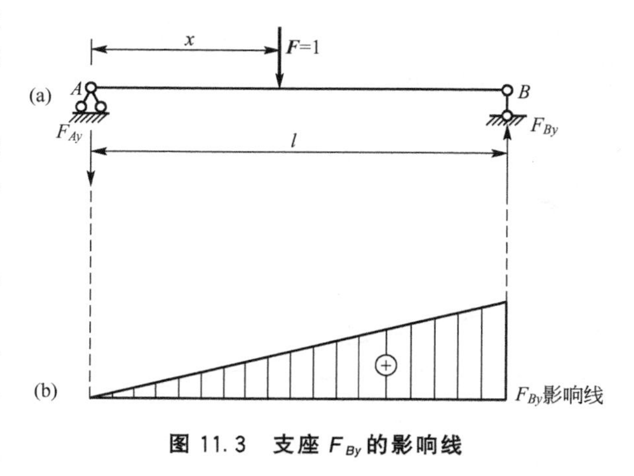

图 11.3 支座 F_{By} 的影响线

特 别 提 示

在 S 的影响线中，横标表示的是 $F=1$ 的作用位置；竖标表示的是量值 S 的值。如图 11.2 中 F_{By} 影响线的竖标 y_D 表示的是：当 $F=1$ 移动到 D 点时，产生的 F_{By} 支座反力。

11.2 绘制影响线的方法

11.2.1 静力法绘制静定梁的影响线

绘制影响线的方法常用的有静力法和机动法。

静力法是利用静力平衡条件首先列出某指定量值 S(代表某项内力或反力)随单位荷载 $F=1$ 作用位置的移动而变化的数学表达式，称为影响线方程，然后再按影响线方程作出量值 S 的影响线。

其步骤如下。

(1) 选定坐标系，将 $F=1$ 置于任意位置，以自变量 x 表示 $F=1$ 的作用位置。

(2) 对于静定结构可直接由分离体的静力平衡条件，求出指定量值与 x 之间的函数关系，即影响线方程。

(3) 由影响线方程作出影响线。

1. 简支梁的影响线

1) 反力影响线

以图 11.4(a)所示简支梁为例，用静力法绘制反力、弯矩和剪力影响线的步骤。

图 11.4(a)所示为简支梁，支座反力 F_{By} 的影响线已在上一节中讨论过，现在研究支座反力 F_{Ay} 的影响线。

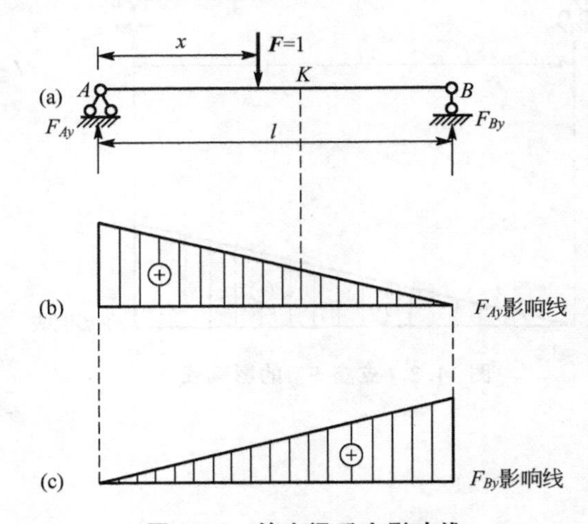

图 11.4 简支梁反力影响线

设反力以向上为正，取 A 为原点，x 轴向右为正，以坐标 x 表示荷载 $F=1$ 的位置。由静力平衡条件 $\Sigma M_B=0$，得

$$F_{Ay}l-F(l-x)=0$$

$$F_{Ay}=(l-x)/l \quad (0\leqslant x\leqslant l)$$

上式称为反力 F_{Ay} 的影响线方程，它是 x 的一次式，即 F_{Ay} 的影响线是一段直线。为此，可定出以下两点。

(1) 当 $x=0$ 时，$F_{Ay}=1$；

(2) 当 $x=1$ 时，$F_{Ay}=0$。

即可绘出反力 F_{Ay} 的影响线，如图 11.4(b)

所示。为便于比较，反力 F_{By} 的影响线也绘于图 11.4(c)中。

由上可知反力影响线的特点：跨度之间为一直线，最大纵距在该支座之下，其值为 1；最小纵距在另一支座之下，其值为 0。

绘制影响线时，由于单位荷载 $F=1$ 是量纲为一的量，因此，反力影响线的纵距亦是量纲为一的量。以后利用影响线研究实际荷载对某一量值的影响线时，应乘上荷载的相应单位。

2）剪力影响线

绘制剪力影响线时，必须明确是哪一截面的剪力影响线。设要绘制截面 C 的剪力影响线如图11.5(a)所示。仍以 A 点为坐标原点，荷载 $F=1$ 距 A 点的距离为 x。当 $F=1$ 在 AC 段移动时($0\leqslant x<a$)，可取 CB 部分为隔离体，由 $\sum Y=0$，得

$$V_C+F_{By}=0$$

$$V_C=-F_{By}$$

由此可知，在 AC 段内，V_C 的影响线与反力 F_{By} 的影响线相同，但正负号相反。因此，可先把 F_{By} 影响线画在基线下面，再取其中的 AC 部分。C 点的纵距由比例关系可知为 $-a/l$。该段称为 V_C 影响线的左直线，如图 11.5(b)所示。

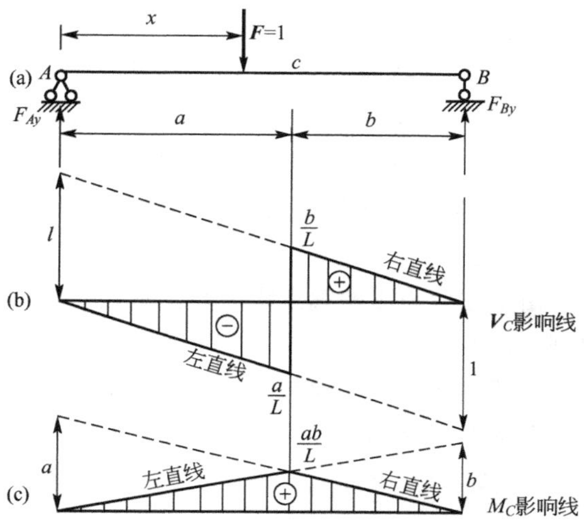

图 11.5 简支梁弯矩和剪力影响线

当 $F=1$ 在 CB 段移动时($a<x\leqslant l$)，可取 AC 段为隔离体，由 $\sum Y=0$，得

$$V_C-F_{Ay}=0$$

$$V_C=F_{Ay}$$

上式即为 V_C 影响线的右直线方程，它与 F_{Ay} 影响线完全相同。画图时可先作出 F_{Ay} 影响线，而后取其 CB 段，如图 11.5(b)所示。C 点的纵距由比例关系可知为 b/l。显然，V_C 影响线由两段互相平行的直线组成，其纵距在 C 处有突变(由 $-a/l$ 变为 b/l)，突变值为 1。当 $F=1$ 恰好作用在 C 点时，V_C 的值是不确定的。剪力影响线的纵距是量纲为一的量。

3）弯矩影响线

绘制剪力影响线时，同样必须明确是哪一截面的剪力影响线。

设要绘制任一截面 C 的弯矩影响线，如图 11.5(a)所示。仍以 A 点为坐标原点，荷载 $F=1$ 距 A 点的距离为 x。当 $F=1$ 在截面 C 以左的梁段 AC 上移动时($0\leqslant x\leqslant a$)，为计算简便起见，可取 CB 段为隔离体，并规定使梁的下侧受拉的弯矩为正，由平衡方程 $\sum M_C=0$，得

$$M_C-F_{By}\times b=0$$

$$M_C=F_{By}\times b=xb/l \quad (0\leqslant x\leqslant a)$$

可知 M_C 影响线在 A_C 之间为一直线。并且有

(1) 当 $x=0$ 时，$M_C=0$；

(2) 当 $x=a$ 时，$M_C=ab/l$。

据此，可绘出 $F=1$ 在 AC 之间移动时 M_C 的影响线，如图 11.5(c)所示。

当荷载 $F=1$ 在截面 C 以右移动时，为计算简便，取 AC 段为隔离体，由 $\sum M_C=0$，得

$$M_C-F_{Ay}\times a=0$$

$$M_C=F_{Ay}\times a=(L-x)a/l \quad (a\leqslant x\leqslant 1)$$

上式表明，M_C 的影响线在截面 C 以右部分也是一直线，且

(1) 当 $x=a$ 时，$M_C=ab/l$；

(2) 当 $x=l$ 时，$M_C=0$。

即可绘出当 $F=1$ 在截面 C 以右移动时 M_C 的影响线。M_C 影响线如图 11.5(c)所示。M_C 的影响线由两段直线组成，呈一三角形，两直线的交点即三角形的顶点就在截面 C 的下方，其纵距为 ab/l。通常称截面 C 以左的直线为左直线，截面 C 以右的直线为右直线。

由上述弯矩影响线方程可知，左直线可由反力 F_{By} 的影响线乘以常数 b 并取 AC 段而得到；而右直线可由反力 F_{Ay} 的影响线乘以常数 a 并取 CB 段而得到。这种利用已知量值的影响线来作其他未知量值影响线的方法，常会带来很大的方便，以后会常用到。弯矩影响线的纵距的量纲是长度的量纲。

特别提示

(1) S 的影响线与量值 S 相差一个力的量纲。所以反力、剪力、轴力的影响线无量纲，而弯矩影响线的量纲是长度。

(2) 绘制影响线时，正值画在基线上，负值画在基线下。

2. 外伸梁的影响线

1) 支座反力影响线

图 11.6(a)所示外伸梁，设反力以向上为正，取 A 支座为坐标原点，x 以向右为正。以坐标 x 表示荷载 $F=1$ 的位置。由平衡条件可求得反力 F_{Ay} 和 F_{By} 的影响线方程为

$$F_{Ay}=(L-x)/l,\quad F_{By}=x/l \quad (-l_1\leqslant x\leqslant l+l_2)$$

当 $F=1$ 在 A 点以左时，x 为负值，故以上两方程在全梁范围内均适用。由于方程与相应简支梁的反力影响线方程完全相同，故只需将简支梁反力影响线向两外伸部分延长，即可得到外伸梁的反力影响线，如图 11.6(b)、(c)所示。

2) 跨内截面内力影响线

为求两支座间任一截面 C 的弯矩和剪力影响线，首先应写出影响线方程。当 $F=1$ 在截面 C 以左移动时，取截面 C 以右部分为隔离体，由平衡条件得

$$M_C=F_{By}\cdot b,\quad V_C=-F_{By}$$

当 $F=1$ 在截面 C 以右部分移动时，取截面 C 以左部分为隔离体，由平衡条件得

$$M_C = F_{Ay} \cdot a, \quad V_C = F_{Ay}$$

由此可知，M_C 和 V_C 的影响线方程和简支梁相应截面的相同。因而与绘制反力影响线一样，只需将相应简支梁截面 C 的弯矩和剪力影响线的左、右两直线向两外伸部分延长，即可得到外伸梁的 M_C 和 V_C 影响线，如图 11.6(d)、(e)所示。

3) 外伸截面的内力影响线

为了求伸臂部分任一截面 K 的内力影响线，如图 11.7(a)所示，为计算方便，可取 K 点为坐标原点，x 仍以向右为正。当 $F=1$ 在 K 点以右移动时，取截面 K 的左边为隔离体，由平衡方程得

$$M_K = 0, \quad V_K = 0$$

当 $F=1$ 在 K 点左边移动时，仍取截面 K 的左边为隔离体，得

$$M_K = -x \quad V_K = +1 \quad (0 \leqslant x \leqslant d)$$

由此可作出 M_K 和 V_K 的影响线，如图 11.7(b)、(c)所示。

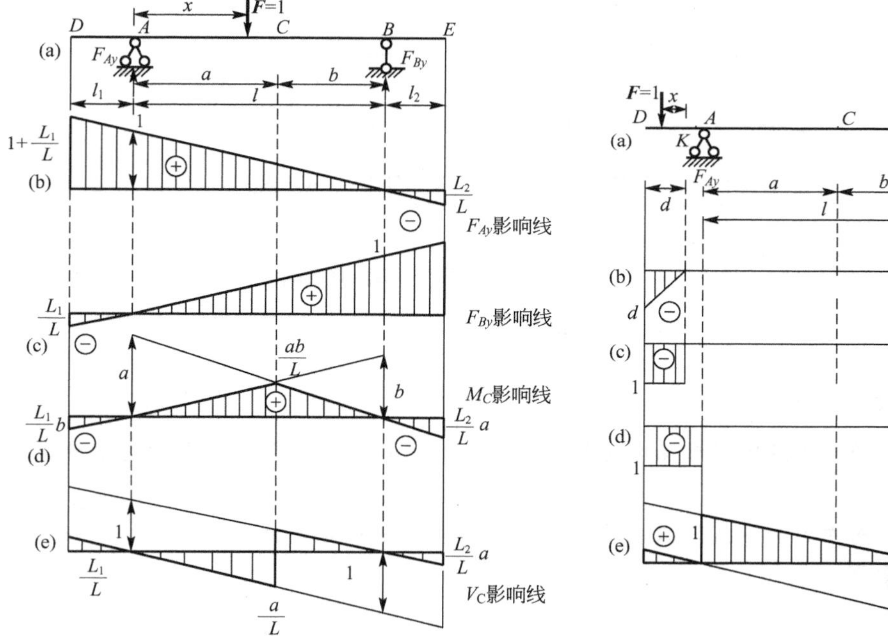

图 11.6　外伸梁跨内截面的影响线

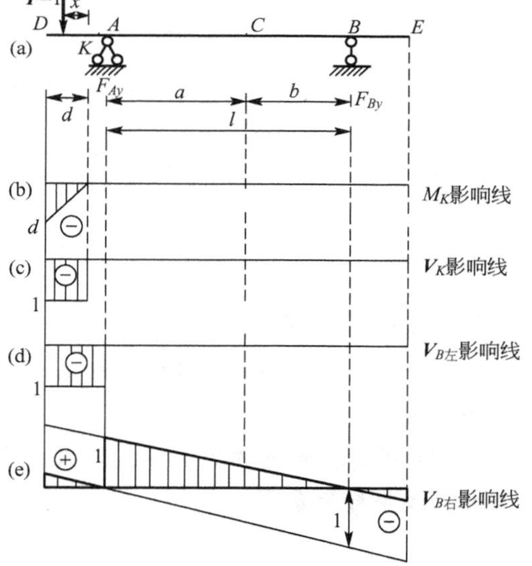

图 11.7　外伸梁伸臂截面的影响线

绘制支座两侧截面的剪力影响线时，应分清是属于跨内截面还是伸臂部分截面。例如，支座 A 的左侧截面剪力 $V_{A右}$ 的影响线，可由跨内截面 C 的 V_C 影响线［图 11.6(e)］使截面 C 趋近于支座 A 的左侧而得到，如图 11.7(e)所示。而支座 A 左侧截面的剪力 $V_{A左}$ 的影响线可由 V_K 的影响线使截面 F 趋近于 A 支座左侧而得到，如图 11.7(d)所示。

最后需要指出，对于静定结构，由于其反力和内力影响线方程均为 x 的一次式，故影响线都是由直线所组成的。

应用案例 11-1

试用静力法作图11.8(a)所示梁的支座反力 F_{By} 和弯矩 M_C 的影响线。

解：先作支座反力 F_{By} 的影响线。由整体平衡条件 $\sum Y=0$，得

$$F_{By}=1$$

即 $F=1$ 作用在梁上任何位置时 F_{By} 恒等于1，于是 F_{By} 的影响线如图11.8(b)所示为一水平线。

在绘制弯矩 M_C 的影响线时，取支座 A 为坐标原点，有

$$M_C=F_{By}\times a=a \quad (0\leqslant x\leqslant 2a)$$

$$M_C=M_A=3a-x \quad (2a\leqslant x\leqslant 4a)$$

由此可以绘出 M_C 的影响线如图11.8(c)所示。

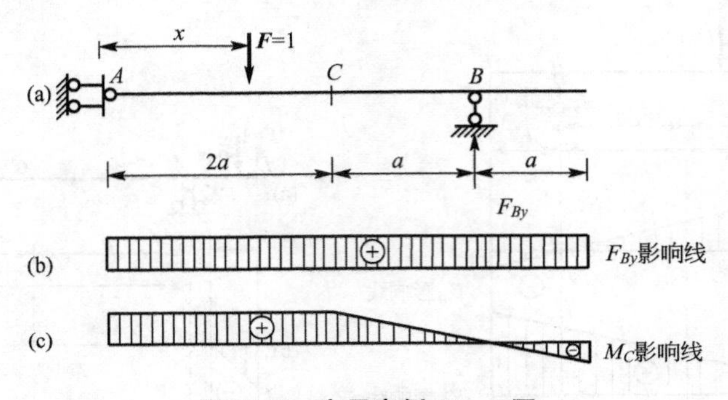

图 11.8　应用案例 11-1 图

特别提示

(1) 作外伸梁的反力及跨间截面内力影响线时，可先作出无伸臂简支梁的对应量值的影响线，然后向外伸上延伸即得。

(2) 外伸上截面内力影响线，只在截面以外的伸臂部分有非零值，而在截面以内部分上影响线竖标为零。

3. 影响线与内力图的比较

影响线与内力图是截然不同的，初学者容易将两者混淆。尽管两者均表示某种函数关系的图形，但各自的自变量和因变量是不同的。现以简支梁弯矩影响线和弯矩图为例作比较，如表11-1所示。

特别提示

一个影响线图只表示一个量值，而一个弯矩图表示了各个截面的量值。

表 11-1 影响线与内力图的区别

弯矩的影响线	弯　矩　图
荷载数值为1	荷载是实际荷载
荷载是移动的，其位置用变量 x 表示	荷载位置是固定的
所求弯矩的截面位置是指定的	所求弯矩的截面位置是变化的，用变量表示
某点的纵距代表 $F_P=1$ 移到此点时，在指定截面处产生的弯矩	某点的纵距代表实际荷载在固定位置作用时，在纵距所在截面处产生的弯矩
正的纵距画在基线上面并标明正负号	正的纵距画在杆件受拉侧，即基线下面，不标明正负号
纵距的量纲是(长度)	纵距的量纲是(力)×(长度)

11.2.2 机动法绘制静定梁的影响线

1. 机动法绘制静定梁的影响线的原理

用静力法可以绘制出任何结构在单位荷载作用下的影响线。但当结构形式比较复杂时，用静力法比较烦琐，而且在一些情况下，并不需要知道影响线的数值，只需要绘出影响线的轮廓即可，此时用机动法绘制影响线就比较简单。用机动法绘制静定结构内力(反力)影响线的理论基础是刚体系统虚功原理，用机动法绘制超静定结构内力(反力)影响线的理论基础是功的互等定理，都是将绘制影响线的静力问题转化为作虚位移图的几何问题。

下面以绘制简支梁的反力影响线为例，说明机动法的原理。

设要绘制图 11.9(a)所示梁支座反力 F_{Ay} 的影响线，可先将与 F_{Ay} 相应的支座链杆撤除，代之以支座反力 F_{Ay}。此时，体系仍处于平衡状态，但原先的静定结构已转化为具有一个自由度的机构。现使上述机构顺着 F_{Ay} 正方向发生虚位移，如图 11.9(b)所示，并以 δ_A 和 δ_P 分别表示梁 A 点处和移动荷载 $F=1$ 作用点处的虚位移。δ_B 取与所求量值 F_{Ay} 方向一致为正；δ_P 取与单位荷载 $F=1$ 方向一致为正，此时可列出虚功方程，即

$$1\times\delta_P+F_{Ay}\times\delta_A=0$$

由此可得

$$F_{Ay}=-\delta_P/\delta_A$$

当单位荷载 $F=1$ 移动时，δ_P 的值是变化的，其变化规律如图 11.9(b)的机构虚位移图所示。若使 $\delta_A=1$，则

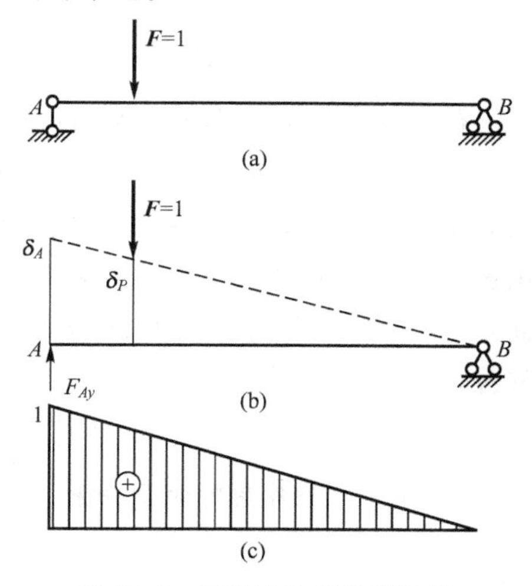

图 11.9 机动法作影响线示例

$$F_{Ay}=-\delta_P$$

上式表明：只需将 $\delta_A=1$ 时虚位移图中的 δ_P 改变符号，即取方向向上为正，就可得到所求量值 F_{Ay} 的影响线，于是可作出 F_{Ay} 的影响线如图 11.9(c)所示。

由上可知，为了绘出结构某量值的影响线，只需将与该量值相应的约束去掉，并使所得机构沿该量值的正方向发生单位位移，则由此得到的虚位移图即代表该量值的影响线。这种绘制影响线的方法，称为机动法。

2. 机动法绘制静定梁的影响线

用机动法绘制静定梁的影响线步骤如下。

(1) 去除与所求量值相应的约束，并代以正向的约束力。

(2) 使所得体系沿约束力的正方向发生相应的单位位移，由此得到的 $F=1$ 作用点的位移图即为该量值的影响线。

(3) 基线以上的竖标取正号，以下取负号。

举例如下。

11.3 影响线的应用

影响线是研究移动荷载作用下结构内力计算的基本工具，可以应用它来确定实际的移动荷载对结构上某量值的最不利影响。

11.3.1 应用影响线计算影响量

1. 集中荷载作用时的影响量

荷载作用如图 11.10(a)所示，设某量值 S 的影响线已绘出如图 11.10(b)所示，现有一组集中荷载 F_1，F_2，…，F_n 作用在结构的已知位置上，其对应于 S 影响线上的纵距分别为 y_1，y_2，…，y_n。现要求利用量值 S 的影响线，求荷载作用下产生量值 S 的大小。由影响线的定义知，y_1 表示荷载 $F=1$ 作用于该处时量值 S 的大小，若荷载不是单位荷载而是 F_1，则引起量值 S 的大小为 F_1y_1。现有 n 个荷载同时作用，根据叠加原理，所产生的量值 S 为

$$S=F_1y_1+F_2y_2+\cdots+F_ny_n=\sum F_iy_i \tag{11-1}$$

2. 分布荷载作用时的影响量

如图 11.11 所示，设有分布荷载作用于结构的已知位置上，若将分布荷载沿其长度方向划分为许多无穷小的微段 $\mathrm{d}x$，可将每一微段上的荷载 $q(x)\mathrm{d}x$ 看成集中荷载，则在 AB 段内分布荷载产生的量值 S 为

$$S=\int_A^B q(x)\cdot y\cdot \mathrm{d}x \tag{11-2}$$

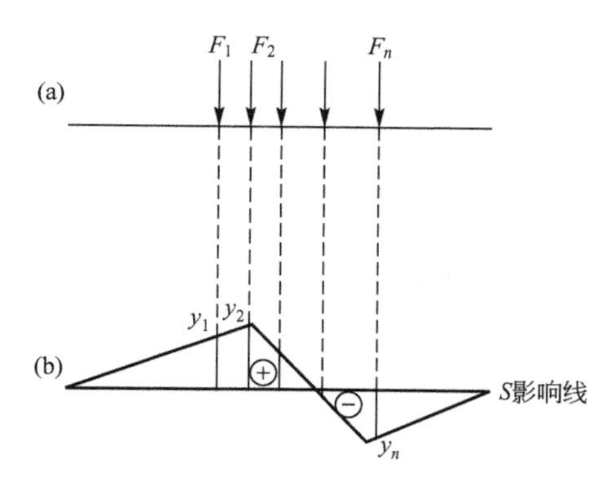

图 11.10 集中荷载作用时的 S 影响线

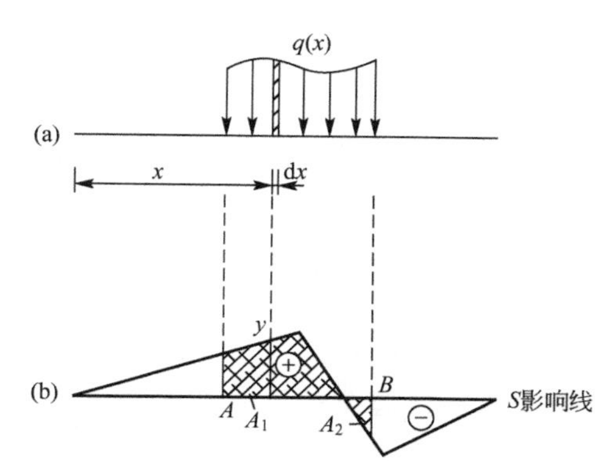

图 11.11 分布荷载作用时的 S 影响线

若 $q(x)$ 是均布荷载 q 时，则上式为

$$S=\int_A^B \cdot qy \cdot \mathrm{d}x = q \cdot A_0 \tag{11-3}$$

式中，A_0 表示均布荷载长度范围内影响线图形的面积。若在该范围内影响线有正有负，则 A_0 应为正负面积的代数和。

综上所述，根据影响线的定义和叠加原理，可利用某量值 Z 的影响线求得固定荷载作用下该量值 S 的值为

$$S=\sum F_i y_i + \sum q_i \cdot A_i \tag{11-4}$$

特别提示

(1) y_i 为集中荷载 F_i 作用点处 S 影响线的竖标，在基线以上 y_i 取正，F_i 向下为正。

(2) A_i 为均布荷载 q_i 分布范围内 S 影响线的面积，正的影响线计正面积，q_i 向下为正。

应用案例 11-2

利用影响线求图 11.12 所示的简支梁在图示荷载作用下截面 C 上的剪力 V_C 的值。

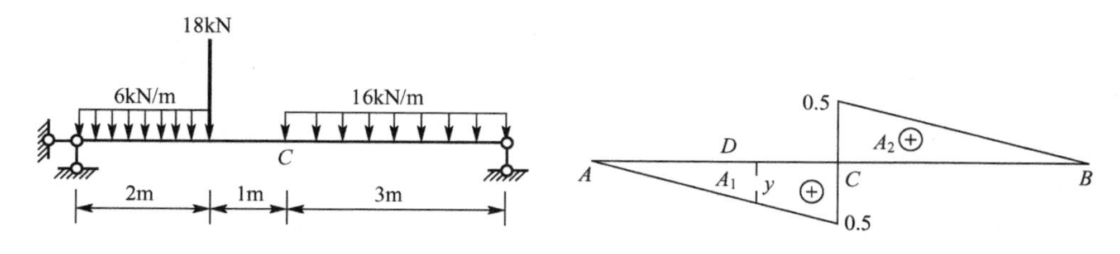

图 11.12 应用案例 11-2 图

解：设 $F=18\text{kN}$，$q_1=6\text{kN/m}$，$q_2=16\text{kN/m}$，V_C 的影响线正号部分的面积以 A_2 表示，负号部分均布荷载所占区域的面积以 A_1 表示，则

$$y=0.5\times 2/3=1/3$$

$$A_1 = 1/2 \times 2 \times 1/3 = 1/3$$
$$A_2 = 1/2 \times 3 \times 0.5 = 3/4$$

故

$$V_C = F_y + q_1 A_1 + q_2 A_2 = 18 \times 1/3 + 6 \times 1/3 + 16 \times 3/4 = 20(\text{kN})$$

11.3.2 确定最不利荷载位置

在移动荷载作用下，结构上某一量值 S 是随着荷载位置的变化而变化的。在结构设计中，需要求出量值 S 的最大正值 S_{max} 和最大负值 S_{min}(也称最小值)作为设计的依据。为此，必须首先确定产生某一量值最大值(或最小值)时的荷载位置，即该量值的最不利荷载位置。最不利荷载位置确定后，即可按本节前述方法计算出该量值的最大值(或最小值)。影响线最主要的应用就在于用它来确定最不利荷载位置。下面按荷载的类型来分别讨论如何确定最不利荷载位置。

1. 均布荷载

在工程设计中，一般将楼面活载简化为可以任意间断布置的均布荷载来考虑。此时，使某量值 S 达到最大值的最不利活载分布可利用相应的影响线来确定。由式(11－4)可知，当均布活载满布相应影响线的正号区时，S 即取得最大正值；反之，当均布活载满布相应影响线的负号区时，S 取得最大负值。例如，对于图 11.13(a)所示的多跨静定梁，M_D 的影响线如图 11.13(b)所示，欲求在均布活载作用下截面 D 的最大正弯矩和最大负弯矩，则最不利活载的布置应分别如图 11.13(c)、(d)所示。确定了均布活载的最不利布置之后，便可应用静力学方法或是直接利用式(11－4)求得相应的最不利值。

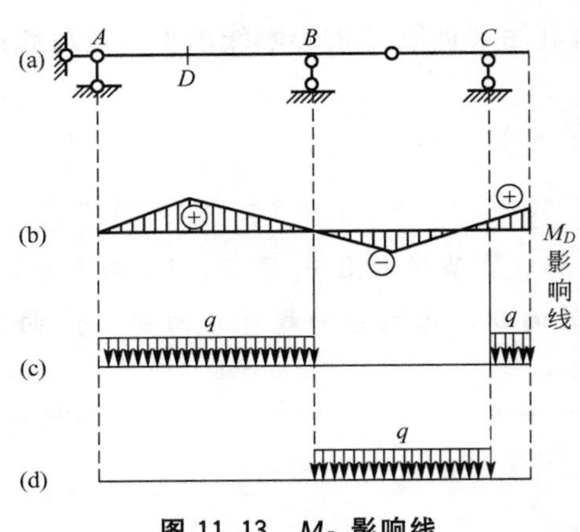

图 11.13 M_D 影响线

2. 集中荷载

如果移动荷载是单个集中荷载，则借助于某一量值 S 的影响线，可直接确定单个集中荷载使 S 达到最大正值或最大负值时的作用位置，只需将该集中荷载置于影响线正、负竖标值最大之处即可，即最不利荷载位置就是集中荷载作用在影响线的竖标最大处。如果移动荷载是一系列间距不变的竖向集中荷载，如汽车荷载、吊车荷载等，由于这类荷载数目较多，确定最不利荷载位置比较困难，通常先分析什么样的荷载作用位置可能使量值 S 取得极值，这个荷载位置称为荷载的临界位置；然后再从这些位置中确定最不利位置。也就是从极大值中选出最大值，从极小值中选出最小值。

下面通过一个三角形的影响线实例，说明荷载临界位置的特点及判定方法。

图 11.14(a)、(b)分别表示一组间距不变的移动集中荷载和某一量值 S 的影响线，影

响线两直线段的倾角分别记为 α_1、α_2，均以逆时针方向为正。当荷载组移动微小距离 Δx 时，S 的变化量为

$$\begin{aligned}\Delta S &= F_1\Delta y_1+F_2\Delta y_2+L+F_i\Delta y_i+L+F_n\Delta y_n\\ &=(F_1+F_2+L+F_i)h\Delta x/a-(F_{i+1}+F_{i+2}+L+F_n)h\Delta x/b\end{aligned} \tag{11-5}$$

式中 $h/a=\tan\alpha_1$ 和 $-h/b=\tan\alpha_2$——常数，分别为影响线的左直线和右直线的斜率；而括号内分别代表作用于左直线和右直线部位的移动荷载。

量值 S 取得极值的条件是当荷载组作微小移动时 ΔS 发生变号。由式(11－5)可以看出，倘若在荷载移动过程中作用于左直线和右直线部位的荷载数量保持不变，则式(11－5)括号内将保持为常数，这样就不可能发生变号的情况。或者说，要使 ΔS 变号就必须有一个集中荷载越过影响线的顶点。于是，便得到一条重要的结论：在荷载总数不变时，量值 S 取得极值的必要条件是有一个集中荷载恰好作用于影响线的顶点。

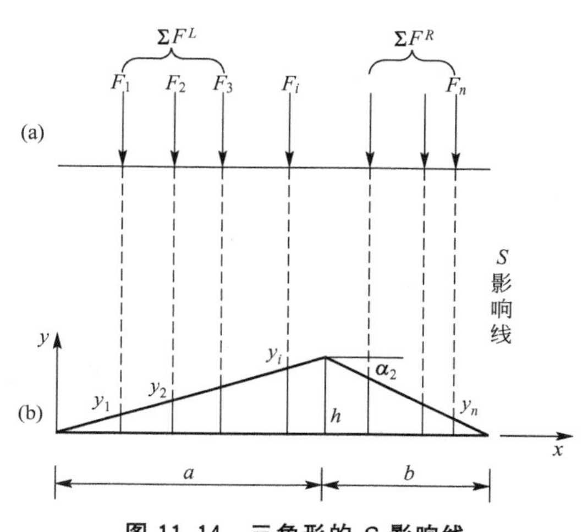

图 11.14 三角形的 S 影响线

如果在荷载移动过程中 ΔS 由正值转为负值，则量值 S 取得一个极大值。假设 S 取得极大值发生在某集中荷载 F_i 作用于影响线顶点时，则该集中荷载便称为量值 S 的一个临界荷载，记为 F_{cr}；其对应的荷载位置就称为临界位置。若以 $\sum F^L$ 和 $\sum F^R$ 分别记 F_{cr} 以左和以右的荷载之和，则可得三角形影响线时使量值 S 取得极大值的临界荷载判别式为

$$\begin{aligned}&(\sum F^L+F_{cr})/a>\sum F^R/b\\ &\sum F^1/a<(\sum F^R+F_{cr})/b\end{aligned} \tag{11-6}$$

式(11－6)表明：临界位置的特点是有一集中荷载 F_{cr} 作用于影响线的顶点，将 F_{cr} 计入哪一侧(左侧或右侧)，则哪一侧荷载的平均集度就大些。

值得注意的是，利用式(11－6)虽可确定临界荷载，但有时临界荷载可能不止一个，此时可将相应的极值分别算出，其中最大的极值就是量值 S 的最不利值，而相应的荷载位置即为移动荷载组的最不利位置。S 的最不利值是在数值较大而又比较密集的集中荷载作用于影响线的顶点时发生的。因此，在按式 11－6 试算之前可先通过直观判断排除部分荷载，从而减轻计算工作。一般可先按下述原则进行估计：使较多的荷载居于影响线范围之内，且居于影响线的较大竖标处；使较大的荷载位于竖标较大的影响线的顶点。

有关确定最不利荷载位置方面还需要明确以下基本概念。

(1) 无论移动荷载的移动方向如何，所得临界荷载的判别式是相同的，所求得的最不利荷载位置以及量值 S 的最不利值也是相同的。但在车辆调头行驶时，移动荷载的排列顺序将发生反向，此时对于同一量值 S 的最不利荷载位置以及 S 的最不利值均可能发生改变。

(2) 当某一集中荷载使得判别式中的一式成立，另一式取等号时，该荷载依然属于临

界荷载。

(3) 判别式可以适用于图 11.14(a)所示梁的影响线为单折点折线时的情况，但需注意式 11－6 中 a、b 的取值应按图 11.14(b)所示；当影响线为直角三角形时，最不利荷载位置可直观判定。

实际的移动荷载是千变万化的。例如，在桥梁上行驶的火车或汽车种类繁多，载运情况也十分复杂。在结构计算时不可能也没有必要对每种情况都进行计算，而是采用某种标准移动荷载来进行设计。

应用案例 11－3

试求图 11.15(a)所示吊车梁在图示吊车竖向荷载作用下 B 支座的最大反力。设其中一台吊车轮 K 为 $F_1=F_2=426.6\text{kN}$，另一台轮压为 $F_3=F_4=289.3\text{kN}$，轮距及车挡限位的最小车距如图 11.15 所示。

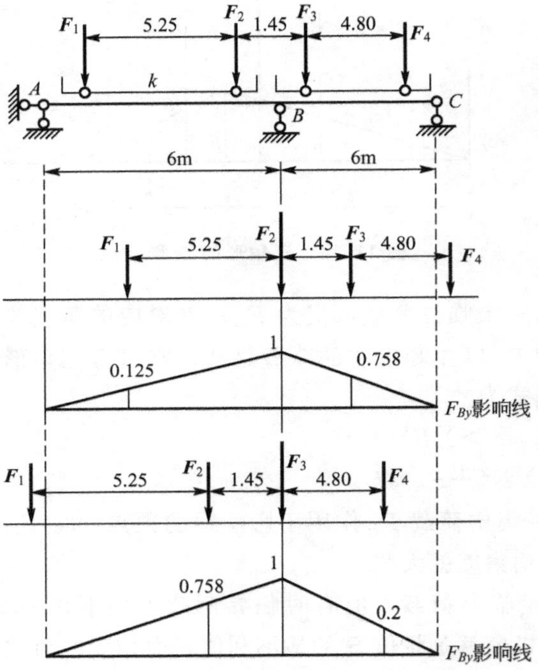

解：先作出 B 支座反力 F_{By} 影响线。由直观判断只有当 F_2 或 F_3 作用在影响线顶点时 F_{By} 可能达到最大值。

先考虑 F_2 作用于 B 点的情况如图 11.15(b)所示，此时 F_4 已越出梁右端，有

$$(426.6+426.6)\text{kN}/6>289.3\text{kN}/6$$

$$426.6\text{kN}/6<(426.6+289.3)\text{kN}/6$$

故 F_2 是临界荷载。此时，有

$$F_{By}=426.6\text{kN}\times0.125+426.6\text{kN}\times1+289.3\text{kN}\times0.785=699.20\text{kN}$$

再考虑 F_3 作用于 B 点的情况，此时 F_1 已越出梁左端，有

$$(426.6+289.3)\text{kN}/6>289.3\text{kN}/6$$

$$426.6\text{kN}/6<(289.3+289.3)\text{kN}/6$$

故 F_3 是临界荷载。此时，有

$$F_{By}=426.6\text{kN}\times0.758+289.3\text{kN}\times1+289.3\text{kN}\times0.20=670.52\text{kN}$$

比较以上两者可知，当 F_2 作用于 B 点时为最不利荷载位置，相应 B 支座的最大反力为

$$F_{By\,\max}=699.20(\text{kN})$$

图 11.15　应用案例 11－3 图

特别提示

三角形影响线判别临界位置的公式，可以形象理解为：把 F_{cr} 归到顶点哪一边，哪一边的平均荷载就大。

11.3.3 简支梁的内力包络图和绝对最大弯矩

1. 内力包络图

前面讨论了在移动荷载作用下某一截面上内力的最大值(或最小值)的确定方法。在结构设计中，为了给设计提供完整的依据，还必须按前面讨论的方法，求出所有截面上内力的最大值(或最小值)。将结构杆件各截面的最大和最小(或最大负值)内力值按同一比例标在图上，连成曲线，这种曲线图形就称为内力包络图。内力包络图是结构设计中重要的资料，在吊车梁、楼盖的连续梁和桥梁的设计中都要用到。

因为结构分析时常需要求出在恒载和活载共同作用下各截面上的最大和最小(或最大负值)内力，从而为设计提供依据。例如，在混凝土结构构件设计中，常需按照上述情况来确定钢筋的配置以及构造。内力包络图实际上表达了各截面上内力变化的上、下限。

在实际工程设计时，对于动荷载通常需乘上规定的动力系数以反映荷载的动力影响。在绘制内力包络图时，一般是将杆件分成若干等份，对每一分点所在的截面，利用影响线求出其内力的上、下限值，最后再连成曲线。现以简支吊车梁为例介绍内力包络图的绘制方法。

图 11.16(a)所示为一跨度为 12m 的简支吊车梁，承受图示两台同吨位的吊车荷载，吊车轮压为 $F_1=F_2=F_3=F_4=285\text{kN}$，取动力系数 $\mu=1.1$。吊车梁自重 $q=12\text{kN/m}$。为绘制内力包络图，可取梁的 8 等分点进行计算。利用对称性，只需计算梁左半部分即可。图 11.16(c)～(f)所示分别为 1～4 截面上弯矩的最不利状态，其对应的最不利值与相应的恒载弯矩值之和即为截面的最大弯矩。截面弯矩的最小值仅是由恒载引起的。将以上求得的各截面最大和最小弯矩标于图 11.16(g)中，作出连线即为该简支梁的弯矩包络图。同理，由图 11.17(b)～(f)的截面剪力最不利状态可作出该梁的剪力包络图，如图 11.17(g)所示。

2. 简支梁的绝对最大弯矩

由上面绘制内力包络图的方法可以看出，绘制内力包络图时，梁的分点越多则绘制的内力包络图越准确。从图 11.16(g)所示的弯矩包络图中，可以看到每个截面都有一个最大弯矩，比较这些最大弯矩，可以得到有两个截面的弯矩值最大 $M_{\max}=2214.5\text{kN}\cdot\text{m}$，该弯矩称为绝对最大弯矩。所以简支梁的绝对最大弯矩是指简支梁的任意截面上可能出现的最大弯矩。实际上，它应当就是简支梁弯矩包络图中的最大竖标值。

由图 11.16(g) 中可见，简支梁在吊车移动荷载作用下的绝对最大弯矩并不发生在梁的跨中，而通常是发生在跨中附近。寻找并确定绝对最大弯矩这一问题的基本特点是：截面的位置和荷载位置都是未知的，即这两者都是变化的。

由前面分析已知，当内力影响线为三角形时，其最不利荷载位置必定发生在移动荷载组中的一个临界荷载 F_{cr} 恰好位于影响线的顶点(即截面所在点)时。由此便可推理：绝对最大弯矩必定发生在某一临界荷载之下。根据这一推理，就可以通过试算结合解析的方法确定简支梁的绝对最大弯矩。即先可通过判断确定哪几个荷载之下可能产生绝对最大弯矩；再根据任一荷载 F_i 下截面弯矩随荷载移动而变化的规律，分别求出上述临界荷载之下的截面最大弯矩；然后通过比较求得绝对最大弯矩。

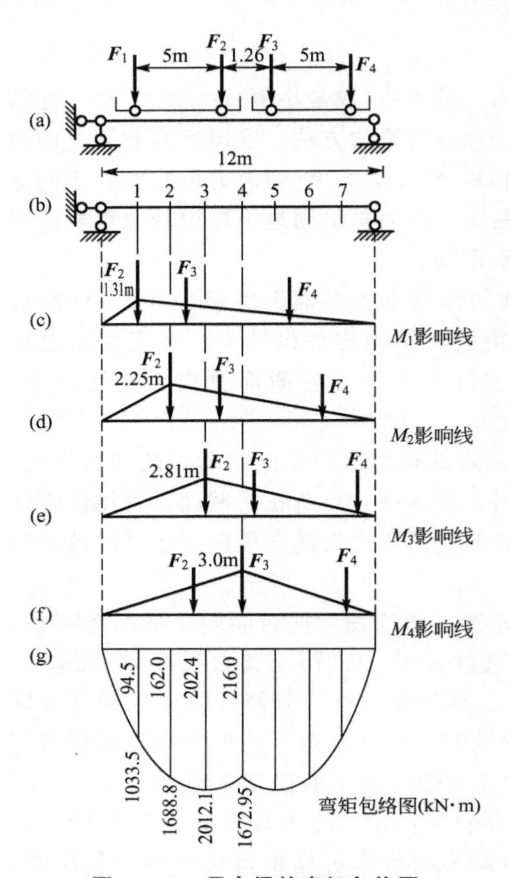

图 11.16 吊车梁的弯矩包络图

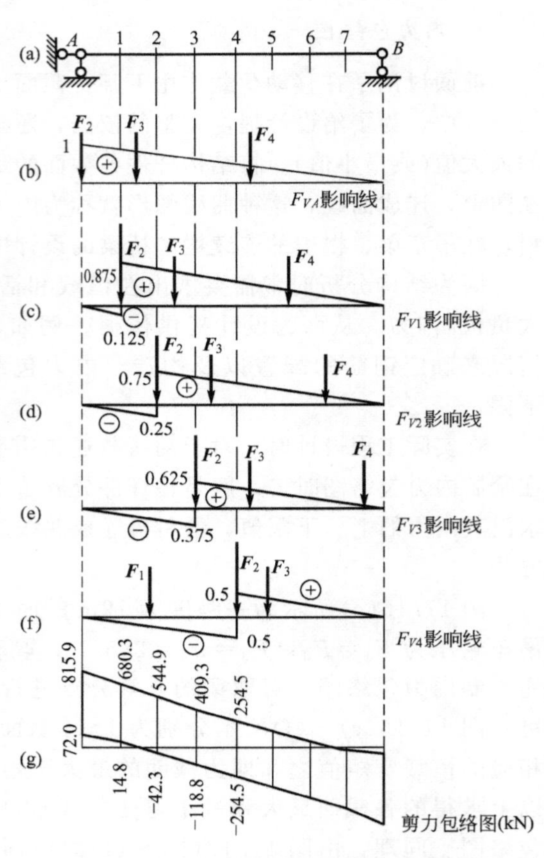

图 11.17 吊车梁的剪力包络图

特别提示

(1) 注意判别临界荷载和临界位置。

(2) 注意内力包络图与内力影响线、内力图的区别。

本章小结

(1) 影响线表示当一个竖向的单位集中荷载 $q=1$ 沿结构移动时，某一指定截面某一量值变化规律的图形。

(2) 绘制影响线的方法有静力法和机动法两种。

(3) 静力法是将单位荷载 $F=1$ 置于距坐标原点 x 的任意位置，然后利用静力平衡条件先求出影响线的方程，最后利用影响线方程来绘制影响线。此法适用于任何静定结构的反力和内力影响线的绘制。

(4) 机动法是将结构某量值相应的约束去掉，并使所得机构沿该量值的正方向发生单位位移，则由此得到的虚位移图即代表该量值的影响线。此法适用于结构形式较复杂的体系。

(5) 利用反力或内力的影响线，可求得在移动荷载作用下，某反力或内力的最大（或最小）值以及产生此最大(或最小)值时的荷载位置，即最不利荷载位置。

(6) 在恒载和活载共同作用下，结构的各截面所可能产生的最大(最小)值的外包线称为内力包络图。包络图表示各截面内力的极限值。它是结构设计时选择截面尺寸和布置钢筋的重要依据。

习 题

一、判断题

1. 弯矩影响线和弯矩图的没有区别。 (   )

2. 静力法绘制影响线比机动法绘制影响线好。 (   )

3. 图 11.18 所示伸臂梁 B 的右截面弯矩影响线。 (   )

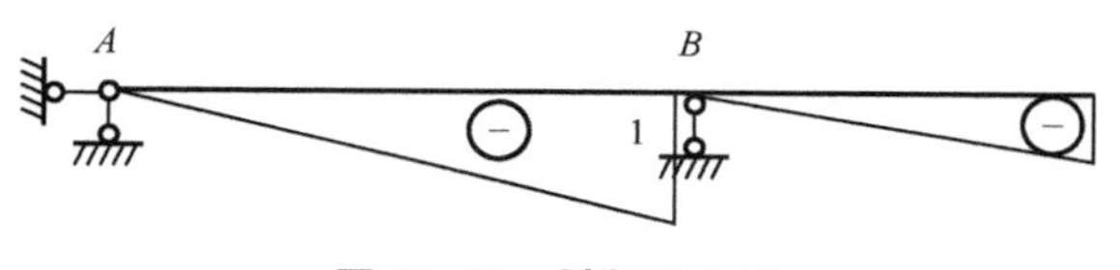

图 11.18 判断题 3 图

4. 利用影响线可确定荷载最不利位置。 (   )

二、单项选择题

1. 绘制影响线采用的是(   )。

A. 实际荷载　　B. 移动荷载　　C. 单位荷载　　D. 单位移动荷载

2. 静定结构的影响线的形状特征是(   )。

A. 直线段组成　　B. 曲线段组成

C. 直线曲线混合　　D. 变形体虚位移图

3. 影响线的横坐标表示荷载作用位置，纵坐标表示荷载作用该位置时某(   )的大小。

A. 荷载　　B. 反力　　C. 内力　　D. 量值

三、填空题

1. 单跨静定梁影响线的作法是(机动法)，撤去相应约束，正向内力引起的________。

2. 从形状上看连续梁影响线是________图形。

3. 简支梁的剪力影响线为两条________直线。

4. 弯矩影响线竖标的量纲是________。

四、计算题

1. 用静力法求图 11.19 所示结构中指定量值的影响线，并用机动法校核。

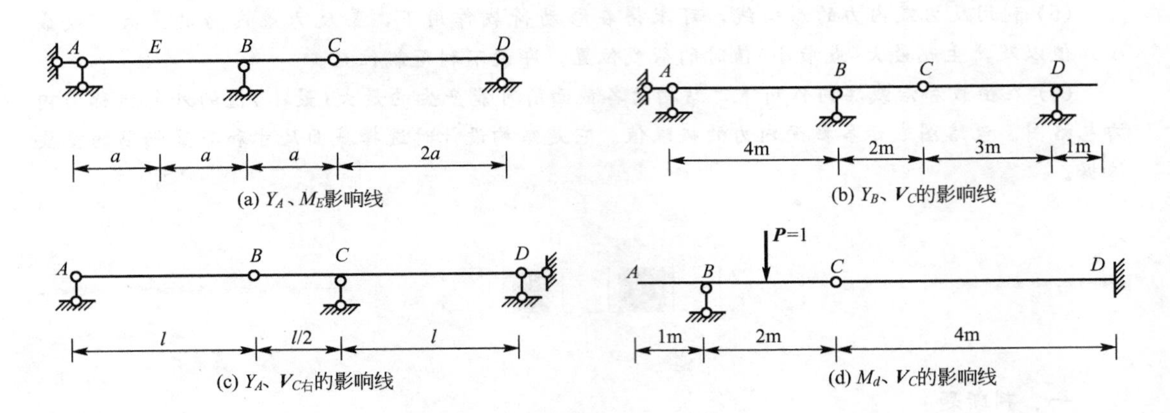

图 11.19　计算题 1 图

2. 用机动法求图 11.20 所示结构中指定量值的影响线。

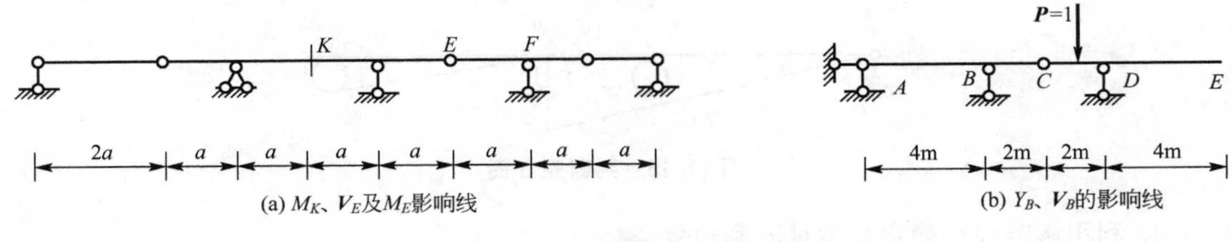

图 11.20　计算题 2 图

3. 绘制图 11.21 所示梁 F_{VC} 的影响线，并利用影响线求出给定荷载下的 $F_{VC左}$ 与 $F_{VC右}$ 的值。

4. 图 11.22 所示静定梁上有移动荷载组作用，荷载次序不变，试利用影响线求出支座反力 Y_B 的最大值。

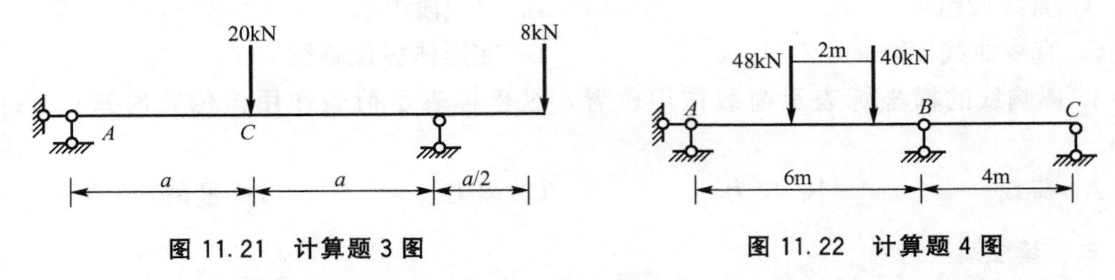

图 11.21　计算题 3 图　　　　图 11.22　计算题 4 图

5. 试绘出图 11.23 所示结构的 M_F 影响线，并求图示荷载位置作用下的 M_F 值。

6. 作图 11.24 所示梁的 M_E 影响线，并利用影响线求出给定荷载作用下 M_E 的值。

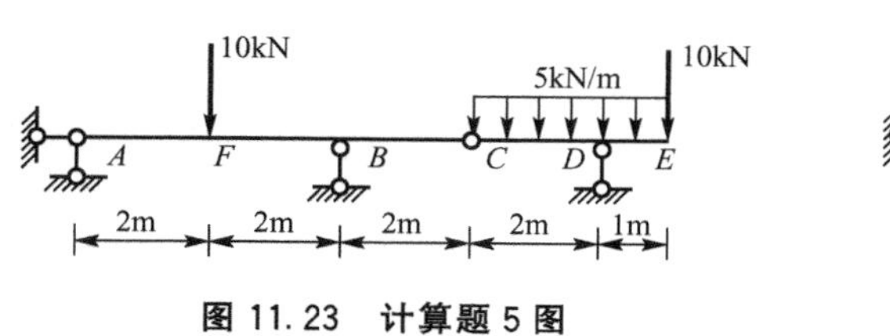

图 11.23 计算题 5 图

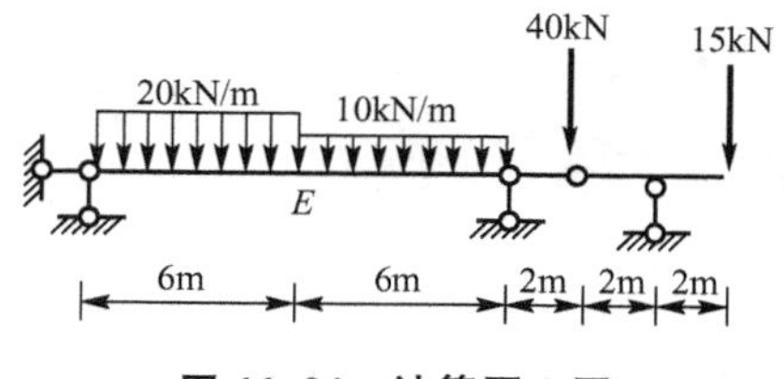

图 11.24 计算题 6 图

7. 求图 11.25 所示结构的 M_F 影响线，并求图示荷载位置的 M_F 影响量。

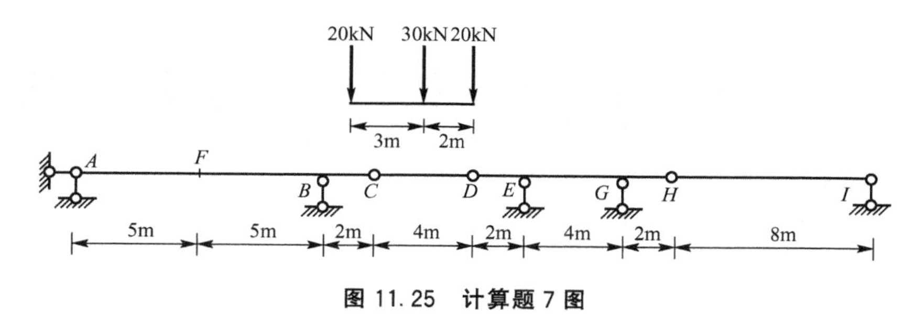

图 11.25 计算题 7 图

8. 试求图 11.26 所示简支梁在移动荷载作用下的绝对最大弯矩，并与跨中截面最大弯矩作比较。

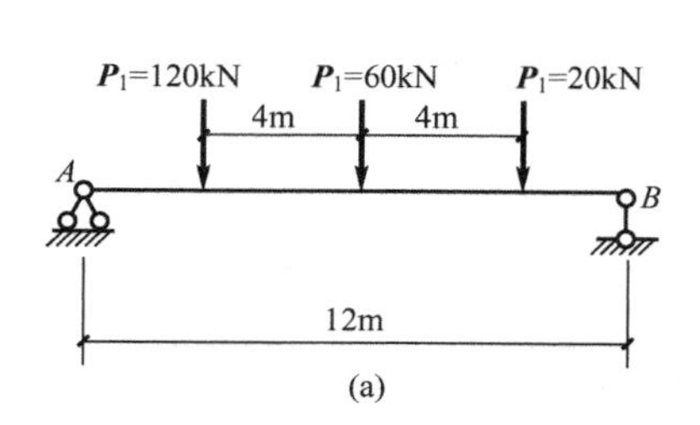

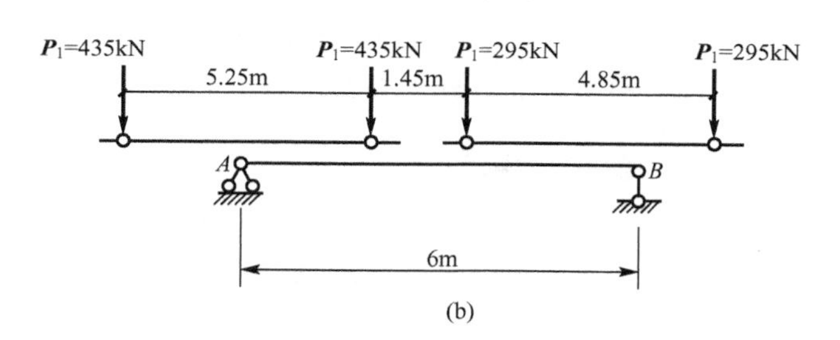

图 11.26 计算题 8 图

第12章

机算超静定结构内力实训

教学目标

熟悉PKPM系列软件的操作界面，了解其包含的专业模块及子模块；熟悉PK主菜单三个部分的功能，掌握PK数据交互输入的方式；运用PK计算超静定的连续梁和简单框架的内力并绘制内力图。

教学要求

能力目标	知识要点	权重(%)
熟悉PKPM系列软件的操作界面	PKPM系列软件的专业模块和相关子模块	20
熟悉PK主菜单和命令输入	PK主菜单三个部分的功能，PK数据交互输入的方式	20
能够运用计算机计算超静定梁的内力并绘制内力图	PK主菜单中各种功能按钮的参数按照连续梁的特点输入	30
能够运用计算机计算超静定框架的内力并绘制内力图	PK主菜单中各种功能按钮的参数按照框架的特点输入	30

引例

在教材中，学习了很多典型构件如梁(受弯构件)、柱(轴心受力、偏心受力构件)的计算方法，静定结构计算内力的基本方法是截面法，而超静定结构如连续梁和平面框架的计算方法有力法、位移法和力矩分配法等。

但是，单纯依靠手算来进行结构设计的工作量是非常大的，也容易出错。在实际工程中，设计师是用计算机软件来辅助结构设计的，可以计算非常复杂的结构模型，自动生成内力图以及施工图。所以可以应用软件中的部分功能来进行典型构件的内力计算实训，以初步了解机算超静定结构的过程。

在组成建筑物的空间结构中，次梁可以看作是以主梁为支座的连续梁来进行简化计算，空间框架结构也可分离成连续梁和平面框架进行手算。因此，在力学这门课程里，对连续梁和平面框架进行力学分析和画出它们的内力图，是非常重要的环节，是以后结构设计的基础。在本章中，就连续梁和平面框架进行绘制内力图的机算实训。

目前国际和国内的力学计算、结构计算软件有很多，基于一些不同的理论与假设平台，应用于不同的领域。本章介绍我国自主研发的，应用最广的PKPM系列软件。

12.1 PKPM系列软件简介

PKPM系列软件是目前国内建筑工程界应用最广，用户最多的一套计算机辅助设计系统。新版本的PKPM系列软件包含了结构、特种结构、建筑、设备、概预算、钢结构和节能7个专业模块。其操作界面、菜单和命令输入都与AutoCAD相似，数据采用交互式输入，使用起来非常方便，并且能实现向AutoCAD的输出，如图12.1所示。

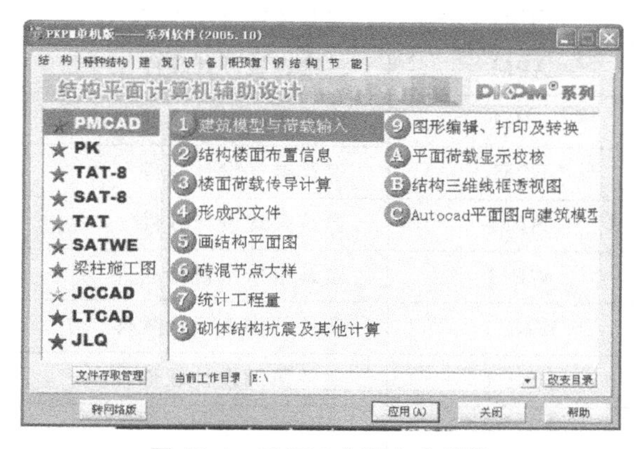

图12.1 PKPM主要专业模块

每个专业模块下，又包含了各自相关的若干子模块。各专业模块包含子模块名称及基本功能如表12-1所示。

PMCAD是PKPM系列软件的基本组成模块之一，用于实现结构平面计算机辅助设计，它采用人机交互方式，引导用户逐层的布置各楼层平面，从而建立起整栋建筑的数据结构，它为各功能设计提供数据接口，因此，它在整个系统中的作用非常重要。

表 12-1　PKPM各模块系列软件名称及功能

专业模块	包含子模块	功　能
结构	PMCAD	结构平面计算机辅助设计
	PK	钢筋混凝土框架及连续梁结构计算与施工图绘制
	TAT—8	8层以下建筑结构三维分析与设计软件
	SAT—8	8层以下建筑结构空间有限元分析设计软件
	TAT	高层建筑结构三维分析与设计软件
	SATWE	高层建筑结构空间有限元分析设计软件
	梁柱施工图	梁柱施工图设计
	JCCAD	基础工程计算机辅助设计
	LTCAD	楼梯计算机辅助设计
	JLQ	剪力墙计算机辅助设计
特种结构	PREC	预应力结构计算机辅助设计
	QIK	混凝土小型砌块辅助设计
	BOX	箱形基础计算机辅助设计
	GJ	结构基本构件计算机辅助设计
	EPDA/PUSH	弹塑性静、动力分析软件
	PMSAP	复杂空间结构分析与设计软件
	JKZH	基坑支护设计软件
	SILO	筒仓结构设计软件
建筑	APM	三维建筑设计软件
设备	CPM	建筑通风空调设计软件
	EPM	建筑电气设计软件
	HPM	建筑采暖设计软件
	WPM	建筑给排水设计软件
	WNET	室外给排水设计软件
	HNET	室外热网设计软件
概预算	STAT1	建筑工程模型输入
	STAT2	土建工程量统计
	STAT3	钢筋工程量统计
	STAT4	建筑工程套取定额和概预算报表
	清单计价	工程量清单计价
	国际报价	国际工程报价

续表

专业模块	包含子模块	功　　能
钢结构	刚架、框架、排架等	钢结构计算机辅助设计
节能	HEC	采暖居住建筑节能设计软件
	CHEC	夏热冬冷地区建筑能耗计算软件
	WHEC	夏热冬暖地区居住建筑节能设计软件
	PBEC	公共建筑节能设计软件
	HECCHK	采暖居住建筑节能设计审查软件

PMCAD 的基本功能有：

(1) 人机交互建立全楼结构模型。人机交互方式引导用户在屏幕上逐层布置柱、梁、墙、洞口、楼板等结构构件，快速搭起全楼的结构构架。输入过程伴有中文菜单及提示，便于用户反复修改。

(2) 自动导算荷载建立恒、活荷载库。

(3) 为各种计算模型提供计算所需数据文件。

(4) 为上部结构各绘图 CAD 模块提供结构构件的精确尺寸。

(5) 为基础设计 CAD 模块提供底层结构布置与轴线网格布置，还提供上部结构传下的恒活荷载。

(6) 现浇钢筋混凝土楼板结构计算与配筋设计。

(7) 结构平面施工图辅助设计。

(8) 作砖混结构圈梁布置，画砖混圈梁大样及构造柱大样图。

(9) 砖混结构和底框上砖房结构的抗震分析验算及受压承载力计算。

(10) 统计结构工程量，以表格形式输出。

PKPM 系列软件的功能非常强大，对于复杂结构，必须采用 PMCAD 模块建立结构模型，再应用计算模块接力进行设计。但对于一些简单结构类型，如连续梁、平面框架等，直接采用 PK 计算模块中的建模程序即可进行结构交互式输入与计算。因此，本章通过对 PK 部分内容的介绍和实例应用，使读者能了解 PK 软件在结构力学计算中的基本使用方法。

PKPM 系列软件的不同版本，操作界面有所不同，本章采用的是 PKPM 单机版(2005.10)。

12.2 PK 介绍

12.2.1 PK 的基本操作

打开 PKPM 后，显示图 12.1 所示主菜单，单击，选中“PK”，显示图 12.2 所示“PK”

操作界面。由图可知，“PK”主菜单的操作主要为3个部分：一是计算模型输入，如模块①；二是结构计算，如模块②～④；三是施工图设计，如模块⑤～⑧。下面对3个部分实现的功能进行简单介绍。

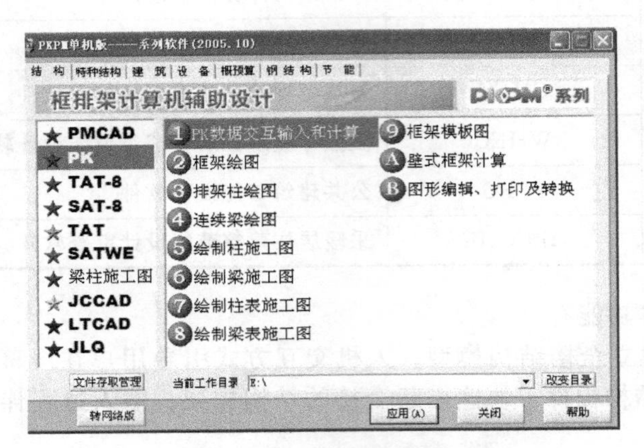

图 12.2　PK操作界面

1. 计算模型输入

执行PK时，首先要输入结构的计算模型。在PKPM软件中，有以下两种方式形成PK的计算模型文件。

(1) 通过“PK”主菜单中①项命令即“PK数据交互输入和计算”命令来实现结构模型的人机交互输入。用户直接在屏幕上勾画框架、连续梁的外形尺寸，布置相应的截面和荷载，填写相关的计算参数后完成。人机交互建模后也生成描述该结构的文本式数据文件。

(2) 利用PMCAD软件，从建立好的整体空间模型中直接生成任一轴线框架或任一连续梁结构的结构计算数据文件，再由“PK”接力完成结构计算和绘图，从而省略人工准备框架计算数据的大量工作。一般PMCAD生成数据文件后，只要利用“PK”主菜单中①项命令进一步补充绘图数据文件的内容就可以了，主要包括柱子对轴线的偏心、柱轴线号、框架梁上的次梁布置信息和连续梁的支座状况等信息。此时的绘图补充数据最好也是采用人机交互方式生成，使用户操作大大简化。

2. 结构计算

计算模型输入完毕后，执行“PK”主菜单中②～④项命令即进行框架、排架、连续梁的结构计算。

3. 施工图设计

根据“PK”主菜单中②～④项命令的计算结果，就可以进行施工图绘制了。

12.2.2　数据交互输入

双击，进入“PK”主菜单中①项命令即“PK数据交互输入和计算”命令，屏幕弹出图12.3所示PK启动界面，供用户选择启动方式。

图 12.3 PK 启动界面

(1) 新建文件。单击“新建文件”按钮，将从零开始创建一个框架、排架或连续梁结构模型。建模前，首先要为新文件起个名字，如图 12.4 所示。

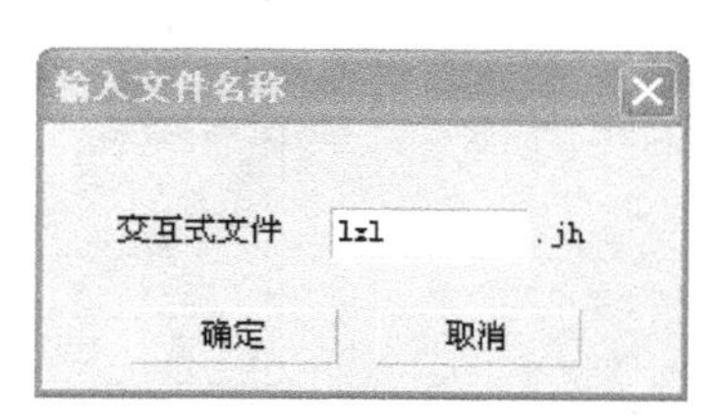

图 12.4 “输入文件名称”对话框

单击“确定”按钮后，将打开“PK 数据交互输入”界面，即“PK”主菜单中①项命令的操作界面，如图 12.5 所示。

(2) 打开已有交互文件。单击“打开已有交互文件”按钮进入，将在一已有交互式文件的基础上，进行补充创建新的交互式文件。进入后，屏幕上显示已有结构的立面图。

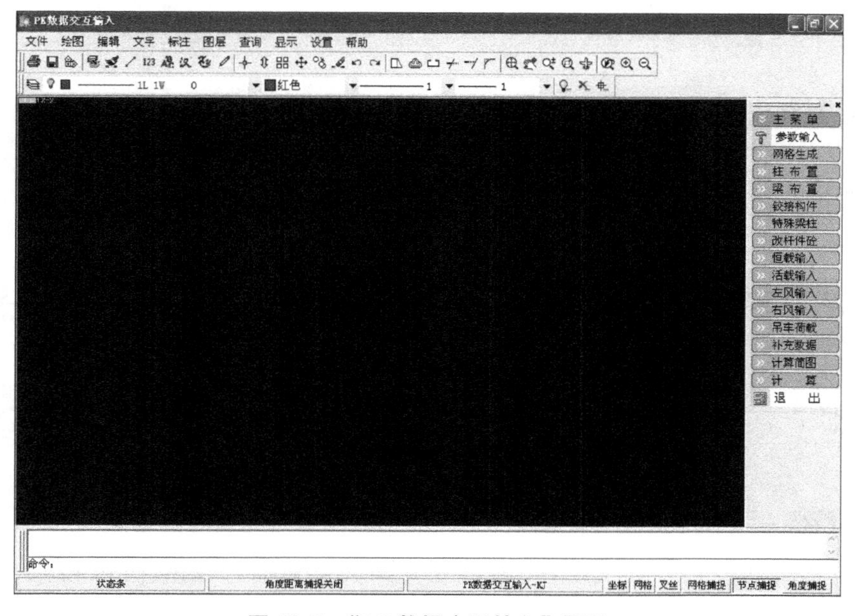

图 12.5 “PK 数据交互输入”界面

(3) 打开已有数据文件。如果是从 PMCAD 生成的框架或连续梁的数据文件，则可单击“打开已有数据文件”按钮方式进入。数据文件名为“工程名.SJ”。

不管何种方式进入，“PK 数据交互输入”界面是相同的。

“PK 数据交互输入”操作界面右侧的主菜单，如图 12.6 所示，在进行结构内力计算时，主要用到其中的网格生成、柱布置、梁布置、铰接构件、恒载输入、计算等选项，如图 12.7 所示。下面在应用实例中予以说明。

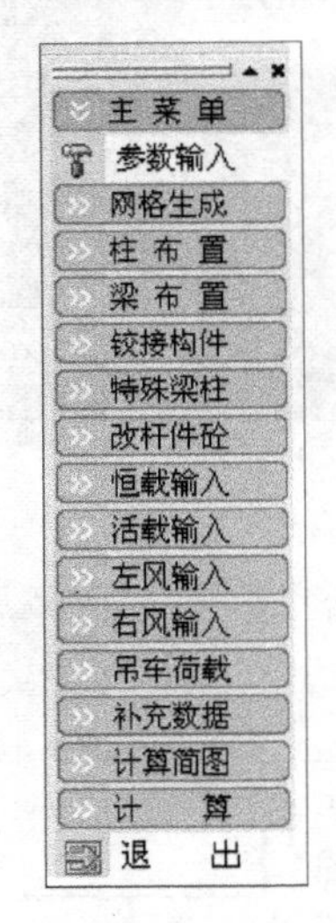

图 12.6 “PK 数据交互输入”主菜单

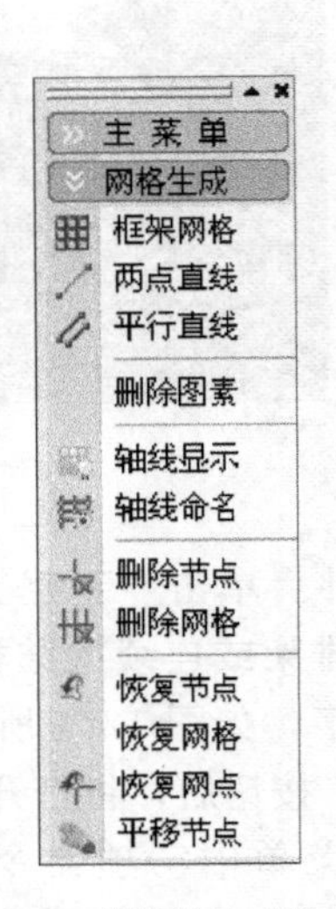

图 12.7 “网格生成”菜单

12.3 连续梁结构内力图实训

应用案例 12-1

计算图 12.8 所示的三跨连续梁，绘制弯矩图和剪力图。

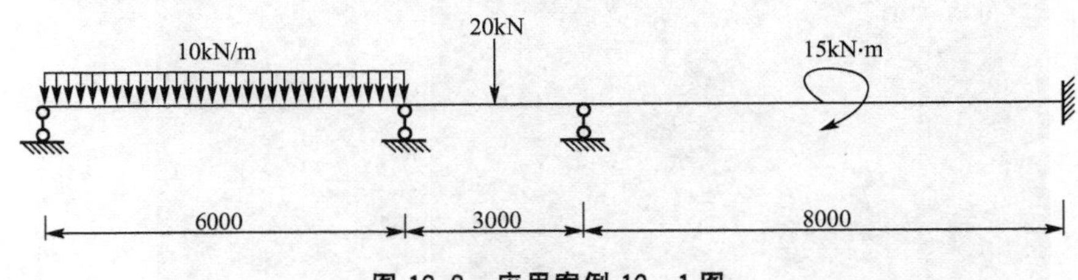

图 12.8 应用案例 12-1 图

1. 网格生成

建立新文件“LXL”，进入“PK 数据交互输入”界面，如图 12.5 所示。在右侧主菜单中单击“ 网格生成 ”按钮，“网格生成”菜单是整个交互输入程序最为重要的一步，用于勾画出框架或排架的立面网格线，这网格线应是柱的轴线或梁的顶面。“网格生成”子菜单如图 12.7 所示，在子菜单中选择“框架网格”命令。“框架网格”可不通过屏幕画图方式，而是参数定义方式形成立面框架的梁柱轴线，单击后弹出图 12.9 所示对话框。

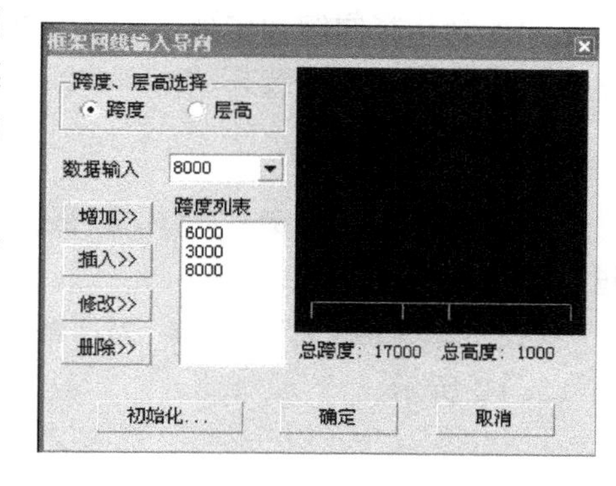

图 12.9 “框架网线输入导向”对话框

“框架网线输入导向”操作步骤如下。

(1) 选择“跨度”，在“数据输入”框中输入“6000”，单击“增加”按钮，继续输入数据“3000”，单击“增加”按钮，再输入“8000”，单击“增加”按钮。跨度的数据输入是从左往右的逐渐增加的。

(2) 选择“层高”，在“数据输入”框中输入“1000”，单击“增加”按钮，然后单击“确定”按钮。层高的数据输入是从下往上的逐渐增加的。

提示：由于要计算的是连续梁，柱子作为连续梁的支座，适当输入高度即可。

单击“确定”按钮后，“PK 数据交互输入”界面将变为图 12.10 所示。

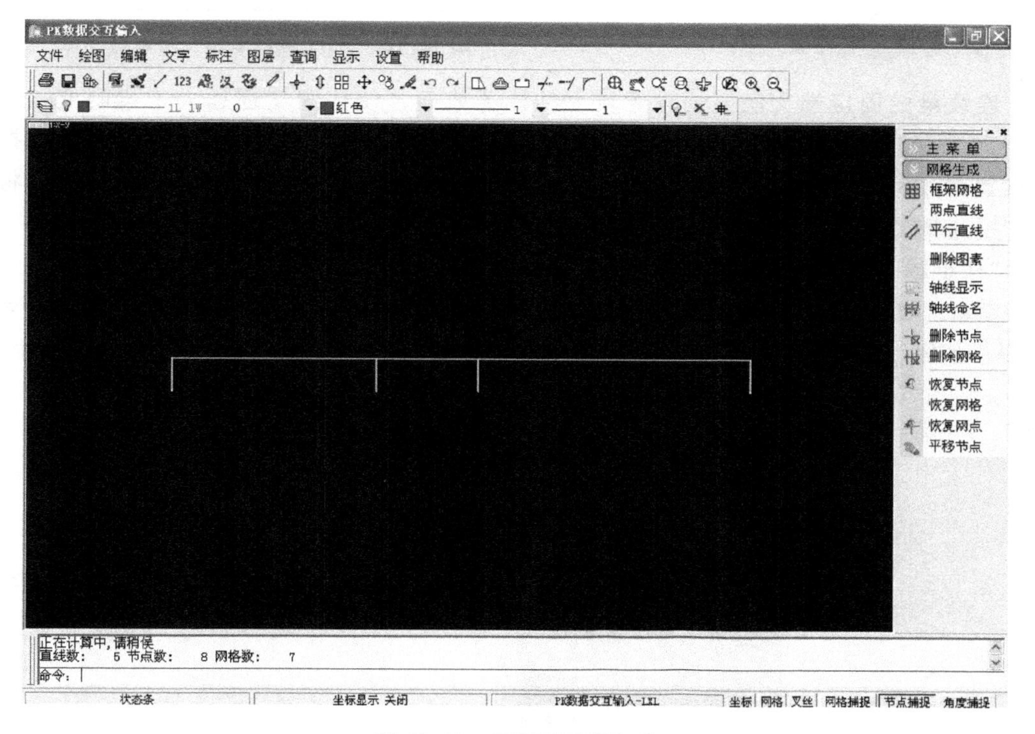

图 12.10 连续梁网格生成

另外，也可使用“两点直线”或“平行直线”命令直接在屏幕上绘制红色直轴线，也可用“删除图素”、“删除节点”和“删除网络”命令来进行修改，修改后可按快捷键 F5 进行屏幕刷新。

如果是从空间结构中取出的某一榀框架或某一根连续梁，也可选择“轴线显示”命令来显示轴线，或者选择“轴线显示”命令自己手动给轴线命名。

2. 柱布置

返回主菜单，单击“柱布置”按钮，出现子菜单如图12.11所示，现对各命令进行简要介绍：

(1)“截面定义”。选择“截面定义”命令，弹出“柱子截面数据”对话框，如图12.12所示。

图12.11 “柱布置”子菜单

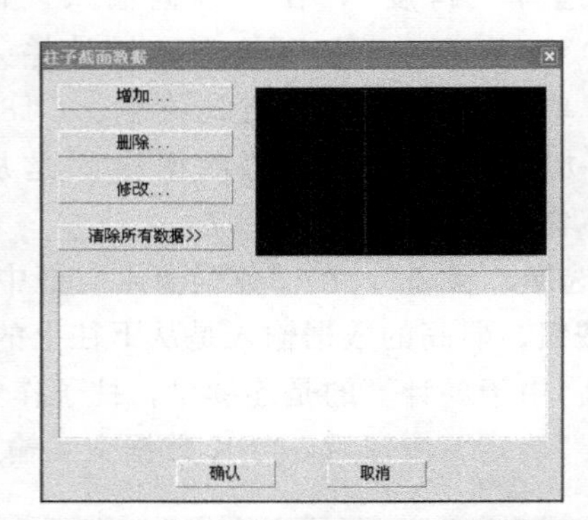

图12.12 “柱子截面数据”对话框

连续梁的固定端支座需要设置较大的柱子截面，使柱刚度远远大于梁刚度，这里取“1000×1000”。其他柱子由于两端铰接，所以截面尺寸对计算结构无影响，按常规设置为“300×300”，“500×500”均可，这里取“500×500”。在第四步中，将利用“铰接构件”功能将柱梁之间设为铰接。

“柱子截面数据”操作步骤如下：

单击“增加”按钮，在新弹出的对话框中(见图12.13)，截面宽和高都输入“500”，单击“确认”按钮，继续单击“增加”按钮，输入“1000”，单击“确认”按钮，如图12.14所示。

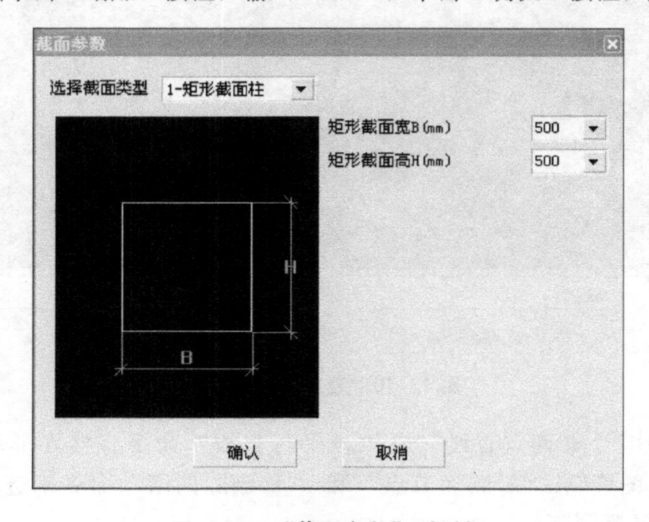

图12.13 “截面参数”对话框

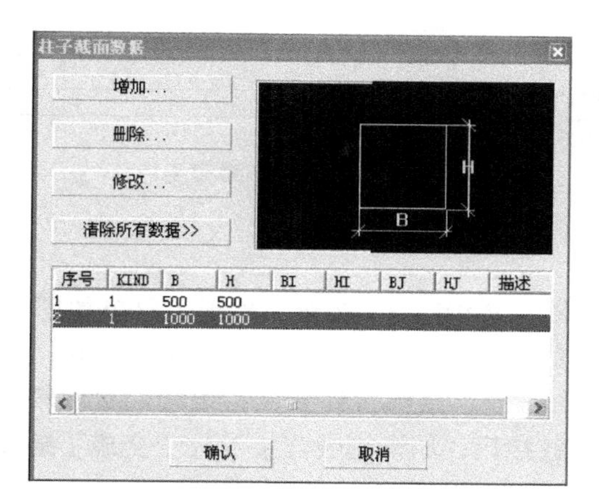

图 12.14 “柱子截面数据”对话框

(2)“柱布置”。选择“柱布置”命令，在对话框中选择序号“1”，确认后弹出图 12.15 所示对话框，要求输入柱对轴线的偏心，用键盘输入“0”，按 Enter 键确认。

屏幕中，鼠标指针变成了一个拾取框，点中第一、二、三根柱子，右击或按 Esc 键确认，继续出现“柱子截面数据”对话框，选择序号“2”，确认，同样输入偏心为“0”，选择第四根柱子，确认后，再次出现的对话框可单击“取消”按钮关闭。结果如图 12.16 所示。

图 12.15 “柱对轴线的偏心”对话框

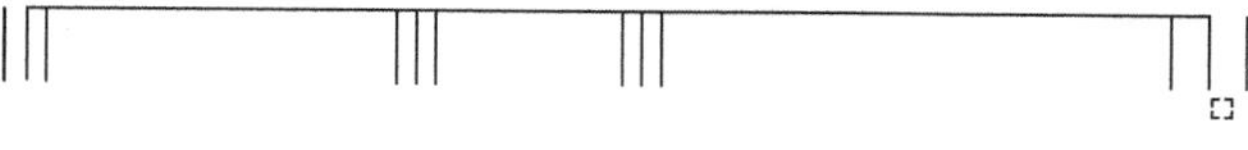

图 12.16 柱布置完毕

3. 梁布置

返回主菜单，单击“梁布置”按钮，出现子菜单如图 12.17 所示，现对各命令进行简要介绍：

(1)“截面定义”。选择“截面定义”命令，操作步骤类似柱布置，设置梁的截面尺寸为“250×500”，如图 12.18 所示。

图 12.17 “梁布置”子菜单

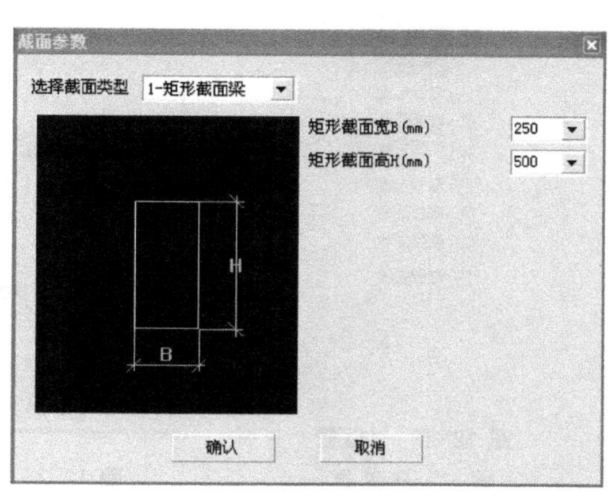

图 12.18 “截面参数”对话框

(2)“梁布置”。同样将梁的截面布置好，结果如图 12.19 所示。

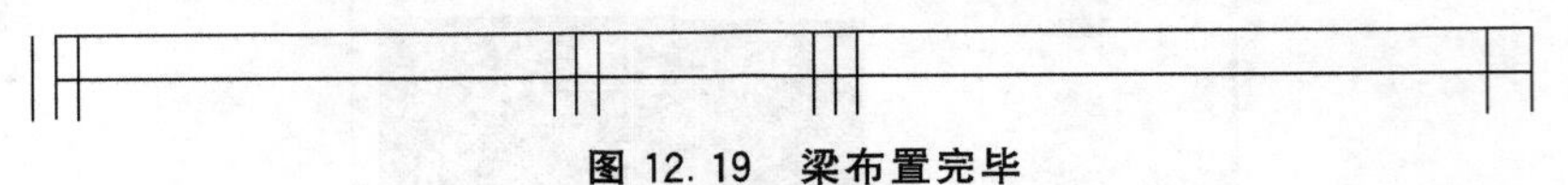

图 12.19　梁布置完毕

4. 铰接构件

返回主菜单，单击“铰接构件”按钮，出现子菜单如图 12.20 所示。选择“布置柱铰”命令，屏幕下方的命令行出现 3 个选项：左下端铰接(1)、右上端铰接(2)、两端铰接(3)。选择(3)并按 Enter 键，鼠标指针变成拾取框，拾取第一、第二、第三根柱，结果如图 12.21 所示，两端铰接后，原来刚性连接的柱子变成了链杆。

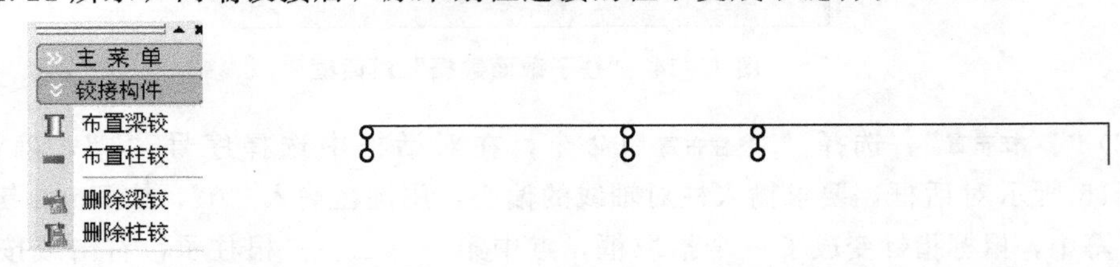

图 12.20　“铰接构件”子菜单

图 12.21　铰支座布置完毕

5. 恒载输入

返回主菜单，单击“恒载输入”按钮，出现子菜单如图 12.22 所示。选择“梁间恒载”命令，弹出图 12.23 所示对话框。选择线荷载，输入“10”kN/m，单击“确定”按钮，用鼠标拾取第一根梁；右击确定后又出现“荷载输入”对话框，选择“集中力”，输入“20”kN 和“X＝1500”，单击“确定”按钮，用鼠标拾取第二根梁；同样选择集中力偶，输入“15”kN·m 和“X＝4000”，右击确定后再次出现“荷载输入”对话框，可单击“取消”按钮关闭，结果如图 12.24 所示。

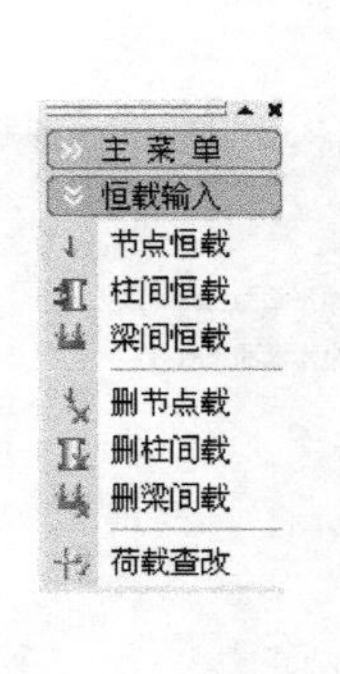

图 12.22　“恒载输入”子菜单

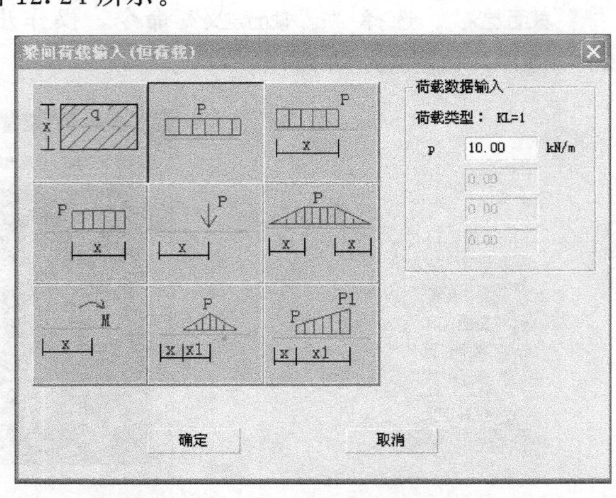

图 12.23　“梁间荷载输入(恒荷载)”对话框

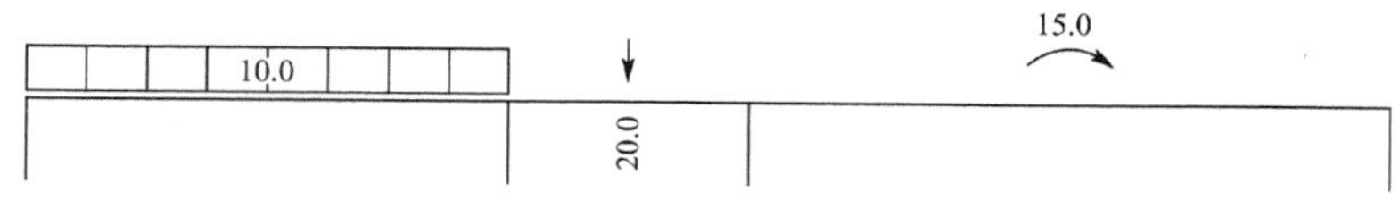

图 12.24　恒载输入结果

6. 计算简图

返回主菜单，可以单击“计算简图”按钮查看计算简图，如图 12.25 所示。

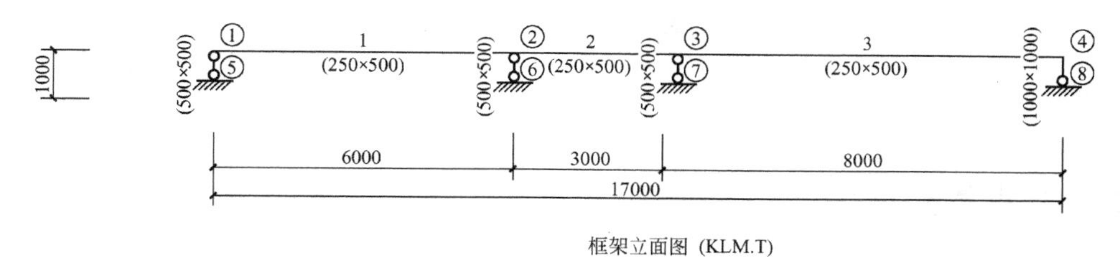

图 12.25　连续梁计算简图

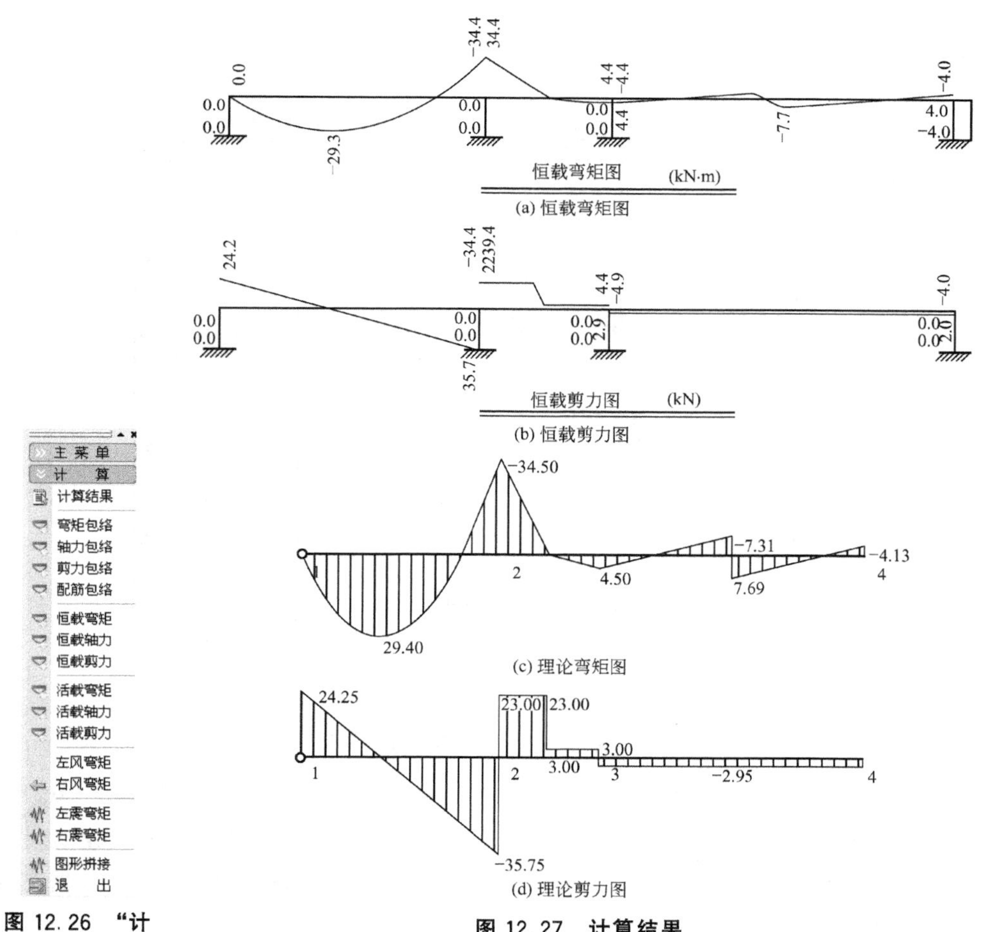

图 12.26　“计算”子菜单

图 12.27　计算结果

7. 计　算

返回主菜单，单击“ 计　算 ”按钮，出现子菜单如图 12.26 所示。选择所需的内力计算结果，如恒载弯矩、恒载剪力，结果如图 12.27(a)、(b)所示。可以看到，机算结果与手算结果［图 12.27(c)、(d)］非常接近。

12.4 框架结构内力图实训

应用案例 12-2

计算图 12.28 所示的平面框架，梁上全长承受均布线荷载 12kN/m，左梁跨中 1/3 和 2/3 处作用有集中力 20kN，绘出弯矩图、剪力图和轴力图。

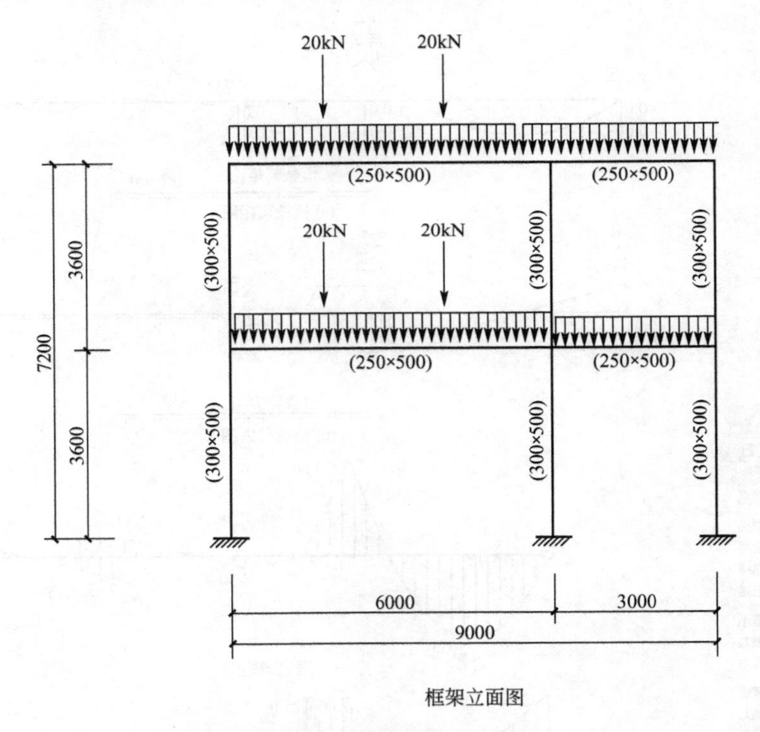

框架立面图

图 12.28　应用案例 12-2 图

打开 PKPM 主程序，选择“结构”模块，选择“PK”命令，双击进入“PK”主菜单中①项命令即“PK 数据交互输入和计算”，选择“新建文件”命令，在“输入文件名称”对话框中，输入“KJ”，如图 12.4 所示，单击“确定”按钮，进入“PK 数据交互输入”界面，如图 12.5 所示。

1. 网格生成

在主菜单中单击“网格生成”按钮，出现子菜单如图12.7所示，在子菜单中选择“框架网格”命令，弹出“框架网线输入导向”对话框，如图12.29所示。

“框架网线输入导向”操作步骤如下：

(1) 选择“跨度”，在“数据输入”框中输入“6000”，单击“增加”按钮，继续输入数据“3000”，单击“增加”按钮。

(2) 选择“层高”，在“数据输入”框中输入“3600”，单击2次“增加”按钮，再单击“确定”按钮。结果如图12.30所示。

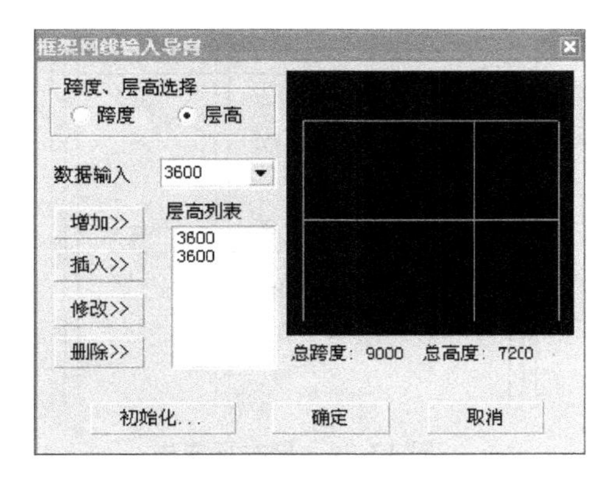

图12.29 “框架网线输入导向”对话框

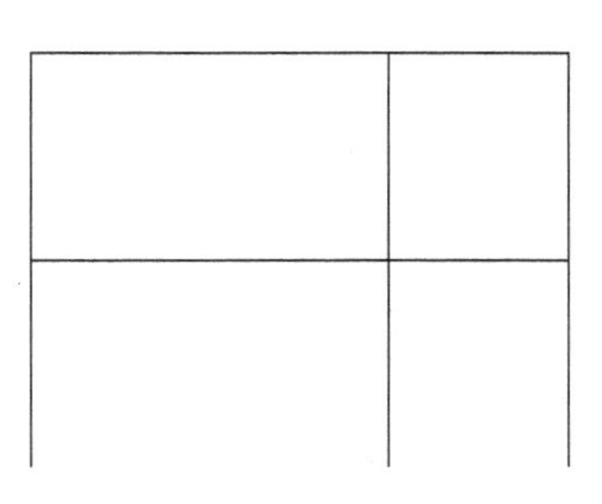

图12.30 框架网格生成

提示：菜单中各命令的用法可以参考上个例题。

2. 柱布置

返回主菜单，单击“柱布置”按钮，出现子菜单如图12.31所示。

(1) “截面定义”。选择“截面定义”命令，在弹出的对话框中设置柱截面为“300×500”。具体操作步骤参考上个例题，如图12.31和图12.32所示。

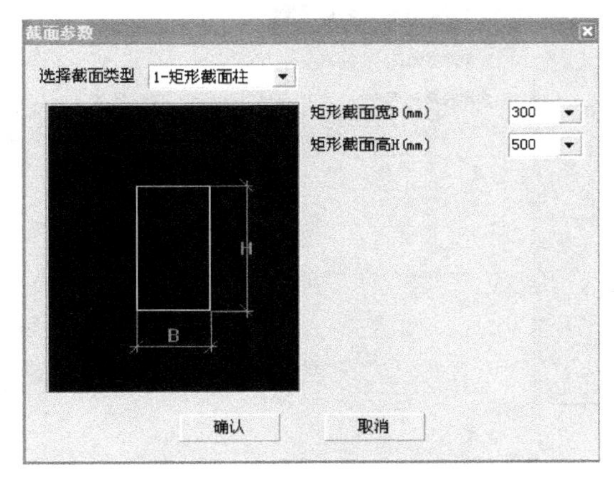

图12.31 “截面参数”对话框

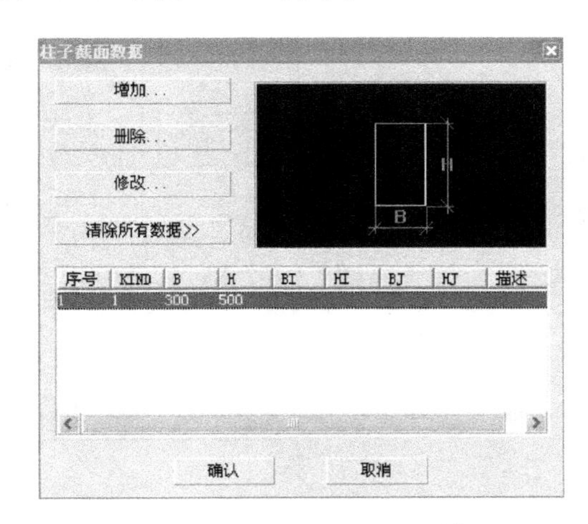

图12.32 “截面设置”对话框

（2）"柱布置"。选择"柱布置"命令，在对话框中选择序号"1"，输入柱对轴线的偏心为"0"，按 Enter 键确认。

拾取框架中所有柱子，确认，结果如图 12.33 所示。

3. 梁布置

返回主菜单，单击"梁布置"按钮，出现子菜单如图 12.17 所示。

（1）"截面定义"。选择"截面定义"命令，设置梁的截面尺寸为"250×500"，如图 12.18 所示。

（2）"梁布置"。同样将梁的截面布置好，结果如图 12.34 所示。

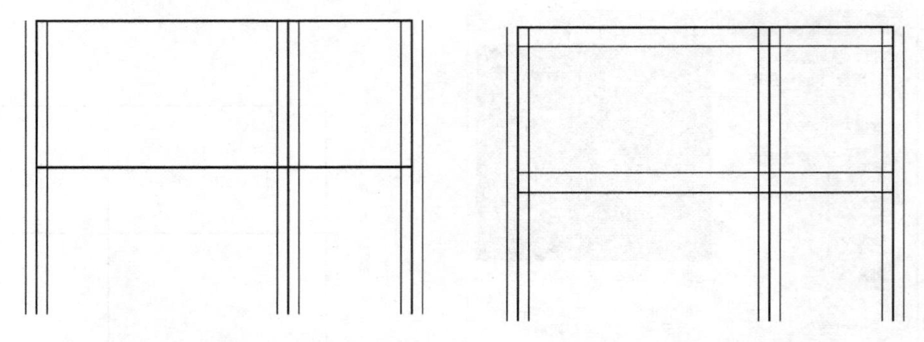

图 12.33　柱布置完毕　　　　图 12.34　梁布置完毕

4. 恒载输入

返回主菜单，单击"恒载输入"按钮，选择"梁间恒载"命令，弹出图 12.35 所示对话框。选择线荷载，输入"12"kN/m，单击"确定"按钮，用鼠标拾取所有梁；右击确定后又出现"荷载输入"对话框，选择集中力，输入"20"kN 和"X=2000"，单击"确定"按钮，用鼠标拾取第一跨上下两根梁；右击确定后再次选择集中力，输入"20"kN 和"X=4000"，结果如图 12.36 所示。

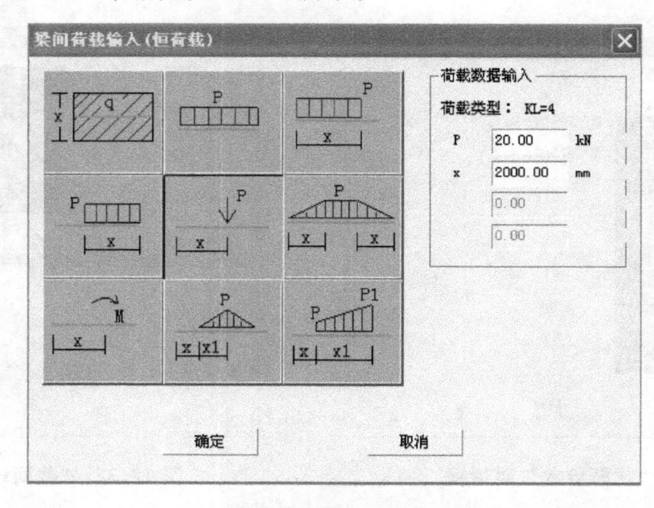

图 12.35　"梁间荷载输入（恒荷载）"对话框

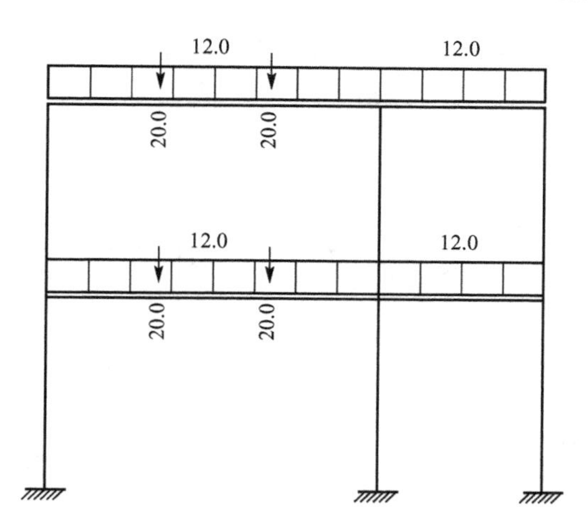

图 12.36 恒载输入结果

5. 计算简图

返回主菜单，可以单击"计算简图"按钮查看计算简图，如图 12.37 所示。

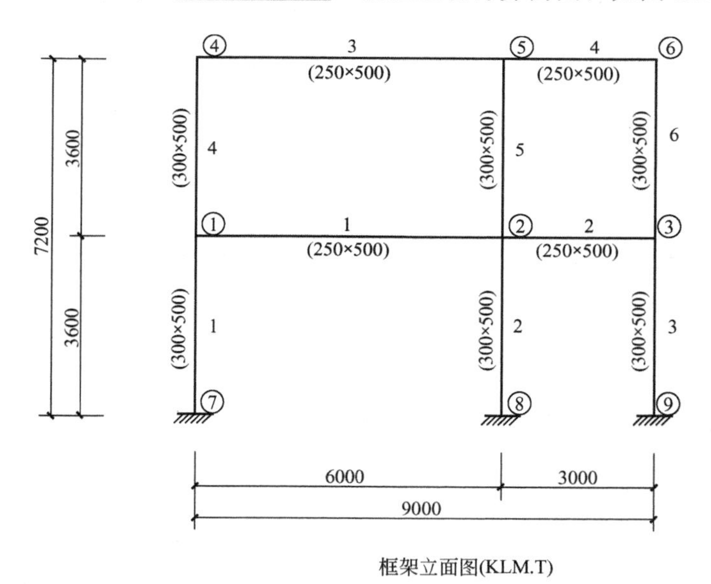

图 12.37 框架立面计算简图

6. 计 算

返回主菜单，单击"计 算"按钮，弹出"输入计算结果文件名"对话框，如图 12.38 所示，若直接按 Enter 键，则程序采用默认文件名为 PK11. OUT，计算结果都存到这个文件里。每次计算采用隐含的计算结果文件名 PK11. OUT，可以节省存储空间，待最终确定了计算结果需要保留时可改名保存。

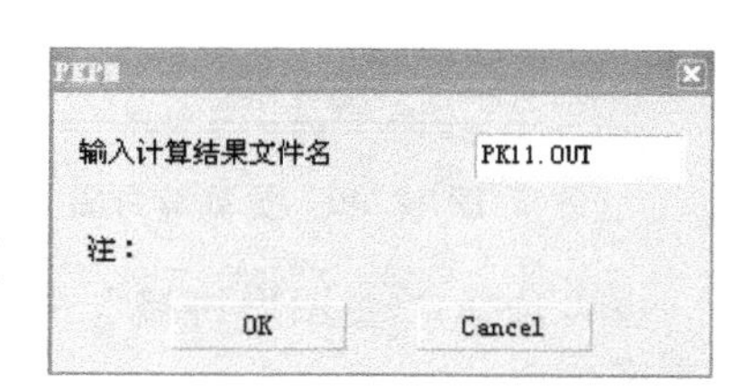

图 12.38 "输入计算结果文件名"对话框

最后屏幕上出现配筋包络图，在子菜单中还可选择所需的内力计算结果，如恒载弯矩(见图 12.39)、恒载剪力(见图 12.40)和恒载轴力(见图 12.41)。

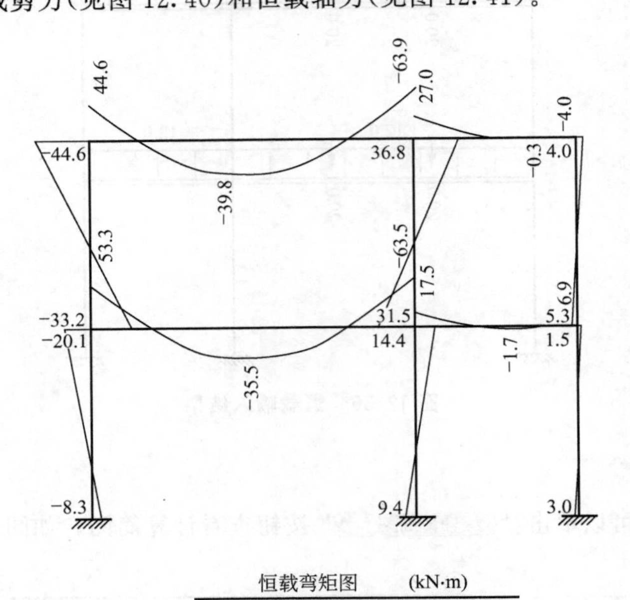

图 12.39　恒载弯矩图

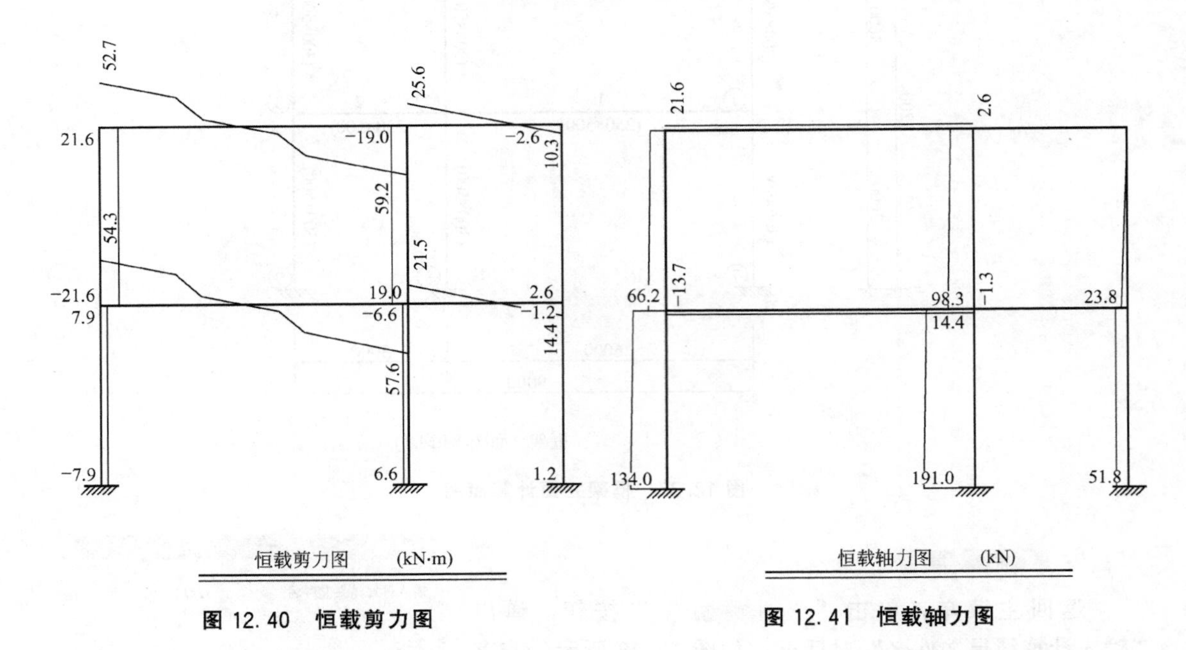

图 12.40　恒载剪力图

图 12.41　恒载轴力图

也可选择“图形拼接”命令，把弯矩、剪力、轴力、配筋等项计算结果布置在同一张图纸内。

当选择“图形拼接”命令时，屏幕左上角出现一个小选项卡，如图 12.42 所示，其中 AS. T 表示配筋包络图；M. T、N. T 和 Q. T 分别表示弯矩包络图、柱轴力图和剪力包络图；D-M.T、D-N.T 和D-V.T分别表示恒载弯矩图、轴力图和剪力图；L-M.T、L-N.T 和 L-V.T 分别表示活载弯矩图、轴力图和剪力图。用鼠标选取所需的内力图，移到图纸上即可，可再次选取，不需要时右击确认。结果如图 12.43 所示。

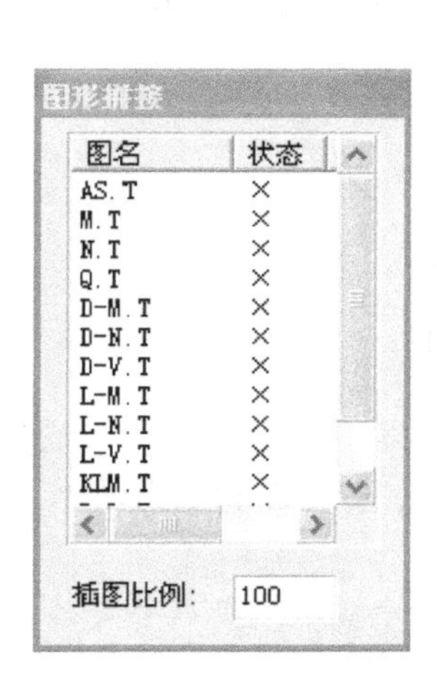

图 12.42 “图形拼接”选项卡

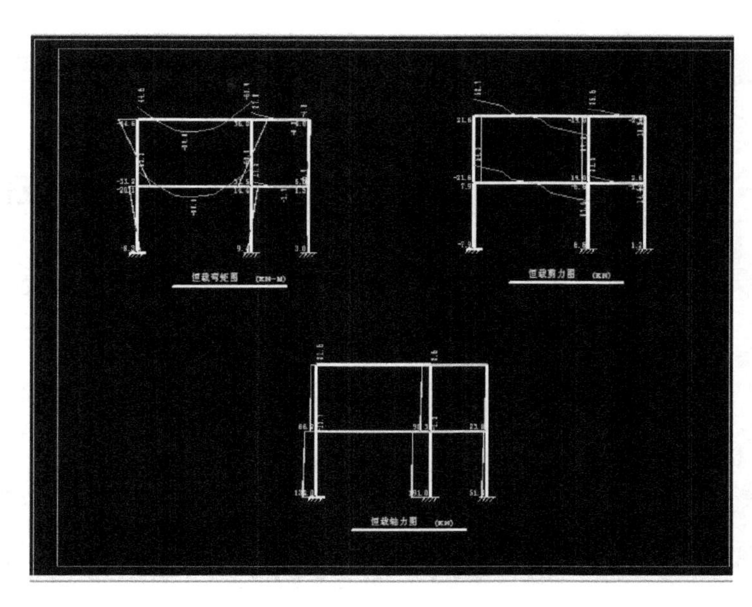

图 12.43 计算结果

本章小结

(1) PKPM 系列软件是目前国内建筑工程界应用最广，用户最多的一套计算机辅助设计系统。其包含了结构、特种结构、建筑、设备、概预算、钢结构和节能七个专业模块。每个专业模块下，又包含了各自相关的若干子模块。数据采用交互式输入，使用起来非常方便，并且能实现向 AUTOCAD 的输出。

(2) PK 主菜单的操作主要有三个部分：一是计算模型输入，如模块①；二是结构计算，如模块②～④；三是施工图设计，如模块⑤～⑧。

(3) PK 数据交互输入的方式有三种：

① 新建文件。将从零开始创建一个框架、排架或连续梁结构模型，按菜单上的相应功能按键来交互输入数据。

② 打开已有交互文件。将在一已有交互式文件的基础上，进行补充创建新的交互式文件。

③ 打开已有数据文件。打开已有 PMCAD 生成的框架或连续梁的数据文件。

不管何种方式进入，“PK 数据交互输入”界面是相同的。

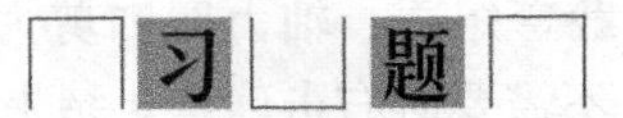

习题

1. 图 12.44 所示扣件式钢管脚手架大横杆计算简图，试绘出脚手架大横杆弯矩图和剪力图。

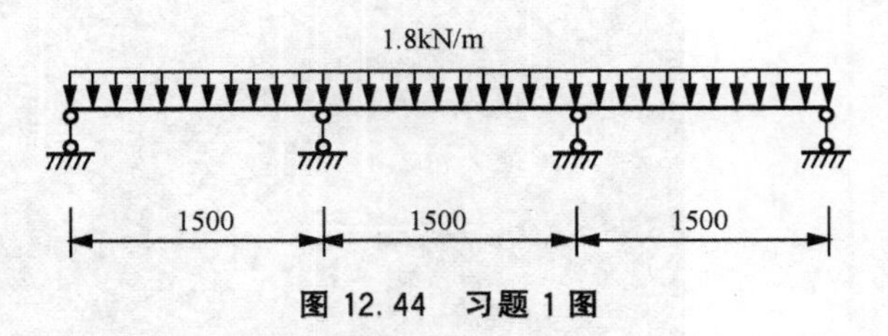

图 12.44　习题 1 图

2. 计算图 12.45 所示的平面框架，受力如图所示，绘制弯矩图、剪力图和轴力图。

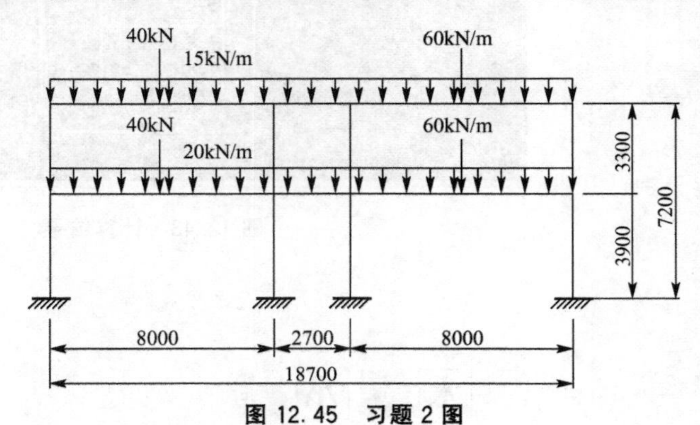

图 12.45　习题 2 图

附录　型钢规格表

附表 1　热轧等边角钢(GB/T 9787—1988)

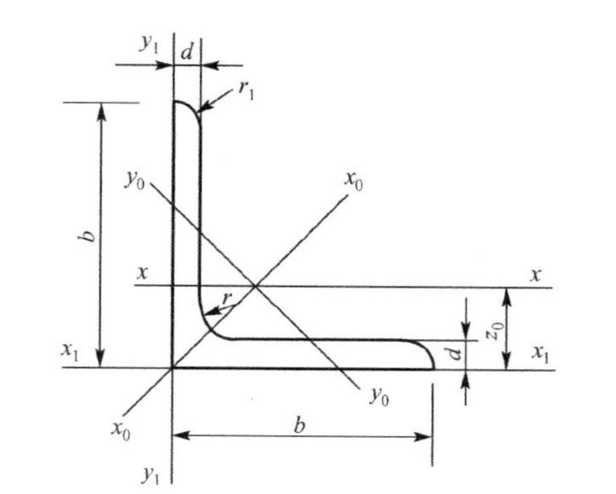

符号意义：

b——边宽度；　I——惯性矩；
d——边厚度；　i——惯性半径；
r——内圆弧半径；　W——截面系数；
r_1——边端内圆弧半径；　z_0——重心距离。

角钢号数	尺寸/mm			截面面积/cm²	理论重量/(kg/m)	外表面积/(m²/m)	参考数值										z_0/cm
							$x-x$			x_0-x_0			y_0-y_0			x_1-x_1	
	b	d	r				I_x/cm^4	i_x/cm	W_x/cm^3	I_{x0}/cm^4	i_{x0}/cm	W_{x0}/cm^3	I_{y0}/cm^4	i_{y0}/cm	W_{y0}/cm^3	I_{x1}/cm^4	
2	20	3	3.5	1.132	0.889	0.078	0.40	0.59	0.29	0.63	0.75	0.45	0.17	0.39	0.20	0.81	0.60
		4		1.459	1.145	0.077	0.50	0.58	0.36	0.78	0.73	0.55	0.22	0.38	0.24	1.09	0.64
2.5	25	3		1.432	1.124	0.098	0.82	0.76	0.46	1.29	0.95	0.73	0.34	0.49	0.33	1.57	0.73
		4		1.859	1.459	0.097	1.03	0.74	0.59	1.62	0.93	0.92	0.43	0.48	0.40	2.11	0.76
3.0	30	3	4.5	1.749	1.373	0.117	1.46	0.91	0.68	2.31	1.15	1.09	0.61	0.59	0.51	2.71	0.85
		4		2.276	1.786	0.117	1.84	0.90	0.87	2.92	1.13	1.37	0.77	0.58	0.62	3.63	0.89
3.6	36	3	4.5	2.109	1.656	0.141	2.58	1.11	0.99	4.09	1.39	1.61	1.07	0.71	0.76	4.68	1.00
		4		2.756	2.163	0.141	3.29	1.09	1.28	5.22	1.38	2.05	1.37	0.70	0.93	6.25	1.04
		5		3.382	2.654	0.141	3.95	1.08	1.56	6.24	1.36	2.45	1.65	0.70	1.09	7.84	1.07

续表

角钢号数	尺寸/mm			截面面积/cm^2	理论重量/(kg/m)	外表面积/(m^2/m)	参考数值										z_0/cm
							$x-x$			x_0-x_0			y_0-y_0			x_1-x_1	
	b	d	r				I_x/cm^4	i_x/cm	W_x/cm^3	I_{x0}/cm^4	i_{x0}/cm	W_{x0}/cm^3	I_{y0}/cm^4	i_{y0}/cm	W_{y0}/cm^3	I_{x1}/cm^4	
4.0	40	3	5	2.359	1.852	0.157	3.59	1.23	1.23	5.69	1.55	2.01	1.49	0.79	0.96	6.41	1.09
		4		3.086	2.422	0.157	4.60	1.22	1.60	7.29	1.54	2.58	1.91	0.79	1.19	8.56	1.13
		5		3.791	2.976	0.156	5.53	1.21	1.96	8.76	1.52	3.01	2.30	0.78	1.39	10.74	1.17
4.5	45	3	5	2.659	2.088	0.177	5.17	1.40	1.58	8.20	1.76	2.58	2.14	0.90	1.24	9.12	1.22
		4		3.486	2.736	0.177	6.65	1.38	2.05	10.56	1.74	3.32	2.75	0.89	1.54	12.18	1.26
		5		4.292	3.369	0.176	8.04	1.37	2.51	12.74	1.72	4.00	3.33	0.88	1.81	15.25	1.30
		6		5.076	3.985	0.176	9.33	1.36	2.95	14.76	1.70	4.64	3.89	0.88	2.06	18.36	1.33
5	50	3	5.5	2.971	2.332	0.197	7.18	1.55	1.96	11.37	1.96	3.22	2.98	1.00	1.57	12.50	1.34
		4		3.897	3.059	0.197	9.26	1.54	2.56	14.70	1.94	4.16	3.82	0.99	1.96	16.69	1.38
		5		4.803	3.770	0.196	11.21	1.53	3.13	17.79	1.92	5.03	4.64	0.98	2.31	20.90	1.42
		6		5.688	4.465	0.196	13.05	1.52	3.68	20.68	1.91	5.85	5.42	0.98	2.63	25.14	1.46
5.6	56	3	6	3.343	2.624	0.221	10.19	1.75	2.48	16.14	2.20	4.08	4.24	1.13	2.02	17.56	1.48
		4		4.390	3.446	0.220	13.18	1.73	3.24	20.92	2.18	5.28	5.46	1.11	2.52	23.43	1.53
5.6	56	5	6	5.415	4.251	0.220	16.02	1.72	3.97	25.42	2.17	6.42	6.61	1.10	2.98	29.33	1.57
		8	7	8.367	6.568	0.219	23.63	1.68	6.03	37.37	2.11	9.44	9.89	1.09	4.16	47.24	1.68
6.3	63	4	7	4.978	3.907	0.248	19.03	1.96	4.13	30.17	2.46	6.78	7.89	1.26	3.29	33.35	1.70
		5		6.143	4.822	0.248	23.17	1.94	5.08	36.77	2.45	8.25	9.57	1.25	3.90	41.73	1.74
		6		7.288	5.721	0.247	27.12	1.93	6.00	43.03	2.43	9.66	11.20	1.24	4.46	50.14	1.78
		8		9.515	7.469	0.247	34.46	1.90	7.75	54.56	2.40	12.25	14.33	1.23	5.47	67.11	1.85
		10		11.657	9.151	0.246	41.09	1.88	9.39	64.85	2.36	14.56	17.33	1.22	6.36	84.31	1.93
7	70	4	8	5.570	4.372	0.275	26.39	2.18	5.14	41.80	2.74	8.44	10.99	1.40	4.17	45.74	1.86
		5		6.875	5.397	0.275	32.21	2.16	6.32	51.08	2.73	10.32	13.34	1.39	4.95	57.21	1.91
		6		8.160	6.406	0.275	37.77	2.15	7.48	59.93	2.71	12.11	15.61	1.38	5.67	68.73	1.95
		7		9.424	7.398	0.275	43.09	2.14	8.59	68.35	2.69	13.81	17.82	1.38	6.34	80.29	1.99
		8		10.667	8.373	0.274	48.17	2.12	9.68	76.37	2.68	15.43	19.98	1.37	6.98	91.92	2.03

续表

角钢号数	尺寸/mm			截面面积/cm^2	理论重量/(kg/m)	外表面积/(m^2/m)	参考数值										z_0/cm
							$x-x$			x_0-x_0			y_0-y_0			x_1-x_1	
	b	d	r				I_x/cm^4	i_x/cm	W_x/cm^3	I_{x0}/cm^4	i_{x0}/cm	W_{x0}/cm^3	I_{y0}/cm^4	i_{y0}/cm	W_{y0}/cm^3	I_{x1}/cm^4	
7.5	75	5	9	7.367	5.818	0.295	39.97	2.33	7.32	63.30	2.92	11.94	16.63	1.50	5.77	70.56	2.04
		6		8.797	6.905	0.294	46.95	2.31	8.64	74.38	2.90	14.02	19.51	1.49	6.67	84.55	2.07
		7		10.160	7.976	0.294	53.57	2.30	9.93	84.96	2.89	16.02	22.18	1.48	7.44	98.71	2.11
		8		11.503	9.030	0.294	59.96	2.28	11.20	95.07	2.88	17.93	24.86	1.47	8.19	112.97	2.15
		10		14.126	11.089	0.293	71.98	2.26	13.64	113.92	2.84	21.48	30.05	1.46	9.56	141.71	2.22
8	80	5	9	7.912	6.211	0.315	48.79	2.48	8.34	77.33	3.13	13.67	20.25	1.60	6.66	85.36	2.15
		6		9.397	7.376	0.314	57.35	2.47	9.87	90.98	3.11	16.08	23.72	1.59	7.65	102.50	2.19
		7		10.860	8.525	0.314	65.58	2.46	11.37	104.07	3.10	18.40	27.09	1.58	8.58	119.70	2.23
		8		12.303	9.658	0.314	73.49	2.44	12.83	116.60	3.08	20.61	30.39	1.57	9.46	136.97	2.27
		10		15.126	11.874	0.313	88.43	2.42	15.64	140.09	3.04	24.76	36.77	1.56	11.08	171.74	2.35
9	90	6	10	10.637	8.350	0.354	82.77	2.79	12.61	131.26	3.51	20.63	34.28	1.80	9.95	145.87	2.44
		7		12.301	9.656	0.354	94.83	2.78	14.54	150.47	3.50	23.64	39.18	1.78	11.19	170.30	2.48
		8		13.944	10.946	0.353	106.47	2.76	16.42	168.97	3.48	26.55	43.97	1.78	12.35	194.80	2.52
		10		17.167	13.476	0.353	128.58	2.74	20.07	203.90	3.45	32.04	53.26	1.76	14.52	244.07	2.59
		12		20.306	15.940	0.352	149.22	2.71	23.57	236.21	3.41	37.12	62.22	1.75	16.49	293.76	2.67
10	100	6	12	11.932	9.366	0.393	114.95	3.01	15.68	181.98	3.90	25.74	47.92	2.00	12.69	200.07	2.67
		7		13.796	10.830	0.393	131.86	3.09	18.10	208.97	3.89	29.55	54.74	1.99	14.26	233.54	2.71
		8		15.638	12.276	0.393	148.24	3.08	20.47	235.07	3.88	33.24	61.41	1.98	15.75	267.09	2.76
		10		19.261	15.120	0.392	179.51	3.05	25.06	284.68	3.84	40.26	74.35	1.96	18.54	334.48	2.84
		12		22.800	17.898	0.391	208.90	3.03	29.48	330.95	3.81	46.80	86.84	1.95	21.08	402.34	2.91
		14		26.256	20.611	0.391	236.53	3.00	33.73	374.06	3.77	52.90	99.00	1.94	23.44	470.75	2.99
		16		29.627	23.257	0.390	262.53	2.98	37.82	414.16	3.74	58.57	110.89	1.94	25.63	539.80	3.06
11	110	7	12	15.196	11.928	0.433	177.16	3.41	22.05	280.94	4.30	36.12	73.38	2.20	17.51	310.64	2.96
		8		17.238	13.532	0.433	199.46	3.40	24.95	316.49	4.28	40.69	82.42	2.19	19.39	355.20	3.01
		10		21.261	16.690	0.432	242.19	3.38	30.60	384.39	4.25	49.42	99.98	2.17	22.91	444.65	3.09
		12		25.200	19.782	0.431	282.55	3.35	36.05	448.17	4.22	57.62	116.93	2.15	26.15	534.60	3.16
		14		29.056	22.809	0.431	320.71	3.32	41.31	508.01	4.18	65.31	133.40	2.14	29.14	625.16	3.24

续表

角钢号数	尺寸/mm			截面面积/cm²	理论重量/(kg/m)	外表面积/(m²/m)	参考数值										z₀/cm
							x－x			x₀－x₀			y₀－y₀			x₁－x₁	
	b	d	r				I_x/cm⁴	i_x/cm	W_x/cm³	I_{x0}/cm⁴	i_{x0}/cm	W_{x0}/cm³	I_{y0}/cm⁴	i_{y0}/cm	W_{y0}/cm³	I_{x1}/cm⁴	
12.5	125	8	14	19.750	15.504	0.492	297.03	3.88	32.52	470.89	4.88	53.28	123.16	2.50	25.86	521.01	3.37
		10		24.373	19.133	0.491	361.67	3.85	39.97	573.89	4.85	64.93	149.46	2.48	30.62	651.93	3.45
		12		28.912	22.696	0.491	423.16	3.83	41.17	671.44	4.82	75.96	174.88	2.46	35.03	783.42	3.53
		14		33.367	26.193	0.490	481.65	3.80	54.16	763.73	4.78	86.41	199.57	2.45	39.13	915.61	3.61
14	140	10	14	27.373	21.488	0.551	514.65	4.34	50.58	817.27	5.46	82.56	212.04	2.78	39.20	915.11	3.82
		12		32.512	25.522	0.551	603.68	4.31	59.80	958.79	5.43	96.85	248.57	2.76	45.02	1099.28	3.90
		14		37.567	29.490	0.550	688.81	4.28	68.75	1093.56	5.40	110.47	284.06	2.75	50.45	1284.22	3.98
		16		42.539	33.393	0.549	770.24	4.26	77.46	1221.81	5.36	123.42	318.67	2.74	55.55	1470.07	4.06
16	160	10	16	31.502	24.729	0.630	779.53	4.98	66.70	1237.30	6.27	109.36	321.76	3.20	52.76	1365.33	4.31
		12		37.441	29.391	0.630	916.58	4.95	78.98	1455.68	6.24	128.67	377.49	3.18	60.74	1639.57	4.39
		14		43.296	33.987	0.629	1048.36	4.92	90.95	1665.02	6.20	147.17	431.70	3.16	68.244	1914.68	4.47
		16		49.067	38.518	0.629	1175.08	4.89	102.63	1865.57	6.17	164.89	484.59	3.14	75.31	2190.82	4.55
18	180	12	16	42.241	33.159	0.710	1321.35	5.59	100.82	2100.10	7.05	165.00	542.61	3.58	78.41	2332.80	4.89
		14		48.896	38.388	0.709	1514.48	5.56	116.25	2407.42	7.02	189.14	625.53	3.56	88.38	2723.48	4.97
		16		55.467	43.542	0.709	1700.99	5.54	131.13	2703.37	6.98	212.40	698.60	3.55	97.83	3115.29	5.05
		18		61.955	48.634	0.708	1875.12	5.50	145.64	2988.24	6.94	234.78	762.01	3.51	105.14	3502.43	5.13
20	200	14	18	54.642	42.894	0.788	2103.55	6.20	144.70	3343.26	7.82	236.40	863.83	3.98	111.82	3734.10	5.46
		16		62.013	48.680	0.788	2366.15	6.18	163.65	3760.89	7.79	265.93	971.41	3.96	123.96	4270.39	5.54
		18		69.301	54.401	0.787	2620.64	6.15	182.22	4164.54	7.75	294.48	1076.74	3.94	135.52	4808.13	5.62
		20		76.505	60.056	0.787	2867.30	6.12	200.42	4554.55	7.72	322.06	1180.04	3.93	146.55	5347.51	5.69
		24		90.661	71.168	0.785	2338.25	6.07	236.17	5294.97	7.64	374.41	1381.53	3.90	166.55	6457.16	5.87

注：截面图和表中标注的圆弧半径 r、r_1 的数据用于孔型设计，不作交货条件。

附表 2　热轧不等边角钢(GB/T 9788—1988)

符号意义：

B——长边宽度；　b——短边宽度；

d——边厚度；　r——内圆弧半径；

r_1——边端内圆弧半径；　I——惯性矩；

i——惯性半径；　W——截面系数；

x_0——重心距离；　y_0——重心距离。

角钢号数	尺寸/mm				截面面积/cm²	理论重量/(kg/m)	外表面积/(m²/m)	参考数值													
								$x-x$			$y-y$			x_1-x_1		y_1-y_1		$u-u$			
	B	b	d	r				I_x/cm⁴	i_x/cm	W_x/cm³	I_y/cm⁴	i_y/cm	W_y/cm³	I_{x1}/cm⁴	y_0/cm	I_{y1}/cm⁴	x_0/cm	I_u/cm⁴	i_u/cm	W_u/cm³	$\tan\alpha$
2.5/1.6	25	16	3	3.5	1.162	0.912	0.080	0.70	0.78	0.43	0.22	0.44	0.19	1.56	0.86	0.43	0.42	0.14	0.34	0.16	0.392
			4		1.499	1.176	0.079	0.88	0.77	0.55	0.27	0.43	0.24	2.09	0.90	0.59	0.46	0.17	0.34	0.20	0.381
3.2/2	32	20	3		1.492	1.171	0.102	1.53	1.01	0.72	0.46	0.55	0.30	3.27	1.08	0.82	0.49	0.28	0.43	0.25	0.382
			4		1.939	1.522	0.101	1.93	1.00	0.93	0.57	0.54	0.39	4.37	1.12	1.12	0.53	0.35	0.42	0.32	0.374
4/2.5	40	25	3	4	1.890	1.484	0.127	3.08	1.28	1.15	0.93	0.70	0.49	6.39	1.32	1.59	0.59	0.56	0.54	0.40	0.386
			4		2.467	1.936	0.127	3.93	1.26	1.49	1.18	0.69	0.63	8.53	1.37	2.14	0.63	0.71	0.54	0.52	0.381
4.5/2.8	45	28	3	5	2.149	1.687	0.143	4.45	1.44	1.47	1.34	0.79	0.62	9.10	1.47	2.23	0.64	0.80	0.61	0.51	0.383
			4		2.806	2.203	0.143	5.69	1.42	1.91	1.70	0.78	0.80	12.13	1.51	3.00	0.68	1.02	0.60	0.66	0.380
5/3.2	50	32	3	5.5	2.431	1.908	0.161	6.24	1.60	1.84	2.02	0.91	0.82	12.49	1.60	3.31	0.73	1.20	0.70	0.68	0.404
			4		3.177	2.494	0.160	8.02	1.59	2.39	2.58	0.90	1.06	16.65	1.65	4.45	0.77	1.53	0.69	0.87	0.402
5.6/3.6	56	36	3	6	2.743	2.153	0.181	8.88	1.80	2.32	2.92	1.03	1.05	17.54	1.78	4.70	0.80	1.73	0.79	0.87	0.408
			4		3.590	2.818	0.180	11.45	1.79	3.03	3.76	1.02	1.37	23.39	1.82	6.33	0.85	2.23	0.79	1.13	0.408
			5		4.415	3.466	0.180	13.86	1.77	3.71	4.49	1.01	1.65	29.25	1.87	7.94	0.88	2.67	0.78	1.36	0.404

续表

角钢号数	尺寸/mm				截面面积/cm²	理论重量/(kg/m)	外表面积/(m²/m)	参考数值													
								$x-x$			$y-y$			x_1-x_1		y_1-y_1		$u-u$			
	B	b	d	r				I_x/cm⁴	i_x/cm	W_x/cm³	I_y/cm⁴	i_y/cm	W_y/cm³	I_{x1}/cm⁴	y_0/cm	I_{y1}/cm⁴	x_0/cm	I_u/cm⁴	i_u/cm	W_u/cm³	$\tan\alpha$
6.3/4	63	40	4	7	4.058	3.185	0.202	16.49	2.02	3.87	5.23	1.14	1.70	33.30	2.04	8.63	0.92	3.12	0.88	1.40	0.398
			5		4.993	3.920	0.202	20.02	2.00	4.74	6.31	1.12	2.71	41.63	2.08	10.86	0.95	3.76	0.87	1.71	0.396
			6		5.908	4.638	0.201	23.36	1.96	5.59	7.29	1.11	2.43	49.98	2.12	13.12	0.99	4.34	0.86	1.99	0.393
			7		6.802	5.339	0.201	26.53	1.98	6.40	8.24	1.10	2.78	58.07	2.15	15.47	1.03	4.97	0.86	2.29	0.389
7/4.5	70	45	4	7.5	4.547	3.570	0.226	23.17	2.26	4.86	7.55	1.29	2.17	45.92	2.24	12.26	1.02	4.40	0.98	1.77	0.410
			5		5.609	4.403	0.225	27.95	2.23	5.92	9.13	1.28	2.65	57.10	2.28	15.39	1.06	5.40	0.98	2.19	0.407
			6		6.647	5.218	0.225	32.54	2.21	6.95	10.62	1.26	3.12	68.35	2.32	18.58	1.09	6.35	0.98	2.59	0.404
			7		7.657	6.011	0.225	37.22	2.20	8.03	12.01	1.25	3.57	79.99	2.36	21.84	1.13	7.16	0.97	2.94	0.402
7.5/5	75	50	5	8	6.125	4.808	0.245	34.86	2.39	6.83	12.61	1.44	3.30	70.00	2.40	21.04	1.17	7.41	1.10	2.74	0.435
			6		7.260	5.699	0.245	41.12	2.38	8.12	14.70	1.42	3.88	84.30	2.44	25.37	1.21	8.54	1.08	3.19	0.435
			8		9.467	7.431	0.244	52.39	2.35	10.52	18.53	1.40	4.99	112.50	2.52	34.23	1.29	10.87	1.07	4.10	0.429
			10		11.590	9.098	0.244	62.71	2.33	12.79	21.96	1.38	6.04	140.80	2.60	43.43	1.36	13.10	1.06	4.99	0.423
8/5	80	50	5	8	6.375	5.005	0.255	41.96	2.56	7.78	12.82	1.42	3.32	85.21	2.60	21.06	1.14	7.66	1.10	2.74	0.388
			6		7.560	5.935	0.255	49.49	2.56	9.25	14.95	1.41	3.91	102.53	2.65	25.41	1.18	8.85	1.08	3.20	0.387
			7		8.724	6.848	0.255	56.16	2.54	10.58	16.96	1.39	4.48	119.33	2.69	29.82	1.21	10.18	1.08	3.70	0.384
			8		9.867	7.745	0.254	62.83	2.52	11.92	18.85	1.38	5.03	136.41	2.73	34.32	1.25	11.38	1.07	4.16	0.381
9/5.6	90	56	5	9	7.212	5.661	0.287	60.45	2.90	9.92	18.32	1.59	4.21	121.32	2.91	29.53	1.25	10.98	1.23	3.49	0.385
			6		8.557	6.717	0.286	71.03	2.88	11.74	21.42	1.58	4.96	145.59	2.95	35.58	1.29	12.90	1.23	4.18	0.384
			7		9.880	7.756	0.286	81.01	2.86	13.49	24.36	1.57	5.70	169.66	3.00	41.71	1.33	14.67	1.22	4.72	0.382
			8		11.183	8.779	0.286	91.03	2.85	15.27	27.15	1.56	6.41	194.17	3.04	47.93	1.36	16.34	1.21	5.29	0.380
10/6.3	100	63	6	10	9.617	7.550	0.320	99.06	3.21	14.64	30.94	1.79	6.35	199.71	3.24	50.50	1.43	18.42	1.38	5.25	0.394
			7		11.111	8.722	0.320	113.45	3.29	16.88	35.26	1.78	7.29	233.00	3.28	59.14	1.47	21.00	1.38	6.02	0.393
			8		12.584	9.878	0.319	127.37	3.18	19.08	39.39	1.77	8.21	266.32	3.32	67.88	1.50	23.50	1.37	6.78	0.391
			10		15.467	12.142	0.319	153.81	3.15	23.32	47.12	1.74	9.98	333.06	3.40	85.73	1.58	28.33	1.35	8.24	0.387
10/8	100	80	6	10	10.637	8.350	0.354	107.04	3.17	15.19	61.24	2.40	10.16	199.83	2.95	102.68	1.97	31.65	1.72	8.37	0.627
			7		12.301	9.656	0.354	122.73	3.16	17.52	70.08	2.39	11.71	233.20	3.00	119.98	2.01	36.17	1.72	9.60	0.626
			8		13.944	10.946	0.353	137.92	3.14	19.81	78.58	2.37	13.21	266.61	3.04	137.37	2.05	40.58	1.71	10.80	0.625
			10		17.167	13.476	0.353	166.87	3.12	24.24	94.65	2.35	16.12	333.63	3.12	172.48	2.13	49.10	1.69	13.12	0.622

续表

角钢号数	尺寸/mm B	b	d	r	截面面积/cm²	理论重量/(kg/m)	外表面积/(m²/m)	x−x I_x/cm^4	i_x/cm	W_x/cm^3	y−y I_y/cm^4	i_y/cm	W_y/cm^3	x_1-x_1 I_{x1}/cm^4	y_0/cm	y_1-y_1 I_{y1}/cm^4	x_0/cm	u−u I_u/cm^4	i_u/cm	W_u/cm^4	tanα
11/7	110	70	6	10	10.637	8.350	0.354	133.37	3.54	17.85	42.92	2.01	7.90	265.78	3.53	69.08	1.57	25.36	1.54	6.53	0.403
			7		12.301	9.656	0.354	153.00	3.53	20.60	49.01	2.00	9.09	310.07	3.57	80.82	1.61	28.95	1.53	7.50	0.402
			8		13.944	10.946	0.353	172.04	3.51	23.30	54.87	1.98	10.25	354.39	3.62	92.70	1.65	32.45	1.53	8.45	0.401
			10		17.167	13.476	0.353	208.39	3.48	28.54	65.88	1.96	12.48	443.13	3.70	116.83	1.72	39.20	1.51	10.29	0.397
12.5/8	125	80	7	11	14.096	11.066	0.403	277.98	4.02	26.86	74.42	2.30	12.01	454.99	4.01	120.32	1.80	43.81	1.76	9.92	0.408
			8		15.989	12.551	0.403	256.77	4.01	30.41	83.49	2.28	13.56	519.99	4.06	137.85	1.84	49.15	1.75	11.18	0.407
			10		19.712	15.474	0.402	312.04	3.98	37.33	100.67	2.26	16.56	650.09	4.14	173.40	1.92	59.45	1.74	13.64	0.404
			12		23.351	18.330	0.402	364.41	3.95	44.01	116.67	2.24	19.43	780.39	4.22	209.67	2.00	69.35	1.72	16.01	0.400
14/9	140	90	8	12	18.038	14.160	0.453	365.64	4.50	38.48	120.69	2.59	17.34	730.53	4.50	195.79	2.04	70.83	1.98	14.31	0.411
			10		22.261	17.475	0.452	445.50	4.47	47.31	146.03	2.56	21.22	913.20	4.58	245.92	2.12	85.82	1.96	17.48	0.409
			12		26.400	20.724	0.451	521.59	4.44	55.87	169.79	2.54	24.95	1096.09	4.66	296.89	2.19	100.21	1.95	20.54	0.406
			14		30.456	23.908	0.451	594.10	4.42	64.18	192.10	2.51	28.54	1279.26	4.74	348.82	2.27	114.3	1.94	23.52	0.403
16/10	160	100	10	13	25.315	19.872	0.512	668.69	5.14	62.13	205.03	2.85	26.56	1362.89	5.24	336.59	2.28	121.74	2.19	21.92	0.390
			12		30.054	23.592	0.511	784.91	5.11	73.49	239.06	2.82	31.28	1635.56	5.32	405.94	2.36	142.33	2.17	25.79	0.388
			14		34.709	27.247	0.510	896.30	5.08	84.56	271.20	2.80	35.83	1908.50	5.40	476.42	2.43	162.23	2.16	29.56	0.385
			16		39.281	30.835	0.510	1003.04	5.05	95.33	301.60	2.77	40.24	2181.79	5.48	548.22	2.51	182.57	2.16	33.44	0.382
18/11	180	110	10	14	28.373	22.273	0.571	956.25	5.80	78.96	278.11	3.13	32.49	1940.40	5.89	447.22	2.44	166.50	2.42	26.88	0.376
			12		33.712	26.464	0.571	1124.72	5.78	93.53	325.03	3.10	38.32	2328.38	5.98	538.94	2.52	194.87	2.40	31.66	0.374
			14		38.967	30.589	0.570	1286.91	5.75	107.76	369.55	3.08	43.97	2716.60	6.06	631.95	2.59	222.30	2.39	36.32	0.372
			16		44.139	34.649	0.569	1443.06	5.72	121.64	411.85	3.06	49.44	3105.15	6.14	726.46	2.67	248.94	2.38	40.87	0.369
20/12.5	200	125	12		37.912	29.761	0.641	1570.90	6.44	116.73	483.16	3.57	49.99	3193.85	6.54	787.74	2.83	285.79	2.74	41.23	0.392
			14		43.867	34.436	0.640	1800.97	6.41	134.65	550.83	3.54	57.44	3726.17	6.02	922.47	2.91	326.58	2.73	47.34	0.390
			16		49.739	39.045	0.639	2023.35	6.38	152.18	615.44	3.52	64.69	4258.86	6.70	1058.86	2.99	366.21	2.71	53.32	0.388
			18		55.526	43.588	0.639	2238.30	6.35	169.33	677.19	3.49	71.74	4792.00	6.78	1197.13	3.06	404.83	2.70	59.18	0.385

注：1. 括号内型号不推荐使用。

2. 截面图中的 $r_1=\frac{1}{3}d$ 及表中 r 的数据用于孔型设计，不作交货条件。

附表 3　热轧工字钢(GB/T 706—1988)

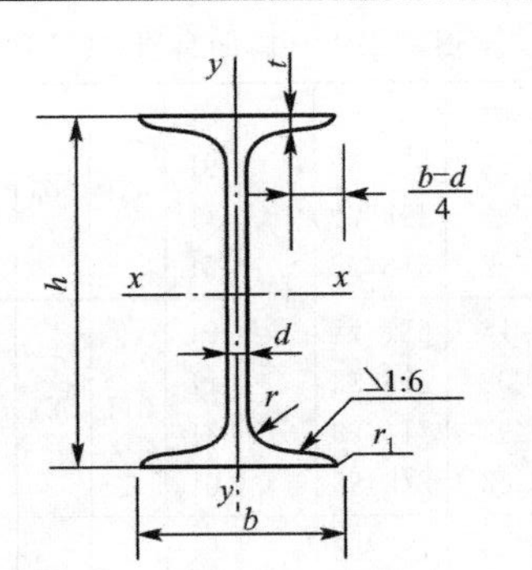

符号意义：

h——高度；　　　　r_1——腿端圆弧半径；
b——腿宽度；　　　I——惯性矩；
d——腰厚度；　　　W——截面系数；
t——平均腿厚度；　i——惯性半径；
r——内圆弧半径；　S——半截面的静矩。

型号	尺寸/mm						截面面积/cm^2	理论重量/(kg/m)	参考数值						
									$x-x$				$y-y$		
	h	b	d	t	r	r_1			I_x/cm^4	W_x/cm^3	i_x/cm	$I_x:S_x/cm$	I_y/cm^4	W_y/cm^3	i_y/cm
10	100	68	4.5	7.6	6.5	3.3	14.3	11.2	245	49	4.14	8.59	33	9.72	1.52
12.6	126	74	5	8.4	7	3.5	18.1	14.2	488.43	77.529	5.195	10.85	46.906	12.677	1.609
14	140	80	5.5	9.1	7.5	3.8	21.5	16.9	712	102	5.76	12	64.4	16.1	1.73
16	160	88	6	9.9	8	4	26.1	20.5	1130	141	6.58	13.8	93.1	21.2	1.89
18	180	94	6.5	10.7	8.5	4.3	30.6	24.1	1660	185	7.36	15.4	122	26	2
20a	200	100	7	11.4	9	4.5	35.5	27.9	2370	237	8.15	17.2	158	31.5	2.12
20b	200	102	9	11.4	9	4.5	39.5	31.1	2500	250	7.96	16.9	169	33.1	2.06
22a	220	110	7.5	12.3	9.5	4.8	42	33	3400	309	8.99	18.9	225	40.9	2.31
22b	220	112	9.5	12.3	9.5	4.8	46.4	36.4	3570	325	8.78	18.7	239	42.7	2.27
25a	250	116	8	13	10	5	48.5	38.1	5023.54	401.88	10.18	21.58	280.046	48.283	2.403
25b	250	118	10	13	10	5	53.5	42	5283.96	422.72	9.938	21.27	309.297	52.423	2.404
28a	280	122	8.5	13.7	10.5	5.3	55.45	43.4	7114.14	508.15	11.32	24.62	345.051	56.565	2.495
28b	280	124	10.5	13.7	10.5	5.3	61.05	47.9	7480	534.29	11.08	24.24	379.496	61.209	2.493

续表

型号	尺寸/mm						截面面积/cm^2	理论重量/(kg/m)	参考数值						
									$x-x$				$y-y$		
	h	b	d	t	r	r_1			I_x/cm^4	W_x/cm^3	i_x/cm	$I_x:S_x/cm$	I_y/cm^4	W_y/cm^3	i_y/cm
32a	320	130	9.5	15	11.5	5.8	67.05	52.7	11075.5	692.2	12.84	27.46	459.93	70.758	2.619
32b	320	132	11.5	15	11.5	5.8	73.45	52.7	11621.4	726.33	12.58	27.09	501.53	75.989	2.614
32c	320	134	13.5	15	11.5	5.8	79.95	62.8	12167.5	760.47	12.34	26.77	543.81	81.166	2.608
36a	360	136	10	15.8	12	6	76.3	59.9	15760	875	14.4	30.7	552	81.2	2.69
36b	360	138	12	15.8	12	6	83.5	65.6	16530	919	14.1	30.3	582	84.3	2.64
36c	360	140	14	15.8	12	6	90.7	71.2	17310	962	13.8	29.9	612	87.4	2.6
40a	400	142	10.5	16.5	12.5	6.3	86.1	67.6	21720	1090	15.9	34.1	660	93.2	2.77
40b	400	144	12.5	16.5	12.5	6.3	94.1	73.8	22780	1140	15.6	33.6	692	96.2	2.71
40c	400	146	14.5	16.5	12.5	6.3	102	80.1	23850	1190	15.2	33.2	727	99.6	2.65
45a	450	150	11.5	18	13.5	6.8	102	80.4	32240	1430	17.7	38.6	855	114	2.89
45b	450	152	13.5	18	13.5	6.8	111	87.4	33760	1500	17.4	38	894	118	2.84
45c	450	154	15.5	18	13.5	6.8	120	94.5	35280	1570	17.1	37.6	938	122	2.79
50a	500	158	12	20	14	7	119	93.6	46470	1860	19.7	42.8	1120	142	3.07
50b	500	160	14	20	14	7	129	101	48560	1940	19.4	42.4	1170	146	3.01
50c	500	162	16	20	14	7	139	109	50640	2080	19	41.8	1220	151	2.96
56a	560	166	12.5	21	14.5	7.3	135.25	106.2	65585.6	2342.31	22.02	47.73	1370.16	165.08	3.182
56b	560	168	14.5	21	14.5	7.3	146.45	115	68512.5	2446.69	21.63	47.17	1486.75	174.25	3.162
56c	560	170	16.5	21	14.5	7.3	157.85	123.9	71439.4	2551.41	21.27	46.66	1558.39	183.34	3.158
63a	630	176	13	22	15	7.5	154.9	121.6	93916.2	2981.47	24.62	54.17	1700.55	193.24	3.314
63b	630	178	15	22	15	7.5	167.5	131.5	98083.6	3163.38	24.2	53.51	1812.07	203.6	3.289
63c	630	180	17	22	15	7.5	180.1	141	102251.1	3298.42	23.82	52.92	1924.91	213.88	3.268

注：截面图和表中标注的圆弧半径 r、r_1 的数据用于孔型设计，不作交货条件。

附表 4　热轧槽钢(GB/T 707—1988)

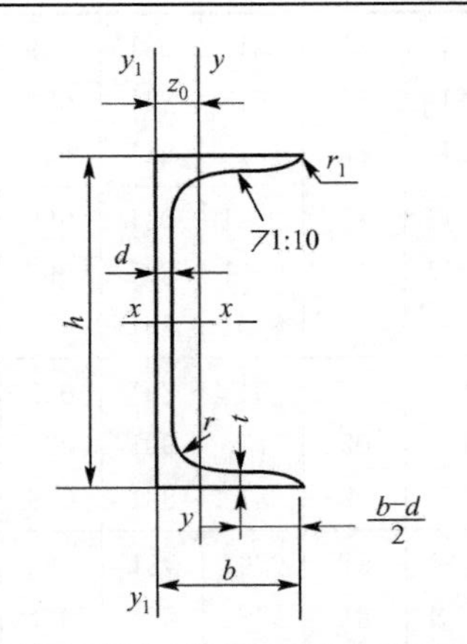

符号意义：

h——高度；　r_1——腿端圆弧半径；

b——腿宽度；　I——惯性矩；

d——腰厚度；　W——截面系数；

t——平均腿厚度；　i——惯性半径；

r——内圆弧半径；　z_0——$y—y$ 轴与 $y_1—y_1$ 轴间距。

型号	尺寸/mm						截面面积/cm²	理论重量/(kg/m)	参考数值								
									$x-x$			$y-y$			y_1-y_1	z_0/cm
	h	b	d	t	r	r_1			W_x/cm³	I_x/cm⁴	i_x/cm	W_y/cm³	I_y/cm⁴	i_y/cm	I_{y1}/cm⁴	
5	50	37	4.5	7	7	3.5	6.93	5.44	10.4	26	1.94	3.55	8.3	1.1	20.9	1.35
6.3	63	40	4.8	7.5	7.5	3.75	8.444	6.63	16.123	50.786	2.453	4.50	11.872	1.185	28.38	1.36
8	80	43	5	8	8	4	10.24	8.04	25.3	101.3	3.15	5.79	16.6	1.27	37.4	1.43
10	100	48	5.3	8.5	8.5	4.25	12.74	10	39.7	198.3	3.95	7.8	25.6	1.41	54.9	1.52
12.6	126	53	5.5	9	9	4.5	15.69	12.37	62.137	391.466	4.953	10.242	37.99	1.567	77.09	1.59
14a	140	58	6	9.5	9.5	4.75	18.51	14.53	80.5	563.7	5.52	13.01	53.2	1.7	107.1	1.71
14b	140	60	8	9.5	9.5	4.75	21.31	16.73	87.1	609.4	5.35	14.12	61.1	1.69	120.6	1.67
16a	160	63	6.5	10	10	5	21.95	17.23	108.3	866.2	6.28	16.3	73.3	1.83	144.1	1.8
16	160	65	8.5	10	10	5	25.15	19.74	116.8	934.5	6.1	17.55	83.4	1.82	160.8	1.75
18a	180	68	7	10.5	10.5	5.25	25.69	20.17	141.4	1272.7	7.04	20.03	98.6	1.96	189.7	1.88
18	180	70	9	1.5	10.5	5.25	29.29	22.99	152.2	1369.9	6.84	21.52	111	1.95	210.1	1.84

续表

型号	尺寸/mm						截面面积/cm^2	理论重量/(kg/m)	参考数值							
									$x-x$			$y-y$			y_1-y_1	z_0/cm
	h	b	d	t	r	r_1			W_x/cm^3	I_x/cm^4	i_x/cm	W_y/cm^3	I_y/cm^4	i_y/cm	I_{y1}/cm^4	
20a	200	73	7	11	11	5.5	28.83	22.63	178	1780.4	7.86	24.2	128	2.11	244	2.01
20	200	75	9	11	11	5.5	32.83	25.77	191.4	1913.7	7.64	25.88	143.6	2.09	268.4	1.95
22a	220	77	7	11.5	11.5	5.75	31.84	24.99	217.6	2393.9	8.67	28.17	157.8	2.23	298.2	2.1
22	220	79	9	11.5	11.5	5.75	36.24	28.45	233.8	2571.4	8.42	30.05	176.4	2.21	326.3	2.03
25a	250	78	7	12	12	6	34.91	27.47	269.597	3369.62	9.823	30.607	175.529	2.243	322.256	2.065
25b	250	80	9	12	12	6	39.91	31.39	282.402	3530.04	9.405	32.657	196.421	2.218	353.187	1.982
25c	250	82	11	12	12	6	44.91	35.32	295.236	3690.45	9.065	35.926	218.415	2.206	384.133	1.921
28a	280	82	7.5	12.5	12.5	6.25	40.02	31.42	340.328	4764.59	10.91	35.718	217.989	2.333	387.566	2.097
28b	280	84	9.5	12.5	12.5	6.25	45.62	35.81	366.46	5130.45	10.6	37.929	242.144	2.304	427.589	2.016
28c	280	86	11.5	12.5	12.5	6.25	51.22	40.21	392.594	5496.32	10.35	40.301	267.602	2.286	426.597	1.951
32a	320	88	8	14	14	7	48.7	38.22	474.879	7598.06	12.49	46.473	304.787	2.502	552.31	2.242
32b	320	90	10	14	14	7	55.1	43.25	509.012	8144.2	12.15	49.157	336.332	2.471	592.933	2.158
32c	320	92	12	14	14	7	61.5	48.28	543.145	8690.33	11.88	52.642	374.175	2.467	643.299	2.092
36a	360	96	9	16	16	8	60.89	47.8	659.7	11874.2	13.97	63.54	455	2.73	818.4	2.44
36b	360	98	11	16	16	8	68.09	53.45	702.9	12651.8	13.63	66.85	496.7	2.7	880.4	2.37
36c	360	100	13	16	16	8	75.29	50.1	746.1	13429.4	13.36	70.02	536.4	2.67	947.9	2.34
40a	400	100	10.5	18	18	9	75.05	58.91	878.9	17577.9	15.30	78.83	592	2.81	1067.7	2.49
40b	400	102	12.5	18	18	9	83.05	65.19	932.2	18644.5	14.98	82.52	640	2.78	1135.6	2.44
40c	400	104	14.5	18	18	9	91.05	71.47	985.6	19711.2	14.71	86.19	687.8	2.75	1220.7	2.42

注：截面图中的 $r_1=\frac{1}{3}d$ 及表中 r 值的数据用户孔型设计，不作交货条件。

习题参考答案

第1章

一、判断题

1. √　　2. √　　3. ×　　4. ×　　5. ×

二、单项选择题

1. B　　2. D　　3. C　　4. C　　5. B

三、填空题

1. 力的大小、力的方向、力的作用点　　2. 汇交于一点　　3. 作用物体不同

四、受力图题

1.

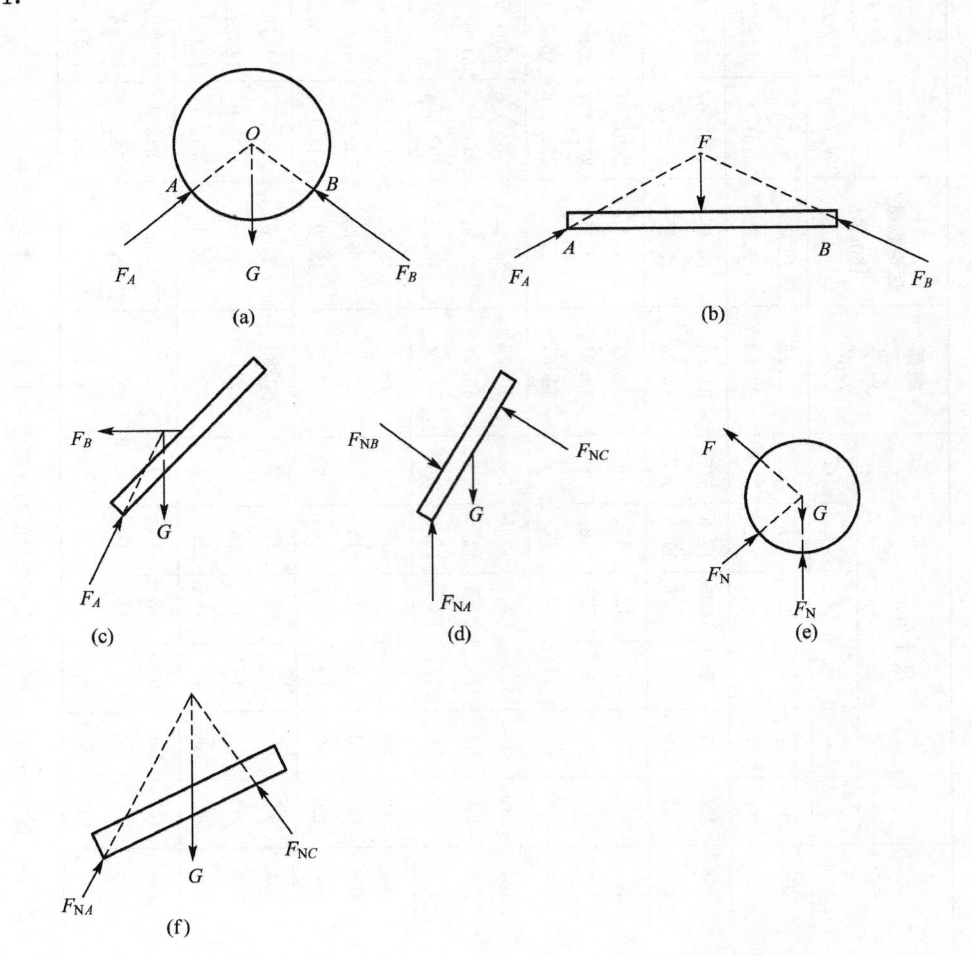

2.

(1)

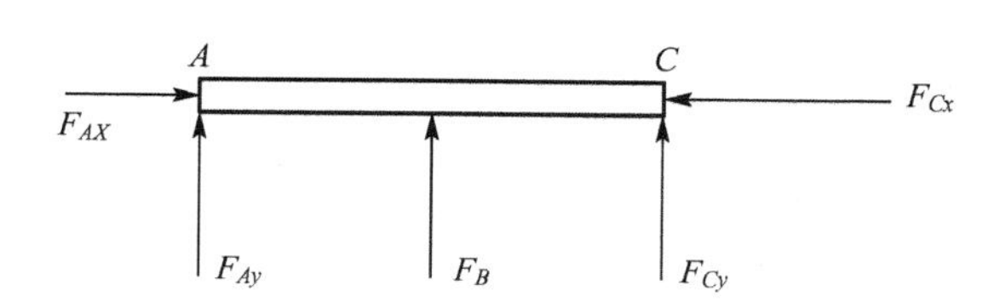
A
C
F_AX
F_Cx
F_Ay
F_B
F_Cy

(2)

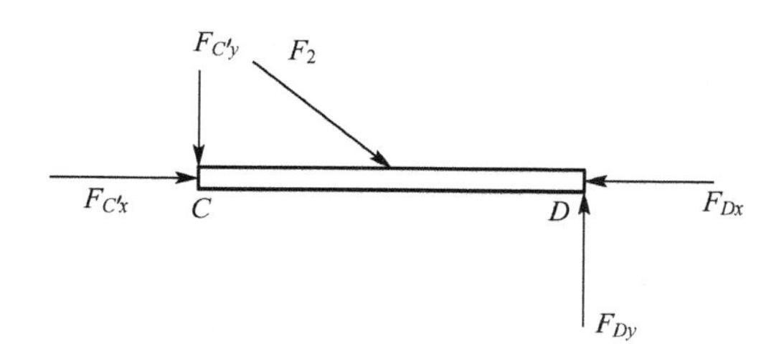
F_C'y
F_2
F_C'x
C
D
F_Dx
F_Dy

(3)

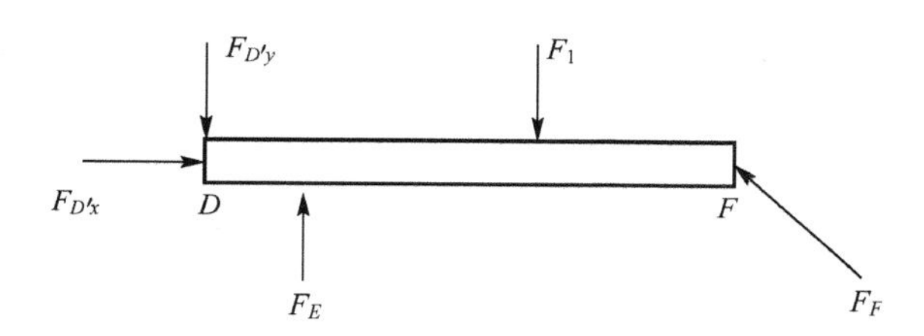
F_D'y
F_1
F_D'x
D
F
F_E
F_F

(4)

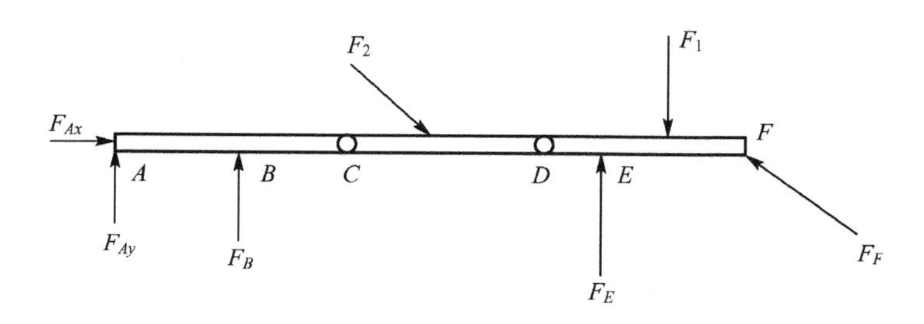
F_2
F_1
F_Ax
F
A
B
C
D
E
F_Ay
F_B
F_E
F_F

3.

(1)

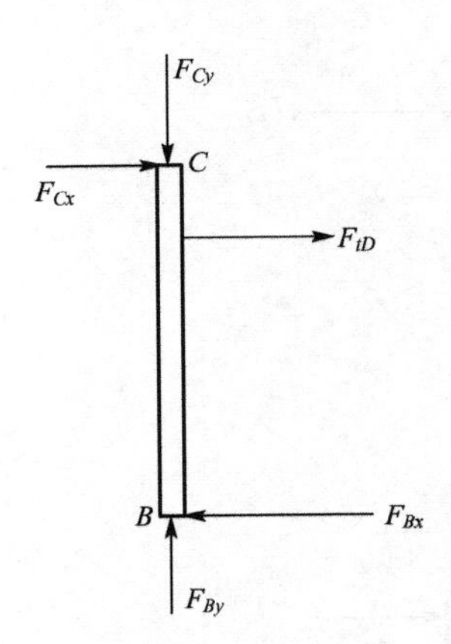

(2)

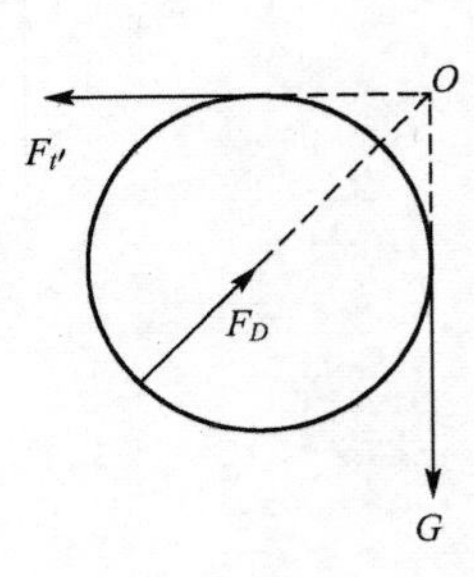

4.

(1)

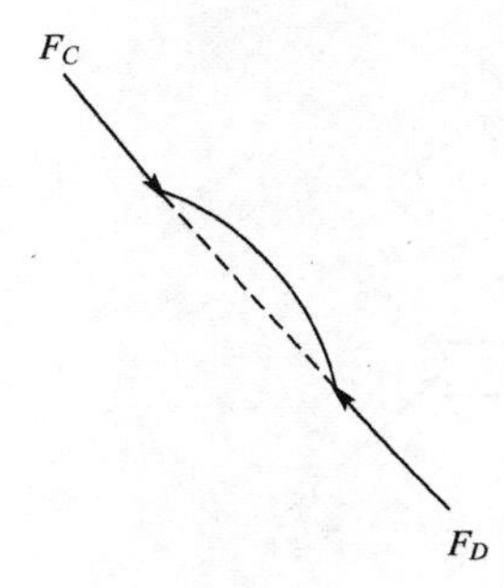

(2)

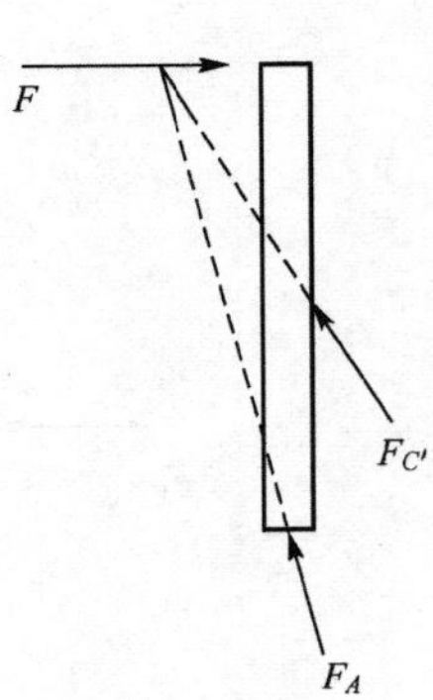

5.

(1)

F_C F

$F_D=0$

(2)

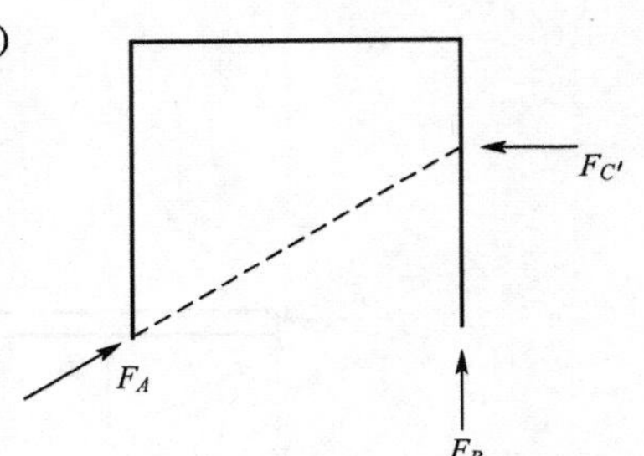

(3)

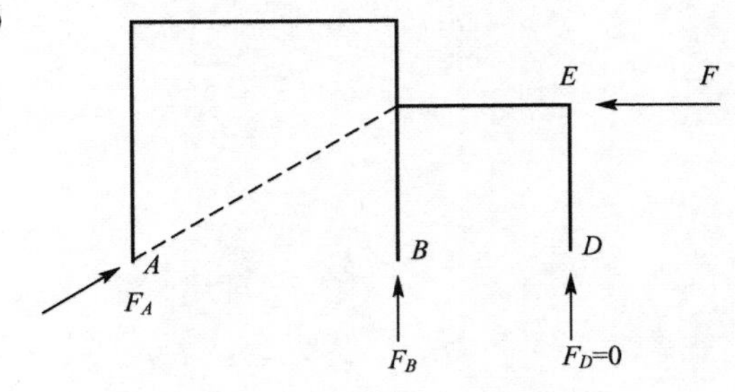

6.

（1）

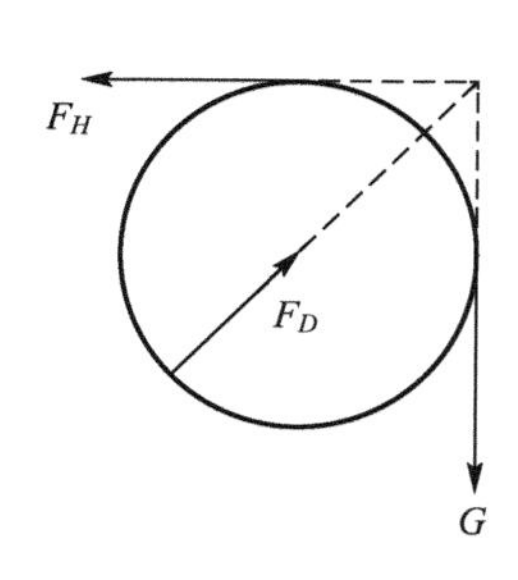

（2）

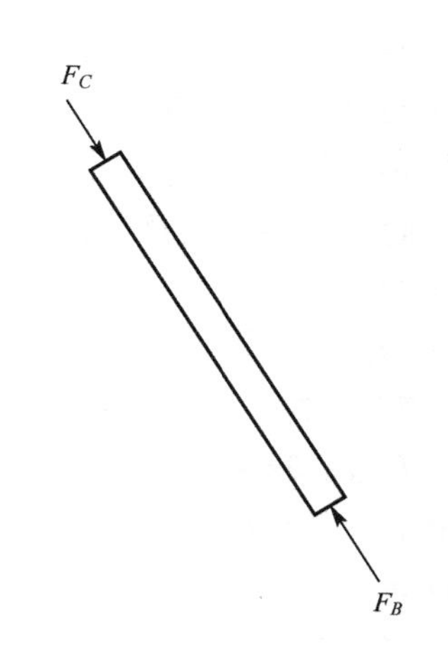

（3）

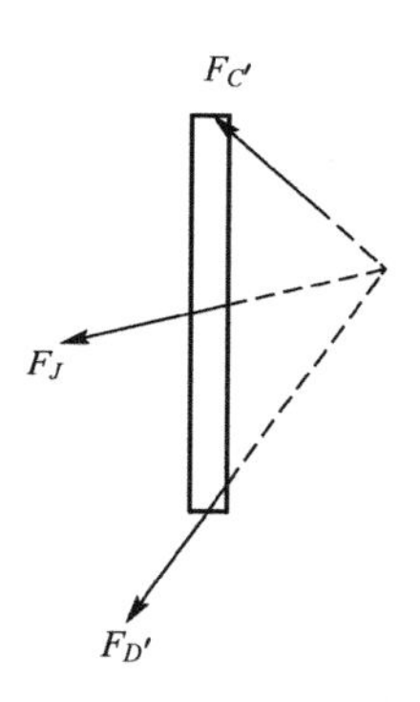

（4）

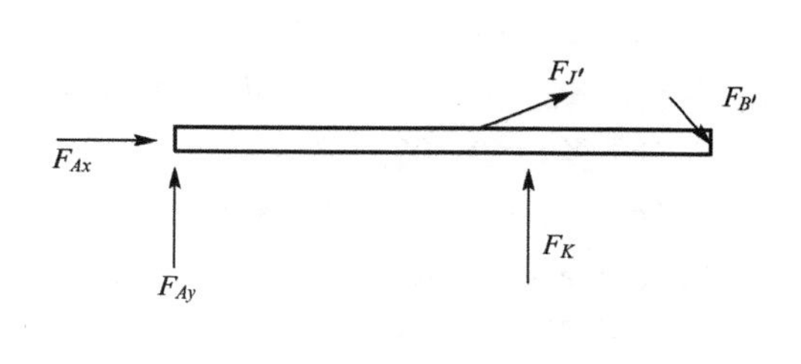

7. $q=2.16\text{kN/m}$

8. $q=3.57\text{kN/m}$

第2章

一、判断题

1. √　　2. √　　3. ×　　4. √　　5. √

二、单项选择题

1. B　　2. D　　3. A　　4. C　　5. A

三、填空题

1. 代数合　　2. 无关　　3. 力偶矩大小、力偶矩转向、力偶矩作用的平面

4. 三 、三、三

四、计算题

1. $F_{1X}=25.98(\text{kN})$；$F_{1Y}=15(\text{kN})$；$F_{2X}=28.28(\text{kN})$；$F_{2Y}=28.28(\text{kN})$；

$F_{3X}=14.14(kN)$；$F_{3Y}=-14.14(kN)$；$F_{4X}=-43.3(kN)$；$F_{4Y}=-25(kN)$；
$F_{5X}=-20(kN)$；$F_{5Y}=0$

2.(a) $M_O(F)=0$，(b) $M_O(F)=Fl\sin\alpha$；
(c) $M_O(F)=Fl\sin(\theta-\alpha)$，(d) $M_O(F)=-F\times a$；
(d) $M_O(F)=-F\times a$，(e) $M_O(F)=F(l+r)$；
(f) $M_O(F)=F\sqrt{l^2+b^2}\sin\alpha$

3.(a) $M_B(q)=2.67kN\cdot m$；(b) $M_B(q)=72kN\cdot m$；
(c) $M_B(q)=60kN\cdot m$

4. 抗倾覆力矩：379kN·m；倾覆力矩：160kN·m

5.(a) $R_{AB}=5kN(\nwarrow)$，$R_{AC}=8.66kN(\nearrow)$；
(b) $R_{AB}=5.77kN(\nwarrow)$，$R_{AC}=5.77kN(\nearrow)$

6.(a) $R_{AB}=2.07kN(\searrow)$，$R_{AC}=15.73kN(\nearrow)$；
(b) $R_{AB}=2.79kN(\leftarrow)$，$R_{AC}=19.7kN(\nearrow)$

7.(a) $X_A=20kN(\leftarrow)$，$Y_A=28.78kN(\uparrow)$，$R_B=25.86kN(\uparrow)$；
(b) $Y_A=57.07kN(\uparrow)$，$m_A=128.28kN\cdot m(\circlearrowleft)$
(c) $X_A=3kN(\rightarrow)$，$Y_A=1.87kN(\uparrow)$，$R_B=0.13kN(\uparrow)$

8.(a) $X_A=0$，$Y_A=3.75kN(\uparrow)$，$R_B=0.25kN(\downarrow)$；
(b) $X_A=0$，$Y_A=25kN(\uparrow)$，$R_B=20kN(\uparrow)$；
(c) $X_A=0$，$Y_A=132kN(\uparrow)$，$R_B=168kN(\uparrow)$

9. (a) $X_A=20kN(\leftarrow)$，$Y_A=13.33kN(\uparrow)$，$R_B=26.67kN(\uparrow)$；
(b) $X_A=0$，$Y_A=6kN(\uparrow)$，$m_A=5kN\cdot m(\circlearrowright)$

10. $F_Q=333.33(kN)$；$X=6.75(m)$

11. $F_T=4.85kN$，$X_A=9.37kN(\rightarrow)$，$Y_A=12.49kN(\uparrow)$

12.(a) $R_A=10kN(\uparrow)$，$Y_C=42kN(\uparrow)$，$m_C=164kN\cdot m(\circlearrowright)$；
(b) $X_A=0$，$Y_A=4.83kN(\downarrow)$，$R_B=17.5kN(\uparrow)$，$R_D=5.33kN(\uparrow)$

13. $F_{AY}=-48.33(kN)(\downarrow)$；$F_{AX}=0$；$F_{BY}=100(kN)(\uparrow)$；$F_{DY}=8.33(kN)(\uparrow)$

第3章

一、判断题

1.√　2.×　3.×　4.×　5.√

二、单项选择题

1. D　2. B　3. B　4. B　5. D　6. B

三、填空题

1. 梁、拱、刚架、桁架　2. 二　3. 有多余约束　4. 不能交于一点

四、组成分析题

1.(a) 几何不变体系且无多余约束。

(b) 几何不变体系且无多余约束。
(c) 几何可变体系。
(d) 几何不变体系且有一个多余约束。
2.(a) 几何可变体系。
(b) 几何不变体系且无多余约束。
(c) 几何瞬变体系。
(d) 几何不变体系且有三个多余约束。
3.(a) 几何不变体系且无多余约束。
(b) 几何不变体系且无多余约束。
4.(a) 几何不变体系且无多余约束。
(b) 几何不变体系且无多余约束。
(c) 几何不变体系且无多余约束。
(d) 几何不变体系且有一个多余约束。
5.(a)几何不变体系且无多余约束。
(b)几何不变体系且有三个多余约束。
(c)几何不变体系且有二个多余约束。
6. $h \neq 3m$

第 4 章

一、判断题

1. × 2. √ 3. × 4. √ 5. × 6. ×

二、单项选择题

1. C 2. A 3. D 4. D 5. D
6. B 7. B

三、填空题

1. $1/4FL$ ，跨中 2. $1/2qL$ 3. $1/8qL$ 4. 30kN·m 5. 7.07kN

四、计算题

1. (a) N_{AC}段＝20kN，N_{BC}段＝35kN，N_{BD}段＝15kN；
(b) N_{AC}段＝0kN，N_{BC}段＝15kN；
(c) N_{AC}段＝15kN，N_{BD}段＝0kN，N_{CD}段＝20kN；
(d) N_{AC}段＝20kN，N_{BD}段＝15kN，N_{CD}段＝35kN。
2. (a) $V_C = ql/2$，$M_C = -ql^2/8$；
(b) $V_C = F + ql/2$，$M_C = -ql^2/8 - F1/2$；
(c) $V_F = -20\text{kN}$，$M_F = -40\text{kN}\cdot\text{m}$；
$V_{C左} = 20\text{kN}$，$V_{C右} = 10\text{kN}$，$M_C = -40\text{kN}\cdot\text{m}$；$V_E = 10\text{kN}$，$M_E = -20\text{kN}\cdot\text{m}$
3. (略)
4. (略)

5. (a) $V_B=0\text{kN}$，$M_B=10\text{kN}\cdot\text{m}$；$V_A=8\text{kN}$，$M_A=-6\text{kN}\cdot\text{m}$
   (b) $V_B=8\text{kN}$，$M_B=-8\text{kN}\cdot\text{m}$；$V_A=8\text{kN}$，$M_A=-24\text{kN}\cdot\text{m}$
   (c) $V_B=4\text{kN}$，$M_B=-4\text{kN}\cdot\text{m}$
   (d) $V_B=4\text{kN}$，$M_B=-4\text{kN}\cdot\text{m}$
6. (a) $V_{B左}=-qa$，$V_{B右}=0.5qa$，$M_B=-qa^2$；
   $V_{D左}=0.5qa$，$V_{D右}=-0.25qa$，$M_D=0.5qa^2$；
   (b) $V_{D左}=-60\text{kN}$，$V_{D右}=80\text{kN}$，$M_D=-120\text{kN}\cdot\text{m}$
7. (a) $V_{BC}=40\text{kN}$，$M_{BC}=-120\text{kN}\cdot\text{m}$
   (b) $V_{BC}=40\text{kN}$，$M_{BC}=-120\text{kN}\cdot\text{m}$，$V_{AB}=30\text{kN}$，$M_{AB}=-165\text{kN}\cdot\text{m}$(外拉)
   (c) $V_{CD}=0\text{kN}$，$M_{CD}=0\text{kN}\cdot\text{m}$；$V_{BC}=-2\text{kN}$，$M_{BC}=18\text{kN}\cdot\text{m}$(下拉)
   (d) $V_{BA}=-3.75\text{kN}$，$M_{BA}=22.5\text{kN}\cdot\text{m}$(左拉)
8. $N_{AC}=-56.4\text{kN}$，$N_{AE}=40\text{kN}$，$N_{CD}=-40\text{kN}$，$N_{CE}=0\text{kN}$
9. (a) $N_{CE}=-44.7\text{kN}$，$N_{DF}=60\text{kN}$，$N_{CF}=-22.4\text{kN}$
   (b) $N_{CD}=-24.1\text{kN}$，$N_{CF}=-2.4\text{kN}$，$N_{EF}=26.1\text{kN}$
10. $N_{DG}=22.5\text{kN}$，$M_C=22.5\text{kN}\cdot\text{m}$
11. (a) $X=0.207L$，(b) $X=0.31L$

第5章

一、判断题

1. ×　　2. √　　3. √　　4. ×　　5. ×

二、单项选择题

1. D　　2. D　　3. A　　4. B　　5. C
6. A　　7. C

三、多项选择题

1. ABE　　2. BCE　　3. ABCE　　4. ACD

四、填空题

1. 相等　　2. $I_1>I_3>I_2$　　3. $I_{za}=I_{zb}$，$I_{ya}>I_{yb}$　　4. 长度系数，临界
5. 愈大，愈小(愈小，愈大)　　6. 愈大，愈好

五、计算题

1. (a) 形心距下底 $y=340\text{mm}$，$I_y=3.24\times10^9\text{mm}^4$，$I_z=7.17\times10^9\text{mm}^4$
   (b) 形心距下底 $y=177\text{mm}$，$I_y=2.57\times10^4\text{mm}^4$，$I_z=2.66\times10^8\text{mm}^4$
   (c) 形心距下底 $y=135\text{mm}$，$I_y=9.50\times10^7\text{mm}^4$，$I_z=3.64\times10^8\text{mm}^4$
2. $I_y=698\text{cm}^4$，$I_z=6426\text{cm}^4$
3. $\sigma_1=100\text{MPa}$　$\sigma_2=-25\text{MPa}$　$\sigma_3=22.22\text{MPa}$
4. $\sigma_{①}=195\text{MPa}$，$\sigma_{②}=5\text{MPa}$
5. $\Delta_l=-2.33\text{mm}(\downarrow)$

6. $\sigma=160\text{MPa}$　$\Delta=0.04\text{m}$　$F_P=10.04\text{N}$

7. $\sigma_{BC}=106.2\text{MPa}$，$\sigma_{AB}=138.9\text{MPa}$

8. $\sigma_{ij}=123\text{MPa}$

9. $F_{pcr}=60.5\text{kN}$

10. $\sigma_a=-6.56\text{MPa}$；$\sigma_b=-4.69\text{MPa}$；$\sigma_c=0\text{MPa}$；$\sigma_d=4.69\text{MPa}$；$\sigma_e=6.56\text{MPa}$

11. 最大拉应力发生在 C 点上方，$\sigma_c=50.3\text{MPa}$

　最大压应力发生在 B 点上方，$\sigma_b=-57.8\text{MPa}$

12. $\tau_{\max}=3.6\text{MPa}$

13. $\sigma_{\max}=151.9\text{MPa}$

14. $\sigma_{\max}=166.2\text{MPa}$

15. $\sigma_{AD}=-0.232\text{MPa}$，$\sigma_{BC}=-0.024\text{MPa}$

16. $\dfrac{\sigma_{\max}}{\sigma}=8$，7 倍

17. $\sigma_{\max}=12\text{MPa}$

第 6 章

一、判断题

1. ×　　2. ×　　3. ×　　4. ×

二、单项选择题

1. A　　2. A　　3. A　　4. B

三、填空题

1. 2、1、bL、ab　　2. 剪切、挤压、拉压

四、计算题

1. $\tau=53.07(\text{MPa})$

　$\sigma_{bs}=83.33(\text{MPa})$

　$\sigma_{\max}=62.5(\text{MPa})$

2. $\tau=99.52(\text{MPa})$

　$\sigma_{bs}=156.25(\text{Mpa})$

3. 答案(略)

4. (1) 各轮外力偶矩

$$M_A=23875(\text{N}\cdot\text{m})$$

$$M_B=M_C=7162.5(\text{N}\cdot\text{m})$$

$$M_D=9550(\text{N}\cdot\text{m})$$

(2) 最大扭转应力

$$\tau_{\max}=337.93(\text{MPa})$$

第7章

一、判断题

1. × 2. × 3. × 4. √ 5. ×

二、单项选择题

1. B 2. D 3. B 4. A

三、填空题

1. 直杆、刚度为常数、弯矩图至少有一个是直线 2. 线位移、角位移 3. 功的互等定理、位移互等定理、反力互等定理

四、计算题

1. $\Delta_{cv}=\frac{1}{8}qa^4$

2. $\Delta_{AH}=\frac{11Fa^3}{24EI}$

3. $\theta_B=\frac{Fl^2}{16EI}$

4. $\Delta_{BV}=\frac{9qa^4}{16EI}(\downarrow)$

5. $\Delta_{BV}=\frac{F_Pl^3}{6EI}(\downarrow)$

6. $\theta_c=\frac{72}{EI}(\curvearrowleft)$

7. $\Delta_{cH}=\frac{405}{2EI}(\leftarrow)$

8. $\Delta_{DH}=-\frac{ql^4}{36EI}(\rightarrow)$

9. $\Delta_{CV}=\frac{17ql^4}{384EI}(\downarrow)$

10. $\Delta_{CV}=-0.93\text{cm}(\downarrow)$

11. $\Delta_{BH}=-\frac{ha}{l}(\leftarrow)$，$\theta_B=-\frac{a}{l}$

第8章

一、判断题

1. × 2. × 3. × 4. √ 5. ×

二、单项选择题

1. D 2. D 3. C 4. C

5. (1)D (2)A (3)B (4)A (5)C (6)D (7)C (8)B

三、填空题

1. 2　2. 有多余约束　3. 引起　4. 位移　5. 位移　6. 对称
7. 位移、超静定

四、计算题

1. (a) 3 次；(b) 6 次；(c) 4 次；(d) 10 次；(e) 4 次；(f) 12 次；(g) 3 次；(h) 1 次

2. (a) $M_c=\frac{ql^2}{8}$(上侧受拉)；(b) $M_{AB}=\frac{ql^2}{12}$(上侧受拉)，$M_{BA}=\frac{ql^2}{12}$，$M_{AB}=\frac{ql^2}{12}$(上侧受拉)；(c) $Y_B=\frac{F_P}{2}\cdot\frac{2l^3-3l^2b+b^3}{l^3-\left(1-\frac{I_2}{I_1}\right)^3 b}$

3. $M_B=\frac{3F_Pl}{32}$(上侧受拉)，$M_D=\frac{3Fl}{64}$(下侧受拉)

4. 图 8.32：$M_{CA}=M_{CD}=84\text{kN}\cdot\text{m}$(内侧受拉)；$M_{DB}=M_{DC}=156\text{kN}\cdot\text{m}$(外侧受拉)

图 8.33：$M_{CA}=M_{CD}=2\text{kN}\cdot\text{m}$(外侧受拉)；$M_{DC}=M_{DB}=4.4\text{kN}\cdot\text{m}$(外侧受拉)；$M_{DC}=M_{BD}=5.6\text{kN}\cdot\text{m}$(内侧受拉)

5. (a) $M_{AB}=86.2\text{kN}\cdot\text{m}$；(b) $M_{AB}=49.1\text{kN}\cdot\text{m}$(左侧受拉)；(c) $M_{CD}=2.18\text{kN}\cdot\text{m}$，$M_{DC}=30.58\text{kN}\cdot\text{m}$，$M_{DB}=2.18\text{kN}\cdot\text{m}$，$M_{DE}=28.4\text{kN}\cdot\text{m}$；(d) $M_{BA}=4.5\text{kN}\cdot\text{m}$(左侧受拉)，$M_{AB}=0$

6. (a) $M_{BD}=90\text{kN}\cdot\text{m}$；(b) 略

7.

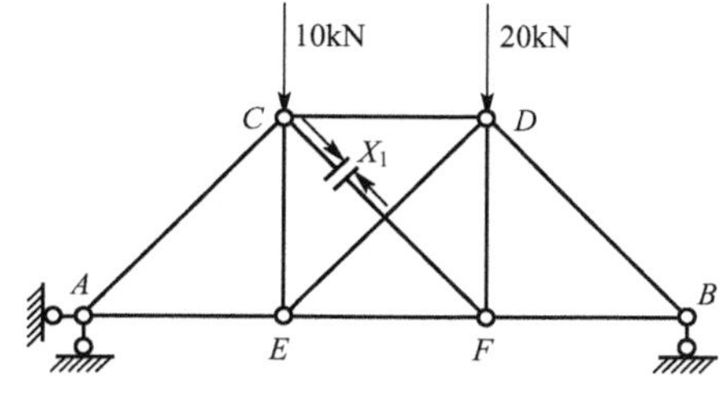

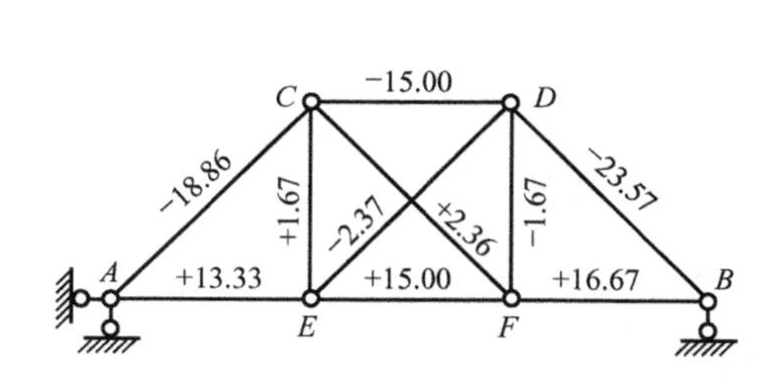

8.

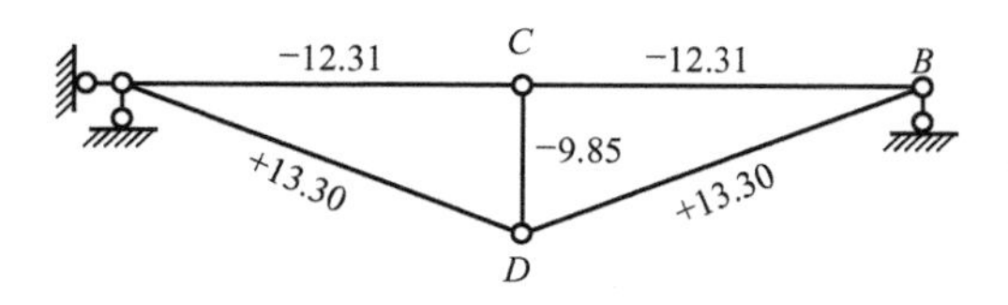

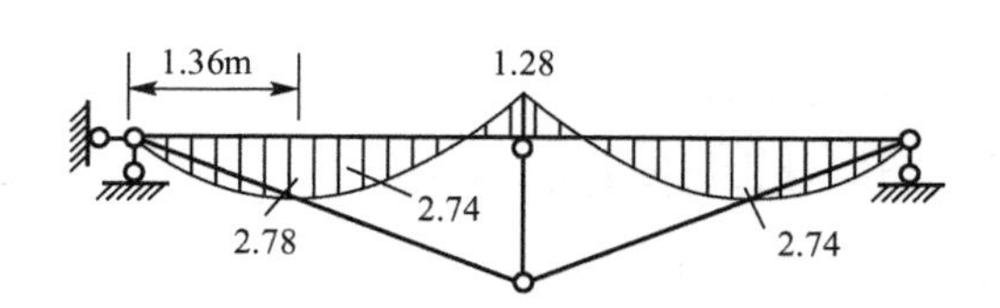

9. $M_{CA}=\frac{3750\alpha EI}{71}$

10. $\Delta_{CH}=\frac{4}{7}\alpha\theta(\rightarrow)$

11. (略)

第9章

一、判断题

1. × 2. × 3. √ 4. √ 5. ×

二、单项选择题

1. C 2. B 3. A 4. D 5. A 6. B

三、填空题

1. 单跨超静定梁 2. 内力 3. 6 4. 平衡、静定、超静定

四、计算题

1. (a) 2；(b) 3；(c) 5；(d) 7；(e) 9；(f) 6；

2. (a) $M_{CB}=\frac{5ql^2}{48}$；

(b) $M_{BC}=-20.67\text{kN}\cdot\text{m}$

3. (a) $M_{CA}=8.6\text{kN}\cdot\text{m}$；(b) $M_{CB}=-11.26\text{kN}\cdot\text{m}$；(c) $M_{BA}=68.57\text{kN}\cdot\text{m}$

4. (a) $M_{DC}=50.52\text{kN}\cdot\text{m}$；(b) $M_{AC}=2.14\text{kN}\cdot\text{m}$；(c) $M_{DC}=-14\text{kN}\cdot\text{m}$；

(d) $M_{CD}=2.07\text{kN}\cdot\text{m}$

5. (a) $M_{AD}=\frac{ql^2}{48}$；(b) $M_{AD}=-104.46\text{kN}\cdot\text{m}$

第10章

一、判断题

1. √ 2. √ 3. × 4. √ 5. √

二、单项选择题

1. A 2. A 3. A 4. A

三、填空题

1. 0 2. 无侧移刚架 3. −1 4. 1/3、1、−1

四、计算题

1. $M_B=52.13\text{kN}\cdot\text{m}$

2. $M_B=67.50\text{kN}\cdot\text{m}$，$R_B=61.90\text{kN}$

3. $M_B=228\text{kN}\cdot\text{m}$，$M_C=180\text{kN}\cdot\text{m}$，$R_C=27.20\text{kN}$

4. $M_A=296.50\text{kN}\cdot\text{m}$，$M_B=127\text{kN}\cdot\text{m}$，$M_C=150\text{kN}\cdot\text{m}$，$V_{AB}=134.13\text{kN}$

5. $M_A=0$，$R_A=3.42\text{kN}$，$M_B=16.74\text{kN}\cdot\text{m}$，$R_B=30.02\text{kN}$，

$M_C=14.05\text{kN}\cdot\text{m}$，$M_D=8.00\text{kN}\cdot\text{m}$

6. $M_{CD}=485.3674\text{kN}\cdot\text{m}$

7. (a) $M_C=12.1\text{kN}\cdot\text{m}$,

(b) $M_{BA}=224.6\text{kN}\cdot\text{m}$，$M_{BC}=-244\text{kN}\cdot\text{m}$，$M_{BD}=19.3\text{kN}\cdot\text{m}$

8. $M_{AC}=-33.3\text{kN}\cdot\text{m}$，$M_{CD}=39.8\text{kN}\cdot\text{m}$

第11章

一、判断题

1. × 2. × 3. × 4. √

二、单项选择题

1. D 2. A 3. D

三、填空题

1. 图形 2. 直线 3. 平行斜 4. 长度

四、计算题

1. (a) Y_A 的影响线在 A 点的竖标为0.375，C 点的竖标为−0.375；

M_E 的影响线在 A 点的竖标为 $0.5a$，C 点的竖标为 $-0.5a$

(b) Y_B 的影响线在 C 点的竖标为1.5；

V_C 的影响线在 C 点左截面竖标为0，C 点右截面的竖标为1

(c) Y_A 的影响线在 A 点的竖标为1，B、C、D 点的竖标为0；

V_C 的影响线在 B 点的竖标为0.5，C 点左截面的竖标为0，C 点右截面的竖标为1

(d) M_d 的影响线在 C 点的竖标为4，A 点的竖标为−2；

V_C 的影响线在 A 点的竖标为−0.5，C 点左截面的竖标为1，C 点右截面的竖标为0

2. (a) M_E 的影响线在 K 点的竖标为 $0.5a$，E 点的竖标为 $-0.5a$；

V_F 的影响线在 k 点左截面竖标为−0.5，C 点右截面的竖标为0.5，E 点的竖标为0.5；

V_E 的影响线在 E 点的竖标为1

(b) Y_B 的影响线在 C 点的竖标为1.5，E 点的竖标为−3；

V_B 的影响线在 B、C 点的竖标均为1，E 点的竖标为−2

3. V_C 的影响线在 C 点左截面的竖标为−0.5，C 点右截面的竖标为0.5；

$$V_{C左}=P_1y_1+P_2y_2=1/2\text{m}\times 20\text{kN}-1/4\text{m}\times 8\text{kN}=8\text{kN}\cdot\text{m}$$

$$V_{C右}=P_1y_1+P_2y_2=-1/2\text{m}\times 20\text{kN}-1/4\text{m}\times 8\text{kN}=-12\text{kN}\cdot\text{m}$$

$$M_A=Py+qw=20\text{kN}\times 1-5\times 1/2\times 4\times 2=0$$

4. 当40kN位于 B 点时最大：$Y_{B\max}=P_1y_1+P_2y_2=48\text{kN}\times 2/3\text{m}+40\text{kN}\times 1\text{m}$

$$=72\text{kN}\cdot\text{m}$$

5. M_F 的影响线在 F 点的竖标为1，C 点的竖标为−1，在 E 点的竖标为1/2；

$$M_F=P_1y_1+P_2y_2+qw=10\text{kN}\times 1\text{m}+10\text{kN}\times 1/2\text{m}$$

$$-5\text{kN/m}\times(1/2+1)\times 1\text{m}\times 1/2\text{m}=11.25\text{kN}\cdot\text{m}$$

6. M_E 的影响线在 E 点的竖标为 3，在 40kN 荷载作用点的竖标为－1；

$$\begin{aligned}M_E &= P_1y_1+P_2y_2+q_1w_1+q_2w_2\\ &= -40\text{kN}\times 1\text{m}+15\text{kN}\times 1\text{m}+20\text{kN/m}\\ &\quad \times 1/2\times 3\text{m}\times 6\text{m}+10\text{kN/m}\times 1/2\times 3\text{m}\times 6\text{m}\\ &= 245\text{kN}\cdot\text{m}\end{aligned}$$

7. M_F 的影响线在 F 点的竖标为 2.5，在 C 点的竖标为－1；

$$\begin{aligned}M_F &= P_1y_1+P_2y_2+P_3y_3=20\text{kN}\times 2.5\text{m}\times 2/5\\ &\quad +30\text{kN}\times 2.5\text{m}+20\text{kN}\times 2.5\text{m}\times 3/5=125\text{kN}\cdot\text{m}\end{aligned}$$

8. (a) $M_{\max}=426.7\text{kN}\cdot\text{m}$；(b) $M_{\max}=891\text{kN}\cdot\text{m}$

第 12 章(略)

参考文献

[1] 刘明威. 建筑力学[M]. 北京：中国建筑工业出版社，1991.
[2] 干光瑜，秦惠民. 建筑力学[M]. 北京：高等教育出版社，1999.
[3] 马景善. 工程力学与水工结构[M]. 北京：中国建筑工业出版社，2005.
[4] 张曦. 建筑力学[M]. 北京：中国建筑工业出版社，2002.
[5] 沈养中，孟胜国. 结构力学[M]. 北京：科学出版社，2006.
[6] 于英. 建筑力学[M]. 北京：中国建筑工业出版社，2007.
[7] 张流芳，胡兴国. 建筑力学[M]. 武汉：武汉理工大学出版社，2004.
[8] 陈永龙. 建筑力学[M]. 北京：高等教育出版社，2004.
[9] 包世华. 结构力学[M]. 北京：中央广播电视大学出版社，1993.

北京大学出版社高职高专土建系列教材书目

序号	书　　名	书　　号	编著者	定价	出版时间	配套情况
"互联网+"创新规划教材						
1	建筑工程概论	978-7-301-25934-4	申淑荣等	40.00	2015.8	PPT/二维码
2	建筑构造(第二版)	978-7-301-26480-5	肖　芳	42.00	2016.1	APP/PPT/二维码
3	建筑三维平法结构图集(第二版)	978-7-301-29049-1	傅华夏	68.00	2018.1	APP
4	建筑三维平法结构识图教程(第二版)	978-7-301-29121-4	傅华夏	69.00	2018.1	APP/PPT
5	建筑构造与识图	978-7-301-27838-3	孙　伟	40.00	2017.1	APP/二维码
6	建筑识图与构造	978-7-301-28876-4	林秋怡等	46.00	2017.11	PPT/二维码
7	建筑结构基础与识图	978-7-301-27215-2	周　晖	58.00	2016.9	APP/二维码
8	建筑工程制图与识图(第2版)	978-7-301-24408-1	白丽红等	34.00	2016.8	APP/二维码
9	建筑制图习题集(第二版)	978-7-301-30425-9	白丽红等	28.00	2019.5	APP/答案
10	建筑制图(第三版)	978-7-301-28411-7	高丽荣	39.00	2017.7	APP/PPT/二维码
11	建筑制图习题集(第三版)	978-7-301-27897-0	高丽荣	36.00	2017.7	APP
12	AutoCAD 建筑制图教程(第三版)	978-7-301-29036-1	郭　慧	49.00	2018.4	PPT/素材/二维码
13	建筑装饰构造(第二版)	978-7-301-26572-7	赵志文等	42.00	2016.1	PPT/二维码
14	建筑工程施工技术(第三版)	978-7-301-27675-4	钟汉华等	66.00	2016.11	APP/二维码
15	建筑施工技术(第三版)	978-7-301-28575-6	陈雄辉	54.00	2018.1	PPT/二维码
16	建筑施工技术	978-7-301-28756-9	陆艳侠	58.00	2018.1	PPT/二维码
17	建筑施工技术	978-7-301-29854-1	徐　淳	59.50	2018.9	APP/PPT/二维码
18	高层建筑施工	978-7-301-28232-8	吴俊臣	65.00	2017.4	PPT/答案
19	建筑力学(第三版)	978-7-301-28600-5	刘明晖	55.00	2017.8	PPT/二维码
20	建筑力学与结构(少学时版)(第二版)	978-7-301-29022-4	吴承霞等	46.00	2017.12	PPT/答案
21	建筑力学与结构(第三版)	978-7-301-29209-9	吴承霞等	59.50	2018.5	APP/PPT/二维码
22	工程地质与土力学（第三版）	978-7-301-30230-9	杨仲元	50.00	2019.3	PPT/二维码
23	建筑施工机械(第二版)	978-7-301-28247-2	吴志强等	35.00	2017.5	PPT/答案
24	建筑设备基础知识与识图(第二版)	978-7-301-24586-6	靳慧征等	47.00	2016.8	二维码
25	建筑供配电与照明工程	978-7-301-29227-3	羊　梅	38.00	2018.2	PPT/答案/二维码
26	建筑工程测量(第二版)	978-7-301-28296-0	石　东等	51.00	2017.5	PPT/二维码
27	建筑工程测量(第三版)	978-7-301-29113-9	张敬伟等	49.00	2018.1	PPT/答案/二维码
28	建筑工程测量实验与实训指导(第三版)	978-7-301-29112-2	张敬伟等	29.00	2018.1	答案/二维码
29	建筑工程资料管理(第二版)	978-7-301-29210-5	孙　刚等	47.00	2018.3	PPT/二维码
30	建筑工程质量与安全管理(第二版)	978-7-301-27219-0	郑　伟	55.00	2016.8	PPT/二维码
31	建筑工程质量事故分析(第三版)	978-7-301-29305-8	郑文新等	39.00	2018.8	PPT/二维码
32	建设工程监理概论（第三版）	978-7-301-28832-0	徐锡权等	45.00	2018.2	PPT/答案/二维码
33	工程建设监理案例分析教程(第二版)	978-7-301-27864-2	刘志麟等	50.00	2017.1	PPT/二维码
34	工程项目招投标与合同管理(第三版)	978-7-301-28439-1	周艳冬	44.00	2017.7	PPT/二维码
35	建设工程招投标与合同管理(第四版)	978-7-301-29827-5	宋春岩	44.00	2018.9	PPT/答案/试题/教案
36	工程项目招投标与合同管理(第三版)	978-7-301-29692-9	李洪军等	47.00	2018.8	PPT/二维码
37	建设工程项目管理（第三版）	978-7-301-30314-6	王　辉	40.00	2019.6	PPT/二维码
38	建设工程法规(第三版)	978-7-301-29221-1	皇甫婧琪	45.00	2018.4	PPT/二维码
39	建筑工程经济(第三版)	978-7-301-28723-1	张宁宁等	38.00	2017.9	PPT/答案/二维码
40	建筑施工企业会计（第三版）	978-7-301-30273-6	辛艳红	44.00	2019.3	PPT/二维码
41	建筑工程施工组织设计(第二版)	978-7-301-29103-0	鄢维峰等	37.00	2018.1	PPT/答案/二维码
42	建筑工程施工组织实训(第二版)	978-7-301-30176-0	鄢维峰等	41.00	2019.1	PPT/二维码
43	建筑施工组织设计	978-7-301-30236-1	徐运明等	43.00	2019.1	PPT/二维码
44	建筑工程计量与计价——透过案例学造价(第二版)	978-7-301-23852-3	张　强	59.00	2017.1	PPT/二维码
45	建筑工程计量与计价	978-7-301-27866-6	吴育萍等	49.00	2017.1	PPT/二维码
46	建筑工程计量与计价(第三版)	978-7-301-25344-1	肖明和等	65.00	2017.1	APP/二维码
47	安装工程计量与计价(第四版)	978-7-301-16737-3	冯　钢	59.00	2018.1	PPT/答案/二维码
48	建筑工程材料	978-7-301-28982-2	向积波等	42.00	2018.1	PPT/二维码
49	建筑材料与检测(第二版)	978-7-301-25347-2	梅　杨等	35.00	2015.2	PPT/答案/二维码
50	建筑材料与检测	978-7-301-28809-2	陈玉萍	44.00	2017.11	PPT/二维码
51	建筑材料与检测实验指导（第二版）	978-7-301-30269-9	王美芬等	24.00	2019.3	二维码
52	市政工程概论	978-7-301-28260-1	郭　福等	46.00	2017.5	PPT/二维码
53	市政工程计量与计价(第三版)	978-7-301-27983-0	郭良娟等	59.00	2017.2	PPT/二维码

序号	书　　名	书　　号	编著者	定价	出版时间	配套情况
54	市政管道工程施工	978-7-301-26629-8	雷彩虹	46.00	2016.5	PPT/二维码
55	市政道路工程施工	978-7-301-26632-8	张雪丽	49.00	2016.5	PPT/二维码
56	市政工程材料检测	978-7-301-29572-2	李继伟等	44.00	2018.9	PPT/二维码
57	中外建筑史(第三版)	978-7-301-28689-0	袁新华等	42.00	2017.9	PPT/二维码
58	房地产投资分析	978-7-301-27529-0	刘永胜	47.00	2016.9	PPT/二维码
59	城乡规划原理与设计(原城市规划原理与设计)	978-7-301-27771-3	谭婧婧等	43.00	2017.1	PPT/素材/二维码
60	BIM 应用：Revit 建筑案例教程	978-7-301-29693-6	林标锋等	58.00	2018.9	APP/PPT/二维码/试题/教案
61	居住区规划设计（第二版）	978-7-301-30133-3	张　燕	59.00	2019.5	PPT/二维码
62	建筑水电安装工程计量与计价(第二版)（修订版）	978-7-301-26329-7	陈连姝	62.00	2019.7	PPT/二维码
	“十二五”职业教育国家规划教材					
1	★建筑装饰施工技术(第二版)	978-7-301-24482-1	王　军	39.00	2014.7	PPT
2	★建筑工程应用文写作(第二版)	978-7-301-24480-7	赵　立等	50.00	2014.8	PPT
3	★建筑工程经济(第二版)	978-7-301-24492-0	胡六星等	41.00	2014.9	PPT/答案
4	★工程造价概论	978-7-301-24696-2	周艳冬	35.00	2015.1	PPT/答案
5	★建设工程监理(第二版)	978-7-301-24490-6	斯　庆	35.00	2015.1	PPT/答案
6	★建筑节能工程与施工	978-7-301-24274-2	吴明军等	35.00	2015.5	PPT
7	★土木工程实用力学(第二版)	978-7-301-24681-8	马景善	47.00	2015.7	PPT
8	★建筑工程计量与计价(第三版)	978-7-301-25344-1	肖明和等	65.00	2017.1	APP/二维码
9	★建筑工程计量与计价实训(第三版)	978-7-301-25345-8	肖明和等	29.00	2015.7	
	基础课程					
1	建设法规及相关知识	978-7-301-22748-0	唐茂华等	34.00	2013.9	PPT
2	建筑工程法规实务(第二版)	978-7-301-26188-0	杨陈慧等	49.50	2017.6	PPT
3	建筑法规	978-7301-19371-6	董　伟等	39.00	2011.9	PPT
4	建设工程法规	978-7-301-20912-7	王先恕	32.00	2012.7	PPT
5	AutoCAD 建筑绘图教程(第二版)	978-7-301-24540-8	唐英敏等	44.00	2014.7	PPT
6	建筑 CAD 项目教程(2010 版)	978-7-301-20979-0	郭　慧	38.00	2012.9	素材
7	建筑工程专业英语(第二版)	978-7-301-26597-0	吴承霞	24.00	2016.2	PPT
8	建筑工程专业英语	978-7-301-20003-2	韩　薇等	24.00	2012.2	PPT
9	建筑识图与构造(第二版)	978-7-301-23774-8	郑贵超	40.00	2014.2	PPT/答案
10	房屋建筑构造	978-7-301-19883-4	李少红	26.00	2012.1	PPT
11	建筑识图	978-7-301-21893-8	邓志勇等	35.00	2013.1	PPT
12	建筑识图与房屋构造	978-7-301-22860-9	贠　禄等	54.00	2013.9	PPT/答案
13	建筑构造与设计	978-7-301-23506-5	陈玉萍	38.00	2014.1	PPT/答案
14	房屋建筑构造	978-7-301-23588-1	李元玲等	45.00	2014.1	PPT
15	房屋建筑构造习题集	978-7-301-26005-0	李元玲	26.00	2015.8	PPT/答案
16	建筑构造与施工图识读	978-7-301-24470-8	南学平	52.00	2014.8	PPT
17	建筑工程识图实训教程	978-7-301-26057-9	孙　伟	32.00	2015.12	PPT
18	◎建筑工程制图(第二版)(附习题册)	978-7-301-21120-5	肖明和	48.00	2012.8	PPT
19	建筑制图与识图(第二版)	978-7-301-24386-2	曹雪梅	38.00	2015.8	PPT
20	建筑制图与识图习题册	978-7-301-18652-7	曹雪梅等	30.00	2011.4	
21	建筑制图与识图(第二版)	978-7-301-25834-7	李元玲	32.00	2016.9	PPT
22	建筑制图与识图习题集	978-7-301-20425-2	李元玲	24.00	2012.3	PPT
23	新编建筑工程制图	978-7-301-21140-3	方筱松	30.00	2012.8	PPT
24	新编建筑工程制图习题集	978-7-301-16834-9	方筱松	22.00	2012.8	
	建筑施工类					
1	建筑工程测量	978-7-301-16727-4	赵景利	30.00	2010.2	PPT/答案
2	建筑工程测量实训(第二版)	978-7-301-24833-1	杨凤华	34.00	2015.3	答案
3	建筑工程测量	978-7-301-19992-3	潘益民	38.00	2012.2	PPT
4	建筑工程测量	978-7-301-28757-6	赵　昕	50.00	2018.1	PPT/二维码
5	建筑工程测量	978-7-301-22485-4	景　铎等	34.00	2013.6	PPT
6	建筑施工技术	978-7-301-16726-7	叶　雯等	44.00	2010.8	PPT/素材
7	建筑施工技术	978-7-301-19997-8	苏小梅	38.00	2012.1	PPT
8	基础工程施工	978-7-301-20917-2	董　伟等	35.00	2012.7	PPT
9	建筑施工技术实训(第二版)	978-7-301-24368-8	周晓龙	30.00	2014.7	
10	PKPM 软件的应用(第二版)	978-7-301-22625-4	王　娜等	34.00	2013.6	
11	◎建筑结构(第二版)(上册)	978-7-301-21106-9	徐锡权	41.00	2013.4	PPT/答案

序号	书　　名	书　　号	编著者	定价	出版时间	配套情况
12	◎建筑结构(第二版)(下册)	978-7-301-22584-4	徐锡权	42.00	2013.6	PPT/答案
13	建筑结构学习指导与技能训练(上册)	978-7-301-25929-0	徐锡权	28.00	2015.8	PPT
14	建筑结构学习指导与技能训练(下册)	978-7-301-25933-7	徐锡权	28.00	2015.8	PPT
15	建筑结构(第二版)	978-7-301-25832-3	唐春平等	48.00	2018.6	PPT
16	建筑结构基础	978-7-301-21125-0	王中发	36.00	2012.8	PPT
17	建筑结构原理及应用	978-7-301-18732-6	史美东	45.00	2012.8	PPT
18	建筑结构与识图	978-7-301-26935-0	相秉志	37.00	2016.2	
19	建筑力学与结构	978-7-301-20988-2	陈水广	32.00	2012.8	PPT
20	建筑力学与结构	978-7-301-23348-1	杨丽君等	44.00	2014.1	PPT
21	建筑结构与施工图	978-7-301-22188-4	朱希文等	35.00	2013.3	PPT
22	建筑材料(第二版)	978-7-301-24633-7	林祖宏	35.00	2014.8	PPT
23	建筑材料与检测(第二版)	978-7-301-26550-5	王　辉	40.00	2016.1	PPT
24	建筑材料与检测试验指导(第二版)	978-7-301-28471-1	王　辉	23.00	2017.7	PPT
25	建筑材料选择与应用	978-7-301-21948-5	申淑荣等	39.00	2013.3	PPT
26	建筑材料检测实训	978-7-301-22317-8	申淑荣等	24.00	2013.4	
27	建筑材料	978-7-301-24208-7	任晓菲	40.00	2014.7	PPT/答案
28	建筑材料检测试验指导	978-7-301-24782-2	陈东佐等	20.00	2014.9	PPT
29	◎地基与基础(第二版)	978-7-301-23304-7	肖明和等	42.00	2013.11	PPT/答案
30	地基与基础实训	978-7-301-23174-6	肖明和等	25.00	2013.10	PPT
31	土力学与地基基础	978-7-301-23675-8	叶火炎等	35.00	2014.1	PPT
32	土力学与基础工程	978-7-301-23590-4	宁培淋等	32.00	2014.1	PPT
33	土力学与地基基础	978-7-301-25525-4	陈东佐	45.00	2015.2	PPT/答案
34	建筑施工组织与进度控制	978-7-301-21223-3	张廷瑞	36.00	2012.9	PPT
35	建筑施工组织项目式教程	978-7-301-19901-5	杨红玉	44.00	2012.1	PPT/答案
36	钢筋混凝土工程施工与组织	978-7-301-19587-1	高　雁	32.00	2012.5	PPT
37	建筑施工工艺	978-7-301-24687-0	李源清等	49.50	2015.1	PPT/答案
	工程管理类					
1	建筑工程经济	978-7-301-24346-6	刘晓丽等	38.00	2014.7	PPT/答案
2	建筑工程项目管理(第二版)	978-7-301-26944-2	范红岩等	42.00	2016. 3	PPT
3	建设工程项目管理(第二版)	978-7-301-28235-9	冯松山等	45.00	2017.6	PPT
4	建筑施工组织与管理(第二版)	978-7-301-22149-5	翟丽旻等	43.00	2013.4	PPT/答案
5	建设工程合同管理	978-7-301-22612-4	刘庭江	46.00	2013.6	PPT/答案
6	建筑工程招投标与合同管理	978-7-301-16802-8	程超胜	30.00	2012.9	PPT
7	工程招投标与合同管理实务	978-7-301-19035-7	杨甲奇等	48.00	2011.8	ppt
8	工程招投标与合同管理实务	978-7-301-19290-0	郑文新等	43.00	2011.8	ppt
9	建设工程招投标与合同管理实务	978-7-301-20404-7	杨云会等	42.00	2012.4	PPT/答案/习题
10	工程招投标与合同管理	978-7-301-17455-5	文新平	37.00	2012.9	PPT
11	建筑工程安全管理(第2版)	978-7-301-25480-6	宋　健等	43.00	2015.8	PPT/答案
12	施工项目质量与安全管理	978-7-301-21275-2	钟汉华	45.00	2012.10	PPT/答案
13	工程造价控制(第2版)	978-7-301-24594-1	斯　庆	32.00	2014.8	PPT/答案
14	工程造价管理(第二版)	978-7-301-27050-9	徐锡权等	44.00	2016.5	PPT
15	建筑工程造价管理	978-7-301-20360-6	柴　琦等	27.00	2012.3	PPT
16	工程造价管理(第2版)	978-7-301-28269-4	曾　浩等	38.00	2017.5	PPT/答案
17	工程造价案例分析	978-7-301-22985-9	甄　凤	30.00	2013.8	PPT
18	建设工程造价控制与管理	978-7-301-24273-5	胡芳珍等	38.00	2014.6	PPT/答案
19	◎建筑工程造价	978-7-301-21892-1	孙咏梅	40.00	2013.2	PPT
20	建筑工程计量与计价	978-7-301-26570-3	杨建林	46.00	2016.1	PPT
21	建筑工程计量与计价综合实训	978-7-301-23568-3	龚小兰	28.00	2014.1	
22	建筑工程估价	978-7-301-22802-9	张　英	43.00	2013.8	PPT
23	安装工程计量与计价综合实训	978-7-301-23294-1	成春燕	49.00	2013.10	素材
24	建筑安装工程计量与计价	978-7-301-26004-3	景巧玲等	56.00	2016.1	PPT
25	建筑安装工程计量与计价实训(第二版)	978-7-301-25683-1	景巧玲等	36.00	2015.7	
26	建筑与装饰装修工程工程量清单(第二版)	978-7-301-25753-1	翟丽旻等	36.00	2015.5	PPT
27	建筑工程清单编制	978-7-301-19387-7	叶晓容	24.00	2011.8	PPT
28	建设项目评估(第二版)	978-7-301-28708-8	高志云等	38.00	2017.9	PPT
29	钢筋工程清单编制	978-7-301-20114-5	贾莲英	36.00	2012.2	PPT
30	建筑装饰工程预算(第二版)	978-7-301-25801-9	范菊雨	44.00	2015.7	PPT
31	建筑装饰工程计量与计价	978-7-301-20055-1	李茂英	42.00	2012.2	PPT

序号	书　　名	书　　号	编著者	定价	出版时间	配套情况
32	建筑工程安全技术与管理实务	978-7-301-21187-8	沈万岳	48.00	2012.9	PPT
	建筑设计类					
1	建筑装饰CAD项目教程	978-7-301-20950-9	郭　慧	35.00	2013.1	PPT/素材
2	建筑设计基础	978-7-301-25961-0	周圆圆	42.00	2015.7	
3	室内设计基础	978-7-301-15613-1	李书青	32.00	2009.8	PPT
4	建筑装饰材料(第二版)	978-7-301-22356-7	焦　涛等	34.00	2013.5	PPT
5	设计构成	978-7-301-15504-2	戴碧锋	30.00	2009.8	PPT
6	设计色彩	978-7-301-21211-0	龙黎黎	46.00	2012.9	PPT
7	设计素描	978-7-301-22391-8	司马金桃	29.00	2013.4	PPT
8	建筑素描表现与创意	978-7-301-15541-7	于修国	25.00	2009.8	
9	3ds Max 效果图制作	978-7-301-22870-8	刘　晗等	45.00	2013.7	PPT
10	Photoshop 效果图后期制作	978-7-301-16073-2	脱忠伟等	52.00	2011.1	素材
11	3ds Max & V-Ray 建筑设计表现案例教程	978-7-301-25093-8	郑恩峰	40.00	2014.12	PPT
12	建筑表现技法	978-7-301-19216-0	张　峰	32.00	2011.8	PPT
13	装饰施工读图与识图	978-7-301-19991-6	杨丽君	33.00	2012.5	PPT
14	构成设计	978-7-301-24130-1	耿雪莉	49.00	2014.6	PPT
15	装饰材料与施工(第2版)	978-7-301-25049-5	宋志春	41.00	2015.6	PPT
	规划园林类					
1	居住区景观设计	978-7-301-20587-7	张群成	47.00	2012.5	PPT
2	园林植物识别与应用	978-7-301-17485-2	潘　利等	34.00	2012.9	PPT
3	园林工程施工组织管理	978-7-301-22364-2	潘　利等	35.00	2013.4	PPT
4	园林景观计算机辅助设计	978-7-301-24500-2	于化强等	48.00	2014.8	PPT
5	建筑·园林·装饰设计初步	978-7-301-24575-0	王金贵	38.00	2014.10	PPT
	房地产类					
1	房地产开发与经营(第2版)	978-7-301-23084-8	张建中等	33.00	2013.9	PPT/答案
2	房地产估价(第2版)	978-7-301-22945-3	张　勇等	35.00	2013.9	PPT/答案
3	房地产估价理论与实务	978-7-301-19327-3	褚菁晶	35.00	2011.8	PPT/答案
4	物业管理理论与实务	978-7-301-19354-9	裴艳慧	52.00	2011.9	PPT
5	房地产营销与策划	978-7-301-18731-9	应佐萍	42.00	2012.8	PPT
6	房地产投资分析与实务	978-7-301-24832-4	高志云	35.00	2014.9	PPT
7	物业管理实务	978-7-301-27163-6	胡大见	44.00	2016.6	
	市政与路桥					
1	市政工程施工图案例图集	978-7-301-24824-9	陈亿琳	43.00	2015.3	PDF
2	市政工程计价	978-7-301-22117-4	彭以舟等	39.00	2013.3	PPT
3	市政桥梁工程	978-7-301-16688-8	刘　江等	42.00	2010.8	PPT/素材
4	市政工程材料	978-7-301-22452-6	郑晓国	37.00	2013.5	PPT
5	路基路面工程	978-7-301-19299-3	偶昌宝等	34.00	2011.8	PPT/素材
6	道路工程技术	978-7-301-19363-1	刘　雨等	33.00	2011.12	PPT
7	城市道路设计与施工	978-7-301-21947-8	吴颖峰	39.00	2013.1	PPT
8	建筑给排水工程技术	978-7-301-25224-6	刘　芳等	46.00	2014.12	PPT
9	建筑给水排水工程	978-7-301-20047-6	叶巧云	38.00	2012.2	PPT
10	数字测图技术	978-7-301-22656-8	赵　红	36.00	2013.6	PPT
11	数字测图技术实训指导	978-7-301-22679-7	赵　红	27.00	2013.6	PPT
12	道路工程测量(含技能训练手册)	978-7-301-21967-6	田树涛等	45.00	2013.2	PPT
13	道路工程识图与AutoCAD	978-7-301-26210-8	王容玲等	35.00	2016.1	PPT
	交通运输类					
1	桥梁施工与维护	978-7-301-23834-9	梁　斌	50.00	2014.2	PPT
2	铁路轨道施工与维护	978-7-301-23524-9	梁　斌	36.00	2014.1	PPT
3	铁路轨道构造	978-7-301-23153-1	梁　斌	32.00	2013.10	PPT
4	城市公共交通运营管理	978-7-301-24108-0	张洪满	40.00	2014.5	PPT
5	城市轨道交通车站行车工作	978-7-301-24210-0	操　杰	31.00	2014.7	PPT
6	公路运输计划与调度实训教程	978-7-301-24503-3	高福军	31.00	2014.7	PPT/答案
	建筑设备类					
1	建筑设备识图与施工工艺(第2版)	978-7-301-25254-3	周业梅	46.00	2015.12	PPT
2	水泵与水泵站技术	978-7-301-22510-3	刘振华	40.00	2013.5	PPT
3	智能建筑环境设备自动化	978-7-301-21090-1	余志强	40.00	2012.8	PPT
4	流体力学及泵与风机	978-7-301-25279-6	王　宁等	35.00	2015.1	PPT/答案

注：为“互联网+”创新规划教材；★为“十二五”职业教育国家规划教材；◎为国家级、省级精品课程配套教材，省重点教材。如需相关教学资源如电子课件、习题答案、样书等可联系我们获取。联系方式：010-62756290，010-62750667，pup_6@163.com，欢迎来电咨询。